컴퓨터과학을 위한

필수 이산수학

컴퓨터과학을 위한

필수 이산수학

Harry Lewis, Rachel Zax 공저

이규민, 김병형, 김정구, 김종덕, 김지범, 박준석 공역

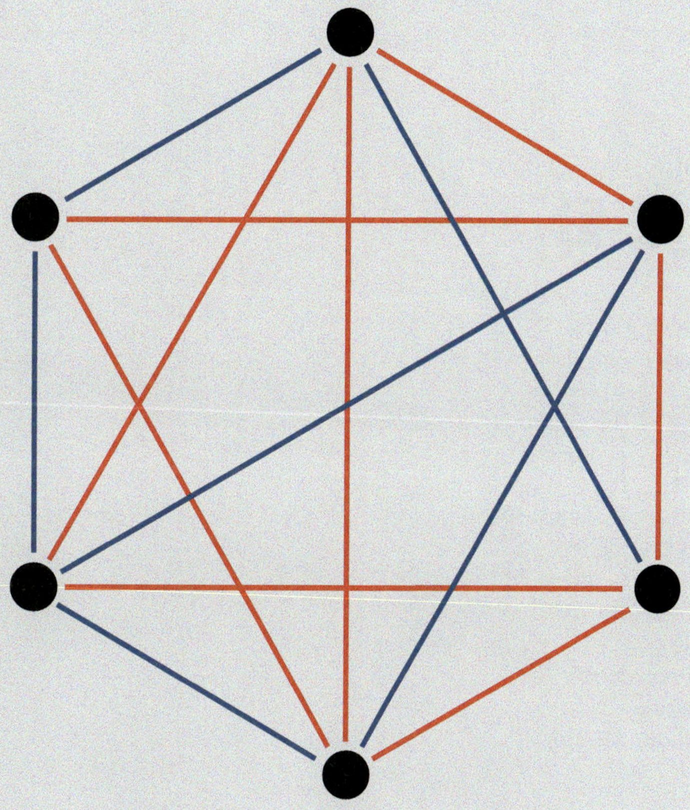

Essential Discrete Mathematics
for Computer Science

역자소개

이규민 부산대학교 산업공학과 교수

김병형 인하대학교 인공지능공학과 교수

김정구 부산대학교 정보컴퓨터공학부 교수

김종덕 부산대학교 정보컴퓨터공학부 교수

김지범 인천대학교 컴퓨터공학부 교수

박준석 인하대학교 컴퓨터공학과 교수

컴퓨터과학을 위한

필수 이산수학

인 쇄: 2025년 2월 17일 초판 1쇄
발 행: 2025년 2월 28일 초판 1쇄

역 자: 이규민 · 김병형 · 김정구 · 김종덕 · 김지범 · 박준석
발행인: 송 준
발행처: 도서출판 홍릉
주 소: 01093 서울시 강북구 인수봉로 50길 10
등 록: 1976년 10월 21일 제5-66호

전 화: 02-999-2274~5, 903-7037
팩 스: 02-905-6729
e-mail: hongpub@hongpub.co.kr
http://www.hongpub.co.kr
ISBN: 979-11-5600-267-3(93410)

정 가: 32,000원

낙장 및 파본은 구입처나 본사에서 교환하여 드립니다.

역자 머리말

컴퓨터과학을 공부하는 학생들에게 이산수학(Discrete Mathematics)은 때로는 어렵고 도전적인 과목으로 여겨질 수 있습니다. 하지만 이산수학은 컴퓨터과학의 근간이 되는 핵심 교과목으로, 알고리즘의 설계와 분석, 프로그래밍 언어의 의미론, 컴퓨터 보안 등 현대 컴퓨터과학의 거의 모든 분야에서 필수적인 도구로 사용됩니다.

이 책 "Essential Discrete Mathematics for Computer Science"는 Harry Lewis와 Rachel Zax가 하버드 대학교에서의 오랜 강의 경험을 바탕으로 집필한 교재입니다. 저자들은 컴퓨터과학도들이 꼭 알아야 할 이산수학의 핵심 개념들을 선별하여, 이를 명쾌한 설명과 풍부한 예제를 통해 전달하고 있습니다. 특히 이 책은 수학적 개념들이 실제 컴퓨터과학에서 어떻게 활용되는지를 보여주는 데 많은 공을 들였습니다.

이 번역서는 여러 교수님들의 전문성과 식견을 모아 완성되었습니다. 각 장의 번역을 맡으신 교수님들께서는 해당 분야에서의 깊이 있는 이해를 바탕으로 원문의 내용을 충실히 전달하고자 노력하였습니다. 대표저자로서 저는 전체 내용의 일관성 확보에 특히 중점을 두었습니다. 각 장에서 사용된 용어들을 통일하고, 설명 방식과 내용 전개가 자연스럽게 이어지도록 조정하는 작업에 상당한 시간을 투자했습니다.

각 챕터별 번역을 담당해 주신 교수님들은 다음과 같습니다. 각 장별로 초벌 번역자를 소개해 드리면, 1장 부산대학교 김종덕 교수님, 2, 3, 4, 5, 6, 7장 부산대학교 김정구 교수님, 9, 10, 11, 12, 24, 25장 인천대학교 김지범 교수님, 19, 20, 21, 22, 30, 31장 인하대학교 박준석 교수님, 23, 26, 27, 28, 29장 인하대학교 김병형 교수님께서 수고해 주셨고, 8, 13, 14, 15, 16, 17, 18장은 제가 번역을 담당했습니다.

홍릉출판사의 교정자 분들과 함께한 수개월간의 교정 작업은 특히 기억에 남습니다. 때로는 한 문장, 한 단어를 두고도 여러 차례 논의를 거듭했고, 수식과 그림의 정확성을 검증하기 위해 반복적인 확인 작업을 진행했습니다. 이러한 과정은 예상보다 훨씬 많은 시간과 노력을 필요로 했지만, 보다 완성도 높은 교재를 만들기 위해 필요한 과정이었다고 생각합니다.

그럼에도 불구하고, 이 첫 번역판에는 아쉬운 점들이 남아있습니다. 더 정확한 용어 선택이 가능했을 부분들, 더 자연스러운 설명이 가능했을 대목들이 있었을 것입니다. 이러한 부분들은 독자 여러분들의 소중한 피드백을 바탕으로 후속 개정판에서 개선해 나가고자 합니다. 특히 현장에서 이 교재로 강의하시는 교수님들과 학습하는 학생들의 의견을 적극적으로 반영하여, 더욱 발전된 모습으로 찾아뵙도록 하겠습니다.

이 번역서가 나오기까지 많은 분들의 도움이 있었습니다. 우선 훌륭한 교재를 집필해 주신 원저자 Harry Lewis와 Rachel Zax 교수님께 감사드립니다. 각 장의 번역을 맡아주신 김병형, 김정구, 김종덕, 김지범, 박준석 교수님의 전문적인 기여에 깊이 감사드립니다. 또한 꼼꼼한 교정 작업을 함께해주신 홍릉출판사 관계자분들께도 감사의 마음을 전합니다.

마지막으로, 수개월간의 감수 작업 기간 동안 변함없는 이해와 지원을 보내준 가족들과 도움을 준 학생들에게 특별한 감사의 마음을 전합니다. 지금 이 순간에도 금정산 산자락의 연구실에서 마지막 작업을 마무리하며, 이 번역서가 우리나라 컴퓨터과학도들의 학습에 실질적인 도움이 되기를 진심으로 바랍니다.

2025년 2월
금정산 산자락에서
이규민

저자 머리말

Τοῦ δὲ ποσοῦ τὸ μέν ἐστι διωρισμένον, τὸ δὲ συνεχες.

수량은 불연속이거나 연속이다.

—아리스토텔레스, *범주론*(*Categories*)(기원전 350년경)

이 입문서는 컴퓨터 과학자들이 알아야 하지만 일반적으로 미적분학과 선형대수학 과정에서 배우지 않는 이산수학을 다룹니다. 이 책은 깊이보다는 폭넓은 이해를 목표로 하며, 개념과 기술뿐만 아니라 추론 능력을 가르치는 것을 지향합니다.

컴퓨터 과학자들이 형식적이고 정확한 사고를 할 수 있도록 증명의 기술을 강조합니다. 거의 모든 공식과 정리는 완전한 증명을 포함하고 있습니다. 이 교재는 수학의 누적적 특성을 가르칩니다. 다루는 주제가 광범위함에도 불구하고, 후반부 장에서 나오는 얼핏 무관해 보이는 결과들이 초반부에서 다룬 개념들에 기반을 두고 있습니다.

이 교재는 미적분학을 배우기 전 수준의 지식을 요구하며, 때때로 약간의 미적분학을 사용합니다. 차수 표기법을 다루는 21장에서는 극한을 사용하지만, 필요한 기본 사실들을 간단히 요약해서 제시합니다. 도함수와 적분에 대한 기본 사실들(로피탈의 정리 포함)을 사용하는 증명과 연습문제들은 연속성을 해치지 않고 건너뛸 수 있습니다.

하버드 대학교에서는 한 학기 속성 과정으로 이 책의 대부분을 다룹니다. 이 과정은 주로 1, 2학년 학생들이 계산 이론(오토마타, 계산가능성, 알고리즘 분석) 과목의 선수과목으로 수강합니다. 이 교재는 또한 표준 교과과정에서 벗어나서, 수학적으로 접근 가능한 주제들에 관심이 있는 수학 또는 컴퓨터 과학 전공 상위 학생들을 위해서도 적합합니다.

이 책은 각각 한두 번의 수업에서 다룰 수 있는 짧은 장들로 구성되어 있습니다. 각 장은 간단한 요약과 약 열 개의 문제로 끝납니다. 이 문제들은 과제로 활용하거나 소그룹으로 협력하여 풀어보는 수업 내 연습문제로 활용할 수 있습니다.

모든 주제를 다루지 않기로 한 교수자들은 여러 방식으로 책의 내용을 축소할 수 있습니다. 이 책의 중심축은 기초 개념을 다루는 1~8장, 방향 그래프와 그래프를 다루는 13~18장, 그리고 점근 표기법과 계수를 다루는 21~25장입니다. 네 개의 장 블록은 선택적이며, 교수자의 재량에 따라 서로 독립적으로 포함하거나 제외할 수 있습니다.

- 논리를 다루는 9~12장
- 오토마타와 형식 언어를 다루는 19~20장
- 이산 확률을 다루는 26~29장
- 모듈러 연산과 암호학을 다루는 30~31장

이러한 블록들은 포함하더라도 전체를 다룰 필요는 없습니다. 각 블록의 후반부 장들은 같은 블록 내 앞부분 장들의 내용에만 의존하기 때문입니다.

우리의 목표는 백과사전식 교과서의 무게감 없이 널리 사용될 수 있는 보편적인 접근방식을 제공하는 것이었습니다. 우리는 학생들의 학습 열의를 존중하면서도 그들의 제한된 시간, 주의력, 그리고 비용을 고려하고자 노력했습니다.

*

CS20 팀에게 감사드립니다: Deborah Abel, Ben Adlam, Paul Bamberg, Hannah Blumberg, Crystal Chang, Corinne Curcie, Michelle Danoff, Jack Dent, Ruth Fong, Michael Gelbart, Kirk Goff, Gabriel Goldberg, Paul Handorff, Roger Huang, Steve Komarov, Abiola Laniyonu, Nicholas Longenbaugh, Erin Masatsugu, Keenan Monks, Anupa Murali, Eela Nagaraj, Rebecca Nesson, Jenny Nitishinskaya, Sparsh Sah, Maria Stoica, Tom Silver, Francisco Trujillo, Nathaniel Ver Steeg, Helen Wu, Yifan Wu, Charles Zhang, Ben Zheng

CS20의 시작에 많은 도움을 주신 Albert Meyer께 감사드립니다.

집필 과정에서 비평과 지원을 해준 Michael Sobin, Scott Joseph, Alex Silverstein, Noam Wolf 에게도 감사드립니다.

Harry Lewis and Rachel Zax

차례

Chapter

1 비둘기집 원리

어떤 컴퓨터 프로그램이 올바른 결과를 낼지 우리는 어떻게 알 수 있을까? 프로그램의 수행이 결국에는 끝이 날지 어떻게 알 수 있을까? 프로그램이 끝날 것을 안다면, 그 끝이 1초 후에, 1시간 후에, 아니면 1일 후에 일어날지 예측할 수 있을까? 위 물음에 대한 답을 포함하여 어떤 주장에 대해, 직관이나 테스트, 그리고 '우리가 시도한 모든 경우에서 잘 작동했다.' 등을 그 주장이 옳다는 증거로 받아들이면 안 된다. 무언가를 증명하려면, 참으로 알려진 것들로부터 시작하여 논쟁의 여지가 없는 논리적 추론(logical inference)으로 그들을 서로 연결하는 작업인 형식 추론(formal reasoning)이 필요하다. 이 책은 이러한 관점에서 컴퓨터 프로그램의 구동 관련 추론 작업에 쓰이는 수학을 다루고 있다.

컴퓨터 과학에 쓰이는 수학은 특별한 분야가 아니다. 거의 모든 수학 분야가 컴퓨터 과학에서 쓰인다. 어떤 수학 분야는 컴퓨터 과학의 발전으로 관련 적용분야가 생겨나기 전에는 그 유용성을 전혀 인정받지 못하기도 하였다. 이 책에서 다루는 주제 목록에는 수학 논리, 그래프 이론, 개수 세기, 정수론 및 이산 확률 이론 등이 포함된다. 전통적인 수학 교육 관점에서 볼 때, 이 목록들은 상관관계가 적어 보일 수 있다. 하지만 이들의 공통 특징은 모두 컴퓨터 과학에서 유용하다는 점이다. 또 이들은 모두 **이산수학**(*discrete mathematics*)에 속한다. 이산수학은 연속적이지 않고 이산적으로 변하는 양을 다루며, 숫자보다는 기호나 구조로 표현되는 것을 특징으로 한다. 미적분학도 컴퓨터 과학에서 중요하다. 왜냐하면 연속적인 양에 대한 추론에 도움을 줄 수 있기 때문이다. 그러나 이 책에서는 적분과 미분을 거의 사용하지 않을 것이다.

*

수학적 사고의 가장 중요한 기술 중 하나는 **일반화**(*generalization*)이다. 예를 들어, 다음 문장은 '참'이지만 너무 구체적 사례만을 다루고 있다(그림 1.1 참조).

'세 변의 길이가 1, 2 및 6인 삼각형은 존재하지 않는다.'

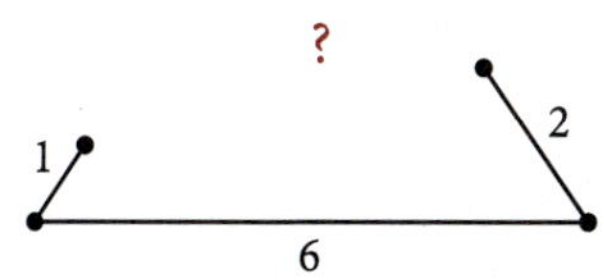

그림 1.1 세 변의 길이가 1, 2 및 6인 삼각형이 있을까?

길이가 1과 2인 변을 길이가 6인 변의 양 끝에서 시작시켰을 때 그 짧은 두 변의

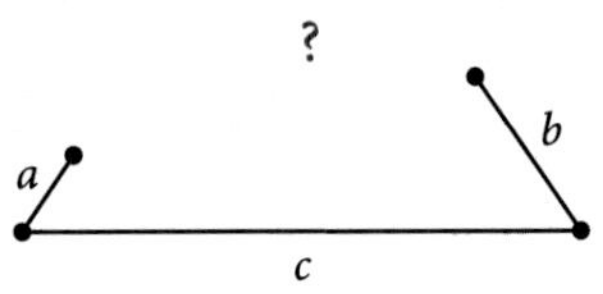

그림 1.2 세 변의 길이 a, b 및 c가 $a+b \leq c$인 삼각형은 없다.

양 끝이 서로 만나 꼭짓점을 만들어야 삼각형이 될 수 있다. 하지만 이들은 너무 짧아 만날 수 없음은 쉽게 알 수 있다.

다음 문장은 이전 것에 비해 더욱 일반화시킨 문장이다(그림 1.2 참조).

> '세 변의 길이가 a, b 및 c라고 할 때 $a+b \leq c$인 삼각형은 존재하지 않는다.'

두 번째 문장으로부터 첫 번째 문장을 유추할 수 있기에 두 번째를 보다 일반적이라고 할 수 있다. 즉, 두 번째 문장에서 a, b, c의 값을 $a=1$, $b=2$ 및 $c=6$으로 두면 첫 번째 문장을 바로 유도할 수 있다. 또한 이 문장은 그림에서 보이지 못한 상황, 즉 $a+b=c$로 세 꼭짓점이 모두 하나의 직선 위에 있어 삼각형을 이루지 못하는 상황도 다루고 있다. 마지막으로, 일반 규칙은 단순히 불가능 여부를 확인할 수 있도록 하는 것에 더해 그 이유를 설명하는 장점이 있다. 즉 이 예에서 변의 길이가 $1-2-6$인 삼각형은 불가능한데 그 이유는 $1+2 \leq 6$이기 때문이다.

두 가지 이유로 우리는 명제를 일반적인 형태로 서술한다. 첫째, 명제가 더 일반적이면 더 유용하다. 더 다양한 상황에서 적용할 수 있기 때문이다. 둘째, 일반적인 명제는 무엇이 실제로 일어나는지 이해하기 더 쉽다. 관련 없고 혼동하기 쉬운 세부 사항을 제거하기 때문이다.

*

또 다른 간단한 예를 살펴보자.

> 앤A, 봅B, 찰리C, 데니D, 에블린E, 펩F, 조지G, 훈H, 이렇게 8명의 친구가 서로 생일 이야기를 한 후 데니D와 조지G, 두 사람이 모두 생일이 화요일인 것을 알게 되었다. (1.1)

그래서 이 예가 어떻다는 걸까? 어떤 두 사람의 생일은 요일이 같을 수도 있고 다를 수도 있다. 그런데 여기에는 일반화할 수 있는 어떤 것이 있다. 바로 여덟 명 이상의 사람이 있으면 그들 중에는 생일의 요일이 같은 사람 쌍이 반드시 있다는 점이다. 왜냐하면 요일은 7개 밖에 없기 때문이다. 식 (1.1)과 같은 문장은 그것을 구성하는 사람들의 이름이나 생일과는 무관하게 반드시 참이다. 일반화하면 다음과 같다.

> 8명으로 이뤄진 사람들의 모임이 있다면 그 모임에는 태어난 요일이 같은 사람의 쌍이 반드시 있다.

그런데 이마저도 충분히 일반화되었다고 하기 어렵다. 사람들의 모임에서 태어난 요일의 '중첩'은 실제 사람이나 요일의 속성과는 전혀 관련이 없다. 관련이 있는 것은 오직 수량이다. 8개의 컵을 7개의 접시 위에 놓으면 앞의 예제와 같은 이유로 어떤 접시에는 두 개의 컵이 놓여 있을 것이다. 사실 '8'과 '7'이라는 수량에도 특별한 점은 없다. 단지 한 쪽이 다른 것보다 큰 수일 뿐이다. 만약 호텔에 1,000개의 방이 있고 1,001명의 손님이 있다면, 어떤 방에는 최소한 두 명의 손님이 머물러야 한다. 이러한 구체적 상황을 모두 언급하지 않고도, 이러한 상황들을 모두 포괄하는 일반적인 원칙을 어떻게 제시할 수 있을까?

먼저 새로운 개념이 필요하다. **집합**(*set*)은 사물 또는 요소의 모임이다. 집합에 속하는 요소들을 그 집합의 **원소**(*element*)라고 한다. 집합의 원소는 서로 다르며 달리 말해 중복되지 않아야 한다. 따라서 식 (1.1)에서 언급된 사람들은 한 집합을 형성하며, 요일들은 또 다른 집합을 형성한다. 때로는 집합의 구성원을 명시적으로 나열하여 중괄호 {} 내에 목록으로 표현하기도 한다.

$$P = \{\text{앤A, 봅B, 찰리C, 데니D, 에블린E, 펩F, 조지G, 훈H}\}$$
$$D = \{\text{일요일, 월요일, 화요일, 수요일, 목요일, 금요일, 토요일}\}.$$

집합의 원소를 적을 때 그 순서는 중요하지 않다. 즉 순서를 달리 해서 원소들을 나열하여도 같은 집합이다. 어떤 항목 x가 집합 X의 원소일 때 $x \in X$라고 표현한다. 예를 들면 '찰리C $\in P$' 그리고 '목요일 $\in D$'이다.

집합을 다루려면 수에 대한 몇 가지 기본 용어가 필요하다. **정수**(*integer*)는 0, 1, 2, …, 또는 −1, −2, … 중 하나이다. **실수**(*real number*)는 수직선 위의 모든 수를 포함하며 정수뿐 아니라 정수 사이의 모든 수를 포함한다. 예를 들어, $\frac{1}{2}$, $\sqrt{2}$, 그리고 π와 같은 수를 포함한다. 양수는 0보다 큰 수이고, 음수는 0보다 작은 수이며, 음이 아닌 수는 0보다 크거나 같은 수이다.

당분간 우리는 **유한 집합**(*finite set*)에 대해 논의할 것이다. 유한 집합은 (적어도 원칙적으로) 모든 원소를 나열할 수 있는 집합이다. 유한 집합은 크기 또는 **기수**(*cardinality*)를 가지며, 이는 음이 아닌 정수이다. 집합 X의 기수는 $|X|$로 나타낸다. 예를 들어, 사람들과 그들이 태어난 요일 예제에서 $|P| = 8$, $|D| = 7$이다. 사람은 8명이고 일주일에는 7일이 있기 때문이다. 정수 집합과 같이 유한하지 않은 집합을 **무한**(*infinite*)하다고 한다. 무한 집합도 크기를 가지는데 이에 대해서는 7장 무한 집합에 대한 논의에서 다시 다루겠다.

한 집합에서 다른 집합으로의 **함수**(*function*)는 첫 번째 집합의 각 원소를 두 번째 집합의 한 원소와 짝을 짓는 규칙이다. 만약 f가 X에서 Y로의 함수이고 $x \in X$이면, $f(x)$는 함수 f가 x에 대응시킨 Y의 원소이다. 여기서 x를 f의 **인자**(*argument*)라고 하며, $f(x)$를 해당 인자에 대한 f의 **함수값**(*value*)이라고 한다. 우리는 집합 X에서 집합 Y로의 함수 f를 $f: X \to Y$로 표현한다. 앞의 예에서 8명의 사람을 그가 태어난 요일에 대응시키는 함수를 $b: p \to D$라고 표현할 수 있다. 만약 찰리C가 목요일에 태어났다면, b(찰리C) = 목요일이라고 할 수 있다.

함수 $f: X \to Y$를 X에서 Y로의 **매핑**(*mapping*)이라고 하며, f는 X의 원소 x를 Y

의 원소 $f(x)$에 대응시킨다고 말한다. (마찬가지로 지도는 지구 표면의 한 점을 종이의 한 점에 대응시킨다고 할 수 있다)

마침내 우리는 1.1의 예제에 내재하고 있는 일반 원칙을 다음과 같이 제시할 수 있다.

$f: X \to Y$이고 $|X| > |Y|$이면, $x_1 \neq x_2$이고 $f(x_1) = f(x_2)$인 원소 $x_1, x_2 \in X$가 존재한다. (1.2)

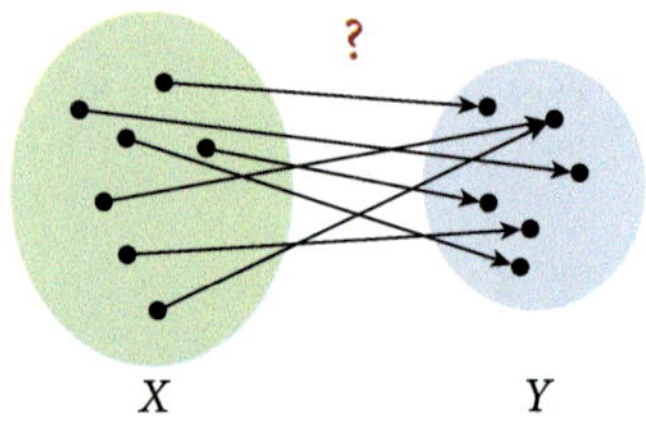

그림 1.3 비둘기집 원리. $|X| > |Y|$인 두 집합 X와 Y 사이의 임의 함수 f에 대해, f를 적용한 결과가 같은 서로 다른 원소 쌍이 X에 존재한다.

식 (1.2)는 **비둘기집 원리**(*pigeonhole principle*)로 알려져 있는데, 이는 다음의 상식적 개념을 수학적 형태로 표현한 것이다. 비둘기가 비둘기집에 들어갈 때 비둘기집의 수보다 비둘기의 수가 더 많다면, 어떤 비둘기집에는 반드시 두 마리 이상의 비둘기가 들어가야 한다. 여기서 개별 비둘기는 집합 X의 원소이며 개별 비둘기집은 집합 Y의 원소다(그림 1.3 참조).

증명을 위한 기본 도구를 개발한 후 35쪽에서 비둘기집 원리에 대한 형식증명(formal proof)을 제공하겠다. 당장은 수학적 언어를 이해하기 위해 비둘기집 원리를 표현한 식 (1.2)를 자세히 살펴보자. 다음과 같은 질문을 할 수 있다.

1. X와 Y는 무엇인가?
   X와 Y는 유한 집합이다. 모호성을 완전히 제거하기 위해 식 (1.2)와 같은 문장을 '임의의 유한 집합 X와 Y에 대해'로 시작할 수도 있다. 하지만 함수 f는 X와 Y가 집합인 경우에만 의미가 있다. 또 문맥으로부터 X와 Y가 유한 집합이며 둘의 크기를 비교할 수 있음도 알 수 있다.
2. X의 원소 이름으로 'x_1'과 'x_2'를 선택한 이유는 무엇인가?
   원칙적으로는 'x'와 'y'와 같은 다른 문자를 선택할 수도 있다. 그러나 소속 집합의 이름 X와 비슷한 'x_1'과 'x_2'를 사용함으로써, 이들이 집합 Y가 아닌 집합 X의 원소임을 인식하는 것이 보다 쉬워진다.
3. '$x_1 \neq x_2$'라는 구문이 꼭 필요한가?
   이 구문을 없애면 문장은 더 단순해지고, 뜻도 같아 보인다. 하지만 '$x_1 \neq x_2$'라는 구문은 꼭 필요하다. 이 구문이 없는 문장과 이를 포함한 문장은 뜻이 다르다. 이 구문이 없으면 x_1과 x_2는 같은 원소를 가리키는 다른 이름일 수 있다. x_1과 x_2가 다른 원소임을 명시하지 않으면 이 명제는 거짓이 될 수 없는 자명한 명제에 불과하다. $x_1 = x_2$라면 $f(x_1) = f(x_2)$일 수밖에 없기 때문이다. 이는 마치 지구의 질량은 태양에서 세 번째 행성의 질량과 같다고 말하는 것과 같다. 비둘기집 원리를 표현할 때 '$x_1 \neq x_2$이고 $f(x_1) = f(x_2)$인 원소 $x_1, x_2 \in X$가 존재한다.' 대신 '$f(x_1) = f(x_2)$인 서로 다른 원소 $x_1, x_2 \in X$가 존재한다.'라고 적을 수도 있다.

여기서 강조할 것이 있다. '어떤 특성을 가진 서로 다른 $x_1, x_2 \in X$가 존재한다.'

는 해당 특성을 가진 원소가 딱 두 개만 있다는 말이 아니라 적어도 두 개는 있다는 의미이다. 물론 그 이상도 존재할 수 있지만 절대로 그보다 적지 않다.

*

수학자들은 항상 어떤 원리의 가장 일반 형태를 찾으려 한다. 왜냐하면 그것이 더 많은 것을 설명하는 데 사용될 수 있기 때문이다. 예를 들어, 15마리의 비둘기를 7개의 비둘기집에 넣으려면 어떤 비둘기집에는 최소 3마리의 비둘기를 넣어야 하는 것이 분명하다. 하지만 앞에서 기술한 '비둘기집 원리'로는 이를 유도할 수 없다. 여기 더 일반적인 버전이 있다.

정리 1.3 *확장 비둘기집 원리.* 임의의 유한 집합 X, Y와 $|X| > k \cdot |Y|$를 만족하는 어떤 양의 정수 k에 대해, 함수 $f: X \to Y$에는 $f(x_1) = \ldots = f(x_{k+1})$를 만족하는 서로 다른 원소 $x_1, \ldots, x_{k+1} \in X$가 존재한다.

'비둘기집 원리'는 '확장 비둘기집 원리'의 $k = 1$인 경우이다. 우리는 $x_1, \ldots, x_{k+1}$처럼 같은 변수를 범위 내의 숫자 아래 첨자와 함께 사용하는 **수열**(*sequence*) 표기법을 처음 사용하였다. 이 경우 $1 \le i \le k+1$인 x_i는 길이가 $k+1$인 수열을 형성한다. 이 표기법은 $k+1$과 같은 대수적 표현을 첨자로 사용할 수 있어 편리하다. 마찬가지로 우리는 $y_1, y_2, \ldots$ 수열의 $2i$번째 항목, 즉 짝수 번째 항목을 y_{2i}로 표시하여 참조할 수 있다.

특정 집합 X와 Y에 적용할 수 있는 '확장 비둘기집 원리'의 매개변수 k의 최솟값은 집합 X와 Y의 크기를 알 때 구할 수 있다. 정확한 계산을 위해 몇 가지 표기법을 도입하는 것이 도움이 된다. 정수 p가 다른 정수 q의 약수인 경우, 즉 q를 p로 나누었을 때 나머지가 0인 경우를 $p \mid q$로 표기한다. q가 p로 나누어 떨어지지 않을 때 $p \nmid q$로 표기한다. 예를 들어 $3 \nmid 7$이다. 임의의 실수 x에 대해 $\lfloor x \rfloor$는 x 이하의 가장 큰 정수를 나타낸다. 이를 x의 **버림**(*floor*) 함수라고 한다. 예를 들어, $\left\lfloor \frac{17}{3} \right\rfloor = 5$이고 $\left\lfloor \frac{6}{2} \right\rfloor = 3$이다. x 이상의 가장 작은 정수를 나타내는 **올림**(*ceiling*) 함수에 대한 표기 법도 필요한데 바로 $\lceil x \rceil$이다. 예를 들어 $\lceil 3.7 \rceil = 4$이다.

앞에서 소개한 표기법을 활용하여 주어진 비둘기와 비둘기집 수에 대해 다음 정리 1.4와 같이 가장 많이 차 있는 비둘기 집의 최소 크기를 보이는 형태로 '확장 비둘기집 원리'를 나타낼 수 있다.

정리 1.4 *확장 비둘기집 원리(다른 버전).* $f: X \to Y$를 임의의 유한 집합 X, Y 사이의 함수라면, $f(x) = y$를 만족하는 x의 개수가 최소 $\left\lceil \frac{|X|}{|Y|} \right\rceil$ 만큼 존재하는 y가 있다.

증명. $m = |X|$, $n = |Y|$이라 하자. $n \mid m$이면 이는 $k = \frac{m}{n} - 1 = \left\lceil \frac{m}{n} \right\rceil - 1$인 확장 비둘기집 원리에 해당한다. $n \nmid m$이면 이는 다시 $k = \left\lceil \frac{m}{n} \right\rceil - 1$인 확장 비둘기집 원리

에 해당한다. 왜냐하면 k가 $\frac{|X|}{|Y|}$ 보다 작은 최대 정수이기 때문이다. ■

*

일반화하여 표현된 이러한 비둘기집 원리에 대한 정리들은 명백한 사실을 표현하는 멋진 방식이며 우리는 이를 다양한 현상의 설명에 활용할 수 있다. 물론 활용하려면 무엇이 '비둘기'이고 무엇이 '비둘기집'인지 파악해야 한다. 정수의 특성을 연구하는 수학 분야인 **정수론**(*number theory*)에 비둘기집 원리를 응용하는 것으로 마무리를 지어보자.

몇 가지 기본 사항부터 시작하자.

$p|q$이면, p는 q의 **인수**(*factor*) 또는 **약수**(*divisor*)라고 한다.

소수(*prime number*)는 1보다 큰 정수 중 자신과 1로만 나누어지는 정수이다. 예를 들어, 7은 소수이다. 왜냐하면 7은 7과 1로만 나누어지기 때문이다. 그러나 6은 소수가 아니다. 왜냐하면 6은 2와 3으로도 나누어지기 때문이다. 참고로 1은 소수가 아님에 유의하기를 바란다.

정리 1.5 *산술의 기본 정리(fundamental theorem of arithmetic).* 1보다 큰 정수를 오름차순의 서로 다른 소수와 양의 정수 지수를 사용한 곱으로 표현하는 유일한 방법이 존재한다.

이 정리는 4장에서 증명할 것이지만, 지금 당장은 이를 일부 활용해 보자. 숫자 n의 **소인수 분해**(*prime decomposition*)란 식 (1.6)과 같이 작은 값부터 큰 값으로 순서대로 나열된 소수 p_i와 소수별로 적용된 양의 지수로 표현하는 것이다. 1보다 큰 정수는 유일한 소인수 분해 표기법을 가진다.

$$n = p_1^{e_1} \cdot \ldots \cdot p_k^{e_k} \tag{1.6}$$

예를 들어, $180 = 2^2 \cdot 3^2 \cdot 5^1$이며 이와 다른 소인수 분해 방법은 없다.

두 정수 m과 n의 곱의 소인수 분해는 m과 n의 소인수 분해를 결합한 것이다. 즉 $m \cdot n$의 모든 소인수는 m 또는 n 중 하나의 소인수이다.

정리 1.7 1보다 큰 정수 m, n 그리고 p에 대해 p가 소수이고 $p|m \cdot n$이면 $p|m$ 또는 $p|n$이다.

증명. 산술의 기본 정리(정리 1.5)에 따라, $m \cdot n$의 소인수 분해 표현법은 유일하다.

$$m \cdot n = p_1^{e_1} \cdot \ldots \cdot p_k^{e_k}$$

소수 p는 $m \cdot n$의 소인수 분해 표현에 포함된 p_i 중 하나일 수밖에 없다. 각 p_i들은 m 또는 n의 소인수 분해 표현법 중 어느 한쪽에는 반드시 나타나므로 p 역시 m 또는 n의 소인수이다. ■

$m \cdot n$의 소인수 분해에서 소수 p의 지수는 m과 n 각각의 소인수 분해의 p의 지수를 더한 것이다. (만약 p가 분해에 나타나지 않으면 0으로 계산한다.) 예를 들어, 곱 $18 \cdot 10 = 180$을 살펴보자.

$$\begin{aligned} 18 &= 2^1 \cdot 3^2 && \text{(2, 3, 5의 지수는 1, 2, 0)} \\ 10 &= 2^1 \cdot 5^1 && \text{(2, 3, 5의 지수는 1, 0, 1)} \\ 180 &= 2^2 \cdot 3^2 \cdot 5^1 \\ &= 2^{1+1} \cdot 3^{2+0} \cdot 5^{0+1} \end{aligned}$$

곱 180의 소인수 분해 시 소수 2, 3 및 5의 지수는 18과 10의 소인수 분해에서 해당 소수 지수를 더한 것과 같음을 색으로 표시한 지숫값을 통해 쉽게 확인할 수 있다.

소수에 관한 또 다른 중요한 사실은 무한히 많다는 것이다.

정리 1.8 임의로 큰 소수가 존재한다.

'임의로 큰'이라는 표현은 모든 $n > 0$에 대해 n보다 큰 소수가 존재함을 뜻한다.

증명. 알고 있는 소수의 개수가 최소 k인 어떤 k 값을 정하자. 알고 있는 k개의 소수를 값이 증가하는 순으로 $p_1, \ldots, p_k$와 같이 나열하자. (예를 들어 2, 3 및 5는 소수이므로 $k = 3$, $p_1 = 2$, $p_2 = 3$, $p_3 = 5$이다) 우리는 p_k보다 큰 소수를 구하는 방법을 보일 것이다. 이 과정은 무한히 반복할 수 있기에 무한히 많은 소수가 있어야 한다.

첫 k개의 소수의 곱에 1을 더한 수 N을 살펴보자.

$$N = (p_1 \cdot p_2 \cdot \ldots \cdot p_k) + 1 \tag{1.9}$$

N을 $p_1, \ldots, p_k$ 중 어떤 수로 나누더라도 나머지는 1이 될 것이다. 따라서 N은 p_k 이하의 소수 약수를 가지지 않는다. 따라서 N은 두 가지 경우 중 하나이다. 즉 N이 소수는 아니지만 p_k보다 큰 소수 약수를 가지는 경우, 또는 N 자체가 소수인 경우이다. ■

예를 들어, $k = 3$인 경우 $N = 2 \cdot 3 \cdot 5 + 1 = 31$이다. 여기서 N은 자체가 소수이다. 문제 1.11은 이런 방식으로 유도한 N이 소수가 아닌 경우를 찾는 것이다.

어떤 두 수의 **공약수**(*common divisor*)는 두 수 모두를 나누는 수이다. 예를 들어, 21과 36은 1과 3이라는 공약수를 가진다. 하지만 16과 21의 경우 1보다 큰 공약수가 없다.

이러한 배경 위에서 비둘기집 원리를 활용하는 정수론 예제를 살펴보자.

예제 1.10 2 이상, 40 이하인 범위 중, $m(m \geq 13)$개의 서로 다른 정수를 선택하라. 선택한 숫자 중 적어도 두 개는 1보다 큰 수를 공약수로 가진다.

> 'a 이상, b 이하 범위 중'이란 말은 a와 같거나 크고, b보다 같거나 작은 범위란 의미이다—여기서는 2와 40을 포함하는 범위이다.

풀이. 40 이하에는 소수가 12개 있음을 먼저 확인한다: 2, 3, 5, 7, 11, 13, 17, 19, 23, 29, 31, 37. 이들 중 어떤 둘을 골라도 그들은 1보다 큰 공약수를 가지지 않는다. 이 소수들의 집합을 P로 정의하자. ($m \geq 13$을 지정해야 하는 이유는 $m = 12$인 경우 명제가 거짓이 되기 때문이다. 집합 P는 반례가 된다.) 이제 2부터 40까지의 범위에서 m개의 숫자로 이루어진 집합 X를 고려하자. X의 원소를 비둘기로, P의 원소를 비둘기집이라고 하자. 비둘기를 비둘기집에 넣기 위해 $f(x)$가 x의 가장 작은 소인수인 함수 $f: X \to P$를 정의하자. 예를 들어, $f(16) = 2$, $f(17) = 17$, 그리고 $f(21) = 3$이다. 비둘기집 원리에 따르면 $m > 12$이므로 f의 값은 X의 두 구성원에 대해 같아야 하며, 따라서 X의 원소 중 적어도 2개는 공통된 소수 약수, 즉 1보다 큰 공약수를 가져야 한다. ■

요약

- 수학적 사고는 구체적 사례의 세부 내용을 추상화하여 획득한 일반 원리에 중점을 둔다.
- **집합**(*set*)은 순서가 없는 서로 다른 항목 또는 원소들의 모음(collection)이다. 집합의 **원소**(*element*)란 그 집합의 **구성원**(*member*)이다.
- 원소들을 하나씩 모두 나열할 수 있을 때 집합은 **유한**(*finite*)하다. 유한 집합 X를 구성하는 원소의 수를 그 집합의 기수 또는 크기라고 하며 $|X|$로 나타낸다. 집합의 크기는 언제나 음이 아닌 정수다.
- 두 집합 간의 함수 또는 **매핑**(*mapping*)은 첫 번째 집합의 각 구성원을 두 번째 집합의 고유한 구성원과 연관시키는 규칙이다.
- 비둘기집 원리란, X가 비둘기의 집합, Y가 비둘기집의 집합이며 $|X| > |Y|$이면, 비둘기를 비둘기집에 대응시키는 임의의 함수는 어떤 비둘기집에 둘 이상의 비둘기를 할당할 수밖에 없음을 뜻하는 정리이다.
- 확장 비둘기집 원리란, X가 비둘기의 집합, Y가 비둘기집의 집합이며 $|X| > k|Y|$이면, 비둘기를 비둘기집에 대응시키는 임의의 함수는 어떤 비둘

기집에 k 마리 이상의 비둘기를 할당할 수밖에 없음을 뜻하는 정리이다.

- 수열은 $x_1, \ldots, x_n$처럼 서로 다른 숫자 아래 첨자를 가진 반복된 변수로 나타낼 수 있다. 항의 첨자로 대수적 표현을 사용할 수도 있다.
- 산술의 기본 정리란 모든 양의 정수가 유일한 소인수 분해 표현을 가진다는 정리이다.

문제

1.1 다음 각 항목에 대해 답하라.

(a) $|\{0, 1, 2, 3, 4, 5, 6\}|$.

(b) $\left\lceil \frac{111}{5} \right\rceil$

(c) $\left\lfloor \frac{5}{111} \right\rfloor$

(d) 100의 약수들의 집합

(e) 100의 소수 약수, 즉 소인수들의 집합

1.2 $f(n)$을 n의 가장 큰 소인수라고 하자. $x<y$인데 $f(x)>f(y)$인 경우가 있는가? 가능할 경우 예를 들고 그렇지 않으면 왜 불가능한지 설명하라.

1.3 어떤 경우에 $\lfloor x \rfloor = \lceil x \rceil - 1$을 만족하는가?

1.4 9×9 크기의 비둘기집 배열을 상상해 보라. 각 비둘기집에는 한 마리의 비둘기가 있다. (그림 1.4를 참조하라. 따라서 81마리의 비둘기가 81개의 비둘기집에 들어 있다.) 한 번에 모든 비둘기가 한 칸 위, 아래, 왼쪽 또는 오른쪽으로 이동한다고 가정하자. (배열 바깥쪽에 있는 비둘기가 배열 밖으로 나갈 수는 없다.) 이렇게 하면 어떤 비둘기집은 결국 두 마리의 비둘기를 가지게 됨을 보여라. 힌트: 9라는 숫자가 당신의 주의를 분산시킬 수 있다. 더 작은 숫자로 시도하여 어떤 일이 발생할지 확인해 보기 바란다.

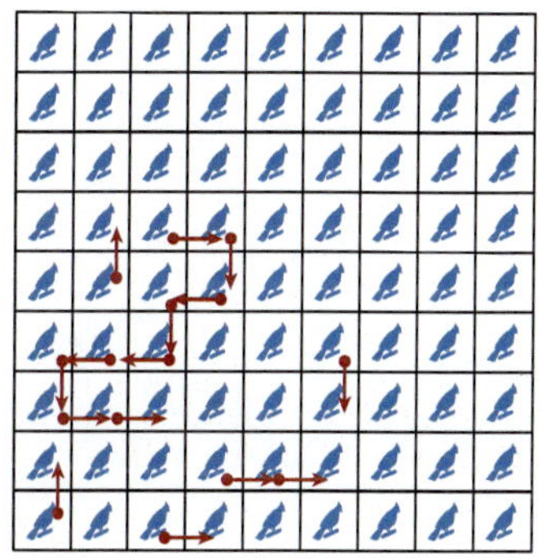

그림 1.4 9×9 배열의 비둘기집마다 한 마리의 비둘기가 있다. 모든 비둘기가 현재 집에서 바로 위, 아래, 왼쪽 또는 오른쪽에 있는 다른 집으로 동시에 이동한다. 그러면 결국 어떤 비둘기집에는 두 마리의 비둘기가 있을 수밖에 없는가?

1.5 모임에 속한 두 명은 모임 내에 같은 수의 친구를 가짐을 보여라. (여기서 중요한 가정이 몇 가지 있다. 아무도 자기 자신의 친구는 아니며, 우정은 대칭적이다. 즉 A가 B의 친구이면 B도 A의 친구이다.)

1.6 구 위에 임의의 다섯 점이 주어질 경우, 그중 네 개의 점은 '닫힌 반구' 내에 있음을 보여라. 여기서 '닫힌 반구'란 해당 반구와 그 반구를 구분하는 원을 포함하는 개념이다. 힌트: 구 상에 어떤 두 점이 있으면 그 두 점을 지나는 큰 원을 그릴 수 있으며, 이는 마치 지구의 적도처럼 같은 둘레를 갖는다.

1.7 25명의 모임에는 같은 달에 생일이 있는 사람이 최소한 3명 있음을 보여라.

1.8 페니, 니켈, 다임, 쿼터, 반-달러, 달러 등 여섯 가지 다른 액면가의 동전 모음이 있다. 동전이 최소 몇 개 있어야 그중 적어도 100개의 동전이 같은 액면가를 가지게 될까?

1.9 25명의 사람이 어떤 체육관에서 매일 요가 수업에 참석한다. 그 체육관은 매일 여덟 개의 요가 수업을 제공한다. 참석자들은 파란색, 빨간색 또는 녹색 옷을 입고 수업에 참석한다. 체육관을 어느 날 관찰하면 두 사람이 같은 색 옷을 입고 참석하는 수업이 적어도 하나는 존재함을 보여라.

1.10 1에서 60까지의 구간에서 서로 다른 4개의 정수를 선택하자. 선택한 4개의 정수에 대한 가능한 모든 정수 쌍의 값 차이의 최소가 최대 19임을 보여라.

1.11 첫 k개의 소수의 곱에 1을 더한 결과가 소수는 아니지만, 첫 k개의 소수 중 어떤 것보다 큰 소수 약수를 가지는 k를 찾으라. (이 문제를 풀기 위한 트릭은 없다. 여러 가지 가능성을 시도해 보아야 한다.)

1.12 9개의 양의 정수로 이뤄진 임의의 집합에는 5 이하의 모든 소인수를 공유하는 정수 쌍이 존재함을 보여라.

1.13 문자열에서 숫자로의 해시 함수는 텍스트 문자열 s에서 숫자 해시값 $h(s)$를 도출한다. 예를 들어, s를 구성하는 문자에 대한 숫자 코드를 모두 더하고 이를 소수 p로 나눈 나머지를 해시값으로 지정할 수 있다. 해시 함수의 목적은 재현할 수 있는 결과를 내놓는 것이다(동일 문자열 s에 대해 $h(s)$를 두 번 구했을 때 결과가 같아야 한다). 그리고 서로 다른 문자열의 해시값이 가능한 해시값 전체에 고르게 분포되어야 한다. (0부터 $p-1$까지의 가능한 해시값 범위 내에서) 해시 함수가 두 개의 다른 문자열에 대해 같은 해시값을 가지면 이 두 문자열은 해당 해시값에서 충돌한다고 말한다. 어떤 해시값의 충돌수는 같은 해시값을 가지는 문자열보다 1이 작은 값이다. 예를 들어, 2개의 문자열이 같은 해시값을 가지면 그 해시값의 충돌수는 1이다. 문자열이 m개이고 가능한 해시값이 p개인 경우, 이들의 충돌수 중 최대의 최소는 얼마인가? 어떤 해시값이 가질 수 있는 최대 충돌수는 얼마인가?

Chapter 2

기본 증명 기법

다음은 비둘기집 원리(pigeonhole principle)를 다시 설명한 것이다(4쪽).

> 비둘기집보다 비둘기 수가 많고 모든 비둘기가 비둘기집에 들어가면 어떤 비둘기집에는 두 마리 이상의 비둘기가 들어 있어야 한다.

하지만 친구가 이 진술을 믿지 않는다고 가정해 보자. 이 말이 사실이라고 어떻게 설득력 있게 주장할 수 있을까?

그 반대의 경우는 있을 수 없다고 친구를 설득하려고 할 수 있다. 각 비둘기집에 비둘기가 한 마리 이하라고 가정해 보자. 그러면 비둘기집의 수를 셀 수 있고, 각 비둘기집에는 비둘기가 0마리 또는 한 마리씩 들어 있으므로 비둘기 수는 비둘기집의 수와 최대로 같을 수 있다. 하지만 우리는 비둘기집보다 비둘기가 더 많다는 가정에서 시작했기 때문에 이것은 불가능하다! 모든 비둘기집에 최대 한 마리의 비둘기만 있을 수는 없으므로 어떤 비둘기집에는 두 마리 이상의 비둘기가 있어야 하며, 이것이 바로 우리가 증명하고자 하는 것이다.

이 장에서는 이와 같은 비공식적이고 구성적인 논증을 공식적이고 일반적인 수학적 증명으로 변환하는 방법에 관한 설명한다. 증명은 하나 이상의 전제(예: '비둘기집보다 비둘기가 더 많다.')로 시작하여 논리적 규칙을 사용하여 결론(예: '어떤 비둘기집에는 비둘기가 두 마리 이상 있다.')을 도출하는 논증이다. 일반 언어로 논증을 작성하기가 더 쉬워 보일 수 있지만, 일반 언어는 정확하지 않거나 지나치게 구성적일 수 있다. 따라서 수학적 상황을 좀 더 공식적인 용어로 설명하는 것이 더 명확할 뿐만 아니라 더 일반적이다.

예를 들어, 다음과 같은 문장은 무엇을 의미할까?

누구나 누군가를 사랑한다. (2.1)

무슨 뜻일까? 세상 모든 사람에게는 그 사람이 사랑하는 사람이 있다는 뜻으로, 사람마다 사랑하는 사람이 다를 수 있다는 의미일 수 있다. 반수학적 언어로는 다음과 같이 해석할 수 있다.

모든 사람 A에 대해, A가 사랑하는 사람 B가 있다. (2.2)

그러나 식 (2.1)에 대한 또 다른 해석, 즉 모든 사람이 사랑하는 특별한 사람이 있다는 해석이다.

$$\text{모든 사람 } A\text{에 대해 } B\text{가 있다, } A\text{는 } B\text{를 사랑한다.} \tag{2.3}$$

이러한 해석 사이에는 큰 차이가 있으며, 수학적 언어의 목적 중 하나는 이러한 자연 언어의 모호함을 해결하는 것이다.

'모든(for all, for any, for every)', '일부(for some)', '어떤(there exists)'과 같은 문구를 **한정자**(*quantifiers*)라고 하며, 이를 적절하게 사용하는 것은 수학 담론에서 중요한 부분이다. 기호 $\forall$는 'for all', 'for any' 또는 'for every'를 나타내고, 기호 $\exists$는 'there exists' 또는 'for some'을 나타낸다. 이러한 기호를 사용하면 시간을 절약할 수 있지만, 수학적 산문을 작성할 때 문장을 더 혼란스럽게 만들 수도 있다. 따라서 12장에서 **양화 논리**(*quantificational logic*)의 형식화에 대해 논의할 때까지는 이러한 기호를 사용하지 않겠다.

한정자는 'A는 B를 사랑한다.'와 같은 **술어**(*predicates*)를 수정한다. 술어는 하나 이상의 **인자**(*arguments*) A, B를 취하는 명제의 템플릿이다. A와 B의 값을 알지 못하면 'A는 B를 사랑한다.'는 참 또는 거짓이라고 말할 수 없으므로 술어는 그 자체로는 진릿값이 없다. 정량화되거나[식 (2.2), (2.3)과 같이] 특정 인자에 적용될 때(예: '로미오는 줄리엣을 사랑한다.')에만 진릿값을 가지며, 일부 인자에는 참이지만 다른 인자에는 거짓이 될 수 있다.

수학적 진술과 그 증명에 대한 간단한 예를 계속 이어가겠다.

정리 2.4 홀수. 모든 홀수는 두 정수의 제곱의 차이와 같다.

먼저 이 문장을 이해했는지 확인해 보자. 홀수는 $2k+1$로 쓸 수 있는 모든 정수를 말하며, 여기서 k도 정수이다. 정수 n의 제곱은 $n^2 = n \cdot n$이다. 정리 2.4에 따르면, 모든 정수 k가 두 개의 정수 m, n 각각을 제곱한 후 뺄셈하면 결과 수가 $2k+1$과 같다고 한다(한정자에 유의: 모든 k에 대해, m과 n이 존재하므로).

정수 m이 어떤 정수의 제곱이면 **완전제곱**(*perfect square*)이라고 하며, 따라서 정리를 간결하게 표현하는 방법은 모든 홀수는 두 완전제곱의 차이라고 말하는 것이다. 이 경우처럼 수학에서는 적절한 개념만 정의하면 일반적인 진리를 매우 간단하게 표현할 수 있는 경우가 많다.

다음 단계는 그 진술이 왜 사실인지 스스로 이해하는 것이다. 그 이유가 명확하지 않다면 몇 가지 예를 들어 설명하는 것이 도움이 될 수 있다. 먼저 처음 몇 개의 제곱인 수를 나열하는 것부터 시작하겠다.

$$0^2 = 0$$
$$1^2 = 1$$

$$2^2 = 4$$
$$3^2 = 9$$
$$4^2 = 16$$

1, 3, 5, 7과 같은 몇 개의 특정 홀수에 대해 이 문장이 참이라는 것을 확인할 수 있다.

$$1 = 1 - 0 = 1^2 - 0^2$$
$$3 = 4 - 1 = 2^2 - 1^2$$
$$5 = 9 - 4 = 3^2 - 2^2$$
$$7 = 16 - 9 = 4^2 - 3^2$$

지금까지 홀수는 모두 0과 1, 1과 2, 2와 3, 3과 4 등 연속된 두 정수의 제곱의 차이라는 패턴을 발견할 수 있다. 또 다른 관찰은 연속된 정수는 목표 홀수에 더해진다. $0+1=1$, $1+2=3$, $2+3=5$, $3+4=7$. 따라서 홀수 $2k+1$의 경우 제곱하고 빼야 하는 정수는 $k+1$과 k라고 추측해 볼 수 있다.

$$(k+1)^2 - k^2 = k^2 + 2k + 1 - k^2$$

위 식을 단순화하면 $2k+1$이 된다.

우리의 추측이 맞았다! 특정 홀수를 보지 않고 홀수의 정의 $(2k+1)$을 사용하여 작성함으로써 모든 홀수에 대해 작동한다는 것을 확인했다. 심지어 음의 홀수(k의 음수 값은 $2k+1$과 같으므로)에 대해서도 작동하지만, 이 아이디어는 양의 홀수에 대한 예제에서 영감을 얻었다.

이 생각의 사슬은 아이디어에 도달하는 방법을 보여주지만, 공식적인 증명을 하기에는 너무 복잡하다. 실제 증명에는 관련성이 있는 것으로 판명된 세부 사항만 포함해야 한다. 예를 들어, 해결된 사례는 주장에 아무것도 추가하지 않으므로 우리가 시도한 사례뿐만 아니라 항상 진술이 참이라는 것을 보여주기 위해 제외해야 한다. 다음은 정리 2.4의 일반적인 증명이다.

증명. 모든 홀수는 정수 k에 대해 $2k+1$로 쓸 수 있다. 이 식을 다시 작성하면,

$$\begin{aligned} 2k+1 &= (k^2+2k+1) - k^2 && (k^2 \text{ 더하기 및 빼기}) \\ &= (k+1)^2 - k^2 && (\text{첫 번째 항을 제곱으로 표현}) \end{aligned}$$

이제, $m = k+1$, $n = k$라 한다. 따라서, $2k+1 = m^2 - n^2$가 되므로, 우리가 주장한 성질을 가진 정수 m과 n을 확인했다. ■

이 증명의 내용을 검토하기 전에 스타일에 대한 몇 가지 참고 사항이 있다. 첫

째, 완전한 문장으로 작성되었다. 정확성과 명확성을 위해 수학적 표현이 사용되었지만, 주장 자체는 산문으로 작성되었다. 둘째, 구조가 명확하다. 정수가 홀수라는 주어진 가정에서 시작하여 우리가 찾던 두 정수가 m과 n이라는 점을 명시함으로써 우리가 언제 증명에 도달했는지 명확하게 식별한다. 셋째, 엄격하다. 관련 용어('홀수')에 대한 수학적 정의를 제공하므로 정확하고 명확해야 하며 증명의 각 단계는 이전 단계로부터 논리적으로 명확하게 이어진다.

마지막으로, 설득력이 있다. 증명은 독자가 각 단계가 왜 옳은지 쉽게 이해할 수 있을 정도로 적절한 세부 사항을 제공하되, 전체 주장에 방해가 될 정도로 많지는 않아야 한다. 예를 들어 산술의 일부를 생략하고 다음과 같이 서술할 수 있다.

$$2k+1=(k+1)^2-k^2$$

그러나 이 동일성은 분명하지 않으며, 주의 깊은 독자라면 다시 한 번 확인하고 싶을 것이다. 중간 단계를 포함하면 산술은 분명히 정확하다. 반면에 일부 가정은 증명할 필요가 없다. 예를 들어 다음과 같이 작성하는 것 또한 유효하다.

$$2k+1=(k^2+2k+1)-k^2$$

이는 용어를 이동하고 다른 방식으로 그룹화해도 여전히 같은 값으로 합산된다는 사실에 기반한다. 이러한 맥락에서 이러한 규칙은 다소 기본적이고 당연한 것으로 보이며, 굳이 증명하는 것이 독자들을 주요 논점에서 멀어지게 할 수 있다. 그러나 형식적 산술에 관한 텍스트에서는 이러한 속성 자체가 증명의 주제가 될 수 있다. 포함할 세부 사항의 정도는 문맥과 증명의 대상 독자에 따라 다르며, 경험상 상대를 설득하는 것처럼 작성하해야 한다.

이제 위 증명의 본질로 돌아가 보겠다. 우선, 이 증명은 **구성적**(*constructive*)이다. 증명해야 할 진술은 단지 어떤 것의 존재를 주장한다. 홀수에 대해 두 정수 각각을 제곱한 것의 차이가 우리가 시작한 수와 같다는 특성을 가진 두 정수가 존재한다고 말한다. 구성적 증명은 어떤 것이 존재한다는 것을 보여줄 뿐만 아니라 그것을 찾는 방법도 정확히 알려준다. 특정 홀수 $2k+1$이 주어졌을 때, 정리 2.4의 증명은 정리의 진술에서 주장된 성질을 가진 두 정수, 즉 하나는 $k+1$이고 다른 하나는 k인 정수를 찾는 방법을 보여준다. 예를 들어, 두 제곱의 차이로 표현하고자 하는 홀수가 341이라면, 증명은 341에서 1을 뺀 후 2로 나눈 그 정수와 다음으로 큰 정수인 170과 171인 것을 보여준다. 이는 쉽게 확인할 수 있다.

$$171^2-170^2=29241-28900=341$$

이 특별한 경우를 확인할 필요는 없었지만, 그렇게 함으로써 어딘가에서 산술적 실수를 하지 않았다는 확신을 가질 수 있었다.

일반적으로, 질문에 답하거나 문제를 해결하기 위한 절차는 그 설명이 충분히 상세하고 정확하여 원칙적으로 기계나 사람이 지시에 따라 기계적으로 수행할 수 있는 경우 **알고리즘**(*algorithm*)이라고 한다. 구성적 증명은 증명에서 말하는 것을 찾기 위한 알고리즘을 암시적으로 설명한다. 정리 2.4의 경우, 증명은 홀수 $2k+1$이 주어졌을 때 $m^2-n^2=2k+1$이 되도록 정수 m과 n을 구하는 알고리즘을 설명한다.

모든 증명이 구성적인 것은 아니며, 때로는 어떤 것을 찾는 방법을 보여주지 않고도 어떤 것이 존재한다는 것을 보여줄 수 있다. 이러한 증명을 비구성적 증명이라고 한다. 비구성적 증명의 몇 가지 흥미로운 예를 살펴보겠다. 비둘기집 원리의 증명은 어떤 비둘기집에 비둘기가 두 마리 이상 있는지 확인할 수 없어서 비구성적 증명이 될 것이다. 그러나 컴퓨터 과학자들은 어떤 것이 존재한다는 구성적 증명을 통해 그것을 찾는 알고리즘을 얻을 수 있어서 컴퓨터가 수행하도록 프로그래밍할 수 있는 구성적 주장들을 선호한다.[1]

정리 2.4에 대한 마지막 참고 사항이다. 이 증명은 구성적일 뿐만 아니라 요청된 것보다 더 많은 것을 증명한다. 이 증명은 모든 홀수가 두 제곱의 차이라는 것뿐만 아니라, 예제를 살펴보면서 언급했듯이 모든 홀수가 연속된 두 정수의 제곱의 차라는 것을 보여준다. 증명을 마친 후에는 증명하고자 했던 문장을 넘어 흥미로운 정보를 얻을 수 있는지 다시 살펴보는 것이 좋다.

[1] '구성적'이라는 용어의 더 강한 의미는 **구성주의 수학부**(*school of constructive mathematics*)에서 사용되며, 이는 논증이 존재한다고 말하는 것의 구성으로 이어지지 않는 수학적 논증을 허용하지 않는다. 구성주의 수학에서는 명제가 명백히 거짓이라는 사실로부터 그 부정이 필연적으로 참이라는 것을 추론하는 것은 허용되지 않는다. 부정의 진실은 직접적으로 증명되어야 한다. 예를 들어, 구성주의 수학에서는 모순(아래 설명)에 의한 증명과 문제 2.14와 같은 주장을 허용하지 않는다. 컴퓨터 과학자들은 알고리즘을 산출하는 주장을 선호하지만, 일반적으로 구성적인 수학자들이 사용하는 엄격한 의미의 '구성적인 증명'을 주장하지는 않는다. 우리에게 있어서 어떤 것이 참이라는 것을 보여주기 위해서는 그것의 부정이 참이 아니라는 것을 보여주는 것으로 충분하다.

*

수학적 증명의 일반적인 목표는 두 개의 상태가 동치라는 것, 즉 두 번째 진술이 참인 모든 상황에서 한 진술이 참이고 그 반대의 경우도 마찬가지인 것을 증명하는 것이다. 예를 들어 다음 문장을 생각해 보겠다.

> 정수의 제곱은 정수 자체가 홀수인 경우에만 홀수이다.

또는 같은 내용을 좀 더 전통적인 수학적 스타일로 작성할 수도 있다.

정리 2.5 임의의 정수 n에 대해 n^2이 홀수라는 것은 n이 홀수라는 것과 동치이다.

이것은 매우 전형적인 수학적 진술이다. 몇 가지 주목할 만한 점이 있다.

- 변수 n을 사용하여 논의 중인 대상을 참조하므로 동일한 이름을 문장의 다른 부분에서 동일한 대상을 참조하는 데 사용할 수 있다.
- 관례에 따라, 'n'이라는 이름을 사용하면 정수임을 나타낸다. 'x'와 같은 다른 이름을 사용하면 임의의 실수임을 암시할 수 있고, 'p'를 사용하면 소수임을 암시할 수 있다. 암시적인 변수명을 사용하면 수학적으로 변수명의 선택은 관련이 없지만 독자가 문장을 이해하는 데 도움이 된다.

- 변수명이 암시적이긴 하지만, 이 문장은 의미를 전달하기 위해 변수명에 의존하지 않는다. 다른 문맥에서는 'n'이 양수, 음수가 아닌 정수 또는 다른 것일 수 있기에 n이 정수임을 구성적으로 명시한다.
- 이 문장은 설명하는 속성이 모든 정수에 대해 보유한다는 것을 명시하기 위해 한정자(임의의 ... 에 대해)를 사용한다.
- 'n^2이 홀수라는 것은 n이 홀수라는 것과 동치이다(n^2 is odd if and only n is odd).'라는 문장은 실제로는 두 개의 문장이 하나로 합쳐진 것이다.

  1. 'n이 홀수이면 n^2이 홀수이다.', 즉 '만약 n이 홀수이면 n^2은 홀수이다.', 그리고
  2. 'n^2이 홀수이면 n이 홀수이다.' 즉 '만약 n^2이 홀수이면 n은 홀수이다.'

  잠시 동안 'n^2이 홀수이다.'를 p로, 'n이 홀수이다.'를 q로 표현하고, 'only if (오직 ~일 때만)'의 의미에 집중해 보자. 'p only if q'는 'if p, then q'와 같은 의미이다. 좀 더 자세히 설명하면, p가 참이라는 것을 알고 있다면, 그것이 참일 수 있는 유일한 방법은 q도 역시 참이어야 한다는 것이다. 즉, '만약 p이면 q이다.'라는 의미이다.

  'if and only if' 문장은 'p if q'와 'p only if q' 두 문장이 모두 참일 때만 참이다. 또는 우리가 말하듯이, 두 구성요소 p와 q가 동치(equivalent)일 때만 참이다. 'if and only if'라는 구문은 흔히 '*iff*'로 줄여서 표현한다.

두 문장의 동치 증명은 종종 두 가지 증명으로 구성되며, 각 문장이 다른 문장을 함축한다는 것을 보여준다. 정리 2.5의 경우 정수가 홀수이면 그 제곱도 홀수임을 증명하고, 정수의 제곱이 홀수이면 정수 자체도 홀수임을 증명할 것이다. 일반적으로 두 방향의 증명은 서로 매우 다르게 보일 수 있다. 한 방향의 논증이 아무리 어렵더라도 다른 방향도 증명되기 전까지는 동치 증명이 불완전하다!

정리 2.5의 첫 번째 방향('n이 홀수이면 n^2는 홀수')은 다음과 같이 직접 증명으로 나타낸다. 이러한 유형의 증명은 간단하다. 전제가 참이라고 가정하고 거기서부터 결론이 참임을 보여주기 위해 풀어간다. 그러나 두 번째 방향('n^2가 홀수이면 n은 홀수이다.')의 경우, 문제를 약간 다른 방식으로 생각하면 더 쉽다. 직접 증명은 n^2가 홀수라고 가정하고 이 정보로부터 n이 홀수임을 증명하려고 시도하지만, 이를 간단하게 증명할 방법은 없는 것 같다. 대신 n이 홀수가 아닐 때마다, 즉 n이 짝수일 때마다 n^2도 홀수가 아니라는 것을 증명하는 것과 같다.

> **동치 증명**
>
> 만약 및 오직 만약 q이면 p이다 증명하기:
> '만약 q이면 p이다.'를 증명하라. 즉, If q then p.
> '오직 q일 때만 p이다.'를 증명하라. 즉, If p then q.

증명. 먼저 n이 홀수이면 n^2도 홀수임을 보여준다. n이 홀수이면 $n = 2k+1$을 쓸 수 있는데, 여기서 k는 다른 정수이다. 그러면

$$
\begin{aligned}
n^2 &= (2k+1)^2 && (n = 2k+1\text{에 의해}) \\
&= 4k^2 + 4k + 1 && (\text{이항 확장}) \\
&= 2(2k^2 + 2k) + 1 && (\text{첫 두 항을 2로 묶음})
\end{aligned}
$$

j를 정수 $2k^2+2k$라 가정하면, $n^2=2j+1$이므로 n^2는 홀수이다.

다음으로, n^2가 홀수이면 n도 홀수여야 함을 보여준다. 이것이 모든 n에 대해 사실이 아니며, n^2는 홀수이지만 n은 홀수가 아닌 정수라고 가정한다. 홀수가 아닌 정수는 모두 짝수이므로 n은 짝수여야 한다. 이러한 n이 존재할 수 없음을 증명하기 위해서는 n이 짝수라면 n^2도 짝수여야 한다는 것을 보여줘야 한다. 이제 n이 짝수라면, k가 다른 정수인 경우 $n=2k$를 쓸 수 있다. 그러면

$$\begin{aligned} n^2 &= (2k)^2 \qquad (n=2k\text{에 의해}) \\ &= 4k^2 \\ &= 2(2k^2) \end{aligned}$$

j를 정수 $2k^2$라고 하자. 그러면 $n=2j$이므로 n^2는 짝수이다. 즉, 가정('n은 정수이므로 n^2는 홀수이지만 n은 홀수가 아니다.')은 거짓이다. 따라서 '부정은 참이다.'가 n^2홀수이면 n은 홀수이다. ■

이 증명은 정리 2.4의 증명보다 단계가 더 많고 구조도 조금 더 복잡하다. 긴 증명에서는 단계가 서로 일관되게 맞아야 독자가 개별 단계뿐만 아니라 논증의 전체적인 요점을 이해할 수 있다. 예를 들어, 이 증명에서는 독자를 안내하기 위해 논증의 각 부분으로 들어가기 전에 어떤 방향으로 증명할 것인지 발표했다.

더 복잡한 증명은 여러 중간 단계가 있을 수 있다. 중간 단계의 증명이 특히 길거나 어려운 경우, 전체 증명이 너무 길어지지 않도록 해당 단계의 독립적인 증명을 먼저 제시하는 것이 합리적일 수 있다. 중간 단계는 그 자체로 정리가 될 수 있지만, 원래 정리의 맥락을 벗어나 특별히 흥미롭지 않은 경우, 우리는 이를 **보조 정리**(*lemma*)라고 부른다. 반면에 원래 정리가 증명되면 매우 쉽게 증명할 수 있는 흥미로운 결과가 있을 때, 이를 자체 정리로 묶지 않고 **따름 정리**(*corollary*)라고 부르기도 한다. 예를 들어 다음은 정리 2.5의 따름 정리이다.

따름 정리 2.6 n이 홀수이면 n^4도 홀수이다.

증명. $n^4=(n^2)^2$에 주목한다. n은 홀수이므로 정리 2.5에 의해 n^2는 홀수이다. 그런 다음 n^2는 홀수이므로 다시 정리 2.5에 의해 n^4는 홀수이다. ■

정리 2.5 증명의 두 번째 부분에서 우리는 '만약 p이면 q이다.'라는 형태의 함축(implication) 문장을 가지고, 이것을 '만약 q가 아니면 p도 아니다.'라는 동치 형태로 바꾸었다.

이 증명에서 p는 'n^2는 홀수'이고, q는 'n은 홀수'이다. 이 주제에는 몇 가지 다른 변형이 있으므로 이름을 지정하고 식별하는 것이 중요하다.[2]

'만약 p이면 q(if p then q)'라는 의미는 세 가지 방법으로 뒤집을 수 있다. 이(裏,

[2] 여기서는 명제, 즉 개별적으로 참 또는 거짓이 될 수 있는 진술을 표현하기 위해 'p'와 'q'와 같은 변수를 처음으로 사용한다. 9장에서는 이러한 명제 변수에 대한 계산, 즉 명제 논리라는 시스템을 다룬다. 지금은 명제 변수를 사용하여 명제가 어떻게 결합될 수 있는지 설명하는 데 도움이 된다.

> **문장 변형**
>
> $s =$ 'if p, then q'
> q if p (s와 동치)
> p only if q (s와 동치)
>
> 대우:
> if not q, then not p
> (s와 동치)
>
> 이:
> if not p, then not q
> (s와 동치가 아님.)
>
> 역:
> if q, then p
> (s와 동치가 아니지만, 이의 대우이므로 이와 동치)

inverse)는 단순히 두 부분을 모두 부정하면 얻을 수 있는 문장이다. '만약 p가 아니면 q도 아니다(if not p then not q).', 역(逆, converse)은 순서를 바꾸면 얻을 수 있는 문장이다. '만약 q이면 p이다(if q then p).' 대우(對耦, contrapositive)는 순서를 바꾸고 모두 부정하면 얻을 수 있는 문장이다. '만약 q가 아니면 p도 아니다(if not q then not p).'

어떤 진술의 대우는 논리적으로 상태가 동일하므로, 우리는 항상 다른 것을 증명함으로써 하나를 증명할 수 있으며, 이는 위에서 보았듯이 모순으로 진술을 증명하는 것과 같다. 그래서 'n^2가 홀수이면 n은 홀수이다.'를 증명하는 대신 'n이 홀수가 아니면 n^2은 홀수가 아니다.'를 증명하는 것이 타당하며, 각각은 서로 대우관계이다.

하지만 역과 이는 원래 문장과 동일하지 않다는 점에 유의하라. 예를 들어, 위의 증명에서 'n이 홀수이면 n^2도 홀수이다.'와 'n^2이 홀수이면 n도 홀수이다.'를 모두 증명해야 했는데, 이 두 문장은 서로의 역이며 논리적으로 동치가 아니다.

우리는 문장의 다른 변환을 하나 더 사용했다. 상태 p의 **부정**(*negation*)은 p가 거짓이라는 진술, 즉 'p가 아니다.'라는 진술이다. 따라서 'n은 홀수이다.'의 부정은 사실상 'n은 짝수이다.'이다. 그리고 '만약 p이면, q이다.'의 대우는 '만약 q의 부정이면, p의 부정이다.'이다.

*

수학적 언어를 사용하면 아이디어를 더 포괄적이고 정확하게 표현할 수 있지만, 추상화가 심하면 혼란을 일으킬 수도 있다. 이런 식으로 아이디어를 표현할 때는 우리의 진술이 의미가 있는지 특별히 주의해야 한다. 증명에서는 모든 단계가 이전 단계로부터 이어져야 하므로 비판적으로 생각해야 한다! 예를 들어, $1 = 2$ 라는 다음의 가짜 '증명'을 생각해 보라.

$a = b$라고 가정하면 다음과 같이 작성할 수 있다.

$a^2 = ab$	(양변에 a를 곱함)
$a^2 - b^2 = ab - b^2$	(양변에 b^2을 뺌)
$(a+b)(a-b) = b(a-b)$	(양변을 인수분해)
$(a+b) = b$	(양변을 $a-b$로 나눔)
$2b = b$	($a = b$이므로 좌변 a에 b를 대입)
and therefore $2 = 1$	(양변을 b로 나눈 결과)

어디가 잘못되었을까? 우리는 분명히 가능한 가정($a = b$)에서 시작하여 명백히 불가능한 결론에 도달했으므로, 이 증명의 어느 시점에서 논리적으로 말이 되지 않는 단계를 밟았을 것이다.

세 번째 줄에서 네 번째 줄로 이동할 때 결함이 발생했다. 우리는 $a = b$로 규정했기 때문에 $a-b$로 나눌 때 실제로는 0으로 나눴는데, 이는 유효한 산술 연산이 아니다. 그래서 그 시점에서 논리가 엉망이 됐고 나머지도 마찬가지로 비논리적이 되었다. 증명을 작성할 때는 이러한 실수를 피하려고 기호 뒤에 숨은 의미를 염두에 두는 것이 중요하다.

*

$2 = 1$이라는 가짜 증명에서 우리는 증명처럼 보이지만 실제로는 그렇지 않은 것을 제시했다. 모순이 발생했기 때문에 어디선가 실수가 있었다는 것을 알았고, 그 실수를 역추적하여 논증에서 실수가 어디에 있는지 알아내야 했다. 이러한 종류의 추론, 즉 논증에 오류가 있다는 것을 의미하는 모순을 도출하는 것은 실제로 매우 유용한 증명 기법이다. 실제로 우리는 이미 정리 2.5의 증명의 두 번째 부분에서 모순에 의한 증명의 예를 보았다.

모순에 의한 증명은 증명하고자 하는 상태의 부정을 가정하는 것에서 시작된다. 그 과정에서 논리적 오류 없이 모순을 도출할 수 있다면, 논증에서 잘못되었을 수 있는 것은 논증의 시작 방식뿐이다. 진술의 부정을 가정하면 모순이 발생하므로 진술은 실제로 참이어야 한다.

다른 예로, 모순 증명을 사용하여 $\sqrt{2}$가 **무리수**(*irrational number*)라는 것을 증명한다. 언제나 그렇듯이 가장 먼저 해야 할 일은 우리가 논의하고 있는 문장을 이해하는 것이다. **유리수**(*rational number*)는 두 정수의 비율로 표현할 수 있는 수이다. 예를 들어, 1.25는 다음과 같이 표현할 수 있으므로 유리수 $\frac{5}{4}$(또는 $\frac{125}{100}$, 또는 많은 다른 방법으로)이다. 어떤 무리수가 유리수가 아니라면, 이는 두 정수의 비율로 표현할 수 없는 경우이다.

> 모순에 의한 증명
>
> p를 모순으로 증명하려면,
> p를 **거짓**(*false*)이라 가정.
> 모순을 도출함.
> 결론적으로 p가 반드시 참이어야 함.

우리는 $\sqrt{2}$가 무리수인 것을 직접 증명할 수는 있지만, 어떻게 진행해야 할지(또는 어디서부터 시작해야 할지!) 알 수 없다. 대신 그 진술이 사실이 아니면 어떤 일이 일어날지 생각해 보고, 그 가정이 논리적으로 모순되는 결과가 있는지 살펴보자.

정리 2.7 $\sqrt{2}$는 무리수이다.

증명. 모순을 도출하기 위해 진술이 거짓이라고 가정한다. 즉, $\sqrt{2}$는 무리수가 아니다. 즉, $\sqrt{2}$가 유리수라는 의미이다. 달리 말하면, 두 정수의 비율이다. 따라서 어떤 정수 a, b에 대해 $\sqrt{2} = \frac{a}{b}$라 하고, a와 b 중 적어도 하나는 짝수인 경우를 가정한다. 둘 다 짝수이면 각각을 2로 나누면 값은 같지만 분자와 분모가 더 작은 분수를 얻을 수 있으므로 이 추가 가정(a와 b 중 적어도 하나가 짝수인 경우)은 안전하다.

$$\frac{a}{b} = \frac{a/2}{b/2}$$

‘일반성을 잃지 않고(Without loss of generality, WLOG)’란 어떤 간단한 논증이나 대칭성에 있어서 더 구체적인 상황이 더 일반적인 상황과 동치라는 것을 의미한다.

이 단계를 충분히 반복하면 분자나 분모 중 하나가 홀수이거나 모두 홀수인 비율을 구할 수 있다. 따라서, 우리는 *일반성을 잃지 않고* $\sqrt{2} = \frac{a}{b}$ 이며, 둘 중 하나는 최소한 홀수임을 가정할 수 있다. 이제, $\sqrt{2} = \frac{a}{b}$ 에서 양변에 b를 곱하면 $b \cdot \sqrt{2} = a$ 양변을 제곱하면 다음 식을 얻는다.

$$2b^2 = a^2 \tag{2.8}$$

따라서, a^2은 2로 나눌 수 있다. 즉, a^2는 홀수가 아니므로 정리 2.5에 따르면 a는 홀수가 아니다. 달리 말하면, a는 2로 나눌 수 있다. 이는 $a = 2k$와 같이 작성할 수 있으며, k는 다른 정수가 되므로 식 (2.8)은 다음과 같이 쓸 수 있다.

$$2b^2 = (2k)^2 = 4k^2$$

양변을 2로 나누면 $b^2 = 2k^2$이 된다. 따라서 b^2는 짝수이므로 b는 그 자체로 짝수여야 한다. 이제 우리는 a와 b가 모두 짝수인 것을 보여주었으며, 이는 a와 b 중 하나가 짝수라는 우리의 가정과 모순된다! 따라서 $\sqrt{2}$ 는 반드시 무리수이며, 우리는 이를 증명하였다. ■

*

증명할 명제를 작은 덩어리로 나누고, 이를 다시 조립하여 논증을 완성할 수 있다면 증명을 개발하는 것이 더 쉬워질 때가 있다. 15쪽의 정리 2.5의 증명에서 ‘만약 그리고 오직 만약’이라는 문을 두 개의 함축으로 나누고 각각을 따로 증명한 것이 그 간단한 예이다. 이 접근법을 사용하는 또 다른 증명 방법은 **사례 분석**(*case analysis*)이라고 하는데, 클래스에 대한 일반적인 문장을 여러 하위 클래스에 대한 문장으로 세분화하는 것이다. 가능한 각 종류의 엔티티에 대한 진술을 개별적으로 증명할 수 있다면 원래의 일반적인 진술은 참이어야 한다. 7쪽에서 간단한 사례 분석을 보았는데, 첫 번째 k개의 소수 $p_1, \ldots, p_k$보다 큰 소수를 찾으려고 할 때 $(p_1, \ldots, p_k)+1$이 소수 그 자체이거나 어떤 소수 p_i보다 큰 소인수를 가지며 어느 쪽이든 원하는 결과가 나온다는 것을 주장했다. 다음 예는 좀 더 복잡한 사례 분석을 활용한다.

예제 2.9 6명으로 구성된 어떤 그룹에서 3명은 서로 아는 사이이거나 3명은 서로 모르는 사이임을 보여라. (‘안다는 것’은 대칭적이다. A가 B를 알고 있다면, B는 A를 알고 있다.)[3]

[3] 이 정리는 양화 논리(quantificational logic) 문제를 연구하던 중 이 정리를 처음 증명한 수학자이자 철학자인 프랭크 램지(1903~30)의 이름을 딴 **램지 이론**(*Ramsey theory*)으로 알려졌으며, 수학의 전체 하위 분야에서 최초이자 가장 간단한 결과이다.

풀이. 먼저 6명 중에서 임의의 사람 X를 선택한다. 나머지 5명 중 X가 아는 사람이 3명 이상이거나 X가 모르는 사람이 3명 이상이어야 한다(문제 2.15 참조). 어느 것이 참인지에 따라 이 주장은 두 가지 주요 경우로 나뉘며, 각 경우에는 두 개의 하위 경우가 있다.

경우 1. X는 최소 3명을 알고 있다. 그런 다음 이 세 사람 사이의 관계를 고려한다. 이들 중 2명이 서로를 모르는 경우, 이들은 서로를 모르는 3명의 집합을 형성한다. 그 중 2명이 서로를 알고 있다면, 그 2명과 X는 서로를 알고 있는 3명의 집합을 형성한다.

경우 2. X가 모르는 사람이 3명 이상 있다. X가 모르는 3명의 사람을 생각해 보자. 이 3명이 서로를 알고 있다면, 이들은 서로를 아는 3명의 집합을 형성한다. 그렇지 않으면 2명은 서로를 모르고, 그 2명과 X는 서로를 모르는 3명의 집합을 형성한다. ■

이 증명에서 경우 2의 주장은 경우 1의 주장과 매우 유사하게 들리지만, '알다'와 '모른다'로 역할이 뒤바뀌었다. 사실, 두 주장은 서로 자리를 바꾼 것을 제외하면 동일하다. 이 예는 일반적으로 사용되는 또 다른 증명 기법인 **대칭성**(*symmetry*)을 보여준다.

주장에 있어서 대칭성은 그림 2.1에 설명되어 있는데, 이 그림은 16장부터 18장까지 광범위하게 공부할 다이어그램의 일종인 그래프를 보여준다. $A, B, \ldots, F$는 6명의 사람을 나타내며, 그 중 두 사람이 서로 아는 사이라면 파란색 선으로 연결되고, 모르는 사이라면 빨간색 선으로 연결된다. 따라서 X가 그림의 E와 같이 다른 3명을 알고(파란색 선으로 연결) 있는 사람인 경우 경우 1이 적용되고, X가 그림의 A와 같이 다른 3명을 모르고(빨간색 선으로 연결) 있는 사람인 경우 경우 2가 적용된다. 주장들은 파란색과 빨간색의 역할이 뒤바뀌는 것을 제외하고는 완전히 대칭이다. 나중에 정의될 언어를 예상해 보면, 정점이 6개이고 각 정점 쌍 사이에 가장자리가 있는 그래프에서 가장자리가 두 가지 색상 중 하나를 갖는다면 그래프에는 단색(단일 색상) 삼각형이 포함된다고 말할 수 있다(그림 2.1에서 E, B, D는 이러한 삼각형을 형성한다).

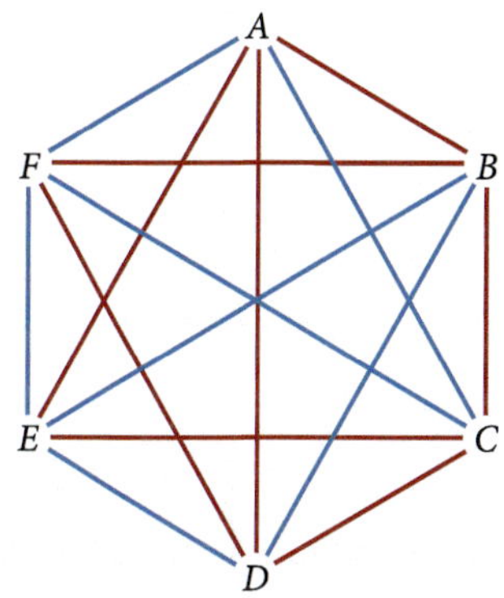

그림 2.1 6명의 관계를 나타내는 그래프로, 파란색 선은 서로 아는 쌍을 연결하고 빨간색 선은 모르는 쌍을 연결한다.

대칭이 확인되면 본질적으로 동일한 주장들을 두 번 제시할 이유가 없다. 대신, 사례 2의 경우 "X가 모르는 사람이 3명 이상이라면 '아는 사람'과 '모르는 사람'의 역할이 뒤바뀌는 대칭적인 논증이다."라고 말할 수 있다. 대칭을 이용한 논증은 대칭을 이용하지 않은 논증보다 더 짧으면서도 더 많은 것을 드러낼 수 있다! 단색 삼각형은 서로 아는 사람 3명 또는 모르는 사람 3명을 나타낼 수 있으므로 대칭이 확인되면 결과의 진술도 더 간단해진다.

요약

- **증명**(*proof*)은 하나 이상의 전제로 시작하여 논리적 규칙을 사용하여 결론을 도출하는 공식적이고 일반적이며 정확한 수학적 논증이다.

- **한정자**(*quantifiers*)는 'for all', 'for any', 'for every', 'for some', 'there exists' 등의 술어의 범위를 지정한다.
- **술어**(*predicate*)는 하나 이상의 주장을 취하는 명제의 템플릿으로, 술어 자체는 참도 거짓도 아니지만 특정 인자에 적용될 때 참 또는 거짓 값을 취한다.
- **구성적 증명**(*constructive proof*)은 존재한다고 주장되는 것을 찾는 방법을 보여준다. 비구성적 증명은 어떤 것을 찾는 방법을 보여주지 않고 존재한다는 것을 증명하는 것이다.
- **알고리즘**(*algorithm*)은 컴퓨터와 같이 기계적으로 수행할 수 있는 상세하고 정확한 절차를 말한다.
- 두 문장이 **동치**(*equivalent*)라는 것을 증명하려면 각 방향을 개별적으로 증명하는 것이 가장 쉬운 경우가 많다. 즉, 'q if and only if p'를 증명하려면 'if p then q'와 'if q then p'를 증명하면 된다.
- **직접 증명**(*direct proof*)은 전제가 참이라고 가정하는 것으로 시작하여 그 가정을 바탕으로 결론을 도출하는 것이다.
- **모순에 의한 증명**(*proof by contradiction*)은 진술이 거짓이라고 가정하는 것으로 시작하여 그 가정을 바탕으로 모순을 도출한다.
- 'if p then q'라는 문장의 경우, **대우**(*contrapositive*)는 'if not q then not p'이다. **이**(*inverse*)는 'if p가 아니라면 q가 아니다.'이다. **역**(*converse*)은 'if q then p'이다. 문장 p의 **부정**(*negation*)은 'not p'이다.
- 문장과 그 대우는 동치이다(하지만 이와 역은 원래 문장과 동치가 아니다). 따라서 어떤 문장을 증명하려면 그 대우만 증명하면 충분하다.
- **사례 분석**(*case analysis*)은 일반적인 진술을 모든 가능성을 모두 고려한 제한된 진술로 나눈 다음 다양한 사례를 개별적으로 증명하는 방식으로 증명한다.
- 대칭성으로부터 나온 주장은 거의 동일한 주장을 반복하는 것을 피할 수 있다.

문제

2.1 앞서 정의한 용어에서, -1은 홀수인가? 맞거나 틀리면 그 이유는 무엇인가?

2.2 다음 문장의 이, 역, 대우를 작성하라: 비가 오면 우산을 가져간다.

2.3 두 홀수의 곱이 홀수임을 증명하라.

2.4 $\sqrt{3}$이 무리수임을 증명하라.

2.5 $\sqrt[3]{2}$가 무리수임을 증명하라.

2.6 양의 정수 n에 대해 $\sqrt{n}$이 정수이거나 무리임을 증명하라.

2.7 공정한 7면체 주사위, 즉 어느 한 면에 떨어질 확률이 똑같이 높은 일곱 면을 가진 다면체가 있음을 보여라. 힌트: 엄격하고 수학적인 증명이 아니고, 비슷한 기하학적 모양을 가진 물리적 물체의 속성에 대한 직관에 의존하고, 물리적 물체가 갖는 차원으로 확장하라.

2.8 모든 짝수의 제곱수를 4로 나눌 수 있음을 증명하라.

2.9 (a) 증명하거나 반례를 제시하라. c와 d가 제곱수이면, cd는 제곱수이다.
(b) 증명하거나 반례를 제시하라. cd가 제곱수이고 $c \neq d$이면, c와 d는 제곱수이다.
(c) 증명하거나 반례를 제시하라. c와 d가 $c > d$인 제곱수이고 $x^2 = c$, $y^2 = d$라면, $x > y$가 된다(x, y는 정수라고 가정한다).

2.10 $17n+2$가 홀수이면 n은 홀수임을 모순으로 증명하라.

2.11 다음 '증명'을 비판하라.

$$
\begin{aligned}
&x > y \\
&x^2 > y^2 \\
&x^2 - y^2 > 0 \\
&(x+y)(x-y) > 0 \\
&x+y > 0 \\
&x > -y
\end{aligned}
$$

2.12 'if p, then q'의 대우는 무엇인가? 이와 동치이면서 더 간단한 문장은 무엇일까?

2.13 다음 문장을 정량화 및 의미 측면에서 작성하라. '양수', '실제', '소수'라는 용어는 이해했다고 가정할 수 있지만, '짝수'와 '서로 다른'은 문장에서 표현해야 한다. (a) 모든 양의 실수에는 두 개의 서로 다른 제곱근이 있다. (b) 모든 양의 짝수는 두 소수의 합으로 표현할 수 있다.[4]

[4] 이것은 **골드바흐의 추측**(*Goldbach's conjecture*)으로 알려져 있다. 사실인지 거짓인지 알려지지 않았다.

2.14 x^y가 유리수가 되는 어떤 무리수 x, y가 있음을 비구성적 논증을 통해 증명하라. 힌트: 숫자 $\sqrt{2}^{\sqrt{2}}$를 상정하고, 이 수가 유리수인 경우와 무리수인 경우로 분석하라. 후자의 경우 $\sqrt{2}$승으로 수행하라.

2.15 1장에서 배운 개념을 사용하여, 예제 2.9의 증명에서 한 개인 X가 선택되면 '나머지 5명 중 X가 아는 사람이 적어도 3명, 또는 X가 모르는 사람이 적어도 3명이어야 한다.'는 단계를 설명하라.

Chapter

3 수학적 귀납법에 의한 증명

2의 첫 n 거듭제곱까지의 합은 얼마인가?

언제나 그렇듯이, 이런 문제를 푸는 첫 번째 단계는 문제의 내용을 이해하는 것이다. 2의 거듭제곱이란 무엇인가? 이는 2^3과 같은 수, 즉 8인데, 2라는 숫자를 어떤 정수로 그 크기를 키운 것처럼 보인다. 그렇다면 n은 무엇인가? 그것에 대해서는 아무 말도 없다! 따라서 n은 질문의 나머지 부분이 설명되는 그 어떤 것이 될 수 있다. 이 질문은 무언가를 더해 올리는 것에 관해 이야기하고 있다. n은 합산되는 무언가의 수이다. 따라서 'n'은 10과 같이 정수를 나타내는 변수이어야 한다. 마지막으로, 2의 '첫 번째' n 거듭제곱이 무엇인지 확인해야 한다. 2의 '첫 번째' 거듭제곱은 2^0과 같을까, 아니면 2^1과 같을까, 아니면 다른 것일까? 컴퓨터 과학에서는 0부터 계산을 시작하는 경우가 많다.

n의 값을 알고 있다면 답을 계산할 수 있다. 예를 들어, $n = 10$인 경우 질문은 다음 값을 묻고 있다.

$$2^0 + 2^1 + 2^2 + 2^3 + 2^4 + 2^5 + 2^6 + 2^7 + 2^8 + 2^9$$
$$= 1 + 2 + 4 + 8 + 16 + 32 + 64 + 128 + 256 + 512$$

이는 1023으로 밝혀졌다.

하지만 n이 10인 경우에만 합계를 원하지 않는다. 질문은 변수 n에 대한 것이므로 해당 변수를 참조하는 어떤 형태로든 답을 원한다. 즉, n의 모든 값에 대해 작동하는 일반적인 수식으로 답을 원한다. 구성적으로 다음 값에 대한 식을 원한다.

$$2^0 + 2^1 + 2^2 + \ldots + 2^{n-1}$$

합의 각 요소를 **항**(*term*)이라고 하므로 위의 합에서 항은 $2^0, 2^1, \ldots, 2^{n-1}$이다. 마지막 항은 2^n이 아니라 2^{n-1}이다. 0에서 계산을 시작했으므로 2의 n 거듭제곱 중 n은 $0, 1, 2, \ldots, n-1$이며 항 중 마지막 항은 2^{n-1}이다.

세 개의 점 '...'을 줄임표라고 한다. 이것은 독자에게 분명하게 하는 패턴을 암시한다. 그러나 분명함은 보는 사람의 마음 속에 있으며 작성자의 의도와 일치하지 않을 수 있다. 우리가 가진 것이 이 공식뿐이라면 생략된 용어가 무엇인지, 심지어 몇 개가 있어야 하는지 명확하게 알 수 있을까?

$$1+2+4+\ldots+512 \tag{3.1}$$

그렇지 않다. 앞서 2의 거듭제곱에 대해 논의하고 있다고 명시했지만, 생략형 식 (3.1)만 있다면 누락된 항이 무엇인지 추정할 수 있는 방법은 여러 가지가 있을 것이다. 두 번째 항은 첫 번째 항보다 1이 더 많고, 세 번째 항은 두 번째 항보다 2가 더 많다는 식일 수도 있다. 이 경우 네 번째 항은 세 번째 항보다 3이 더 많은, 즉 7이 된다. 그렇다면 식의 의도가 다음과 같을 수도 있다.

$$1+2+4+7+11+16+\ldots+512\ ??? \tag{3.2}$$

또는

$$1+2+4+8+16+32+\ldots+512$$

512가 식 (3.2)와 같은 수열에서 실제로 마지막 숫자가 될 수 있는지 알아내려면 약간의 작업이 필요하다(문제 3.10 참조).

이와 같은 상황에서 모든 모호함을 피하는 방법은 일반적인 용어의 표현을 찾고 '합계 표기법'을 사용하여 어떤 용어를 더해야 하는지 표시하는 것이다. 일반적인 2의 거듭제곱은 2^i처럼 보인다. n은 합산할 항의 수를 나타내는 용도로 사용되고 있으므로 지수로 n과 다른 변수를 선택해야 한다. 그러면 해당 형식의 처음 n개 항의 합은 다음과 같이 명확하게 작성할 수 있다.

$$\sum_{i=0}^{n-1} 2^i \tag{3.3}$$

Σ 기호는 '합계'를 의미하는 그리스 대문자 시그마이다.

생략형 표기법과 달리 합계 표기법은 상상에 의존하지 않는다. n이 1이거나 n이 0인 경우에도 의미가 있다. n이 1이면 식 (3.3)은 다음과 같이

$$\sum_{i=0}^{1-1} 2^i = \sum_{i=0}^{0} 2^i = 2^0 = 1$$

라는 한 항의 합이다. n이 0일 때 합계의 상한은 하한보다 작으므로 식 (3.3)은 0 항들의 합이 되며, 관례에 따라 0이 된다.

$$\sum_{i=0}^{0-1} 2^i = \sum_{i=0}^{-1} 2^i = \text{빈 합} = 0$$

다른 예를 들어, 처음 n개의 홀수의 합은 어떻게 쓸 수 있을까? 홀수는 모두

$2i+1$ 형식이고, 첫 번째 홀수는 1이며, $i=0$일 때의 $2i+1$이다. 따라서 처음 n개의 홀수의 합은 다음과 같다.[1]

$$\sum_{i=0}^{n-1}(2i+1)$$

[1] 이 공식 내부에 '$(2i+1)$'과 같이 괄호를 넣는 이유는 합이 전체 표현식에 적용되는지, 아니면 $2i$라는 용어에만 적용되는지 모호해지기 때문이다. 이 표현식은 다음과 상당히 다른 값을 갖는다.

$$\left(\sum_{i=0}^{n-1}2i\right)+1$$

이제 이 장의 시작 부분의 질문으로 돌아가 보겠다. 점이나 합산 기호 없이 식 (3.3)과 같은 간단한 공식을 찾을 수 있을까?

이와 같은 질문에 직면했을 때 가장 먼저 해야 할 일은 (질문을 이해했다고 확신한 후) 다음과 같은 몇 가지 예를 통해 참일 수 있는 이유를 명확히 시도해 보는 것이다. 이는 정리 2.4를 증명할 때 사용한 것과 같은 전략이다. $n=1, 2, 3$을 입력해 보자.

$$\sum_{i=0}^{1-1}2^i=2^0=1$$

$$\sum_{i=0}^{2-1}2^i=2^0+2^1=1+2=3$$

$$\sum_{i=0}^{3-1}2^i=2^0+2^1+2^2=1+2+4=7 \tag{3.4}$$

값 1, 3, 7은 2의 연속제곱인 2, 4, 8보다 1이 작은 값들이다. 가설을 세우기 전에 한 번 더 시도해 보는 것이 좋다.

$$\sum_{i=0}^{4-1}2^i=2^0+2^1+2^2+2^3=1+2+4+8=15 \tag{3.5}$$

그리고 15는 2의 다음 거듭제곱인 16보다 1이 적다. 아직 증명된 것은 없지만 이 패턴은 우연이라고 하기에는 너무 규칙적으로 보인다. 다음과 같이 추측해 보자.

$$\sum_{i=0}^{n-1}2^i=2^n-1 \tag{3.6}$$

우항이 $2^{n-1}-1$이 되어야 할까, 아니면 $2^{n+1}-1$이 되어야 할까? 확실히 하기 위해 $n=4$를 입력해 보자. $n=4$인 경우 식 (3.6)의 좌항은 식 (3.5)와 같은 15이고, 식 (3.6)의 우항은 $2^4-1=15$이다. 따라서 식 (3.6)은 좋은 추측으로 보인다. $n=0$의 경우에도 적용된다.

$$\sum_{i=0}^{0-1}2^i=0=2^0-1 \tag{3.7}$$

좌항에서, 끝값에 해당하는 i가 시작 값에 해당하는 i보다 작으므로, 0 항의 합을 나타내고, 이는 0이다.

하지만 이는 아직 증명되지 않았다. 이제 진정한 통찰력이 필요하다. 식 (3.4)에서 식 (3.5)가 나오는 데에는 이유가 있다. 만약, 2^3-1에 2^3을 더하면 결과는 $2^3+2^3-1=2\cdot 2^3-1=2^4-1$이 된다.

그리고 일반적으로 같은 거듭제곱 2를 더하면 다음 거듭제곱 2가 나온다는 것은 참이다. 따라서 주어진 값 n에 대해 식 (3.6)이 참이라는 것을 알고 있다고 가정해 보겠다.

그림 3.1 수학적 귀납을 위한 사다리 은유. **(기본 단계)** 만약 사다리 밑에서부터 각 계단을 올라갈 수 있으며, **(귀납 가설)** 임의의 사다리 계단에 도달한다고 가정하고, **(유도 단계)** 다음 계단을 오르고, **(결론)** 어떤 계단이든 도달할 수 있다.

귀납적 증명에서 이러한 가정을 **귀납 가설**(*induction hypothesis*)이라고 한다. **유도 단계**(*induction step*)라고 하는 증명의 핵심은 귀납 가설이 참이면 다음 값, 즉 n이 $n+1$로 대체될 때에도 동일한 주장이 성립한다는 것을 증명하는 것이다. 유도 단계의 증명은 다음과 같다.

$$\begin{aligned}\sum_{i=0}^{(n+1)-1} 2^i &= \sum_{i=0}^{n} 2^i \\ &= \left(\sum_{i=0}^{n-1} 2^i\right) + 2^n && \text{(마지막 항 분리)} \\ &= 2^n - 1 + 2^n && \text{(귀납 가설에 의해)} \\ &= 2^{n+1} - 1 && \text{(식 } 2^n+2^n=2^{n+1}\text{에 따라)}\end{aligned}$$

이는 n 대신에 $n+1$을 사용할 때 식 (3.6)이 약속하는 것과 정확히 일치한다.

이것은 수학적 귀납에 의한 증명의 전형적인 예이다. '귀납'이라는 용어는 n이라는 한 값에 대한 진술의 진리가 다음 값인 $n+1$에 대한 동일한 진술의 진리를 암시한다는 개념을 말한다. 따라서 어떤 값에 대한 진술의 진리를 증명할 수 있다면, 사다리의 한 단에서 다음 높은 단으로 올라가는 확실한 방법이 있다면 도달할 수 있는 첫 번째 단 위의 모든 단에 도달할 수 있는 것과 같은 방식으로 더 큰 값에 대해서도 참이라는 것을 알 수 있다(그림 3.1).

다음은 수학적 귀납법에 의한 증명의 일반적인 형태이다(그림 3.2).

특정 숫자 n보다 크거나 같은 모든 숫자 n에 대해 술어 $P(n)$이 성립됨을 증명하려면 특정 숫자 n_0에 대해,

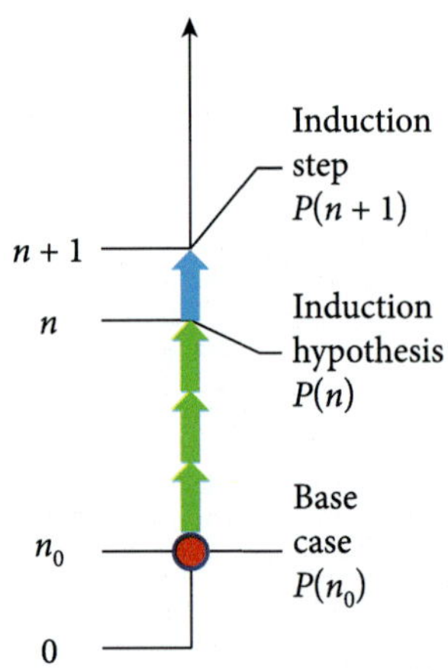

그림 3.2 수학적 귀납의 원리. 기본 단계에서 시작하여($P(n_0)$, 빨간색), $P(n)$이 참임을 보이고(초록색 끝 값), $P(n+1)$ 또한 참임을 보인다(파란색 값).

기본 단계. $P(n_0)$를 증명

귀납 가설. n_0보다 크거나 같은 임의의 고정된 숫자 n에 대한 $P(n)$을 가정

유도 단계. 가정된 귀납 가설에 따라 $P(n+1)$을 증명

이 방식을 적용하여 식 (3.6)에 대한 적절한 증명을 제공하고, 일반적인 술어라고 생각한 것이 무엇인지 알아내기 위해 모든 특수한 경우와 추측을 제외한다.

예제 3.8 어떤 $n \geq 0$인 경우,

$$\sum_{i=0}^{n-1} 2^i = 2^n - 1$$

풀이. 유도 방식에서 $P(n)$은 다음과 같은 술어이다.

$$\sum_{i=0}^{n-1} 2^i = 2^n - 1$$

그리고, $n_0 = 0$일 때.

기본 단계. $P(0)$은 다음과 같다.

$$\sum_{i=0}^{0-1} 2^i = 2^0 - 1$$

위 식의 방정식은 좌변과 우변이 모두 0이므로 참이다[식 (3.7) 참조].

귀납 가설. 귀납 가설은 $P(n)$이며,

$$\sum_{i=0}^{n-1} 2^i = 2^n - 1$$

식에서, $n \geq 0$인 고정된 임의의 값이다.

유도 단계. $P(n+1)$이 성립됨을 증명해야 하며,

$$\sum_{i=0}^{n} 2^i = 2^{n+1} - 1 \tag{3.9}$$

식 (3.9)의 좌변에서 합산의 마지막 항을 분리하고 나타내면 다음과 같다.

$$\sum_{i=0}^{n} 2^i = \left(\sum_{i=0}^{n-1} 2^i\right) + 2^n$$

$\sum_{i=0}^{n-1} 2^i$는 식 (3.9)의 $2^n - 1$과 정확히 일치하므로, 다음의 등식만 성립시키면 된다.

$$(2^n - 1) + 2^n = 2^{n+1} - 1$$

위 식은 $2^n + 2^n = 2^{n+1}$에 의해 참이다. ■

*

수학적 귀납에 의한 증명 기법은 다음 예시에서 볼 수 있듯이 매우 다양하고 강력하다.

예제 3.10 어떤 $n \geq 0$인 경우,

$$\sum_{i=1}^{n} i = \frac{n \cdot (n+1)}{2} \tag{3.11}$$

풀이. $P(n)$이 다음과 같은 술어를 나타낼 때,

$$\sum_{i=1}^{n} i = \frac{n \cdot (n+1)}{2} \tag{3.12}$$

기본 단계. $n_0 = 0$인 $P(0)$의 경우 왼쪽의 합은 비어 있으므로 0이라는 값을 가지며, 오른쪽의 식은 $\frac{0 \cdot (0+1)}{2}$ 이므로 값은 0이 된다.

귀납 가설. $P(n)$을 가정하면 다음과 같다.

$$\sum_{i=1}^{n} i = \frac{n \cdot (n+1)}{2}$$

식에서, $n \geq 0$이 고정되고 임의의 값이다.

유도 단계. $P(n+1)$을 증명해야 한다.

$$\sum_{i=1}^{n+1} i = \frac{(n+1) \cdot (n+2)}{2}$$

다시 한번 좌변의 마지막 항을 분리하면 귀납 가설을 활용할 수 있다.

$$\begin{aligned}
\sum_{i=1}^{n+1} i &= \left(\sum_{i=1}^{n} i\right) + (n+1) \\
&= \frac{n \cdot (n+1)}{2} + (n+1) \quad \text{(귀납 가설에 의해)} \\
&= (n+1) \cdot \left(\frac{n}{2} + 1\right) \\
&= \frac{(n+1) \cdot (n+2)}{2}
\end{aligned}$$

■

때로는 공식적인 증명만으로는 직관을 전달하기에 충분하지 않을 수 있다. 원하는 결과를 얻기 위해 기호를 조작한 후에도 그 진술이 왜 참인지 여전히 명확하지 않을 수 있다. 구성적 해석이 더 만족스러울 수 있다. 식 (3.12) (그리고 합과

관련된 다른 많은 문제)의 경우, 격자 타일을 상상하는 것이 좋은 기하학적 해석이다.

그림 3.3은 $n=5$인 경우의 식 (3.12)를 기하학적으로 표현한 것이다. 첫 번째 행에는 검은색 타일이 n개 있고, 다음 행에는 $n-1, \ldots$으로 감소하면서 1이 될 때까지 검은색 타일이 있다. 따라서, 검정 타일의 수는 $\sum_{i=1}^{n} i$가 된다. 그러나, 또 다른 방법으로 값을 계산할 수 있다. 격자는 $n+1$ 길이와 n 높이를 가지며, 절반에 해당하는 타일이 검정(검정 모양과 빨간 모양을 비교하여 같다면, 그저 돌려 보면 됨)이고, 따라서 검정 타일의 수는 사각형의 절반에 해당하는 영역이며 $\frac{n\cdot(n+1)}{2}$이다.

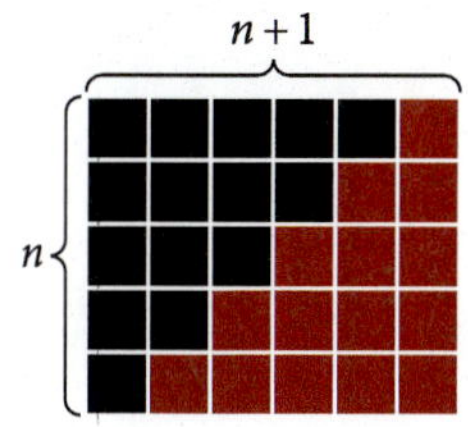

그림 3.3 검정 타일이 얼마나 있나? 두 가지 방식으로 헤아릴 수 있다. 1, …, n까지를 더하거나 격자 전체의 절반에 해당하는 구역을 상정하면 이 값들은 서로 같다.

유도 단계를 기하학적으로 해석할 수도 있다. 유도 단계의 귀납 가설에 따르면 $\sum_{i=1}^{n} i=\frac{n\cdot(n+1)}{2}$이다. 유도 단계에 따라 추가적인 $n+1$에 해당하는 사각형을 얻으려면 $\frac{(n+1)\cdot(n+2)}{2}$를 전체에서 수행한다. 그림 3.4는 $(n+1)\times(n+2)$ 격자에서 좌 상단 절반은 검정 및 회색이고, 우 하단 절반은 빨간색이다. 그림 3.4의 검정 사각형은 그림 3.3에 표시된 것처럼 정확히 일치한다. 대각선에 있는 추가 $n+1$ 회색 사각형과 함께 새로운 $(n+1)\times(n+2)$ 격자의 절반을 차지한다.

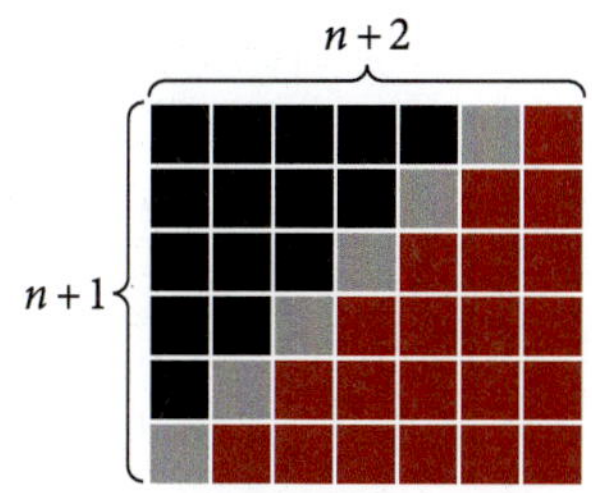

그림 3.4 길이 $n+1$이고 높이 n으로 절반을 덮는 격자에서 시작하여, $n+1$의 회색 사각형을 추가하는 것으로 길이 $n+2$면서 높이 $n+1$인 새로운 격자를 구성할 수 있다.

*

때때로 일련의 값의 합이 아닌 곱으로 표현하고 싶을 때가 있다. 그리스 대문자 파이를 사용하여 합과 유사한 곱의 표기법이 있다. 예를 들어, 6쪽의 식 (1.6)은 다음과 같이 다시 작성할 수 있다.

$$p_1^{e_1}\cdot\ldots\cdot p_k^{e_k}=\prod_{i=1}^{k} p_i^{e_i}$$

합의 요소를 항이라고 하는 것과 같은 방식으로 곱셈에서 함께 곱해지는 요소를 **인수**(*factors*)라고 한다. 위 곱에서 인수는 $p_1^{e_1}, \ldots, p_k^{e_k}$이다.

곱에 대한 설명에 귀납법을 적용해 보자.

예제 3.13 $n\geq 1$인 모든 n에 대해서,

$$\prod_{i=1}^{n}\left(1+\frac{1}{i}\right)=n+1 \tag{3.14}$$

예제에서 $n=3$인 경우 식 (3.14)는 다음과 같다.

$$\left(1+\frac{1}{1}\right)\cdot\left(1+\frac{1}{2}\right)\cdot\left(1+\frac{1}{3}\right)=4$$

이 내용을 다른 형식으로 작성하면 왜 이것이 더 일반적으로 사실인지 알 수

있다.

$$\frac{1+1}{1}\cdot\frac{2+1}{2}\cdot\frac{3+1}{3}=4$$

각 분수의 분자는 다음 분수의 분모와 같으므로 마지막 분자를 제외한 나머지는 모두 상쇄된다. 귀납법을 사용해 이 주장을 견고하게 만들 수 있다.

풀이. $P(n)$은 다음과 같은 술어를 나타낸다.

$$\prod_{i=1}^{n}\left(1+\frac{1}{i}\right)=n+1 \tag{3.15}$$

기본 단계. $n_0=1$, 식 (3.15)에 서술된 바와 같이

$$\prod_{i=1}^{1}\left(1+\frac{1}{i}\right)=1+1$$

는 양쪽이 2로 동일하므로 참이다.

귀납 가설. 고정된 임의의 n을 $n\geq 1$, $P(n)$이 참이면,

$$\prod_{i=1}^{n}\left(1+\frac{1}{i}\right)=n+1$$

유도 단계. 이제 $P(n+1)$을 고려한다. 식 (3.15)의 좌변은 다음과 같이 된다.

$$\begin{aligned}\prod_{i=1}^{n+1}\left(1+\frac{1}{i}\right)&=\left(\prod_{i=1}^{n}\left(1+\frac{1}{i}\right)\right)\cdot\left(1+\frac{1}{n+1}\right) && \text{(마지막 항 분리)}\\&=(n+1)\cdot\left(1+\frac{1}{n+1}\right) && \text{(귀납 가설에 의해)}\\&=(n+1)\cdot\frac{1+n+1}{n+1}=n+2\end{aligned}$$

■

식 (3.14)는 $n=0$의 경우에도, **인수가 0개인 곱**(*a product of zero factors*)은 1이라는 규칙을 적용하면 의미가 있다.

$$\prod_{i=1}^{0}\left(1+\frac{1}{i}\right)=\text{빈 곱}=1=0+1$$

이 규칙이 왜 의미가 있을까? 0항들의 합에 대해서도 비슷한 규칙, 즉 합이 0이

라는 규칙을 적용했다. 직관적으로 몇 개의 항을 더한 다음 0개의 항을 더하면 '0개의 항을 더한다는 것'은 0을 더하는 것과 같다. 마찬가지로 몇 개의 인수를 곱한 다음 0개의 인수를 추가적으로 곱하면 '인수를 0개 더 곱하기'는 1을 곱하는 것과 같다.

*

귀납법은 숫자 이외의 사물에 대한 사실을 증명하는 데 사용할 수 있다. 0과 1로 구성된 열은 컴퓨터 과학에서 자주 접할 수 있다. 0과 1을 두 비트라 하고,[2] 10001001과 같은 것을 8자리 비트 열, 이진 문자열, 비트 문자열 또는 비트 문자열이라고 한다. 비트 문자열의 **보수**(*complement*)는 모든 0을 1로 바꾸거나 그 반대로 바꾼 결과이다. 예를 들어, 10001001의 보수는 01110110이다.

연결(*concatenation*)은 두 비트열을 하나씩 차례로 쓴 결과일 뿐이다. 예를 들어, 10001001과 111의 연결은 10001001111이다. 이 경우 두 비트열의 연결 길이는 각 길이의 합인 $8+3=11$이다.

투에 수열(*Thue sequence*)[3]라는 흥미로운 비트열이 있는데, 이는 다음과 같이 정의된다.

$$T_0 = 0, \text{ and for any } n \geq 1,$$
$$T_{n+1} = T_n\text{과 } T_n\text{의 보수의 연결}$$

이 예시는 귀납적 정의 또는 재귀적 정의의 예이다. T_0의 정의는 기본 단계이고, T_n에 기반한 T_{n+1}의 정의는 생성자 단계이다. 투에 수열의 첫 몇 개의 문자열을 살펴보자.

0. $T_0 = 0$, 기본 단계이다.
1. T_1은 T_0(값으로 0)와 보수(값으로 1)의 연결이다. 따라서, $T_1 = 01$.
2. T_2은 T_1(값으로 01)과 보수(값으로 10)의 연결이다. 따라서, $T_2 = 0110$.
3. T_3은 T_2(값으로 0110)와 보수(값으로 1001)의 연결이다. 따라서, $T_3 = 01101001$.
4. T_4은 T_3(값으로 01101001)와 보수(값으로 10010110)의 연결이다. 따라서, $T_4 = 0110100110010110$.

T_n은 모든 $n \geq 0$에 대해 T_{n+1}의 전반부이므로, T_n이 최소 i비트를 가질 수 있을 만큼 큰 모든 n에 대해 t가 T_n의 i^{th} 비트라고 간단히 말함으로써 무한 비트 문자열 $t_0t_1t_2\ldots$를 정의할 수 있다. 예를 들어, i가 4인 경우 T_0, T_1, T_2는 5비트보다 작지만 n이 모두 3인 경우 T_n은 길이가 5 이상이며 모두 동일한 다섯 번째 비트를 갖는다. 그 비트는 T_4이며 1이다.

투에 수열에는 매우 흥미로운 속성이 몇 가지 있다. 반복적으로 보이지만 전혀 반복적이지 않다. 또한 무작위로 보이지만 전혀 무작위가 아니다. 수학적 귀납법

[2] BInary digiTS에서 가져왔고, 그들은 작은 양의 정보라는 의미이다.

[3] 이름이 '투에'로 발음되는 노르웨이 수학자 악셀 투에(1863~1922)의 이름을 따서 명명되었다. 미국의 수학자 마스턴 모스(1892~1977)와 1851년 초에 이 수열을 암묵적으로 사용한 프랑스 수학자 외젠 프루에(1819~1867)의 이름을 따서 투에-모스 수열(Thue-Morse sequence) 또는 투에-모스-프루에(Thue-Morse-Prouhet sequence) 수열이라고도 불린다.

투에 수열의 처음 몇 개의 문자열이다.

$T_0 = 0$

$T_1 = 01$

$T_2 = 0110$

$T_3 = 01101001$

$T_4 = 0110100110010110$

을 사용해 몇 가지 간단한 속성을 증명해 보자.

예제 3.16 모든 $n \geq 0$에서 T_n의 길이는 2^n이다.

풀이. 귀납법으로 증명한다.

기본 단계. $n_0 = 0$. $T_{n0} = T_0 = 0$에서 각각은 길이가 $1 = 2^0 = 2^{n_0}$이다.

귀납 가설. T_n의 길이가 2^n이라고 가정한다.

유도 단계. T_{n+1}은 T_n과 그 보수를 연결한 결과이다. 이에 따라, 두 문자열 모두 길이가 2^n이므로 T_{n+1}의 길이는 $2^n + 2^n = 2^{n+1}$이다. ■

예제 3.17 모든 $n \geq 1$, T_n은 `01`로 시작하여 n이 홀수이면 `01`로, 짝수이면 `10`으로 끝난다.

풀이. $T_1 =$ `01`이며, 모든 $n \geq 1$에서 T_n의 시작 두 비트이다. T_n이 어떻게 끝나는지에 대한 증명은 귀납적으로 진행된다.

기본 단계. $n_0 = 1$. 숫자 1은 홀수이고 $T_{n_0} = T_1 =$ `01`이다. `01`로 끝난다.

귀납 가설. $n \geq 1$을 고정하고, n이 홀수이면 `01`로, 짝수이면 `10`으로 끝나는 T_n이 있다고 가정한다.

유도 단계. T_{n+1}은 T_n의 마지막 두 비트의 보수로 끝나며, n이 홀수이면 $n+1$은 짝수, 짝수이면 홀수이다. 따라서 T_{n+1}은 $n+1$이 홀수이면 `01`로, $n+1$이 짝수이면 `10`으로 끝난다. ■

예제 3.18 모든 $n \geq 0$에서, T_n은 연속으로 두 개의 `0` 또는 두 개의 `1`을 초과하지 않는다.

풀이. T_0는 비트가 하나뿐이므로 T_0에 대한 진술은 참이다. $n_0 = 1$로 시작하는 귀납법으로 이를 증명한다.

기본 단계. $n_0 = 1$. 따라서, $T_{n_0} = T_1 =$ `01`이며 연속적으로 동일한 비트가 없으므로 연속적으로 동일한 비트가 두 개 이하인 것이 확실하다.

귀납 가설. $n \geq 1$로 고정하고 T_n이 연속으로 두 개의 `0` 또는 두 개의 `1`을 넘지 않는다고 가정한다.

유도 단계. T_{n+1}에는 전반부의 T_n에서 상속된 비트와 후반부의 T_n의 보수에서 상속된 비트가 포함된다. 귀납 가설에 따르면 `000`이나 `111`은 없다. 따라서 이러한 패턴 중 하나가 발생하면 이 비트 문자열 중 하나에서 두 비트와 다른 비트에서 한 비트를 사용하여 접합부에서 발생해야 한다. 그러나 예제

3.17에서 접합부의 네 비트는 0110 또는 1010일 수 있으며, 두 비트 모두 동일한 세 비트의 문자열을 포함하지 않는다(그림 3.5 참조). ■

T_2 0 1 1 0

T_3 0 1 1 0 1 0 0 1

T_4 0 1 1 0 1 0 0 1 1 0 0 1 0 1 1 0

그림 3.5 T_2는 T_1과 그 보수로 구성되고, T_3는 T_2와 그 보수로 구성되며, T_4는 T_3와 그 보수로 구성된다. 빨간색 비트는 검은색 비트의 보수이다. 검은색 비트와 빨간색 비트 모두 연속된 000이나 111을 포함하지 않으므로 연결의 결과로 연속이 발생하기 위해서는 교차가 생기는 4비트 지점에서 발생해야 한다. 하지만, 이 4개 비트는 모두 0110 또는 1010이다.

문제 3.11과 11.11에서 투에 수열의 다른 몇 가지 속성을 살펴보겠다.

*

비둘기집 원리를 증명하기 위해 수학적 귀납법을 사용할 수 있다(4쪽)! 비둘기집 원리는 '귀납을 수행'하기 위한 특정 숫자 n에 대해 언급하지 않기 때문에 조금 더 생각해 볼 필요가 있다. 일반적으로 이 변수를 귀납 변수라고 하며, 앞선 귀납의 예에서 'n'으로 표시했다.

예제 3.19 $f: X \to Y$이고 $|X| > |Y|$ 인 경우, $x_1 \neq x_2$이면서 $f(x_1) = f(x_2)$인 원소 $x_1, x_2 \in X$가 있다.

풀이. 이를 귀납에 의한 증명으로 설정하려면 귀납 변수를 식별해야 한다. 두 가지 분명한 가능성이 있다: 집합 X의 크기와 집합 Y의 크기. 둘 중 하나를 사용할 수 있지만 증명은 다르다. $|X|$에 대한 귀납을 수행하고, $P(n)$이 2를 초과하는 모든 n에 대해 참이라는 주장으로 원리를 다시 설명해 보겠다. 여기서 $P(n)$은 다음과 같다.

> 어떤 유한 집합 X와 Y의 경우, $|X| > |Y|$이고 $|X| = n$이며, 만약, $f: X \to Y$이면 서로 다른 원소 $x_1, x_2 \in X$에 대해 $f(x_1) = f(x_2)$가 성립한다.

문제 3.2는 X의 크기가 아닌 Y의 크기를 유도 변수로 사용하여 귀납을 수행한다.

기본 단계. $n_0 = 2$. $|X| > |Y|$, $|X| = 2$이고 X에서 Y로 이행하는 함수가 있는 경우, $|Y|$는 1이어야 한다. 각 $x \in X$에 대해 $f(x) \in Y$이므로 Y는 적어도 하나의 원소를 포함해야 하고, Y는 X보다 작으므로 하나 이상의 원소를 포함할 수 없다. 그러나 표시된 것처럼 X의 두 원소는 모두 Y의 고유 원소에 매핑되어야 한다.

귀납 가설. 고정된 임의의 $n \geq 2$에 대해, $|X| > |Y|$이면서 $|X| = n$인 유한 집합 X와 Y에 대해 $f: X \to Y$가 존재한다면, $f(x_1) = f(x_2)$가 되는 서로 다른 원소 $x_1, x_2 \in X$가 존재한다고 가정해 보겠다.

유도 단계. 우리는 $|X| > |Y|$, $|X| = n+1$, $f: X \to Y$일 때, $f(x_1) = f(x_2)$가 되는 $x_1, x_2 \in X$의 고유 원소가 존재한다는 것을 증명하고자 한다.

임의의 원소 X를 선택한다. 이제 두 가지 가능성이 있다(다음은 사례 분석이다). $x' \neq x$이지만 $f(x') = f(x)$인 다른 원소 $x' \in X$가 존재하거나 존재하지 않거나 둘 중 하나이다. 첫 번째 경우(그림 3.6)에서는 유도 단계가 증명되었다. 우리

그림 3.6 비둘기집 원칙의 귀납적 증명. 사례 1: x와 x'은 X의 서로 다른 원소이며, i를 통해 $f(x)$에 매핑된다.

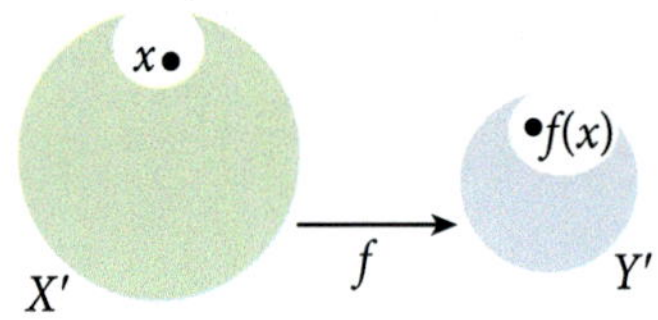

그림 3.7 사례 2: x는 f를 통해 $f(x)$로 매핑되는 X의 단일 원소이다. 이후, X에서 x를 제거하고, Y에서 $f(x)$를 제거하면 $|X'| = |X| - 1$로 인해 귀납 가설이 적용되는 $f' : X' \to Y'$가 남는다. 관례에 따라 0 항의 합은 0이다.

는 X에서 Y의 동일 원소로 매핑되는 서로 다른 두 가지 원소를 발견했다. 두 번째 경우(그림 3.7)에서는 x는 X의 단일 원소이고, f의 값이 $f(x)$이다. X에서 x'을 제거한 결과를 X', Y에서 $f(x')$을 제거한 결과를 Y'이라 한다. 이제 $|X'| = n$이고, $|Y'| = |Y| - 1 < n$이므로 귀납 가설이 적용된다. X'의 원소에 대한 f와 동일한 함수 $f' : X' \to Y'$은 크기 n의 집합에서 더 작은 집합으로 이행한다. 귀납 가설에 따르면 $f'(x_1) = f'(x_2) \in Y'$가 되는 $x_1, x_2 \in X'$이 존재한다. 또한, x_1과 x_2도 f가 동일한 값을 갖는 X의 고유한 멤버이다. ■

요약

- 합계 표기법은 일련의 **항**(*terms*)의 합계를 나타내는 데 사용된다. 예를 들어, 표현식

$$\sum_{i=0}^{n-1} 2^i$$

  은 2^i 항의 덧셈이며, i는 0에서 $n-1$의 범위를 나타낸다.

- 귀납적 증명은 세 부분으로 구성된다.

  기본 단계. 술어가 특정 값 n_0를 보유하고 있음을 증명한다.

  귀납 가설. 술어가 어떤 고정된 값을 성립한다고 가정한다. $n \geq n_0$.

  유도 단계. 귀납 가설이 참이면 술어가 $n+1$에 대해서도 성립함을 증명한다.

  이렇게 하면 술어가 n_0보다 크거나 같은 모든 값에 대해 성립된다.

- 곱 표기법은 일련의 요소의 곱을 나타낼 때 사용된다. 예를 들어, 표현식

$$\prod_{i=1}^{k} p_i^{e_i}$$

  는 1에서 k 범위의 i 값에 대한 인수 $p_i^{e_i}$의 곱을 나타낸다.

- 관례에 따라 인수가 0개인 곱은 1이다.
- **귀납적 정의**(*inductive definition*) 또는 **재귀적 정의**(*recursive definition*)는 기본 단계와 생성자 단계의 관점에서 일련의 요소를 정의한다. **투에 수열**(*Thue seqeunce*)이 그 예이다.

문제

3.1 27쪽의 식에 대한 폐쇄형 식을 찾아라.

$$\sum_{i=0}^{n-1}(2i+1)$$

3.2 비둘기집 원리[예: 식 (3.19)]를 $|X|$가 아닌 $|Y|$에서 귀납적으로 증명하라.

3.3 귀납법으로 확장된 비둘기집 원리(5쪽)를 증명하라.

3.4 (a) Σ 표기법을 사용하여 2의 첫 n 홀수 거듭제곱의 합(즉, 2^1, 2^3 등의 합)에 대한 식을 작성하라. 귀납법을 통해 이 합의 값이 $\frac{2}{3}\cdot(4^n-1)$을 증명하라.

(b) Π 표기법을 사용하여 첫 번째 n의 2의 음의 거듭제곱(즉, 2^{-1}, 2^{-2}의 곱 등)에 대한 식을 작성하라. 이 합의 값은 무엇인가?

3.5 귀납법으로 $n \geq 0$에 대해 다음과 같음을 증명하라.

$$\sum_{i=0}^{n} i^2 = \frac{n(n+1)(2n+1)}{6}$$

3.6 어떤 $n \geq 0$에 대해

$$S(n) = \sum_{i=0}^{n} 2^{-i}$$

$S(n)$이 항상 2보다 작지만 n이 충분히 크면 원하는 만큼 2에 가까워진다는 것을 보여주고자 한다.

(a) $S(0)$, $S(1)$, $S(2)$, $S(3)$이란 무엇인가?

(b) 다음 형식의 $S(n)$에 대한 일반적인 공식을 추측하라.

$$S(n) = 2 - \ldots.$$

(c) 귀납법으로 모든 $n \geq 0$에 대해 공식이 정확하다는 것을 증명하라.

(d) 이제 ε를 작은 양의 실수라고 가정한다. $S(n)$이 2의 ε 이내가 되려면 n은 얼마나 커야 할까?

3.7 귀납법으로 $n \geq 0$에 대해 다음을 증명하라.

$$\sum_{i=0}^{n} i^3 = \left(\sum_{i=0}^{n} i\right)^2$$

3.8 귀납법으로 $n \geq 1$에 대해 다음을 증명하라.

(a) $$\sum_{i=1}^{n} 2^{i-1} \cdot i = 2^n(n-1)+1$$

(b) $$\sum_{i=1}^{n} 2^{i-1} \cdot i^2 = 2^n(n^2-2n+3)-3$$

3.9 다음 '증거'의 결함은 무엇인가?

모든 말은 같은 색이다.

기본 단계. 크기가 1인 말 집합을 생각해 보자. 자신과 같은 색인 말은 하나뿐이므로 이 문장은 유효하다.

귀납 가설. $n \geq 1$ 크기의 모든 말 집합에 대해 한 집합의 모든 말이 같은 색이라고 가정한다.

유도 단계. $n+1$ 크기의 모든 말 그룹에 대해 한 그룹의 모든 말이 같은 색임을 증명한다. 다음의 말 집합을 고려하자.

$$H = \{h_1, h_2, \ldots, h_n, h_{n+1}\}$$

이제 H의 두 가지 다른 하위 집합을 고려할 수 있다.

$$A = \{h_1, h_2, \ldots, h_n\} \quad \text{및}$$
$$B = \{h_2, h_3, \ldots, h_{n+1}\}$$

A와 B는 모두 크기가 n이므로 각 그룹에 있는 모든 말은 같은 색이다. 그러나 h_{n+1}은 h_2와 같은 색이고(둘 다 B에 속하므로), h_2는 A 집합에 있는 다른 모든 말과 같은 색이다. 따라서 h_{n+1}는 A 집합의 모든 말과 같은 색이므로 실제로 H 집합의 모든 말은 같은 색이다.

따라서 모든 크기의 말 집합의 경우 집합의 모든 말은 서로 같은 색이다.

3.10 각 단계마다 연속되는 요소의 차이가 1씩 증가하는 수열의 합인 512가 실제로 식 (3.2)의 마지막 숫자로 나타날 수 있을까?

3.11 투에 수열에 대해 다음을 증명하라.

(a) $n \geq 1$에서, T_{2n}은 **팔린드롬**(*palindrome*), 즉 양방향으로 동일하게 읽히는 문자열이다.

(b) 모든 n에서, T_n의 모든 구간에 대해 `0`이 `01`로 대체되고 `1`이 `10`으로 대체되면 결과는 T_{n+1}이다. 즉, 무한 투에 수열 $t_0, t_1, \ldots$에서 이러한 대체가 발생한다고 가정하면, 그 결과는 다시 무한한 투에 비트 문자열이 만들어진다!

3.12 수학적 귀납의 원리가 실제로 필요한 것보다 조금 더 일반적이라는 것을 보여라. 즉, 수학적 귀납으로 할 수 있는 모든 증명은 더 좁은 수학적 귀납의 약한 원리(Weak Principle of Mathematical Induction)를 사용하여 할 수 있다.

> $P(0)$이 참이고, $P(n)$이 참이라 가정할 때 모든 n에 대해 $P(n+1)$이 참이면, 모든 n에 대해 $P(n)$은 참이다.

약한 원리는 n_0가 0인 수학적 귀납 원리이다.

Chapter

4 강력한 귀납법

수학적 귀납법은 강력하고 일반적인 증명 방법이지만 때로는 충분히 강력하지 않은 것처럼 보일 때가 있다. 다음은 28쪽의 귀납 패러다임에 거의 부합하지만 그렇지 않은 간단한 예이다. 이 질문에 답하려면 귀납 원리의 더 강력한 버전이 필요하다.

예제 4.1 두 명의 참가자와 동전 더미로 하는 간단한 게임이 있다. 참가자는 알리(Ali)와 브래드(Brad)이다. 알리가 먼저 시작하고 다음 두 참가자가 번갈아 가며 한다. 규칙은 두 가지뿐이다.

1. 참가자는 한 번 할 때마다 한 개 또는 두 개의 코인을 가져간다.
2. 마지막 동전을 가져가는 참가자가 진다.

각 참가자가 가능한 한 잘한다고 하면 누가 이길까?

답은 처음에 동전 더미에 얼마나 많은 동전이 있었는지에 따라 달라진다. 이 숫자를 n이라고 부르고, n의 작은 값을 통해 패턴을 감지할 수 있는지 살펴보자.

- $n = 1$이면 알리는 적어도 하나의 동전을 가져가야 하지만 동전이 하나밖에 없기 때문에 패배한다. 따라서 알리는 '마지막' 동전을 가져가야 한다. 알리가 그 위치에서만 질 수 있기 때문에 $n = 1$은 알리에게 지는 순서라고 말하는 것이 합리적이다(그림 4.1).
- $n = 2$라면 어떨까? 물론 알리가 어리석게도 두 개의 동전을 모두 가져갔다면 알리가 지겠지만, 알리와 브래드가 모두 가능한 한 게임을 잘하는 상황을 분석하고 있다. 알리가 동전 한 개를 집으면 한 개를 남겨두기 때문에 브래드가 지는 순서에 놓이게 된다. (여기서 중요한 개념에 유의하라. 알리의 지는 순서가 n이라면, 브래드가 n개의 동전을 가지고 있다면 브래드 역시 지는 순서가 된다.) 따라서 동전 두 개를 가지고 시작하는 것은 브래드를 지는 순서로 만들 수 있기 때문에 알리에게 이기는 위치이다(그림 4.2).
- 만약 동전 더미에 세 개의 동전이 있다면, 알리는 그중 두 개를 가져가 브래드를 지는 순서로 만들 수 있다. 따라서 동전 세 개로 시작하는 것이 알리에

그림 4.1 $n = 1$일 때 알리가 패배한다.

그림 4.2 $n = 2$일 때 알리가 승리한다.

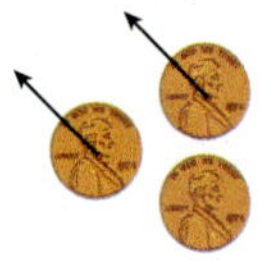

그림 4.3 $n = 3$일 때 알리가 승리한다.

게 유리한 위치이다(그림 4.3).

- 동전 더미에 동전 네 개가 있다면 알리는 무엇을 해야 할지 선택할 수 있지만, 어떤 경우에도 이길 수 없다. 동전 하나를 가져가 세 개를 남기거나 동전 두 개를 가져가 두 개를 남길 수 있다. 하지만 게임은 세 개 또는 두 개의 동전 더미를 가진 브래드에게 넘어간다. 이 두 가지 모두 브래드가 이기는 순서이다. 따라서 동전 4개로 시작하는 것은 알리에게 지는 순서이다(그림 4.4~4.5).
- 알리가 동전 다섯 개로 게임을 시작하는 상황을 한 번 더 생각해 보자. 이제 알리가 동전 하나를 가져가 브래드에게 동전 네 개를 남길 수 있는데, 이는 알리가 동전 네 개로 시작해야 할 때와 마찬가지로 브래드가 지는 순서이다. 따라서 다섯 개의 동전은 알리가 이기는 순서이다(그림 4.6).

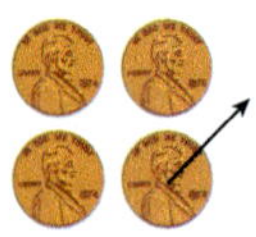

그림 4.4 알리가 동전 한 개를 집어 들었을 때 $n = 4$일 때 진다.

이제 여기서 실제로 무슨 일이 일어나고 있을까? n개의 코인을 가진 순서가 다음 참가자에게 이기는지 지는지는 n을 3으로 나눴을 때 남은 값이 0인지, 1인지, 2인지에 따라 달라지는 것 같다.

1. n을 3으로 나눈 나머지 값이 0 또는 2이면 n개의 동전은 이기는 순서이다.
2. n을 3으로 나눈 나머지 값이 1이면 n개의 동전은 지는 순서이다.

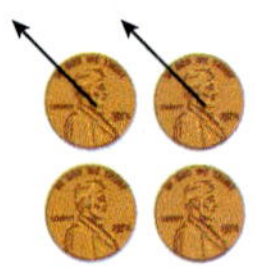

그림 4.5 알리가 동전 두 개를 집어 들었을 때 $n = 4$일 때 진다.

사실 (1)과 (2)는 서로 의존한다. 나머지 수가 1이면 동전 1개 또는 2개를 가져가면 나머지 수가 각각 0 또는 2인 더미가 만들어지며, 이는 상대방이 이기는 순서가 된다. 즉, $n = 3k + 1$이 되는 정수 k가 있다면, $n - 1$은 3으로 나눌 수 있다.

$$n - 2 = 3 \cdot (k - 1) + 2$$

를 3으로 나누면 나머지는 2이다. 나머지 0 또는 2인 경우, 각각 동전 두 개 또는 한 개를 가져가면 나머지가 1이 되는 더미가 만들어지며, 이는 상대방이 지는 순서가 된다.

그림 4.6 $n = 5$일 때 알리가 승리한다.

따라서 다음과 같은 추측을 해보겠다.

추측. $n \geq 1$에서 n이 3의 배수보다 하나 더 많은 경우, 즉 정수 k에 대해 $n = 3k + 1$인 경우에만 n 개의 동전으로 시작하는 순서는 알리가 지는 순서가 된다.

사실 (1)과 (2)가 서로 맞물리는 방식 때문에, 이것은 한 가지 결함을 제외하고는 수학적 귀납법의 완벽한 후보로 보인다. n개의 동전에 대한 주장은 $n - 1$개의 동전뿐만 아니라 $n - 2$개의 동전에 대한 귀납 가설에 의존한다는 것이다. 증명을 작성한 다음 이를 증명하는 데 필요한 수학적 귀납의 보다 일반적인 버전을 공식화해 보겠다.

풀이. n에 대한 귀납법을 통해 모든 n에 대한 추측을 증명해 보겠다.

기본 단계. 앞에서 설명한 것처럼 전자의 경우($n_0 = 3 \cdot 0 + 1$)는 알리가 지는 순서이고 후자의 경우($n_1 = 3 \cdot 0 + 2$)는 이기는 순서이므로 $n_0 = 1$과 $n_1 = 2$에 대한 추론은 참이다.

귀납 가설. 고정되어 있지만 임의적인 $n \geq 2$과 $1 \leq m \leq n$인 임의의 m에 대해, m을 3으로 나눴을 때 나머지 1이 남는 경우에만 m개의 동전이 알리가 지는 순서라고 가정해 보겠다.

유도 단계. $n \geq 2$에서 알리가 동전 $n+1$개를 가지고 있다고 가정한다. 알리는 동전 하나 또는 두 개를 가져갈 수 있으며, 브래드에게는 n 또는 $n-1$의 동전을 남긴다. $n \geq 2$이므로 n과 $n-1$은 모두 ≥ 1과 $\leq n$이다. $n+1$을 3으로 나누었을 때 나머지가 1이면, n과 $n-1$의 나머지는 각각 0과 2이며, n과 $n-1$은 모두 n보다 작거나 같으므로 귀납 가설이 적용되어 둘 다 브래드가 이기는 수이다. 따라서 $n+1$은 알리가 지는 수이다. $n+1$을 3으로 나눴을 때 나머지가 0이면, 예를 들어, $n+1 = 3k$이면 알리는 동전 두 개를 가져가서 브래드에게 $n-1 = 3 \cdot (k-1)+1$개의 동전을 남길 수 있으며, $n-1 < n$이므로 귀납 가설이 적용되고 $n-1$은 브래드가 지는 수가 된다.

마찬가지로, $n+1$을 3으로 나눴을 때 2가 남으면 알리는 동전 하나를 가져가서 브래드가 3의 배수보다 1이 더 많은 지는 순서에 놓이게 할 수 있다.

■

*

$P(n)$은 술어를 나타낸다.

> n개의 동전이 있는 시작 위치는 n이 3의 배수보다 1이 많은 경우에만 알리가 지는 순서가 된다.

이 논증에는 이전 장에서 귀납법에 의한 증명과는 관련이 없는 두 가지 특별한 특징이 있다. 첫 번째는 이미 언급했던 점이다. $P(n+1)$을 증명하기 위해 우리는 귀납 가설로 $P(n)$이 참이라는 것을 알고 있을 뿐만 아니라 여러 값 $m \leq n$에 대해 $P(m)$이 참이라는 것도 알고 있다는 것을 사용했다(이 논증에서는 $m = n$과 $m = n-1$). 사다리 비유를 사용하면 사다리의 다음 단에 도달하려면 바로 아래 단뿐만 아니라 지네처럼 아래쪽에 있는 하나 이상의 다른 단에도 몸을 지탱해야 할 수 있다고 상상하는 것과 같다(그림 4.7). 사다리의 아래쪽을 지나 일정 높이에 도달하면 아래쪽 사다리를 한 단 더 높이 올라가기 위한 기초의 일부로 사용하는 것이 타당하다.

또 다른 중요한 세부 사항은 여러 개의 기본 단계가 필요하다는 것이다. 이 주장에서는 유도 단계로 진행하기 전에 $n = 1$과 $n = 2$의 경우를 설정해야 했다. 이 점은 간과하기 쉬운 미묘한 부분이다. 유도 단계에서는 숫자 $n+1$에서 1 또는 2

그림 4.7 강한 귀납법: 사다리의 다음 단으로 올라가기 위해 필요한 만큼의 낮은 단에서 밀어내면 된다.

를 뺀 다음, 귀납을 통해 $P(n)$과 $P(n-1)$의 진리를 모두 가정하는 것이 안전하다고 주장했다. 그러나 그렇게 하려면 n과 $n-1$이 명백한 $\leq n$이라는 사실과 ≥ 1이라는 사실에 주목해야 한다. $n+1-2$가 ≥ 1이 되려면 $n \geq 2$가 1이라는 가정, 즉 기본 단계를 논증할 때 $n=1$과 $n=2$의 경우를 모두 별도로 다루어야 한다.

이러한 모든 사항을 고려하여 종합하면 수학적 귀납의 강력한 원리를 제시할 수 있다.

특정 숫자 n보다 크거나 같은 모든 숫자 n_0에 대해 술어 $P(n)$이 성립됨을 증명하려면,

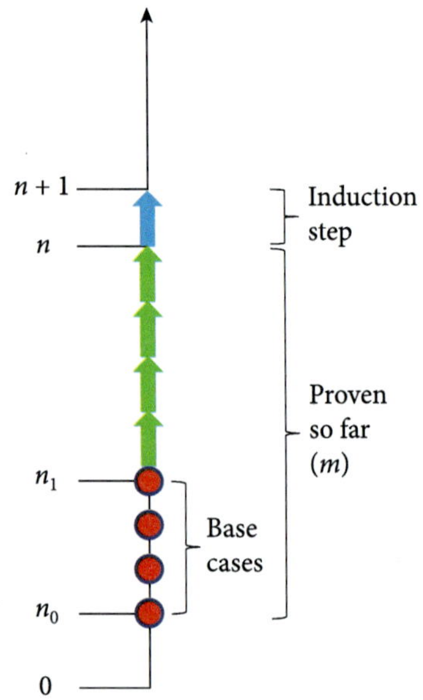

그림 4.8 강한 귀납 스키마. 기본 단계는 빨간색으로 표시되어 있으며, 귀납 가설은 녹색 또는 빨간색으로 표시된 모든 m에 대해 $P(m)$이 참이라는 것이다. 유도 단계는 파란색 값인 $P(n+1)$을 증명하는 것이다. 만약 $n \geq n_1$의 값에 상관없이 그 주장을 할 수 있다면, $P(n)$은 모든 $n \geq n_0$에 대해 성립된다고 결론을 내릴 수 있다.

기본 단계. $n_0 \leq m \leq n_1$, 여기서 n_1은 $\geq n_0$인 어떤 수이다(즉, n_0는 우리가 도달할 수 있는 가장 낮은 단계이며, n_0와 n_1 사이의 각 m에 대해 각각 별도의 주장들 사용하여 $P(m)$을 증명한다. 동전 게임에서는 $n_0=1$, $n_1=2$이다).

귀납 가설. 고정된 임의의 $n \geq n_1$에서 $n_0 \leq m \leq n$일 때마다 $P(m)$이 성립된다고 가정한다.

유도 단계. 귀납 가설을 가정하고, $P(n+1)$이 성립됨을 증명한다.

강한 유도는 그림 4.8에 설명되어 있으며, 숫자 0, 1, 숫자 $m < n_0$의 경우 $P(m)$은 참이 아닐 수 있다. 기본 단계는 숫자 $n_0, \ldots, n_1$이며 $P(m)$이 해당 범위 내의 각 m에 대해서 참을 보이기 위하여 몇 가지 특별한 주장이 필요하다. 귀납 논증의 임의의 단계에서, 우리는 녹색으로 표시된 값인 n_0에서 n 사이의 모든 m에 대해 $P(m)$을 증명했으며, 귀납의 첫 번째 단계에서는 $m=n_1$이며 해당 범위의 값은 기본 단계에 불과하다. 유도 단계(파란색)는 n_0에서 n 사이의 모든 녹색 값에 대해 $P(m)$이 참이라는 것을 알고 있으므로 $P(n+1)$을 증명하는 것이다.

*

이 예는 강한 귀납법을 사용하여 일련의 숫자의 속성을 증명하는 방법을 보여준다.

예제 4.2 $a_1=3$, $a_2=5$이며, 그리고 모든 $n>2$에 대해 수열 $a_n=3a_{n-1}-2a_{n-2}$를 고려한다. 모든 정수 $n \geq 1$에 대해 $a_n=2^n+1$임을 강한 귀납법으로 증명한다.

풀이. $P(n)$을 $a_n=2^n+1$인 술어라고 하고 모든 $n \geq 1$에 대해 $P(n)$을 증명한다.

기본 단계.

$$P(1): a_1 = 2^1 + 1 = 3$$
$$P(2): a_2 = 2^2 + 1 = 4 + 1 = 5$$

귀납 가설. $n \geq 2$로 고정하고, 모든 m에 대해 $1 \leq m \leq n$, $P(m)$이 $a_m = 2^m + 1$과 같다고 가정한다.

유도 단계. $P(n+1)$. 즉 $a_{n+1} = 2^{n+1} + 1$임을 보인다.

$$\begin{aligned} a_{n+1} &= 3a_{(n+1)-1} - 2a_{(n+1)-2} \\ &= 3a_n - 2a_{n-1} \\ &= 3(2^n + 1) - 2(2^{n-1} + 1) \quad \text{(귀납 가설에 의해)} \\ &= 3 \cdot 2^n + 3 - 2^n - 2 \\ &= 2 \cdot 2^n + 1 \\ &= 2^{n+1} + 1 \end{aligned}$$

■

*

게임 전략과 관련된 또 다른 예를 들어 보겠다. 이 예제에서는 유도 변수의 한두 가지 값이 아니라 모든 작은 값을 거슬러 올라가야 한다. 다시 한번, 참가자를 알리와 브래드라 하겠다.

이 게임에는 낱개 조각으로 이루어진 직사각형 그리드인 초콜릿 바가 사용된다(그림 4.9). 막대의 길이 또는 너비를 가로지르는 이음새를 따라 바를 잘라 두 개의 작은 직사각형으로 나눌 수 있다. 여기서는 개별 1×1 정사각형에 대해서만 '조각'이라는 용어를 사용한다.

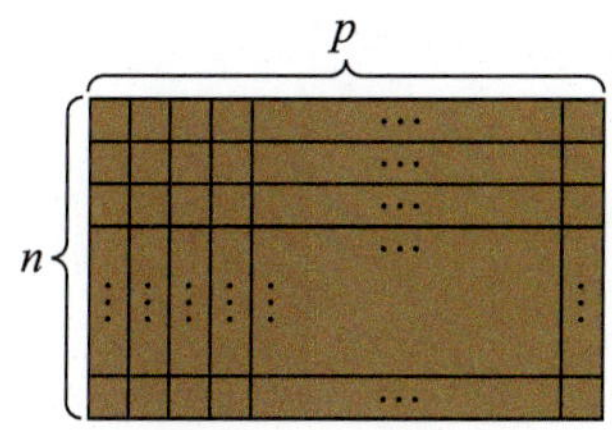

그림 4.9 n-by-p 초콜릿 바

알리가 먼저 시작하여 가로 또는 세로로 바를 자른다. 이제 두 개의 개별 직사각형이 있다. (참가자는 바를 90° 회전할 수 있다. 따라서 '가로'와 '세로'는 그림에서만 의미가 있다.) 막대를 자른 후 알리는 직사각형 하나를 먹고 다른 하나를 브래드에게 건네준다. 브래드도 똑같이 한 후 두 개의 직사각형 중 하나를 알리에게 다시 건네준다. 알리와 브래드는 한 사람이 다른 사람에게 한 조각만 남은 직사각형을 건네줄 때까지 계속 진행하여 상대방이 더 이상 직사각형을 나눌 수 없게 한다. 이 1×1 직사각형을 받은 참가자가 진다.

참가자가 사용하기에 가장 좋은 전략은 무엇일까?

가장 먼저 시작한 참가자인 알리의 관점에서 게임이 끝날 때부터 거꾸로 돌아가서 게임을 살펴보자.

알리는 브래드에게 1×1의 정사각형을 건네고 싶다. 만약 알리가 이렇게 시작하면($n = p = 1$) 진다. 그러나 $1 > p$인 어떠한 p에 대해서 $1 \times p$ 직사각형으로 시작하면, 그는 조각 중 $p-1$개를 떼어내고 남은 조각 하나를 브래드에게 넘겨서 이길 수 있다. 따라서 1×1 직사각형은 누구에게나 지는 순서이고, $p > 1$일 때 $1 \times p$(또는 $p \times 1$) 직사각형이 이기는 순서가 된다(그림 4.10).

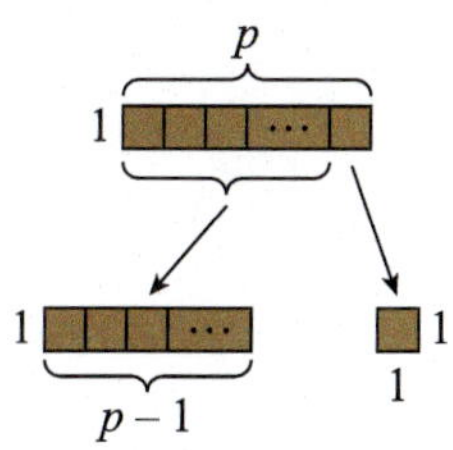

그림 4.10 $1 \times p$ 또는 $p \times 1$ 직사각형은 한 조각을 떼어내어 다른 참가자에게 넘길 수 있기 때문에, p가 1보다 크면 누구든지 이기는 순서이다.

알리가 2×2 정사각형으로 시작하면 두 가지 방법으로 정사각형을 자를 수 있다. 하지만 어느 쪽을 선택하든 알리는 브래드에게 2×1 직사각형(또는 이와 동

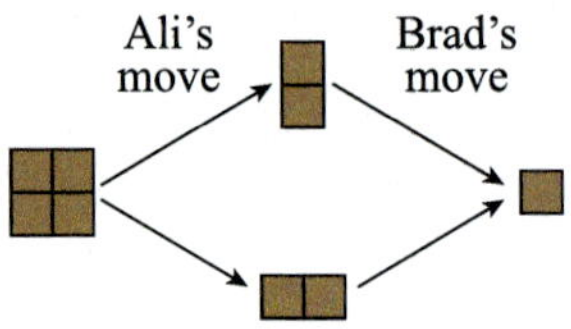

그림 4.11 알리가 2×2 정사각형으로 시작하면 진다.

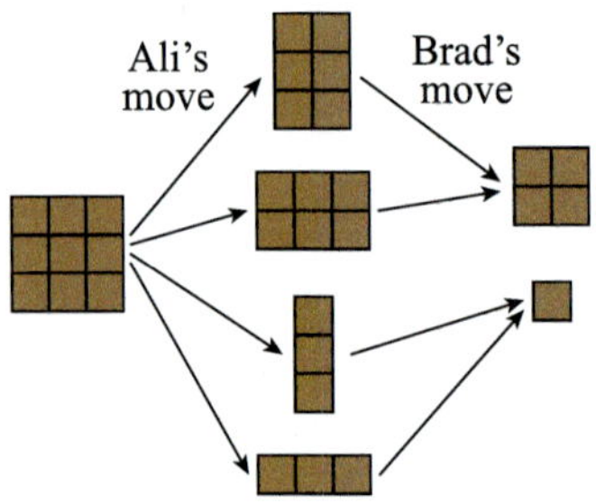

그림 4.12 알리는 3×3 정사각형으로 시작해도 진다.

등한 1×2 직사각형)을 건네게 된다. 이는 브래드가 같은 직사각형으로 시작했을 때와 마찬가지로 알리가 이기는 상황이다. 따라서 알리가 2×2 정사각형으로 시작하면 이길 수 없고(그림 4.11), 2×2 정사각형은 누구에게나 지는 순서가 된다.

만약 알리가 3×3으로 시작한다면 어떨까? 알리는 브래드에게 2×3 또는 3×2(사실상 동일)를 줄 수도 있고, 브래드에게 1×3 또는 3×1(역시 본질적으로 동일)을 줄 수도 있다. 알리가 어떤 방식으로 3×3 바를 자르든 브래드는 알리가 더 작은 정사각형을 돌려받을 방법을 찾을 수 있으며(그림 4.12), 알리가 1×1 또는 2×2 정사각형을 받으면 알리가 진다는 것을 이미 알고 있다. 따라서 첫 번째 참가자가 사각형 바가 아닌 다른 것으로 시작하면 첫 번째 참가자가 승리 전략을 가지고 있고, 첫 번째 참가자가 사각형 막대로 시작하면 두 번째 참가자가 승리 전략을 가지고 있다고 가정해 보겠다.

예제 4.3 크기가 같지 않은 직사각형(n개의 정사각형, 여기서 일반성을 잃지 않고 $p>n$)을 가지고 시작하는 참가자는 $n\times(p-n)$개의 정사각형을 떼어내고 상대 참가자에게 n개의 정사각형을 돌려주는 승리 전략을 가지고 있다. $n\times n$으로 시작하는 참가자는 상대 참가자가 같은 전략을 사용하면 이길 수 없다.

풀이. 초콜릿 바의 크기가 $n\times p$이고, 여기서 p는 n이라고 가정한다. 증명은 크기 중 더 작은 크기인 n에 대한 귀납법이다(p가 n과 같지 않은 경우). 평소처럼 알리가 먼저 시작한다.

기본 단계. $n_0=1$이고 $p=1$이면 알리가 한 조각을 가지고 있으므로 진다. $p\geq 1$이면, 알리는 $p-1$ 조각($1\times(p-1)$ 직사각형)을 떼어내 브래드에게 한 조각을 건네줄 수 있다. 그러면 브래드가 지고 알리가 이긴다.

귀납 가설. $n\geq 1$을 고정된 수라고 가정하고, 모든 $m\leq n$에 대해 $p>m$일 때, $m\times p$ 바를 가지고 먼저 시작한 참가자는 $m\times(p-m)$ 사각형을 떼어내어 상대에게 $m\times m$ 사각형을 돌려주는 승리 전략을 가지고 있지만, 상대가 같은 전략을 사용하면 $m\times m$ 사각형으로 시작한 참가자는 이길 수 없다고 가정한다.

유도 단계. 알리는 $p\geq n+1\geq 2$에서 크기가 $(n+1)\times p$인 막대를 가지고 시작한다고 가정한다. $p=n+1$이면 알리는 바를 어떻게 자르든 간에 브래드에게 $m<n+1$인 $(n+1)\times m$ 크기의 바를 건네주어야 한다. 즉, $m\leq n$이며, 귀납 가설에 따르면 브래드는 작은 차원이 $\leq n$인 크기가 같지 않은 막대를 가지고 시작하면 이기는 전략이 있다. 반면에, $p>n+1$이면 알리는 $(n+1)\times(p-(n+1))$ 직사각형을 잘라 브래드에게 $(n+1)\times(n+1)$ 직사각형을 건넬 수 있으며, 이는 알리의 경우와 똑같은 방식으로 브래드가 지는 순서가 된다. ■

이 증명에서 강한 귀납법을 중요하게 사용했다는 점에 주목하라. 한 참가자가 $p\geq n$에서 $n\times p$의 직사각형을 가지고 있을 때, 그 참가자의 시작은 상대에게 크기가 n보다 작거나 같은 수 m일 수 있는 작은 직사각형을 반환한다.

*

이전 예제에서는 $P(n)$이 항상 참임을 증명하려고 할 때 $n_0 = 0$ 또는 $n_0 = 1$의 기본 단계로 시작했다. 그러나 때때로 어떤 한정된 수의 경우에서는 정리가 성립되지 않을 수 있으며 대신에 '충분히 큰' 값에 대해 참임을 증명할 수 있다. 즉, $n < n_0$일 때는 $P(n)$이 거짓일 수 있지만 어떤 $n \geq n_0$일 때는 참이 되는 어떤 수 n_0가 있다. 이러한 상황에서는 이 값 n_0를 기본 단계로 삼아 시작한다(그리고 유도 단계가 $P(n)$이 거짓인 더 작은 n값에 의존하지 않도록 주의해야 한다).

예제 4.4 계량컵 세트에는 네 컵, 아홉 컵, 열한 컵 및 열네 컵의 계량컵이 포함되어 있다. 이 세트를 사용하여 열한 컵보다 크거나 같은 수의 컵을 계량할 수 있음을 보여라.

풀이. 증명해야 할 일반적인 명제는 모든 $n \geq n_0 = 11$에 대해 $P(n)$이 성립된다는 것이다.

기본 단계. 11부터 시작하여 처음 몇 가지 수량을 살펴보자. (주어진 크기의 컵으로는 열 컵을 계량할 방법이 없으므로 11보다 작은 숫자로 귀납을 시작하지 않는 것이 중요하다.) 열한 컵 계량기가 있으므로 한 번 사용하면 열한 컵이 계량된다. 네 컵 분량을 세 번 사용하면 열두 컵을 측정할 수 있다. 13의 경우 네 컵과 아홉 컵을 결합하여 사용할 수 있다. 그리고 14의 경우 열네 컵을 사용할 수 있다. 따라서 사용 가능한 컵 크기를 사용하여 n개의 컵을 측정할 수 있다는 술어를 $P(n)$이라고 하면 $P(11)$, $P(12)$, $P(13)$, $P(14)$가 모두 참인 네 가지 기본 단계인 것을 알 수 있다.

귀납 가설. 고정된 임의의 $n \geq n_1 = 14$인 경우, $P(m)$은 모든 m에 대해 $n_0 \leq m \leq n$은 성립한다.

유도 단계. $P(m)$이 $n_0 = 11$에서 n까지 모든 m에 대해 참이라는 가정하에 $P(n+1)$을 증명한다. $n+1 \geq 15$이므로 귀납 가설에 의해 $(n+1)-4$컵을 측정할 수 있는데, $(n+1)-4$는 11보다 크거나 같으므로 이미 증명된 경우이기 때문이다. 그러나 $(n+1)-4$컵을 측정한 다음 네 컵 측정법을 사용하여 한 번 더하면 $n+1$컵을 측정할 수 있다. ■

*

우리는 강한 귀납법을 일반적인 수학적 귀납법보다 새롭고 더 일반적인 원리인 것처럼 제시했지만, 실제로는 그렇지 않다. 사실, 강한 귀납법을 사용하여 증명할 수 있는 것은 일반 귀납법으로도 증명할 수 있다(문제 4.6 참조).

강한 귀납법은 편의상 사용하는 것이지 실제로 새로운 수학적 원리가 아니므로 '귀납에 의한 증명'이라고 할 때 일반 귀납법인지 강한 귀납법인지 명확하게 구분하지 않을 것이다.

수학적 귀납의 원리에 또 다른 변형이 있는데, 처음에는 전혀 귀납처럼 보이지 않는다.

정렬성 원리(well-ordering principle). 공집합이 아니고 음이 아닌 정수의 집합은 가장 작은 원소를 갖는다.

이제 이것은 매우 분명해 보인다. S가 각각 0보다 크거나 같은 정수의 집합이고 S에 적어도 하나의 원소가 포함되어 있다면 당연히 원소 중 하나가 가장 작아야 한다. 수학의 기초라는 관점에서 볼 때 이 원리조차도 증명이 필요하다는 것이 밝혀졌다! 이 원리는 실제로 수학적 귀납의 원리와 동일하다. 둘 중 하나를 증명하려면 이 원리가 아니라면 우리가 가정할 수 있는 것이 무엇인지에 대한 메타수학적 문제를 더 깊이 파고들어야 하지만, 둘 중 하나가 다른 하나를 암시한다는 것을 보여주는 것은 어렵지 않다(문제 4.8 참조).

정렬성 원리의 도움으로 산술의 기본 정리인 정리 1.5를 증명하면 1보다 큰 정수 n은 모두 고유한 소인수 분해가 있다는 것을 증명할 수 있다(6쪽).

증명. 증명은 n에 대한 귀납법에 의해 이루어진다.

기본 단계. $n_0 = 2$이고 즉, $2 = 2^1$이며, 양의 지수를 가진 소수의 다른 어떤 곱도 2와 같을 수 없다.

귀납 가설. $n \geq 2$로 한정하고, 모든 m은 $2 \leq m \leq n$에서 고유한 소인수 분해가 있다고 가정한다.

유도 단계. 이제 $n+1$을 생각해 보자. $n+1$이 소수라면, $n+1 = (n+1)^1$은 $n+1$의 유일한 소인수 분해이다. $n+1$이 소수가 아니라면, S를 1보다 큰 모든 원소의 집합이라고 한다. 정렬성 원리에 따르면, S는 가장 작은 원소 p를 가지며, 그렇지 않으면 p의 모든 원소가 $n+1$의 작은 원소가 될 것이므로 반드시 소수여야 한다. $q = (n+1)/p$라고 하면, $q \leq n$(실제로는 $q < n$)이므로 귀납 가설에 따라 q는 고유 소수

$$q = p_1^{e_1} \cdot \ldots \cdot p_k^{e_k}$$

로 분해된다.

이제 p는 p_1이거나 p_1보다 작은 소수로, p_0라고 부를 수 있다. 첫 번째 경우는

$$n+1 = p_1^{e_1+1} \cdot p_2^{e_2} \cdot \ldots \cdot p_k^{e_k}$$

이고, 두 번째 경우는

$$n+1=p_0^1 \cdot p_1^{e_1} \cdot \ldots \cdot p_k^{e_k}$$

이다. 이것은 어떤 수도 두 개 이상의 소인수 분해를 가질 수 없음을 보여주기 위한 연습으로 남겨둔다(문제 4.7). ■

요약

- 강한 귀납에 의한 증명은 귀납에 의한 증명과 두 가지 점에서 다르다.
  1. 기본 단계는 술어가 여러 값 n_0를 통해 n_1을 보유함을 증명할 수 있다(일반 유도에서는 n_0이라는 하나의 값만 있다).
  2. 귀납 가설은 술어가 고정된 값 n까지 모든 값에 대해 성립된다는 주장으로, 여기서 $n \geq n_1$(일반 귀납에서는 가설이 n에만 적용되고 $n \geq n_0$)이다.
- 귀납에 의한 증명은 명제가 한정된 수의 경우에서 거짓인 경우에도 사용될 수 있다. 이 상황에서 가장 작은 기본 단계 $n \geq n_0$에서 $P(n)$이 참이 되도록 선택되며, 유도 단계는 명제가 거짓인 사례에 의존하지 않을 수 있다.
- 강한 귀납은 편리하다. 강한 귀납으로 입증할 수 있는 것은 일반 귀납으로도 입증할 수 있다.
- 공집합이 아니고 음이 아닌 정수 집합은 가장 작은 원소를 갖는다는 정렬성 원리는 귀납의 원리와 동일하다.

문제

4.1 $a_1=0$, $a_2=6$, $a_3=9$라 하자. $n>3$에서, $a_n=a_{n-1}+a_{n-3}$ 식에서 모든 n에 대해 a_n이 3으로 나눌 수 있음을 보여라.

4.2 모든 $n \geq 8$에 대해, $n=3a+5b$, 즉 n이 3과 5 각 배수의 합인 정수가 a와 b가 있음을 보여라.

4.3 $n>1$인 모든 경우, 세 개의 정사각형으로 구성된 L자형 조각만 사용하여 $2^n \times 2^n$ 크기의 정사각형을 만들 수 있고, 모서리 정사각형 하나만 비워둘 수 있음을 증명하라(그림 4.13).

L자형 조각은 회전하여 어떤 방향으로든 사용할 수 있다.

그림 4.13 L자형 조각

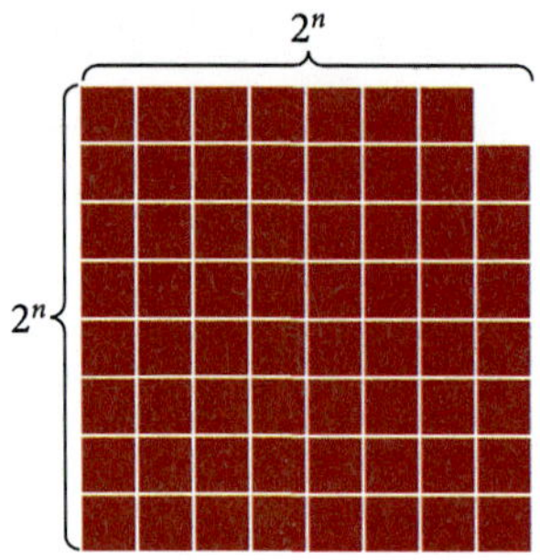

그림 4.14 L자형 타일은 다음과 같이 한쪽 모서리를 제외한 모든 정사각형을 덮는다($n=3$인 경우).

4.4 $x+\frac{1}{x}$가 정수인 실수 x가 주어졌다고 가정하자. 강력한 유도를 통해 $x^n+\frac{1}{x^n}$는 $n \geq 0$에서 정수임을 보여라.

힌트: $(x+\frac{1}{x})(x^n+\frac{1}{x^n})$을 곱하면 도움이 될 수 있는 등식을 찾을 수 있다.

4.5 S를 $n \geq 4$에서 $a_1=1, a_2=2, a_3=3$이며, $a_n=a_{n-1}+a_{n-2}+a_{n-3}$ 수열 $a_1, a_2, a_3, \ldots$라 하자. 강한 귀납법을 사용하여 $a_n<2^n$임을 임의의 양의 정수 n을 통해 증명하라.

4.6 강한 귀납법을 사용하여 증명할 수 있는 모든 명제는 일반 귀납법으로도 증명할 수 있음을 보여준다.

4.7 소인수 분해가 고유하다는 것을 보여라. 즉,

$$n=\prod_{i=1}^{k} p_i^{e_i}=\prod_{i=1}^{\ell} r_i^{f_i}$$

여기서 p_i와 r_i는 증가하며 모두 소수이고, 지수 e_i와 f_i가 모두 양의 정수이다. 이 경우 $k=\ell, p_i=r_i$이며, 각 i에 대해 $e_i=f_i$이다.

4.8 (a) 수학적 귀납의 원리가 정렬성 원리를 함축하고 있음을 증명하라. 힌트: 공집합이 아니고 음이 아닌 정수의 집합의 크기에 대한 귀납법으로 진행하라. 어떤 집합이 공집합이 아니면, 그 집합의 원소를 찾을 수 있다고 가정할 수 있다.

(b) 정렬성 원리가 수학적 귀납의 원리를 함축하고 있음을 증명하라. 힌트: $P(n_0)$가 참이고 모든 n에 대해 $P(n)$이 참이면 $P(n+1)$이 참이라는 것을 알지만, 어떤 이유로 $P(n)$이 모든 $n \geq n_0$에 대해 참이 아니라는 것을 알고 있다고 가정한다. P가 거짓인 음이 아닌 정수의 집합에 대해 추론하라.

4.9 산술의 기본정리(fundamental theorem of arithmetic)의 증명에 제시된 방법을 사용하여 100의 소인수 분해를 구하라. 또한 각 단계에서 S, p, q의 값을 보여라.

4.10 사용 가능한 우표가 2센트와 3센트 우표뿐이라고 가정하자. $n \geq 2$이면 $\frac{n}{2}$개 이하의 우표로 n센트 우편 요금을 만들 수 있음을 보여라.

Chapter

5 집합

집합(*set*)은 원소라고 하는 **구성원**(*member*)들의 모임이다. 집합은 3쪽에서 이미 정의했지만 여기서 용어를 다시 한번 살펴보겠다. 예를 들어, 어떤 집합이 숫자 2, 5, 7 세 개로 구성되어 있다. 중괄호를 사용하여 이와 같은 집합을 명시적으로 작성할 수 있다. 원소 2, 5, 7만 포함된 집합은 {2, 5, 7}로 작성한다. 집합의 원소 자체가 집합일 수도 있다. 예를 들어, {{2, 5, 7}}은 원소 하나만 포함된 집합이며, 그 원소는 {2, 5, 7} 집합이다. 이 두 집합은 서로 다르다.

$$\{2, 5, 7\} \neq \{\{2, 5, 7\}\}$$

첫 번째 집합에는 세 원소가 있고 두 번째 집합에는 원소 하나가 있다. 둘 다 원소가 셋인 집합 {{2}, {5}, {7}}과는 다르며, 각각은 원소가 하나 집합 자체이다.

집합의 원소가 고유하다는 것은 어떤 구성원도 반복되지 않는다는 것을 의미한다. 예를 들어, 다섯 명의 학생이 시험을 보고 83, 90, 90, 100, 100 점수를 받았다면 다섯 학생의 시험 점수 집합은 {83, 90, 100}에 불과하다.[1] 집합의 원소가 표시되는 순서는 중요하지 않다. 집합 {90, 100, 83}과 {83, 90, 100}은 원소가 동일하므로 동일하다.

[1] 255쪽에서는 중복된 원소의 다중성을 올바르게 설명하는 다중 집합이라는 보다 일반적인 구조를 정의할 것이다. 예를 들어, 이 경우 90과 100이 두 개 있지만 83은 하나만 있다.

다음은 특별한 이름이 붙을 정도로 자주 사용하는 몇 가지 집합이다.

$\mathbb{Z} = \{\ldots, -3, -2, -1, 0, 1, 2, 3, \ldots\}$ = 정수 집합
$\mathbb{N} = \{0, 1, 2, 3, \ldots\}$ = 음수가 아닌 정수 집합, 일명 자연수 집합
$\mathbb{R}$ = 실수 집합
$\mathbb{Q}$ = 유리수 집합
$\emptyset = \{\}$ = 원소가 없는 공집합

집합의 부분 집합은 원 집합에서 가져온 원소의 집합이지만 원 집합의 일부 원소가 누락되었을 가능성이 있는 집합이다. 예를 들어, $\mathbb{N}$은 $\mathbb{Z}$의 부분 집합이고 $\mathbb{Z}$는 $\mathbb{Q}$의 부분 집합이며 $\emptyset$은 모든 집합의 부분 집합이다. A가 B의 하위 집합이며, B와 같을 수 있다는 의미로 $A \subseteq B$라고 쓴다. 만약 A가 B의 부분 집합이지만 B와 확실히 같지는 않다면, 우리는 $A \subsetneq B$라고 쓰고, $A \subsetneq B$라면 A는 B의 **진부**

분 집합(*proper subset*)이라고 한다. (대신 $\subset$ 기호를 사용하기도 하지만 $\subset$ 또는 $\subsetneq$를 의미할 수 있으므로 대부분의 최근 수학에서는 이러한 모호성 때문에 이 기호를 사용하지 않는다.)

집합과 수(정수 및 실수)를 주어진 것으로 받아들이며, 컴퓨터 과학자들은 이를 원시 또는 기본 **데이터 유형**(*data type*)이라고 부른다. 그러나 수학의 기초라는 관점에서 볼 때, 컴퓨터 과학자들이 코딩 트릭이라고 부르는 방법으로 집합의 관점에서 수를 정의할 수 있다면 수를 원시적인 것으로 취급할 필요가 없다. 이 코딩은 이 책의 뒷부분인 문제 8.7에서 보다 정교한 형태의 귀납적 정의와 증명을 사용할 수 있게 되면 살펴볼 것이다.

A가 B의 부분 집합이면 B는 A의 **상위 집합**(*superset*)이고, A가 B의 진부분 집합이면 B는 A의 **진상위 집합**(*proper superset*)이라고 한다.

집합의 원소 그 자체로 집합이 될 수 있다고 했다. 중요한 예로는 집합 A의 모든 부분 집합의 집합인 $\mathcal{P}(A)$로 표시되는 집합 A의 **멱집합**(*power set*)이 있다. 예를 들어, $A = \{3, 17\}$이면 다음과 같다.

$$\mathcal{P}(A) = \{\emptyset, \{3\}, \{17\}, \{3, 17\}\}$$

집합의 원소를 표현할 때는 기호 $\in$를 사용한다. 예를 들어, $a \in S$는 a가 집합 S의 원소임을 나타내며, 다음과 같이 표현할 수 있다.

'$2 \in \{2, 5, 7\}$'은 참이고
반면, '$3 \in \{2, 5, 7\}$'은 거짓이다.

마찬가지로 모든 정수의 집합은 유리수 집합의 부분 집합 중 하나이므로 $\mathbb{Z} \in \mathcal{P}(\mathbb{Q})$이다. 기호 $\notin$은 주어진 원소가 주어진 집합에 없음을 의미한다. 예를 들어, $3 \notin \{2, 5, 7\}$로 나타낼 수 있다. 공집합은 원소가 없는 고유 집합이다. 즉, 공집합에는 어떤 원소 x도 포함되지 않고 $x \notin \emptyset$이다.

다음을 혼동하지 말자.

- 1과 $\{1\}$: 1은 숫자이고, $\{1\}$은 하나의 원소, 즉 숫자 1을 포함하는 집합이다.
- 0과 $\emptyset$: 0은 숫자이고, $\emptyset$은 집합, 공집합이다. $\{\emptyset\}$는 또 다르다. 즉 하나의 원소를 포함하는 집합이며 그 원소는 공집합이다.
- $\in$과 $\subseteq$: 1은 $\{1, 2\}$의 두 원소 중 하나이므로 $1 \in \{1, 2\}$이다. 그러나 1은 집합이 아니어서 부분 집합이 될 수 없으므로 $1 \subseteq \{1, 2\}$는 사실이 아니다. (컴퓨터 과학자들은 '$\subseteq$'의 양쪽 항이 집합이어야 하므로 '$1 \subseteq \{1, 2\}$'에 유형 불일치가 있다고 말할 것이다.) 반면에 $\{1\} \subsetneq \{1, 2\}$이며 $\{1\} \notin \{1, 2\}$이고, 그러나 $\{1\} \notin \{1, 2\}$인 것은 $\{1, 2\}$의 원소가 집합이 아니라 수이기 때문이다.[2]

[2] 특히 대수학의 괄호나 특정 프로그래밍 언어의 중괄호처럼 여분의 중괄호를 함부로 사용해서는 안 된다는 점에 유의하라. 여분의 {}는 의미를 완전히 바꾼다.

*

집합은 유한하거나 무한할 수 있다. 집합이 가진 원소의 수가 음수가 아닌 정수와 같으면 유한 집합이다. 예를 들어, $\emptyset$는 원소가 없으므로 유한하고, $A = \{3, 17\}$이면 $\mathcal{P}(A) = \{\emptyset, \{3\}, \{17\}, \{3, 17\}\}$는 원소가 네 개이므로 역시 유한하다. $\mathcal{P}(A)$를 계산할 때는 숫자의 집합이 아니라 집합의 집합이므로 해당 집합에 포함된 숫자의 개수가 아니라 집합의 개수를 계산한다는 점을 기억하라.

집합 S의 크기를 **기수**(*cardinality*)라 하며, $|S|$로 표시한다. 따라서 $|\emptyset| = 0$ 그리고 $A = \{3, 17\}$이면 $|A| = 2$, $|\mathcal{P}(A)| = |\{\emptyset, \{3\}, \{17\}, \{3, 17\}\}| = 4$이다.

정수의 집합은 무한하며, 집합 $\{\ldots, -4, -2, 0, 2, 4, \ldots\}$과 같은 짝수의 집합도 무한하다. 지금은 유한하지 않은 모든 집합이 무한하다고 말하는 것으로 충분하지만, 두 무한 집합은 서로 크기가 같을 수도 있고 아닐 수도 있다. 예를 들어, 정수 집합과 짝수 집합과 같은 일부 고유 무한 집합은 크기가 같다. 그리고 정수 집합과 실수 집합과 같이 크기가 다른 무한 집합도 있다. 무한 집합의 '크기'에 대한 질문은 6장에서 다시 다루겠다.

$|\{\mathbb{Z}\}|$는 무엇일까? $\mathcal{P}(A)$와 마찬가지로 집합의 집합이므로 내부 집합의 크기가 무한대일지라도 상관하지 않는다! 따라서 $\mathbb{Z}$ 자체는 무한한 크기의 집합이지만 $\{\mathbb{Z}\}$는 단일 원소 $\mathbb{Z}$를 포함하는 집합이므로 $|\{\mathbb{Z}\}| = 1$이 된다.

*

때로는 '정수' 또는 '유리수'보다 더 많은 원소를 가진 집합을 기록하고 싶을 때가 있다. 위에서처럼 단순히 원소를 나열하지 않고 '짝수'와 같은 집합을 기록하려면 다음과 같은 표기법을 사용한다.[3]

$$\{n \in \mathbb{Z} : n\text{은 짝수}\}$$

또는 이와 동등하게

$$\{n \in \mathbb{Z} : n = 2m,\quad m \in \mathbb{Z}\text{에 대해}\}$$

또는

$$\{2m : m \in \mathbb{Z}\}$$

일반적으로 술어 P를 만족하는 A의 원소 집합에 대해 표현하고 싶다면 다음과 같이 작성한다.

$$\{x \in A : P(x)\}$$

$P(x)$를 의역하는 또 다른 방법은 'x는 속성 P를 가진다.'라고 말하는 것이다.

이전 집합에서 새로운 집합을 구성하는 다른 방법도 많이 있다. 두 집합 A와 B가 있는 경우, 집합 A 또는 B에 포함된 모든 원소로 구성된 두 집합의 **합집합**

[3] 세로 막대 '|'는 일반적으로 콜론 ':' 대신 사용된다. 예를 들어, 수학적 글쓰기에서

$$\mathcal{P}(S) = \{T \mid T \subseteq S\}$$

집합의 크기에는 세로 막대가 사용되므로 콜론을 선호한다.

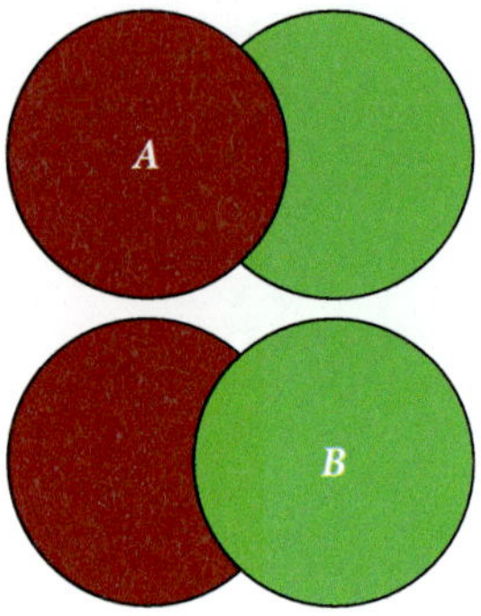

그림 5.1 집합 A와 B가 겹친다.

(*union*)과 집합 A 그리고 B에 공통으로 포함된 원소로 구성된 두 집합의 **교집합**(*intersection*)을 구할 수 있다. 이러한 개념은 종종 그림 5.1~5.3과 같은 **벤 다이어그램**(*Venn diagram*) 을 사용하여 설명하는데, 이 다이어그램은 겹치는 두 집합 A와 B, 그리고 이들의 합집합과 교집합을 보여준다.

A와 B의 합집합에 대해 다음과 같이 표현한다.

$$A \cup B = \{x : x \in A \text{ 또는 } x \in B\}$$

그리고 교집합에 대해 다음과 같이 표현한다.

$$A \cap B = \{x : x \in A \text{ 그리고 } x \in B\}$$

숫자의 덧셈과 곱셈과 마찬가지로 집합의 합집합과 교집합은 관계 연산이다. 즉,

$$(A \cup B) \cup C = A \cup (B \cup C)$$

모든 집합 A, B, C에 대해, 그리고 유사하게

$$(A \cap B) \cap C = A \cap (B \cap C)$$

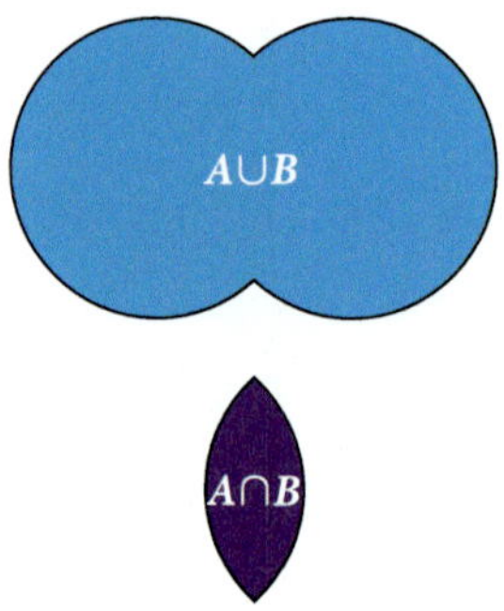

그림 5.2 그림 5.1의 겹치는 집합 A와 B의 합집합과 교집합

이 주제는 9장에서 다시 다루겠지만, 지금은 일반 언어에서 '또는'과 '그리고'가 결합 법칙이 성립한다는 점만 알아두면 충분하다. 예를 들어, 당신이 17세 이상의 여성이고, 한국인이라고 말하는 것은 당신이 17세 이상이고 한국인 여성이라고 말하는 것과 완전히 동일하다. 17세 이상, 여성, 한국인 세 집합의 교집합은 앞의 두 집합을 함께 그룹화하여 세 번째 집합과의 교집합을 취하거나, 마지막 두 집합을 함께 그룹화하여 첫 번째 집합과 결과의 교집합을 취하는 방식으로 만들 수 있다. 간단히 말해 집합의 합집합과 교집합은 교환적이다. 집합 A와 B의 경우 $A \cup B = B \cup A$, $A \cap B = B \cap A$이다.

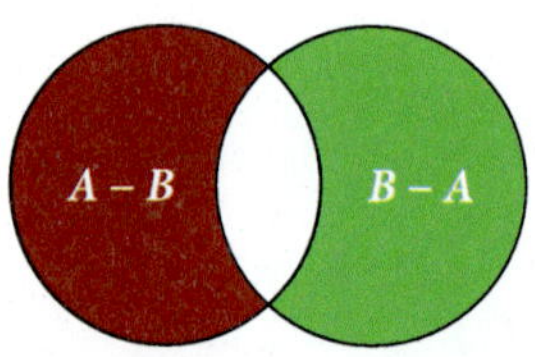

그림 5.3 두 집합 A와 B 사이의 차집합 $A-B$와 $B-A$

집합 B의 **여집합**(*complementary set*) $\overline{B} = \{x : x \notin B\}$를 취할 수도 있다. 종종 전체 집합 U(x가 될 수 있는 것들의 집합)는 문맥에 의해 암시되기 때문에 지정되지 않은 채로 남겨진다. 그러나 모호하지 않게 하려면, 만약 $B = \{x \in U : P(x)\}$이면 $\overline{B} = \{x \in U : x \notin B\}$라고 쓸 수 있다. 예를 들어, B = {Saturday, Sunday}이면 Wednesday $\in \overline{B}$라고 가정해도 안전할 것이다. 그러나, January $\in \overline{B}$인가? 그것은 U가 요일인지, 영어의 모든 단어인지, 아니면 완전히 다른 것인지에 따라 달라진다.

일단 여집합을 얻으면 A와 B의 차, 즉 A에는 있지만 B에는 없는 원소를 얻을 수 있다.

$$A - B = A \cap \overline{B} = \{x : x \in A \text{ 및 } x \notin B\}$$

그림 5.3은 그림 5.1의 집합 A와 B에 대한 $A-B$와 $B-A$를 보여준다. 이 표현

식은 매우 다른 것을 의미하며, 예제에서는 둘 다 공집합이 아니다. 일반적으로

$$A \cup B = (A-B) \cup (B-A) \cup (A \cap B)$$

즉, $A \cup B$는 두 차집합과 교집합의 합이다.

차집합 $A-B$는 때때로 $A \setminus B$로 표시되기도 한다.

집합에서 합집합과 교집합에 대한 분배 법칙은 산술의 덧셈과 곱셈에 대한 분배 법칙, 즉 $a \cdot (b+c) = a \cdot b + a \cdot c$와 비슷하다. 그러나 중요한 차이점이 있다. 집합에서 합집합과 교집합의 연산은 서로 대칭적으로 분배된다.

정리 5.1 *분배 법칙.*

$$A \cap (B \cup C) = (A \cap B) \cup (A \cap C)$$
$$A \cup (B \cap C) = (A \cup B) \cap (A \cup C)$$

첫 번째 문제만 증명하고 두 번째 문제는 문제 5.2로 남겨두겠다.

증명. 임의의 원소 x를 생각해 보자. 먼저 $x \in A \cap (B \cup C)$라고 가정하자. $\cap$와 $\cup$의 정의에 따르면, 이는 두 경우 모두

(a) x는 집합 A의 원소이고

(b) x는 다음 원소 중 하나이다.

(b1) 집합 B

(b2) 집합 C

그리고, (b)의 하위 경우 (b1) 또는 (b2)가 참 여부에 따라 x는 A와 B의 원소이거나, A와 C의 원소이거나, 즉 $x \in (A \cap B) \cup (A \cap C)$가 된다.

이제 $x \in (A \cap B) \cup (A \cap C)$라고 가정하자. 동일한 추론의 연결 고리를 역으로 따라가면 된다. $x \in (A \cap B)$이든 $x \in (A \cap C)$이든, x는 A의 원소이어야 하며, B 또는 C의 원소이기도 해야 한다[즉, $x \in A \cap (B \cup C)$]. ■

이 논증은 집합과 연산자 $\cup$ 및 $\cap$에 대한 추론과 접속사 '또는' 및 '그리고'에 대한 상식적 추론을 번갈아가며 사용한다. 복합 진술의 참과 거짓이 그 구성 진술의 참과 거짓에 어떻게 의존하는지에 대한 상식적인 추론을 공식화하는 것이 9장의 명제 연산의 주제이다. 사실 명제 논리에는 집합에서와 같이 결합 법칙, 교환 법칙 및 분배 법칙이 있다(100쪽).

합집합($\cup$) 및 교집합($\cap$) 기호는 합(Σ), 곱(Π)과 같이 제한 표기법을 사용할 수 있다. 예를 들어, n이 $n \in N$인 원소가 하나인 집합 $\{n\}$의 모든 집합의 합집합이라고 할 때 다음과 같이 표현할 수 있다.

$$\mathbb{N} = \bigcup_{n=0}^{\infty} \{n\}$$

또한 집합 S는 S에 포함되지 않은 단일 원소를 제외한 전체 집합의 모든 부분 집합의 교집합이라 할 수 있고 다음과 같이 쓸 수 있다.

$$S = \bigcap_{x \notin S} (U - \{x\})$$

*

순서쌍(*ordered pair*) $\langle x, y \rangle$는 구성 요소인 x와 y를 순서가 중요한 단일 구조로 결합된 수학적 구조이다. 즉, $\langle x, y \rangle$는 x가 y와 같은 것이 아니라면 $\langle y, x \rangle$와는 다른 것이다. 일반적으로 $\langle x, y \rangle = \langle z, w \rangle$는 $x = z$와 $y = w$일 경우에만 해당한다.

또한 $\langle x, y \rangle$는 $\{x, y\}$(이 표현은 $\{y, x\}$와 같음)와는 매우 다른 것이다. 우리는 순서쌍 $\langle x, y \rangle$를 다른 원시 데이터 유형으로 취급할 것이며, 어떤 집합과도 다른 것이다.

사실, 52쪽에서 숫자를 집합으로 정의할 수 있다고 언급했듯이 순서쌍을 집합으로 정의하는 것도 가능하다. 원시적인 개념을 가능한 한 적게 사용하는 것이 중요하다고 생각하는 수학 순수주의자나 근본주의자들은 때때로 순서쌍 $\langle x, y \rangle$를 $\{x, \{x, y\}\}$로 정의하기도 한다. 이 정의에 따르면 순서쌍은 첫 번째 성분이 같고 두 번째 성분도 같을 때만 두 순서쌍이 같다는 본질적인 속성을 갖는다(문제 5.11).

순서쌍의 개념은 순서 삼중항 등으로 확장된다. 구성 요소 x, y, z가 있는 순서 삼중항에는 $\langle x, y, z \rangle$라고 쓰고, 일반적으로 n 요소의 열을 나타낼 때 n이 음수가 아닌 정수인 **순서 *n*-튜플**(*order n-tuple*)이라는 용어를 사용한다. 두 개의 순서 n-튜플은 각 i, $1 \le i \le n$에 대해 i^{th} 구성 요소가 같을 때만 동일하다.

집합 A의 첫 번째 구성 요소와 집합 B의 두 번째 구성 요소를 가진 모든 순서쌍의 집합을 A와 B의 **데카르트 곱**(*Cartesian product*) 또는 **곱집합**(*cross product*)이라고 하며, $A \times B$로 나타낸다. 예를 들어, $A = \{1, 2, 3\}$이고 $B = \{-1, -2\}$인 경우 다음과 같이 표현한다.

$$A \times B = \{\langle 1, -1 \rangle, \langle 1, -2 \rangle, \langle 2, -1 \rangle, \langle 2, -2 \rangle, \langle 3, -1 \rangle, \langle 3, -2 \rangle\}.$$

분명히 $A \times B$는 일반적으로 $B \times A$와 다르다. A와 B가 유한하다면 다음과 같다. $|A \times B| = |A| \cdot |B|$. 방금 표시된 예제에서는 $|A| = 3$, $|B| = 2$, $|A \times B| = 6$이다. 그러나 합집합은 무한 집합으로도 만들 수 있다. 예를 들어, $\mathbb{N} \times \mathbb{Z}$는 첫 번째 성분이 음수가 아닌 모든 순서 정수 쌍의 집합이며 다음과 같이 표현할 수 있다.

$$\{1, 2, 3\} \times \{-1, -2\} \subsetneq \mathbb{N} \times \mathbb{Z}$$

요약

- 집합은 서로 다른 사물 또는 원소의 정렬되지 않은 모음이다. 집합의 원소는 그 구성 요소이다.
- 공집합은 $\emptyset$ 또는 $\{\}$로 표시된 원소를 포함하지 않는 집합이다.
- 일부 숫자 집합에는 정수 $\mathbb{Z}$, 자연수 $\mathbb{N}$, 실수 $\mathbb{R}$, 유리수 $\mathbb{Q}$와 같은 이름이 있다.
- 집합의 부분 집합은 원 집합의 원소 중 일부(없을 수도 있고 전부일 수도 있음)로 구성된다.
- $A \subseteq B$라는 표기는 A가 B의 부분 집합이며, B와 같을 가능성이 있음을 의미한다. $A \subsetneq B$라는 표기는 A가 B의 진부분 집합임을 의미한다(확실히 B와 같지는 않다).
- A가 B의 (진)부분 집합이라면 B는 A의 (진)상위 집합이다.
- 집합의 포함 표기는 $\in$로 표시되며, 그 부정은 $\notin$이다.
- 집합은 그 자체로 다른 집합의 원소로 취급될 수 있다. 하나의 객체가 원소로 취급되는 경우와 집합으로 취급되는 경우를 구분하는 것이 중요하다. 원소를 나타내는 기호는 원소가 집합의 구성원인지 여부를 나타내는 데 사용되며, 부분 집합 기호는 어떤 집합의 모든 원소가 다른 집합의 구성원인지 여부를 나타내는 데 사용된다.
- 집합 S의 멱집합은 $\mathcal{P}(S)$로 표시되며, S의 모든 부분 집합의 집합이다.
- 집합 S의 크기는 **기수**(*cardinality*)라고도 하며, $|S|$로 표시된다. 집합의 크기는 유한하거나 무한할 수 있다.
- 집합 S의 여집합은 $\overline{S}$로 표시되며, 전체 집합에서 집합 S에 포함되어 있지 않는 모든 원소의 집합이다.
- 집합은 $\cup$로 표시되는 합집합, $\cap$로 표시되는 교집합, $-$ 또는 $\setminus$로 표시되는 차집합을 기반으로 정의할 수 있다.
- 합집합과 교집합은 결합 법칙, 교환 법칙, 분배 법칙을 만족한다.

$$(A \cup B) \cup C = A \cup (B \cup C)$$
$$(A \cap B) \cap C = A \cap (B \cap C)$$
$$A \cup B = B \cup A$$
$$A \cap B = B \cap A$$
$$A \cap (B \cup C) = (A \cap B) \cup (A \cap C)$$
$$A \cup (B \cap C) = (A \cup B) \cap (A \cup C)$$

- 순서쌍은 두 개의 구성 요소로 구성되며 순서가 중요하다. 첫 번째 구성 요소 x와 두 번째 구성 요소 y를 가진 순서쌍은 $\langle x, y\rangle$로 표시된다. 순서 n-튜플은 이 정의를 n 원소에 대해 확장한 것이다.
- 집합 A에서 첫 번째 구성 요소를 가져오고 집합 B에서 두 번째 구성 요소를 가져온 순서쌍의 집합을 $A\times B$로 표시되는 A와 B의 데카르트 곱 또는 곱집합이라고 한다.

문제

5.1 다음 집합은 무엇인가? 구성 요소를 나열하여 명시적으로 표현하라.

(a) $\{\{2,4,6\} \cup \{6,4\}\} \cap \{4,6,8\}$

(b) $\mathcal{P}(\{7,8,9\})-\mathcal{P}(\{7,9\})$

(c) $\mathcal{P}(\emptyset)$

(d) $\{1,3,5\}\times\{0\}$

(e) $\{2,4,6\}\times\emptyset$

(f) $\mathcal{P}(\{0\})\times\mathcal{P}(\{1\})$

(g) $\mathcal{P}(\mathcal{P}(\{2\}))$

5.2 분배 법칙의 두 번째 버전을 증명하라.

$$A\cup(B\cap C)=(A\cup B)\cap(A\cup C)$$

5.3 A가 $|A|=n$인 유한 집합이면 $|\mathcal{P}(A)|=2^{|A|}$임을 보여라.

5.4 $|A|=n$이면, $|\mathcal{P}(A)-\{\{x\}: x\in A\}|$는 무엇인가?

5.5 (a) A와 B가 유한 집합이라고 가정하자. 두 크기 $|\mathcal{P}(A\times B)|$와 $|\mathcal{P}(A)|\cdot|\mathcal{P}(B)|$를 비교하라. 어떤 상황에서 어느 것이 다른 것보다 크며, 그 비율은 얼마인가?

(b) $(A-B)\cup(B-A)=\emptyset$가 필연적으로 사실인가? 이를 증명하거나 반례를 제시하라.

5.6 형식적인 집합 표기법을 사용하여 다음 집합을 설명하라.

(a) 무리수의 집합

(b) 3 또는 5로 나눌 수 있는 모든 정수의 집합

(c) X 집합의 멱집합

(d) 3자리 숫자의 집합

5.7 각 진술이 참인지 거짓인지와 그 이유를 결정하라.

(a) $\emptyset = \{\emptyset\}$
(b) $\emptyset = \{0\}$
(c) $|\emptyset| = 0$
(d) $|\mathcal{P}(\emptyset)| = 0$
(e) $\emptyset \in \{\}$
(f) $\emptyset = \{x \in \mathbb{N} : x \leq 0$ 및 $x > 0\}$

5.8 A, B, C, D가 $A \subseteq B$, $C \subseteq D$인 유한 집합이라면, $A \times C \subseteq B \times D$임을 증명하라.

5.9 다음을 증명하라.
(a) $A \cap (A \cup B) = A$
(b) $A - (B \cap C) = (A - B) \cup (A - C)$

5.10 어떤 학교에는 100명의 학생이 세 개의 과학 수업 중 하나 이상에 각각 등록되어 있다. 이 중 60명은 화학, 45명은 물리학, 30명은 생물학에 등록되어 있다. 일부 학생은 두 개의 과학 수업에 등록하고, 10명의 학생은 세 수업 모두에 등록한다.
(a) 정확히 두 개의 과학 수업에 등록한 학생은 몇 명인가?
(b) 화학과 물리학(생물학 제외)을 모두 수강하는 학생은 9명, 물리와 생물학(화학 제외)을 모두 수강하는 학생은 4명이다. 화학과 생물학(물리학 제외)을 모두 수강하는 학생은 몇 명인가?

5.11 순서쌍을 원시로 받아들이지 않고 $\langle x, y \rangle$는 $\{x, \{x, y\}\}$라 할 때, $x = u$이고 $y = v$인 경우에만 $\langle x, y \rangle = \langle u, v \rangle$임을 증명하라.

Chapter

6 관계 및 함수

관계는 사물과 사물 사이의 연결이다. 예를 들어, 우리는 한 숫자가 다른 숫자보다 크다는 것이 무엇을 의미하는지 알고 있다. '보다 큰' 관계는 이러한 모든 숫자 쌍이 공유하는 속성이라고 생각할 수 있다. 관계는 숫자뿐만 아니라 모든 종류의 사물 사이에 있을 수 있다. 예를 들어, '부모'라는 관계는 모든 부모-자식 쌍이 공유하는 모든 것이다. 즉, 우리는 서로 관계를 맺고 있는 사물(또는 사람) 쌍의 집합으로 관계를 식별한다.

현대 수학의 업적 중 하나는 이러한 메타-물리적 추상성을 정확히 파악하여 집합 이론에 기반한 구성적인 정의로 대체하는 것이다. 기본 개념은 추상적인 속성을 그 속성을 가진 모든 것의 집합, 즉 그 확장으로 대체하는 것이다. 따라서 관계는 집합의 곱집합의 부분 집합인 순서 n-튜플의 집합이다. 이항 관계, 즉 순서쌍으로 표현되는 두 사물 간의 관계에 가장 관심을 가질 것이다. 구성적인 예로 한 마을의 다양한 주소에 거주하는 사람들을 생각해 보겠다(그림 6.1).

이것은 사람과 주소 사이의 관계이다. 즉, $P \times A$의 순서쌍 집합의 하위 집합으로, 여기서 P는 Alan, David, Grace, Mary를 포함한 사람의 집합이고 A는 33 Turing Terrace, 66 Hilbert Hill, 77 Hopper Hollow, 22 Jackson Junction을 포함한 모든 주소의 집합이다. 구성적으로 이 관계는 네 개의 순서쌍으로 이루어진 집합이다.

$$\{\langle \text{Alan, 33 Turing Terrace} \rangle, \langle \text{David, 66 Hilbert Hill} \rangle, \langle \text{Grace, 77 Hopper Hollow} \rangle, \langle \text{Mary, 22 Jackson Junction} \rangle\} \quad (6.1)$$

Name	Address
Alan	33 Turing Terrace
David	66 Hilbert Hill
Grace	77 Hopper Hollow
Mary	22 Jackson Junction

그림 6.1 주소와 쌍을 이루는 이름으로 구성된 간단한 관계

이것은 특히 간단한 종류의 이항 관계로, 각 첫 번째 구성 요소는 단 하나의 두 번째 구성 요소와 짝을 이루며, 그 반대의 경우도 마찬가지이다. 보다 일반적인 예로는 학생과 학생이 수강하는 과목 간의 관계를 들 수 있다. 학생은 둘 이상의 과목을 수강하고, 과목은 둘 이상의 학생을 등록한다. 예를 들어, 관계 E는 한 대학의 등록을 나타낼 수 있다.

$$E = \{\langle \text{Aisha, CS20} \rangle, \langle \text{Aisha, Ec10} \rangle, \langle \text{Aisha, Lit26} \rangle,$$
$$\langle \text{Ben, CS20} \rangle, \langle \text{Ben, Psych15} \rangle, \langle \text{Ben, Anthro29} \rangle,$$

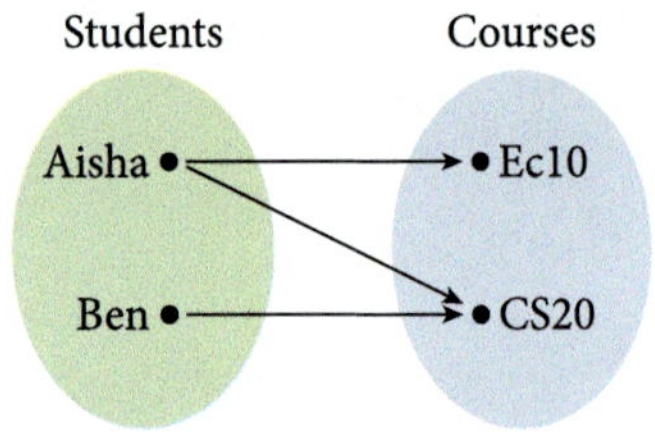

그림 6.2 강의 등록 관계의 일부. Aisha와 Ben은 둘 다 CS20에 등록되어 있고 Aisha는 Ec10에도 등록되어 있다. A는 학생 집합이고 B는 과목 집합이다.

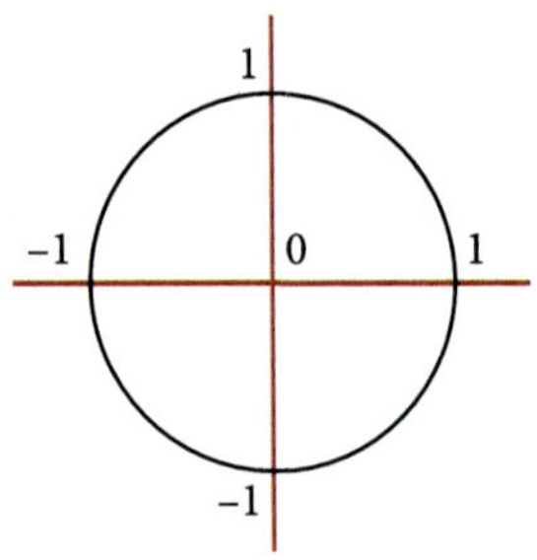

그림 6.3 2차원 공간에 그려진 그래프는 관계를 나타낸다. 이 경우 각 점 원의 $\langle x, y\rangle$는 $x^2+y^2=1$ 방정식을 만족한다.

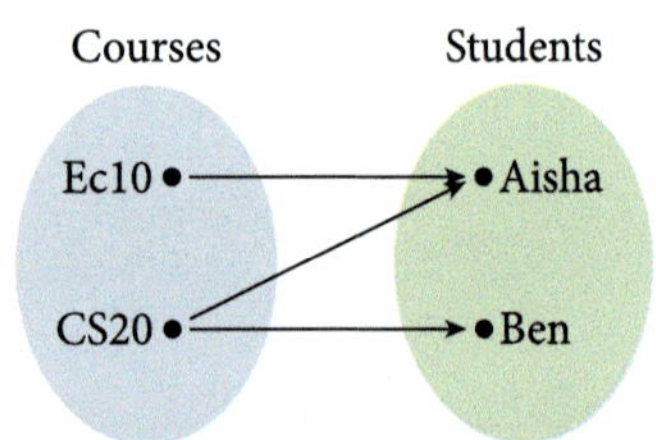

그림 6.4 그림 6.2에 표시된 관계의 역함수이다.

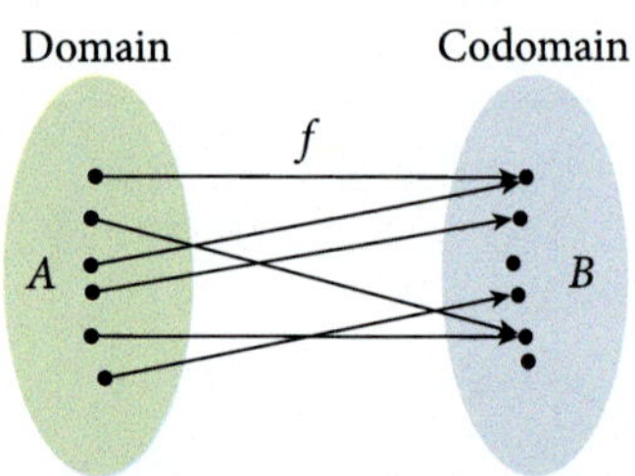

그림 6.5 함수에서 A의 각 원소에서 나오는 화살표는 하나뿐이다. 집합 A를 정의역이라고 하고 집합 B를 공역이라고 한다.

$$\langle \text{Carlos, CS1}\rangle, \langle \text{Carlos, Lit60}\rangle, \langle \text{Carlos, Ethics22}\rangle,$$
$$\langle \text{Daria, CS50}\rangle, \langle \text{Daria, Ethics22}\rangle, \langle \text{Daria, Anthro80}\rangle\} \quad (6.2)$$

이 관계에서 각 학생은 세 과목을 수강한다. 즉, 각 사람 x에 대해 E에 $\langle x, y\rangle$ 쌍이 포함되도록 세 개의 서로 다른 y가 있다. 또한 Aisha와 Ben은 한 과목을 같이 수강한다. 즉, $y = \text{CS20}$일 때 $\langle x, y\rangle \in E$를 포함하는 두 개의 서로 다른 x값이 있다. 그림 6.2에 표시된 것처럼 두 집합을 블롭으로 표현하고 A와 B의 원소를 점으로 표현하고, $\langle x, y\rangle \in R$ 쌍인 경우 $x \in A$에서 $y \in B$로 화살표를 사용하여 두 집합에 대한 관계 R을 설명할 수 있다. 그림을 간단히 하기 위해 대부분의 화살표는 생략했다. 일반적으로 이 예제에서처럼 A와 B가 분리되어 있을 필요는 없다.

일반적으로 관계를 명시적으로 작성하지 않는다. 대신 쌍을 설명하는 규칙을 제공하여 관계를 정의한다. 5장에서 설명한 집합을 사용할 수 있다. 예를 들어, 전 세계 모든 사람의 집합인 P와 모든 날짜의 집합인 D 사이의 생일 관계를 다음과 같이 정의할 수 있다.

$$B = \{\langle p, d\rangle : \text{사람 } p\text{는 } d\text{일에 태어났다}\}$$

수치적 예를 들자면, 2차원 그래프는 두 개의 실제 변수 간의 관계를 시각화하는 데 유용한 방법이다. 그림 6.3에 표시된 원은 원점으로부터 거리 1에 있는 점들의 집합이다. 즉, 다음과 같은 관계이다. $\{\langle x, y\rangle : x^2+y^2=1\} \subseteq \mathbb{R}\times\mathbb{R}$.

이항 관계 $R \subseteq A\times B$의 역은 다음과 같은 관계이다.

$$R^{-1} = A\times B,\ \text{여기서 } R^{-1} = \{\langle y, x\rangle : \langle x, y\rangle \in R\}$$

즉, R^{-1}은 R에 대한 화살표 다이어그램의 모든 화살표를 뒤집어서 구한 관계이다. 그림 6.2에 표시된 학생과 강의 관계의 역은 그림 6.4에 나와 있다.

*

함수는 특별한 종류의 이항 관계이다. 3쪽에서 함수를 한 집합의 각 원소와 두 번째 집합의 원소를 연결하는 규칙으로 설명했다. 이제 그 설명을 공식화하자.

집합 A에서 집합 B로의 함수 f는 다음과 같은 속성을 갖는 관계 $f \subseteq A\times B$이다. 각 $x \in A$에 대해 $\langle x, y\rangle \in f$와 같은 $y \in B$가 하나만 존재한다는 것을 알 수 있다. f가 함수인 경우 주어진 x에 대응하는 y의 값은 고유하게 결정되므로, 우리는 그 고유한 y를 $f(x)$라고 지칭할 수 있다. $y = f(x)$를 인자 x에 대한 f의 값이라고 한다. A와 B가 분리되어 있고 함수를 블롭 다이어그램으로 설명하는 경우, 함수는 왼쪽 블롭의 각 점 중에서 화살표가 하나만 있다는 점에서 임의 관계와 다르다(그림 6.5).

식 (6.1)에서 사람과 주소 사이의 관계는 함수이며, 이 예제에서는 각 사람이 하나의 주소에만 거주한다. 예를 들어, 다음과 같이 표현할 수 있다.

$$f(\text{Alan}) = 33 \text{ Turing Terrace}$$

반면에 등록 관계 식 (6.2)는 학생이 여러 과목을 수강하기 때문에 함수가 아니다. (두 개의 수업을 듣는 학생이 단 한 명이라도 있다면 함수가 되지 못한다.) 원 관계도 함수가 아니며, $-1<x<1$의 모든 값에 대해 $x^2+y^2=1$과 같이 두 개의 $y=\pm\sqrt{1-x^2}$ 값이 존재하기 때문이다. 하지만 생일 관계는 함수를 사용할 수 있다. 모든 사람은 단 하루만 태어나기 때문이다.

$f \subseteq A \times B$가 A에서 B로의 함수인 경우 $f: A \to B$라고 쓰고, 집합 A를 **정의역**(*domain*)이라고 하며 집합 B를 **공역**(*codomain*)이라고 한다(그림 6.5). 예를 들어, 생일 함수의 정의역은 모든 사람의 집합이고, 공역은 일 년 중 날짜 집합이다. $f(x)=x^2$ 함수를 고려하면 인자 x가 정수인 경우 정의역은 $\mathbb{Z}$이다. 정수의 제곱은 항상 음수가 아니므로 공역은 $\mathbb{N}$ 또는 $\mathbb{Z}$로 간주할 수 있다. (함수를 정의한 방식에 따라 정의역은 함수가 값을 제공하는 원소의 집합이어야 한다. 반면에 공역은 함수의 모든 값을 포함해야 하며 추가 원소를 포함할 수도 있다.) 마찬가지로 생일 함수의 공역은 사람이 태어나지 않은 날이 있더라도 일 년 중 모든 날의 집합이다.

정의역과 공역은 어떤 집합이든 될 수 있다. 정의역과 공역은 연결되지 않거나 구분될 필요는 없다. 예를 들어, 함수 $f: \mathbb{Z} \to \mathbb{Z}$, $f(n)=n+1$은 모든 $n \in \mathbb{Z}$에서 동일한 정의역과 공역을 갖는다.

정의역 또는 공역은 집합일 수 있다. 함수의 값이 집합인 간단한 예로 강의 등록 관계[식 (6.2)]를 다시 살펴보자. 한 학생이 여러 과목을 수강하기 때문에 이것은 함수가 아니다. 그러나 각 학생에 대해 학생이 수강하는 과목 집합을 정확하게 지정할 수 있다. 따라서 식 (6.2)의 정보는 다음과 같이 학생에서 과목 집합에 이르는 함수로 표현할 수 있다.

Student	Courses
Aisha	{CS20, Ec10, Lit26}
Ben	{CS20, Psych15, Anthro29}
Carlos	{CS1, Lit60, Ethics22}
Daria	{CS50, Ethics22, Anthro80}

(6.3)

S가 학생 집합이고 C가 과목 집합인 경우 식 (6.2)는 $S \times C$에 대한 관계이고, 식 (6.3)은 함수 $e: S \to \mathcal{P}(C)$이다. 예를 들어, $e(\text{Aisha}) = \{\text{CS20, Ec10, Lit26}\}$

3쪽에서 설명한 것처럼 함수는 인자를 값에 매핑하며, 함수를 매핑이라고 부르기도 한다. 주어진 인자에 대한 함수의 값은 해당 인자의 **상**(*image*) 또는 치역값이라 하며, 만약 A가 함수 f의 정의역의 부분 집합이라면 $f[A]$라 표기하고 집합 A의 치역이라 하며, 이는 A 집합의 모든 원소의 상 또는 치역값의 집합이다

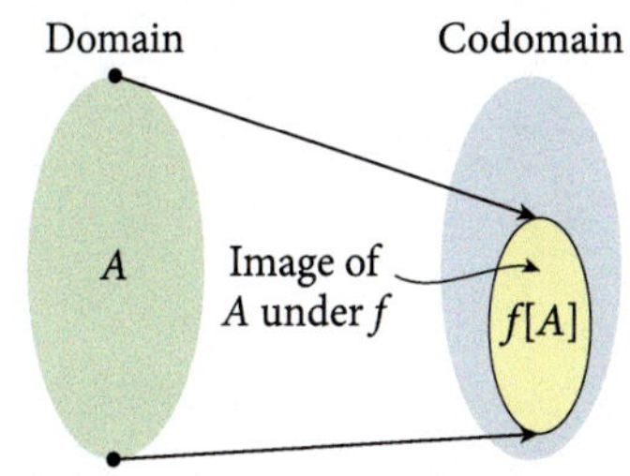

그림 6.6 함수의 상은 공역의 부분 집합이다. 정의역의 인자에 대한 함수의 모든 값, 즉 $\{f(x): x \in A\}$로 구성된다.

(그림 6.6). 즉, $f: S \to T$이고 $A \subseteq S$라면

$$f[A] = \{f(x) : x \in A\} \subseteq T$$

시각적 은유를 얻으려면 정의역을 사진으로, 함수를 프로젝터로 생각하면 상 집합 또는 치역은 사진의 일부분에 포함되는 점의 집합이다.

예를 들어, $f: \mathbb{Z} \to \mathbb{Z}$가 $f(n) = n^2$이며, 모든 n, $\mathbb{Z}$의 치역 $f[\mathbb{Z}]$에 대해 $\mathbb{Z}$는 완전제곱의 집합인 $\{0, 1, 4, 9, \ldots\}$이다. 만약 모든 n에 대해 $g(n) = 2n$이면 $g[\mathbb{Z}]$는 모든 짝수의 집합이다. $\mathbb{E} \subseteq \mathbb{Z}$를 짝수의 집합이라고 하면 $f[\mathbb{E}] = \{0, 4, 16, 36, \ldots\}$은 짝수 완전제곱의 집합이다.[1]

[1] 이제 사라지고 있는 또 다른 전통적 용어로 함수의 range가 있다. 이 단어는 모호하다. 어떤 때는 공역으로 해석되기도 하고, 어떤 때는 치역이라고도 한다.

실수값 함수 $f(x) = \frac{1}{x}$를 어떻게 만들어야 할까? 우리는 $f: \mathbb{R} \to \mathbb{R}$이라고 말하고 싶은 유혹을 받는다. 즉, 함수 f는 실수를 취하고 실수값을 갖는다. 그러나, $\frac{1}{0}$는 정의할 수 없으므로, $f(0)$이 정의되지 않는다. 반면, 모든 0을 제외한 $x \in \mathbb{R}$에서는 $f(x)$는 정의된다. 따라서, 함수 f를 다음과 같이 설명한다. $f: \mathbb{R} - \{0\} \to \mathbb{R}$.

대체 용어는 부분 함수와 전체 함수를 구분하는데, 여기서 전체 함수는 우리가 함수라고 부르는 것이고, A에서 B로의 부분 함수는 정의역이 A의 부분 집합인 전체 함수이다. 이 대체 용어를 사용하면 $\frac{1}{x}$를 $\mathbb{R}$에서 $\mathbb{R}$의 부분 함수로 설명할 수 있다.

*

특정 종류의 함수에는 일반적으로 사용되는 용어가 있다.

단사 함수(*injective function*)는 공역의 각 원소가 최대 하나의 인자에 대한 함수의 값인 함수이다. 다시 말해, 서로 다른 두 개의 인자가 같은 값에 매핑되지 않으면 함수는 단사 함수이다. 예를 들어, 모든 정수 n을 다음 정수 $n+1$에 매핑하는 함수는 모든 정수 값 m에 대해 $m = n+1$, 즉 $n = m-1$이 되는 n의 값이 하나만 존재하기 때문에 단사 함수이다. 반면에 생일 함수는 두 사람의 생일이 같은 경우도 있기 때문에 단사 함수가 아니다.

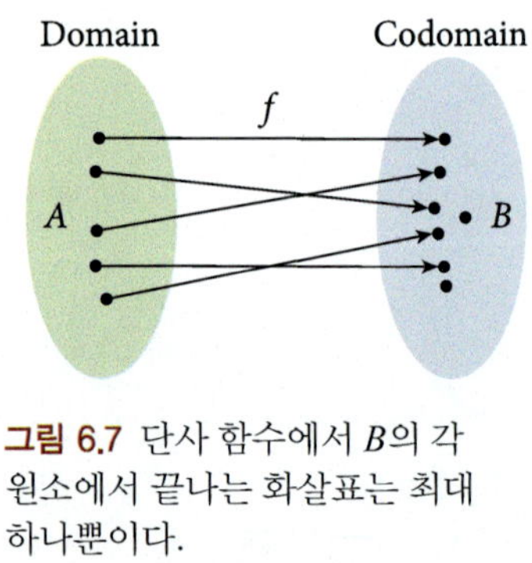

그림 6.7 단사 함수에서 B의 각 원소에서 끝나는 화살표는 최대 하나뿐이다.

함수가 단사인지 여부는 정의역에 따라 달라질 수 있다. 사람들의 집합이 충분히 제한되어 있다면 생일 함수조차도 단사 함수일 수 있다. 모든 자연수는 최대 하나의 자연수의 제곱이기 때문에 모든 $n \in \mathbb{N}$에 대해 $f(n) = n^2$가 되는 함수 $f: \mathbb{N} \to \mathbb{N}$은 단사 함수이다. 그러나 유사한 함수 $g: \mathbb{Z} \to \mathbb{N}$에서 모든 $n \in \mathbb{Z}$에 대해 $g(n) = n^2$는 예를 들어 $g(-1) = g(+1) = 1$이 되므로 단사 함수가 아니다.

블롭과 화살표 다이어그램은 다음의 경우 단사 함수를 나타낸다(그림 6.7 참조).

1. 그것이 함수를 나타내고(정의역의 각 점에는 정확히 하나의 화살표가 있음)
2. 서로 다른 두 개의 화살표가 공역의 같은 점에서 끝나지 않는다.

함수는 특별한 종류의 이항 관계이므로 모든 함수에는 역수, 즉 역관계가 있다. 하지만 함수의 역은 반드시 함수일 필요는 없다. 예를 들어, 함수 $f:\{0, 1\}\rightarrow\{0\}$은 $f(0)=f(1)=0$로 역 $\{\langle 0, 0\rangle, \langle 0, 1\rangle\}$을 갖는다. 이 관계는 함수가 아니다.

그러나 단사 함수는 역이 가능하다. 즉, 단사 함수의 역은 그 자체로 함수이다. $f:A\rightarrow B$가 단사 함수인 경우, f의 역함수인 $f^{-1}:f[A]\rightarrow A$는 다음과 같은 속성을 갖는다.

$$f(f^{-1}(y))=y, \text{ 어떤 } y\in f[A]\text{에 대해}$$

함수 f의 역은 임의의 $y\in f[A]$에 대해 $f(x)=y$인 고유 원소 $x\in A$라는 규칙에 의해 $f^{-1}(y)$로 정의된다. 우리는 f가 단사 함수이기 때문에 만족하는 x의 값이 두 개가 있을 수 없다는 것을 알고 있고, $y\in f[A]$에 대해 만족하는 x가 적어도 하나 있다는 것을 알고 있다. 그러나 일반적으로 역의 영역은 B의 전부가 될 필요는 없다. 어떤 인자 $x\in A$에 대해 f의 값이 아닌 B의 일부 원소가 있을 수 있기 때문이다.

집합 식 (6.1)은 두 사람이 같은 곳에 살지 않기 때문에 단사 함수이다. 이 함수를 f로 표시하면, 예를 들어 $f(\text{Alan}) = 22$ Turing Terrace는 $f^{-1}(22$ Turing Terrace$) = $ Alan이 된다.

단사 함수의 개념을 이용하면 비둘기집 원리(4쪽)를 다음과 같이 간결하게 설명할 수 있다. A와 B가 유한 집합이고 $|A|>|B|$라면, A에서 B로 가는 단사 함수는 없다. 또는 다음과 같이 설명할 수도 있다. 또는 대우를 활용하여 $f:A\rightarrow B$가 A와 B가 유한한 경우 $|A|\leq|B|$이다.

*

공역의 모든 원소가 정의역의 일부 인자에 대한 함수의 값인 경우, 즉 치역이 공역과 동일한 경우 이 함수는 **전사 함수**(*surjective function*)이다. 즉, 모든 $y\in B$에 대해 $f(x)=y$가 되는 $x\in A$가 하나 이상 있는 경우 $f:A\rightarrow B$는 전사함수이다. 블롭과 화살표 다이어그램은 공역의 모든 원소에 적어도 하나의 화살표가 가리키는 경우에 대한 전사 함수를 나타낸다(그림 6.8).

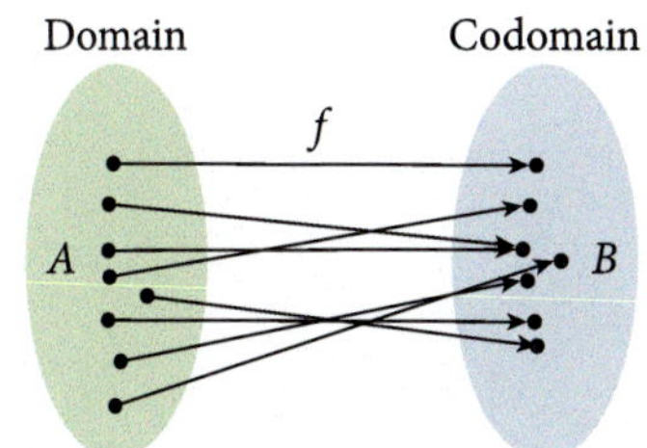

그림 6.8 전사 함수에는 B의 각 원소에서 끝나는 화살표가 하나 이상 있다.

생일 함수는 도메인이 모든 사람의 집합인 경우 실제로는 전사적이다. 출생은 일 년 중 매일 발생하기 때문이다. 간단한 주소록 함수 식 (6.1)은 네 개의 주소가 전체 공역을 구성하기 때문에 전사함수이다. 반면에 자연수에 대한 제곱 함수 즉, 각 $x\in\mathbb{N}$에 대해 $f(x)=x^2$인 $f:\mathbb{N}\rightarrow\mathbb{N}$을 고려하면 $x^2=2$를 만족하는 자연수 x가 없기 때문에 전사 함수가 아니다.

전단사 함수(*bijection function*)는 단사와 전사가 모두 있는 함수이다. 즉, 모든 원소 $y\in B$에 대해 $f(x)=y$가 되는 원소 $x\in A$가 하나뿐인 경우에만 $f:A\rightarrow B$는 전단사이다. 또는 블롭과 화살표로 표현하면, B의 모든 원소는 정확히 하나의 화

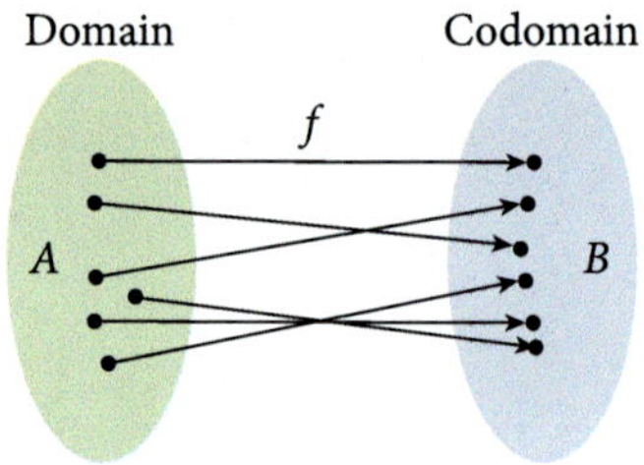

그림 6.9 전단사에서는 B의 각 원소에서 끝나는 화살표가 정확히 하나씩 있다.

$\mathbb{Z}$	$\leftrightarrow$	$\mathbb{E}$
⋮		⋮
-2	$\leftrightarrow$	-4
-1	$\leftrightarrow$	-2
0	$\leftrightarrow$	0
1	$\leftrightarrow$	2
2	$\leftrightarrow$	4
⋮		⋮

그림 6.10 $\mathbb{Z}$와 $\mathbb{E}$ 사이의 전단사

살표를 가리킨다(그림 6.9).

모든 n에 대해 $f(n)=n+1$이 되도록 정수에 대한 **후속 함수**(*successor function*) f의 경우, f^{-1}은 $\mathbb{Z}$에서 $\mathbb{Z}$까지의 함수로서 모든 m에 대해 $f(m)=m-1$이 되도록 한다.

이는, 일반적으로 **선행 함수**(*predecessor function*)로 알려져 있다. 모든 정수에는 고유한 다음 정수와 고유한 이전 정수가 모두 존재하기 때문에 후속 함수와 선행 함수는 모두 정수에 대해 전단사 함수이다.

전단사의 더 흥미로운 예는 모든 x에 대한 $f(x)=2x$, 함수 $f:\mathbb{Z}\rightarrow\mathbb{E}$, $\mathbb{E}$는 짝수의 집합이다. 모든 $y\in\mathbb{E}$에 대해, 단 하나의 정수 $x\in\mathbb{Z}$가 하나만 존재하므로 $y=2x$, 즉 $x=\frac{y}{2}$(짝수이므로 정수이다). 따라서 이 함수(그림 6.10)는 전단사이다.

함수 $f:A\rightarrow B$가 전단사이면 단사 역 f^{-1}을 갖는다. 전단사의 경우, 역함수의 영역은 함수 f의 전체 공역, 즉 $f:A\rightarrow B$이다. 따라서 함수 f의 역은 $f^{-1}:B\rightarrow A$이며, 여기서 역함수 $f^{-1}(y)$는 모든 $y\in B$에 대해 고유한 $x\in A$로 $f(x)=y$이다. 역함수 f^{-1} 또한 전단사이다. 해당 블롭과 화살표 다이어그램에서 화살표를 뒤집으면 되므로 이제 A의 모든 원소에는 정확히 하나의 화살표가 가리키고 있다.

*

A와 B가 유한하고 함수 f가 A에서 B로의 단사 함수인 경우 $x\in A$의 모든 값 $f(x)$는 서로 다른 x에 대해 $|A|\leq|B|$이다. 그리고 만약 f가 전사라면 A의 원소의 치역이 아닌 원소를 포함할 수 없기 때문에 $|A|\geq|B|$이다. 따라서 f가 전단사, 즉 단사와 전사 모두인 경우 $|A|$와 $|B|$는 같아야 한다. 다시 말해, 만약 유한 집합으로 구성된 전단사 함수는 집합의 크기가 동일하다.

그 반대의 경우도 마찬가지이다. A와 B가 n개의 원소가 있는 집합이라고 가정하자.

$$A=\{a_1,\ldots,a_n\}$$
$$B=\{b_1,\ldots,b_n\}$$

여기서 $i\neq j\,(1\leq i, j\leq n)$이면 $a_i\neq a_j$, $b_i\neq b_j$이며, 함수 $f:A\rightarrow B$, $i=1, ..., n$에 대해 $f(a_i)=b_i$는 전단사이다.

따라서 유한 집합은 그 사이에 교집합이 있을 때만 동일한 크기를 갖는다. 이것은 너무 당연해 보여서 설명하기 어려울 수도 있지만, 그럴 만한 이유가 있다. 우리는 두 무한집합의 크기가 같다는 것이 무엇을 의미하는지에 대한 정의로 집합 사이의 교집합의 존재를 사용할 것이다. 이 정의를 사용하면 모든 무한 집합의 크기가 같은 것은 아니며 중요한 결과가 뒤따른다는 것을 알 수 있다.

그 토대를 마련하기 위해, 우리는 전단사에 관련된 집합에 대해 한 가지 사실을 더 확립해야 한다. 집합 A에서 집합 B와 집합 C로 향하는 전단사가 존재한다

면, B와 C 사이에는 전단사가 존재한다. 따라서 주어진 집합과 전단사 관계에 있는 모든 집합은 서로 동일한 '가족 유사성(family resemblance)'을 가진다. 먼저 기술적 사실을 증명한 다음 그 의미를 생각해 보자.

정리 6.4 A, B, C를 임의의 집합이라고 하자. 만약 함수 $f: A \to B$와 $g: A \to C$가 전단사이면 함수 $h: B \to C$는 전단사이다.

증명. 함수 f는 전단사이므로, 그 역인 $f^{-1}: B \to A$는 존재하며 B에서 A로의 전단사이다. 함수 $h: B \to C$를 어떤 $y \in B$, $h(y) = g(f^{-1}(y))$로 정의하자. 즉, $y \in B$가 주어졌을 때 함수 f 화살표를 역으로 이동하며, 다음 화살표를 따라 C의 원소로 이동한다(그림 6.11). B의 고유 원소는 f^{-1}에서 A의 고유 원소로, g에 의해 C의 고유 원소에 매핑된다. 따라서 h는 단사이다. 또한 모든 원소 $z \in C$에 대해 z는 인자 $f(g^{-1}(z)) \in B$에 대한 h의 값이기 때문에 전사이다.

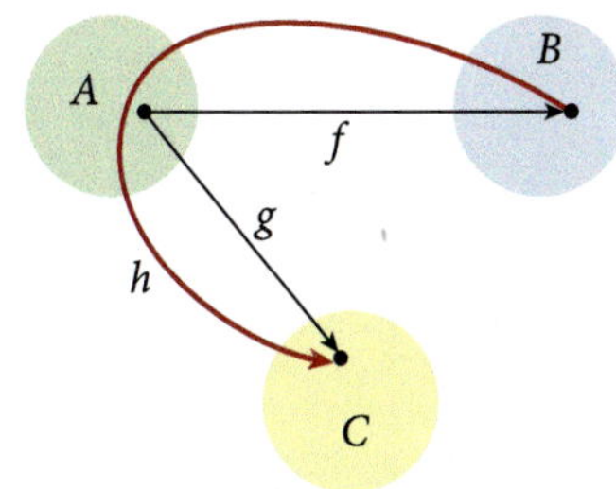

그림 6.11 A에서 B로의 전단사 함수 f와 A에서 C로의 전단사 함수 g가 주어지면, B에서 C로의 전단사 함수를 얻을 수 있다. B의 모든 원소에 대해 함수 f 화살표의 역으로 A로 이동한 다음, 함수 g 화살표를 따라 C로 이동하면 된다.

$$\begin{aligned} h(f(g^{-1}(z)) &= g(f^{-1}(f(g^{-1}(z)))) \\ &= g(g^{-1}(z)) \\ &= z \end{aligned}$$

따라서 h는 B에서 C로의 전단사이다. ■

이 증명에서는 f^{-1}과 g를 연결하여 함수 h를 $h(y) = g(f^{-1}(y))$로 정의했다. 다시 말해, 특정 연산법을 사용하여 세 번째 함수를 생성하였다. 이 과정을 **합성**(*composition*)이라고 하며 $\circ$로 표시한다.

$$h = g \circ f^{-1}$$

일반적으로 $f: A \to B, g: C \to D, f[A] \subseteq C$인 경우, 합성 함수 $g \circ f: A \to D$는 $(g \circ f)(a) = g(f(a))$라는 규칙으로 정의된다.

정리 6.4의 증명은 삼원 집합의 크기를 비교하는 방법을 제시한다. 삼원 집합 사이에 전단사가 있으면 그 크기가 같다고 가정한다. 이는 유한 집합의 경우 원소 수가 같으면 크기가 같다는 당연한 결과이다. 그러나 이 아이디어는 무한 집합에 대해서는 반직관적인 결과를 초래한다. 예를 들어, 정수와 짝수 사이는 전단사이기 때문에 짝수가 정수의 진부분 집합임에도 불구하고 정수 집합과 짝수 집합의 크기가 같다는 것을 받아들여야 한다. 처음에는 이상하게 들리겠지만, 자세한 내용은 다음 장에서 살펴볼 것이다.

*

함수는 둘 이상의 인자를 가질 수 있다. 곱은 임의의 $m, n \in \mathbb{Z}$ 두 개의 인자로 구성된 함수 $M: \mathbb{Z} \times \mathbb{Z} \to \mathbb{Z}$, $M(m, n) = m \cdot n$으로 간주할 수 있다. 예를 들어

$M(3, -5) = -15$라고 쓸 수 있다. 물론 인자 앞에 M과 같은 문자를 쓰는 것보다 인자 사이에 '·'와 같은 기호를 사용하는 것이 일반적이다. 함수에 두 개의 인자가 있고 인자 사이에 이름을 적는 것을 **삽입사**(*infix*) 표기라고 하고, 인자 앞에 이름을 적는 것을 **접두사**(*prefix*) 표기라고 한다.

인자가 둘 이상인 함수는 사실 새로운 아이디어가 아니다. 두 개의 인자를 가진 함수 $f: A \times B \to C$는 실제로는 하나의 인자를 가지며 정의역 $A \times B$와 공역 C를 갖는다. 표기법 간소화를 위해 인자를 순서대로 나열한 순서쌍으로 명시적으로 명명하지 않고 $f(a, b) = c$ 대신 $f(\langle a, b \rangle) = c$로 표기한다. 같은 방식으로, k-인수 함수 또는 일반적으로 k-차함수라고 부르는데, 단순히 k 집합의 데카르트 곱인 도메인을 가진 함수이며, $f(x_1, \ldots, x_k) = y$가 아닌 $f(\langle x_1, \ldots, x_k \rangle) = y$라고 표현한다.

요약

- **관계**(*relation*)는 사물 간의 연결이며, 예를 들어 서로 관계가 있는 사물들의 튜플 집합으로 식별할 수 있다. 예를 들어, $R = \{\langle x, y \rangle : P(x, y)\}$는 어떤 속성 P에 대한 $P(x, y)$, **이항 관계**(*binary relation*)는 두 가지 사이의 관계이다.
- 이항 관계는 각 첫 번째 구성 요소 x를 임의의 수의 두 번째 구성 요소 y와 연결하고, 각 두 번째 구성 요소 y를 임의의 수의 첫 번째 구성 요소 x와 연결할 수 있다. 구성 요소 x와 y는 다른 집합에서 나올 수도 있고 같은 집합에서 나올 수도 있다.
- 이항 관계의 역은 원래 관계의 모든 쌍이 구성 요소가 반전된 상태로, 즉 원래 관계에 $\langle x, y \rangle$가 포함된 모든 쌍 $\langle y, x \rangle$로 구성된다.
- 집합 A에서 집합 B로의 함수(또는 매핑) f는 $f: A \to B$로 표시되며, 각 $x \in A$를 정확히 하나의 $y \in B$와 연관시키는 관계이다. 이 고유한 y를 인자 x에 대한 함수의 값이라고 한다.
- 함수 $f: A \to B$의 경우 A는 **정의역**(*domain*)이고 B는 **공역**(*codomain*)이다.
- 인자 x에 대한 함수 f의 값은 x의 **상**(*image*)이다. 집합 X의 모든 인자에 대한 f값의 집합은 $f[X]$로 표시되는 X의 치역이다.
- **단사 함수**(*injective function*) $f: A \to B$는 A의 각 원소가 B의 다른 원소에 매핑되는 함수이다.
- 모든 함수 $f: A \to B$ 관계인 역함수 f^{-1}을 갖지만, f^{-1}은 f가 단사일 때만 함수이다. 따라서 단사 함수를 가역적(invertible) 함수라고 부른다. f^{-1}의 영역

은 B의 부분 집합이다(아마도 같을 수도 있음).

- **전사 함수**(*surjective function*) $f: A \rightarrow B$는 B의 각 원소가 A의 일부 인자에 대한 f의 값인 함수이다.
- **전단사**(*bijection*) $f: A \rightarrow B$는 단사이자 전사인 함수이다. 즉, B의 모든 원소는 A에서 정확히 하나의 인자의 값이다.
- 두 집합(유한 또는 무한)은 그 사이에 전단사인 경우에만 같은 크기이다.
- 두 함수는 $\circ$로 표시된 합성에 의해 서로 연결될 수 있다.
- 함수는 여러 개의 인자를 가질 수 있으며, 단일 인자 함수를 주로 볼 수 있으며, 그 영역은 여러 집합의 데카르트 곱이다.

문제

6.1 f는 임의의 함수이며 역관계가 다음과 같은

$$f^{-1} = \{\langle y, x\rangle : y = f(x)\}$$

함수이다. f^{-1}은 전단사인가? 설명하라.

6.2 다음 각 함수에 대해, 그것이 단사인지, 전사인지, 또는 전단사인지 결정하라. 함수가 전단사라면, 그 역은 무엇인가? 단사이지만 전사가 아니라면, 그 정의역의 상에 대한 역(inverse)은 무엇인가?

(a) $f: \mathbb{Z} \rightarrow \mathbb{Z}$, 여기서 $f(n) = 2n$

(b) $f: \mathbb{R} \rightarrow \{x \in \mathbb{R} : 0 \leq x < 1\}$, 여기서 $f(x) = x - \lfloor x \rfloor$

(c) $f: \mathbb{N} \times \mathbb{N} \rightarrow \mathbb{N}$, 여기서 $f(n, m)$는 m과 n 중 큰 값이다.

(d) $f: \mathbb{Z} \rightarrow \mathbb{R}$, 여기서 $f(n) = \frac{n}{3}$

(e) $f: \mathbb{R} \rightarrow \mathbb{R}$, 여기서 $f(x) = \frac{x}{3}$

(f) $f: \mathbb{N} \rightarrow \mathbb{Z}$, 여기서 n이 짝수이면 $f(n) = \frac{-n}{2}$, n이 홀수이면 $f(n) = \frac{n+1}{2}$이다.

6.3 (a) 두 유한 집합 A와 B의 크기가 같고, r이 A에서 B로의 단사 함수라면, r은 전사이며, 즉 r은 전단사임을 증명하라.

(b) 문제 (a)의 결론이 A와 B가 양방향으로 관련된 두 무한 집합일 경우 반드시 성립하지 않음을 보여주는 반례를 제시하라.

6.4 그림 6.3의 원 관계의 역은 무엇인가?

6.5 $f: A \rightarrow B$, $g: C \rightarrow D$, 그리고 $A \subseteq D$라 하자. $(f \circ g)^{-1}$가 B의 부분 집합에서

C까지의 함수로 존재하는 경우를 설명하고, 이를 f^{-1}과 g^{-1}로 표현하라.

6.6 15명이 서로 다른 시간에 같은 컴퓨터를 사용하며, 두 사람이 동시에 컴퓨터를 사용하지 않는다. 각 사람은 매일 정시에 시작하고 정시에 끝나는 1시간의 시간 슬롯을 예약한다. 따라서 한 사람은 매일 오전 3시~4시 시간대를 사용하고, 다른 사람은 오후 11시~자정 시간대를 사용할 수 있다. 다섯 명의 다른 사람이 컴퓨터를 사용하는 7시간의 연속적인 시간 범위가 있음을 보여라. 힌트: 두 개의 인자, 즉 사람과 0에서 6 사이의 정수를 취하는 함수 s를 정의하여, $s(p, i)$가 사람 p의 1시간 시간 블록보다 i시간 전에 시작되는 7시간 블록이 되도록 확장된 비둘기집 원리를 적용한다.

6.7 함수 $f(n) = 2n$은 $\mathbb{Z}$에서 짝수로의 전단사이고, 함수 $g(n) = 2n+1$은 $\mathbb{Z}$에서 홀수로의 전단사이다. 정리 6.4의 f^{-1}, g^{-1}, 함수 h는 무엇인가?

Chapter

7 가산 집합과 비가산 집합

무한 집합의 크기에 대해 이야기하는 것이 합리적일까? 그렇지만 앞에서 언급했던 짝수 정수의 집합이 모든 정수의 집합과 크기가 같다는 것과 같은 반직관적인 결과를 받아들일 준비가 되어 있어야 한다.

비유를 들어보자. 어떤 호텔은 67개의 객실이 있다.[1] 호텔이 비어 있는 날 67명의 손님이 방을 원한다고 한다. 한 손님당 하나의 객실 열쇠를 발급하면 마지막 손님에게 열쇠를 주는 순간 열쇠가 부족해진다. 열쇠에 0부터 66까지 순차적으로 번호가 매겨져 있다면 손님에게 열쇠를 보고 열쇠에 적힌 번호가 있는 방으로 가라고 하면 된다.

이제 호텔이 만실이다. 방을 찾으러 온 68번째 손님은 방을 얻지 못할 것이다.

다음으로 호텔의 방은 무한히 많고 방 번호가 0, 1, 2, 3, …이라고 가정하자. 호텔은 모두 공실에서 시작한다. 무한히 많은 손님 p_0, p_1, …가 동시에 나타나면 각 손님에게 번호가 매겨진 열쇠와 그 번호의 객실로 이동하라는 안내한다.

이제 호텔은 만실이며 모든 객실에 투숙객이 있다. 이제 다른 손님이 도착하여 방을 요청한다고 가정해 보겠다. 특정 객실 번호 n에 대해 'n번방을 드릴 수 있다.'라고 말하면 새로 도착한 손님은 이미 그 방에 다른 투숙객이 있다는 것을 알게 될 것이다. 하지만 무한 호텔의 경우 한 명을 더 수용할 수 있다!

현재 투숙객에게 각각 방을 한 칸씩 이동하라고 한다. 0번방에 있는 손님이 1번방으로 이동함과 동시에 방 1의 손님이 방 2로 이동하는 식이다(그림 7.1). 그러면 새 손님은 0번방에 투숙할 수 있고 모두가 행복해진다. 같은 방법으로 손님이 5명, 10명, 또는 유한한 숫자 k가 더 있는 경우, 즉 모든 사람이 k룸으로 이동하고 현재 비어 있는 첫 번째 k룸을 새 손님에게 제공한다.

그 이상도 할 수 있다. 방에 음수가 아닌 정수로 번호가 매겨진 두 개의 무한 호텔 G와 J가 있고 두 호텔 모두 만실이라고 가정해 보겠다. 이제 방 번호가 0, 1, 2, …인 다른 호텔 H로 모든 사람을 옮겨야 한다고 가정해 보겠다. 어떻게 두 호텔의 모든 손님을 H 호텔에 옮길 수 있나?

호텔 G의 투숙객에게 자신의 객실 번호를 두 배로 늘리고 그 번호로 호텔 H의 객실로 이동하도록 지시하여 G0(호텔 G의 0번방이라고 함)에 있는 손님은 H0로, G1에 있는 손님은 H2로, G2는 H4로 이동하는 식으로 이동한다(그림 7.2). 이

[1] 호텔 비유는 1924년 독일의 수학자 데이비드 힐버트(1862~1943)가 개발한 개념이다.

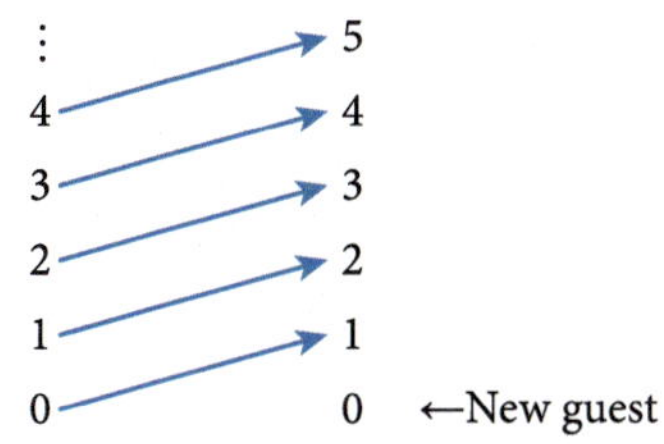

그림 7.1 무한 호텔에는 항상 한 명 더 들어갈 공간이 있다. 모든 사람에게 방을 한 칸씩 올라가라고 말하고 새로 도착한 손님을 0번방에 배정하기만 하면 된다.

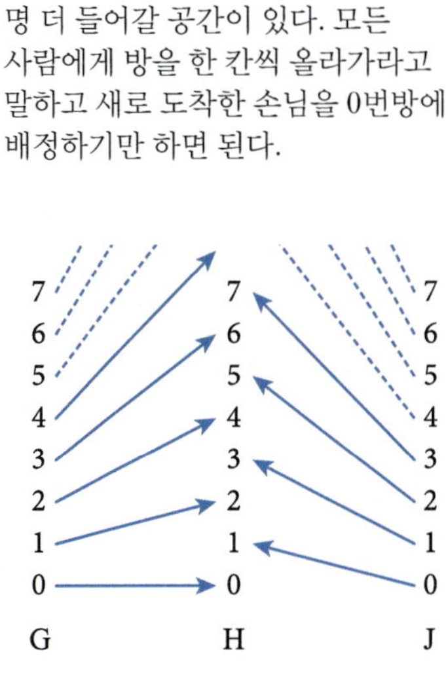

그림 7.2 객실 번호가 0, 1, 2, …인 경우 두 개의 무한 호텔 G와 J를 하나의 호텔 H로 병합할 수 있다. 왼쪽의 화살표는 함수 f_G를 나타내고 오른쪽의 화살표는 f_J이다.

제 호텔 H의 짝수 객실은 모두 만실이고 홀수 객실은 비어 있으므로 홀수 객실을 J 호텔의 모든 투숙객으로 채울 수 있다. J 호텔의 투숙객은 객실 번호를 두 배로 늘리고 1을 더하여 H의 해당 객실로 이동하므로 J0번방에 있던 사람은 H1번방으로 이동하고, J1번방에 있던 사람은 H3번방으로 이동하며, J2는 H5번방으로 이동하는 등의 방식으로 이동할 수 있다. 무한 호텔 세 개를 합치거나 유한한 수 k에 대해 k개의 호텔을 합치는 것도 비슷한 방식으로 할 수 있다.

이러한 속임수는 다음과 같은 사실에 기반한다. 66쪽의 $\mathbb{Z}$와 $\mathbb{E}$ 사이의 전단사와 같이 자연수의 적절한 부분 집합과 모든 자연수의 집합을 만들 수 있다. 예를 들어, 마지막 시나리오에서는 $\mathbb{N}$을 짝수와 홀수라는 두 개의 분리된 고유 하위 집합으로 분할하고 $\mathbb{N}$과 각각의 이 하위 집합, 즉 첫 번째 $f_G(n) = 2n$과 두 번째 $f_J(n) = 2n + 1$을 계산한다. 그런 다음 G 호텔의 손님들을 n번방에서 H 호텔의 $f_G(n)$으로, J 호텔의 손님들을 n번방에서 H 호텔의 $f_J(n)$으로 옮겼다. $f_G[\mathbb{N}]$은 짝수의 집합이고 이미지 $f_J[\mathbb{N}]$은 홀수의 집합이므로 $f_G(\mathbb{N}) \cap f_J(\mathbb{N}) = \emptyset$ 및 $f_G(\mathbb{N}) \cup f_J(\mathbb{N}) = \mathbb{N}$: 모두 이중 예약 없이 숙박할 수 있으며, H의 모든 객실이 꽉 찼다!

어떤 집합과 자연수 사이에 전단사가 있으면 그 집합은 **가산무한**(*countably infinite*)이라 한다. 예를 들면, 어떤 집합 S에 대한 전단사 $f: \mathbb{N} \to S$는 끝없는 시퀀스 $f(0), f(1), \ldots$에서 S의 원소를 센다. 그러면 $\{0, \ldots, n-1\}$에서 유한 집합 S로의 전단사는 S가 정확히 n개의 원소를 가지고 있음을 보여준다. 두 경우 모두, '계수'는 S의 모든 것을 열거하는 것이 필수적이다. 즉, 각 $x \in S$에 대해 $f(n) = x$가 있는 n이 있다.

정리 6.4에 따르면, 임의의 두 가산무한 집합은 각각 자연수 $\mathbb{N}$과 전단사이므로, 모든 가산무한 집합은 같은 크기, 즉 $\mathbb{N}$의 크기라고 말하는 것이 합리적이다. (여기서 '크기'는 $\aleph_0$라 하고 알레프 0 또는 알레프 널이라고 읽는다. 다른 무한 숫자에 이름을 붙이고 그것으로 계산하는 것은 흥미롭지만 이 책의 범위를 벗어난다).

이미 가산무한인 자연수의 여러 부분 집합, 예를 들어 $\mathbb{N} - \{0\}$ 집합과 음이 아닌 짝수의 집합을 살펴봤다. 또한 일부 집합은 자연수—$\mathbb{Z}$의 진상위집합임에도 불구하고 가산무한인 것도 사실이다.

정리 7.1 $\mathbb{Z}$는 가산무한이다.

증명. 모든 정수를 '계수'해야 한다. 즉, 숫자표 0, 1, …을 하나도 빠짐없이 정수에 할당해야 한다. 가장 먼저 시도할 수 있는 방법은 0에 0, 1에 1 등을 할당하는 것이다. 그러나 그렇게 하면 음수에 숫자표를 지정하지도 못한 채 자연수를 모두 소진하게 된다. 대신 0에서 시작하여 양수를 세고 음수를 세는 식으로 번갈아 가며 이 순서대로 정수를 세자: 0, +1, −1, +2, −2, …. 이러한 전단사는 그림 7.3에 나타내었다.

$n \in \mathbb{N}$	$\leftrightarrow$	$f(n) \in \mathbb{Z}$
0	$\leftrightarrow$	0
1	$\leftrightarrow$	1
2	$\leftrightarrow$	−1
3	$\leftrightarrow$	2
4	$\leftrightarrow$	−2
5	$\leftrightarrow$	3
6	$\leftrightarrow$	−3
⋮		⋮

그림 7.3 $\mathbb{N}$과 $\mathbb{Z}$ 사이의 전단사

즉, $f:\mathbb{N}\to\mathbb{Z}$는 임의의 $n\in\mathbb{N}$에 대해 전단사이다.

$$f(n)=\begin{cases}-n/2 & n\text{이 짝수}\\ (n+1)/2 & n\text{이 홀수}\end{cases}$$

심지어 자연수의 순서쌍 $\mathbb{N}\times\mathbb{N}$은 $\mathbb{N}$보다 크지 않다.

정리 7.2 $\mathbb{N}\times\mathbb{N}$은 가산무한이다.

증명. $\langle x, y\rangle$의 모든 순서쌍을 놓치지 않고 어떤 순서로든 $x, y\in\mathbb{N}$이 되도록 나열하는 방법을 찾아야 한다. $x=0$인 순서쌍을 나열한 다음 $x=1$인 쌍을 나열하는 가장 명백한 순서는 사용할 수 없을 것이다. 왜냐하면 $x=0$인 순서쌍에 무한히 많은 자연수를 사용하고 결코 $x=1$ 이상에 도달할 수 없기 때문이다.

대신 $x+y$의 합의 값이 증가하는 순서대로 쌍을 나열하고, 합이 같은 쌍 중에서 x가 작은 쌍을 먼저 나열한다. 주어진 값 z에 대해 $x+y=z$가 되는 순서쌍은 유한하게 많다. 따라서 이 순서는 결국 처음 제안한 순서와 달리 유한한 수의 단계로 모든 값 z, 즉 모든 쌍 $\langle x, y\rangle$에 도달하게 된다. $\mathbb{N}\times\mathbb{N}$을 평면에서 음이 아닌 정수를 가진 점으로 생각하면, 그림 7.4와 같이 전단사의 처음 몇 값과 함께 한 번에 하나씩 대각선을 따라 이동한다. 함수를 대수적 용어로 표현하는 것은 연습문제(문제 7.8)로 남겨둔다. ■

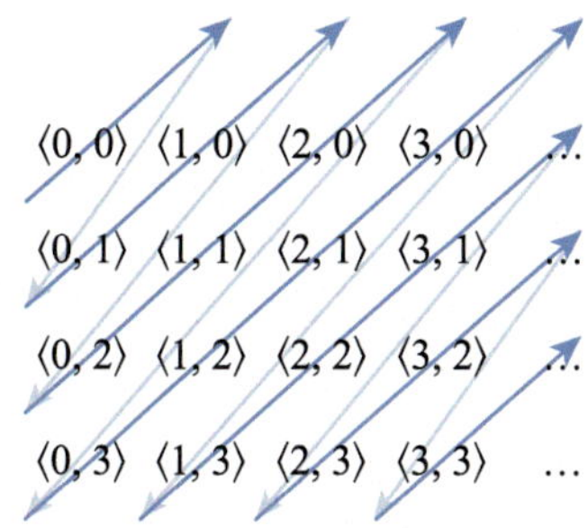

$n\in\mathbb{N}$	$\leftrightarrow$	$f(n)\in\mathbb{N}\times\mathbb{N}$
0	$\leftrightarrow$	$\langle 0, 0\rangle$
1	$\leftrightarrow$	$\langle 0, 1\rangle$
2	$\leftrightarrow$	$\langle 1, 0\rangle$
3	$\leftrightarrow$	$\langle 0, 2\rangle$
4	$\leftrightarrow$	$\langle 1, 1\rangle$
5	$\leftrightarrow$	$\langle 2, 0\rangle$
6	$\leftrightarrow$	$\langle 0, 3\rangle$
⋮		⋮

그림 7.4 $\mathbb{N}\times\mathbb{N}$을 열거하려면 왼쪽 상단의 $\langle 0, 0\rangle$ 쌍에서 거리가 길어지는 순서대로 한 번에 한 쌍식 대각선 방향으로 이동한다. 결국 모든 쌍에 도달하게 된다.

정리 7.2는 호텔리어가 무한하지만 만실인 호텔에 한 명을 더 수용하려고 한다는 점을 고려하면 꽤 주목할 만하다. 이는 셀 수 없이 무한한 호텔을 하나로 합칠 수 있다는 것을 의미한다! 수학적 언어로 표현하면 다음 정리와 같다(문제 7.11 참조).

정리 7.3 많은 가산 가능한 가산무한 집합의 합집합은 가산무한하다.

집합이 유한하거나 가산무한이면 가산이다. 그리고 집합이 가산이 아니면 가산불가능이다.

여기서 가산 불가능은 혼란스러운 개념이다. 자연수 집합보다 '더 큰' 것처럼 보이는 일부 집합이 실제로는 그렇지 않다는 것을 이미 보았다. 그렇다면 어떤 종류의 집합이 비가산무한 집합일까? 현재로서는 비가산 집합이 존재한다고 생각할 만한 그 어떤 예도 없고 명백한 이유도 없다.

하지만 실제로는 그렇다. 비가산 집합의 대표적인 예는 모든 자연수 집합의 집합인 $\mathcal{P}(\mathbb{N})$이다. 물론 이 집합 $\mathcal{P}(\mathbb{N})$은 무한하다. $\{0\}, \{1\}, \{2\}, \ldots$의 각 원소 집합은 $\mathcal{P}(\mathbb{N})$의 구성 요소이다. 따라서 가상무한집합 $\{\{n\}: n\in\mathbb{N}\}$은 $\mathcal{P}(\mathbb{N})$의 부분집합이다.

그러나 $\mathcal{P}(\mathbb{N})$의 구성 요소는 모두 유한 집합으로, 실제로 기수 1의 집합이다.

또한 멱집합 $\mathcal{P}(\mathbb{N})$에는 양의 짝수 $\{2, 4, 6, 8, 10, \ldots\}$의 집합과 n 자체와 같은 무한집합도 포함되어 있다. 모든 자연수 집합을 나열하는 현명한 방법이 없다는 것은 불분명하다. 즉, $\mathbb{N} \times \mathbb{N}$에서 했던 것처럼 모든 자연수 집합을 순서대로 나열하여 모든 집합이 결국 나열되도록 하는 방법이 있다는 것은 전혀 불분명하다.

하지만 그렇지 않다. 그 이유는 다음과 같다.

$\mathbb{N}$의 임의의 부분 집합을 고려하자. 집합은 그 구성 요소에 의해 결정되므로, S는 $\mathbb{N}$의 각 원소에 대해 해당 원소가 S에 있는지 여부를 지정하여 설명할 수 있다. 이것은 각 자연수에 대한 예 또는 아니오 질문이므로 비트 1로 '예'를, 비트 0을 '아니오'로 나타낼 수 있다. 그러면 모든 부분 집합 S는 무한 길이의 비트 문자열, 즉 가산무한 비트 문자열로 표현될 수 있으며, 여기서 S의 표현의 n^{th} 비트는 'S에 자연수 n이 있는가?'라는 질문에 대한 답이다. 예를 들어, $\{1, 2, 3\}$ 집합은 다음과 같이 표현할 수 있다.

```
01110000000...
```

이것은 첫 네 자리 뒤에 0만 있는 경우이다. (첫 번째 비트는 0이며 $0 \notin \{1, 2, 3\}$이다.) 모든 짝수의 집합 $\{0, 2, 4, 6, 8, 10, \ldots\}$은 다음과 같이 표현된다.

```
10101010101...
```

여기서는 자릿수가 무한히 번갈아 가며 나타난다. 무한 비트 문자열이라고 부르는 S는 자연수에서 $\{0, 1\}$까지의 함수 χ_S이며, 여기서 $\chi_S(n)$은 위치 n의 비트값이고, $n \in S$일 때 1의 값을 가진다.

$$\chi_S(n) = \begin{cases} 0 & \text{if } n \notin S \\ 1 & \text{if } n \in S \end{cases}$$

함수 χ_S를 S의 **특성 함수**(*characteristic function*)라고 한다. (기호 χ는 그리스 문자로, '카이'로 발음한다.)

이제 대각화 개념을 사용하여 $\mathcal{P}(\mathbb{N})$ 집합이 비가산임 증명하겠다. 대각화는 모순을 사용하는 특별한 종류의 증명이다. 이는 특정 종류의 무언가가, 여기서는 $\mathbb{N}$과 $\mathcal{P}(\mathbb{N})$ 사이의 전단사 함수가 존재할 수 없음을 보여준다. 이러한 전단사 함수가 존재한다고 가정한 뒤, 결국 전단사 함수가 아님을 보이는 방식으로 진행된다. 즉, 어떤 집합이 '존재하지 않음'을 보인다—구체적으로는 가정된 전단사 함수 $b : \mathbb{N} \to \mathcal{P}(\mathbb{N})$로부터 어떤 부분집합 $S \subseteq \mathbb{N}$을 구성하는데, 이 S는 함수 b의 어떤 인자에 대한 함수값으로도 나타날 수 없음을 보인다. b가 존재하고 전단사라는 가정은 결국 전단사가 아니라는 결론으로 이어지므로, 그러한 b는 존재할 수 없을 것이다.

정리 7.4 $\mathcal{P}(\mathbb{N})$은 비가산이다.

증명. 모순을 도출하기 위해 $\mathcal{P}(\mathbb{N})$이 가산이라 가정해 보자. 그런 다음 전단사 $b:\mathbb{N}\to\mathcal{P}(\mathbb{N})$을 통해 $\mathcal{P}(\mathbb{N})$의 집합에 번호를 매길 수 있다. 즉, 모든 자연수 집합은 어떤 자연수 n에 대해 $b(n)$이다. 이러한 집합에 편리한 이름을 부여하기 위해 각 n에 대해 $S_n = b(n)$을 다음과 같이 표현하자.

$$\mathcal{P}(\mathbb{N}) = \{S_0, S_1, S_2, \ldots\}$$

설명을 위해 이러한 집합을 특성 함수로 표현해 보겠다. n의 '누락된' 부분 집합이 어떻게 구성되는지 구체적으로 그려볼 수 있도록 $S_0 =$ 0101010101...과 $S_1 =$ 1110000000...이라고 하고, 다음은 모든 짝수의 집합인 $S_2 =$ 1010101010...가 있다고 가정하자. 가능한 모든 집합 $S \subseteq \mathbb{N}$은 이 순서에서 어느 한 지점에 있다. 따라서 특성 함수를 무한 행렬의 행으로 나열하면 다음과 같다.

S_0	0	1	0	1	0	1	0	1	0	1	.	.	.
S_1	1	1	1	0	0	0	0	0	0	0	.	.	.
S_2	1	0	1	0	1	0	1	0	1	0	.	.	.
S_3	.	.	.	.	.	.	.	.	.	.	.	.	.
S_4	.	.	.	.	.	.	.	.	.	.	.	.	.
S_5	.	.	.	.	.	.	.	.	.	.	.	.	.

이제 이 행렬의 대각성분의 보수가 특성 함수인 새로운 집합 D를 구성할 것이다. 눈에 띄도록 대각성분을 빨간색으로 표시했다. D의 비트 0은 S_0의 비트 0의 보수이다. S_0은 0으로 시작하므로 D의 첫 번째 비트는 1이 될 것이다. S_1의 비트 1은 1이므로 D의 비트 1은 0이 될 것이다. S_2의 비트 2는 1이므로 D의 비트는 0이 된다. 이러한 방식으로 계속하여 항상 집합 S_i의 i^{th} 디지트를 보고 반대 비트를 D의 i^{th} 디지트로 취한다. 따라서 이 예에서 D는 100..., 즉 011...의 보수로 시작한다.

이제 D는 S_0과 동일할 수 없는 방식으로 구성되었다. 왜냐하면 D와 S_0의 위치 0에 있는 비트가 보수이기 때문이다. 같은 방식으로, D는 i번째 위치에 다른 비트를 갖기 때문에 임의의 자연수 i에 대해 S_i와 같을 수 없다! 즉, D는 대각성분과 행이 교차하는 위치에서 각 행마다 다르다. 따라서 D는 S_i가 아니다. 그것은 $\mathcal{P}(\mathbb{N})$의 모든 구성 요소가 포함된 완전한 목록 어디에도 나타나지 않는다.

그것은 모순이다. 그림을 참조하지 않고 요약하면 다음과 같다. n의 모든 부분 집합에 대한 나열 $S_0, S_1, S_2, \ldots$가 있다고 가정하면 집합 D는 완벽한 자연수 집합이다. 즉, $D = \{i : i \notin S_i\}$이다. 그러면 각 $d \in \mathbb{N}$에 대해 $D = S_d$인 경우가 될 수 없다. d가 $D = S_d$인 자연수라고 가정해 보겠다. 그러면

$$d \in D \text{ iff } d \in S_d \ (D = S_d\text{인 경우})$$
$$\text{iff } d \notin D \ (D = \{i : i \notin S_i\}\text{인 경우})$$

여기서 $d \in D$ *iff* $d \notin D$이 되고 이것은 모순이다. 따라서 D는 S_i가 아니며 모든 정수 집합이 S_i 중 하나라는 가정과 모순된다. 따라서 $\mathbb{N} \to \mathcal{P}(\mathbb{N})$의 전단사가 없으며 $\mathcal{P}(\mathbb{N})$은 비가산이다.[2] ■

[2] 이 기법을 무한수 연구에서 처음 사용한 수학자 게오르그 캔터(1845~1918)의 이름을 따서 캔터의 대각선 논증(또는 대각선화 논증)이라고 한다.

두 집합 사이에 전단사가 있으면 두 집합의 크기는 같다고 했다. 이제 첫 번째 집합에서 두 번째 집합으로 단사는 있지만 첫 번째 집합에서 두 번째 집합으로 전사가 없는 경우(따라서 두 집합 사이에는 전단사가 없는 경우) 한 집합이 다른 집합보다 작다고(또는 두 번째 집합이 첫 번째 집합보다 크다고) 말할 수 있다. 유한 집합의 경우 이러한 정의는 상대적 크기에 대한 이해의 상식과 일치한다. 즉, $|A| < |B|$일 경우 A가 B보다 작다. 정리 7.4를 통해 $\mathbb{N}$에서 $\mathcal{P}(\mathbb{N})$으로의 전사는 없지만 예를 들어 모든 $n \in \mathbb{N}$에 대해 $f(n) = \{n\}$이 되는 단사 함수 $f: \mathbb{N} \to \mathcal{P}(\mathbb{N})$이 분명히 존재한다. 그러므로 $\mathcal{P}(\mathbb{N})$이 $\mathbb{N}$보다 크다고 말할 수 있다.

❊

따라서 자연수의 집합은 비가산이다. 마찬가지로, 비가산 무한집합의 부분 집합도 비가산이다. 예를 들어, 짝수 정수의 집합은 비가산이다. $\mathbb{N}$과 S 사이에 전단사가 있는 한 S의 부분 집합은 비가산이다.

그러나 오직 자연수의 유한 집합은 가산이다.

정리 7.5 $\mathbb{N}$의 모든 유한 부분 집합의 집합은 가산이다.

증명. 유한 집합의 특성 함수를 나타내는 비트 문자열에는 1이 유한하게 많으며, 어느 시점부터 모든 비트는 0이다. 따라서 이러한 문자열은 마지막 1 다음에 잘라낼 수 있고 문자열 길이가 증가하는 순서로 나열하고 길이가 같은 경우 표준 사전 순서를 사용하여 나열할 수 있다. 공집합은 유한하며, 그 특성 함수는 000...으로 표현되고 마지막 1이 없으므로 '빈 비트 문자열' λ(그리스 문자 람다)로 표현할 것이다. 따라서 모든 유한 집합의 나열은 그림 7.5와 같이 시작된다. ■

i	χ_{S_i}	S_i
0	λ	∅
1	1	{0}
2	01	{1}
3	11	{0, 1}
4	001	{2}
5	011	{1, 2}
6	101	{0, 2}
7	111	{0, 1, 2}
8	0001	{3}
⋮	⋮	⋮

그림 7.5 $\mathbb{N}$과 $\mathbb{N}$의 유한 부분 집합의 집합 사이의 전단사.
두 번째 열은 $n = 0, 1, \ldots$에 대한 $\chi_{S_i}(n)$의 값($n = S_i$의 최대 구성 요소까지)을 보여준다.

비트 문자열의 순서를 길이가 증가 순으로 길이에 따라 그룹으로 묶고 길이가 같은 문자열은 알파벳 순으로 정렬하는 방식을 사전적 순서라고 한다.

유한한 자연수 집합이 가산이고, 자연수 집합이 비가산이라면, 자연수 집합의 집합은 몇 개일까? 앞으로 살펴보겠지만, 자연수의 집합보다 자연수의 집합의 집합이 더 많다. 그러나 **초한 기수**(*transfinite cardinals*)의 일반 이론을 추구하면 너무 멀리 갈 수 있다. 대신 정리 7.4를 일반화해 보겠다.

S가 가산무한일 뿐만 아니라 S가 유한일 때도 $\mathcal{P}(S)$가 S보다 크다는 것을 알았을 것이다. 원소가 두 개인 집합에는 4개의 부분 집합이 있고, 원소가 세 개인 집합에는 8개의 부분 집합이 있는 식이다. 이 패턴은 가장 작은 집합에도 적용된

다. 원소가 하나인 집합은 2개의 부분 집합을 가지며, 원소가 0인 집합은 1개의 부분 집합을 가진다(공집합은 원소는 없지만 하나의 부분 집합, 즉 공집합을 가진다).

따라서 모든 집합은 원소보다 부분 집합이 더 많다는 일반적인 패턴을 알 수 있다. 대각화(대각성) 주장은 $\mathcal{P}(A)$가 어떤 집합 A(A가 유한 집합이든, 가산 무한 집합이든, 비가산 무한 집합이든)보다 더 크다는 것을 잘 일반화해 준다.

정리 7.6 모든 집합 A에 대해 A와 $\mathcal{P}(A)$ 사이에는 단사는 있지만 전단사는 없다. 따라서 모든 집합 A에 대해 $\mathcal{P}(A)$는 A보다 크다.

증명. 임의의 $x \in A$에 대해 $g(x) = \{x\}$가 되는 매핑 $g : A \to \mathcal{P}(A)$는 A에서 $\mathcal{P}(A)$로의 단사이다. 전단사가 없음을 보이기 위해 다시 모순을 통해 증명한다. 전단사 $f : A \to \mathcal{P}(A)$가 존재한다고 가정한다. $D = \{a \in A : a \notin f(a)\}$ 집합을 정의하자. 그러면 D는 A의 모든 원소 a가 대응하는 집합 $f(a)$에 포함되지 않는 $\mathcal{P}(A)$의 원소로, A의 모든 원소 a를 포함하는 집합이다. D는 A가 자연수 $\mathbb{N}$의 집합일 때 정리 7.4의 증명에서 정의한 것과 정확히 같은 집합이다.

f는 전단사이고 D는 $\mathcal{P}(A)$의 구성 요소이므로, 이 전단사에 의해 매핑되는 일부 구성 요소가 있다. 이것을 $f(d) = D$인 원소 d라 하자.

$f(d) = D = \{a : a \notin f(a)\}$이므로, 어떤 $a \in A$에 대해 $a \notin f(a)$인 경우에만 $a \in f(d)$이다.

하지만 이제 이 진술을 $a = d$라는 구체적인 사례에 적용해 보겠다. 이는 $d \notin f(d)$인 경우에만 $d \in f(d)$이다.

이것은 불가능하며 모순이다. 따라서 그러한 전단사는 존재할 수 없다. ■

따라서 $\mathcal{P}(A)$는 항상 A보다 크며, 모든 집합은 원소보다 많은 부분 집합을 가진다.

*

가산 무한과 비가산 무한의 개념은 컴퓨터 과학자들에게 중요한데, 컴퓨터가 계산할 수 있는 사물의 집합은 가산이기 때문이다. 모든 알고리즘은 유한한 문자 집합에서 추출한 유한한 수의 문자만을 사용하여 작성되어야 하므로 모든 알고리즘의 집합을 사전적으로 정렬하여 가산으로 만들 수 있다.

그러나 가능한 모든 함수의 집합은 비가산이다(비가산 특정함수 집합의 예는 문제 7.12를 참조하라). 따라서 일부 함수(실제로는 많은 비가산 함수)는 어떤 알고리즘에도 해당하지 않다. 어떤 알고리즘으로도 계산할 수 없는 함수를 **비계산 함수**(*uncomputable function*)라고 한다.

컴퓨터 과학에는 알고리즘으로 해결하고 싶지만 계산할 수 없는 것으로 밝혀진 흥미로운 문제가 많이 있다. 한 가지 예로, 주어진 알고리즘이 주어진 입력에 대해 유한한 단계 후에 멈출 것인지, 아니면 멈추지 않고 영원히 실행될 것인지에 대한 **정지 문제**(*halting problem*)를 들 수 있다. 정지 문제를 계산적으로 풀 수 없는 것으로 밝혀낸 것은 앨런 튜링의 중요한 공헌이며, 컴퓨터 과학 분야를 탄생시킨 결과이다.[3] 그러나 모든 컴퓨터 프로그램 집합(따라서 모든 알고리즘 집합)은 가산이지만 모든 함수 집합은 비가산이라는 사실을 깨닫게 되면 일부 문제가 계산 불가능해야 한다는 사실이 곧바로 이어진다.

[3] 앨런 매티슨 튜링(Alan Mahtison Turing, 1912~54), '계산 가능한 수에 관하여, Entscheidungs 문제에의 응용을 중심으로', 런던수학회 회보 2~42, 1권(1936), 1937년 발행): 230~65.

요약

- 무한집합은 하나의 집합이 다른 집합의 진부분집합일 때에도 크기가 같을 수 있다.
- 집합은 자연수와 크기가 같으면, 즉 집합과 $\mathbb{N}$ 사이에 전단사가 있으면 **가산 무한**(*countably infinite*)이다.
- 모든 비가산 무한집합은 크기가 같다.
- 집합은 유한하거나 **가산**(*countable*) 무한인 경우 가산이며, 그렇지 않은 경우 **비가산**(*uncountable*)이다.
- 집합 $\mathbb{N}\times\mathbb{N}$은 비가산 무한하며, 마찬가지로 많은 비가산 집합의 합집합도 비가산 무한이다.
- 자연수의 멱집합인 $\mathcal{P}(\mathbb{N})$은 비가산이다. 이것은 집합의 **특성 함수**(*characteristic function*)에 적용되는 대각화 방법을 이용하여 모순에 의해서 증명할 수 있다.
- 비가산 무한집합의 멱집합은 비가산이다.
- A에서 B로의 단사는 있지만 A에서 B로의 전사가 없는 경우(따라서 전단사가 없는 경우) 집합 A는 집합 B보다 작고, 집합 B는 집합 A보다 크다.
- 문자열을 먼저 길이순으로 정렬한 다음 같은 길이의 문자열 중에서 알파벳순으로 정렬하는 문자열 순서를 **사전적 순서**(*lexicographic order*)라고 한다. 사전적 순서의 첫 몇 비트 문자열은 λ, 0, 1, 00, 01, 10, 11, 000, ...이다.
- 유한집합이든, 가산집합이든, 비가산집합이든 모든 집합 S에 대해 $\mathcal{P}(S)$는 S보다 크며, 즉 모든 집합에는 원소보다 많은 부분 집합이 있다.

문제

7.1 두 집합 사이에 전단사가 있으면 두 집합은 같은 크기를 갖는다. 무한집합의 크기가 무한히 많다는 것, 즉 무한집합이 적어도 셀 수 없이 무한히 많으며, 그 중 크기가 같은 두 집합이 없다는 것을 증명하라.

7.2 로마 알파벳 {a, …, z}의 유한 문자열 집합은 셀 수 있나? z는 셀 수 있나, 셀 수 없나? 왜 그럴까?

7.3 조니는 정리 7.4의 증명에 대해 회의적이다. 그는 대각화 과정을 통해 원래 목록에 없는 자연수 D의 집합 $S_0, S_1, \dots$을 얻을 수 있다는 데 동의하지만, 새로운 집합은 다음과 같이 수용할 수 있다고 주장한다. 모든 인덱스를 1씩 위로 이동하고 새 집합을 처음에 밀어 넣는다. 즉, Johnny는 각 $i \in \mathbb{N}$에 대해 $T_{i+1} = S_i$를 설정하고 새로 구성된 집합인 $T_0 = D$를 설정하려고 한다. 이제 리스트 $T_0, T_1, \dots$에서 모든 자연수 집합이 나열된다고 주장한다. 그의 주장에 무슨 문제가 있나?

7.4 $|A - B|$가 다음과 같은 무한집합 A와 B의 예를 제시하라.

(a) 0
(b) n, 여기서 $n > 0$은 정수이다.
(c) $|A|$, 여기서 $|A| = |B|$
(d) $|A|$, 여기서 $|A| \neq |B|$

7.5 다음 중 가능한 것은 무엇인가? 예를 들거나 불가능한 이유를 설명하라.

(a) 계산 불가능한 두 집합의 차집합은 계산 가능하다.
(b) 두 비가산 무한집합의 차집합은 비가산 무한이다.
(c) 가산집합의 멱집합은 가산이다.
(d) 유한집합 모음의 합집합은 가산 무한이다.
(e) 유한집합 모음의 합집합은 비가산이다.
(f) 두 비가산 집합의 교집합은 공집합이다.

7.6 대각선화를 사용하여 0과 1 사이의 실수 집합이 비가산임을 증명하라. 힌트: 모든 실수는 $0 = 0.000\dots$ $1 = 0.999$ 사이의 무한 소수로 나타낼 수 있다. 하지만 주의하라. 일부 숫자는 하나 이상의 십진 표현이 있다! 단순히 그 결과에 의존하지 말고 정리 7.4의 증명 방법을 사용하라.

7.7 (a) 0과 1 사이에는 그 간격에 있는 실수의 수만큼 정렬된 실수 순서쌍이 있음을 보여라. 즉, $f : [0, 1] \times [0, 1] \leftrightarrow [0, 1]$의 전단사 f를 보여라. 힌트: 문제 7.6에서와 같이 실수를 소수로 표현한다.

(b) (a)의 결과를 확장하여 음이 아닌 실수 쌍과 음이 아닌 실수 쌍 사이의

전단사를 구하라.

7.8 그림 7.4는 대수적 측면에서 전단사 $f:\mathbb{N}\to\mathbb{N}\times\mathbb{N}$을 보여준다. 대수적 측면에서 역시 전단사인 역함수 $f^{-1}:\mathbb{N}\times\mathbb{N}\to\mathbb{N}$을 구하라. ($f:\mathbb{N}\times\mathbb{N}\to\mathbb{N}$이 아닌 $f^{-1}:\mathbb{N}\to\mathbb{N}\times\mathbb{N}$을 요구한 이유는 이 함수가 더 간단하기 때문이다. 두 개를 적어야 한다.)

7.9 각각의 경우에 집합이 유한한지, 가산 무한한지, 비가산인지 서술하고 그 이유를 설명하라.

(a) 모든 책의 집합으로, 여기서 '책'은 로마 대문자와 소문자, 아라비아 숫자, 공백 기호 및 이 11개의 구두점으로 이루어진 유한한 시퀀스이다.

; , . ' : — ( ) ! ? "

(b) 500,000개 미만의 기호로 구성된 모든 책의 집합

(c) 모든 유한한 책들의 집합

(d) 0보다 크고 1보다 작은 모든 무리수의 집합

(e) 17로 나누어지는 모든 수의 집합

(f) 모든 짝수 소수의 집합

(g) 2의 모든 멱승의 집합이다.

(h) $\mathbb{Q}$에서 $\{0, 1\}$까지의 모든 함수 집합

7.10 이 문제는 정리 7.5와 그 증명을 참조하라.

(a) $\mathbb{N}$의 유한 부분 집합을 크기 순으로 나열하는 방식으로 증명을 진행할 수 없는 이유는 무엇인가?

(b) $\mathbb{N}$의 유한 부분 집합을 다음과 같은 순서로 나열하여 다른 증명을 제시하라. 원소의 합과 집합의 순서를 지정하라. 여기서 합은 같다.

(c) 왜 이 새로운 증명을 일반화하여 $\mathbb{N}$의 모든 부분 집합의 집합이 가산임을 있음을 보여주지 않을까?

7.11 정리 7.3을 증명하라.

7.12 (a) 모든 함수 $f:\{0, 1\}\to\mathbb{N}$의 집합이 가산임을 증명하라.

(b) 모든 함수 $f:\mathbb{N}\to\{0, 1\}$의 집합이 비가산임을 증명하라.

Chapter

8 구조적 귀납법

귀납법에 의한 증명은 컴퓨터 과학의 기본적인 도구이다. 귀납법을 사용하면 단일하고 유한한 논증을 통해 무한히 많은 서로 다른 명제의 진실성을 확립할 수 있다. 예를 들어, 27쪽에서 우리는 귀납법으로 모든 $n \geq 0$에 대해 다음을 증명했다.

$$\sum_{i=0}^{n-1} 2^i = 2^n - 1 \tag{8.1}$$

증명은 한두 쪽 정도 걸렸지만, 무한히 많은 사실들을 증명했다. 여기에는 다음과 같은 경우가 포함된다.

$$\sum_{i=0}^{0-1} 2^i = 2^0 - 1 \quad (n = 0\text{일 때})$$

$$\sum_{i=0}^{1-1} 2^i = 2^1 - 1 \quad (n = 1\text{일 때})$$

$$\sum_{i=0}^{2-1} 2^i = 2^2 - 1 \quad (n = 2\text{일 때})$$

그리고 각 n값에 대해 유사한 표현이 가능하다.

귀납법에 의한 증명은 컴퓨터 과학에서 중요하다. 왜냐하면 이는 단일 컴퓨터 프로그램이 동일한 코드를 반복적으로 실행함으로써 서로 다르지만 유사한 계산을 수행하는 방식과 유사하기 때문이다. 예를 들어, i값이 0부터 n까지 증가하면서 2^i를 누적 합계에 더하는 간단한 'for 루프'는 주어진 n값에 대해 식 (8.1)의 왼쪽 항의 합을 계산할 수 있다. 이 방정식의 귀납적 증명은 이러한 루프로 계산된 값이 실제로 $2^n - 1$임을 확립한다.

컴퓨터는 숫자 외의 객체도 조작할 수 있다. 우리는 이미 이진 문자열의 속성에 대해 추론하는 데 시간을 보냈다. 예를 들어, 33쪽의 투에 수열(Thue sequence)이 있다. 이 장에서는 비수치적 수학 객체에 대한 추론을 용이하게 하기 위해 귀납법에 의한 증명의 개념을 일반화한다.

먼저, 일반적인 틀을 설정해야 한다. 객체는 더 작은 객체로부터 만들어지거나, 더 이상 나눌 수 없는 원자적 형태이다. 이는 고급 프로그래밍 언어를 사용하는 프로그래머들에게 익숙한 개념이다. 이러한 언어들은 정수, 실수, 문자와 같은 원자적 데이터 타입을 지원하고, 배열이나 문자열과 같은 구조화 기능을 제공하여 더 크고 복잡한 객체를 단일 객체로 다룰 수 있게 한다. 수학에서도 마찬가지이다.

예를 들어, 기호의 문자열을 빈 문자열에서 시작하여 한 번에 하나씩 기호를 연결하여 구성된 것으로 생각할 수 있다. 지금까지 귀납적 논증은 항상 정수값을 가진 귀납 변수에 1을 더했다. 이제 기본 단계 값은 원자적 객체가 되고, 귀납은 이미 참으로 알려진 술어에 대해 더 작은 객체로부터 더 큰 객체를 구성하는 것에 기초할 것이다.

따라서 객체는 하나 이상의 기본 단계 객체와 다른 객체로부터 객체를 만드는 규칙인 하나 이상의 생성자 단계를 규정함으로써 정의된다. 이러한 정의는 일반적으로 자기 참조적이므로, **무한 퇴행**(*infinite regress*)이나 **순환 논법**(*circular reasoning*)을 피하도록 주의해야 한다. 특정 종류의 더 큰 것들은 같은 종류의 더 작은 것들로 정의되고, 가장 작은 것들은 그러한 자기 참조 없이 정의된다.

자연수조차도 이 스키마에 적합하다. 숫자를 0(기본 단계)이거나 다른 자연수보다 1 더 큰 수(생성자 단계)로 말할 수 있기 때문이다. 다른 예로, Thue 수열은 기본 수열 $T_0 = 0$을 지정하고, 모든 $n \geq 0$에 대해 생성자 규칙 $T_{n+1} = T_n\overline{T_n}$을 사용하여 T_n에 대해 T_{n+1}을 정의했다.

*

구조적 귀납법에 의한 모든 증명은 이러한 귀납적 정의로 시작된다. 귀납적 정의와 구조적 귀납법에 의한 증명이 어떻게 함께 작용하는지 이해하기 위해 비트 문자열의 예를 살펴보자.

우리는 비공식적으로 비트 문자열을 0과 1의 연결로 설명했고, 비트 문자열을 연결한다는 것이 무엇을 의미하는지에 대한 직관적인 개념을 사용했다. 하지만 비트 문자열에 대해 더 형식적으로 추론하려면, 비트 문자열과 그에 대해 수행할 수 있는 연산에 대한 더 형식적인 정의가 필요하다. 비트 문자열—또는 어떤 종류의 개별 기호로 구성된 문자열—은 특별한 종류의 순서쌍으로 귀납적으로 정의될 수 있다. 이 순서쌍들을 '특별하게' 만드는 것은 쌍의 형성이 아니라, 연결 연산자의 효과이다. 이 연산자는 두 문자열을 결합할 때 결합된 지점이 결과에서 '보이지 않게' 만든다. 예를 들어, 연결 연산자로 '·'를 사용한다면(두 문자열을 그냥 나란히 쓰는 대신), 다음과 같이 쓸 수 있다.

$$00 \cdot 11 = 001 \cdot 1 = 0011 \qquad (8.2)$$

식 (8.2)가 참이 되려면, 두 문자열을 연결하는 것은 단순히 순서쌍을 만드는 것보다 복잡해야 한다. 왜냐하면 순서쌍의 정의(56쪽)에 따르면,

$$\langle \mathtt{00}, \mathtt{11} \rangle \neq \langle \mathtt{001}, \mathtt{1} \rangle$$

이다. 두 순서쌍은 첫 번째 요소가 같고 두 번째 요소가 같을 때만 동일하기 때문이다.

그래서 문자열에 대해 처음부터 시작해 보자. Alphabet은 어떤 유한 집합이다. 우리는 알파벳의 구성원을 기호라고 부르지만, 기호에 대해 특별한 점은 우리가 그들을 구별할 수 있다는 것 외에는 없다. 우리는 이미 이진 알파벳 $\{\mathtt{0}, \mathtt{1}\}$로 작업했다. 영어의 단어들은 로마 알파벳 {a, b, …, z}를 사용해 쓰인다(아마도 대문자를 위한 26개의 추가 기호와 함께).

Σ가 알파벳이라면, Σ^*는 Σ 위의 문자열 집합으로, 흔히 Σ의 **클레이니 스타** (*Kleene star*)로 알려져 있다. Σ^* 집합은 다음과 같이 정의된다.

기본 단계 (S1). 빈 문자열 λ는 Σ^*의 문자열이다.

생성자 단계 (S2). s가 Σ^*의 문자열이고 a가 Σ의 기호라면, $\langle a, s \rangle$는 Σ^*의 원소이다.

소진 조항 (S3). 기본 단계와 생성자 단계로부터 따라오는 것 외에는 Σ^*에 아무것도 없다.

소진 조항은 일반적으로 언급되지 않는다. 기본 단계와 생성자 단계가 주어지면, 이들을 사용해 만들 수 있는 것들만이 정의되는 유형의 유일한 것들이라고 이해된다.

이 정의에 따르면, 1비트 문자열 0은 실제로 $\langle \mathtt{0}, \lambda \rangle$이며, 3비트 문자열 $\mathtt{110}$은 실제로 $\mathtt{110} = \langle \mathtt{1}, \langle \mathtt{1}, \langle \mathtt{0}, \lambda \rangle\rangle\rangle$이다. 빈 문자열의 길이는 0이라고 하며, s가 임의의 문자열이고 a가 임의의 기호일 때, $\langle a, s \rangle$의 길이는 s의 길이보다 1이 더 길다. 기호로 표현하면,[1]

기본 단계. $|\lambda| = 0$

생성자 단계. 모든 $a \in \Sigma$와 $s \in \Sigma^*$에 대해, $|\langle a, s \rangle| = |s| + 1$

이렇게 우회적으로 문자열을 정의하는 이유는 연결 연산의 정의에 있다. 두 문자열의 연결, 예를 들어 $s \cdot t$를, 연결되는 두 문자열 중 첫 번째인 s에 대한 구조적 귀납법으로 정의한다.

기본 단계 (SC1). t가 Σ^*의 임의의 문자열일 때, $\lambda \cdot t = t$

생성자 단계 (SC2). Σ^*의 임의의 문자열 s, t와 Σ의 임의의 기호 a에 대해,

[1] 이는 본질적으로 LISP와 같은 프로그래밍 언어에서 리스트가 저장되는 방식이다. 두 번째 요소가 리스트의 꼬리이거나, 리스트의 끝을 나타내는 NIL인 '점으로 연결된 쌍'으로 저장된다.

$$\overbrace{\langle a, ssssss\rangle}^{n+1} \cdot ttttt$$
$$= \langle a, \underbrace{ssssss}_{n} \cdot ttttt\rangle$$

그림 8.1 첫 번째 문자열의 길이에 대한 귀납법으로 정의되는 문자열 연결. 길이가 $n+1$인 문자열은 기호 a와 여기서 *ssssss*로 표시된 길이 n의 문자열로 구성된 순서쌍이다. 길이 n인 문자열을 다른 문자열(여기서는 *ttttt*로 표시)에 연결하는 방법을 이미 알고 있다는 가정 하에, *assssss*를 *ttttt*에 연결하는 것을 첫 번째 요소가 a이고 두 번째 요소가 *ssssss*와 *ttttt*의 연결인 순서쌍으로 정의할 수 있다.

$$\langle a, s\rangle \cdot t = \langle a, s \cdot t\rangle \tag{8.3}$$

이 정의가 의미가 있는지 확인해 보자. 주어진 길이의 문자열에 대한 연결은 더 작은 길이의 문자열에 대한 연결로만 정의되어야 한다. 문자열 s의 길이가 n이라고 가정하면, 왼쪽은 연결 순서쌍이며, 두 번째 구성 요소는 길이 n의 문자열과 문자열 t의 연결이다. 즉, 길이 $n+1$인 문자열과 다른 문자열의 연결을 길이 n인 문자열과 그 다른 문자열의 연결을 참조하여 정의하고 있다.

이러한 연결의 귀납적 정의는 귀납적 증명을 가능하게 한다. 3장의 용어로, 수학적 귀납법은 정수 귀납 변수, 즉 연결되는 두 문자열 중 첫 번째 문자열의 길이에 기반한다. 새로운 틀에서는 구조적 귀납법이 문자열 정의의 기본 단계와 생성자 단계 (S1)과 (S2)에 기반한다고 간단히 말할 수 있다.

예를 들어, `11 · 00`이 `1100`이 되는지 확인해 보자.

$$\begin{aligned}
\texttt{11} \cdot \texttt{00} &= \langle \texttt{1}, \langle \texttt{1}, \lambda\rangle\rangle \cdot \texttt{00} && (\texttt{11}\text{의 정의에 의해}) \\
&= \langle \texttt{1}, \langle \texttt{1}, \lambda\rangle \cdot \texttt{00}\rangle && (\text{(SC2)에 의해, } a = \texttt{1}, s = \langle \texttt{1}, \lambda\rangle) \\
&= \langle \texttt{1}, \langle \texttt{1}, \lambda \cdot \texttt{00}\rangle\rangle && (\text{(SC2)에 의해, } a = \texttt{1}, s = \lambda) \\
&= \langle \texttt{1}, \langle \texttt{1}, \texttt{00}\rangle\rangle && (\text{(SC1)에 의해}) \\
&= \texttt{1100} && (\texttt{1100}\text{의 정의에 의해})
\end{aligned}$$

이 예시는 예상대로 작동한다. 이제 우리는 같은 기호를 같은 순서로 가진 문자열을 연결할 때 결과가 항상 같다는 일반적인 사실을 증명할 수 있다. 즉, 문자열 연결은 결합 법칙이 성립한다.

$$s \cdot (t \cdot u) = (s \cdot t) \cdot u$$
$$x + (y + z) = (x + y) + z$$

이는 모든 문자열 s, t, u에 대해 성립하며, 이는 모든 세 정수 x, y, z에 대해 $x+(y+z)=(x+y)+z$가 성립하는 것과 같다. 문자열 연결에 대한 결합 법칙은 `1100`과 같은 문자열을 쓸 때 그룹화에 대한 언급을 생략할 수 있게 한다. 예를 들어, 이것이 `1 · 100`, `11 · 00`, 또는 `110 · 0`로 해석되든 상관없다. 모든 이 문자열들이 동일하기 때문이다. 실제로, 우리는 같은 문자열을 `1·1·0·0`으로 쓸 수 있다. 결과가 그룹화에 의존하지 않기 때문이다.

정리 8.4 문자열 연결은 결합 법칙을 만족한다. 즉, 모든 문자열 s, t, u에 대해, $(s \cdot t) \cdot u = s \cdot (t \cdot u)$이다.

증명. 이 증명은 s의 구성에 대한 귀납법으로 이루어진다. 3장에서와 같이 s의 길이에 대한 일반적인 귀납법을 수행할 수 있지만, (SC1)과 (SC2)에서 시작하는 더 직접적인 논증이 있다. 연결되는 첫 번째 문자열은 빈 문자열이거나 기호와 문자열의 순서쌍이다.

기본 단계. $s=\lambda$일 때,

$$\begin{aligned}(\lambda \cdot t) \cdot u &= t \cdot u && \text{((SC1)에 의해)} \\ &= \lambda \cdot (t \cdot u) && \text{((SC1)에 의해)}\end{aligned}$$

유도 단계. $(s' \cdot t) \cdot u = s' \cdot (t \cdot u)$를 증명해야 한다. 귀납 가설은 s가 s'보다 적은 수의 단계로 생성되었다면 ((SC2)를 적은 수로 적용) $(s \cdot t) \cdot u = s \cdot (t \cdot u)$가 성립한다는 것이다. s'은 (SC2)를 최소한 한 번 사용하여 구성되었어야 하므로, $s' = \langle a, s \rangle$이다(여기서 a는 어떤 기호이고 s는 귀납 가설을 만족하는 어떤 문자열이다). 그러면,

$$\begin{aligned}(\langle a, s' \rangle \cdot t) \cdot u &= \langle a, s \cdot t \rangle \cdot u && \text{((SC2)에 의해)} \\ &= \langle a, (s \cdot t) \cdot u \rangle && \text{((SC2)에 의해)} \\ &= \langle a, s \cdot (t \cdot u) \rangle && \text{(귀납 가설에 의해)} \\ &= \langle a, s \rangle \cdot (t \cdot u) && \text{((SC2)에 의해)}\end{aligned}$$

■

*

일반적으로, 우리는 구조적 귀납법 증명을 이렇게 상세하게 설명하지 않을 것이다. 일반적인 스키마는 다음과 같다.

집합 S가 다음과 같이 귀납적으로 정의된다고 가정하자.

기본 단계. 특정 기본 요소 b가 S의 멤버이다.

생성자 단계. 특정 생성자 연산 c는 이미 S에 있다고 알려진 요소들로부터 S의 더 많은 요소를 생성한다. 즉, c는 k-항 생성자 연산으로, $x_1, \ldots, x_k$가 S의 멤버라면 $c(x_1, \ldots, x_k) \in S$이다.

소진 조항. (1)과 (2)에서 따르는 것 외에는 S에 아무것도 없다.

정리 8.4에서, 유일한 기본 요소는 λ이고, 생성자 연산(알파벳의 각 기호당 하나)은 기호 a와 문자열 s로부터 순서쌍 $\langle a, s \rangle$를 형성한다.

그러면 모든 $x \in S$에 대해 어떤 술어 P가 성립함을 증명하기 위해서는 다음을 증명하면 충분하다.

기본 단계. 각 기본 요소 $b \in S$에 대해 $P(b)$가 성립한다.

유도 단계. 각 k-항 생성자 c에 대해, $x_1, \ldots, x_k$가 s의 멤버이고 $P(x_1), \ldots, P(x_k)$가 모두 성립한다면, $P(c(x_1, \ldots, x_k))$도 성립한다.

이러한 조건들이 모든 $x \in S$에 대해 $P(x)$가 성립함을 보여주기에 충분하다는

것을 확인하기 위해, 우리는 x를 구성하는 데 적용된 생성자 연산의 횟수에 대한 일반적인 귀납법 증명을 할 수 있다.

그 횟수가 0이라면, x는 기본 요소이어야 하므로 기본 단계에 의해 $P(x)$가 성립한다. 이제 $n \geq 0$을 고정하고, 최대 n번의 생성자 함수 적용으로 구성된 모든 $x \in S$에 대해 $P(x)$가 성립한다고 가정하자. $n+1$번의 생성자 함수 적용으로 구성된 원소 $y \in S$를 고려해 보자. 그러면 $y = c(x_1, \ldots, x_k)$가 되는데, 여기서 c는 어떤 생성자 함수이고 $x_1, \ldots, x_k \in S$는 각각 최대 n번의 생성자 함수 적용으로 구성되었다. 귀납 가설에 의해 $P(x_1), \ldots, P(x_k)$가 모두 성립하고, 따라서 유도 단계에 의해 $P(c(x_1, \ldots, x_k)) \equiv P(y)$도 성립한다.

이 간소화된 도식에는 귀납 가설의 문장이 포함되어 있지 않다. 가설은 보통 유도 단계에서 명확하기 때문이다(실제로 정리 8.4의 증명에서 우리는 가설을 생략했다). 앞으로 귀납법 증명을 제시할 때, 우리는 일반적으로 귀납 가설을 명시적으로 언급하지 않고 기본 단계의 증명에서 바로 유도 단계의 증명으로 넘어갈 것이다.

*

이번에는 이 간소화된 도식을 다른 귀납적으로 정의된 객체 집합에 적용해 보자. 많은 수학적, 프로그래밍 언어에서는 그룹화를 위해 중첩된 괄호를 사용한다. 예를 들어,

$$(((3+4)\times(5-6))/(7+8))\times(9+10)$$

와 같은 표현식에서 말이다.

그런데 잠깐—이 괄호들이 균형을 이루고 있을까? 그리고 '균형'이란 정확히 무엇을 의미할까? 우선, 좌괄호와 우괄호의 개수가 같아야 하지만, 그것만으로는 부족하다. 각 좌괄호는 특정한 후속 우괄호와 짝을 이뤄야 한다(하지만 이것은 또 무슨 뜻일까?).

처음부터 다시 시작해 보자. 간단히 하기 위해 다른 기호들은 제외하고 균형 잡힌 괄호 문자열(balanced strings of parentheses, BSPs)에 대해서만 이야기해 보자. 괄호 문자열이 균형을 이루는 이유를 사후에 설명하려 하기보다는, 이러한 문자열을 만들어내는 규칙을 설명해 보자.

알파벳은 좌괄호와 우괄호 기호만 포함하며, 우리는 기본 단계와 생성자 단계를 다음과 같이 정의할 수 있다.

기본 단계. 빈 문자열 λ는 BSP이다.

생성자 단계.

(C1) x가 BSP라면, (x)도 BSP이다. 즉, x 앞에 좌괄호를, 뒤에 우괄호를 붙인 결과이다.

(C2) x와 y가 BSP라면, xy도 BSP이다. 즉, x와 y를 순서대로 연결한 결과이다.

예를 들어, '(()())'가 왜 BSP인지 보여준다. 먼저, λ는 기본 단계에 의해 BSP이다. $x=\lambda$로 (C1)을 적용하면, '()'는 BSP이다. $x=y=()$로 (C2)를 적용하면, '()()'는 BSP이다. 그리고 $x=()()$로 (C1)을 적용하면, '(()())'는 BSP가 된다.

이제 BSP에 대한 몇 가지 사실을 증명해 보자.

예제 8.5 모든 BSP는 좌괄호와 우괄호의 개수가 같다.

풀이. 구조적 귀납법으로 이를 증명한다.

기본 단계. 빈 문자열 λ는 좌괄호 0개, 우괄호 0개를 가지므로 각각의 개수가 같다.

유도 단계. BSP z가 생성자 단계 (C1) 또는 (C2)를 사용하여 생성되었다고 가정한다.

z의 구성에서 마지막 단계가 (C1)이었다면, $z=(x)$이다. 여기서 x는 더 적은 단계로 구성된 BSP이다. 귀납 가설에 의해 x는 좌괄호와 우괄호의 개수가 같다. x가 각각 n개씩 있다고 하면, z는 $n+1$개의 좌괄호와 $n+1$개의 우괄호를 가지므로 개수가 같다.

z가 (C2)를 최종 단계로 사용하여 구성되었다면, $z=xy$이다. 여기서 x와 y는 각각 더 적은 생성자 단계 적용으로 구성된 BSP이다. 귀납 가설에 의해, x와 y는 각각 좌괄호와 우괄호의 개수가 같다. x가 n개의 좌괄호와 n개의 우괄호를 가지고, y가 m개의 좌괄호와 m개의 우괄호를 가진다면, z는 $n+m$개의 좌괄호와 $n+m$개의 우괄호를 가진다—즉, 개수가 같다. ■

예제 8.5는 괄호 문자열이 균형을 이루기 위한 필요 조건을 제시하지만, 충분 조건은 아니다. 좌괄호와 우괄호의 개수가 같더라도 균형을 이루지 않는 문자열이 있다—예를 들어 ')('와 같은 경우이다. 마지막 예제로, 구조적 귀납법과 일반 귀납법을 결합하여 괄호 문자열의 균형 여부를 판단하는 프로그래밍 기법을 살펴보자.[2] 0에서 시작한다. 문자열을 읽어가면서 좌괄호마다 1을 더하고 우괄호마다 1을 뺀다. 최종 카운트가 0이고 중간에 음수가 되지 않았다면 그 문자열은 균형을 이룬다. 이 규칙이 정확한지—즉, 필요충분 조건인지—증명해 보자.

먼저 이 규칙을 괄호 문자열의 속성으로 정의하자.

> 괄호 문자열이 카운팅 규칙을 만족한다는 것은 왼쪽 끝에서 0으로 시작하여, 각 좌괄호마다 1을 더하고 각 우괄호마다 1을 빼면서, 중간에 음수가 되지 않고 문자열 끝에서 0이 되는 것을 의미한다.

[2] 이것은 오래된 기법이다. 1954년 복합 대수식을 사용할 수 있었던 최초의 프로그래밍 언어 중 하나인 FORTRAN 프로그래밍 언어의 원 매뉴얼에 버전이 등장했다. 왼쪽에서 오른쪽으로 작업하면서 각 괄호(왼쪽이든 오른쪽이든)에 다음과 같이 번호를 매긴다: 첫 번째 괄호에 '1'이라는 번호를 매기고, 각 왼쪽 괄호에는 바로 왼쪽에 있는 괄호의 번호보다 1이 큰 정수를 표시한다. 각 오른쪽 괄호에는 바로 왼쪽에 있는 괄호의 번호보다 1이 작은 정수를 표시한다. 이렇게 하면, 'n'으로 표시된 모든 왼쪽 괄호의 짝은 그 오른쪽에 있는 $n-1$로 표시된 첫 번째 오른쪽 괄호가 된다.

예제 8.6 괄호 문자열은 카운팅 규칙을 만족할 때, 그리고 오직 그때만 균형을 이룬다.

풀이. 먼저 x가 임의의 BSP이면 x가 카운팅 규칙을 만족함을 보인다. 이는 구조적 귀납법으로 증명한다.

기본 단계. $x = \lambda$. 카운트는 0에서 시작하여 즉시 끝나므로 이 문자열은 카운팅 규칙을 만족한다.

유도 단계, 경우 1. $x = (y)$이고 y는 균형을 이루므로 카운팅 규칙을 만족한다. x의 카운트는 첫 번째 기호 후 $+1$, y 끝 후 다시 $+1$이 되고, 중간에 양수를 유지하다가 마지막 우괄호 후 0으로 끝난다.

유도 단계, 경우 2. $x = yz$이고 y와 z는 균형을 이루므로 카운팅 규칙을 만족한다. 카운트는 처음 0에서 시작하여 y 후 0, z 후 다시 0이 되며, y나 z 중간에 음수가 되지 않다.

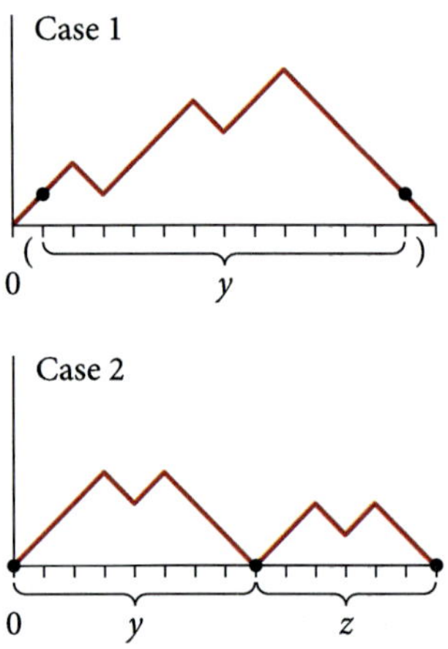

그림 8.2 카운팅 규칙을 만족하는 어떤 문자열도 균형을 이룬다는 것을 증명하는 2가지 경우. 카운트는 x의 시작과 끝에서 0이고 절대 음수가 되지 않는다. 중간에 0이 전혀 없거나(경우 1) 또는 중간의 어떤 지점에서 0이 된다(경우 2).

이제 반대 방향을 증명한다. x가 카운팅 규칙을 만족하면 x는 균형을 이룬다. 이 부분은 x의 길이에 대한 일반적인 강한 귀납법으로 증명한다.

기본 단계. $|x| = 0$. 그러면 $x = \lambda$이고, x는 균형을 이룬다.

귀납 가설. $n \geq 0$을 고정하고, $m \leq n$인 모든 m과 길이 m인 모든 문자열 y에 대해, y가 카운팅 규칙을 만족하면 y가 균형을 이룬다고 가정한다.

카운팅 규칙을 만족하는 길이 $n+1$인 문자열 x를 고려하자. 두 가지 가능성이 있다(그림 8.2 참조).

유도 단계, 경우 1. 카운트가 시작과 끝을 제외하고는 0이 되지 않다. 그러면 $x = (y)$이고 y는 길이가 $|x|-2$인 문자열이다. 카운트가 첫 기호 후 0에서 $+1$로, 마지막 기호 후 $+1$에서 0으로 갔기 때문이다. 따라서 y는 카운팅 규칙을 만족하고 귀납 가설에 의해 균형을 이룬다. (C1)에 의해 $x = (y)$도 균형을 이룬다.

유도 단계, 경우 2. 카운트가 시작과 끝 사이의 어떤 지점에서 0에 도달한다. 그러면 $x = yz$로 쓸 수 있고, y와 z는 비어있지 않으며 y 후에 카운트가 0이 된다(카운트가 0이 되는 지점이 여러 개라면 그 중 하나를 선택할 수 있다). y와 z는 각각 x보다 짧고 카운팅 규칙을 만족하므로, 귀납 가설에 의해 각각 균형을 이룬다. 따라서 (C2)에 의해 $x = yz$는 균형을 이룬다. ■

요약

- 구조적 귀납법은 수치적이지 않은 객체에 대한 귀납법 증명을 일반화한다. 이 방법에서는 더 큰 객체를 더 작은 객체들로 표현할 수 있다.
- 특정 종류의 객체에 대한 귀납적 정의는 기본 단계 객체들(자기 참조 없이 정의되는 더 작아질 수 없는 객체들)과 생성자 단계들(같은 종류의 더 작은 객체들로 객체를 정의하는 경우들)로 구성된다.
- 예를 들어, 다음 집합들은 각각 귀납적으로 정의될 수 있다.
  - Σ^*: 알파벳의 기호들로 구성된 문자열의 집합
  - 문자열 연결: 두 문자열을 결합하는 연산
  - 균형 잡힌 괄호 문자열(BSP)
- 구조적 귀납법은 귀납적으로 정의된 집합들에 적용된다. S가 그러한 집합이고, $P(x)$가 각 원소 $x \in S$에 대해 증명되어야 할 술어라면, 구조적 귀납법에 의한 증명은 다음으로 구성된다.

  기본 단계. S의 각 기본 단계 원소 b에 대해 $P(b)$를 증명한다.

  유도 단계. 각 생성자 단계 $x = c(x_1, \ldots, x_n)$에 대해: 귀납 가설은 $1 \leq i \leq n$인 모든 i에 대해 $P(x_i)$이다. 귀납 가설이 $P(x)$를 의미함을 증명한다.

문제

8.1 a가 기호이고 s가 문자열일 때, $\#_a(s)$를 s에서 a의 출현 횟수로 정의한다. 예를 들어, $\#_1(\texttt{101100101}) = 5$이다. $\#_a(s)$를 귀납적으로 정의하고, 구조적 귀납법을 사용하여 임의의 문자열 s와 t에 대해 $\#_a(s \cdot t) = \#_a(s) + \#_a(t)$임을 증명하라.

8.2 (a) 문자열 x의 역순 x^R에 대한 귀납적 정의를 제시하라(예: $\texttt{11100}^R = \texttt{00111}$).

(b) 귀납법을 사용하여 임의의 비트 문자열 u와 v에 대해 $(u \cdot v)^R = v^R \cdot u^R$임을 증명하라.

(c) 임의의 문자열 x에 대해 $(x^R)^R = x$임을 증명하라.

8.3 다음 규칙으로 생성될 수 있는 0과 1로 이루어진 문자열을 고슴도치라고 부른다.

1. λ는 고슴도치이다.
2. x가 고슴도치라면, $\texttt{0}x\texttt{1}$도 고슴도치이다.

3. x가 고습도치라면, $1x0$도 고습도치이다.
4. x와 y가 고습도치라면, xy도 고습도치이다.

이진 문자열이 고습도치인 것과 0과 1의 개수가 같은 것이 동치임을 증명하라.

8.4 임의의 문자열 u와 v에 대해 $|u \cdot v| = |u| + |v|$임을 증명하라.

8.5 균형 잡힌 괄호 문자열에서 ')('의 출현을 '( )'로 반복적으로 대체하면 좌괄호들이 먼저 나오고 그 뒤에 동일한 수의 우괄호가 나오는 문자열로 변환될 수 있음을 증명하라.

8.6 다음과 같이 정의된 집합 T를 고려한다.

1. $0 \in T$
2. $t, u \in T$이면, $\langle t, u \rangle$도 T에 속한다.

T의 원소 t의 가중치를 t를 구성하는 데 규칙 2가 사용된 횟수로 정의한다.

(a) 가중치가 3 이하인 T의 모든 원소를 나열하라.

(b) T의 원소 t의 높이 $h(t)$를 $h(0) = 0$이고 $h(t, u) = 1 + \max(h(t), h(u))$인 규칙으로 정의한다. t의 가중치가 n이면 $\lceil \lg(n+1) \rceil \le h(t) \le n$임을 증명하라. 여기서 $\lg x = \log_2 x$이다. 이 경계가 타이트함을 보여라. 즉, 모든 n에 대해 이 하한과 상한을 달성하는 가중치 n의 T 원소가 있음을 보여라.[3]

[3] 로그 함수는 지수 함수의 역함수이며, 아래 첨자의 숫자가 지수의 밑이다. 즉, $\log_2 x = y$는 $2^y = x$를 의미한다.

8.7 이 문제에서는 구조적 귀납법과 집합론의 기초만을 사용하여 자연수의 개념 없이 산술을 정의할 것이다. 본질적으로, 자연수 n은 집합 $U = \{\emptyset, \{\emptyset\}, \{\{\emptyset\}\}, \ldots\}$의 모든 n-원소 부분 집합의 집합으로 정의될 것이다.

단항 집합을 $\{\emptyset\}$이거나 그 자체가 단항 집합인 하나의 원소만을 포함하는 집합이라고 하고, s를 모든 단항 집합의 집합이라고 하자. $\mathcal{N}$을 $\{\emptyset\}$을 포함하고, 또한 모든 $n \in \mathcal{N}$에 대해 다음을 포함하는 집합으로 정의한다.

$$\sigma(n) = \{A \cup B : A \in n, B \in S, \text{그리고 } A \cap B = \emptyset\}$$

그리고 $m, n \in \mathcal{N}$에 대해 다음과 같이 정의한다.

$$m + n = \{A \cup B : A \in m, B \in n, \text{그리고 } A \cap B = \emptyset\}$$

(a) $\mathbf{0} = \{\emptyset\}$라고 하자. $\sigma(\mathbf{0}) = S$임을 보이고, 일반적으로 모든 $n \ge 0$에 대해

$$\overbrace{\sigma(\sigma(\ldots\sigma}^{n\text{번 반복}}(\mathbf{0})\ldots))$$

가 U의 모든 n-원소 부분 집합의 집합임을 보여라.

이 문제의 나머지 부분들은 (a)항에 의존하지 않고 해결해야 한다. 즉, n

의 원소들에 대한 +의 정의만 알고 있고 수의 개념은 알지 못한다고 가정한다.

(b) $m, n \in \mathcal{N}$이면 $m+n \in \mathcal{N}$임을 보여라.

(c) 임의의 $m, n \in \mathcal{N}$에 대해 $m+n=n+m$임을 보여라.

(d) 임의의 $m, n, p \in \mathcal{N}$에 대해 $(m+n)+p=m+(n+p)$임을 보여라.

(e) $\mathcal{N}$의 원소들에 대한 뺄셈을 어떻게 정의하는가?

8.8 문자열 s의 부분 수열은 s에서 나타나는 순서대로 (반드시 연속적일 필요는 없이) 선택된 기호들의 수열이다. $SS(s)$를 S의 모든 부분수열의 집합이라고 쓴다면, 예를 들어

$$SS(\texttt{101}) = \{\lambda, \texttt{0}, \texttt{1}, \texttt{10}, \texttt{01}, \texttt{11}, \texttt{101}\}$$

이다. $SS(s)$를 귀납적으로 정의하라.

Chapter

9 명제 논리

컴퓨터와 소통시에는 정확성이 중요하지만 영어에는 모호하거나 애매한 표현이 많다. 영어 원어민들은 문맥을 통해서 의미를 명확히 하는 법을 알기 때문에 같은 단어가 상황에 따라서 다른 의미를 가질 수 있다는 것을 별로 의식하지 않는다. 하지만, 그 단어들을 컴퓨터가 사용하기 위해서 데이터와 규칙성을 가지고 변환된다면, 이러한 모호함들은 실제로 결과에 큰 영향을 미칠 수 있다.

예를 들어, 'or'와 같이 간단한 단어를 살펴보자. 만약 세법에서 다음과 같이 말하는 규칙이 있다면

'당신은 적어도 18세 이상이거나 애리조나 주에 거주한다면 이 공제를 받을 수 있다.'

20세의 애리조나 주민이 이러한 공제 혜택을 받는 것은 당연하다. 'or'는 **포괄적**(*inclusive*)이어서 '혹은 둘다(or both)'라는 설명을 추가할 필요는 없다. 반면에, 당신의 금융 기관이 당신에게 다음과 같이 말하면

'당신은 일시금 혹은 연금을 선택할 수 있다.'

이 말은 당신이 일시금과 연금을 동시에 받는 것이 불가능하다는 것을 알 수 있다. 이것은 'or'가 **배타적**(*exclusive*)인 의미로 사용된 예이다. 때때로 'or'는 위협적인 것을 나타낼 때 사용될 수도 있다. 예를 들어, 다음과 같은 말은 위협적으로 들릴 수 있다.

'이 행동을 멈춰라. 그렇지 않으면 큰일 난다.'

이때에 'or'는 또는이라는 의미보다는 보다 함축적인 의미를 담고 있다—이 문장은 어떤 행동을 하면 다른 일이 논리적인 결과로 이루어진다는 것을 의미한다.

'만약 이것을 그만두지 않는다면, 큰일 난다.'

기술적으로, 이러한 함축은 '포괄적 or'와 동치이다(이는 정리 9.1에서 다시 볼 것이다). 당신이 예상하는 것과 반대로, 이 함축은 실제로 당신이 지금 하는 것을

그만둔다고 해서 큰 문제에 빠지지 않는다는 것을 말하지는 않는다.

우리는 'or'와 'if'와 같은 단어들에 정확한 의미를 부여한 다음에, 명제를 이해하고 조작하는 논리적 규칙들(logical rules)에 대해서 살펴볼 것이다. 아마도 여러분은 이 논리적 규칙 중 일부를 2장에서 우리가 다뤘던 증명에서 알아볼 수 있을 것이며, 우리는 11장에서 논리와 컴퓨터를 살펴볼 때 다시 이 논리적 규칙에 대한 내용이 나올 것이다.

명제(*proposition*)란 참 또는 거짓인 문장을 말한다. 모든 선언적인 영어 문장이 명확하게 참 또는 거짓인 것은 아니다. 예를 들어, '2월에는 28일이 있다.'는 충분히 구체적이지 않다. 이것은 어떤 해의 2월인지에 따라 참일 수도 있고 거짓일 수도 있다. 문장

'암탉은 검정색이다.'

는 다른 의미로 모호하다—아마도 그 의미는 '모든 암탉은 검정색이다.'(당연히 거짓이다). 아마도 그 의미는 '몇몇 암탉은 검정색이다.'(당연히 참이다). 아마도 이야기하는 암탉이 어떤 것인지 알기 위해서 그 현장에 있어야 할 수도 있다. 12장에서 이러한 **양화된**(*quantified*) 문장들(전체 집합의 모든 원소 또는 일부 원소들에 대해 말하는 문장들)의 참과 거짓에 대해서 다시 토의할 것이다. 이번 장과 다음 장에서 논의하는 **명제 논리**(*propositional logic*)의 차별화된 특징은 명제들이 명확하게 참 혹은 거짓이라는 것이다.

마지막으로, 문장

'색이 없는 초록색 아이디어들이 격렬하게 잠에 들려고 한다.'

는 의미가 없는 문장이기 때문에 참이나 거짓으로 말할 수 없다(비록 이것이 문법적으로 올바르고, 감상을 불러일으킬 수 있지만).[1]

[1] 이것은 노암 촘스키의 예로 1957년에 문법적으로는 올바르지만 의미론적으로는 무의미한 문장이다. 우리의 주제가 언어학이 아니라 논리이므로, 우리는 문법에 대해서 많은 관심을 갖지만, 의미론적인 관점은 복합 명제의 참 또는 거짓이 그 구성 요소들의 참 또는 거짓에 의해 결정되는 것만 고려한다.

*

우리는 p, q, r과 같은 기호들을 명제 변수들(propositional variables)로 사용할 것이다. 즉, 명제 변수란 명제를 나타내는 변수로, 보통 대수학에서 x와 y와 같은 변수를 사용하여 숫자를 나타내는 방식과 동일하게 사용된다. 명제 변수는 'and'와 'or'와 같은 방법을 사용하여 구성된 **복합 명제**(*compound proposition*)와 다르게 **원자 명제**(*atomic proposition*)로도 불릴 수 있다. 예를 들어,

p = '2000년은 윤년이었다.'(참인 명제) and
q = '16은 소수이다.'(거짓인 명제)

우리는 어떤 문장이든 부정할 수 있다. 기호적으로 표현하면, $\neg p$는 'p가 아니다(not p)'를 의미한다. 이 복합 명제를 논리적 표기법을 도입하기 전(18쪽)에 예

상되었던대로, **p의 부정**(*negation*)이라고 한다. 예시에서 p가 '2000년은 윤년이었다.'라면 $\neg p$는 '2000년은 윤년이 아니었다.'인데, 이 문장은 p가 참이었기 때문에 거짓이 된다. 때때로 우리는 부정할 대상에 막대(바)를 올려서 $\neg p$ 대신에 $\overline{p}$ 라고 적기도 한다. 그래서,

'$\neg p$'는 '$\overline{\text{2000년은 윤년이었다.}}$'와 같다.

문장의 부정은 원래 문장과 같이 명확해야 한다. 예를 들어, 우리는 '암탉은 검정색이다.'라는 문장을 '암탉은 검정색이 아니다.'라고 부정할 수는 있지만, 이것이 모든 암탉이 검정색이 아니라는 의미인지, 아니면 어딘가에 검정색이 아닌 암탉이 있다는 것인지? 일반적으로 명제의 부정은 그 명제가 거짓임을 결론 내리기 위하여 우리가 관찰해야 할 것을 의미한다—다른 말로, 모든 명제 p에 대하여 p가 참이거나 $\neg p$가 참일 수는 있지만, 둘다 참인 경우는 없다.[2] 만약, r이 '모든 암탉은 검정색이다.'라는 문장이라면, $\neg r$은 '검정색이 아닌 암탉이 있다.'가 된다.

우리는 'or'($\vee$), 'and'($\wedge$), and 'if… then …'($\Rightarrow$)과 같은 관계를 사용하여 두 개의 명제를 결합하여 더 복잡한 명제를 만들 수 있다. 우리는 'or'($\vee$)를 '둘 중의 하나 혹은 둘다'를 의미하는데—이것을 **'inclusive or(포괄적 or)'**라고 정의한다. 만약 우리가 '둘 중의 하나이지만 둘다는 아니다(one or the other but not both)'라고 말하고 싶을 때는, 우리는 이를 **'exclusive or(배타적 or)'**를 사용하며, 기호는 $\oplus$를 사용한다. 예를 들어, $p \vee q$는 '2000년은 윤년이었거나 16은 소수이다.'를 의미하며, $p \Rightarrow q$는 '2000년이 윤년이었으면, 16은 소수이다.'를 의미한다. '만약 p라면 q이다(if p then q)'라고 말하는 대신에, 우리가 'p는 q를 함축한다(p implies q)'라고 말할 수도 있다. 이러한 형태의 문장을 **함축**(*implication*)이라고 하며, p는 **전제**(*premise*)이고 q는 **결론**(*conclusion*)이라고 한다. 마지막으로, 우리는 $\Leftrightarrow$기호를 'if and only if'라고 정의한다. $p \Leftrightarrow q$는 $(p \Rightarrow q) \wedge (q \Rightarrow p)$를 약식 표현한 것이다. 즉, p는 q를 함축하고, q는 p를 함축한다를 의미한다. 정리하면

예	이름	의미
$\neg p, \overline{p}$	negation(부정)	not p
$p \vee q$	inclusive or(포괄적 or)	either p or q or both
$p \wedge q$	and	both p and q
$p \oplus q$	exclusive or(배타적 or)	either p or q, but not both
$p \Rightarrow q$	implies(함축)	if p, then q
$p \Leftrightarrow q$	equivalence(동치)	p if and only if q

p가 '2000년은 윤년이다.'이고 q가 '16은 소수이다.'라는 예시에서 보듯이, 논리 연산자로 결합된 논리식은 서로 의미적으로 연결되어 있을 필요는 없다.[3] 이

[2] p와 $\neg p$ 중 하나만 참인 것은 **배제 원리**(*law of the excluded middle*)로 알려져 있다. 이것은 수학의 구성주의(constructive school of mathematics)에서는 받아들여지지 않는다(15쪽 참고).

[3] 이것은 철학 문서가 아니지만, 현실을 구성 요소 사실들로 분해할 수 있다는 개념에 기반한 극단적인 논리 원자론은 루트비히 비트겐슈타인(LudWig Wittgenstein)의 'Tractatus Logico-Philosophicus(1922)'의 기초였음을 언급할 가치가 있다. 그 작업의 처음에, 그는 '세계는 사실들로 나뉜다. 각각은 발생할 수도, 발생하지 않을 수도 있으며, 그 외의 모든 것은 동일하게 남는다.'라고 언급하였다. 비트겐슈타인은 나중에 이런 방식으로 세계를 분석하는 것은 부인하였지만, 이것은 컴퓨터가 처리할 정보를 나타내는 데는 매우 유용한 방법으로 남아 있다. 실제로, 진리표의 방법은 'Tractatus'에 소개되었다.

들은 단순히 개별적으로 명확하게 참 또는 거짓이어야 한다. 우리는 복합 명제의 참 또는 거짓을, 해당 참 또는 거짓이 구성 요소 명제들의 참 또는 거짓에 의해 결정될 때만 분석한다.

여러 개의 명제들을 결합할 때, 구문(syntax)은 우리가 그들을 어떻게 결합하려는지 정확하게 반영해야 한다. 예를 들어, 문장 $p \wedge q \Rightarrow r$은 $p \wedge (q \Rightarrow r)$을 의미하는 것인지(한쪽으로는 $\wedge$ 연산자를 p에 적용하고, 다른 쪽으로는 $q \Rightarrow r$에 적용) 아니면 $(p \wedge q) \Rightarrow r$을 의미하는 것인지(한쪽으로는 $\Rightarrow$ 연산자를 p and q에 적용하고 다른 한쪽으로는 r에 적용)를 의미하는 것일까? 두 경우는 매우 다른 의미를 갖는다.

우리는 항상 괄호를 사용하여 의미를 더 명확하게 할 수 있다. 그러나, 관습적으로 연산자들은 우리가 평소에 사용하는 대수학과 마찬가지로 **우선 순위**(*precedence*)를 가지고 있다. $\neg$가 가장 먼저 적용되며, 그 다음이 $\wedge$이고, 그 다음 $\vee$, $\oplus$, $\Rightarrow$가 동일하게 적용되며, 마지막으로 $\Leftrightarrow$가 적용된다. 예를 들어, 일반적인 대수학에서는

$$a \times b + c^2\text{은 } (a \times b) + (c^2)\text{을 의미한다.}$$

이는 a와 b를 곱한 결과에 c의 제곱을 더하는 것이다. 유사하게,

$$p \wedge q \vee \neg r\text{은 } (p \wedge q) \vee (\neg r)\text{을 의미한다.}$$

이는 p와 q를 'and'하고 r의 부정을 'or'하는 것이다. 'and' 연산자 $\wedge$는 곱셈처럼 동작하고 'or' 연산자 $\vee$는 덧셈과 같이 동작하며, $\neg$는 제곱과 같이 동작한다.

한편, 심지어 논리학자들도 $p \vee q \Rightarrow r$에 대해서 혼란스러워 할 수 있다. 어느 쪽이 '표준'인지 신경쓰지 않는 것이 좋다. 만약 p 한쪽이나 $q \Rightarrow r$ 다른 쪽 하나라도 참이라면 $p \vee (q \Rightarrow r)$로 쓰기 바란다. 만약 당신이 의미하는 것이 p 또는 q가 하나라도 참이라면, 그래서 r이 참이어야 한다면 $(p \vee q) \Rightarrow r$로 쓰기 바란다.

*

진리표(*truth table*)는 복합 명제 식의 진릿값들을 구성 요소들의 진릿값을 기준으로 나타낸 것이다. 여기에, 우리는 여러 간단한 명제들의 진리표를 적어 놓았다(그림 9.1~9.6). 명제 논리는 **명제 산술**(*propositional calculus*)이라고도 불리며, 이는 p와 q의 구성 요소들의 참 또는 거짓으로부터 $p \oplus q$와 같은 복합 명제의 참 또는 거짓을 계산하는 시스템이다.

p	$\neg p$
T	F
F	T

그림 9.1 부정 연산자에 대한 진리표

p	q	$p \wedge q$
T	T	T
T	F	F
F	T	F
F	F	F

그림 9.2 'and' 연산자에 대한 진리표

p	q	$p \vee q$
T	T	T
T	F	T
F	T	T
F	F	F

그림 9.3 'or' 연산자에 대한 진리표

진리표의 각 행에는 하나의 **진릿값이 배정**된다. 즉, 각 명제 변수에 대해 T와 F 값 하나를 할당하는 것이다. 논리식을 참으로 만드는 진릿값은 해당 논리식을 만족한다고 말하며, 적어도 하나 이상의 만족하는 진릿값 배정이 있는 논리식은 **만족 가능**(*satisfiable*)이라고 한다. $p \wedge \neg q$와 같이 **만족 가능하지 않은**(*unsatisfiable*) 논리식은 만족하는 진릿값 배정이 없는 것이며, 이 경우 p에 어떤

값이 주어져도 p와 $\neg p$ 중 하나는 거짓이 되므로, 그들의 논리적인 'and'는 거짓이 된다. **항진 명제**(*tautology*)는 모든 진릿값 배정에 대해 항상 만족하는 논리식이다. 예를 들어, $p \vee \neg p$는 항진 명제이다. 만일 어떤 문장이 만족 가능하지 않다면, 그 문장의 부정은 항진 명제이다. 그 반대도 마찬가지이다. 왜냐하면, 모든 진릿값 배정이 명제를 거짓으로 만들기 때문에 그 명제의 부정은 참이 되기 때문이다.

p	q	$p \oplus q$
T	T	F
T	F	T
F	T	T
F	F	F

그림 9.4 'exclusive or' 연산자에 대한 진리표

p	q	$p \Leftrightarrow q$
T	T	T
T	F	F
F	T	F
F	F	T

그림 9.5 'if and only if' 연산자에 대한 진리표

p	q	$p \Rightarrow q$
T	T	T
T	F	F
F	T	T
F	F	T

그림 9.6 'implies(함축)' 연산자에 대한 진리표. $p \Rightarrow q$는 p는 참이고 q가 거짓이 아닌 참이다.

$p \Rightarrow q$의 진리표는 혼동스러울 수 있다(그림 9.6). 왜 거짓인 명제가 참인 명제를 함축하는 것이 참인 것일까? 마찬가지로 왜 거짓인 명제가 거짓인 명제를 함축하는 것도 참인 것일까?

이를 이해하는 한 가지 방법은 이미 p가 거짓이라는 것을 알고 있는 상태에서 시작하는 '만약 p라면 …(if p, then …)'이라는 주장(argument)을 상상하는 것이다. '만약 p라면 q라는' 주장은 우리가 p가 참인 상태에서 q가 그것을 따르는지를 결정하도록 요청한다. 그러나 이미 p가 거짓이라는 것을 알고 있다면, 이러한 주장은 p를 **동시에 참과 거짓**(*both true and false simultaneously*)으로 간주하도록 요청하는 것인데, 이는 논리 전체 시스템의 근본을 위반하는 것이다. 모든 명제는 참이거나 거짓이지 둘 다가 될 수는 없다. 'p와 $\neg q$가 둘 다 참인'것과 같은 모순이 허용된다면, 전체 논리 체계는 무너지게 된다. 어떤 명제와 그 반대의 명제가 모두 추론될 수 있다. 따라서 거짓 명제는 참이든 거짓이든 어떤 명제를 함축한다.

유사하게, 어떤 명제도, 참이든 거짓이든, 참 명제를 함축한다.—이미 우리가 참이라고 알고 있는 것이 참인지를 추론하기 위해 선행조건이 필요하지 않기 때문이다. 추가적인 전제는 무의미하며, 참인 명제를 거짓으로 만들 수는 없다.

더 복잡한 명제에 대한 진리표는 점진적으로 한 단계씩 구축하여 명제가 언제 참이고 언제 거짓인지 확인할 수 있다. 명제 $p \wedge q \Rightarrow r$[즉, $(p \wedge q) \Rightarrow r$, 그림 9.7]을 살펴보자. 먼저 원래 명제인 p, q, r 각각에 대하여 하나의 열을 만들고, 이 변수들의 모든 가능한 값 조합을 분석할 만큼 충분한 행을 생성한다. 이 예시에서 각각 두 가지 가능한 값(참 또는 거짓)을 갖는 세 개의 명제가 있으므로 8개의 행(2×2×2)를 가진 표를 생성하고 각각의 가능성에 따라서 표를 채운다.

p	q	r	$p \wedge q$	$p \wedge q \Rightarrow r$
T	T	T	T	T
T	T	F	T	F
T	F	T	F	T
T	F	F	F	T
F	T	T	F	T
F	T	F	F	T
F	F	T	F	T
F	F	F	F	T

그림 9.7 $p \wedge q \Rightarrow r$에 대한 진리표. p, q, r의 참, 거짓의 모든 가능한 조합이 표의 한 행에 표시되며, 마지막 두 열은 명제의 구성 요소의 진릿값을 해당 성분의 진릿값에서 계산한 것을 보여준다. 오른쪽 열은 명제 자체를 나타내며, p와 q가 모두 참이고 r이 거짓인 경우에만 진릿값이 거짓임을 보여준다.

관례적으로, 우리는 명제 변수들의 열을 정규화된 패턴에 따라 채우기 때문에 모든 가능성을 다루었는지 쉽게 확인할 수 있다. 첫 번째 변수의 열은 T로 절반을 채우고, 나머지 절반은 F로 채우는 방식으로 채워진다. 다음 열은 T와 F가 두 배로 번갈아가며 나타나고, 마지막 열은 T, F, …, T, F와 같이 번갈아가며 나타난다. 다음 열에는 명제 $p \wedge q$를 넣고, 그 값을 p와 q의 값에 기반하여 각 행에 채워넣는다. 마지막으로, 명제 $p \wedge q \Rightarrow r$을 마지막 열에 넣고, $p \wedge q$와 r의 값에 기반하여 각 행에 그 값을 채워넣는다. 각 단계에서 이전 값 두 개만을 결합하면 되기 때문에, 한 번에 모든 것을 분석하기 어려울 수 있는 복잡한 명제까지 쉽게 만들어 낼 수 있다.

그림 9.7에서 볼 수 있듯이, $p \wedge q \Rightarrow r$은 p와 q가 모두 참이고 r이 거짓일 경우를 제외하고는 참이다.

*

95쪽에서 본 것처럼, 'if and only if' 연산자 ⇔는 중복되어 있다. 'if and only if'를 포함하는 어떤 명제는 'if … then …' 문장과 'and'를 합쳐서 다시 작성할 수 있다. 우리는 명제 α와 β가 **동치**(*equivalent*)라는 것을 나타내기 위하여 $\alpha \equiv \beta$ 표기법을 사용할 것이다. 즉, 명제 변수들에 대하여 참값 할당이 가능한 모든 경우에 대해 동일한 진릿값을 가지면 α와 β는 동치라는 것을 의미한다. 예를 들어,

$$p \Leftrightarrow q \equiv (p \Rightarrow q) \wedge (q \Rightarrow p)$$

즉, ≡는 두 명제에 관한 진술을 위한 영어 약어이다. ⇔는 명제를 구성하는 데 사용할 수 있는 연산자이다. 이 둘의 차이는 ⇔는 **객체 언어**(*object language*)의 기호이며, 우리가 연구하는 기호와 기호들의 체계를 나타낸 것이며, ≡는 **메타 언어**(*metalanguage*)의 일부이다—즉, 객체 언어에서 명제에 대하여 얘기하기 위하여 사용되는 언어로서 영어를 포함한다.

p	$\neg p$	$\neg\neg p$
T	F	T
F	T	F

그림 9.8 이중 부정 법칙에 대한 진리표이다. 첫 번째와 세 번째 열은 동일하므로 해당 열의 제목에 있는 명제들이 동치이다.

두 공식이 동치인지 확인하는 간단한 방법은 각각에 대하여 진리표를 작성하고 해당 열을 비교하는 것이다. 만약, 해당 열에서 참과 거짓의 패턴이 동일하다면, 두 공식은 동치이다. 예를 들어, $\neg\neg p$와 p는 동치이다(다시 말해서, $p \equiv \neg\neg p$). 각각의 부정은 참값을 거짓으로 뒤집고, 거짓을 참으로 뒤집는다(그림 9.8 참조). 이 동치성은 **이중 부정**(*double negation*) 법칙으로 알려져 있다.

문제 9.7에서 $\alpha \equiv \beta$인 경우는 오직 명제 $\alpha \Leftrightarrow \beta$가 항진 명제인 경우라는 것을 쉽게 알 수 있다. 우리가 명제 변수들을 포함하는 간단한 논리식에 대하여 동치성을 확립한다면, 더 복잡한 논리식이 명제 변수들에 대하여 체계적으로 대체될 때 동일한 동치성이 유지된다. 예를 들어, 이중 부정 법칙으로부터 모든 논리식 α에 대하여 $\alpha \equiv \neg\neg\alpha$가 성립함을 알 수 있다. 예를 들어, 논리식 $p \Rightarrow q$를 α로 취하면, 이중 부정 법칙은 다음과 같이 된다.

$$(p \Rightarrow q) \equiv \neg\neg(p \Rightarrow q)$$

원칙적으로 만족 가능성(satisfiability), 동치성(equivalence) 등을 결정하기 위하여 진리표를 작성하는 것이 항상 가능하지만, 특히 많은 명제 변수를 포함하는 공식의 경우에는 꽤 귀찮을 수 있다. 각 추가된 원자 명제는 표의 행 수를 두 배로 늘린다. 명제 변수가 n개인 공식의 경우, 2^n개의 행을 가진 표가 필요하며, n의 값이 적당히 작은 경우에도 현실적으로 사용이 불가능할 수 있다.

예를 들어, $n=10$으로 하면 $2^n=1024$이므로 10개의 명제 변수를 포함하는 공식의 전체 진리표를 손으로 작성하는 것은 너무 어렵다. $n=20$이면 2^n은 백만 이

상이며, $n=300$이면 2^n은 우주의 입자 수를 초과한다. 따라서, 모든 은하의 모든 별과 행성의 모든 양자 에너지와 물질, 그리고 사이의 모든 암흑 물질(dark matter)을 사용하여도 전체 진리표를 작성하는 방법은 없다.

매 문제마다 진리표를 작성하는 대신에, 우리는 논리식들을 기호적으로 조작하는 규칙을 개발하여 식을 동치인 식으로 변환할 것이다. 다시 돌아가서 몇 가지 기본 연산자들을 더 자세히 살펴보자.

정리 9.1 $p \Rightarrow q \equiv \neg p \vee q$

증명. 이와 같이 간단한 표현에 대해서는 진리표를 작성하여 동치임을 증명할 수 있다. $p \Rightarrow q$와 $\neg p \vee q$ 열을 비교하면 그들이 동일하다는 것을 알 수 있다.

p	q	$p \Rightarrow q$	$\neg p$	$\neg p \vee q$
T	T	T	F	T
T	F	F	F	F
F	T	T	T	T
F	F	T	T	T

정리 9.2 $p \oplus q \equiv (p \wedge \neg q) \vee (\neg p \wedge q)$

증명. 우리는 다시 진리표를 작성할 수 있다.

p	q	$p \oplus q$	$\neg p$	$\neg q$	$p \wedge \neg q$	$\neg p \wedge q$	$(p \wedge \neg q) \vee (\neg p \wedge q)$
T	T	F	F	F	F	F	F
T	F	T	F	T	T	F	T
F	T	T	T	F	F	T	T
F	F	F	T	T	F	F	F

이 진리표는 이러한 논리식들이 동일한 상황에서 참임을 형식적으로 증명하는 것이다. 하지만 구어체를 사용하면 더 직관적으로 이해할 수 있다. $\oplus$는 두 명제 중 정확히 하나가 참임을 의미한다. 따라서 p가 참이고 q가 거짓이어야 하거나, p가 거짓이고 q가 참이어야 한다.

따라서 $\Rightarrow$와 $\oplus$는 모두 중복되며, 이를 사용하는 어떤 논리식이든 $\vee$, $\wedge$, $\neg$만 사용하여 다시 작성할 수 있다. 마찬가지로 $\Leftrightarrow$도 중복되며, 우리의 공식들이 단지 명제 변수들과 세 가지 연산자 $\vee$, $\wedge$, $\neg$로 구성된다고 생각하는 것이 관례적이다. 문제 9.1, 9.2, 문제 11.5는 명제 논리식들을 더 적은 연산자를 사용하여 작성하는 다른 방법들에 대해서 알아본다.

*

그러므로 명제 논리식으로 간주되는 것에 대한 완전한 공식적인 설명은 이 귀납적 정의로부터 나온다.

(PF1) 어떤 명제 변수든 논리식이다.
(PF2) 만약 α와 β가 논리식이라면 다음도 논리식이다.
(a) $(\alpha \vee \beta)$
(b) $(\alpha \wedge \beta)$
(c) $\neg \alpha$

예를 들어, $\neg(p \vee q)$는 논리식이다. 왜냐하면 p와 q는 (PF1)에 따라 논리식이고, $(p \vee q)$는 (PF2a)에 따라 논리식이며, 따라서 $\neg(p \vee q)$는 (PF2c)에 따라 논리식이다.

이러한 규칙을 엄격히 따르는 논리식은 명확함을 위해 필요한 괄호보다 더 많을 수 있다. 연산자의 우선 순위를 이용하여 괄호를 더 적게 사용하는 방법은 이미 언급한 바 있다. 예를 들어, $p \wedge q \vee r$은 엄밀히 말하면 $(p \wedge q) \vee r$로 쓰여야 하지만 $\wedge$가 $\vee$보다 높은 우선 순위를 가지므로 괄호를 쓰지 않아도 괜찮다. 괄호를 줄이는 또 다른 방법은 집합의 합집합과 교집합(54쪽) 및 문자열 연결(84쪽)에 대한 **결합 법칙**(*associative law*)을 사용하는 것이다. 모든 논리식 α, β 및 γ에 대해

(AL1) $(\alpha \vee \beta) \vee \gamma \equiv \alpha \vee (\beta \vee \gamma)$
(AL2) $(\alpha \wedge \beta) \wedge \gamma \equiv \alpha \wedge (\beta \wedge \gamma)$

증명은 연습 문제로 남겨둔다(문제 9.3). 결합 법칙은 $p \vee q \vee r$과 같은 논리식에서 괄호를 완전히 생략할 수 있게 해준다. 하위 논리식들이 어떻게 그룹화되었는지는 상관없으며, 어떤 방식으로 그룹화하든지 동일한 진리표를 가지기 때문이다.

연산자 $\vee$와 $\wedge$도 집합의 합집합과 교집합에 대한 결합 법칙과 같이 **교환 법칙**(*commutative laws*)을 따른다. 하위 논리식들은 어떤 순서로든 함께 연결해도 논리식의 진릿값이 변경되지 않으며, or 연산자로 결합된 하위 논리식들에 대해서도 동일하게 적용된다. 다시 말하면

(CL1) $\alpha \vee \beta \equiv \beta \vee \alpha$
(CL2) $\alpha \wedge \beta \equiv \beta \wedge \alpha$

증명은 간단하지만 이러한 규칙들은 불필요한 괄호를 제거하는 연습과 결합될 때 매우 유용한다. 이러한 규칙은 $p \vee q \vee r \vee s$와 같이 동일한 연산자가 여러 번 발생하는 것을 포함하는 논리식은 의미를 변경하지 않고 원하는대로 재정렬할 수 있다는 것을 나타낸다. 예를 들어, $s \vee r \vee q \vee p$와 같이 재정렬할 수 있다.

마지막으로, 명제 논리에는 집합의 합집합과 교집합에 대한 분배 법칙과 유사

한 **분배 법칙**(*distributive laws*)이 있다. 논리 연결 연산자 $\vee$와 $\wedge$는 서로 대칭적으로 분배된다. 다음과 같다.

(DL1) $\alpha \vee (\beta \wedge \gamma) \equiv (\alpha \vee \beta) \wedge (\alpha \vee \gamma)$
(DL2) $\alpha \wedge (\beta \vee \gamma) \equiv (\alpha \wedge \beta) \vee (\alpha \wedge \gamma)$

(DL2)의 평범한 언어 예로 다음 질문을 고려해 보자.

'당신은 적어도 21세 이상이며, 미국 시민이거나 미국 영주권자인가?'

이 질문은(DL2)의 좌측과 동일한 형식을 갖고 있으며 다음과 동치이다.

'당신은 적어도 21세 이상이고 미국 시민이거나, 적어도 21세 이상이고 미국 영주권자인가?'

이는 규칙(DL2)에 따라 이전 명제를 다시 작성한 것이다. 우리는 이와 똑같은 종류의 추론을 사용하여 정리 5.1(55쪽)을 증명했다.

*

명제 논리의 어떤 논리식 α는 **진리 함수**(*truth function*) ϕ_α를 정의한다. 즉, 비트 인자를 받아서 비트값을 생성하는 함수이다. 만약 α가 k개의 명제 변수, 즉 $p_1, \ldots, p_k$를 포함한다면, $\phi_\alpha : \{0, 1\}^k \rightarrow \{0, 1\}$은 k-ary(k-진) 함수이다. 이 함수의 값인 $\phi_\alpha(b_1, \ldots, b_k)$는 각각의 i에 대해 p_i가 진릿값 b_i를 가질 때 α의 진릿값이다. (관례적으로, 우리는 0을 F로, 1을 T로 동일시한다.) 예를 들어, 만약 α가 $p_1 \Rightarrow p_2$이면, $\phi_\alpha(0, 1) = 1$이다(그림 9.6의 세 번째 줄, 97쪽). 진리 함수는 일반적으로 **부울 함수**(*Boolean function*)라고 불린다.[4] 부울 논리는 명제 논리의 또 다른 이름이다.

11장의 주제는 하드웨어에서 진리 함수를 구현하는 방법에 관한 것으로, 기본 진리 함수를 계산하는 회로 모듈을 사용한다. 이러한 기본 진리 함수에는 $\wedge$, $\vee$, $\neg$와 같은 것들이 포함된다.

[4] 이 아이디어를 형식화한 논리학자 조지 부울(George Boole, 1815~64)의 저서 'The Laws of Thought'에 명명되었다.

요약

- 명제 논리는 평범한 언어로는 모호할 수 있는 문장에 정확한 의미를 부여하기 위해 사용된다.
- **명제**(*proposition*)는 참이나 거짓인 문장이다.
- **명제 변수**(*propositional variable*) 또는 **원자 명제**(*atomic proposition*)는 명제

를 나타내는 변수로, 평범한 대수에서 변수가 숫자를 나타내는 방식과 동일한다.

- 모든 명제 p에 대해, p 또는 그 부정($\neg p$ 또는 $\overline{p}$) 중 하나는 참이지만 둘 다는 아니다.
- 두 명제는 'inclusive or' ($\vee$), 'and' ($\wedge$), 'exclusive or' ($\oplus$), 'implies' ($\Rightarrow$) 및 'equivalence' ($\Leftrightarrow$) 연산자를 사용하여 더 복잡한 명제로 결합할 수 있다.
- 관례적으로, 복합 명제의 연산자에는 우선 순위가 있다: $\neg$; 다음에 $\wedge$; 다음에 $\vee$, $\oplus$, $\Rightarrow$; 다음에 $\Leftrightarrow$. 순서가 모호한 경우는 괄호를 사용해야 한다.
- **진리표**(*truth table*)는 명제 변수들의 진릿값에 따라 복합 명제 논리식의 진릿값들을 보여준다.
- **진릿값 할당**(*truth assignment*)은 논리식의 각 명제 변수에 참 및 거짓값을 할당하는 것이다.
- 논리식을 참으로 만드는 진릿값 할당은 그 논리식을 **만족시킨다고**(*satisfy*) 말한다.
- 논리식은 적어도 하나의 진릿값 할당이 그를 만족하면 가능하며, 모든 진릿값 할당이 그를 만족시키면 **항진 명제**(*tautology*)라고 한다. 어떤 진릿값 할당도 그것을 만족시키지 못하면 **만족시키지 못한다**(*unsatisfiable*)라고 한다.
- 기호 $\equiv$는 두 명제가 동치라는 것을 나타내며, **객체 언어**(*object language*)가 아닌 **메타 언어**(*metalanguage*)의 일부이므로 명제 논리식 내에서 사용할 수 없다.
- 어떤 명제 논리식이라도 명제 변수와 함께 $\neg$, $\vee$, $\wedge$ 연산자만을 사용하여 표현할 수 있다.
- 연산자 $\vee$ 및 $\wedge$는 결합 법칙, 교환 법칙 및 분배 법칙을 따른다.

$$(\alpha \vee \beta) \vee \gamma \equiv \alpha \vee (\beta \vee \gamma)$$
$$(\alpha \wedge \beta) \wedge \gamma \equiv \alpha \wedge (\beta \wedge \gamma)$$
$$\alpha \vee \beta \equiv \beta \vee \alpha$$
$$\alpha \wedge \beta \equiv \beta \wedge \alpha$$
$$\alpha \vee (\beta \wedge \gamma) \equiv (\alpha \vee \beta) \wedge (\alpha \vee \gamma)$$
$$\alpha \wedge (\beta \vee \gamma) \equiv (\alpha \wedge \beta) \vee (\alpha \wedge \gamma)$$

문제

9.1 연산자 ¬와 ∨는 앞에서 보았듯이 ⇒를 정의하는 데 충분할 뿐만 아니라 다른 연산자들도 정의할 수 있다. 연산자 ¬와 ∨(그리고 괄호들)만을 사용하여 다음 논리식들과 논리적으로 동치인 p와 q를 포함하는 논리식들을 적어보자.

(a) $p \wedge q$

(b) $p \oplus q$

(c) $p \Leftrightarrow q$

9.2 ¬와 ∨ 연산자가 다른 연산자 ⇒, ∧, ⊕, ⇔를 정의하기에 충분하다고 가정하고, ¬와 ∧ 연산자만 사용하여 모든 같은 연산자들을 정의할 수 있다는 것을 증명하라.

9.3 (AL1)과 (AL2)로 주장된 두 표현식에 대한 진리표를 비교하여 결합 법칙을 증명하라.

9.4 (a) (DL1)의 평범한 언어 예제를 제공하라.

(b) 분배 법칙 (DL1)과 (DL2)를 증명하라.

9.5 진리 표를 사용하여 다음 각각의 복합 명제가 만족 가능한지(satisfiable), 항진 명제인지 또는 만족 가능하지 않은지(unsatisfiable)를 결정하라.

(a) $p \Rightarrow (p \vee q)$

(b) $\neg(p \Rightarrow (p \vee q))$

(c) $p \Rightarrow (p \Rightarrow q)$

9.6 (a) 명제 p = '나는 공부한다.' q = '나는 수업을 패스할 것이다.' r = '교수는 뇌물을 받는다.'를 사용하여 다음을 명제 논리의 문장들로 바꿔라.

1. 만약 나는 공부하지 않는다면, 교수가 뇌물을 받을 때만 수업을 패스할 것이다.
2. 교수가 뇌물을 받는다면, 나는 공부하지 않는다.
3. 교수는 뇌물을 받지 않지만, 나는 공부하고 수업을 패스할 것이다.
4. 만약 내가 공부한다면, 교수는 뇌물을 받고 나는 수업을 패스할 것이다.
5. 나는 수업을 패스하지 못하지만 교수는 뇌물을 받는다.

(b) 명제 p = '야간 사냥이 성공적이다.' q = '달이 꽉 차 있다.' r = '하늘이 맑다.'를 사용하여 다음을 명제 논리의 문장들로 바꿔라.

1. 성공적인 야간 사냥을 위해서는 달이 꽉 차있고 하늘이 맑아야 한다.
2. 하늘이 맑지 않은 것은 야간 사냥이 성공적인 것의 필요 조건이면서

충분 조건이다.

3. 만약 하늘이 흐리다면, 달이 꽉 차있지 않은 한 야간 사냥은 성공하지 않을 것이다.
4. 야간 사냥이 성공한다. 그리고 그것은 하늘이 맑을 때만 일어날 수 있다.

9.7 명제 $\alpha \equiv \beta$가 명제 $\alpha \Leftrightarrow \beta$는 필요 충분 조건임을 증명하라.

9.8 p, q, r 중 정확히 하나만 참인 것에 대해서 필요 충분 조건인 명제식을 적어보자.

9.9 $(p \wedge q) \Rightarrow r$과 $p \wedge (q \Rightarrow r)$이 서로 다른 의미를 가지며, 하나는 참이고 다른 하나는 거짓임을 나타내는 p, q, r의 실제 세계의 해석의 예를 들어 보자.

9.10 (a) 진리 함수들의 언어를 사용하여 $\alpha \equiv \beta$임을 설명하라.

(b) 만약 $\alpha \equiv \neg\beta$이면, ϕ_α와 ϕ_β의 관계는 무엇인가?

9.11 (a) $\oplus$와 상수 T를 사용하여 $p \Leftrightarrow q$를 어떻게 작성하는지 설명하라.

(b) $\oplus$와 $\Leftrightarrow$가 결합 법칙이 성립하는지 보여라.

(c) 우리는(99쪽) 명제 논리의 모든 논리식을 $\{\wedge, \vee, \neg\}$ 연산자만 사용하여 동치인 논리식으로 변환할 수 있다고 보여주었다. 다른 방법으로는 이러한 세 가지 연산자로 가능한 모든 진리 함수를 나타낼 수 있다는 것이다. 이러한 연산자 집합은 **완전**(*complete*)하다고 한다.

$$\{\oplus, \Leftrightarrow, \neg, \mathtt{T}, \mathtt{F}\}$$

가 이러한 연산자들만 사용하여 특정 진리 함수들을 나타낼 수 없음을 증명하여 이 집합이 완전하지 않다는 것을 보여라.

Chapter

10 정규 형태

9장에서 보았듯이 매우 다른 표현식이 동치일 수도 있다. 간단한 예로, $p \vee q$와 $q \vee p$는 다르지만 동치인 논리식이다. 두 명제 변수 p와 q에 대한 진릿값 할당 중 어떤 경우에도 두 논리식이 동일한 진릿값을 가진다. 좀 더 복잡한 예로 다음 두 논리식을 고려해 보자.

$$(\neg p \vee q) \wedge (p \vee \neg q) \wedge (\neg p \vee \neg q) \tag{10.1}$$

$$p \wedge \neg p \tag{10.2}$$

이 논리식들은 명제 변수들의 모든 가능한 할당에 대하여 거짓이기 때문에 동치이다. [문제 10.2에서 식 (10.1)에 대하여 이를 증명하도록 요청한다.] 때로는 변수들 없이 동일하게 참이거나 동일하게 거짓인 명제로 `T`와 `F`를 사용하는 것이 편리할 때도 있다. 그런 다음 식 (10.1)과 (10.2) 모두 `F`와 동치라고 말할 수 있다.

다양한 이유(예를 들어, 컴퓨터 처리)로 논리식을 표현하는 표준화된 방법들을 갖는 것이 유용한다. 우리는 **논리곱 정규형**(*conjunctive normal form, CNF*)과 **논리합 정규형**(*disjunctive normal form, DNF*)이라고 불리는 두 가지 정규 형태에 대해서 살펴볼 것이다.[1] 이러한 형태에서는

- 'and'($\wedge$), 'or'($\vee$), 그리고 'not'($\neg$) 연산자만 사용된다.
- 부정(negation)은 명제 변수에 연결되며 더 큰 표현식에 연결되지 않는다.
- 'or' 와 'and'는 아래에 설명된 일반적인 패턴으로 구성된다.

[1] '정규 형태(normal form)'란 논리식이 일정한 규칙 또는 '정규화'돼서 서식화되는 것을 의미한다. 정규 형태가 아닌 논리식은 어떤 병적인 의미에서도 '비정상적'인 것을 의미하지는 않는다.

리터럴(*literal*)은 명제 변수(p와 같은) 또는 단일 변수의 부정($\neg q$와 같은)이다. 그러면 CNF 논리식은 리터럴들의 'or'의 'and'이다. 식 (10.1) 및 (10.2)는 CNF에 속하고, 다음 식도 CNF에 속한다.

$$(p \vee \neg q \vee r) \wedge (\neg s \vee t)$$

반면에 DNF 논리식은 리터럴들의 'and'의 'or'이고 그 예로는

$$(p \wedge \neg q \wedge r) \vee (\neg s \wedge t)$$

가 있다.

때로는 이러한 것들은 각각 **and-of-or** 형태 그리고 **or-of-and** 형태로 불린다. 예를 들어, $\alpha_1 \vee \alpha_2 \vee \ldots \vee \alpha_n$과 같은 논리식은 α_i의 **논리합**(*disjunction*)으로 **선언**(*disjunct*)이라고 불리며, $\alpha_1 \wedge \alpha_2 \wedge \ldots \wedge \alpha_n$는 α_i의 **논리곱**(*conjunction*)으로 **연언**(*conjunt*)이라고 불린다. 따라서 CNF 논리식은 리터럴의 논리합의 논리곱이며, DNF 논리식은 리터럴의 논리곱의 논리합이다.

$p \vee q$와 같은 논리식은 CNF와 DNF 양쪽에 속한다. 왜냐하면 이를 단일 선언의 논리곱 또는 두 연언의 논리합으로 간주할 수 있기 때문이다. 비슷한 이유로 식 (10.2)도 CNF와 DNF 양쪽에 속한다.

CNF 논리식에서 'and'로 연결된 리터럴의 논리합을 논리식의 **절**(*clause*)이라고 한다. 마찬가지로 DNF 논리식에서 'or'로 연결된 리터럴의 논리곱은 논리식의 절이다. 예를 들어, CNF 논리식

$$(p \vee \neg q \vee r) \wedge (\neg q \vee t) \tag{10.3}$$

은 두 개의 절, $(p \vee \neg q \vee r)$과$(\neg q \vee t)$로 구성되어 있다.

이 용어를 사용하여 CNF 논리식의 진리 조건을 간단하게 설명할 수 있다. 주어진 진릿값 할당 아래에서 CNF 논리식이 참이 되는 것은 적어도 하나의 리터럴이 참인 것의 필요 충분 조건이다. 그 이유는 이러한 절들이 'and'로 연결되어 있기 때문이다. 식 (10.3)의 경우, q를 거짓으로 만들면 첫 번째 절의 두 번째 리터럴이 참이 되고 두 번째 절의 첫 번째 리터럴도 참이 되어 논리식 전체가 참이 되므로 p, r, t의 진릿값과는 관계없이 참이 된다.

유사하게 DNF 논리식은 모든 리터럴이 참인, 적어도 하나의 연언이 있는 경우에만 참이 된다. 예를 들어, DNF 논리식

$$(\neg p \wedge q) \vee (p \wedge r)$$

는 p가 거짓이고 q가 참인 경우에만 참이 된다. r의 진릿값과는 상관없이 이러한 진릿값은 첫 번째 연언 $(\neg p \wedge q)$가 참이 된다.

*

9장에서 우리는 논리식의 진리표를 만드는 방법을 배웠다. 진리표에서 논리식을 구성하는 것도 가능하다—사실, 진리표에서 시작하여 그 진리표와 일치하는 DNF 논리식을 쉽게 만들 수도 있다.

p	q	$p \Rightarrow q$
T	T	T
T	F	F
F	T	T
F	F	T

진리표의 마지막 열에 T가 있는 각 행에 대해, 거짓으로 값이 명시된 변수를 부정하여 리터럴의 논리곱을 만든다. 이러한 리터럴의 논리곱의 논리합('or')은 정확히 원하는 진리표를 가진다. 예를 들어, $p \Rightarrow q$의 진리표(왼쪽 그림에 있는)를 다시 살펴보자.

오직 첫 번째, 세 번째 및 네 번째 행만 오른쪽 열에 T가 있으므로 논리식이 참이 되려면 변수들의 진릿값들이 그 행들의 하나와 같이 표현된 것이어야 한다. 따라서 $p \Rightarrow q$는 DNF 논리식

$$(p \wedge q) \vee (\neg p \wedge q) \vee (\neg p \wedge \neg q) \tag{10.4}$$

와 동치이다.

진리표에서 DNF 논리식을 만드는 것은 번거로운 작업이다. 변수가 n개인 진리표는 2^n 행이 있으며, 그것으로부터 구성된 DNF 논리식은 오른쪽 열에 T가 있는 행 수만큼 연언을 가지게 된다. 또한 결과가 그리 간단하지 않을 수 있다. 이 경우에는 논리식 $\neg p \vee q$가 $p \Rightarrow q$와 식 (10.4)와 동치라는 것을 알고 있으며, $\neg p \vee q$ 또한 DNF에 속한다.

❋

어떤 논리식으로 시작하든지 항상 동치인 DNF(Disonjuctive Normal Form) 논리식을 만들 수 있다. 먼저 진리표를 작성한 다음, 진리표를 사용하여 진리표의 오른쪽 열에 T가 있는 각 행에 대해 하나의 연언을 갖는 DNF 논리식으로 변환한다. 그러나 구조적 귀납법을 기반으로한 더 직접적인 방법이 있으며, 논리식을 CNF(Conjunctive Normal Form)로 변환할 때도 동일하게 잘 작동한다.

먼저, 논리식이 이미 $\vee$, $\wedge$, $\neg$ 연결자 이외의 다른 연결자들을 사용하지 않도록 다시 작성되었다고 가정한다(99쪽 참조). 그리고 연속으로 두 개의 $\neg$ 기호가 나타나지 않는다고 가정한다(이것들은 두 번 부정 법칙에 의해 모두 제거될 수 있으므로). 오른쪽의 표는 논리식을 이러한 방식으로 다시 작성하기 위해 대체하는 규칙을 요약한다.

Formula	Replacement
$\alpha \Rightarrow \beta$	$(\neg\alpha \vee \beta)$
$\alpha \oplus \beta$	$(\alpha \vee \beta) \wedge (\neg\alpha \vee \neg\beta)$
$\alpha \Leftrightarrow \beta$	$(\neg\alpha \vee \beta) \wedge (\alpha \vee \neg\beta)$
$\neg\neg\alpha$	α

이제 $\vee$, $\wedge$, $\neg$ 연산자들만 포함하는 논리식이 주어진 경우, 그 논리식을 논리식의 구성에 대한 구조적 귀납을 사용하여 CNF로 변환한다. 이 과정에서 이미 언급된 여러 법칙들을 사용할 것이다: 분배, 결합 및 교환 법칙(100쪽 참조). 특히 교환 및 결합 법칙을 통해 하위(sub) 논리식들의 논리곱들 및 논리합들을 해당 하위 논리식들의 집합으로 처리할 수 있다. 여러 하위 논리식들이 논리곱 또는 논리합으로 연결된 경우, 그들은 어떤 순서로든 재배열하고 중복을 제거하여 동치인 논리식을 생성할 수 있다.

우리의 도구 상자에는 하나의 논리 법칙이 더 필요하다. **드 모르간 법칙**(*De Morgan's laws*)[2]은 부정 기호들을 명제 변수들에만 붙도록 만들어준다.

[2] 영국 수학자 아우구스투스 드 모르간(Augustus De Morgan, 1806~71)의 이름을 따서 만듦. 드 모르간과 그의 동시대의 사람인 조지 부울(George Boole)은 현대 논리학의 기초를 마련했다.

정리 10.5 *드 모르간 법칙.*

$$\neg(p \wedge q) \equiv \neg p \vee \neg q \tag{10.6}$$

$$\neg(p \vee q) \equiv \neg p \wedge \neg q \tag{10.7}$$

증명. 우리는 각각에 대하여 진리표를 작성한다.

p	q	$p \wedge q$	$\neg(p \wedge q)$	$\neg p$	$\neg q$	$\neg p \vee \neg q$
T	T	T	F	F	F	F
T	F	F	T	F	T	T
F	T	F	T	T	F	T
F	F	F	T	T	T	T

p	q	$p \vee q$	$\neg(p \vee q)$	$\neg p$	$\neg q$	$\neg p \wedge \neg q$
T	T	T	F	F	F	F
T	F	T	F	F	T	F
F	T	T	F	T	F	F
F	F	F	T	T	T	T

물론, 드 모르간 법칙은 상식을 공식화한 것뿐이다. 만약 p와 q가 둘 다 참이 아닌 경우, 그럼 p가 거짓이거나 q가 거짓이다. 그리고 만약 p와 q 중 하나라도 참이 아닌 경우, 그러면 p와 q 둘 다 거짓이어야 한다. 이러한 도구들을 사용하면 논리식들을 논리곱 정규형(CNF) 또는 논리합 정규형(DNF)으로 표현하는 방법을 보여줄 수 있다.

정리 10.8 모든 논리식은 결합 정규형(CNF) 중 하나와 그리고 분리 정규형(DNF) 중 하나와 동치이다.

증명. 우리는 CNF에 대하여 만드는 것을 보여주며, DNF에 대한 절차는 '$\vee$'와 '$\wedge$'의 역할이 바뀌면서 같아진다.

만드는 단계는 두 단계로 진행된다. 첫 번째 단계에서는 드 모르간 법칙을 사용하여 부정 부호를 명제 변수들에만 묶이도록 만든다. 두 번째 단계에서는 논리식 내의 모든 부정 부호들이 명제 변수들에만 묶여있다는 가정하에 논리식을 CNF로 변환한다.

1단계. 임의의 논리식 α를 동치인 논리식인 $T(\alpha)$로 변환한다. 여기서 모든 부정 부호들이 명제 변수들에만 붙어 있다. 우리는 α의 형성에 대한 구조적 귀납을 사용하여 진행하며, α가 다른 논리식의 부정인 경우 여러 하위 경우들로 나뉜다.

기본 단계. 만약 α가 명제 변수인 p 또는 $\neg p$인 경우, $T(\alpha) = \alpha$이다.

유도 단계, 경우 1. 만약 $\alpha = \beta \vee \gamma$ 또는 $\alpha = \beta \wedge \gamma$이면, 각각 $T(\alpha) = T(\beta) \vee T(\gamma)$ 또는 $T(\alpha) = T(\beta) \wedge T(\gamma)$이다.

유도 단계, 경우 2. 만약 $\alpha = \neg\beta$인 경우, 여러 하위 경우들이 있으며, 이는 β의 구조에 따라 다르다.

하위 경우 a. 만약 $\alpha = \neg\neg\gamma$이면, $T(\alpha) = T(\gamma)$이다.
하위 경우 b. 만약 $\alpha = \neg(\gamma \vee \delta)$이면, $T(\alpha) = T(\neg\gamma) \wedge T(\neg\delta)$이다.
하위 경우 c. 만약 $\alpha = \neg(\gamma \vee \delta)$이면, $T(\alpha) = T(\neg\gamma) \wedge T(\neg\delta)$이다.

귀납에 의해 $T(\alpha)$가 α와 동치이다. 귀납은 α가 명제 변수이거나 명제 변수의 부정인 기본 단계로부터 시작하며 유도 단계에서는 드 모르간 법칙을 사용한다. 유도 단계의 각 경우에서 $T(\alpha)$는 α보다 더 적은 논리 연결자를 가진 논리식에 대한 T의 값으로 정의되므로 무한 회귀(infinite regress)가 발생하지 않는다. 마지막으로, $T(\alpha)$의 값인 논리식은 기본 단계에서만 부정 부호를 포함하므로 모든 α에 대해 $T(\alpha)$의 모든 부정 부호들은 명제 변수들에만 붙어 있다.

2단계. 이제 우리는 α의 모든 부정 부호들이 명제 변수들에만 붙어 있다고 가정할 수 있다. CNF(α)는 α의 논리곱 정규형이다. 우리는 α의 하위 논리식들의 CNF들로부터 CNF(α)를 구성한다.

기본 단계. 만약 α가 리터럴이거나 리터럴의 논리합이라면, $\mathrm{CNF}(\alpha) = \alpha$이다.

유도 단계, 경우 1. 만약 $\alpha = \beta \wedge \gamma$이면, $\mathrm{CNF}(\alpha) = \mathrm{CNF}(\beta) \wedge \mathrm{CNF}(\gamma)$이다.

유도 단계, 경우 2. 그렇지 않으면 α는 $\beta \vee \gamma$의 논리합으로, 여기서 적어도 β와 γ 중 하나는 논리곱이다(그렇지 않으면 기본 단계가 적용된다). 논리곱들의 교환법칙 때문에 우리는 일반성을 잃지 않고 γ가 논리곱이라고 가정할 수 있다. 예를 들어, $\gamma = \gamma_1 \wedge \gamma_2$라고 가정한다. 그러면

$$\mathrm{CNF}(\alpha) = \mathrm{CNF}(\beta \vee \gamma_1) \wedge \mathrm{CNF}(\beta \vee \gamma_2)$$

이는 귀납 및 분배 법칙에 따라 α와 동치이다.

논리식 β, γ_1, 그리고 γ_2 중 어느 것이라도 그 자체로는 논리곱일 수는 있지만, 유도 단계의 경우 2에서는 더 적은 논리 연결자를 가진 논리식들의 CNF들에 대한 CNF(α)가 정의되므로, 다시 무한 회귀가 발생하지 않는다. ■

예제 10.9 논리식 $p \vee (q \wedge (r \vee (s \wedge t)))$을 CNF로 변환하라.

풀이. 분배 법칙을 두 번 적용한다. 각 경우에 분배 법칙이 적용되어 $\vee$가 발생하는 것을 원으로 표시해서 보여준다.

$$\begin{aligned}
&p \circledvee (q \wedge (r \vee (s \wedge t))) \\
&\equiv (p \circledvee q) \wedge (p \circledvee (r \vee (s \wedge t))) \\
&\equiv (p \vee q) \wedge (p \vee r \circledvee (s \wedge t)) \qquad \text{(중복적인 괄호들을 제거)} \\
&\equiv (p \vee q) \wedge (p \vee r \circledvee s) \wedge (p \vee r \circledvee t)
\end{aligned}$$

■

예제 10.10 $(\neg p \wedge q) \Rightarrow \neg p$을 DNF로 작성하라.

풀이. 우리는 먼저 정리 9.1을 따라서 ⇒를 제거하면서 시작한다.

$$\neg(\neg p \wedge q) \vee \neg p$$

이제 드 모르간 법칙(정리 10.5)을 표현식의 첫 부분에 적용할 수 있다. 따라서 다음과 같이 얻는다.

$$(\neg\neg p \vee \neg q) \vee \neg p$$

이제 'or'로 연결된 몇 개의 리터럴들만 남아 있으므로 괄호들이 더 이상 필요하지 않다. 또한 이중 부정을 제거하여 다음과 같이 된다.

$$p \vee \neg q \vee \neg p$$

이제 이것은 DNF에서 유효한 표현이다. 그 이유는 세 개의 논리곱이 있는데 각각은 하나의 리터럴로 구성되어 있으며 논리곱들로 결합되기 때문이다. 그러나 이 식을 더 간단하게 만들 수 있다. 우리는 이 세 개의 리터럴 중 하나만 충족하면 되며, p는 참 또는 거짓의 값을 가질 수 있으므로 p의 값에 관계없이 이 식은 참이다. q의 값은 실제로 알 필요도 없다. 따라서 $\neg q$를 제거하고 다음과 같은 표현식을 얻을 수 있다.

$$p \vee \neg p$$

이것은 이제 T와 F를 변수 없이 명제로 사용할 수 있다면 간단히 T로 다시 쓸 수 있다. ■

97쪽에서 언급했듯이, 식 $p \vee \neg p$는 항진 명제이다. 이는 p가 참 또는 거짓이든 관계없이 항상 참이기 때문이다. 어떤 표현식(예제 10.10과 같은)이 단순화되어 항진 명제가 되면 해당 표현식 자체도 항진 명제이어야 한다. 어떤 식이 항진 명제인지 확인하는 또 다른 방법은 표현식에 대한 진리표를 작성하고 최종 열이 모두 T로 채워져 있는지 보여주는 것이다. 그러나 앞에서 언급했듯이 이 방법은 명제 변수가 많은 경우 현실적으로 불가능할 수 있다.

때로는 직관이 어떤 표현식이 항진 명제임을 시사한다. 예제 10.10에서 $\neg p \wedge q$가 $\neg p$를 함축한다는 것은 명백하다. 만약 $\neg p$가 참이라는 것과 더불어 q도 참이라는 부가 정보를 알고 있다면, 확실히 $\neg p$가 참임을 알 수 있다.

많은 현상이 논리적 논리식들로 설명될 수 있기 때문에 논리식이 항진 명제인지 여부를 결정하는 것은 컴퓨터 과학의 근본적인 문제이다. 항진 명제의 부정은 만족 가능하지 않다(unsatisfiable)는 것을 기억하기 바란다. 그래서 실제적인 관점에서는 어떤 항진 명제—테스트 알고리즘도 단순히 해당 논리식 앞에 부정 부호를 넣어서 만족 가능성 테스트(unsatisfiability-testing) 알고리즘으로도 사용될 수 있으며 그 반대도 마찬가지이다. 그러나 논리식이 항진 명제인지 또는 만족 가능하지 않은지를 결정하는 문제는 생각보다 어려운 문제이다. 이론적으로 우리는 항상 답을 찾을 수 있다. 왜냐하면 우리는 단순히 진리표를 작성하고 최종 열을 확인할 수 있기 때문이다. 그러나 진리표는 크면서 비현실적이다. 30개의 변수를 가진 논리식의 진리표는 10억 개 이상의 행이 있을 것이다. 더 빠르고 똑똑한 방법은 없을까?

이 질문에 대한 답은 몇십 년 동안 컴퓨터 과학 커뮤니티의 노력에도 불구하고 알려지지 않았다. 만족 가능성(satisfiability) 또는 약어로 SAT로 알려진 이 문제는 **NP-complete** 문제 클래스에 속한다. NP-complete 문제는 알고리즘으로 해결 가능하다는 것은 알려져 있지만, 지수적으로 비용이 많이 드는 완전 탐색 없이 이 문제들을 해결할 수 있는지 여부는 알려지지 않았다. 표면적으로 만족 가능성과는 전혀 비슷하지 않아 보이는 많은 문제들도 NP-complete이다. 유명한 예로는 각 도시를 연결하는 거리들이 주어졌을 때 도시들의 집합을 최단 거리로 여행하는 문제가 있다. 이것은 일반적으로 순회 외판원 문제(Traveling Salesman Problem, TSP)로 알려져 있다.

그러나 우리는 어떤 NP-complete 문제가 더 빠른 방법으로 해결된다면 나머지 문제도 그렇게 할 수 있다는 것을 알고 있다. (이 맥락에서의 **complete**의 의미는 각 문제가 다른 모든 문제의 전체 복잡성을 내포하고 있다는 것이다.) 따라서 만약 우리가 만족 가능성 문제에 대한 질문에 다항 시간 내에 답할 수 있는 방법을 찾는다면(예를 들어, 필요한 연산의 수가 2^n 대신 n^3 또는 심지어 n^{100}의 스케일이면), 모든 NP-complete 문제들이 다항 시간 내에 해결될 수 있다는 것을 증명하게 될 것이다. 이것이 가능한지 여부에 대한 질문은 종종 'P는 NP와 같은가?'로 제기되며, 이는 컴퓨터 과학과 심지어 수학에서도 대단한 해결되지 않은 문제 중 하나이다.

요약

- 서로 다른 논리식들은 모든 진릿값 할당에 대하여 동일한 진릿값을 가진다면 동치이다.
- **리터럴**(*literal*)은 명제 변수 또는 그것의 부정이다.
- 여러 논리식들의 **논리합**(*disjunction*)은 그들을 ∨로 연결하여 얻은 논리식이다.
- 여러 논리식들의 **논리곱**(*conjunction*)은 그들을 ∧로 연결하여 얻은 논리식

이다.

- 논리식을 작성하는 두 가지 표준 방법은 **논리곱 정규형**(*conjunctive normal form, CNF*), 또는 **and-of-ors** 형태로도 불리며, 또는 논리합들의 논리곱, 그리고 **논리합 정규형**(*disjunctive normal form, DNF*), 또는 **or-of-ands** 형태로도 불리며, 또는 논리곱들의 논리합이 있다.
- CNF 논리식의 논리합 또는 DNF 논리식의 논리곱은 **절**(*clause*)이라고 불린다.
- CNF 논리식은 각 절에서 적어도 하나의 리터럴이 참일 때에만 참이다. DNF 논리식은 각 리터럴이 참인 하나의 절이 적어도 하나 있을 때에만 참이다.
- **드 모르간 법칙**(*De Morgan's laws*)은 부정을 논리식의 바깥에서부터 그 하위 논리식들로 이동시키기 위한 규칙이다.

$$\neg(p \wedge q) \equiv \neg p \vee \neg q$$
$$\neg(p \vee q) \equiv \neg p \wedge \neg q$$

- 어떤 논리식이든 모든 연결자를 $\vee$, $\wedge$, $\neg$로 변환하고 이중 부정 법칙, 드 모르간 법칙 및 분배 법칙을 적용함으로써 DNF 또는 CNF로 작성할 수 있다.
- 논리식이 항진 명제인지 여부를 결정하는 것은 컴퓨터 과학의 근본적인 문제이다. 이 문제는 NP-complete 문제라고 알려진 문제 클래스에 속하며, 이러한 문제에 대한 효율적인 해결책이 존재하는지 여부는 알려지지 않았다.

문제

10.1 다음 중 다섯 개의 명제는 다른 다섯 개의 부정과 동치이다. 각 명제를 해당하는 부정과 짝지어라.

(a) $p \oplus q$
(b) $\neg p \vee q$
(c) $p \Rightarrow (q \Rightarrow p)$
(d) $p \Rightarrow q$
(e) $p \wedge \neg p$
(f) $q \wedge (p \wedge \neg p)$
(g) $p \vee \neg q$
(h) $p \Leftrightarrow q$
(i) $q \wedge (p \vee \neg p)$
(j) $(p \Rightarrow q) \Leftrightarrow q$

10.2 논리식 (10.1)이 만족 가능하지 않음(unsatisfiable)을 보여라.

10.3 다음과 같은 각각의 논리식에 대하여 그것이 항진 명제인지, 만족 가능한지, 만족 가능하지 않은지 결정하라. 그리고 당신의 답을 정당화해 보라.

(a) $(p \vee q) \vee (q \Rightarrow p)$
(b) $(p \Rightarrow q) \Rightarrow p$
(c) $p \Rightarrow (q \Rightarrow p)$
(d) $(\neg p \wedge q) \wedge (q \Rightarrow p)$
(e) $(p \Rightarrow q) \Rightarrow (\neg p \Rightarrow \neg q)$
(f) $(\neg p \Rightarrow \neg q) \Leftrightarrow (q \Rightarrow p)$

10.4 다음 논리식을

$$(p \Rightarrow q) \wedge (\neg(q \vee \neg r) \vee (p \wedge \neg s))$$

(a) CNF로 작성하라.
(b) DNF로 작성하라.

10.5 (a) 임의의 논리식 α, β 및 γ에 대해 다음을 보여라.

$$(\alpha \wedge \beta) \vee \alpha \vee \gamma \equiv \alpha \vee \gamma$$

(b) 다음을 단순화할 수 있는 해당하는 규칙을 주자.

$$(\alpha \vee \beta) \wedge \alpha \wedge \gamma$$

(c) 다음 논리식 $(p \vee q) \Rightarrow (q \oplus p)$에 대하여 가장 단순한 형태의 DNF와 CNF를 찾아보자.

10.6 각각의 경우에 대하여 다음 논리식이 항진 명제인지 혹은 항진 명제가 아닌지 이유를 설명하라.

(d) $((p \wedge q) \Leftrightarrow p) \Rightarrow q$
(e) $(p \vee (p \vee q) \Rightarrow (p \wedge (p \vee q))$
(f) $(\neg p \Rightarrow \neg q) \Rightarrow (q \Rightarrow p)$

10.7 이 문제에서는 논리식을 결합 정규형(CNF)으로 변환하면 그 길이가 지수적으로 증가할 수 있음을 보여줄 것이다. 다음 논리식을 고려해 보자.

$$p_1 \wedge q_1 \vee \ldots \vee p_n \wedge q_n$$

여기서 $n \geq 1$이고 p_i와 q_i는 명제 변수들이다. 만약 명제 변수나 연산자가 나올 때마다 길이에 1을 추가로 계산하고 암묵적인 괄호들을 무시한다면, 이 논리식의 길이는 $4n-1$이다.

(a) $n=3$인 경우에 이 논리식의 CNF를 작성하라.

(b) 위의 규칙을 사용하여 이 논리식의 CNF가 얼마나 긴지 확인하라. 일반적인 n에 대해 n의 함수로서 CNF의 길이는 얼마인가?

(c) 비슷하게, 논리식을 DNF로 변환하면 길이가 지수적으로 증가할 수 있음을 보여주자.

(d) 논리식이 만족 가능한지 여부를 확인하는 다음 알고리즘에 대해 고려해 보자. 이 장에서의 방법을 사용하여 논리식을 DNF로 변환한 다음, 모든 분리된 논리합이 모순(변수와 그 보수를 모두 포함하는)인지 확인한다. 그렇지 않으면 논리식은 만족 가능하다. 왜 이 알고리즘이 지수적으로 비용이 많이 드는지 설명하라.

10.8 'p, q, r 중에 적어도 2개는 참이다.'의 CNF와 분리 DNF를 각각 작성하라.

10.9 이 문제에서는 **분해 정리 증명**(*resolution theorem-proving*)을 소개한다.

(a) $(e_1 \vee \ldots \vee e_m)$ 및 $(f_1 \vee \ldots \vee f_n)$이 논리식 α의 절이라고 가정하자. 여기서 $m, n \geq 1$이며 각 e_i와 f_j는 리터럴이다. 모든 e_i가 서로 다르고, 모든 f_j가 서로 다르기 때문에 절은 본질적으로 리터럴의 집합이다. e_m이 명제 변수 p이고 $f_1 = \neg p$인 경우를 가정한다. α가 최초에서 p를 제외하고 두 번째에서 $\neg p$를 제외한 두 절의 모든 리터럴에서 새로운 논리곱을 추가하여 얻어진 결과와 동치임을 보여주자. 즉,

$$\alpha \equiv \alpha \wedge (e_1 \vee \ldots \vee e_{m-1} \vee f_2 \vee \ldots \vee f_n)$$

또는 정확하게 말하면 이 절에서 중복된 리터럴을 제거한 결과이다. 이 새로운 절은 분해(resolution)에 의해 다른 두 절에서 유도되며, 이를 그들의 resolvent(해결체)라고 한다. $m = n = 1$인 경우에 이 표현을 말이 되게 만들려면 리터럴이 없는 **빈 절**(*empty clause*)을 동일하게 거짓으로 해석해야 한다. 왜냐하면 그것은 두 절 $(p) \wedge (\neg p)$에서 유도된 것이기 때문이다. 다시 말하면, 빈 절은 동일하게 거짓인 명제 F의 다른 이름이다.

이로써 resolvent를 형성하고, 그것들을 논리식에 추가하며, 이 과정을 반복하는 과정에서 빈 절이 생성된다면 해당 논리식은 만족 가능하지 않다는 결론이 나온다.

(b) (a)의 역이 사실임을 보여라. 즉, resolvent를 형성하고 논리식에 추가하는 과정이 빈 절을 생성하지 않고 종료된다면, 원래의 논리식(그리고 그로부터 유도된 모든 동치인 논리식)은 만족하는 진리 할당이 있다. 힌트: 새로운 것이 생성되지 않을 때까지 resolvent를 추가하여 형성된 논리식을 C라고 하자(이 과정이 왜 종료되는지 생각해 보자). C가 만족 가능하지 않지만 빈 절이 유도된 절 중에 없다고 가정해 보자. 원래의 논리식에 k개의 명제 변수 $p_1, \ldots, p_k$가 포함되어 있다면, C에서 명제 변수가 $p_i, \ldots, p_k$ 중에 있는 절들로 이루어진 논리식을 C_i라고 하자(따라서 $C_1 = C$). i에

대한 귀납법을 사용하여 $i = 1, \ldots, k+1$ 각각에 대해 변수 $p_{\mathrm{i}}, \ldots, p_k$에 대한 어떤 진리 할당도 C_i를 참으로 만들지 않음을 증명하라. C_k+1에서 거짓일 수 있는 유일한 절은 빈 절이다. 이는 모순이다.

Chapter
11

논리와 컴퓨터

컴퓨터는 논리적인 계산을 수행하는 기계이다. 우리는 그들이 숫자를 계산하는 것으로 생각할 수 있지만, 이러한 숫자는 비트로 표현된다. 산술 연산들은 실제로 논리 연산들에 기본적으로 깔려 있다.

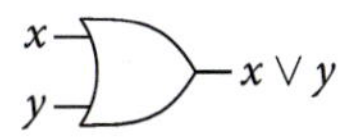

그림 11.1 'or' 게이트

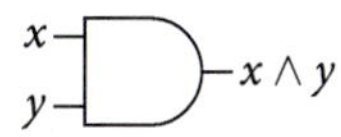

그림 11.2 'and' 게이트

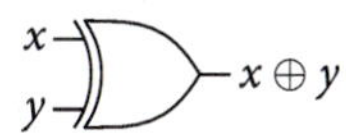

그림 11.3 'exclusive or' 게이트

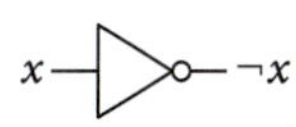

그림 11.4 'inverter' 또는 'not' 게이트. 출력은 일반적으로 $\neg x$ 대신에 $\bar{x}$로 표시된다.

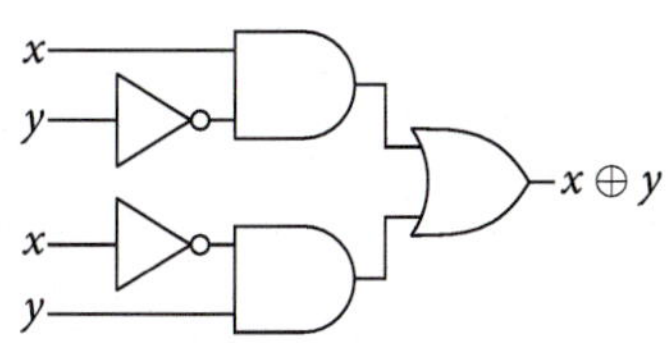

그림 11.5 'and', 'or', 및 'not' 게이트들만을 사용하여 'exclusive or'를 계산하는 회로를 구성하는 중이다.

사실, 컴퓨터는 논리로 구성되어 있다. 컴퓨터의 모든 것은 0과 1의 패턴으로 표현되며, 이것들은 명제 논리의 '거짓'과 '참' 두 진릿값의 다른 이름으로 여겨질 수 있다. 명제 논리의 논리식들은 명제 변수들의 진릿값들로부터 유래한다. 마찬가지로 컴퓨터는 비트 0과 1(33쪽)을 조작하여 더 많은 비트를 생성한다. 컴퓨터는 비트를 원료처럼 사용하여 비트를 만든다. 이러한 이유로 비트를 비트로부터 생성하는 물리적인 구조에 대한 디자인을 컴퓨터의 '논리(logic)'라고 한다.

컴퓨터 논리에서 개념적으로 가장 간단한 부분은 **게이트**(*gate*)이다. 게이트는 입력으로 하나 또는 두 개의 비트(또는 때로는 그 이상)를 받아 하나의 비트 출력을 생성한다. 게이트는 명제 논리의 연산자와 대응되며, $\vee$, $\wedge$, $\oplus$ 및 $\neg$와 같은 연산자에 해당한다. 그림 11.1~11.4와 같은 그림은 방향을 가지고 해석되어야 한다. 1과 0은 왼쪽의 **와이어**(*wire*)를 통해 들어오고, 오른쪽에서 1 또는 0이 나온다.

이러한 게이트들은 가장 간단한 구성 요소들만 사용하여 다양한 방식으로 연결하여 더 복잡한 결과물을 생성할 수 있다. 이러한 계산 장치를 **회로**(*circuit*)라고 한다. 그러나 실제로 모든 그림에 그려진 게이트들이 회로 설계자에게 일반적으로 사용 가능한 것은 아니다. 예를 들어, 99쪽에 나와 있는 것처럼 '배타적 논리합(exclusive or)'을 'and', 'or', 그리고 'not' 게이트만 사용하여 계산할 수 있다.

$$x \oplus y \equiv (x \wedge \neg y) \vee (\neg x \wedge y)$$

따라서 $x \oplus y$를 계산하는 논리 회로는 그 논리식에서 직접 읽을 수 있으며, 이는 그림 11.5에 나와 있다.

보통은 각 입력에 대해 하나의 소스(source)만 표시하고, 동일한 입력이 여러 곳에서 사용될 때 분기되는 와이어를 허용한다. 연결되지 않은 와이어들이 교차되어야 할 때, 그 교차점은 그림 11.6과 같이 반원 형태로 표시되며, 마치 하나의

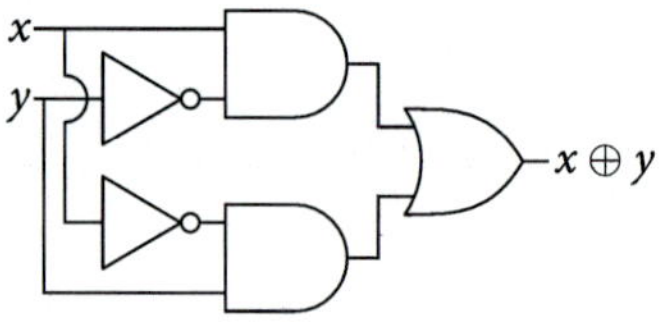

그림 11.6 하나의 와이어가 다른 와이어 위를 건너면서 표시된 동일한 회로

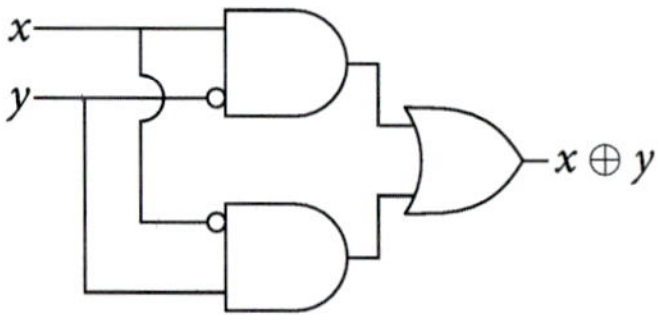

그림 11.7 입력값을 '버블'(작은 원)들로 표시한 동일한 회로이다. 이 버블은 'and' 게이트의 입력 부분에 표시되어 있다.

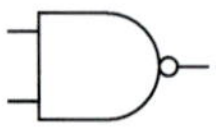

그림 11.8 'Nand' 게이트. 그림 11.7에 나와 있는 규칙을 따르면 게이트의 논리적 부정은 출력 부분에 '버블'을 추가하는 것으로 보여진다.

와이어가 다른 와이어 위를 뛰어넘는 것처럼 표시된다.

또한, 부정된(negated) 입력들은 종종 게이트에서 'bubble(버블)'로 표시되며 별도의 부정 게이트로 표시되지 않는다. 따라서 그림 11.7의 회로는 기능적으로 그림 11.5와 11.6과 동일하다.

여기에 그려진 'and,' 'or,' 'not,' 그리고 'exclusive or' 게이트는 직접적으로 9장에서 소개된 다양한 논리 연산자와 대응된다. 매우 유용한 게이트 중 하나는 *nand* 연산자로도 알려진 'not-and'이다.

$$p \mid q \equiv \neg(p \wedge q)$$

이것은 특이한 연산자처럼 보일 수 있지만, 논리 회로를 구성하는 데에 매우 유용한 특성이 있다. 어떤 기존의 연산자든지 이를 사용하여 표현할 수 있다. (문제 11.5의 'nor' 연산자도 이와 같은 특성을 가지고 있다.) 예를 들어,

$$\neg p \equiv p \mid p$$

$$p \wedge q \equiv \neg(p \mid q) \equiv (p \mid q) \mid (p \mid q)$$

| 연산자는 **셰퍼 스트로크**(*Sheffer stroke*)로 알려져 있으며 때로는 ↑로 표시된다. 우리는 단지 | 연산자만 사용하여 $p \vee q$를 표현하는 것을 연습 문제(문제 11.6)로 남겨둔다. 해당 논리 게이트는 그림 11.8에 나와 있다. 대량 생산 관점에서 생각한다면, nand 게이트가 이상적이다. 저렴하게 생산할 수 있다면 다른 것을 생산할 필요가 없다. 당신이 무엇을 달성하려고 하는지에 관계없이, 단순히 그것들을 어떻게 연결할지 생각하기만 하면 된다.

*

이진 표기법(*binary notation*)은 컴퓨터에서 숫자가 처리되는 방식을 나타내는 용어로, 오직 0과 1만을 사용한다. 이진은 2-진법 숫자 시스템이다. 우리가 흔히 사용하는 십진법 또는 10-진법 시스템은 0, 1, 2, 3, 4, 5, 6, 7, 8, 9라는 열 가지 숫자로 이루어져 있다. 이진 시스템도 유사하지만 0과 1이라는 두 개의 이진 숫자만 있다.

숫자 0은 0 또는 0들의 문자열 형태인 이진 형태로 표현되며, 예를 들어 00000000과 같이 표현된다. 세는 것은 이진 산술의 기본 규칙들에 따라 반복적으로 1을 더하는 것으로 이루어져 있다.

$$\begin{aligned} 0+0 &= 0 \\ 0+1 &= 1 \\ 1+0 &= 1 \\ 1+1 &= 0, \text{ 자리 올림 } 1 \end{aligned} \tag{11.1}$$

즉, 이진에서 1을 1에 더하는 것은 십진에서 1을 9에 더하는 것과 같은 효과가

있다. 결과는 0이지만 1이 다음 왼쪽 위치로 옮겨진다. 예를 들어, 10111에 1을 더하면 결과는 11000이 되며, 이 과정에서 세 번의 옮김(캐리, carry)이 발생한다.

```
      1 1 1
    1 0 1 1 1
+           1
  -----------
    1 1 0 0 0
```

동일한 방식으로, 우리는 두 개의 임의의 숫자들을 그들의 이진 표현의 비트를 조작하여 더할 수 있다. 식 (11.1)에 추가로 필요한 유일한 규칙은 1+1에 1을 더하는 경우이다. 답은 합이 1이고 왼쪽 열로 1이 옮겨진다는 것이다. 그래서 한 예를 더 살펴보자.

```
       1 1 1 1
       1 0 1 0 1
+      0 1 1 1 1        (11.2)
   -------------
     1 0 0 1 0 0
```

100100와 같은 숫자를 세지 않고 해석하기 위해서, 각 열이 2^0의 거듭제곱을 나타내는 사실을 사용한다. 오른쪽에서 왼쪽으로 열에서 열로 이동할 때 지수에 1을 더해가며 시작한다. 비트 문자열의 숫자 값은 1비트를 포함하는 열에 해당하는 2의 거듭제곱을 더하면 된다. 예를 들어, 100100은 2^5+2^2을 나타낸다.

2^5	2^4	2^3	2^2	2^1	2^0
1	0	0	1	0	0
2^5	0	0	2^2	0	0

$2^5+2^2=32+4=36$이므로, 이진수 '100100'의 값은 36이다.[1] 그리고 식 (11.2)는 $2^4+2^2+2^0$과 $2^3+2^2+2^1+2^0$의 합을 나타낸다: 즉, 21+15—즉, 36이다.

이 해석은 십진법에서 사용하는 해석과 동일하다는 점을 기억하기 바란다. 단, 이진법에서는 10의 거듭제곱 대신 2의 거듭제곱을 사용한다. 예를 들어, 십진법에서 해석된 100100 숫자는 10^5+10^2을 나타낸다.

가장 오른쪽 위치에 있는 비트—이진에서 2^0—은 **저차**(*low-order*) **비트**로 알려져 있다. 마찬가지로, 가장 왼쪽 비트 위치는 **고차**(*high-order*) **비트**이다. 고차 비트는 저차 비트보다 숫자의 값에 더 큰 기여를 한다. 이는 마치 십진법에서 숫자 379에서 3이 값을 300 증가시키지만 9는 단지 9만을 더하는 것과 같은 방식으로 동작한다.

논리 게이트와 이진 산술에 대한 이해를 바탕으로 컴퓨터 산술을 수행하기

[1] 수를 나타내는 이름을 **숫자**(*numeral*)로 부른다. 따라서 여기서는 6비트로 구성된 문자열을 가리키고 있는 이진 숫자 100100을 강조하기 위해 언급한다. 이 숫자는 수 36을 나타낸다.

위한 하드웨어를 어떻게 설계하는가? 가장 간단한 연산은 두 비트의 덧셈이다. 이는 식 (11.1)에 나와 있듯이 두 입력 비트로부터 두 개의 출력 비트를 생성한다. 왜냐하면 두 비트를 더하면 합과 캐리 비트를 모두 생성하기 때문이다. 처음 세 가지 경우에서는 캐리 비트가 언급되지 않았다. 왜냐하면 캐리 비트는 두 입력 비트가 모두 1일 때에만 1이 된다. 반면, 합은 한 입력이 1이고 다른 입력이 0일 때에만 1이 된다. 다시 말해, 두 입력 비트가 다를 때에만 1이 된다. 따라서 합 출력은 입력 비트의 논리적 'exclusive or'이며 캐리 비트는 입력 비트의 논리적 'and'이다. 따라서 그림 11.9에 나와 있는 장치는 **반 가산기**(*half adder*)라고 불리며, 입력 비트 x와 y를 그들의 합 s와 캐리 비트 c로 변환한다.

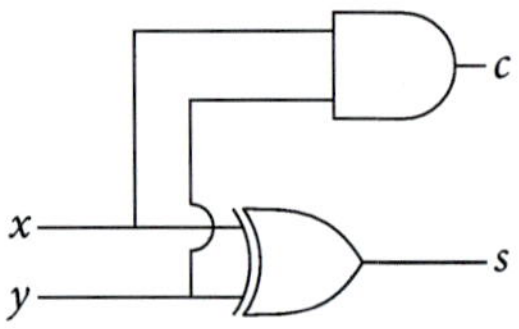

그림 11.9 반 가산기는 두 입력 비트로부터 합과 캐리 비트를 생성한다.

같은 입력들에서 동일한 출력들을 생성하기 위해 게이트들을 연결하는 다른 방법들이 있으며, 어떤 방법이 실제로 가장 잘 작동하는지는 특정 구현 기술의 세부 사항에 따라 다를 수 있다. 그래서 우리가 비트를 더하는 것에서 더 긴 이진 숫자를 더하는 것으로 넘어감에 따라 반 가산기를 자세한 사항을 숨겨서 입력 x와 y 및 출력 s와 c를 갖는 박스 형태로 표현하는 것이 합리적이다(그림 11.10). 알려진 입력들과 출력들을 사용하면서 내부 자세한 사항을 숨기는 이러한 구성은 종종 **블랙 박스**(*black box*)라고 불린다. 이러한 박스들로 더 복잡한 회로를 구성하고 나중에 박스의 내부를 수정하기로 결정하더라도 박스의 기능이 동일하다면 회로는 여전히 동일하게 작동할 것이다.

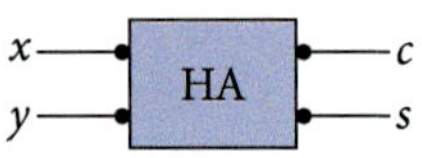

그림 11.10 반 가산기를 '블랙 박스'로 표현하였다.

식 (11.2)와 같은 이진 합을 계산할 수 있는 회로를 설계하려고 상상해 보자. 우리는 표준 하위 회로(subcircuit)의 여러 인스턴스(instance)를 사용하여 이 작업을 수행할 수 있다. 반 가산기는 그 이름에서 알 수 있듯이 작업을 완전히 수행하기에는 조금 부족하다. 이것은 두 비트를 더한다만, 여러 자릿수를 가진 숫자를 더할 때 때로는 세 개의 입력들이 필요하다. 즉, 원래 두 비트와 캐리 비트가 필요하다. **전 가산기**(*full adder*)는 x, y 및 캐리-인 비트 c_{IN}의 세 개의 입력들을 받아 합 s와 캐리-아웃 c_{OUT} 두 개의 출력을 생성한다. 그림 11.11은 세 개의 입력들로부터 두 개의 출력들을 계산하는 진리표를 보여준다.

x	y	c_{IN}	s	c_{OUT}
0	0	0	0	0
0	0	1	1	0
0	1	0	1	0
0	1	1	0	1
1	0	0	1	0
1	0	1	0	1
1	1	0	0	1
1	1	1	1	1

그림 11.11 전 가산기를 설계하기 위한 진리표

전 가산기를 구성하는 하나의 방법은 그림 11.12에 나와 있는 것처럼 두 개의 반 가산기로 만드는 것이다. 이 회로는 x와 y를 더한 다음 결과에 c_{IN}을 더하여 합 비트 s를 생성하며, c_{OUT} 비트는 이러한 덧셈 중 하나에서 캐리가 있는 경우 1이다.

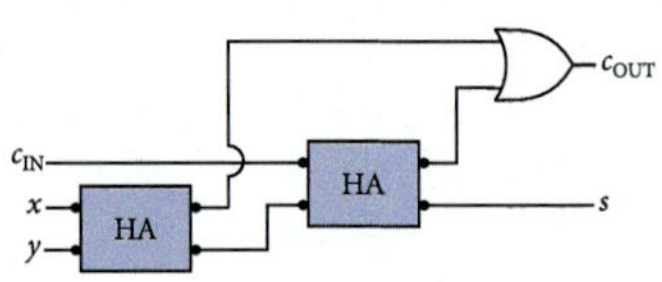

그림 11.12 두 개의 반 가산기로 구성된 전 가산기

만약 전 가산기를 그림 11.13에 나와 있는 것처럼 다른 블랙 박스로도 표현한다면, 두 개의 전 가산기를 연결하여 올바른 두 비트 가산기(그림 11.14)를 만들 수 있다. 이 비트 가산기는 두 개의 이진 숫자 x_1x_0와 y_1y_0를 더해 두 비트 합 z_1z_0 및 캐리-아웃 비트를 생성한다. 캐리-아웃 비트는 합이 두 비트로 표현할 수 없는 경우, 예를 들어 11 + 01과 같은 경우에 1이 된다.

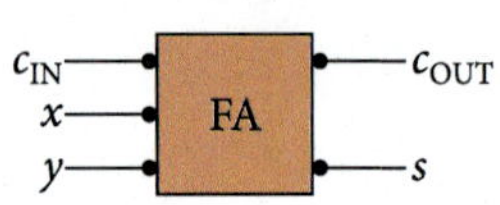

그림 11.13 전 가산기의 추상적 표현

동일한 방식으로 전 가산기들로 이루어진 숫자 n은 두 n비트 숫자에 대한 가산기를 연결하여 두 n-비트의 가산기를 만들 수 있다. 이러한 종류의 가산기는 **리**

플-캐리(*ripple-carry*) **가산기**라고 불리며, 학교에서 가르쳤던 덧셈 알고리즘을 하드웨어로 구현한 것이다. 이 알고리즘은 식 (11.2)에서 사용한 것과 같다.

그러나 지금까지 진행해 보면 많은 흥미로운 질문이 제기된다. 그림 11.12가 그림 11.11의 진리표를 가장 효율적으로 구현한 것일까? 그림 11.9에서 사용된 'exclusive or' 게이트를 사용할 수 없는 경우, 어떤 다른 기본 요소 집합, 아마도 'nand' 게이트만을 사용해야 하는 경우, 그럴 때 가장 간단한 전 가산기는 무엇일까? 진짜 집적 회로로 제작될 실제 하드웨어를 설계할 때 게이트의 수는 실제로 가장 중요한 지표가 아니다. 실제로 와이어가 게이트보다 더 비용이 많이 든다. 이 문제를 탐구하는 것은 책의 범위를 벗어나지만, 회로가 답을 계산하는 데 필요한 **시간**에 대해 생각해 볼 수 있다.

우리는 간단하게 시간을 측정할 때 **지연**(*delay*)을 사용할 수 있다. 회로의 지연은 입력과 출력 사이의 최대 게이트 수이다. 예를 들어, 그림 11.6의 회로의 지연은 3이다.

리플-캐리 가산기는 출력 비트를 낮은 자릿수부터 높은 자릿수까지 한 번에 하나씩 생성한다(학교에서 배우는 산술과 같이). 이는 64비트 가산기가 8비트 가산기보다 8배 느릴 것임을 의미한다. 입력 비트의 수가 두 배로 늘어날 때마다 지연이 두 배로 증가한다. 이는 용납될 수 없으며 불필요하다. 추가 하드웨어를 사용하여 이러한 '긴' 덧셈의 속도를 크게 높일 수 있다. 이에 대해서는 문제 11.10에서 탐구한다. 어떤 경우에는 하드웨어 크기와 회로 속도를 절충하는 것도 가능하다.

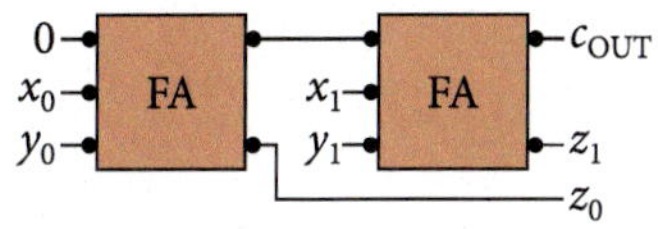

그림 11.14 2비트 더하기. 덧셈 대상은 x_1x_0와 y_1y_0이며, x_0와 y_0은 저차(low-order) 비트이다. 첫 번째 풀-에더로의 자리 올림(carry-in) 입력은 0으로 설정되며, 첫 번째 가산기의 자리 올림 출력은 두 번째로의 자리 올림 입력이 되며, 두 번째 가산기의 자리 올림 출력은 오버플로(overflow)를 나타낸다.

요약

- 컴퓨터에서 모든 논리는 0과 1의 패턴으로 표현된다.
- 컴퓨터 논리의 가장 간단한 부분인 **게이트**(*gate*)는 하나 이상의 입력 비트에 대한 연산(예: 'or', 'and', 'exclusive or', 또는 'not'과 같은)을 수행하여 출력 비트를 생성한다.
- **회로**(*circuit*)는 게이트들로 구성된 논리적 장치이다.
- **'nand' 연산자**(| 또는 ↑로 표시됨)는 회로들을 구성하기에 편리하다. 왜냐하면 모든 기존의 연산자들을 'nand' 연산자만을 사용하여 표현할 수 있기 때문이다. 'nor' 연산자(↓로 표시됨)도 같은 특성을 갖는다.
- **이진 표기법**(*binary notation*)은 컴퓨터가 사용하는 2-진법 숫자 시스템의 이름이며, 0과 1만으로 구성된다(우리가 익숙한 10-진법 시스템과 대조적이다).

- 이진법에서 각 열은 2의 거듭제곱을 나타낸다. 가장 오른쪽 비트는 2^0을 나타내며 **저차**(*low-order*) **비트**로 불리며, 가장 왼쪽 비트는 가장 큰 값 2^n을 나타내며 **고차**(*high-order*) **비트**로 불린다.
- 비트 문자열의 값은 비트 문자열의 열에 포함된 숫자 1에 해당하는 2의 거듭제곱의 합이다.
- **반 가산기**(*half-adder*)는 두 입력 비트(더할 값을 나타내는 값)들을 받아서 두 개의 출력 비트(합과 캐리 비트)를 출력하는 회로이다.
- **전 가산기**(*full-adder*)는 세 개의 입력 비트(더할 값들을 나타내는 값과 캐리-인 비트)를 받아 두 개의 출력 비트(합과 캐리-아웃 비트)를 출력하는 회로이다. 두 개의 반 가산기를 결합하여 만들 수 있다.
- **리플-캐리 가산기**(*ripple-carry adder*)는 두 개의 n-비트 숫자를 더하는 회로이다. n개의 전 가산기를 결합하여 만들 수 있다.
- 회로의 효율성을 측정하는 한 가지 방법은 **지연**(*delay*)이다. 지연은 입력과 출력 사이의 최대 게이트 수이다.

문제

11.1 (a) 이진수 `111001`을 십진수로 변환하라.

(b) 십진수 87을 이진수로 변환하라.

11.2 **16진수 표기법**(*hexahedral notation*)은 16진수[2] 숫자를 특정한 방식으로 쓰는 방법 중의 하나이다. 여기서 0부터 9까지는 십진수와 동일한 의미를 갖고 10부터 15까지의 수를 표현하기 위하여 `A`부터 `F`를 사용한다(그림 11.5). 16진수와 이진수를 바꾸는 것은 단순히 16진수 숫자를 4비트 블록 또는 그 반대로 바꾸어 쓰는 것으로 가능하다. 예를 들어, 16진수에서 `8`은 이진수에서 `1000`과 대응하고, 16진수에서 `A`는 이진수에서 `1010`과 대응한다. 따라서 네 자리 16진수 `081A`는 이진수로 다음과 같이 표현된다.

```
0000 1000 0001 1010
```

여기서는 읽기 편하게 4비트 블록 사이의 작은 간격을 주었다.

(a) 이진수 `1110000110101111`를 16진수와 십진수로 적어보자.

(b) 십진수 1303을 이진수와 16진수로 적어보자.

(c) 16진수 `ABCD`를 이진수와 십진수로 적어보자.

11.3 예를 들어 $b_{n-1} \dots b_0$와 같은 n비트의 수열을 사용하여 0부터 2^n-1까지의

[2] 'hexahedral'은 그리스어의 '16'에서 왔다.

음수가 아닌 정수를 나타내는 방법을 설명했다. 이때, 이 수열은 다음과 같은 수를 나타낸다고 가정한다.

$$\sum_{i=0}^{n-1} b_i 2^i$$

대안으로, n비트의 2^n 수열은 2^{n-1}개의 음수, 0, 그리고 -2^{n-1}에서 $2^{n-1}-1$까지의 양의 정수를 나타내기 위해 사용될 수 있으며, 이때 $b_{n-1} \ldots b_0$를 다음과 같이 나타낼 수 있다.

$$-b_{n-1}2^{n-1} + \sum_{i=0}^{n-2} b_i 2^i$$

이것은 **2의 보수**(*two's complement*) 표기법이라고 알려져 있다. 이 문제를 위해 $n = 4$로 가정하자.

(a) 표현할 수 있는 가장 큰 정수와 가장 작은 정수는 무엇인가?

(b) -1에 대한 2의 보수를 구하라.

(c) `1010`이 나타내는 수는 무엇인가?

(d) 2의 보수 이진수가 음수를 나타내려면 왼쪽 가장자리 비트가 1인 경우에만 나타난다는 것을 보여라.

(e) 이러한 숫자를 2의 보수 표기법으로 변환하고, 이 장에서 개발한 덧셈 규칙을 사용하여 합을 구하고, $-5+4=-1$이라는 올바른 답을 얻는 것을 보여라.

Hex	Binary	Decimal
0	0000	0
1	0001	1
2	0010	2
3	0011	3
4	0100	4
5	0101	5
6	0110	6
7	0111	7
8	1000	8
9	1001	9
A	1010	10
B	1011	11
C	1100	12
D	1101	13
E	1110	14
F	1111	15

그림 11.15 16개의 16진수 숫자와 그에 대응하는 이진수 및 십진수 표기법

11.4 n 비트의 문자열은 0부터 1 사이의의 분수, 0을 포함하지만 1을 포함하지 않는 분수를 나타내는 데 사용될 수도 있다. 이때 '이진 소수점'(십진수 소수점과 유사한)을 가장 왼쪽 비트의 왼쪽에 위치시킴으로써 이 값을 나타낼 수 있다. 이 규칙에 따르면, 비트 문자열 $b_1 \ldots b_n$은 다음 수를 나타낸다.

$$\sum_{i=1}^{n} b_i \cdot 2^{-i}$$

예를 들어, $n = 4$인 경우, 문자열 `1000`은 $\frac{1}{2}$을 나타낸다.

(a) 십진법 표기법에서 0.9999가 1보다 작지만 1에 가까운 숫자를 나타내는 것처럼, `1111`은 이진 표기법에서 1에 가까운 숫자를 나타낸다. `1111`에 의해 나타내는 정확한 값은 무엇인가? 일반적으로 n개의 `1`로 이루어진 문자열이 나타내는 값은 무엇인가?

(b) 이 표기법을 사용하여 $\frac{1}{2}+\frac{3}{8}=\frac{7}{8}$의 합을 구하라.

11.5 $p \downarrow q$는 'nor' 연산자를 나타내며, $p \downarrow q$는 p나 q 둘 다 참이 아닐 때에만 참이다. $\downarrow$ 연산자는 **퍼스의 화살표**(*Peirces's arrow*)[3]로 알려져 있다.

[3] 미국 수학자이자 철학자이자 과학자인 찰스 샌더스 퍼스(Charles Sanders Peirce, 1839~1914)의 이름을 땄다.

(a) $p \downarrow q$의 진리표를 작성하라.
(b) 오직 $\downarrow$ 연산자만을 사용하여 $\neg p$와 동치인 논리식을 작성하라.
(c) $\vee$와 $\wedge$도 $\downarrow$ 연산자만을 사용하여 나타낼 수 있다는 것을 보여라.

11.6 오직 | 연산자만을 사용하여 $p \vee q$와 동치인 논리식을 작성하라.

11.7 그림 11.14의 2비트 가산기의 z_0, z_1 및 c_{OUT} 값에 대한 논리적 논리식을 입력 x_0, y_0, x_1 및 y_1을 사용하여 작성하라.

11.8 불리언 변수들 a, b, c 각각이 단일 비트를 나타내는 경우, 불리언 뺄셈 $a-b$의 결과와 뺄셈 결과가 항상 양수가 되도록 보장하기 위해 왼쪽의 가상 비트에서 비트를 빌려와야 하는지 나타내는 '빌리는(borrow) 비트' c에 대한 명제 논리식 두 개를 작성하라. $a-b$ 및 빌리는 비트 c에 대한 진리표를 작성하여 시작하라. 빌리는 비트 c는 초기값으로 항상 1이며, 빌림이 필요한 경우에만 0으로 설정된다.

11.9 숫자를 디지털로 표시하는 흔한 방법은 최대 일곱 개의 직선 선분 패턴을 사용하는 것이다(그림 11.16 참조). 다양한 세그먼트(segment)를 켜고 끄면 0부터 9까지의 숫자를 인식 가능한 형태로 나타낼 수 있다. 그림에서 일곱 개의 선분은 A에서 G까지의 글자로 라벨이 지정되었다. 숫자 8은 일곱 개의 선분이 모두 켜져 있으며, 1은 C와 F가 켜져 있고 나머지는 꺼져 있으며, 2는 A, C, D, E 및 G가 켜져 있고 나머지는 꺼져 있다.

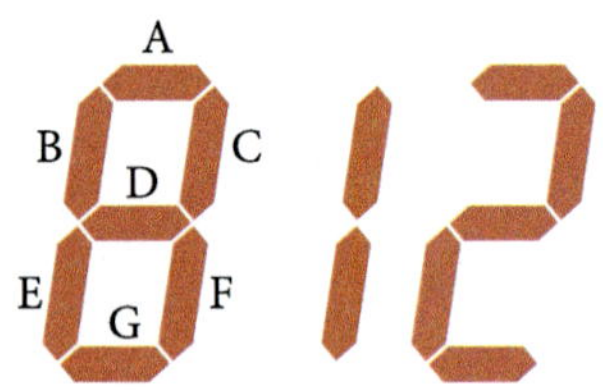

그림 11.16 A에서 G까지의 선분으로 구성된 켜고 끌 수 있는 디지털 숫자.

(a) 남은 숫자를 나타내기 위해 각각 켜야 하는 선분을 적어라.
(b) 0부터 9 범위의 이진 표현에 대한 A 세그먼트를 켜야 하는 경우를 보여주는 다섯 개의 열을 갖는 진리표를 작성하라. 처음 네 개 열은 표시해야 하는 숫자의 비트이며, 마지막 열은 해당 숫자의 표현에서 A 세그먼트가 켜져 있는 경우에만 1이다. 예를 들어, 첫 네 개 열의 값이 `0010`이면 2의 이진 표현이므로 A 세그먼트가 표시될 때 A 세그먼트가 켜져 있어야 한다.
(c) (b) 부분의 진리표를 기반으로 A에 대한 DNF 논리식을 작성하라.
(d) (c) 부분의 논리식을 구현하는 논리 회로를 그려보자. (이러한 종류의 디스플레이의 완전한 설계에는 각 세그먼트에 대한 여섯 개의 다른 회로가 필요하다.)

11.10 여러분의 작업은 4비트 에더(덧셈기)를 설계하는 것이다. 즉, 두 개의 4비트 입력 $x_3x_2x_1x_0$와 $y_3y_2y_1y_0$의 4비트 합 $z_3z_2z_1z_0$을 계산하는 회로를 만들어야 한다. 또한 회로는 캐리-아웃 비트 c를 생성한다.

(a) 그림 11.14의 2비트 에더를 5개의 입력 비트와 3개의 출력 비트를 가진 상자로 그려보자. (그림에서 캐리-인 비트는 0으로 설정되어 있다). 각 게이트의 지연 시간이 1이라고 가정하면, 반 가산기와 전 가산기는 그림 11.9 및 11.12에 표시된대로 구현되었다고 가정할 때 이 회로의 지연 시

간은 어떻게 되는가? 두 개의 이러한 박스들을 연결하여 4비트 가산기를 만드는 방법을 보여라. 4비트 가산기의 지연 시간은 어떻게 되는가?

(b) (a) 부분의 해결책은 입력 비트 수가 두 배로 늘어날 때마다 지연 시간이 두 배씩 증가한다는 단점이 있다. 대안적인 해결책은 지연 시간을 줄이기 위해 더 많은 하드웨어를 사용한다. 이 해결책은 2비트 가산기들 대신 3개의 2비트 가산기를 사용하여 동시에 계산한다.

(A) 저차 비트(x_1x_0 및 y_1y_0)들의 합
(B) 고차 비트(x_3x_2 및 y_3y_2)들의 합(캐리-인이 0이라고 가정)
(C) 캐리-인이 1이라고 가정할 때 고차 비트들의 합

그런 다음 (B) 또는 (C)의 출력 중 (A)의 값에 따라 더 많은 게이트를 사용하여 출력한다. 이 해결책을 다이어그램으로 나타내고 해당 지연 시간을 계산해 보자.

(c) (a)와 (b) 부분의 방법을 일반화하여 2^k비트 가산기를 만드는 경우 회로의 지연 시간은 어떻게 되는가?

11.11 이 문제에서는 Thue 수열(33쪽)을 더 깊이 탐구한다.

(a) Thue 수열의 n번째 비트인 t_n이 n의 이진 표기법 비트들의 배타적 논리합(exclusive or)인 것을 증명하라. (단일 비트의 배타적 논리합은 해당 비트 자체이다.)

(b) 모든 $n \geq 0$에 대해 $t_{2n} = t_n$이고 t_{2n+1}은 t_n의 보수임을 보여라.

11.12 $f: \{0, 1\}^k \to \{0, 1\}$로 주어진 진리 함수는 각 $i = 1, \ldots, k$에 대해 $x_i \leq y_i$일 때 $f(x_1, \ldots, x_k) \leq f(y_1, \ldots, y_k)$인 경우 **모노톤**(*monotone*)이라고 한다. 즉, 어떤 인자를 0에서 1로 변경하더라도 1에서 0으로 값이 변경되지 않는다. 진리 함수가 모노톤인 경우 $\vee$와 $\wedge$만 사용하여 명제 논리식을 사용하여 표현할 수 있다는 것을 보여주자($\neg$ 없이). 혹은 이를 사용하여 'and' 및 'or' 게이트만 사용하는 회로를 통해 계산할 수 있다는 것을 보여라.

Chapter 12

양화 논리

양화 논리(quantificational logic)는 '임의의 ~에 대하여(for any)', '모든 ~에 대하여(for all)', '~한 것이 일부 존재한다(there is some).', '~한 것이 유일하게 존재한다(there is exactly one).'와 같은 표현들의 논리이다. 이러한 표현들은 우리가 일상적으로 사용하는 영어로 상당히 자주 사용된다. 집합(set)과 함수(function)의 단어들을 활용하여 이러한 표현들을 보다 형식화할 수 있다. 이러한 용어를 여러 번 사용하여 복잡한 명제의 의미를 정확하게 다룰 수도 있다. 더 중요한 것은 이 논리를 형식화함으로써 그것을 컴퓨터에 의한 조작, 즉 자동 추론에 적합한 형태로 만든다.

양화 논리(*quantificational logic*)는 9장의 '명제 논리(propositional logic)'를 확장하는 것으로, 어떤 종류의 것이 얼마나 많은지를 양자화(수량화)하는 것을 목적으로 하기 때문에 이와 같은 이름이 붙었다. 또한 이것은 다른 이름으로도 불리는데, 이것을 **1차 논리**(*first-order logic*)라고도 한다. 이는 명제 논리가 0차 논리(zero-order logic)라는 것을 시사하며, 두 번째 2차 논리(second-order logic)와 같은 것도 있을 수 있다는 것을 시사한다. (실제로 있다. 그것은 '모든 집합 S에 대해…'와 같은 명제를 허용한다.) 양화 논리는 **술어 논리**(*predicate logic*) 또는 **술어 미적분**(*predicate calculus*)으로도 불린다.

94쪽에서, 우리는 다음과 같은 명제에 대해 논의했다.

$$\text{암탉은 검정색이다.} \tag{12.1}$$

우리는 이것이 참인지 거짓인지는 식 (12.1)에서 무엇을 의미하는지에 따라 달라진다고 관찰했다. 만약 이것이 '모든 닭이 검다.'를 의미한다면, 그 부정은 '적어도 하나의 닭은 검지 않다.'와 같은 것이 될 것이다. 왜냐하면 하나의 반례만으로도 그들이 모두 검다는 명제가 거짓임을 입증할 수 있기 때문이다. 반면에, 식 (12.1)이 '대부분의 닭은 검다, 그러나 예외도 있다.'는 것을 의미한다면, 그 부정은 '어떤 닭도 검지 않다.'와 비슷한 말이어야 할 것이다. 양화 논리는 이러한 진술을 정확하게 표현하고 그에 대한 논리적 추론을 수행하는 도구를 제공한다.

12쪽에서, 우리는 **술어**(*predicate*)라는 용어를 사용하여 변수의 값을 가질 수 있는 공간을 가지고 명제를 위한 템플릿(template)을 설명했었고, 그 명제의 참 또는 거짓은 변수의 값에 따라 달라진다는 것을 확인하였다. 이제 이 아이디어를 일반화하고 형식화할 준비가 되었다. 양화 논리에서, 우리는 사물들 사이의 속성 또는 관계를 나타내기 위하여 **술어 기호**(*predicate symbols*)를 사용한다. 그래서 동일한 템플릿을 사용하여 여러 개의 명제를 만들 수 있고, 이를 사용하여 비슷한 문맥을 갖는 다양한 사물들을 넣을 수 있다.

예를 들어, x가 닭인 것을 나타내는 술어로 $H(x)$를 쓴다면, 'Ginger는 닭이다.'는 H(Ginger)로 표현할 수 있다. 여기서 'H'는 술어 기호이며, 'Ginger'는 **상수**(*constant*)로 사용되며, 이는 '$1+1=2$'에서 '1'과 '2'가 상수인 것과 유사하다.

술어는 본질적으로 불리언-값(boolean-valued) 함수이다. 즉, 그 함수는 인자(argument)를 참과 거짓 값으로 대응(map)하는 함수이다. 특정 값에 적용될 때, 술어는 진릿값을 가지며, 명제 논리의 원자 명제처럼 작동한다. H(Ginger)는 Ginger가 닭이라면 참이며, 그렇지 않으면 H(Ginger)는 거짓이다. 그러나 당연히 x의 값을 알지 못하는 한 $H(x)$가 참인지 거짓인지를 말할 수 없다.

술어는 함수와 마찬가지로 두 개 이상의 인자를 가질 수 있으며, 그럴 때 다양한 인자의 위치는 일관된 방식으로 사물들을 나타낸다. 예를 들어, '$x+y=z$'를 의미하는 세 개의 위치를 가진 술어로 $S(x, y, z)$를 쓸 수 있다. 그러면 변수들이 숫자를 나타낼 때, $S(1, 2, 3)$은 참 명제이다($1+2=3$이기 때문에) 그리고 $S(3, 2, 1)$은 거짓 명제이다($3+2=1$이 아니기 때문이다).

기호 $\forall$와 $\exists$는 '모든(for all)'과 '어떤 것이 존재한다(there exist)'를 나타낸다. 그래서 '모든 것은 닭이다.'는 $\forall xH(x)$로 표현될 수 있고, '적어도 하나의 닭이 존재한다.'는 $\exists x\mathrm{H}(x)$로 나타낼 수 있다. 이러한 명제들을 일반적인 논리 연결 연산자를 사용하여 결합할 수 있다. 예를 들어, 만약 $B(x)$를 'x가 검다.'는 의미로 사용하면, B는 1차-위치 관계(1-place relation)를 나타낸다. 그러면 '모든 닭이 검다.'는 다음과 같이 나타낼 수 있을 것이다.

$$\forall x(H(x) \Rightarrow B(x)) \tag{12.2}$$

이는 '임의의 x에 대해, x가 닭이면 x는 검다.'라는 뜻을 의미한다. 반면에 '적어도 하나의 검은 닭이 존재한다.'는

$$\exists x(H(x) \wedge B(x)) \tag{12.3}$$

라는 명제로 나타낼 수 있으며, 이것은 '적어도 하나의 x가 있으며, 그 x는 닭이고 검다.'라는 의미이다.

*

세 개의 위치를 가진 술어인 $S(x, y, z) \equiv x+y=z$로 돌아가 보자. [명제 논리와 마찬가지로 메타 언어적(metalinguistic) 표현인 $\equiv$를 사용한 것을 기억하기 바란다. $\alpha \equiv \beta$라고 쓰는 것은 단순히 α와 β가 동치라는 것을 의미한다. 이 경우에는

우리가 $S(x, y, z)$를 $x+y=z$라는 의미로 정의했기 때문이다.]

우리는 변수 중 일부를 양화(quantify)할 수 있고 다른 위치들에는 상수를 넣을 수 있다. 예를 들어, $\exists xS(x, 3, 5)$는 $x+3=5$가 되는 숫자 x가 있다는 것을 의미한다. 이 명제는 $x=2$가 동작하기 때문에 참인 명제이다. 비슷한 명제 $\exists xS(x, 5, 3)$은 어떨까? 그 진릿값은 우리가 명시하지 않은 어떤 것, 즉, **전체집합**(*universe*)에 의존한다. 그것은 변수의 허용된 값들의 집합인 것으로, 함수의 정의역과 유사하다. 만약 영역에 음수가 포함되어 있다면, 이 명제는 참이다. 왜냐하면 $x=-2$가 작동하기 때문이다. 그러나 영역이 양수만 포함하고 있다면 이 명제는 거짓이다. 논의를 위해 우리는 값들이 정수—즉, 양수, 음수 또는 제로—이어야 한다고 가정하자.

하나의 명제 내에서 한정자(quantifer)를 쌓을 수 있다. 예를 들어, $\forall x\exists yS(x, y, 0)$는 어떤 x이든지 상관없이, y로 $-x$값을 대입하면 명제가 참이 된다. $S(x, -x, 0)$는 $x+(-x)=0$임을 나타낸다. 그러나 주의해야 한다. 한정자의 순서는 명제의 의미를 엄청나게 바꿀 수 있다. 만약 영역이 정수들의 집합인 경우, $\forall x\exists yS(x, y, 0)$는 방금 언급한대로 참이다. 그러나 $\exists x\forall yS(x, y, 0)$는 거짓이다. 왜냐하면 이 명제는 어떤 특정한 숫자 x가 있다고 주장하며, 어떤 y값이 선택되더라도 x를 y에 더하면 합이 0이 된다고 주장한다. 반면, $\exists y\forall xS(x, y, x)$는 참이다. 왜냐하면 y에 0값을 할당하면 모든 숫자 x에 대해 $S(x, y, x)$가 참이 된다.

하나 더 예를 들어 보면, $\exists xS(x, y, z)$는 참도 거짓도 아닌 명제이다. 왜냐하면 이 명제에는 y와 z와 같은 두 개의 **자유 변수**(*free variable*)—즉, 양화되지 않은 변수—가 있기 때문이다. 이러한 변수에 어떤 값이나 한정자가 연결되기 전까지 명제의 진리 여부를 판단할 수 없다. 이 식에서의 x와 같은 양화 변수는 **한정**(*bound*)되었다고 하며, y나 z와 같은 양화되지 않은 변수는 **자유**(*free*)라고 한다.

다시 한 번, 한정자와 괄호의 정확한 배치가 양화된 명제에서 중요하다는 것을 기억하기 바란다. 예를 들어, 식 (12.3)은 다음과는 매우 다른 내용을 나타낸다.

$$\exists xH(x) \wedge \exists xB(x) \tag{12.4}$$

이것은 닭이 존재하고 검은 물건이 존재한다고 주장하는 것이며, 닭이 검다는 어떤 함축도 없다. 'x'는 이 식의 두 부분에 우연하게 사용된 것이다. 식 (12.4)는 실제로는 다음과 같은 의미를 가진다.

$$\exists xH(x) \wedge \exists yB(y) \tag{12.5}$$

이것이 이 식을 더 나은 방식으로 작성한 것이다. 왜냐하면 식 (12.4)에서와 같이 x가 두 번 사용되면서 동일한 것을 가리키는 것을 피하고 있기 때문이다.[1]

더 복잡한 식은 더 복잡한 아이디어를 표현한다. 예를 들어, $L(x, y)$를 'x가 y를 사랑한다.'로 정의한다고 하자. 그럼 '모두가 Oprah를 사랑한다.'는 다음과 같은

[1] 심지어 이러한 표현은 가능하지만 현명한 방법은 아니다. $(\exists xH(x)) \wedge B(x)$를 쓰는 것은 닭이 존재하고 x가 검다고 말하는 것이다. $(\exists xH(x))$에서 x의 발생은 식의 나머지 부분에서 자유 변수로 사용되는 x와는 관련이 없다. 엄밀히 말하면, 변수는 자유 또는 바운드되지 않는다. 이러한 기술적인 문제를 피하는 방법은 식에서 동일한 변수를 재사용하지 않는 것이다. 식이 의도적인 의미로 사용되지 않는 한 동일한 변수를 재사용하는 것을 피하는 것이다.

식으로 나타낼 수 있다.

$$\forall x L(x, \text{Oprah})$$

여기서 'Oprah'는 상수이다. 그런데 '모두가 누군가를 사랑한다.'를 어떻게 표현할까? 이를 논리적인 식으로 표현하려면 이것이 정확히 무엇을 의미하는지 명확해야 한다. 이것은 모든 사람(예: Oprah와 같은)이 모든 인간에 의해 사랑받는 특정한 사람이 있는 것을 의미하는가 아니면 각 인간마다 자신에게 특별한 누군가가 사랑하는 것을 의미하는가? 거의 확실히 후자이며, 이는 $\forall x \exists y L(x, y)$로 나타낼 수 있다. 만약 전자가 진정으로 의도된 것이라면, 그것은 $\exists y \forall x L(x, y)$이 되며 이것은 완전히 다른 의미를 가진다.

＊

이제는 양화논리식을 구성하는 규칙에 대해 명확하고 구체적으로 설명할 때이다. 먼저 양화 논리에서 사용되는 단어들은 다음과 같다.

1. 술어 기호(predicate symbols)인 P와 같은 것들로, 각각 고정된 **항수**(*arity*)를 가진다. 이 순위는 0 이상의 정수이다[**단항**(*unary or 1-place*), **이항**(*binary or 2-place*), **삼항**(*ternary or 3-place*) 등].
2. 변수(variables)로서 x, y, z와 같은 것들이 있다.
3. 상수(constants)로서 '0' 및 'Sue'와 같은 것들이 있으며, 이것들은 영역의 구성원들을 나타낸다.
4. 함수 기호(function symbols)로서 '+' 또는 'f'와 같은 일반적인 함수 이름들이 있으며, 이것들은 영역으로로부터 영역으로의 함수들(각각 고정된 항을 갖는)을 나타낸다.
5. 변수, 상수 및 함수 기호를 사용하여 생성할 수 있는 용어(terms)들이 있다. 이러한 용어들은 '$x+0$' 및 '$f(y, z)$'와 같은 것으로, 영역의 구성원들을 나타내며 술어의 인자로 상수나 변수를 대체할 수 있다.
6. 술어 '='
7. 괄호(parentheses), 한정자(quantifiers), 그리고 논리 연산자들 '(', ')', '$\forall$', '$\exists$', '$\wedge$', '$\vee$', 그리고 '$\neg$'

이 단어들은 특정 영역에 특화된 의미를 가진 특수한 상수와 함수 기호의 사용을 허용한다. 예를 들어, 상수 '0'과 함수 기호 '+'는 일반적인 산술에 관한 명제를 형식화하기 위해 필요하다. [일반적으로 우리는 $f(x, y)$와 같은 표기법을 사용하여 함수 f가 변수 x와 y에 적용되었음을 나타낸다. 그러나 산술의 특별한 경우에는 '$x+y$'와 같은 표준 중위 표기법을 사용할 것이며, '$+(x, y)$' 대신이다.] 따라서 양화 논리의 언어는 이러한 확장을 통해 다음과 같은 익숙한 명제를 표현하는 데 사용될 수 있다.

$$\forall x(x+0=x) \tag{12.6}$$

이제 우리는 **식**(*formulas*)들과 그들의 **자유 변수**(*free variables*)들에 대한 귀납적 정의를 제공할 수 있다.

기본 단계. P가 k-자리(k-place) 술어 기호($k \geq 0$)이고 $t_1, \ldots, t_k$가 용어들이면, $P(t_1, \ldots, t_k)$는 식이다. 이 식의 자유 변수는 $t_1, \ldots, t_k$에 나타나는 변수이다. [예를 들어, $P(x, f(y, x))$는 P가 이진 술어 기호이고 f가 이진 함수 기호인 경우, x와 y가 자유 변수인 식이다.]

생성자 단계 1. F와 G가 식이면 $(F \vee G)$, $(F \wedge G)$, 그리고 $\neg F$도 식이다. $(F \vee G)$와 $(F \wedge G)$의 자유 변수는 F와 G의 자유 변수이며, $\neg F$의 자유 변수는 F의 자유 변수이다.

생성자 단계 2. F가 식이고 x가 변수인 경우, $\forall xF$와 $\exists xF$도 식이다. 이 식들의 자유 변수는 F의 자유 변수 중에서 제약(bound)되어 있는 x를 제외한 모든 것이다.

우리는 생성자 단계 1에서 F와 G를 $(F \vee G)$의 **하위식**(*subformulas*)들이라 하며, 마찬가지로 생성자 단계 2에서도 F는 하위식(subformula)이다.

식 (12.3)과 같이 자유 변수가 없는 수식은 **닫혔다**(*closed*)고 한다. 직관적으로 이러한 수식은 연결된 참조(dangling reference)가 없다. 예를 들어, 식 (12.3)이 참인지 아닌지 결정하려면 암탉의 색상에 대한 정보를 알아야 하며, 이것으로 문제를 해결할 수 있다. 그러나 'x'가 어떤 것을 나타내는지에 대한 추가 정보가 필요하지 않다. 'x'는 **양화된**(*quantified*) 변수이며 체계적으로 다른 변수로 대체될 수 있다. 따라서 식 (12.3)은 다음 식 (12.7)과 동일한 것을 나타낸다.

$$\exists y(H(y) \wedge B(y)) \tag{12.7}$$

반면에 자유 변수가 있는 식 (예: $H(y) \wedge B(y)$)은 '그런데 y는 무엇인가?'라는 질문을 유발한다.

명제 논리와 마찬가지로 괄호는 그룹화를 유지하기 위해 형식적으로 특정 위치에서 필요하다. 예를 들어, 식 (12.7)에서 $(H(y) \wedge B(y))$의 외부 괄호는 이 수식이 양화될 때 한정자가 전체 식에 적용되도록 지정한다.

실제로 양화 논리는 명제 논리의 확장이다. 0-자리(0-place) 술어 기호는 아무 인자도 가지지 않으며, 바로 우리가 명제 변수라고 부르는 것과 정확히 같다. 모든 술어 기호가 0-자리인 경우 변수나 한정자에 대한 사용이 없으며, 모든 수식은 명제 논리의 수식일 뿐이다.

명제 변수와 자체적으로 변수를 가지는 술어를 함께 사용할 수 있다. 예를 들어, '비가 오면 밖에 있는 것은 모두 젖을 것이다.'라는 명제는 다음과 같이 표현할 수 있다.

$$r \Rightarrow \forall x(Outside(x) \Rightarrow Wet(x)) \tag{12.8}$$

여기서 r은 '비가 오고 있다.'를 나타내는 명제 변수이고, $Outside(x)$와 $Wet(x)$는 단항(unary) 술어이며, x는 수식의 한정된 변수(variable)이다. (이 요약에서 시제의 세세한 부분은 고려하지 않았다.) r과 x 둘 다 '변수들'로 지칭되지만, 각각 다른 역할을 한다. r은 그 자체로 참 또는 거짓으로 평가될 수 있는 명제를 나타내며, x는 영역에서의 객체를 나타내며, 이 객체는 술어의 인자로 제공된다.

예를 들어, 우리는 양화 논리의 언어를 사용하여 6장에서 정의된 함수의 몇 가지 속성을 설명해 보자. 함수 f가 공역의 모든 원소가 정의역의 어떤 인자에 대한 함수의 값인 경우, f는 **전사 함수**(*surjective*)이다. 논리적 언어로 표현하면, $f: A \rightarrow B$가 전사적인 경우에는 다음에 필요 충분 조건이다.

$$\forall b(b \in B \Rightarrow \exists a(a \in A \wedge f(a) = b))$$

우리는 종종 변수를 특정 집합의 구성원으로 제한하려고 하기 때문에, 이러한 종류의 명제는 다음과 같이 축약되어 표현된다.

$$(\forall b \in B)(\exists a \in A) f(a) = b$$

등호(=)는 두 가지가 다른 것임을 명시해야 할 때 유용하다. 예를 들어, f가 일대일 대응인 경우, f의 모든 값이 서로 다르다고 말해야 한다. 이를 두 가지 방법으로 표현할 수 있다.

$$(\forall a_1 \in A)(\forall a_2 \in A)(f(a_1) = f(a_2) \Rightarrow a_1 = a_2)$$

는 f가 두 인자들에 대해 같은 값을 취하면 두 인자가 실제로 같다는 것을 말한다. 그러나 대우 명제 형태가 더 명확할 수 있다. 이것은 다른 인자가 다른 값을 생성한다고 말한다.

$$(\forall a_1 \in A)(\forall a_2 \in A)(a_1 \neq a_2 \Rightarrow f(a_1) \neq f(a_2))$$

물론 우리는 '$\neg(a_1 = a_2)$'를 축약하기 위해 '$a_1 \neq a_2$'로 사용한다. 또 다른 간소화된 표기법 형태의 마지막 식은 다음과 같다.

$$(\forall a_1, a_2 \in A)(a_1 \neq a_2 \Rightarrow f(a_1) \neq f(a_2))$$

여기서 두 개의 서로 다른 변수들을 한정하기 위하여 하나의 전칭 한정자(universal quantifier)를 사용하였다.

또 다른 예제로, 여기서 다시 한 번 $L(x, y)$를 x가 y를 사랑한다는 의미로 사용한다. 자신 이외의 모든 사람을 누군가 사랑한다고 말하려면 다음과 같이 쓸 수 있다.

$$\forall x \exists y (x \neq y \wedge L(x, y))$$

간단히 쓰면

$$\forall x \exists y L(x, y)$$

이는 자기 자신을 사랑하는 경우와 다른 사람을 사랑하지 않는 경우를 포함한다. 마찬가지로, 누군가가 두 명의 다른 사람을 사랑하는 경우(두 사람 중 누구도 해당 사람이 아님), 다음과 같이 쓸 수 있다.

$$\exists x, y, z (x \neq y \wedge x \neq z \wedge y \neq z \wedge L(x, y) \wedge L(x, z))$$

마지막으로, 모든 사람이 최대 한 명의 사람만 사랑하는 경우를 말하려면 다음과 같이 쓸 수 있다.

$$\forall x, y, z (L(x, y) \wedge L(x, z) \Rightarrow y = z) \tag{12.9}$$

이것은 누군가(어떤 x)가 아무도 사랑하지 않을 수 있다는 가능성을 열어둔다. 전제 $L(x, y) \wedge L(x, z)$가 어떤 y와 z의 값이든 관계없이 거짓이 되기 때문에, 이러한 함축은 참이 된다(왜냐하면 거짓 명제는 어떤 명제든 함축한다). 대신, 모든 사람이 유일한 애인을 가지고 있다고 말하려면 다음과 같이 쓸 수 있다.

$$\forall x \exists y (L(x, y) \wedge \forall z (L(x, z) \Rightarrow y = z)) \tag{12.10}$$

전제를 만족하는 것이 영역 안에 없기 때문에 참인 함축을 **공허한**(*vacuously*) 참이라고 한다. 예를 들어, 식 (12.9)에서 X가 아무도 사랑하지 않는 사람을 나타내는 상수이면, 어떤 y와 z의 값도 전제 $L(X, y) \wedge L(X, z)$를 만족시키지 않으므로 결론인 $y = z$는 공허한 참이다. 평범한 언어에서 공허한 참인 명제의 예로 '날아다니는 돼지는 모두 녹색이다.'라는 것이 있다. 이것은 다음과 같이 쓸 수 있다.

$$\forall x (Pig(x) \wedge Flying(x) \Rightarrow Green(x))$$

이것은 날아다니는 돼지가 없기 때문에 공허하게 참이다. 결론은 관련이 없다.

*

우리는 아직 이러한 명제를 해석하고 참인지 아닌지를 결정하거나 두 개의 식이 정확히 동일하거나 '같은 것을 말한다.'는 것이 무엇을 의미하는지에 대한 공식적인 규칙을 제공하지 않았다. 이를 위해서는 9장의 진리표에 비해 더 복잡한 장치가 필요하다.

본질적으로 양화된 식의 **해석**(*interpretation*)은 다음 요소를 지정해야 한다.

1. 영역 U: 변수의 값들이 추출되는 비어 있지 않은 집합
2. 각각의 k-항에 대한 술어 기호 P: 이는 U의 구성원들의 어떤 k-튜플(tuple)에 대해 참인지
3. 영역의 어떤 원소들이 상수 기호들에 해당하는지 그리고 영역의 어떤 함수들이 식에서 언급한 어떤 함수들에 대응하는지

간단한 예를 살펴보자.

$$\forall x \exists y P(x, y) \tag{12.11}$$

어떤 해석에서는 식 (12.11)은 참이고, 어떤 해석에서는 거짓이다. 예를 들어,

- 만약 영역이 $\{0, 1\}$이고 P가 작거나 같음(less-than) 관계인 경우,
  - $P(0, 0)$은 거짓이다.
  - $P(0, 1)$은 참이다.
  - $P(1, 0)$은 거짓이다.
  - $P(1, 1)$은 거짓이다.

  그럼, 이 해석에서 식 (12.11)은 거짓이다. 왜냐하면 x가 1일 때 $P(x, y)$가 참이 되는 어떤 y값도 없기 때문이다.
- 반면에, 영역이 동일하지만 P가 같지 않음(not-equal) 관계인 경우,
  - $P(0, 0)$은 거짓이다.
  - $P(0, 1)$은 참이다.
  - $P(1, 0)$은 참이다.
  - $P(1, 1)$은 거짓이다.

  그러면 식 (12.11)은 이 해석에서 참이다.

일반적으로, 해석의 영역은 무한한 집합이며, 모든 원소의 조합에 대한 술어 값 목록을 나열하는 것은 불가능하다. 그러나 우리는 **관계**(*relation*)의 수학적 개념을 사용할 수 있다. 관계의 관점에서 정의를 다시 설명하려면, 닫힌 논리식의 **해석**(*interpretation*)은 다음과 같이 구성된다.

1. 영역이라고 불리는 비어 있지 않은 집합
2. 각 k-번째 위치의 술어 기호(predicate symbol), 즉, 영역에서의 k-항 관계
3. 각 k-번째 위치의 함수 기호(function symbol), 즉, 영역 자신으로의 k-항 함수

주의할 점은 이 정의를 자유 변수에 종속된 참조 문제를 피하기 위해 닫힌 식에 제한한다.

예를 들어, 우리는 식 (12.11)을 자연수에 대한 해석으로 해석할 수 있으며, P

를 작거나 같음(less-than) 관계로 취할 수 있다. 이 해석하에서 식 (12.11)은 참이다. 그러나 영역이 자연수이고 P를 대신에 크거나 같음(greater-than) 관계로 해석하는 경우, $x = 0$일 때 $x > y$인 $y \in \mathbb{N}$이 없으므로 식 (12.11)은 거짓이다.

함수를 포함한 예를 들어, 식 (12.6)의 해석을 고려해 보자. 여기서 U는 자연수의 집합이며, 상수 0은 0으로 해석되며, 이항 함수 기호 $+$는 덧셈을 나타낸다. 그런 다음 이 해석하에서 식 (12.6)은 참이다. 식

$$\forall x \exists y (x + y = 0) \tag{12.12}$$

는 거짓이다. 예를 들어, $x = 1$일 때 $x + y = 0$이 되는 자연수 y는 없다. 그러나 U가 모든 정수의 집합인 경우, 식 (12.12)의 유사한 해석은 참이다.

두 개의 식은 동일하게 해석하에서 참이라면 **동치**(*equivalent*)라고 한다. 예를 들어, $\forall x \exists y P(x, y)$와 $\forall y \exists x P(y, x)$는 동치이다. 변수 이름을 체계적으로 변경하면 독자에게 혼동을 줄 수 있지만 기본적인 논리를 변경하지 않는다. 명제 논리에 사용한 표기법을 따르면, 우리는 식 F와 G가 동치라는 사실을 나타내기 위해 $F \equiv G$로 표기한다.

식의 **모델**(*model*)은 해당 식이 참이라는 해석이다. 양화식의 모델은 명제 논리의 만족하는 진리 할당과 유사하며, 양화 논리의 만족 가능한 식은 모델이 있는 식이다. **유효한**(*valid*) 식, 또는 **정리**(*theorem*)라고도 하는 것은 모든 해석에서 참인 식이다(예외는 모든 술어 및 함수 기호에 의미를 할당하지 않는 경우이다). 유효한 식은 명제 논리의 항진 명제에 해당하는 양화 논리의 식이다.

유효한 식의 예로는 $\forall x(P(x) \wedge Q(x)) \Rightarrow \forall y P(y)$가 있다.[2] 충족 불가능한(unsatisfiable) 식의 예로는 $\forall x P(x) \wedge \exists y \neg P(y)$가 있다.

[2] 영역이 비어 있을 수 없기 때문에, 식 $\forall x P(x) \Rightarrow \exists y P(y)$ 역시 유효하다. 영역이 비어 있을 수 있는 경우에는 만족 가능한 식일 뿐이다. 비어 있는 영역의 가능성을 제외함으로써, 이 직관적으로 명백한 식을 모든 해석에서 참으로 만들 뿐만 아니라, 논리학자가 없고 논리학자가 논리적으로 논의할 대상이 없는 세상에서 논리의 필요성에 대한 철학적 질문을 피할 수 있다.

*

우리가 9장에서 논리 연결자에 대해 배운 모든 것이 양화 논리로 이어진다. 논리 연결자는 하위식(subformula)을 동일한 방식으로 묶는다. 따라서 예를 들어,

$$\forall x(P(x) \Rightarrow \neg Q(x) \wedge R(x)) \text{ means } \forall x(P(x) \Rightarrow ((\neg Q(x)) \wedge R(x)))$$

를 의미한다. 그러나 한정자는 자체적으로 하위식이 아니며 이 방식으로 조작할 수 없다. 예를 들어, 앞서 언급한대로,

$$\exists x H(x) \wedge B(x), \tag{12.13}$$

는 $\exists x H(x) \wedge \exists x B(x)$와 같지 않다.

그리고 한정자 자체는 $\neg$와 같이 단단히 결합된다. 따라서 식 (12.13)은 매우 다른 것이다.

$$\exists x H(x) \wedge B(x),$$

이것은$(\exists x H(x)) \wedge B(x)$를 의미하며

여기서 $B(x)$의 'x'는 자유롭다.

분배 법칙도 역시 성립한다. 따라서, 예를 들어,

$$\forall x(P(x) \wedge (Q(x) \vee R(x))) \tag{12.14}$$

는 다음과 동치이다.

$$\forall x((P(x) \wedge Q(x)) \vee (P(x) \wedge R(x))) \tag{12.15}$$

일반적으로 전체 하위식(subformula)을 명제 변수로 간주하고 명제 논리의 동치성을 사용하여 순수한 양화 논리식을 얻기 위해 식을 다시 작성할 수 있다.

양화 동치 규칙 1. *명제 대체(propositional substitutions).* F와 G가 양화된 식이고, F와 G를 대체하여 F와 G에 모두 나타나는 각 하위식을 해당하는 명제 변수로 대체하여 얻은 F'과 G'이 명제 논리식이라고 가정한다. $F' \equiv G'$이 명제 논리식으로서 성립한다고 가정하자. 그러면 어떤 식에서 F를 G로 대체하면 동치인 식이 생성된다.

예를 들어, $\forall x \neg\neg P(x) \equiv \forall x P(x)$인 이유는 $p \equiv \neg\neg p$ 때문이며, 따라서 $\neg\neg P(x)$는 $P(x)$로 대체할 수 있다. 마찬가지로, 식 (12.14)는 식 (12.15)와 동치이다. 왜냐하면 $P(x)$를 p로, $Q(x)$를 q로, $R(x)$를 r로 대체하면 $(P(x) \wedge (Q(x) \vee R(x))$를 $(p \wedge (q \vee r))$로 변환하고, $((P(x) \wedge Q(x)) \vee (P(x) \wedge R(x))$는 동치인 명제 논리식인 $(p \wedge q) \vee (p \wedge r)$로 변환된다.

한정자 사용과 관련된 중요한 논리 동치 법칙도 있다. 이미 변수가 체계적으로 이름을 바꿀 수 있다는 것을 제안했으며, 여기에 일반적인 명제가 있다.

양화 동치 규칙 2. *변수 변경(change of variables).* F가 $\square xG$ 하위식(subformula)을 포함하는 식이라고 가정하자. 여기서 $\square$는 한정자 중 하나인 $\forall$ 또는 $\exists$이다. G에는 x의 종속된 발생 및 y의 발생이 없다고 가정하고, G'은 G 내에서 x를 모두 y로 대체한 결과이다. 그런 다음 식 내에서 $\square xG$를 $\square yG'$으로 대체하면 동치인 식이 생성된다.

이 원칙을 통해 식 (12.3)이 식 (12.7)과 동치임을 확인할 수 있다. 식 (12.3)에서 $\forall x$ 한정자를 제거하고 x를 y로 대체한 다음, 한정자를 다시 $\forall y$로 복원한다. 그 결과 생성된 식은 원래 식과 동치이다.

다음으로, 부정과 한정자에 관한 규칙이 있다. '모든 닭은 검다.'의 부정은 '어떤 닭은 검지 않다.'이다. 더 일반적으로, 존재($\exists$) 명제의 부정은 해당 명제의 부정의 전체($\forall$)이며, 전체 명제의 부정은 해당 명제의 존재($\exists$)의 부정이다. 이것은 말 그대로 말하면 상당히 길지만, 이 원칙은 자연스럽다. 우리는 전칭 한정자

를 매우 큰 'and'로 생각할 수 있다. '$\forall x P(x)$'는 P가 영역의 모든 원소에 대해 참임을 의미한다. 마찬가지로, 존재 한정자는 매우 큰 'or'와 유사하다. '$\exists x P(x)$'는 P가 영역의 어떤 구성원 중 하나에 대해 참임을 의미한다. 물론 영역은 일반적으로 무한하기 때문에 한정자를 말 그대로 논리곱과 논리합으로 대체할 수는 없지만, 큰 'and'와 'or'로 생각한다면 이 원칙은 드 모르간 법칙의 한 버전일 뿐이다.

양화 동치 규칙 3. *한정자 부정(quantifier negation).*

$$\neg \forall x F \equiv \exists x \neg F, \text{ 그리고} \tag{12.16}$$

$$\neg \exists x F \equiv \forall x \neg F \tag{12.17}$$

이 원칙은 우리가 부정 기호들 사이에 한정자를 '밀어 넣고(slide)' 싶을 때 사용된다.

마지막 규칙은 한정자가 논리 연결자들 사이에 언제 이동할 수 있는지를 설명한다. 기본적으로 답은 한정자의 범위를 확장할 수 있다는 것이며, 이렇게 함으로써 식의 의미를 변경하지 않는 방식으로 변수의 발생을 '포착(capture)'하지 않아야 한다.

양화 동치 규칙 4. *범위 변경(scope change).* 변수 x가 G에 나타나지 않는다고 가정하자. $\Box$는 존재 양자 $\exists$ 또는 전체 양자 $\forall$를 나타내고, $\Box$를$\vee$ 또는$\wedge$라고 하자. 그러면

$$(\Box x F \diamond G) \equiv \Box x (F \diamond G) \tag{12.18}$$

$$(G \diamond \Box x F) \equiv \Box x (G \diamond F) \tag{12.19}$$

이것을 이전의 예제에 적용할 수 있다. '비가 오면 밖에 있는 모든 것이 젖을 것이다.'라는 식에서 변수 x는 식 r에 나타나지 않으므로 변수 x에 대한 한정자를 '빼낼'수 있다.

$$\begin{aligned} &r \Rightarrow \forall x(Outside(x) \Rightarrow Wet(x)) \\ \equiv &\forall x(r \Rightarrow (Outside(x) \Rightarrow Wet(x))) \end{aligned}$$

(정리 9.1에서 $F \Rightarrow G \equiv \neg F \vee G$임을 기억하면 $\Rightarrow$ 위의 한정자를 빼내는 것이$\vee$ 위에서 한정자를 빼내는 것처럼 작동한다.) 일반적인 영어에서 이 변환된 명제는 원래 명제보다는 자연스럽지 않지만 다음과 같은 내용을 나타낸다. '어떤 물체든 비가 오면, 밖에 있으면 젖게 된다.'

범위 변경의 또 다른 결과는 덜 명백하다. 이것은

$$(\forall x P(x) \vee \exists y Q(y)) \equiv \forall x \exists y (P(x) \vee Q(y)) \tag{12.20}$$

$$\equiv \exists y \forall x (P(x) \vee Q(y)) \tag{12.21}$$

임을 의미한다. 왜냐하면 한정자를 어떤 순서로든 빼낼 수 있기 때문이다. 그러나 시작한 식이 아래와 같다면

$$(\forall x P(x) \vee \exists x Q(x)) \tag{12.22}$$

한정자 중 어느 하나도 이동할 수 없다. 왜냐하면 양자화된 변수 x가 모든 하위 식에 나타나기 때문이다. 그러나 변수 이름 바꾸기 규칙을 먼저 적용하여 식 (12.22)를 식 (12.20)에 표시된 형식으로 변경할 수 있다.

양화 동치 규칙을 반복적으로 사용하여 모든 한정자를 식의 시작으로 빼낼 수 있다. 이러한 식을 프리넥스 정규형(prenex normal form)이라고 한다. 예를 들어, 식 (12.10)의 프리넥스 정규형은 다음과 같다.

$$\forall x \exists y \forall z (L(x,y) \wedge (L(x,z) \Rightarrow y = z))$$

예제 12.23 다음을 술어 논리로 바꾸고 프리넥스 형태로 표현하라. '만약 개미 하나가 이상이 있다면, 그 중 하나는 여왕이다.'

풀이. 'x가 개미이다.'를 나타내기 위해 $A(x)$를 작성하고, 'x가 여왕이다.'를 나타내기 위해 $Q(x)$를 작성해 보자. 이 명제는 내포된 두 가지 사실이 명제 논리 버전에 포착되어야 한다. 첫 번째로, 여왕은 하나뿐이며(그것이 'the'라는 정관사가 '여왕'이라는 구에서의 'the'에 대한 함축임), 두 번째로 여왕은 개미이다(그것이 '그 중 하나'라는 구에서의 함축임). 그래서 문장은 다음과 같이 형식적으로 표현될 수 있다.

$$\begin{aligned} &\exists x A(x) \Rightarrow \exists x (A(x) \wedge Q(x) \wedge \forall z (Q(z) \Rightarrow z = x)) \\ \equiv &\exists x A(x) \Rightarrow \exists y (A(y) \wedge Q(y) \wedge \forall z (Q(z) \Rightarrow z = y)) \end{aligned}$$

여기서 우리는 하나의 변수를 새롭게 이름을 정해서 어떤 두 한정자도 같은 변수를 사용하지 않게 하였다. 이 명제는 보다 더 형식적인 영어로 다음과 같이 읽을 수 있다. 'x가 개미인 x가 존재한다면, y가 개미이고 y가 여왕이며 여왕인 어떤 z도 y랑 같다라는 y가 존재해야 한다. 이제 첫 번째 '$\Rightarrow$'를 $\neg$와 $\vee$로 정의에 의해 대체하고 한정자를 하나씩 빼내자. 그러면 아래와 같이 된다.

$$\begin{aligned} &\exists x A(x) \Rightarrow \exists y (A(y) \wedge Q(y) \wedge \forall z (Q(z) \Rightarrow z = y)) \\ \equiv &\neg \exists x A(x) \vee \exists y (A(y) \wedge Q(y) \wedge \forall z (Q(z) \Rightarrow z = y)) \\ \equiv &\forall x \neg A(x) \vee \exists y (A(y) \wedge Q(y) \wedge \forall z (Q(z) \Rightarrow z = y)) \\ \equiv &\forall x \exists y \forall z (\neg A(x) \vee (A(y) \wedge Q(y) \wedge (Q(z) \Rightarrow z = y))) \end{aligned}$$

만약 A와 Q를 그들의 영어 의미로 대체하면 마지막 버전을 처음 버전과 동치라고 읽는 것이 어려울 수 있다. 그러나 한정자가 격리되었고 식의 나머지 부분이

명제 논리의 법칙을 사용하여 조작되었기 때문에, 이것은 컴퓨터 처리에 더 적합할 수 있다.

요약

- **술어**(*predicate*)는 사물의 특성 또는 관계를 나타낸다. 예를 들어, 술어 $P(x)$는 x의 특성이다.
- 술어의 **전체집합**(*universe*)은 변수들의 가능한 값들의 집합이다.
- 기호 $\forall$는 '모든(for all)'을 나타내며, 명제 $\forall x P(x)$와 같이 사용된다. 즉, '모든 x에 대해 특성 $P(x)$가 참이다.'
- 기호 $\exists$는 '존재하는(there exists)'을 나타내며, 명제 $\exists x P(x)$와 같이 사용된다. 즉, '특성 $P(x)$가 참인 x가 존재한다.'
- **식**(*formula*)은 귀납적으로 정의될 수 있다. 술어는 식이다. 그리고, $\vee$ 또는 $\wedge$로 두 식을 결합하거나 ($\neg$)를 사용하거나, 식에 있는 변수에 대한 양자화($\forall$ 또는 $\exists$)를 추가하여 식을 생성할 수 있다.
- 식의 진릿값은 모든 변수가 양자화되거나 종속(bound)된 경우에만 결정될 수 있다.
- 식 내에서 한정자(quantifier)의 순서는 그 의미에 중요하다.
- 양화된 식의 **해석**(*interpretation*)은 변수값이 추출되는 영역을 지정하며 각 술어 기호, 상수 및 함수 기호의 의미를 정의한다.
- 어떤 식의 **모델**(*model*)은 그 식을 참으로 만드는 해석이며, 이는 명제식의 만족 가능한 진릿값 할당과 유사하다. 식은 모델을 가지면 만족 가능하며, 모든 해석에서 참이면 **타당**(*valid*)하다.
- 양화된 식은 명제 논리식과 동일한 결합 법칙, 교환 법칙 및 분배 법칙을 따른다.
- 양화된 식은 **명제 논리 대체**(*propositional substitution*), **변수 변경**(*change of variables*), **한정자 부정**(*quantifier negation*) ($\neg(\forall x F) \equiv \exists x \neg F$ and $\neg(\exists x F) \equiv \forall x \neg F$), 그리고 **범위 변경**(*scope change*)을 사용하여 동치인 식으로 다시 작성될 수 있다.
- 양화된 식은 모든 한정자를 식의 시작으로 빼내서 프리넥스 정규형(prenex normal forma)으로 작성할 수 있으며, 이는 자동 처리에 유용하다.

문제

12.1 양화된 식으로 작성하라.

(a) 모든 사람을 사랑하는 누군가가 있다.

(b) 아무도 사랑하지 않는 누군가가 있다.

(c) 모든 사람을 사랑하는 사람이 한 사람만 있지 않다.

12.2 양화 논리를 사용하여 다음 명제를 작성하라. $S(x)$는 x가 학생이라는 것을 나타내고, $H(x)$는 x가 행복하다는 것을 나타낸다. 영역은 모든 사람들의 집합이다.

(a) 모든 학생은 행복하다.

(b) 모든 학생이 행복하지는 않다.

(c) 어떤 학생도 행복하지 않다.

(d) 불행한 사람이 정확히 두 명 있으며, 그 중 적어도 한 명은 학생이다.

12.3 다음과 같은 식에 대하여,

$$\exists x \exists y \exists z (P(x,y) \wedge P(z,y) \wedge P(x,z) \wedge \neg P(z,x))$$

각각의 해석에서 이 식이 참인가? 각 경우에 대해 R은 P에 해당하는 관계이다.

(a) $U = \mathbb{N}, R = \{\langle x, y\rangle : x < y\}$.

(b) $U = \mathbb{N}, R = \{\langle x, x+1\rangle : x \geq 0\}$.

(c) $U =$ 모든 비트 문자열 집합, $R = \{\langle x, y\rangle : x$가 사전적으로 앞서는 경우$\}$.

(d) $U =$ 모든 비트 문자열 집합, $R = \{\langle x, y\rangle : y = x0$ 또는 $y = x1\}$.

(e) $U = P(\mathbb{N}), R = \{\langle A, B\rangle : A \subseteq B\}$.

12.4 다음을 나타내는 양화논리식을 작성하라.

(a) 단항 함수 f는 영역과 그 자체 간의 일대일 대응이다.

(b) 이진 함수 g는 두 번째 인자에 의존하지 않는다.

12.5 집합 멤버십을 위해 이진 술어 $\in$을 사용하고 부분 집합 관계를 위해 이진 술어 $\subseteq$을 사용하여 집합 멤버십의 기본 속성을 나타내는 식을 작성하라.

(a) 임의의 두 집합은 합집합을 가진다. 즉, 두 집합의 구성원을 모두 포함하는 집합이다.

(b) 모든 집합은 여집합을 가진다.

(c) 어떤 집합의 부분 집합의 구성원은 그 집합의 구성원이다.

(d) 어떤 집합은 구성원이 없고 모든 집합의 부분 집합이다.

(e) 어떤 집합의 멱집합이 존재한다.

12.6 이러한 식들에 대한 모델을 설명하라.

(a) $\forall x \exists y \exists z P(x, y, z) \land \forall u \forall v (P(u, u, v) \Leftrightarrow \neg P(v, v, u))$

(b) $\forall x \exists y \forall z ((P(x, y) \Leftrightarrow P(y, z)) \land (P(x, y) \Rightarrow \neg P(y, x)))$

12.7 이 식이 만족 가능하지만 유한한 모델이 없다는 것을 증명하라.

$$\begin{aligned} &\forall x \forall y (P(x, y) \Leftrightarrow \neg P(y, x)) \\ &\land \forall x \exists y P(x, y) \\ &\land \forall x \forall y \forall z (P(x, y) \land P(y, z) \Rightarrow P(x, z)) \end{aligned}$$

12.8 (a) 문제 12.7의 식에서 각각의 양자화된 결합에 서로 다른 변수들을 사용하는 것보다 변수들을 재사용하는 것이 명확하다. 각 부분에서 서로 다른 변수들을 사용하여 이 식을 다시 적어라. 그런 다음 프리넥스 정규형으로 작성하라.

(b) 다음을 프리넥스 정규형으로 작성하라.

$$\neg \forall x (P(x) \Rightarrow \exists y Q(x, y))$$

12.9 모델의 **크기**(*cardinality*)는 해당 모델의 영역의 크기이다. 크기가 3인 모델이 존재하지만 그보다 작은 크기의 모델은 없는 식이 있는 것을 보여라. 등호 기호를 사용하지 마라(다시 말해서, 3개 중의 두 개가 같지 않은 3개의 원소가 있다고 간단히 말하지는 말기 바란다).

12.10 (a) 만약 $P(x, y)$가 y가 x의 부모인 경우에만 참이면, $A(x, y)$가 x의 조상인 경우에만 참인 양화논리식을 작성하라.

(b) $A(x, y)$를 사용하여, $R(x, y)$가 x와 y가 혈연 관계에 있다는 경우에만 참인 양화논리식을 작성하라. 다시 말해, 하나는 다른 하나의 조상이거나 공통 조상이 있는 경우에만 참이라고 말한다.

Chapter

13 유향 그래프

유향 그래프(directed graph)는 이진 관계를 나타낸다. 유향 그래프는 점과 점 사이의 화살표로 이루어진 다이어그램으로 시각화할 수 있다. 우리는 점들을 '정점'이라고 부르고, 화살표를 '호'라고 부르며, 순서쌍 $\langle v, w\rangle$가 관계에 있음을 나타내기 위해 정점 v에서 정점 w로 호를 그린다. 우리는 이미 62쪽의 그림 6.2에서 이러한 그래픽 표기법을 사용했는데, 여기서는 이진 관계 식 (6.2)의 일부를 나타낸다. 더 간단한 예로 그림 13.1을 들 수 있는데, 이는 다음의 이진 관계

$$\{\langle a, b\rangle, \langle b, c\rangle, \langle a, c\rangle, \langle c, d\rangle, \langle c, c\rangle, \langle d, b\rangle\ \langle b, d\rangle\} \tag{13.1}$$

를 나타낸다.

정점은 관계의 어떤 호에도 포함되지 않더라도 그래프에 나타날 수 있다. 그림 13.1에서 정점 e는 어떤 호의 머리나 꼬리에도 해당하지 않다. 정점에는 자기 자신을 가리키는 호가 있을 수 있다. 이 예에서 c에서 c로 가는 호가 있지만, 다른 정점에는 그런 **셀프 루프**(*selt-loop*)가 없다. 두 개의 서로 다른 정점 사이에는 한 방향으로 호가 있을 수도, 없을 수도, 양방향 모두 있을 수도 있다. 이 예에서 b와 d 사이에는 각각 다른 방향으로 가는 두 개의 구분되는 호가 있다. 그러나 두 정점 사이에는 같은 방향으로 가는 호가 하나밖에 없을 수 있다. 왜냐하면 호의 집합은 집합이므로 같은 요소를 두 번 이상 포함할 수 없기 때문이다. 이것이 우리가 유향 그래프를 다음과 같이 공식적으로 정의하게 된 이유이다.

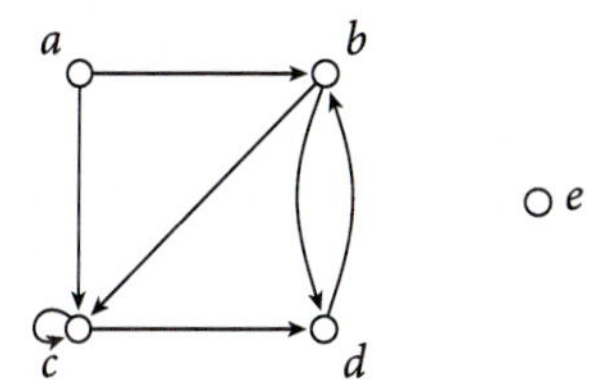

그림 13.1 다섯 개의 정점과 일곱 개의 호를 가진 향 그래프

유향 그래프(*directed graph*) 또는 **디그래프**(*digraph*)는 순서쌍 (V, A)로, 여기서 V는 공집합이 아닌 집합이고 A는 $V \times V$의 부분 집합이다. V의 원소를 정점이라 부르고, A의 원소를 호라 부른다.[1] 우리는 일반적으로 (v, w)보다는 $v \rightarrow w$와 같은 표기법을 사용하여 호를 나타낸다. 정점 집합과 호 집합은 무한할 수 있지만, 대부분의 경우 우리는 유한 디그래프를 다룬다.

[1] '노드'라는 용어는 때때로 '정점' 대신 사용되며, '간선'은 때때로 '호' 대신 사용된다. '정점(vertex)'의 복수형은 '정점들(vertices)'이다.

교통 및 컴퓨터 네트워크는 자연스럽게 디그래프로 표현된다. 예를 들어, 정점이 도시를 나타내고, 한 도시에서 다른 도시로 직행 비행기가 있으면 그 사이에 호가 있다. 이런 네트워크 내에서 이동을 논의하기 위해, 우리는 먼저 디그래프의 몇 가지 기본 특성을 정의할 것이다.

*

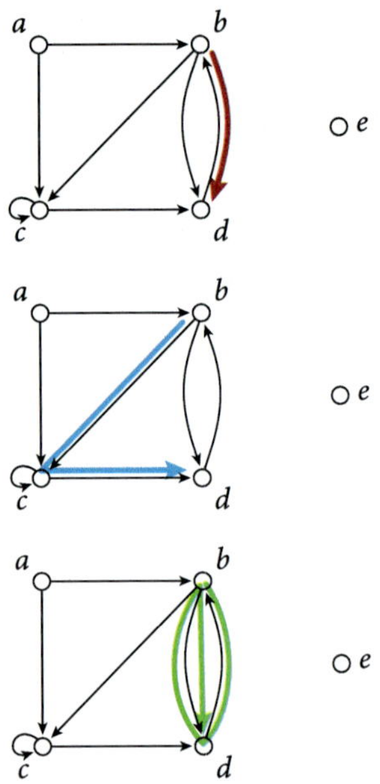

그림 13.2 b에서 d까지의 세 가지 걸음. 첫 번째와 두 번째는 경로이지만, 세 번째는 b, d, b 순환을 포함하므로 걸음이지 경로는 아니다.

유향 그래프에서 **걸음**(*walk*)은 호를 따라가며 정점들을 차례로 지나가는 것을 말한다. 예를 들어, 예시에서 b에서 d로 가는 여러 가지 걸음이 있다. 하나는 b에서 d로 가는 호를 따라 바로 가는 것이고, 또 다른 하나는 b, c, d의 순서로 가는 것이며, 세 번째는 b, d, b, d의 순서로 가는 것이다(그림 13.2). 그러나 b에서 a로 가거나 다른 정점에서 a로 가는 걸음은 없다. 공식적으로, 디그래프 $\langle V, A\rangle$에서의 걸음은 $n \geq 0$에 대해 $v_0, \ldots, v_n \in V$ 형태의 정점 순서이며, 각 $i<n$에 대해 $v_i \to v_{i+1} \in A$를 만족한다. 이 걸음의 길이는 n, 즉 호의 개수(정점 개수보다 하나 적음)이다.

경로(*path*)는 어떤 정점도 반복되지 않는 걸음을 말한다. 첫 번째와 마지막 정점이 같은 걸음을 **회로**(*circuit*)라고 부르며, 반복되는 정점이 하나뿐일 때는 **순환**(*cycle*)이라고 한다. 예를 들어, $b \to c \to d \to b$는 길이가 3인 순환이고, $b \to d \to b$는 길이가 2인 순환, $c \to c$는 길이가 1인 순환이다. 임의의 정점에서 자기 자신으로 가는 길이 0인 경로와 순환이 있으며, 이를 **평이한**(*trivial*) 경로 또는 순환이라고 한다. 길이가 0보다 큰 경로나 순환은 **평이하지 않다**(*nontrivial*)라고 한다. 평이하지 않은 순환이 없는 디그래프를 **비순환**(*acyclic*) 디그래프라고 한다.

한 정점에서 다른 정점으로 가는 걸음이 있다면, 거기에는 한 정점에서 다른 정점으로 가는 경로가 포함된다. 왜냐하면 걸음 중간에 있는 어떤 평이하지 않은 순환도 제외할 수 있기 때문이다. 이를 확인하기 위해 v에서 w로 가는 걸음이 있다고 가정해 보자(그림 13.3).

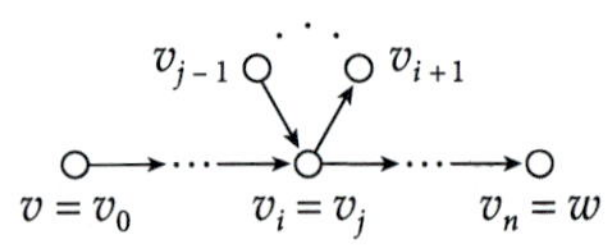

그림 13.3 순환을 생략하여 걸음을 단축하기

$$v = v_0 \to \ldots \to v_n = w$$

여기에 $v_i \to v_{i+1} \to \ldots \to v_j$와 같은 순환이 포함되어 있다고 하면, $i<j$이고 $v_i = v_j$이다. 그러면

$$v = v_0 \to \ldots \to v_i \to v_{j+1} \to \ldots \to v_n = w$$

는 v에서 w로 가는 더 짧은 걸음이다. 결과로 나온 걸음에 여전히 순환이 포함될 수 있지만, 순환들을 제거하면 걸음이 짧아지므로 결국에는 순환이 없는 걸음, 즉 경로가 남게 된다. 예를 들어, 앞서 $b \to d \to b \to d$가 b에서 d로 가는 걸음이라고 언급했다. 이 걸음에는 $d \to b \to d$ 순환이 포함되어 있으며, 이 순환을 제거하면 $b \to d$라는 경로만 남는다.

정점 w가 정점 v에서 도달 가능하다는 것은 v에서 w로 가는 경로가 있다는 것을 의미한다. 또는 v에서 w로 가는 걸음이 있다는 것과 동치이다. 디그래프 G에서 정점 v에서 정점 w까지의 거리 $d_G(v, w)$는 v에서 w로 가는 최단 경로의 길이이며, 그런 경로가 없으면 무한대이다. 예를 들어, 그림 13.1에서 a에서 d까지의 거리는 2이다. w가 v에서 길이가 0보다 큰 걸음으로 도달 가능하다면, 즉 평이하지 않게 도달 가능하다고 하겠다. 이는 w가 v에서 도달 가능하고 $w! = v$라는 의미와는 약간 다르다. 왜냐하면 v에서 자기 자신으로 가는 평이하지 않은 순환이 있을 수 있기 때문이다. 그 경우 v는 자기 자신에서 그 순환을 따라가므로 평이하지 않게 도달 가능하다.

v에서 w로 가는 임의의 걸음에는 v에서 w로 가는 경로가 포함되므로, 우리는 다음과 같은 간단한 결과를 얻는다.

보조 정리 13.2 그래프의 한 정점에서 다른 정점까지의 거리는 첫 번째 정점에서 두 번째 정점으로 가는 모든 걸음의 길이 이하이다.

*

모든 정점이 다른 모든 정점에서 도달 가능한 디그래프를 **강연결**(*strongly connected*)되었다고 한다. 실제 예를 들자면, 도시 간 직행 항공편을 나타내는 디그래프는 강연결되어 있다. 왜냐하면 출발지에서 목적지로 가는 방법이 항상 있기 때문이다! 반면에, 그림 13.1의 디그래프는 강연결되어 있지 않다. 예를 들어, 정점 e는 다른 어떤 정점에서도 도달할 수 없다. 정점 e를 제외하고 a, b, c, d 네 정점으로만 이루어진 디그래프 부분을 보더라도, 정점 a는 b, c 또는 d에서 도달할 수 없으므로 강연결되어 있지 않았다.

디그래프의 '부분'이라는 개념을 명시적으로 정의해 보자. $G = \langle V, A\rangle$가 디그래프이고, $V' \subseteq V, A' \subseteq A$이며, A'의 모든 호가 v'에 있는 정점 사이에 있다면, $\langle V', A'\rangle$를 G의 **부분 그래프**(*subgraph*)라고 한다. 따라서 $\langle V, \emptyset\rangle$는 G의 부분 그래프이며, $v \rightarrow w$가 A의 임의의 호일 때 $\langle\{v, w\}, \{v \rightarrow w\}\rangle$도 부분 그래프이다. G의 정점 집합 v에 대해 $V' \subseteq V$라면, V'에 의해 유도된 부분 그래프에는 양 끝점이 모두 V'에 있는 A의 모든 호가 포함된다. 즉,

$$\langle V', \{v \rightarrow w \in A : v\text{와 } w\text{가 모두 } V'\text{에 있음}\}\rangle\text{이다}$$

따라서 그림 13.1에 나온 디그래프 $\langle V, A\rangle$에 대해 더 간결하게 표현하자면, 정점 집합 $V - \{e\}$에 의해 유도된 부분 그래프는 강연결되어 있지 않다. 대조적으로 $\{b, c, d\}$에 의해 유도된 부분 그래프는 강연결되어 있다.

비순환 디그래프는 일반적으로 **유향 비순환 그래프**(*directed acyclic graph*) 또는 **DAG**라고 한다. DAG는 사물의 순서에 제약이 있지만 완전히 정해진 순서는 아닐 때 유용한 표현이다. 예를 들어, 46쪽의 그림 4.12는 게임의 위치와 움직임을 DAG로 보여주었지만, 당시에는 그 용어를 사용하지 않았다. 다른 예로, 어떤 대학 과목을 다른 과목 전에 들어야 하는지 규칙을 표현해 보자. CS10을 들으려면 CS2와 CS3을 먼저 들어야 하고, CS2와 CS3은 순서 상관없이 둘 다 들을 수 있지만, CS1을 먼저 이수해야 한다. 그림 13.4의 DAG는 이런 관계를 자연스럽게 보여준다. 물론 실제 과목 카탈로그에 순환이 있다면 문제가 될 것이다!

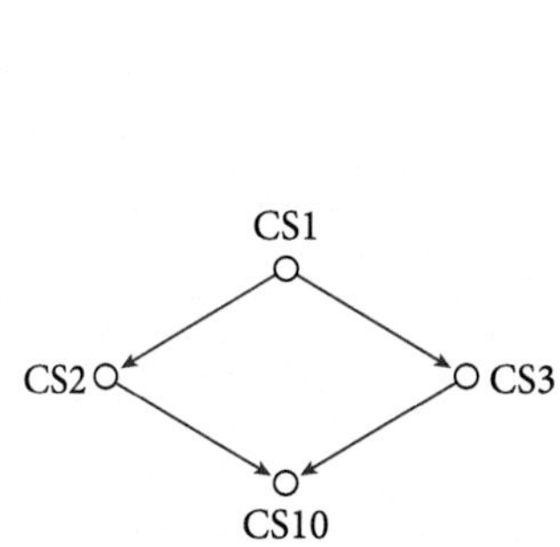

그림 13.4 네 개의 과목에 대한 선수과목을 나타내는 DAG(유향 비순환 그래프). CS1은 선수과목이 없고, CS2와 CS3는 각각 CS1을 먼저 수강해야 하며, CS10은 CS2와 CS3를 모두 수강할 때까지 수강할 수 없다.

정점 v의 **외향 차수**(*out-degree*)는 v에서 나가는 호의 수이다. 즉 $|\{w: v \rightarrow w$가 A에 있음$\}|$이다. 마찬가지로 정점의 **내향 차수**(*in-degree*)는 그 정점으로 들어오는 호의 수이다.

정리 13.3 유한한 DAG에는 최소한 하나의 외향 차수가 0인 정점과 최소한 하나의 내향 차수가 0인 정점이 있다.

증명. $G = \langle V, A\rangle$를 유한 DAG라고 하자. G에 외향 차수가 0인 정점이 있음을 모순을 통해 증명하겠다. 반대로 G에 외향 차수가 0인 정점이 없다고 가정하자. 임의의 정점 v_0을 택한다. v_0의 외향 차수가 양수이므로, 어떤 정점 v_1에 대해 호 $v_0 \rightarrow v_1$이 있다. 같은 이유로 v_1의 외향 차수도 양수이고, 어떤 정점 v_2에 대해 호 $v_1 \rightarrow v_2$가 있다. 실제로 모든 정점의 외향 차수가 양수이므로 다른 정점으로 가는 호가 있기 때문에, v_0에서 시작하는 임의의 길이의 걸음이 있다. 하지만 v는 유한하므로 어떤 정점이 반복되어 순환이 생기게 된다. 이는 디그래프가 비순환이라는 가정에 모순된다.

매우 유사한 논증으로 G에 내향 차수가 0인 정점이 있음을 증명할 수 있다. 만약 G에 내향 차수가 0인 정점이 없다면, 임의의 정점 v_0에서 시작하여 호를 거꾸로 따라가다 보면 어떤 정점이 반복되어 순환이 생기게 된다. ■

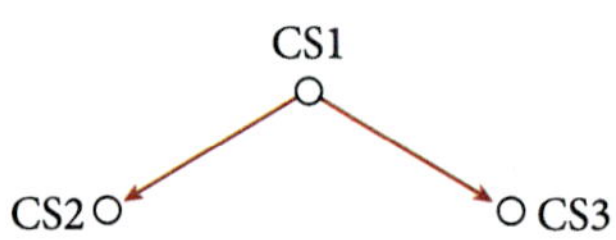

그림 13.5 하나의 소스와 두 개의 싱크를 가진 DAG

DAG에서 내향 차수가 0인 정점을 **소스**(*source*)라고 하고, 외향 차수가 0인 정점을 **싱크**(*sink*)라고 한다. 그림 13.4의 DAG에는 소스가 하나(CS1)이고 싱크가 하나(CS10)이다. 하지만 DAG에는 소스나 싱크가 둘 이상 있을 수도 있다. 예를 들어, 그림 13.4에서 CS10을 제외하여 유도된 부분 그래프에는 소스가 하나이고 싱크가 두 개(CS2, CS3) 있다(그림 13.5).

*

이러한 아이디어를 특별한 종류의 디그래프에 대해 이야기하며 종합해 보자. **토너먼트 그래프**(*tournament graph*)는 서로 다른 모든 정점 쌍을 정확히 한 방향으로만 호가 연결하는 디그래프이다. 이름에서 알 수 있듯이, 토너먼트 그래프는 모든 팀이 다른 팀과 정확히 한 번씩 경기하는 리그 경기 대회를 자연스럽게 표현한다(각 경기에서 한 팀이 이기고 무승부는 없다). 그림 13.6은 4개의 정점과 6개의 호를 가진 토너먼트 그래프를 보여준다. n개의 정점을 가진 토너먼트 그래프의 호 수는 언제나 정확히 $\frac{n(n-1)}{2}$개일 것이다. 왜냐하면 서로 다른 정점 쌍 사이에 정확히 하나의 호만 있기 때문이다.

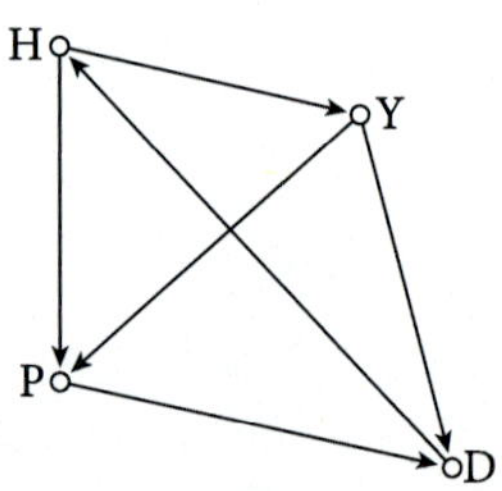

그림 13.6 H가 Y와 P를 이기고, Y가 D와 P를 이기며, P가 D를 이기고, D가 H를 이기는 토너먼트

그림 13.6에 묘사된 대회가 실제로 4개 팀 중 챔피언을 가리기 위한 것이었다면, 결과는 원하는 결론에 이르지 못했을 것이다. 각 팀은 3개 다른 팀과 경기했고, 어떤 팀도 모든 경기에서 이기지 못했다. H, Y, D는 서로 순환관계에 있다. H

가 Y를 이겼고, Y가 D를 이겼지만, D가 H를 이겼다. H, P, D에 대해서도 마찬가지이다. 팀들의 승리와 패배만 가지고는 어느 팀이 최고인지 명확하게 결정할 방법이 없다.

반면 그림 13.7에 묘사된 대회에는 명백한 승자가 있다. H가 다른 모든 팀을 이겼다. 게다가 이 대회에는 2위, 3위, 4위 팀도 명확하다. Y는 H에게만 졌으므로 2위, P는 H와 Y에게 졌으므로 3위, D는 H, Y, P 모두에게 졌으므로 4위이다.

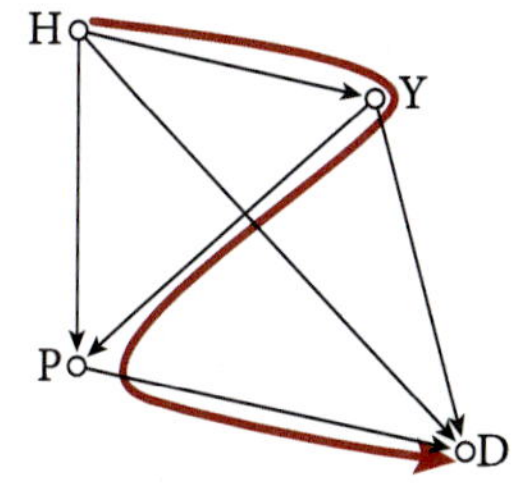

그림 13.7 H가 Y, P, D를 이기고 토너먼트의 명확한 승자인 토너먼트. 실제로, H에서 D까지의 빨간 경로가 보여주듯이 명확한 2위, 3위, 4위가 있다.

유한 집합 S에 대해 **선형순서**(*linear order*)를 $\preceq$라고 표기하고, S의 원소들이 $S = \{s_0, \ldots, s_n\}$과 같이 열거될 수 있어 $i \leq j$일 때만 $s_i \preceq s_j$가 성립하는 이진 관계라고 정의하자. (무한 집합에 대해서는 다음 장에서 일반화하자.) 예를 들어, S를 영어 단어 집합이라 하면, $s_i \preceq s_j$는 s_i가 s_j보다 사전식으로 앞에 오거나 같다는 의미로 정의할 수 있다. (이는 S에 대한 하나의 가능한 선형순서이지만, 다른 선형순서도 많이 있다.)

유한 집합 S에 대한 엄격한 선형순서를 $\prec$로 표기하고, $i<j$ 때만 $s_i \prec s_j$가 성립하는 순서라고 정의한다. 즉, 엄격한 선형순서 $\prec$는 선형순서와 비슷하지만, $x \prec x$는 항상 거짓이며 $x \preceq x$는 항상 참인 점이 다르다. 다시 S를 영어 단어 집합이라고 하면, 유사한 엄격한 선형순서 $s_i \prec s_j$는 s_i가 s_j보다 사전식으로 앞선다는 의미이다.

집합이 이진 관계에 의해 엄격하게 선형순서를 이룰 때는 그 집합을 목록으로 나열하는 방법이 오직 하나뿐이며, 목록에서 앞선 원소는 항상 뒤 원소보다 $\prec$관계에 있다. 서로 다른 팀 x, y에 대해 $x \prec y$가 x가 y를 이긴다는 의미라면, 그리고 $\prec$가 엄격한 선형순서라면, 1위, 2위, …, 최하위 팀이 잘 정의된다.

정리 13.4 토너먼트 디그래프가 엄격한 선형순서를 나타내는 경우는 그것이 DAG인 경우와 동치이다.

증명. $G = \langle V, A \rangle$를 토너먼트 디그래프라고 하자. G가 엄격한 선형순서 $v_0 \prec v_1 \prec \ldots \prec v_n$을 나타낸다면, 모든 호는 v_i에서 v_j로 가며 $i<j$이다. 그러면 디그래프는 비순환적이다. 왜냐하면 어떤 순환에도 적어도 하나의 $v_j \to v_i$호$(j>i)$이 있어야 하기 때문이다.

반대로 G가 DAG라고 가정하자. 우리는 정점 수에 대한 귀납법을 통해 G가 엄격한 선형순서를 나타냄을 보이겠다.

G가 하나의 정점만 있다면, 자명하게 엄격한 선형순서이다. G에 정점이 둘 이상 있다면, 정리 13.3에 의해 적어도 하나의 정점, 예를 들어 v_0의 내향 차수가 0이다. G가 토너먼트 디그래프이므로, G에는 각각의 호 $v_0 \to v_i (i! \neq 0)$가 포함되어 있다. $V - \{v_0\}$에 의해 유도된 부분 그래프를 고려해 보자. 이 유도된 부분 그래프 또한 비순환적이다. 왜냐하면 그 모든 호는 순환을 포함하지 않는 G의 호이기 때문이다. 그리고 이 부분 그래프는 토너먼트 디그래프이다. 왜냐하면 G가

토너먼트 디그래프이고, 이 부분 그래프에는 v_0를 끝점으로 하는 호를 제외한 G의 모든 호가 포함되어 있기 때문이다. 귀납 가설에 의해 이 유도된 부분 그래프는 어떤 엄격한 선형순서, 예를 들어, $v_1 \prec v_2 \prec \ldots \prec v_n$을 나타낸다. 우리의 원래 G에 대한 분석에 따르면 $v_0 \prec v_i(i != 0)$이므로, v_0를 앞에 놓으면 V 전체에 대한 엄격한 선형순서 $v_0 \prec v_1 \prec \ldots \prec v_n$이 된다. ■

그림 13.7의 정점들에 이 방법을 적용하여 선형순서를 매기면, 첫 번째 원소는 내향 차수가 0인 H이다. H를 디그래프에서 제거하면 $\{Y, P, D\}$에 의해 유도된 부분 그래프가 남는데, 이는 Y의 내향 차수가 0인 토너먼트 디그래프이다. y를 제거하면 $P \to D$ 호만 남고, P의 내향 차수가 0이다. 마지막으로 P를 제거하면 고립된 정점 D만 남는다. 따라서 네 정점의 선형순서는

$$H \prec Y \prec P \prec D\text{이다}$$

*

디그래프와 DAG는 무한할 수도 있다. 예를 들어, 자연수들은 $m \to n$을 m의 다음 수 n과의 관계로 해석하면 무한 DAG를 형성한다. $pred(m, n)$는 $n = m + 1$ 때만 성립한다. *pred*에 대한 DAG는 다음과 같이 생겼다.

$$0 \to 1 \to 2 \to 3 \to \ldots \tag{13.5}$$

이 디그래프는 DAG(Directed Acyclic Graph, 비순환 유향 그래프)이다. 왜냐하면 $n = m+1$이고 $m \to n$이면, $p \to m$가 되게 하는 $p \geq n$인 숫자 p가 존재할 수 없기 때문이다. 이 DAG에는 시작점(0)이 있지만 끝점(가장 큰 자연수가 없기 때문에)은 없다. 마찬가지로 이 유향 그래프의 화살표 방향을 거꾸로 하면, 끝점(0)은 있지만 시작점은 없는 DAG가 된다.

요약

- 유향 그래프 또는 디그래프는 **정점**(*vertices*)과 **호**(*arcs*)로 구성된다. 공식적으로 디그래프는 정점 집합 V와 호 집합 $A \subseteq V \times V$를 가지는 순서쌍 $\langle V, A \rangle$이다.
- 디그래프에는 정점에서 자기 자신으로 가는 **순환**(*self-loop*)과 두 정점 사이에 양방향 호가 포함될 수 있다.
- 디그래프는 a에서 b로 가는 호가 있다면 $\langle a, b \rangle$ 관계에 있다고 해석할 수 있는 이진 관계로 해석할 수 있다.

- 디그래프에서 **걸음**(*walk*)은 각 정점이 호로 연결된 정점 순서이며, 걸음의 길이는 그 호의 수이다. **경로**(*path*)는 중복 정점이 없는 걸음이다. **회로**(*circuit*)는 시작과 끝 정점이 같은 걸음이며, 회로가 중복 정점이 없으면 **순환**(*cycle*)이다. 각 정점은 길이가 0인 트리비얼 순환을 형성한다.
- 디그래프가 평이하지 않은 순환을 포함하지 않으면 **비순환**(*acyclic*)이다. 이런 그래프를 **DAG**(*Directed Acyclic Graph*)라고 한다.
- 정점 v에서 정점 w로 가는 경로가 있으면 w는 v에서 도달 가능하며, v와 w 사이의 거리는 그런 경로 중 최단 경로의 길이이다.
- 모든 정점에서 다른 모든 정점으로 도달할 수 있으면 디그래프는 **강연결**(*strongly connected*)이다.
- 정점으로 들어오는 호의 수를 **내향 차수**(*in-degree*), 정점에서 나가는 호의 수를 **외향 차수**(*out-degree*)라고 한다.
- 유한 DAG에는 적어도 하나의 **소스**(*source*, 내향 차수 0), 적어도 하나의 **싱크**(*sink*, 외향 차수 0)가 있다. 이는 자연수의 선행 관계를 나타내는 디그래프와 같은 무한 DAG에는 적용되지 않는다.
- 유한 집합에 대한 선형순서는 요소를 x가 y보다 앞서거나 y와 같으면 $x \preceq y$가 되도록 나열할 수 있는 이진 관계의 성질이다. 엄격한 선형순서 $\prec$는 $x \prec x$가 항상 거짓이고 $x \preceq x$가 항상 참인 것을 제외하고 비슷하다.

문제

13.1 그림 13.2의 디그래프에서 b에서 d까지 길이가 3인 다른 걸음을 찾으라($b \to d \to b \to d$ 제외).

13.2 모든 디그래프 G와 G의 임의의 정점 u, v, w에 대해 $d_G(u, w) \leq d_G(u, v) + d_G(v, w)$임을 증명하라. (이것을 유향 그래프에 대한 삼각 부등식이라고 한다.)

13.3 그림 13.8의 그래프 G를 고려하라.

(a) 각 정점의 내향 차수와 외향 차수는 무엇인가?

(b) G의 순환을 나열하라. 각 정점을 통과하는 순환은 몇 개인가? (다른 정점에서 시작하더라도 같은 호를 통과하는 두 순환은 다른 것으로 계산하지 마라.)

(c) 각 정점 쌍 사이의 거리를 찾으라(25개 값).

(d) G에서 가장 긴 경로의 길이는 얼마인가? 그 길이의 모든 경로를 나열하라.

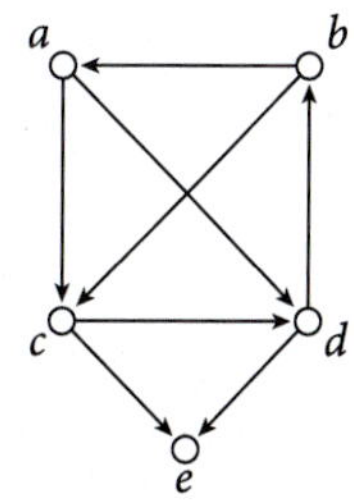

그림 13.8 유향 그래프

13.4 정점 집합이 $V = \{a, b, c, d, e\}$인 디그래프 G에 대해, 다음 호 집합 중 어떤 것이 $G = \langle V, A \rangle$에 평이하지 않는 순환을 포함하는가?

(a) $A = \{\langle a, b\rangle, \langle c, a\rangle, \langle c, b\rangle, \langle d, b\rangle\}$

(b) $A = \{\langle a, c\rangle, \langle b, c\rangle, \langle b, d\rangle, \langle c, d\rangle, \langle d, a\rangle\}$

(c) $A = \{\langle a, c\rangle, \langle b, d\rangle, \langle c, b\rangle, \langle d, c\rangle\}$

(d) $A = \{\langle a, b\rangle, \langle a, d\rangle, \langle b, d\rangle, \langle c, b\rangle\}$

Course	Prerequisites
CS182	CS51, CS121
CS121	CS20
CS124	CS50, CS51, CS121, Stat110
CS51	CS50
CS61	CS50
CS20	None
CS50	None
Stat110	None

그림 13.9 과목과 선수과목

13.5 그림 13.9에 나와있는 컴퓨터 과학 수업들의 선수과목 집합을 고려해 보자.

(a) 정점이 과목을 나타내고 x에서 y로 가는 호가 y를 듣기 위한 선수과목 x를 의미하는 유향 그래프를 그려라.

(b) 이 그래프가 DAG인지 여부를 설명하고, 선수과목을 나타내는 이런 그래프에 순환이 있어서는 안 되는 이유를 설명하라.

(c) 한 과목을 듣기 전에 모든 선수과목을 이수해야 한다고 가정할 때, 이 모든 과목들을 이수하는 데 필요한 최소 학기 수는 몇 개인가? 모든 과목이 매 학기에 개설되고 한 학기에 무제한 과목을 들을 수 있다고 가정하라.

13.6 모든 디그래프에서 모든 정점의 내향 차수의 합과 모든 정점의 외향 차수의 합이 같음을 증명하라.

13.7 (a) n개의 정점을 가진 임의의 강연결 디그래프에서 호의 최소 개수는 무엇인가? 그 디그래프는 어떤 모양인가? 답변을 증명하라.

(b) (a) 부분의 디그래프에서 두 정점 간 최대 거리는 무엇인가?

(c) (a) 부분의 최솟값보다 7개의 호가 더 있으면, 두 정점 간 최대 거리가 약 $\frac{n}{2}$보다 조금 더 큰 디그래프가 있음을 보여라.

(d) n개의 정점과 $2n-2$개의 호를 가진 디그래프에서 임의의 정점에서 다른 임의의 정점까지의 최대 거리가 2임을 보여라.

13.8 보조 정리 13.2에서 우리는 두 정점 사이에 걸음이 있으면 순환을 반복적으로 제거하여 순환이 없을 때까지 계속하면 두 정점 사이에 경로가 있다고 주장했다. 이 주장은 실제로 귀납 증명 또는 정렬성 원리에 의한 증명이었다. 이러한 증명을 작성하라.

13.9 (a) n개의 정점과 $\frac{n(n-1)}{2}$개 이상의 호를 가진 임의의 디그래프가 평이하지 않는 순환을 포함함을 증명하라.

(b) 다음 문장을 참으로 만드는 m의 최솟값은 무엇인가? 'n개의 정점과 m개 이상의 호를 가진 임의의 디그래프는 길이가 최소 2인 순환을 포함한다.'

13.10 $\langle V, A\rangle$를 유한 DAG라 하자. 정리 13.3의 증명은 G에서 임의의 걸음의 길이에 상한 b가 있음을 보였다. V와 A에 관해 그 상한 b는 무엇인가? 그 상한값이 최대가 되는 DAG는 어떤 모양인가?

13.11 $D = \langle \mathbb{N} - \{0,1\}, A \rangle$ 디그래프를 고려하자. 여기서 $u \to v \in A \Leftrightarrow u < v$이고 $u \mid v$이다.

(a) 정점 집합 $\{2, \ldots, 12\}$에 의해 유도된 부분 그래프를 그려라.

(b) 무한 디그래프 D에서 내향 차수가 0인 정점은? 1인 정점은?

(c) D에서 임의 정점의 최소, 최대 외향 차수는 무엇인가?

(d) D가 비순환임을 증명하라.

13.12 $\langle V, A \rangle$ 디그래프를 고려하자. 여기서 V는 모든 비트열의 집합이고, $u \to v \in A \Leftrightarrow v = u0$ 또는 $v = u1$이다.

(a) 정점들의 내향 차수와 외향 차수는 무엇인가?

(b) 어떤 경우에 정점 v가 정점 u에서 도달 가능한가?

Chapter

14 유향 그래프와 관계

148쪽의 식 (13.5)에서 선행 관계 *pred*(*m*, *n*)를 다시 살펴보자. *m*은 *n*의 선행자이고, 기호적으로 *pred*(*m*, *n*)이면, $n = m + 1$이다. 이 관계는 선형순서(147쪽)가 아니다. 왜냐하면 예를 들어, *pred*(0, 2)가 성립하지 않기 때문이다. 즉, 식 (13.5)에서 0에서 2로 가는 호가 없다. 비록 $0 < 2$이지만 말이다. '~보다 작은' 관계를 나타내는, 전체 디그래프에서 모든 정점은 무한한 외향 차수(임의의 수 *m*에 대해 *m*보다 큰 *n*이 무한히 많기 때문)와 유한한 내향 차수(*n*은 정확히 *n*개의 자연수 $0, \ldots, n-1$보다 크기 때문)를 가질 것이다(그림 14.1).

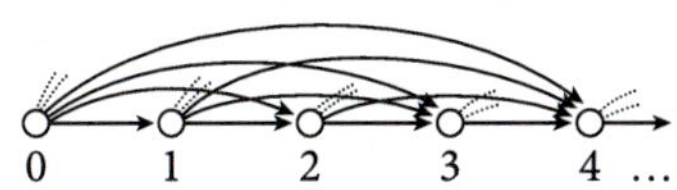

그림 14.1 자연수에 대한 '작거나 같다' 관계의 유향 그래프 표현

그런데 선행 관계와 '~보다 작은' 관계는 밀접하게 연관되어 있다. 우리는 '~보다 작은' 관계가 선행 관계를 '확장'한 결과라고 말할 수 있다. 이 아이디어를 정확히 하기 위해서는 새로운 용어가 필요하다.

이진 관계 $R \subseteq S \times S$가 **추이적**(*transitive*)이면, 임의의 원소 $x, y, z \in S$에 대해 $R(x, y)$와 $R(y, z)$가 모두 성립할 때 $R(x, z)$도 성립한다(그림 14.2). 자연수에 대한 작은 관계는 추이적이다. 왜냐하면 $x < y$이고 $y < z$이면 $x < z$이기 때문이다.

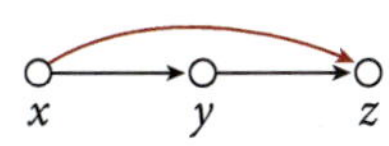

그림 14.2 추이성. 모든 x, y, z에 대하여 $x \to y$이고, $y \to z$이면 $x \to z$이다.

모든 선형순서는 추이적이지만, 선형순서가 아닌 많은 관계 또한 추이적이다. 예를 들어, 사람들 사이의 자녀와 후손 관계를 생각해 보자. 여기서 *child*(*x*, *y*)는 *x*가 *y*의 자녀일 때만 참이고, *descendant*(*x*, *y*)는 *x*가 *y*의 후손일 때만 참이다. 따라서 *child*(*x*, *y*)가 참이면 *descendant*(*x*, *y*)도 참이다. *descendant*(*x*, *y*)는 *x*가 *y*의 손자일 때, 즉 *child*(*x*, *z*)와 *child*(*z*, *y*)를 만족하는 *z*가 있을 때도 성립한다. 일반적으로 *descendant*는 추이적이다. 왜냐하면 어떤 사람의 후손의 후손은 그 사람의 후손이기 때문이다.

임의의 유향 그래프 *G*에서, 도달 가능성은 추이 관계이다. 왜냐하면 *u*에서 *v*로 가는 걸음과 *v*에서 *w*로 가는 걸음이 있다면, 첫 번째 걸음의 끝을 두 번째 걸음의 시작에 연결하여 *u*에서 *w*로 가는 걸음을 만들 수 있기 때문이다.

이진 관계 $R \subseteq S \times S$의 추이 폐포는 R^+로 표기되며, 임의의 $x, y \in S$에 대해

$R^+(x, y) \Leftrightarrow$ 어떤 $n > 0$에 대해
$x_0, \ldots, x_n \in S$가 존재하여 $x = x_0, y = x_n$이며
각 $i = 0, \ldots, n-1$에 대해 $R(x_i, x_{i+1})$이다.

직관적으로, 추이 폐포는 추이적인 R의 '최소' 확장이다—R^+가 포함하는 추가적인 순서쌍(R 자체 이외의)은 추이성을 만족시키는 데 필요한 것들뿐이다. 만약 R을 디그래프로 표현하면, R^+는 R에서의 평이하지 않는, 도달 가능 관계이다. 즉, $x \to y$가 R^+에 있다는 것은 R에서 x에서 y로 가는 평이하지 않는 경로가 있다는 것과 같다. 기호로는 다음과 같다.

$$x = x_0 \to x_1 \to \ldots \to x_n = y \text{ in } R$$

여기서 $n > 0$이고 $x_0, \ldots, x_n \in S$이다. 예를 들어, 자연수의 '~보다 작은' 관계는 선행 관계 *pred*의 추이 폐포이다. 후손 관계는 자녀 관계의 추이 폐포이다. $descendant = child^+$

*

관계 $R \subseteq S \times S$가 **반사적**(*reflexive*)이라면 모든 $x \in S$에 대해 $R(x, x)$가 성립한다. 예를 들어, 동치 관계는 반사적이다. 왜냐하면 항상 $x = x$이기 때문이다. 자연수의 '작거나 같음' 관계 $\leq$ 또한 반사적이다. 왜냐하면 모든 x에 대해 $x \leq x$이기 때문이다.

'~보다 작은' 관계는 반사적이 아니다. 왜냐하면 예를 들어 $0 \not< 0$이기 때문이다. 단 하나의 반례가 있으면 관계가 반사적이 아님을 보일 수 있다. 왜냐하면 모든 S의 원소가 자기 자신과 관계를 가질 때만 반사적이기 때문이다. '~보다 작은' 관계는 어떤 자연수도 자기 자신과 관계를 가지지 않는다는 강한 성질을 가지고 있다. 관계 R이 어떤 $x \in S$에 대해서도 $R(x, x)$가 성립하지 않으면 R은 **비반사**(*irreflexive*) 관계라고 한다.

R에 R에 없는 $\langle x, x \rangle$ 순서쌍을 추가하면 R의 반사 폐포를 얻을 수 있다.

$$R\text{의 반사 폐포} = R \cup \{\langle x, x \rangle : x \in S\}$$

디그래프 표현에서 R의 반사 폐포는 모든 정점에 자기 자신으로의 셀프 순환을 포함한다.

R의 추이 폐포의 반사 폐포를 R의 반사 추이 폐포라고 하며, R^*로 표기한다. 예를 들어, 자연수에 대한 '작거나 같음' 관계는 선행 관계의 반사 추이 폐포이다. 왜냐하면 $x \leq y$이면 또는 그럴 때만 어떤 임의의 $n \geq 0$에 대해 다음을 만족시키는 $x_0, \ldots, x_n$이 존재한다.

$$\begin{aligned} x &= x_0 \\ x_1 &= x_0 + 1 \\ x_2 &= x_1 + 1 \\ &\vdots \\ x_n &= x_{n-1} + 1 \\ &= y \end{aligned}$$

$n=0$인 경우, 이는 단순히 $x=x_0=x_n=y$임을 말한다.

R과 R^*의 디그래프 표현에서, $x \rightarrow y$가 R^*에 있다는 것은 R에서 x에서 y로 가는 경로(평이한 또는 평이하지 않은)가 있다는 것과 같다. 따라서 디그래프의 반사 추이 폐포는 그 도달 가능 관계이다.

이진 관계의 반사 추이 폐포는 계산 이론에서 특별한 위치를 차지한다. 다음 장을 예상해 보자. 정점이 컴퓨터 상태(모든 메모리 셀의 정확한 값, 다음에 실행될 명령어의 메모리 주소 등)를 나타내는 거대한 디그래프를 고려해 보자. 하나의 명령어 단계에서 기계가 첫 번째 상태에서 두 번째 상태로 넘어가면 하나의 호가 그 두 상태를 연결한다. 그러면 두 상태가 호로 연결되어 있는지 원리상 쉽게 확인할 수 있다. 실행된 명령어가 무엇을 하는지 확인하면 된다. 하지만 프로그램이 충분히 오래 실행되도록 허용되었을 때 하나의 상태에서 다른 상태로 도달 가능한지, 즉 첫 번째 상태가 단일 단계 관계의 반사 추이 폐포에서 두 번째 상태와 관계를 가지는지는 명확하지 않을 수 있다!

표기법에 대해 말해 보자. '*' 기호는 '0개 이상의'를 나타내는 것으로 이해할 수 있다. 왜냐하면 R^*는 한 정점에서 다른 정점으로 R의 0개 이상의 호를 통한 경로로 도달 가능함을 나타내는 관계이기 때문이다. 이는 이전에 Σ^*를 Σ에서 0개 이상의 기호들의 문자열을 나타내는 것으로 사용한 것과 일관된다. 마찬가지로 '+'는 '1개 이상의'를 의미하며, Σ^+는 길이가 0이 아닌 Σ의 문자열 집합을 나타내며, 때로는 Σ의 **클레이니 플러스**(*Kleene plus*)라고 불린다.

*

이진 관계 $R \subseteq S \times S$가 **대칭적**(*symmetric*)이면 $R(x, y)$가 성립할 때마다 $R(y, x)$도 성립한다. 디그래프 표현에서, 대칭 관계는 $x \rightarrow y$ 호가 있을 때마다 $x \leftarrow y$ 호도 가진다. 우리는 때때로 이런 호 쌍을 $x \leftrightarrow y$와 같이 양쪽 끝에 화살표가 있는 단일 선으로 줄여 쓰지만, 그것은 단지 표기상의 편의일 뿐이다. G가 정점 집합 V, 그런 호 쌍을 포함하는 호 집합 A를 가진 디그래프 $\langle N, A \rangle$라면, A는 $\langle x, y \rangle$ 호와 $\langle y, x \rangle$ 호 둘 다를 포함한다.

주변 도로를 나타내는 디그래프를 생각해 보자. 정점은 교차로이고 호는 거리와 도로를 따라 교통 흐름의 방향을 나타낸다. 작은 마을에 계신다면, 디그래프는 아마 대칭적일 것이다. 왜냐하면 모든 도로가 양방향이기 때문이다. 대도시 지역에서는 일방통행로가 있을 수 있으며, 그렇다면 그 디그래프는 대칭이 아닐 것이다. 대부분의 항공사에서 직항 노선을 나타내는 디그래프는 대칭적이다. 왜냐하면 X에서 Y로 갈 수 있다면 Y에서 X로 돌아오는 노선도 있기 때문이다. 하지만 삼각 노선이 있는 경우 X에서 Y, Y에서 Z, Z에서 X로 가는 노선이 있지만 Y에서 X로 바로 가는 노선은 Z에서 갈아타야 한다(그림 14.3).

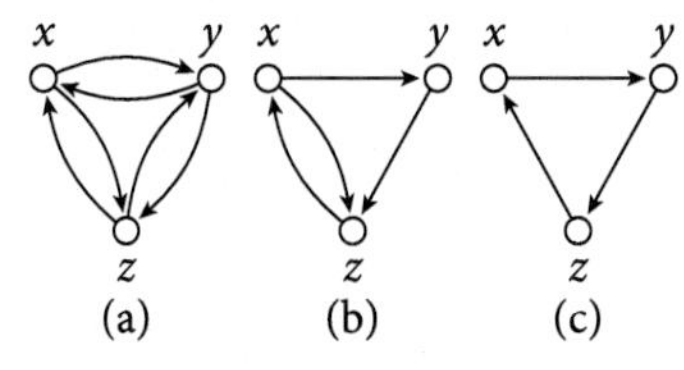

그림 14.3 세 도시 간의 비행 계획. (a)는 대칭적이고, (b)와 (c)는 대칭적이지 않으며, (c)는 비대칭적이고 반대칭적이다.

관계가 **비대칭적**(*asymmetric*)이면 어떤 원소 x, y에 대해서도 $x \rightarrow y$와 $y \rightarrow x$가 모두 성립하지 않는다. 비대칭 관계는 반사적이지 않다. 왜냐하면 $x \rightarrow x$와 같은 자기 자신으로의 순환은 비대칭 조건을 위배하기 때문이다. 관계가 **반대칭적**(*antisymmetric*)이면 $x \to y$와 $y \to x$가 $x = y$일 때만 성립한다. 따라서 반사 관계는 반대칭적일 수 있지만 비대칭적일 수는 없다. 정수에 대한 '작거나 같음' 관계가 그런 반사적이고 반대칭적인 관계의 예이다.

추이성, 반사성, 대칭성 이 세 가지 기본 성질은 서로 독립적이다. 즉, 이 세 성질 중 하나만 만족하고 나머지 둘은 만족하지 않는 관계가 있고, 이 중 두 개만 만족하고 하나는 만족하지 않는 관계도 있다(예를 들어, 그림 14.4와 14.5를 보라).

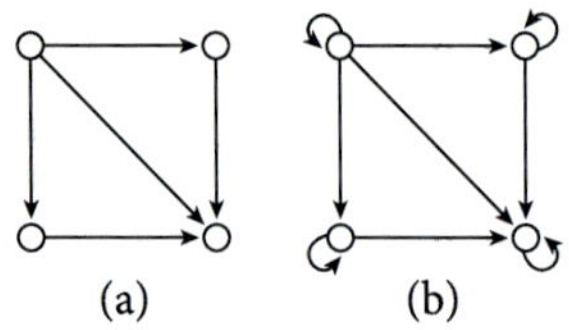

그림 14.4 두 개의 추이적이고 반대칭적인 관계. (a)의 관계는 비대칭적이고, (b)의 관계는 재귀적이며 비대칭적이지 않다.

대칭적이고 추이적인 관계는 반사적이어야 한다고 추론하고 싶은 유혹이 있을 것이다. 왜냐하면 $x \to y \to x$호가 있다면 추이성에 의해 $x \to x$호가 있어야 하기 때문이다. 하지만 그 논리는 모든 정점의 외향 차수가 양수라고 가정하고 있다(또는 대칭 디그래프이므로 내향 차수가 양수라고 가정한다). 정점 하나와 호가 없는, 평이한 디그래프는 자명하게 대칭적이고 추이적이다. 즉, $x \to y$호가 있을 때마다 $x \leftarrow y$호가 있고, $x \to y$와 $y \to z$호가 있을 때마다 $x \to z$호가 있다는 것이 자명하게 참이다. 왜냐하면 이 디그래프에는 아예 호가 없기 때문이다. 하지만 이 대칭적이고 추이적인 디그래프는 반사적이지 않다. 왜냐하면 유일한 정점에서 자기 자신으로 가는 순환이 없기 때문이다.

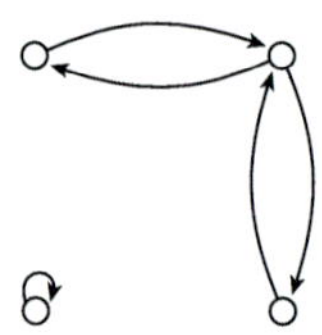

그림 14.5 반사적이거나 추이적이지 않으면서 대칭적인 관계

*

대칭적이고 반사적이며 추이적인 이진 관계를 **동치 관계**(*equivalence relation*)라고 한다.

예제 14.1 모든 사람이 고향이 하나뿐이라고 가정하자. 그러면 같은 고향 출신 사람들 사이의 이진 관계는 동치 관계이다: 대칭적이다, 왜냐하면 내 고향이 당신 고향과 같다면 당신의 고향 또한 내 고향과 같기 때문이다. 반사적이다, 왜냐하면 내가 살고 있는 곳이 곧 내 고향이기 때문이다. 그리고 추이적이다, X와 Y가 같은 고향이고 Y와 Z가 같은 고향이라면 X와 Z 또한 같은 고향이기 때문이다.

이 동치 관계에 대한 논의 뒤에는 더 깊은 의미가 숨어 있다. 집합 S에 대한 임의의 동치 관계는 S를 서로 겹치지 않고 모든 원소를 포함하는 부분 집합들로 나눈다. 이런 S의 부분 집합 모음을 S의 **분할**(*partition*)이라 하며, 분할의 원소를 **블록**(*block*)이라고 한다. 즉, $\mathcal{T} \subseteq \mathcal{P}(S)$가 S의 분할이면

- 각 블록이 공집합이 아니다. 즉 $X \in \mathcal{T}$이면 $X \neq \emptyset$
- 블록들이 겹치지 않는다. 즉 $X_1, X_2 \in \mathcal{T}$이고 $X_1 \neq X_2$이면 $X_1 \cap X_2 = \emptyset$
- 블록들이 S를 모두 포함한다. 즉 $S = \bigcup_{X \in \mathcal{T}} X$

이다. 예를 들어 가능한 모든 고향 도시의 인구들은 모든 사람 집합의 분할을 이룬다. 각 도시는 그 도시 주민 모두를 포함하는 블록에 대응한다. '같은 고향 출

신'이라는 동치 관계와 같은 고향 출신자들을 모아놓은 분할 사이에 밀접한 연관이 있다는 것은 우연이 아니다. 이 개념들을 정리해 보자.

정리 14.2 S 집합에 대한 동치 관계 $\leftrightarrow$가 있다고 하자. 그러면 $\leftrightarrow$의 동치류들은 S의 한 분할이 된다. 반대로, S의 임의의 분할 $\mathcal{T}$가 주어지면, $\mathcal{T}$의 같은 블록에 속하는 모든 원소들이 $\leftrightarrow$에 의해 동치가 되는 S에 대한 동치 관계 $\leftrightarrow$를 생성한다.

증명. $\leftrightarrow$가 S에 대한 동치 관계라면, $\mathcal{T} = \{\{y : y \leftrightarrow x\} : x \in S\}$는 S의 분할이 된다. 왜냐하면 S의 모든 원소는 $\mathcal{T}$의 정확히 하나의 블록에만 속하기 때문이다. 반대로, $\mathcal{T}$가 S의 분할이라면, $x \leftrightarrow y$가 x와 y가 $\mathcal{T}$의 같은 블록에 속할 때만 성립하는 관계 $\leftrightarrow$는 예제 14.1의 추론과 같이 반사적, 대칭적, 추이적이다. 따라서 $\leftrightarrow$는 동치 관계이다. ■

*

145쪽에서 우리는 임의의 두 정점 사이에서 상호 도달 가능할 때 유향 그래프를 '강연결'이라고 불렀다. 이제 우리는 이 개념을 사용하여 임의의 유향 그래프를 분할하게 된다.

153쪽에서 관찰한 바와 같이, 도달 가능성은 추이적 관계이지만 반드시 대칭적인 것은 아니다. 때로는 y가 x로부터 도달 가능하지만 x는 y로부터 도달 가능하지 않을 수 있다. 그러나 임의의 유향 그래프에서, 두 정점 간의 상호 도달 가능성—한 정점에서 다른 정점으로 도달 가능하고 그 반대도 성립할 때 존재하는 관계—는 대칭적이며 추이적이다. 그리고 모든 정점은 자기 자신으로부터 당연히 도달 가능하므로, 상호 도달 가능성은 추이적, 대칭적, 반사적이다. 즉, 동치 관계이다.

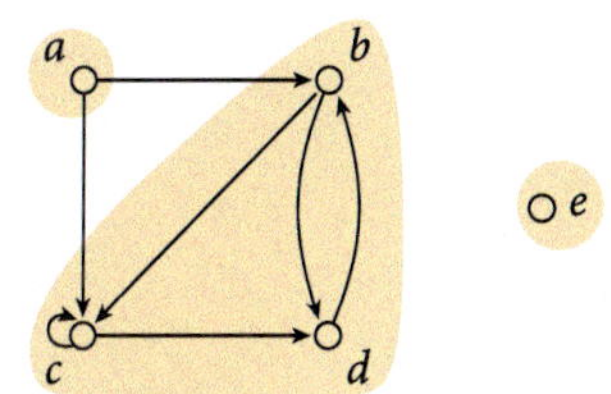

그림 14.6 그림 13.1의 유향 그래프의 강연결 성분들

따라서 임의의 유향 그래프의 정점들을 상호 도달 가능성 관계에 따라 분할할 수 있다. 143쪽의 그림 13.1의 유향 그래프에서 상호 도달 가능성에 따른 분할은 $\{\{a\}, \{b, c, d\}, \{e\}\}$이다. 정점 b, c, d는 서로 도달 가능하지만, a나 e는 자기 자신 외에는 어느 정점으로도 도달 불가능하다(그림 14.6 참조). 이 그래프는 예를 들어, 단방향 도로로 연결된 주택가를 표현할 수 있겠다(비록 모든 주택에서 다른 주택으로 도달할 수 없어 열악한 계획이지만).

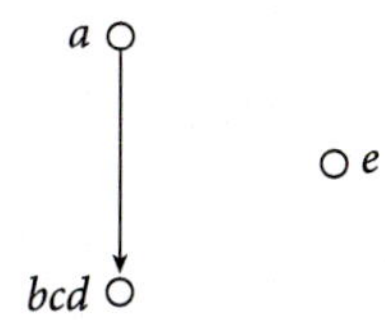

그림 14.7 그림 14.6의 방향 그래프의 강성분에 대한 DAG. 강성분 $\{b, c, d\}$가 단일 정점 bcd로 축소되었다. 그림 14.6의 그래프에서 호 $a \rightarrow b$(그리고 또한 호 $a \rightarrow c$)가 있기 때문에 호 $a \rightarrow bcd$가 있다. 강성분 내에 완전히 포함된 호들은 무관하다.

상호 도달 가능성 관계의 블록들에 의해 유도된 부분 그래프들을 그 유향 그래프의 강연결 성분 혹은 단순히 강성분라고 부른다. 각 강연결 성분은 강연결 유향 그래프이며, 다른 강성분의 정점들과는 상호 도달 불가능하다. 사실, 유향 그래프의 강성분들은 DAG(유향 비순환 그래프) 형태로 연결되어 있다(그림 14.7 참조).

정리 14.3 $G = \langle V, A\rangle$를 임의의 유향 그래프라 하고, $\mathcal{T}$를 G의 강연결 성분들의 정점 집합들에 대한 분할이라고 하자. 어떤 $x \in X$와 $y \in Y$에 대해 $X \neq Y$이고 $x \to y \in A$일 때와 그리고, 오직 그때만, 어떤 $X, Y \in \mathcal{T}$에 대해서도 $X \to Y \in A'$이 만족하는 새로운 디그래프 $G' = \langle \mathcal{T}, A'\rangle$을 생성한다. 그 생성된 G'은 DAG이다.

증명. G'은 비순환적이다. 왜냐하면 G'에 순환이 있다면, G에서 서로 다른 강연결 성분에 속하는 $x_0, \ldots, x_k$에 대해 $x_0 \to x_1 \to \ldots \to x_k \to x_0$ 순환이 존재할 것이기 때문이다. 그러나 그렇다면 이 정점들 모두가 G에서 상호 도달 가능할 것이고, G의 서로 다른 강성분에 속할 수 없을 것이다. ■

*

부분순서(*partial order*)는 반사적, 반대칭적, 추이적인 이항관계이다. 예를 들어, $\leq$는 정수들에 대한 부분순서이고, $\subseteq$는 $\mathcal{P}(\mathbb{N})$에 대한 부분 집합 관계가 부분순서이다. 선형순서는 앞 장에서 유한 집합에 대해 정의한 것으로, 임의의 두 원소가 한 방향 또는 다른 방향으로 관계지어지는 부분순서이다. 부분순서를 $\preceq$로 표기할 때, 임의의 원소 x, y에 대해 $x \preceq y$ 또는 $y \preceq x$ 중 하나가 성립한다. 따라서 모든 선형순서는 부분순서이다. 예를 들어, 정수에 대한 $\leq$는 둘 다(부분순서이면서 선형순서)이다. 그러나 모든 부분순서가 선형순서는 아니다. 예를 들어, $\mathcal{P}(\mathbb{N})$에 대한 $\subseteq$는 선형순서가 아니다. 왜냐하면 $\{0\} \subseteq \{1\}$도 $\{1\} \subseteq \{0\}$도 참이 아니기 때문이다.

엄밀부분순서는 반사적이지 않고 반대칭적이며 추이적인 이항관계이다. 다시 말해 부분순서에서 자기자신 $\langle x, x\rangle$ 루프를 제거한 것이다. 따라서 $<$는 자연수에 대한 엄밀부분순서이고, '진부분집합'은 $\mathcal{P}(\mathbb{N})$에 대한 엄밀부분순서이다. 선형순서와 부분순서의 관계에 상응하여, 엄밀선형순서는 임의의 두 원소가 한 방향 또는 다른 방향으로 관계지어지는 엄밀부분순서이다.

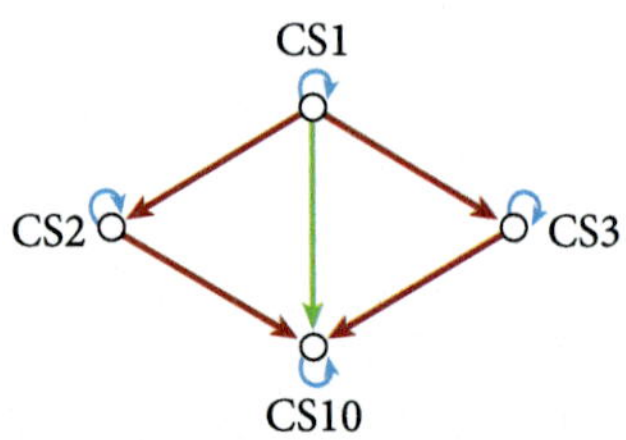

그림 14.8 컴퓨터 과학 과목들에 대한 부분 순서

임의의 엄밀부분순서의 그래프는 DAG이고, 임의의 부분순서는 DAG의 반사, 추이 폐포가 된다(문제 14.8). 그림 14.8은 컴퓨터 과학 과목들 간의 선수과목 관계를 나타내는 그림 13.4의 그래프에 대한 반사, 추이 폐포이다. 빨간 화살표들 만으로 과목 안내서에 기술될 수 있을 만한 DAG를 보여준다. CS2의 선수과목은 CS1이고, CS3의 선수과목은 CS1이며, CS10의 선수과목은 CS2와 CS3이다. 빨간색과 녹색 화살표를 모두 고려하면 엄밀부분순서가 되어, 직전 선수과목뿐만 아니라 선수과목의 선수과목까지도 지정된다. 이 경우 CS10을 수강하려면 CS1, CS2, CS3 모두를 먼저 수강해야 한다. 이 관계는 엄밀선형순서가 아니다. 왜냐하면 CS2와 CS3 중 어느 것을 먼저 수강해야 한다고 명시되어 있지 않기 때문이다. 모든 화살표(빨간색, 녹색, 파란색)를 합치면 빨간색 화살표로 표현된 DAG의 반사, 추이 폐포가 된다.

부분순서에서 **극소**(*minimal*) 원소는 다른 어떤 원소보다도 작지 않은 원소를 말한다. 모든 원소가 서로 비교 가능한 것은 아니므로 이런 원소가 여럿 존재할 수 있다. 그림 14.8에서는 CS1이 유일한 선수과목이 없는 과목이므로 극소원소가 하나밖에 없다. 하지만 예를 들어 {CS2, CS3, CS10} 과목들만 고려하면 CS2와 CS3가 두 개의 극소원소가 된다. 왜냐하면 이 둘 중 어느 것도 다른 것의 선수과목이 아니기 때문이다. 이는 어떤 원소들의 집합에서 하나 이상의 최솟값을 가질 수 없는 경우인, <관계(또는 다른 선형순서)에 적용되는 일반적인 **최솟값**(*minimum*)의 의미와 대조된다. 예를 들어, {2, 3, 10} 숫자들의 집합에서 <에 의한 순서는 2가 최솟값이 된다.

이런 의미에서 그림 14.8의 빨간 화살표들은 사실 그림 14.8의 모든 화살표를 포함하는 유향 그래프가 그것의 반사, 추이 폐포가 되는 극소 DAG이다. 여기서 DAG들을 엄밀부분순서에 의해 순서지어진 화살표 집합으로 본다. 즉, 빨간 화살표들의 어떤 부분 집합도 같은 반사, 추이 폐포를 갖지 않는다.

요약

- 집합 S에 대한 이항관계 R이 추이적이라는 것은 모든 $x, y, z \in S$에 대해 $R(x, y)$와 $R(y, z)$가 성립하면 $R(x, z)$도 성립한다는 뜻이다.
- 관계 R의 추이 폐포 R^+는 R을 포함하는 최소 추이적 관계로의 확장이다.
- 관계 R이 반사적이라는 것은 모든 $x \in S$에 대해 $R(x, x)$가 성립한다는 뜻이다. R이 비반사적이라는 것은 모든 $x \in S$에 대해 $R(x, x)$가 절대 성립하지 않는다는 뜻이다.
- 관계 R의 반사 폐포는 R을 포함하는 최소 반사적 관계로의 확장이다.
- 관계 R의 추이 폐포의 반사 폐포를 R의 반사, 추이 폐포 R^*라 하며, 이는 R을 나타내는 유향 그래프의 도달 가능성 관계이다.
- 이진 관계 R이 집합 S에 대해, 대칭적이라는 것은 모든 $x, y \in S$에 대해 $R(x, y)$가 성립하면 $R(y, x)$도 성립한다는 뜻이다. R이 비대칭적이라는 것은 모든 $x, y \in S$에 대해 $R(x, y)$와 $R(y, x)$가 동시에 성립하지 않는다는 뜻이다. R이 반대칭적이라는 것은 $x = y$일 때만 $R(x, y)$와 $R(y, x)$가 모두 성립한다는 뜻이다. 정수집합에 대하여 <는 비대칭이지만 ≤은 아니다. <과 ≤은 모두 반대칭이다.
- 추이성, 반사성, 대칭성은 서로 독립적이다.
- 대칭적이고 반사적이며 추이적인 이항관계를 동치 관계라고 한다.

- 집합 S에 대한 동치 관계는 S의 분할, 즉 공집합이 아니고 서로소이며 전체 집합을 포괄하는 블록들의 집합에 대응한다. 이 블록들을 동치류라고 한다.
- 유향 그래프에서 두 정점 간의 상호 도달가능성은 동치 관계이다. 해당 분할의 블록들에 의해 유도되는 부분 그래프들이 그래프의 강연결 성분들이다.
- 부분순서는 반사적이고 반대칭적이며 추이적인 이항관계이다. 엄밀부분순서는 비반사적이고 반대칭적이며 추이적인 이항관계이다.
- (엄밀)선형순서는 임의의 두 원소가 한쪽 방향 또는 다른 방향으로 관계지어지는 (엄밀)부분순서이다.
- 부분순서에서 최소 원소는 다른 어떤 원소보다도 작지 않은 원소를 말한다. 모든 원소가 서로 비교 가능한 것은 아니므로 최소원소가 여럿 존재할 수 있다.

문제

14.1 참 또는 거짓? 설명하고/또는 수정하라. '모든 유향 그래프에서, u에서 v로 가는 경로와 v에서 w로 가는 경로가 있다면, 첫 번째 경로의 끝과 두 번째 경로의 시작을 연결하면 u에서 w로 가는 경로가 생성된다.'

14.2 이진 관계의 추이 폐포의 반사 폐포는 항상 그 관계의 반사 폐포의 추이 폐포와 같은가? 증명하거나 반례를 제시하라.

14.3 집합 S에서 집합 T로의 임의의 전사 함수 $f: S \to T$가 주어졌을 때,

(a) $\{f^{-1}(y): y \in T\}$가 S의 분할임을 증명하라. 여기서 $f^{-1}(y) = \{x \in S: f(x) = y\}$이다.

(b) S에서 T로의 '전사 함수' 대신 '함수'라고 했다면, (a)의 문장이 거짓이 되는 이유는 무엇인가?

(c) f가 전단사 함수일 때 $\{f^{-1}(y): y \in T\}$의 블록은 무엇인가?

(d) 예제 14.1을 이 현상의 사례로 해석해 보라.

(e) 바닥(floor) 함수 $f(x) = \lfloor x \rfloor$는 음이 아닌 실수에서 자연수 $\mathbb{N}$으로의 전사 함수이다. $f^{-1}[\mathbb{N}]$의 블록은 무엇인가?

14.4 그림 14.5와 같은 관계를 그려보라. 다음 조건을 만족하는 관계를 각각 그려라.

(a) 반사적이지만 대칭적이거나 추이적이지 않은 관계

(b) 반사적이고 추이적이지만 대칭적이지 않은 관계

(c) 반사적이고 대칭적이지만 추이적이지 않은 관계

(d) 추이적이고 대칭적이지만 반사적이지 않은 관계

14.5 두 개의 정점과 그 사이의 단일 호를 가진 유향 그래프에 대해 반사성, 대칭성, 추이성 중 어떤 성질이 성립하는가?

14.6 문자열 x가 문자열 y를 중첩한다고 할 때, 이는 p, q, r이라는 문자열이 존재하여 $x = pq$이고 $y = qr$이며, $q \neq \lambda$인 경우를 말한다. 예를 들어, *abcde*는 *cdefg*를 중첩하지만, *bcd*나 *cdab*를 중첩하지 않는다.

(a) 알파벳 $\{a, b\}$로 이루어진 길이 2의 네 가지 문자열에 대한 중첩 관계를 그려보라.

(b) 중첩은 반사적인가? 그 이유는 무엇인가?

(c) 중첩은 대칭적인가? 그 이유는 무엇인가?

(d) 중첩은 추이적인가? 그 이유는 무엇인가?

14.7 다음 각 관계에 대해 반사성, 대칭성, 추이성 중 어떤 성질이 성립하는지 결정하고 그 이유를 설명하라.

(a) 부분 집합 관계

(b) 진부분 집합 관계

(c) 집합과 그 멱집합 사이의 관계

(d) '수업을 함께 듣는다.'는 관계. 두 사람이 이번 학기에 같은 수업을 듣고 있다면 이 관계가 성립한다.

(e) 정수 $\mathbb{Z}$에서의 관계 R. $R(a, b)$는 b가 a의 배수일 때만 성립한다(즉, $n \in \mathbb{Z}$인 어떤 n에 대해 $b = na$일 때).

(f) 정수 순서쌍에 대한 관계 R. $R(\langle a, b\rangle, \langle c, d\rangle)$는 $ad = bc$일 때만 성립한다.

14.8 이진 관계가 부분 순서인 것과 어떤 유향 비순환 그래프(DAG) R에 대해 그 관계가 R^*인 것이 동치임을 증명하라.

14.9 그림 14.9는 $\{0, 1, 2\}$의 부분 집합들을 나타내는 정점들의 집합을 보여준다. 이 그림을 옮겨 그리고, $\subseteq$관계를 나타내는 화살표를 다음과 같이 추가하라. 한 가지 색으로, $\subseteq$가 그 반사, 추이 폐포가 되는 최소한의 유향 비순환 그래프(DAG)를 형성하는 화살표를 추가하라. 두 번째 색으로, 추이 폐포 $\subsetneq$를 형성하는 데 필요한 화살표를 추가하라. 세 번째 색으로, 반사 폐포 $\subseteq$를 형성하는 데 필요한 화살표를 추가하라.

	$\{0\}$	$\{0,1\}$	
$\emptyset$	$\{1\}$	$\{0,2\}$	$\{0,1,2\}$
	$\{2\}$	$\{1,2\}$	

그림 14.9 집합 $\{0, 1, 2\}$의 부분 집합들

14.10 그림 13.8(149쪽)의 유향 그래프의 강연결 성분은 무엇인가? 이 성분들의 유향 비순환 그래프(DAG)를 그려라.

14.11 나눗셈 관계 $(p \mid q)$가 $\mathbb{N} - \{0\}$에서 부분 순서임을 보여라. 나눗셈 관계가 그 반사, 추이 폐포가 되는 최소한의 유향 비순환 그래프(DAG)는 무엇인가?

14.12 $\subsetneq$로 순서지어진 다음 집합 S의 극소 원소는 무엇인가?

$$S = \{\{1\}, \{2, 3\}, \{1, 4\}, \{3, 4\}, \{3, 5\}, \{1, 2, 4\}, \{2, 4, 5\}, \{1, 2, 3, 4, 5\}\}$$

Chapter

15 상태 및 불변량

디지털 컴퓨터의 상태는 이산적이다. 컴퓨터는 한 상태에서 직접 다른 상태로 점프하며 작동하며, 중간 상태를 차지할 수 없다. 예를 들어, 정수값을 갖는 변수나 그것이 저장된 레지스터(메모리 셀)는 1이나 2와 같은 값을 가질 수 있지만, 1.5나 $\sqrt{2}$와 같은 값은 가질 수 없다. 소위 '부동 소수점' 값조차도 이산적인 값 집합 중 하나의 값만을 가질 수 있다. 이와는 대조적으로, 구식 슬라이드룰(이건 우리말로 번역하기 어려운 장치이다)과 라디오 다이얼은 아날로그 장치이다. 이들은 연속량을 표현하며, 원칙적으로 표현 가능한 두 값 사이의 어떤 값이라도 가질 수 있다.[1]

[1] 아날로그 장치의 위치는 그것이 나타내는 물리적 양의 값과 '유사'하다.

아날로그 장치는 0과 1 사이에 무한히 많은 실수가 있는 것처럼 무한히 많은 상태를 가질 수 있다. 반면에 디지털 장치는 0과 1 두 가지 상태만을 가질 수 있는 구성 요소로 이루어져 있다. 우리는 일반적으로 이 두 상태를 `0`과 `1`이라고 부르며, 0.5나 $\frac{2}{3}$와 같은 값은 존재하지 않는다.[2]

[2] 적어도 그래서는 안 된다. 궁극적으로 트랜지스터와 다른 디지털 구성 요소들은 사실 아날로그 장치이며, 제조상 또는 환경적 문제로 인해 중간 상태를 가질 수 있다는 것이 전기공학의 사실이다. 아날로그 구성 요소를 디지털적으로 작동하게 만드는 방법은 컴퓨터 과학과 공학의 중요한 영역이다.

디지털 컴퓨터는 강력한 이유는 수많은, 그런 이진 요소들로 이루어져 있기 때문이다. 구성 요소의 수가 많아질수록 전체 디지털 장치의 상태 수는 기하급수적으로 증가한다. 컴퓨터에 연결된 외부 저장 장치, 입력 장치 및 다른 컴퓨터를 모두 시스템의 일부로 본다면, 디지털 시스템은 실질적으로 무한한 크기가 될 수 있지만 그 상태는 여전히 이산적이다.

이번 장에서는 디지털 컴퓨터와 같은 이산 상태(discrete-state) 시스템의 유용한 수학적 모델을 개발할 것이다. 이 모델은 표현하는 장치의 내부 구조나 표현되는 시스템이 유한한지 무한한지 여부와 상관없이 작동할 것이다. 모든 이산 상태 시스템의 기본 구조는 디그래프(유향 그래프)가 될 것이다. 정점은 상태를 나타내며 한 상태에서 다른 상태로 가는 호는 전이—'점프'—를 나타낸다. 일반적으로 전이는 하나의 단위시간 또는 하나의 명령어 실행 중에 발생한다. 매우 단순한 예를 들면, 그림 15.1은 단일 임의의 자연수를 저장하고 1을 더할 수 있는 시스템을 나타낸다. 따라서 상태는 0, 1, …에 해당하며 호는 1을 더하는 전이를 보여준다. 0에서 1로, 1에서 2로 등.

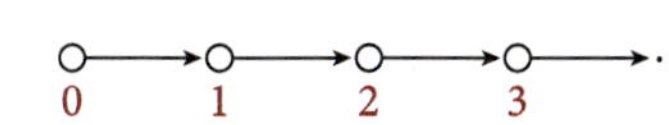

그림 15.1 하나의 자연수가 저장되고 그것에 대한 유일한 연산이 1을 더하는 것인 시스템

여러 종류의 상태 전이를 가진 시스템을 표현하려면 호에 라벨을 붙여야 한다. 예를 들어, 그림 15.2는 1을 더하고 1을 빼는 두 가지 연산을 가진 동일한 시스템

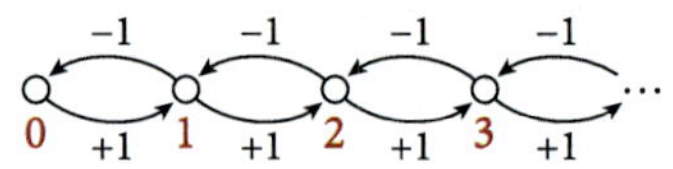

그림 15.2 하나의 자연수가 저장되고 연산이 1을 더하거나 빼는 것인 시스템

을 보여준다. 0 상태에서 1을 빼는 전이가 없음에 주목하라. 다이어그램은 시스템이 0 상태일 때 1을 빼는 것이 단순히 불가능하다는 것을 시사한다.

그림 15.3은 정확히 네 가지 가능한 상태 0, 1, 2, 3을 가진 시스템을 보여준다. 전이는 그림 15.1과 같이 1을 더하는 것을 나타내지만, 상태 3에서 1을 더하면 상태 0으로 전이된다. 이는 좌측 비트 위치의 올림 비트를 무시하고 버린다면 2비트 레지스터의 작동 방식과 거의 비슷하다.

이런 다이어그램은 내부 구조와 무관하게 디지털 시스템의 의도된 동작을 표현하는 데 유용하다. 그림 15.3은 단순히 장치가 네 가지 상태를 가지므로 0부터 3까지의 숫자를 '기억'할 수 있다는 사실을 나타낸다. 구현 방식이 두 개의 비트일 수도 있고 아닐 수도 있다. 그림 15.4는 3에 1을 더하면 상태 0으로 전이하는 대신 상태 3을 유지하는 유사한 시스템의 동작을 보여준다.

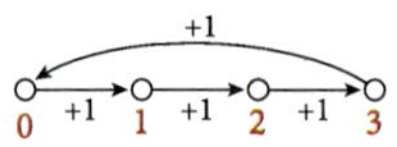

그림 15.3 3에 1을 더하면 값이 0이 되는 2비트 카운터의 상태 표현

*

더 정확히 설명하겠다. 특히 '라벨이 붙은 호'가 무엇인지 말이다.

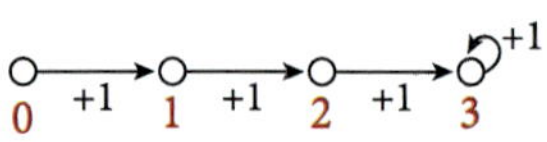

그림 15.4 상태 3에서 1을 더했을 때 시스템이 상태 3에 머무르는, 0에서 3까지의 범위에서 숫자를 저장할 수 있는 시스템

상태 공간(*state space*)은 $\langle V, A\rangle$ 쌍으로, V와 A는 집합이다. V의 원소를 상태라고 한다. A의 원소를 라벨이 붙은 호라고 하며, $\langle x, a, y\rangle$ 형태의 삼중체이다. 여기서 x와 y는 상태이고, a는 라벨이라 불리는 유한 집합 Σ의 원소이다.

모든 라벨을 제거하고 각 라벨이 붙은 호 $\langle x, a, y\rangle$를 쌍 $\langle x, y\rangle$로 바꾸면 일반적인 디그래프가 된다. 이를 상태 공간에 내재된 디그래프라고 한다. 상태 공간에는 동일한 두 상태를 연결하는 서로 다른 라벨의 라벨이 붙은 호가 여러 개 있을 수 있으므로, 내재된 디그래프에는 상태 공간의 라벨이 붙은 호보다 적은 수의 호가 있을 수 있다. 라벨이 붙은 호 $\langle x, a, y\rangle$를 $x \xrightarrow{a} y$로 쓴다. 그래서 그림 15.2의 상태 공간은 $\langle V, A\rangle$이며,

$$V = \mathbb{N},$$
$$\Sigma = \{+1, -1\}, \text{ 그리고}$$
$$A = \{n \xrightarrow{+1} n+1 : n \in \mathbb{N}\} \cup \{n+1 \xrightarrow{-1} n : n \in \mathbb{N}\}$$

상태 공간은 일련의 외부 이벤트에 반응하여 상태에서 상태로 이동하는 디지털 시스템을 표현하는 데 유용하다. 예를 들어, a와 b 두 가지 가능한 입력이 있는 컴퓨팅 장치를 상상해 보자. 매 시간 단계마다 장치는 입력을 받는다. 이는 장치가 한 번에 하나씩 읽는 인쇄된 기호일 수도 있고, 운영자가 누르는 버튼일 수도 있으며, 다른 이진 이벤트 소스일 수도 있다. 그림 15.5에 설명된 상태 공간은 각 입력 기호가 발생된 횟수를 추적한다. 따라서 상태는 그림 15.1의 단일 숫자 값과 달리 두 개의 숫자 값을 나타낸다. $\langle m, n\rangle$은 지금까지 본 입력 중 m개가 a이고 n개가 b인 상태를 나타낸다. 형식적으로는

$$V = \mathbb{N} \times \mathbb{N},$$

$$\Sigma = \{a, b\}, \text{ 그리고}$$

$$A = \{\langle m, n\rangle \xrightarrow{a} \langle m+1, n\rangle : m, n \in \mathbb{N}\} \cup \{\langle m, n\rangle \xrightarrow{b} \langle m, n+1\rangle : m, n \in \mathbb{N}\} \tag{15.1}$$

그림 15.5는 우리의 간단한 계수 장치의 모든 가능한 상태와 적어도 단일 단계(single-step) 전이에 대해 그들이 서로 어떻게 관련되어 있는지를 정적으로 표현한 것이다. 이제 임의의 많은 단계에 걸친 장치의 동작과 그 상태들이 어떻게 관련되어 있는지에 대한 보다 전반적인 설명으로 나아가자.

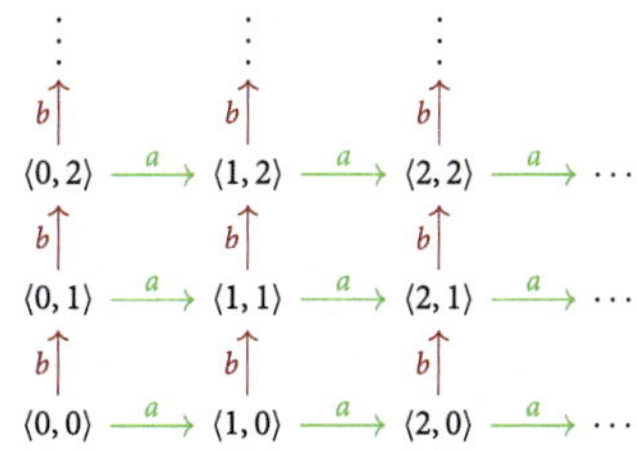

그림 15.5 두 개의 기호를 세는 상태 공간

예제 15.2 기계가 상태 $\langle 0, 0\rangle$에서 시작한다고 가정하자. 그런 다음 m개의 a 발생과 n개의 b 발생으로 구성된 입력을 읽은 후에는 기계가 상태 $\langle m, n\rangle$에 있게 된다.

풀이. 이것은 거의 당연해 보이지만, 이것이 수학적 귀납법에 의해 참임을 실현하는 것이 중요하다. 귀납 변수는 지금까지 읽은 입력 문자열의 길이이다. 그 길이를 ℓ이라고 하자. 길이 ℓ은 비음 정수이다.

기본 단계. $\ell = 0$. 그러면 지금까지 읽은 입력 문자열은 λ이다. 즉, 기계가 방금 시작했다. 기계가 상태 0, 0에서 시작한다고 가정했다. 공백 문자열 λ에는 a가 0번, b가 0번 나오므로 그 상태는 실제로 지금까지 본 a와 b 기호의 수로 이루어진 쌍을 나타낸다.

귀납 가설. 임의의 고정된 $\ell \geq 0$에 대해, 길이 ℓ의 모든 입력 문자열 후에 기계는 상태 $\langle m, n\rangle$에 있다고 가정하자. 여기서 m은 지금까지 본 a의 발생 횟수이고 n은 b의 발생 횟수이다($m + n = \ell$).

유도 단계. 이제 길이 $\ell + 1$인 임의의 문자열 w를 고려해 보자(여기서 $\ell \geq 0$). $|w| > 0$이므로, w는 $w = u\sigma$ 형태로 쓸 수 있다. 여기서 u는 길이 ℓ의 문자열이고, σ는 a 또는 b이다. 귀납 가설에 의해, 입력 문자열 u 이후에 시스템은 상태 $\langle m, n\rangle$에 있다. 여기서 m과 n은 각각 u에서 a와 b의 발생 횟수이다. 식 (15.1)에 의해 $\sigma = a$이면 장치는 상태 $\langle m+1, n\rangle$으로 전이하고, $\sigma = b$이면 장치는 상태 $\langle m, n+1\rangle$로 전이한다. 어느 경우든 새로운 상태는 $w = u\sigma$에서 a와 b의 발생 횟수로 이루어진 순서쌍이다. ■

*

예제 15.2의 귀납적 증명에서 실제로 일어나고 있는 일을 보다 추상적이고 일반적인 용어로 제시한다. 우리는 상태에 일반적인 성질을 부여했다. 즉, 시스템이 지금까지 읽은 입력에 m번의 a 발생과 n번의 b 발생이 포함되어 있다면 그리고 그렇때만 상태 $\langle m, n\rangle$에 도달한다는 것이다. 그런 다음 우리는 귀납법을 통해 모든 상태에 대해 이 성질이 참임을 증명했다. 먼저 시작 상태 $\langle 0, 0\rangle$에 대해 그것이 참임을 보였다. 그리고 나서 길이 ℓ의 계산 후 모든 상태에 대해 참이었다면, 길이 $\ell+1$의 모든 계산 후에도 참임을 증명했다. 단순한 수학적 귀납법에 의해, 규정된 대로 시작하는 모든 계산의 모든 상태에 대해 참이다.

이것은 불변량 원리의 예시이다. 비공식적으로 말하자면, 계산 시작 시 참이고 모든 상태 전이에서 보존되는 것은 계산의 어떤 시점에서도 참이다.[3] 형식적으로는, 아래 정리 15.3과 같이 공식적으로 표현된다.

[3] Robert Floyd와 C.A.R. Hoare의 초기 논문들에서 공식화되었다. 하지만 Floyd 자신은 이 원리를 Saul Gorn에게 공을 돌렸고, Gorn은 다시 이의 최초 구현을 Herbert Goldstine과 John von Neumann의 1947년 프로그래밍 매뉴얼에 공을 돌렸다. [이하 출처 정보 Robert Floyd, "Assigning Meanings to Programs," in *Mathematical Aspects of Computer Science*, vol. 19 of Proceedings of Symposia in Applied Mathematics(Providence, RI: American Mathematical Society, 1967), 19–32; C.A.R. Hoare, "An Axiomatic Basis for Computer Programming," *Communications of the ACM* 12, no. 10(October 1969): 576–83]

정리 15.3 *불변량 원리(invariant principle).* $\langle V, A\rangle$를 상태 공간이라 하고, $P(v)$를 상태에 대한 술어라 하자. $P(v_0)$이 참이라고 가정하자. 여기서 v_0는 지정된 시작 상태이다. 또한 P가 상태 전이에 의해 보존된다고 가정하자. 즉, 임의의 상태 x와 y, 그리고 임의의 전이 $x \xrightarrow{a} y$에 대해, $P(x)$가 참이면 $P(y)$도 참이다. 그러면 $\langle V, A\rangle$에 내재된 디그래프에서 v_0에서 도달 가능한 임의의 상태 v에 대해 $P(v)$가 성립한다.

술어 P를 **불변량**(*invariant*)이라고 한다. 불변량 원리의 증명은 생략하겠지만, 예제 15.2의 증명과 비슷하다. 그러나 도달 가능성 조건을 가볍게 여기지 말아야 한다. 상태 공간과 시작 상태가 지정되어 있고, 술어가 시작 상태에 대해 참이며 상태 전이에 의해 보존되지만, 특정 상태가 시작 상태에서 도달할 수 없기 때문에, 술어가 모든 상태에 대해 참이 아닌 경우가 있다. 예를 들어, 그림 15.6을 보면 그림 15.1과 비슷하지만 음의 정수에 해당하는 상태가 포함되어 있다. 상태 0이 지정된 시작 상태라면, '상태 n은 n번의 상태 전이 후 도달하는 상태'라는 술어는 $n \geq 0$일 때 참이지만, 상태 0에서 도달할 수 없는 상태 -1에 대해서는 참이 아니다.

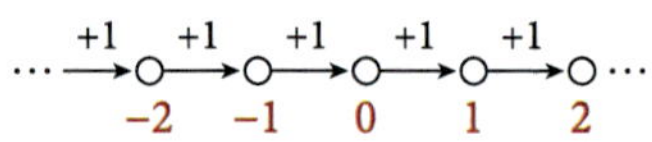

그림 15.6 이 상태 공간은 모든 정수에 대한 상태를 가지고 있지만, 음수를 나타내는 상태들은 상태 0에서 도달할 수 없다.

이제 하나의 '실제' 알고리즘과 그에 해당하는 상태 공간을 살펴보자. 그 알고리즘은 두 양의 정수 m과 n의 최대공약수(GCD)를 계산하는 유클리드 알고리즘이다. 즉, 둘 다를 나누는 가장 큰 정수이다. 그 수를 찾는 명백한 방법이 있다(둘 다를 나눠 떨어지게 하는 더 큰 수가 없다면, 이 경우, 최대공약수는 1이므로 항상 존재한다). 두 수 중 하나로 시작하여 그 수가, 두 수를 모두 나누어 떨어지는지 확인하고, 그렇지 않으면 1을 계속 빼면서 동일한 확인을 한다. 지금으로서는 정수론이라고 부르는 분야의 첫 번째 결과라고 주장할 수 있을 만큼, 유클리드는 이 문제를 훨씬 더 효율적으로 해결하는 방법이 있음을 깨달았다.[4] 그것이 바로 이것이다.

[4] 기원전 3세기 무렵에 살았던 유클리드는 아마도 이 알고리즘을 피타고라스 학파와 같은 더 오래된 출처에서 얻었을 것이다. 그는 『원론』의 제7권 명제 2에서 나눗셈 대신 반복적인 뺄셈을 사용하여 이를 설명한다.

m과 n의 최대공약수를 계산하는 유클리드 알고리즘,

1. $\langle p, q\rangle \leftarrow \langle m, n\rangle$ (동시에 m을 p에, n을 q에 할당)
2. $q \mathbin{!}\neq 0$인 동안

(a) $\langle p, q\rangle \leftarrow \langle q, p \bmod q\rangle$

3. p 반환

우리는 알고리즘을 설명하기 위해 비공식적인 프로그래밍 표기법을 사용하고 있다. 'while' 문 내의 문장은 이항 연산 mod를 사용한다. 여기서 $p \bmod q$는 p를 q로 나눈 나머지이다. 예를 들어, 17 mod 3은 2이다. 왜냐하면 17을 3으로 나누면 몫이 5이고 나머지가 2이기 때문이다. $17 = 5 \cdot 3 + 2$. $(p \bmod q)$의 나머지는 항상 $0, 1, \ldots, q-1$ 중 하나이므로, 항상 $(p \bmod q) < q$이고,

$$p = \left\lfloor \frac{p}{q} \right\rfloor \cdot q + (p \bmod q)$$

이다.

우리의 알고리즘 표기법에서 왼쪽 화살표 '←'는 오른쪽 값을 왼쪽 변수에 할당한다. 첫 번째 단계에서 우리는 순서쌍 $\langle m, n\rangle$의 값을 순서쌍 $\langle p, q\rangle$에 할당한다. 즉, $p \leftarrow m$과 $q \leftarrow n$을 동시에 할당하는 것이다. 마찬가지로 $\langle p, q\rangle \leftarrow \langle q, p \bmod q\rangle$는 오른쪽 값들이 모두 계산되고 왼쪽 변수에 동시에 할당됨을 의미한다. 즉, 이 문장은 p의 '새' 값이 q의 '이전' 값이 되고, q의 '새' 값이 q의 '이전' 값에 대한 p의 '이전' 값의 mod 값이 된다는 것을 의미한다.

알고리즘이 어떻게 작동하는지 살펴보기 위해 $m = 20$, $n = 14$를 대입해 보자. p와 q의 연속적인 값은 다음과 같다.

p	q	
20	14	
14	6	(20 mod 14 = 6이므로)
6	2	(14 mod 6 = 2이므로)
2	0	(6 mod 2 = 0이므로)

따라서 20과 14의 최대공약수는 2이다.

대신 $m = 14$, $n = 20$으로 시작했다면, 초기에 p는 14, q는 20이었겠지만, 'while' 문의 첫 번째 반복에서 값이 뒤바뀌었을 것이다. 왜냐하면 14 mod 20 = 14($14 = 0 \cdot 20 + 14$)이기 때문이다.

정리 15.4 유클리드 알고리즘은 최대공약수를 계산한다.

증명. 상태 공간을 살펴보고 적절한 불변량을 정의한 다음 불변량 원리를 적용한다. 상태는 자연수 쌍이다. 즉, $V = \mathbb{N} \times \mathbb{N}$으로, $\langle p, q\rangle$쌍의 값을 나타낸다. 전이는 'while' 문의 연속 실행에서 이 변수들의 값 사이에 이루어진다: $\langle p, q\rangle \rightarrow \langle q, p \bmod q\rangle$. 예를 들어, 방금 보여준 예의 전이는 다음과 같다.

$$\begin{aligned}\langle 20,14\rangle &\to \langle 14,6\rangle\\ &\to \langle 6,2\rangle\\ &\to \langle 2,0\rangle\end{aligned}$$

시작 상태는 $\langle m, n\rangle$이다. 그리고 불변량은 도달 가능한 모든 상태 $\langle p, q\rangle$에 대해 p와 q의 최대공약수가 m과 n의 최대공약수와 같다는 것이다.

불변량은 초기에 $p=m$, $q=n$일 때 성립한다. 이제 p와 q의 최대공약수가 m과 n의 최대공약수라고 가정해 보자. 그렇다면 q와 $(p \bmod q)$의 최대공약수는 어떨까?

$r=p \bmod q$라고 하면, $p=kq+r$ 형태가 되어 어떤 $k\in\mathbb{N}$에 대해 성립한다. 우리는 p와 q의 약수 집합이 정확히 q와 r의 약수 집합과 같음을 보여서, 그 집합의 최대 원소가 같음을 보일 것이다.

d가 p와 q의 임의의 약수라고 가정하자. 그러면 $r=p-kq$이므로 d는 r의 약수이기도 한다. 마찬가지로 d가 q와 r의 공통 약수라면, $p=kq+r$이므로 d는 p의 약수이기도 하다. 따라서 d가 p와 q의 공통 약수라는 것과 d가 q와 $(p \bmod q)$의 공통 약수라는 것은 동치이다. 그러므로 p와 q의 최대공약수도 q와 $(p \bmod q)$의 최대공약수이므로, 불변량은 상태 전이에 의해 보존된다.

알고리즘이 두 번째 성분이 0인 상태, 예를 들어 $\langle r, 0\rangle$에 도달하면, r은 반드시 m과 n의 최대공약수이다. 왜냐하면 도달 가능한 모든 상태의 성분들의 최대공약수가 m과 n의 최대공약수이고, r과 0의 최대공약수는 r이기 때문이다. 따라서 불변량 원리에 의해, 유클리드 알고리즘은 종료한다면 m과 n의 최대공약수를 계산한다. 그리고 알고리즘은 종료한다. 왜냐하면 두 번째 성분의 값이 각 단계에서 감소하기 때문이다. 각 단계에서 $(p \bmod q)<q$이고 $(p \bmod q)$는 절대 음수가 아니므로, 결국 $(p \bmod q)=0$이 된다. ■

요약

- 컴퓨터와 같은 디지털 장치는 유한개의 **이산 상태**(*discrete state*)를 가지지만, 아날로그 장치는 무한한 상태를 가지며 연속적으로 상태 사이를 이동한다.
- 디지털 장치의 동작은 상태 공간으로 표현될 수 있으며, 이는 상태 집합과 그 상태들을 연결하는 라벨이 붙은 호로 구성된다.
- x에서 y로 가는 호가 기호 a로 라벨링되면 $x \xrightarrow{a} y$로 표기된다. 라벨이 붙은 호는 상태 간 가능한 전이를 나타낸다.
- 상태 공간의 내재된 다그래프는 정점이 상태이고, 상태 공간에서 x에서 y로 가는 라벨이 붙은 호가 있다면 x에서 y로의 호를 포함하는 디그래프이다.

- 라벨이 붙은 호의 라벨은 장치로의 입력을 나타내며, 이는 장치를 하나의 상태에서 다른 상태로 이동시킨다.
- 술어가 초기 상태에서 참이고 모든 상태 전이에서 보존된다면, 그 술어는 불변식이다.
- 불변식 원리에 따르면 불변식은 모든 도달 가능한 상태에 대해서 참이다.

문제

15.1 유클리드 알고리즘이 3549와 462의 숫자로 계산할 때 상태 전이를 보여라.

15.2 7개의 동전으로 시작하는 예제 4.1(41쪽)의 게임에 대한 전체 상태 공간을 보여준다. 모든 전이를 보여주고, 첫 번째 플레이어에 대한 승리 상태와 패배 상태를 구분하라.

15.3 오버플로우 비트가 있는 2비트 레지스터를 고려해 보라. 이 레지스터는 0부터 3까지의 비음정수를 저장할 수 있고, 1을 더하거나 1을 빼는 연산이 가능하다. 3에 1을 더하면 값은 0이 되지만 오버플로우 비트가 켜지고, 0에서 1을 빼면 값은 3이 되지만 오버플로우 비트가 켜진다. 일단 오버플로우 비트가 켜지면 추가 연산에서도 계속 켜져 있다. 이 시스템의 완전한 '상태 및 전이 다이어그램'을 그려라.

15.4 15-퍼즐은 1부터 15까지 번호가 매겨진 타일과 하나의 빈 칸으로 이루어진 4×4 격자이다. 타일은 격자 가장자리까지 위, 아래, 왼쪽 또는 오른쪽으로 이동할 수 있다. 다른 관점에서 보면 빈 칸이 위, 아래, 왼쪽 또는 오른쪽으로 이동할 수 있다.

16개의 격자 위치에는 1부터 16까지의 번호가 매겨져 있는데, 왼쪽 상단에서 시작해서 상단 행을 가로지르고, 다음은 왼쪽에서 오른쪽으로 두 번째 행, 그리고 계속해서 내려간다. 게임 시작 시 타일 i는 $1 \le i \le 15$에 대해 위치 i에 있고, 위치 16은 비어 있다(그림 15.7(a)). 우리는 타일을 어떻게 움직이든 빈 칸이 왼쪽 상단 코너에 있고 모든 타일이 여전히 순서대로 있을 수는 없다는 것을 보여야 한다[즉, $1 \le i \le 15$에 대해 타일 i가 위치 $i+1$에 있는 것과 같이, 그림 15.7(b)].

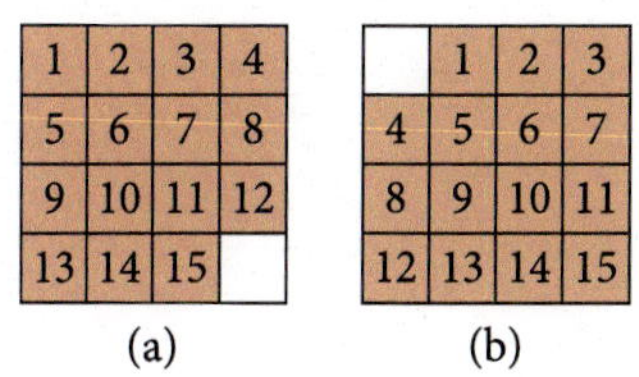

그림 15.7 (a) 15-퍼즐의 초기 구성. (b) 이 구성이 가능한가?

격자에 타일이 주어진 모든 구성에 대해, $1 \le i \le 15$인 경우 d_i를 타일 i보다 나중에 있는 격자 위치에 있으면서 번호가 i보다 작은 타일의 수라고 하자. 예를 들어, 초기 위치에서는 모든 i에 대해 d_i가 0이겠지만, 타일 15가 왼쪽 상단 구석에 있다면 d_{15}는 14가 될 것이다.

이제 $D = r + \sum_{i=1}^{15} d_i$라고 하자. 여기서 r은 빈 공간의 행 번호이다. (가장 위 행이 1행, 가장 아래 행이 4행이다.)

(a) 빈 공간이 왼쪽이나 오른쪽으로 움직이면 D가 변하지 않는다는 것을 보여라.

(b) 빈 공간이 위나 아래로 움직이면 D가 짝수만큼 변한다는 것을 보여라.

(c) 15-퍼즐의 상태 공간이 D가 짝수라는 불변식을 만족한다는 것을 보여라.

(d) 빈 공간은 왼쪽 상단 구석에 있지만 타일이 순서대로 있는 구성은 초기 구성에서 도달할 수 없다는 것을 보여라.

15.5 문제 1.4(9쪽)에서 9×9 격자의 각 칸에 비둘기 한 마리씩을 놓고 모든 비둘기가 동시에 위, 아래, 왼쪽 또는 오른쪽으로 움직이면 적어도 한 칸에 두 마리 이상의 비둘기가 있게 된다는 것을 보였다. 이제 대신 $n\times n$ 격자를 고려하고 그런 움직임이 무한정 반복된다고 가정해 보자.

(a) 모든 n^2 마리의 비둘기가 한 칸에 모일 수 없다는 것을 알 수 있는 불변식을 찾아 증명하라.

(b) 모든 비둘기가 한 대각선 상의 칸들에 모일 수 있을까?

15.6 (a) 모든 $a, b, c \in \mathbb{N}$에 대해 $c>0$일 때,

$$(a+b) \bmod c = ((a \bmod c)+(b \bmod c)) \bmod c$$

임을 증명하라.

(b) 아홉을 없애기. 16보다 큰 수에 대한 산술 연산 없이 십진수가 9로 나누어떨어지는지 왼쪽에서 오른쪽으로 한 자릿수씩 차례로 확인하는 다음 알고리즘을 고려해 보자.

1. $r \leftarrow 0$
2. 남은 자릿수가 있는 동안
   (a) $d \leftarrow$ 다음 자릿수
   (b) $r \leftarrow r+d \bmod 9$
3. $r=0$이면 그 수는 9로 나누어떨어지고, 그렇지 않으면 나누어떨어지지 않는다.

이 알고리즘의 상태 공간 크기는 r의 값에 해당하는 9이다. 입력 가능한 자릿수는 10개이다. 각 현재 상태와 입력 기호에 대해 다음 상태를 9×10 표로 작성하라.

(c) 오토마타가 상태 $r(0\le r<9)$에 진입할 때 읽힌 문자열에 대해, 참인 불변식을 작성하라.

(d) 알고리즘이 불변식을 유지한다는 것을 증명하고, 알고리즘이 옳다는 것을 결론지어라.

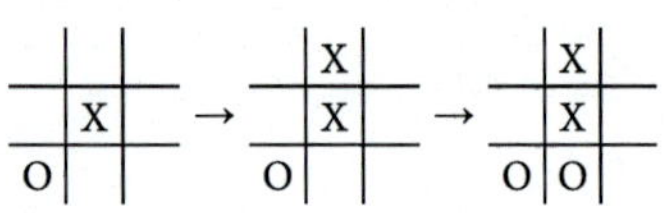

그림 15.8 틱택토 게임의 세 번째와 네 번째 수

15.7 틱택토(*tic-tac-toe*)는 3×3 격자에서 하는 게임으로, 시작할 때는 비어 있다. 플레이어 X가 먼저 플레이하여 한 칸을 선택하고, 그 다음, 플레이어 O가 비

어 있는 칸을 선택한다. 이렇게 플레이어들이 번갈아 가며 플레이하다가 가로, 세로 또는 대각선 상에 X 세 개 또는 O 세 개가 나열되면 그 플레이어가 이기게 되고, 격자가 꽉 차면 비기게 된다. 그림 15.8을 참고하라.

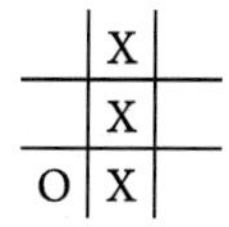

그림 15.8 도달 불가능한 상태

틱택토 게임을 상태 공간과 전이로 형식적으로 설명하라. 그림 15.9의 상태가 도달할 수 없다는 것을 추론할 수 있는 불변량을 제시하고 증명하라.

15.8 불가리아 솔리테르는 한 명의 플레이어가 하는 게임이다. 게임은 동전 3개씩 2개 더미로 시작한다. 그런 다음 플레이어는 다음 단계를 반복한다.

- 기존 각 더미에서 동전 하나씩 제거하고 새 더미를 만든다.

더미의 순서는 중요하지 않기 때문에, 상태는 6개의 동전을 더해 내림차순으로 정렬된 양의 정수 순서로 설명할 수 있다. 예를 들어, 처음 두 수순은 $(3, 3) \to (2, 2, 2)$와 $(2, 2, 2) \to (3, 1, 1, 1)$이다. 다음 수순에서 마지막 세 더미가 사라지고 동전 4개와 2개의 더미가 생긴다.

(a) 수순이 반복될 때까지 추적하라.
(b) 초기 더미 크기가 다양할 때 6개의 동전에 대한 완전한 상태 공간을 방향 그래프로 그려라.
(c) 7개의 동전에 대해 (b)를 반복하라.
(d) 더미 높이가 $n, n-1, \ldots, 1$인 경우, 다음 번 구성도 동일함을 보여라.
(e) $n \geq 1$일 때, $k = \sum_{i=1}^{n} i$이면, k개의 동전으로 게임을 시작하면 결국 $n, n-1, \ldots, 1$개의 동전 더미 구성이 되고 이것이 반복됨을 증명하라. (사실, $k = \sum_{i=1}^{n} i$개의 동전을 어떤 배분으로 더미로 시작해도 결국 같은 $n, n-1, \ldots, 1$ 구성이 되지만, 그것을 증명하는 것은 쉽지 않다!)

Chapter

16 무향 그래프

무향 그래프는 정점들의 집합과 그들을 연결하는 간선들로 이루어져 있다. 그림 16.1은[1] 1878년 J. J. 실버스터가 '고립된 탄소 원소'의 구조를 제안하기 위해 과학 논문에서 무향 그래프를 최초로 사용한 예시를 보여준다. 이 그래프에는 8개의 정점과 12개의 간선이 있으며, 이 장의 다른 그래프들처럼 현대적인 묘사에서는 원 또는 점을 사용하여 정점들을 강조한다.

[1] J. J. Sylvester, "On an Application of the New Atomic Theory to the Graphical Representation of the Invariants and Covariants of Binary Quantics, with Three Appendices," American Journal of Mathematics 1, no. 1(January 1, 1878): 64–104, doi:10.2307/2369436.

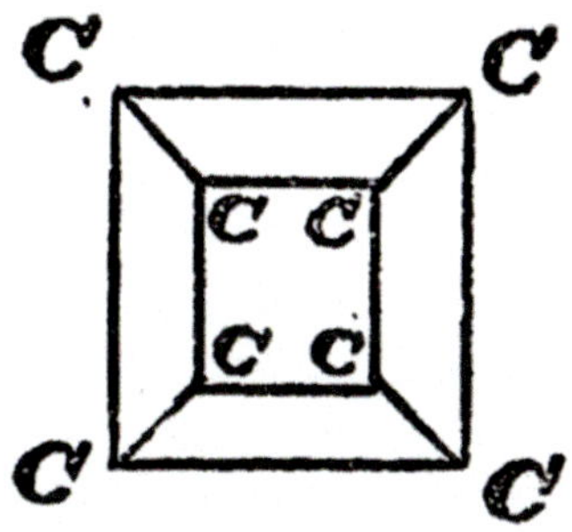

그림 16.1 탄소 원자의 구조를 나타낸 실버스터의 그래프

무향 그래프는 다음 두 가지 면에서 유향 그래프와 다르다. 첫째, 간선에는 방향성이 없다. 즉, 양쪽 끝이 동일하다(그래서 우리는 '간선'이라고 부르며 '호'라고 부르지 않는다). 둘째, 간선은 정점 자체를 연결할 수 없다. 즉, 자기 자신을 가리키는 루프가 없다. 무향 그래프에서는 동일한 정점쌍 사이에 두 개의 간선이 있을 수 없다. 유향 그래프에서 두 정점 사이에 같은 방향의 아크가 두 개일 수 없는 것과 마찬가지이다. 그림 16.2는 9개의 정점을 가진 무향 그래프를 보여준다. 모든 정점이 '연결될' 필요는 없다. 이 개념을 곧 정확히 정의한다.

그림 16.3은 무향 그래프에 나타날 수 없는 특징들을 보여준다. 그래프 개념을 일반화하여 다중 간선, 루프, 심지어 유향 호와 무향 간선이 혼합된 형태를 포함할 수 있지만, 우리에게 무향 그래프란 이러한 '특별한 것'이 없는 것을 의미한다.

공식적으로, **무향 그래프**(*undirected graph*) 또는 단순히 **그래프**(*graph*)는 $\langle V, E\rangle$ 쌍으로, 여기서 V는 정점 집합이고 E는 간선 집합이다. 간선은 V의 두 원소로 이루어진 부분 집합이지만, 일반적으로 우리는 간선을 $x-y$라고 쓰며 $\{x, y\}$라고 쓰지 않는다. x와 y를 $x-y$ 간선의 끝점이라고 하며, x와 y가 $x-y$ 간선에 인접해 있다고 말한다.

그림 16.2의 그래프에는 9개의 정점과 8개의 간선이 있다.

$$V = \{1, 2, 3, 4, 5, 6, 7, 8, 9\}$$
$$E = \{1-4, 2-4, 4-5, 2-5, 5-3, 5-6, 3-6, 7-8\}$$

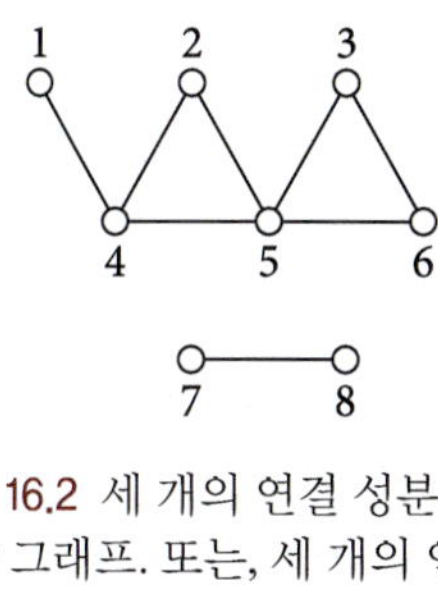

그림 16.2 세 개의 연결 성분을 가진 무향 그래프. 또는, 세 개의 연결된 무향 그래프

E는 집합이므로 $x-y$와 $y-x$ 중 하나만 포함한다. 왜냐하면 그들은 동일한 간선 $\{x, y\}$를 가리키기 때문이다.

그래프에서의 걸음과 경로는 유향 그래프의 경우와 거의 동일한 의미를 갖지만, 일부 미묘한 차이가 있으므로 무향 그래프의 경우 정의를 다시 제시하는 것이 좋다.

그래프에서 걸음은 인접한 정점들이 간선으로 연결된 하나 이상의 정점들의 연속이다. 걸음의 길이는 간선의 수이다. 경로는 간선을 반복하지 않는 걸음이다. 회로는 시작점에서 끝나는 경로이다. 사이클은 첫 번째와 마지막 정점을 제외하고는 정점을 반복하지 않는 회로이다. 따라서 그림 16.2에서,

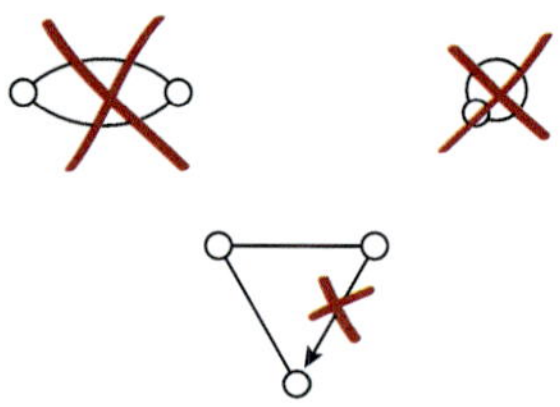

그림 16.3 무방향 그래프는 동일한 정점들 사이에 여러 개의 간선이나, 한 정점에서 자신으로의 간선, 또는 어떤 방향성 있는 호도 가질 수 없다

$1-4-2-5-4-1$은 걸음이고,
$1-4-5-3$은 경로이며,
$2-4-5-3-6-5-2$는 회로이고,
$4-2-5-4$는 사이클이다.

반면 $7-8-7$은 걸음이지만 경로는 아니다. 따라서 회로나 사이클도 아니다. 왜냐하면 간선 $7-8$과 $8-7$은 동일하기 때문이다. 정점 9에서 다른 정점으로 가는 경로는 없다. 유향 그래프와는 달리, 단일 정점은 사이클로 간주하지 않지만 여전히 평이한 경로로 간주한다.

정리 16.1 모든 회로에는 사이클이 포함된다.

증명. $C = v_0 - v_1 - \ldots - v_n = v_0$가 길이 n인 회로라고 가정한다. 이 회로 내에서 사이클을 찾는 방법은 첫 번째와 마지막 정점을 제외하고는 중복 정점이 없는 길이 최소 3인 경로를 찾는 것이다. $0 \le i < j \le n$이고 $v_i = v_j$이며 $j-i$가 최소인 i와 j를 찾는다. 즉, $0 \le k < \ell \le n$이고 $v_k = v_\ell$이며 $\ell - k < j - i$인 k와 ℓ은 없다. $i<j$이고 $v_i = v_j$일 때 $j-i$ 값의 집합에는 가장 작은 원소가 있으므로, 우리는 좋은 순서 원리에 의해 그런 i와 j를 찾을 수 있다. 게다가 $j-i \ge 3$이다. $j-i=1$이면 정점에서 자신으로 가는 간선이 있어야 하고, $j-i=2$이면 $v_i - v_{i+1}$과 $v_{i+1} - v_{i+2}$가 동일한 간선이어야 하기 때문이다. 그러면 $v_i - v_{i+1} - \ldots - v_j$는 사이클이다. 길이가 최소 3이고 시작점에서 끝나는 경로이며, $v_{i+1}, \ldots, v_j$ 사이에 중복 정점쌍이 있다면 그들의 인덱스 차이는 $j-i$보다 작아 $j-i$의 최소성에 모순된다. ■

*

두 정점이 연결되어 있으려면 그들 사이에 경로가 있어야 한다. 연결성은 정점들에 대한 동치 관계이다(특히 모든 정점은 길이 0의 경로로 자신과 연결되어 있음에 주목하라). 동치 클래스를 그래프의 연결 성분이라고 한다. 따라서 그림 16.2의 그래프에는 정점이 6, 2, 1개인 세 개의 연결 성분이 있다. 그래프가 단 하나의 연결 성분만 있다면 그 그래프는 연결되어 있다고 하며, 그렇지 않으면 연결되지 않은 것이다.

이 연결성 개념을 유향 그래프의 강연결 성분 개념과 비교해 보자. 모든 무향

그래프에 대해 간선 $x-y$를 두 개의 방향 간선 $x\leftrightarrow y$로 바꾼 대응하는 유향 그래프가 있다. 두 정점이 무향 그래프에서 연결되어 있다면 그에 대응하는 유향 그래프에서도 연결되어 있고, 그래프의 연결 성분들은 대응하는 유향 그래프의 강연결 성분들과 동일하다.

역으로, 우리는 유향 그래프를 그에 대응하는 무향 그래프로 변환할 수 있다. 모든 방향 아크 $x\rightarrow y$는 간선 $x-y$로 대체되고, 중복은 병합되며, 자기 자신을 가리키는 루프는 제거된다. 이 그래프를 유향 그래프의 **기반 그래프**(*underlying graph*)라고 한다(그림 16.4). 유향 그래프의 강연결 성분은 기반 그래프의 성분과 대응하지 않는다. 기반 그래프의 성분을 유향 그래프의 **약연결 성분**(*weakly connected components*)이라고 부른다. 즉, 유향 그래프의 두 정점이 호의 방향을 무시하고 한 정점에서 다른 정점으로 갈 수 있다면 약하게 연결된 것이다. 그림 16.4에서 유향 그래프는 두 개의 강한 성분가 있지만 호의 방향을 무시하면 세 정점 모두에 도달할 수 있으므로 단일 약한 성분만 있다.

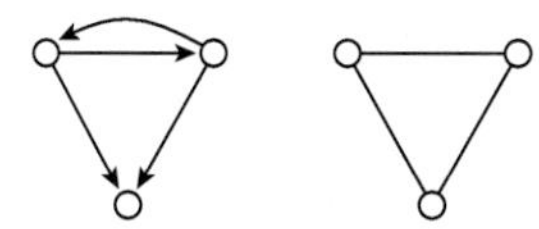

그림 16.4 유향 그래프와 그것의 기반 무향 그래프. 유향 그래프는 두 개의 강연결 성분을 가진다(위쪽 두 정점은 서로 도달 가능하고, 아래쪽 정점은 별도의 강성분이다). 이는 단 하나의 약연결 성분을 가지며, 이는 기반 그래프의 하나의 연결 성분이다.

정점의 차수는 그 정점에 인접한 간선의 수이다. 그림 16.2의 그래프에는 차수가 4, 3, 2(세 개), 1(세 개), 0(하나)인 정점이 있다. 모든 정점의 차수를 더하면 16이 되는데, 이는 간선 수의 두 배이다. 각 간선이 두 정점의 차수에 1씩 기여하기 때문에 이런 결과가 나오는 것이 이해된다. 이런 이유로 임의의 그래프에서 정점들의 차수 합은 짝수이어야 한다. 정확히 말하면 간선 수의 두 배이다.

$G=\langle V, E\rangle$가 그래프이고, $v\in V$, e가 V의 두 정점 집합일 때, $G-v$는 v와 v에 인접한 모든 간선을 제거한 결과이고, $G-e$는 e를 제거한 결과(E에 있다고 가정)지만 e의 끝점은 그대로 둔 것이며, $G+e$는 E에 e를 추가한 결과이다. 즉,

$$G-v=\langle V-\{v\}, E-\{\{v,y\}:y\in V\}\rangle$$
$$G-e=\langle V, E-\{e\}\rangle$$
$$G+e=\langle V, E\cup\{e\}\rangle$$

이렇게 몇 가지 개념만으로도 우리는 그래프 이론에서 가장 오래된 정리를 진술하고 증명할 수 있다.

오일러 회로(*Eulerian circuit*)[2]는 모든 간선을 정확히 한 번씩 지나가는 회로이다.

정리 16.2 *오일러 정리(Euler's theorem).* 연결된 그래프에 오일러 회로가 있으려면, 모든 정점의 차수가 짝수이어야 한다. 그리고 모든 정점의 차수가 짝수이면 연결된 그래프에 오일러 회로가 있다.

증명. 연결된 그래프에 오일러 회로가 있다고 가정하자. 모든 정점에서 회로가 정점으로 들어오는 간선 수와 나가는 간선 수가 같다. 왜냐하면 회로는 시작 정점으로 돌아오기 때문이다. 또한 이것은 그래프의 모든 간선을 설명한다. 왜냐하

[2] 수학의 여러 분야, 특히 그래프 이론에 중요한 공헌을 한 18세기의 매우 다작한 수학자 레온하르트 오일러의 이름을 따서 명명되었다. 정리 16.2는 당시 프로이센에 있던 도시 쾨니히스베르크의 일곱 다리에 대한 오일러의 연구에서 영감을 받았다.

면 각 간선은 오일러 회로에서 정확히 한 번 나타나기 때문이다. 따라서 각 정점에 인접한 총 간선 수는 짝수이다.

이제 G가 연결된 그래프이고 각 정점의 차수가 짝수라고 가정하자. 우리는 G에 오일러 회로가 있음을 G의 간선 수에 대한 귀납법으로 증명한다. 3개 미만의 간선을 가진 그래프에는 오일러 회로가 없다. G가 3개의 간선을 가지면 삼각형이므로 명백히 오일러 회로가 있다. 따라서 G가 3개 이상의 간선을 가진다고 가정하고, 모든 정점의 차수가 짝수인 G보다 적은 간선을 가진 연결된 그래프에 오일러 회로가 있다는 귀납 가설을 세우자.

우리는 임의의 정점에서 출발하여 그래프를 돌아다니면서 이미 지난 간선은 재사용하지 않고 원래 정점으로 돌아올 때까지 간선을 따라가며 항상 회로를 구성할 수 있음을 먼저 증명한다. 첫째, 원래 정점이 아닌 다른 정점에서는 사용하지 않은 간선을 통해 출발할 수 있다. 그 정점에 인접한 사용하지 않은 간선의 수는 정점에 도달하기 전에는 짝수였지만, 걸어올 때 홀수가 되었다(따라서 0은 아님). 그리고 정점을 출발할 때 다시 짝수가 된다. 둘째, 우리는 결국 원래 정점으로 돌아올 것이다. 도달한 다른 모든 정점에서 출발할 수 있으므로, 만약 걸음을 멈추게 되면 원래 정점으로 돌아온 것이다. 따라서 회로가 존재한다. 하지만 모든 간선을 포함하지는 않을 수 있다. 이 회로를 $C = c_0 - c_1 - \ldots - c_\ell$이라고 하자(그림 16.5).

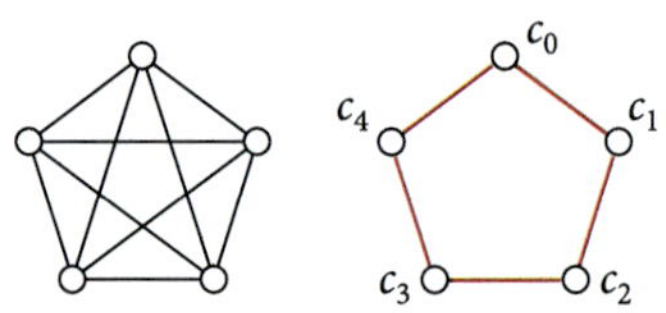

그림 16.5 오일러 회로 찾기. G는 왼쪽이다. 모든 정점이 차수 4를 가지므로 이 그래프는 오일러 회로를 가진다. 오른쪽에는 정점들을 c_0, c_1, c_2, c_3, c_4 순서로 방문하는 회로가 있다. 이것이 증명에 나와있는 회로 C이다.

C의 모든 간선을 제거하면 그래프가 연결된 부분 그래프 집합 $\mathcal{S}$로 나뉜다. 각각의 이들 그래프는 G보다 간선 수가 적다. $\mathcal{S}$의 각 그래프에서 모든 정점의 차수는 짝수이다. 왜냐하면 C를 G에서 제거할 때 각 정점에서 짝수 개의 인접 간선을 잃었기 때문이다(그림 16.6). 귀납법에 의해, $\mathcal{S}$의 각 $H \in \mathcal{S}$는 오일러 회로 C_H를 가진다. 남은 것은 C와 C_H를 연결하여 G의 오일러 회로를 만드는 것뿐이다.

각 $H \in \mathcal{S}$는 G가 연결된 그래프였기 때문에 C와 정점을 공유한다. v_H를 H가 C와 공유하는 정점이라고 하자. (서로 다른 H에 대해 v_H가 같을 수 있다.) G의 오일러 회로를 c_0에서 시작하여 $c_\ell = c_0$에 도달할 때까지 C의 간선을 따라가면서, 각 정점 c_i에서 $v_H = c_i$인 임의의 그래프 $H \in \mathcal{S}$의 오일러 회로로 우회하여 구성한다. ■

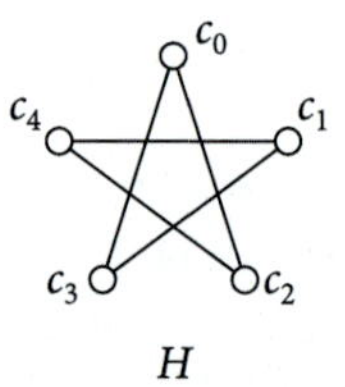

그림 16.6 G에서 C의 간선들을 제거한 결과인 H. H의 각 정점은 차수 2를 가지므로 (귀납법에 의해) H는 오일러 회로를 가진다.

그림 16.5와 16.6의 예시에서 H의 회로가 c_0, c_2, c_4, c_1, c_3, c_0 순서로 정점들을 지난다고 가정하자. G와 H가 공유하는 선택된 정점 v_H가 c_0라면, G의 오일러 회로는

$$c_0 - c_2 - c_4 - c_1 - c_3 - c_0 - c_1 - c_2 - c_3 - c_4 - c_0$$

이다. 여기서 H의 회로는 검은색, C 회로는 그림의 간선 색상과 대응하도록 빨간색으로 표시했다.

그림 16.7은 그림 16.5의 그래프와 거의 동일하지만 하나의 간선이 없는 그래프를 보여준다. 이 그래프에는 홀수 차수의 정점이 있으므로 오일러 회로가 없다.

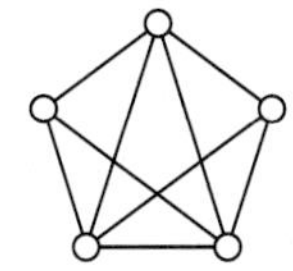

그림 16.7 오일러 회로가 없는 그래프

*

두 그래프가 정점 간 전단사상이 존재하여 간선을 보존하면 동형이다. 즉, 그래프 $G = \langle V, E\rangle$와 $G' = \langle V', E'\rangle$ 사이의 동형사상은 $x - y \in E$와 $f(x) - f(y) \in E'$인 동치인, 전단사상 $f: V \to V'$이다. 비공식적으로, 동형 그래프는 '정점 이름을 바꾼 것'을 의미한다. 예를 들어, 그림 16.8의 두 그래프는 보기에 별로 비슷하지 않지만,

$$1 \leftrightarrow A$$
$$2 \leftrightarrow D$$
$$3 \leftrightarrow C$$
$$4 \leftrightarrow B$$
$$5 \leftrightarrow E$$

의 동형사상 하에서 본질적으로 동일하다.

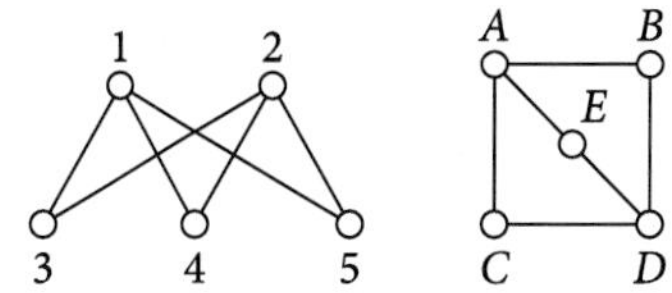

그림 16.8 동형 그래프들

많은 경우에 우리는 그래프의 특정 정점 이름이나 그리는 방식에 의존하지 않는 성질에만 관심이 있다. 그런 경우 우리는 '동형사상에 따라서만' 그래프에 관심이 있다고 말한다. 예를 들어, **평면 그래프**(*planar graph*)란 그래프를 평면(종이 위)에 그렸을 때 두 간선이 교차하지 않는 방식으로 그릴 수 있는 그래프를 말한다. 그림 16.8은 처음에는 평면에 그릴 수 없어 보이지만 실제로는 가능한 그래프이다. 평면성은 그래프 자체의 성질이지 특정 그리기 방식의 성질이 아니다. 즉, 그래프가 평면적이면 그것과 동형인 모든 그래프도 평면적이다.

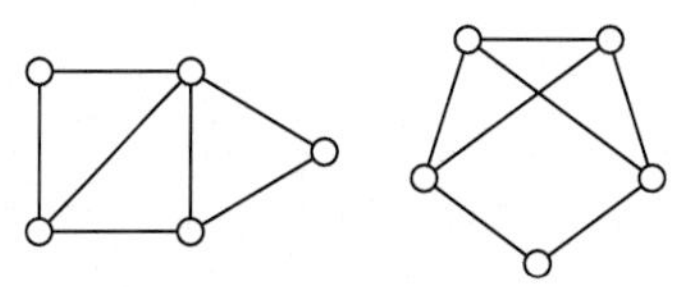

그림 16.9 같은 수의 정점과 간선을 가지지만 동형이 아닌 그래프들

두 그래프가 동형이면 정점 수와 간선 수가 같아야 한다. 또한 각 차수의 정점 수도 같아야 한다. 예를 들어, 그림 16.8에서 두 그래프 모두 차수가 2인 정점이 3개, 차수가 3인 정점이 2개 존재한다. 따라서 정점 수와 간선 수가 같더라도 모든 정점의 차수를 세어 차이가 있으면 두 그래프가 동형이 아님을 빠르게 증명할 수 있다. 예를 들어, 그림 16.9의 두 그래프는 정점 수와 간선 수가 같지만, 왼쪽 그래프에는 차수 4인 정점이 있지만 오른쪽 그래프에는 없으므로 동형일 수 없다.

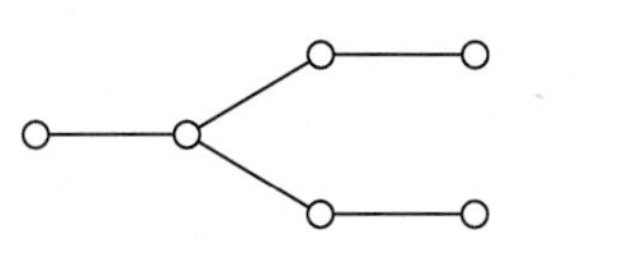

그림 16.10 같은 수의 정점과 간선, 그리고 각 차수의 정점 수가 같지만 동형이 아닌 그래프들

불행히도 각 차수의 정점 수가 같다는 것만으로는 두 그래프가 동형이기 위한 충분조건이 되지 않는다(그림 16.10 참조). 간단한 차수 계산 테스트로 두 그래프가 동형이 아님을 보여주지 못하면, 그들이 동형인지 확인하는 가장 확실한 방법은 무식하게 모두 다 해보는 접근법이다. 한 그래프의 정점들과 다른 그래프의 정점들을 매칭하는 모든 가능한 방법을 시도하고, 각각에 대해 간선도 일치하는지 확인한다. 두 그래프가 동형인지 확인하는 가장 단순한 테스트를 찾는 것은 이 분야의 고전적인 문제이며, 최근 몇 년간 상당한 진전이 있었지만 여전히 해

결되지 않았다.

❈

두 정점 사이의 **거리**(*distance*)는 그들을 연결하는 최단 경로의 길이이다. 그림 16.2에서 정점 2와 3은 거리가 2이고, 정점 1과 6은 거리가 3이며, 정점 6과 7은 그들을 연결하는 경로가 없으므로 무한히 멀리 있다. 그래프의 지름은 임의의 두 정점 사이의 최대 거리이다. 그림 16.9의 두 그래프 모두 지름이 2이다. 왜냐하면 각 그래프에서 임의의 정점 쌍은 길이 2 이하의 경로로 연결되어 있기 때문이다.

예를 들어, 정점이 사람을 나타내고 간선이 친구 관계를 연결하는 소셜 네트워크 그래프를 생각해 보자. (이 표현에는 친구 관계의 대칭성이 암시되어 있다. A가 B의 친구라면 B도 A의 친구이므로 소셜 네트워크를 무향 그래프로 표현하는 것이 적절하다.) 그런 소셜 네트워크에서 당신의 친구들은 거리 1, 당신의 친구들의 친구들은 거리 2에 있다. 차수가 최대인 정점은 가장 많은 친구를 가진 사람이고, 그래프의 지름은 임의의 사람을 다른 사람과 연결하는 데 필요한 '친구의 친구' 단계 수의 최솟값이다. 정점이 많은 그래프도 작은 지름을 가질 수 있지만, 그러려면 간선이 많아야 한다. 그 경우 최소한 일부 사람들은 많은 친구를 가져야 한다.

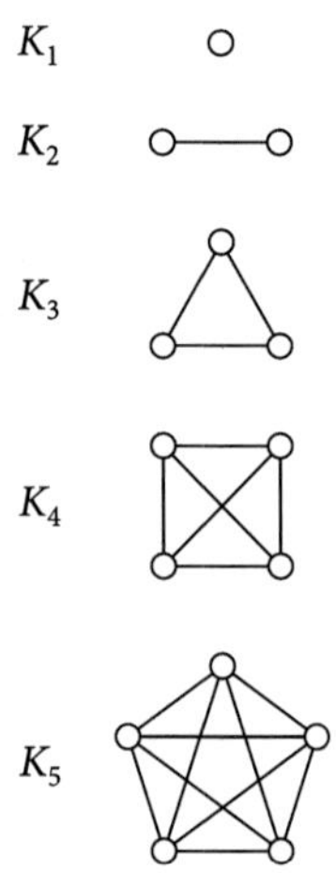

그림 16.11 $n = 1, \ldots, 5$에 대한 n개의 정점을 가진 완전 그래프들

n개의 정점과 가능한 모든 간선을 가진 그래프를 n개 정점의 완전 그래프라고 하며, K_n으로 표기한다. 처음 몇 개의 완전 그래프는 그림 16.11에 나와 있다. 우리는 이미 K_5를 그림 16.5의 그래프 G로 보았다. K_n은 $\frac{n \cdot (n-1)}{2}$개의 간선($n = 5$일 때 10개)을 가지며, ($n > 1$일 때) 모든 정점이 다른 모든 정점과 연결되어 있으므로 지름이 1이다. 모든 정점의 차수는 $n-1$이다. 소셜 네트워크 관점에서 보면 각 사람이 다른 $n-1$명을 모두 알고 있다.

❈

트리(*tree*)는 연결되어 있고 사이클이 없는 그래프이다. **포레스트**(*forest*)는 사이클이 없는 그래프이다. 다르게 말하면 연결 성분이 트리인 그래프이다(그림 16.12 참조). 트리는 정점 집합을 연결하는 최소 그래프이기 때문에 많은 응용 분야가 있다. 트리에 대한 몇 가지 기본 사실을 살펴보자.

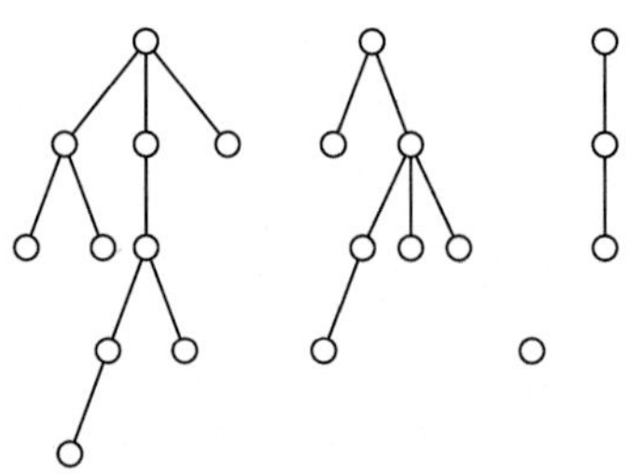

그림 16.12 포레스트. 네 개의 연결 성분 각각이 트리이다.

정리 16.3 n개의 정점을 가진 트리는 $n-1$개의 간선을 가진다.

증명. 정점이 $n = 1$개인 유일한 트리는 $n - 1 = 0$개의 간선을 가진다. 이는 평이한 그래프이다.

이제 n개의 정점을 가진 트리는 $n-1$개의 간선을 가진다는 가정하에, $n+1$개 이상의 정점을 가진 트리 T를 생각해 보자.

첫째, T에는 반드시 차수가 1인 정점이 최소 하나 있다고 주장한다. 이를 모순을 통해 증명한다. 차수 1의 정점이 없다고 가정하자. T가 연결되어 있으므로 차수 0인 정점은 없다. 그렇지 않으면 그 정점이 자신만의 연결 성분이 되어 T가 최소 두 정점을 가지므로 연결되지 않게 된다. 모든 정점의 차수가 2 이상이라면, 임의의 정점 v_0에서 시작하여 $v_0-v_1-v_2-\ldots$와 같이 연속된 간선이 모두 다른 정점 순서를 만들 수 있다(즉, 각 i에 대하여 $v_i \neq v_{i+2}$). 하지만 T가 유한하므로 결국 어떤 정점이 반복될 것이다(그림 16.13). $0 \le i < j \le n$이고, $v_i = v_j$인 i와 j가 존재한다(실제로 $j-i>2$). 그러면 $v_i-v_{i+1}-\ldots-v_j$는 사이클이 되어 T가 트리라는 가정에 모순이 된다.

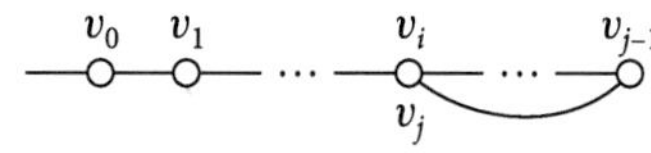

그림 16.13 유한 그래프의 모든 정점이 적어도 차수 2를 가지면, 그래프는 순환을 포함한다.

따라서 T에는 차수가 1인 정점이 있다. v를 그런 정점이라 하자. 그러면 $T-v$는 트리이다. v의 차수가 1이었으므로 v는 단일 간선으로 다른 정점과 연결되어 있었기 때문에 $T-v$는 연결되어 있고, T가 사이클이 없었으므로 간선을 제거해도 사이클이 생길 수 없기 때문에 $T-v$는 사이클이 없다. 그러므로 $T-v$는 n개의 정점을 가진 트리이고, 귀납 가설에 의해 $n-1$개의 간선을 갖는다. 하지만 T는 $T-v$보다 정확히 하나의 간선, 즉 v에 인접했던 간선을 더 가지므로 n개의 간선을 갖는다. ■

정리 16.4 정점을 제거하지 않고 트리에서 간선을 제거하면 트리가 분리된다. 정점을 추가하지 않고 트리에 간선을 추가하면 사이클이 생긴다.

증명. T가 n개의 정점과 $n-1$개의 간선을 가진 트리라면, 간선을 제거하면 n개의 정점과 $n-2$개의 간선을 가진 그래프가 생긴다. 정리 16.3에 의해 이는 더 이상 트리가 아니다. 간선 제거로 사이클이 생길 수 없으므로 그래프는 사이클이 없지만, 트리가 아니므로 연결되지 않은 상태여야 한다(그림 16.14). T에 간선을 추가하면 n개의 정점과 n개의 간선을 가진 그래프가 생긴다. 간선을 추가해서 분리될 수는 없다. 정리 16.3에 의해 이는 더 이상 트리가 아니므로 반드시 사이클을 가져야 한다. ■

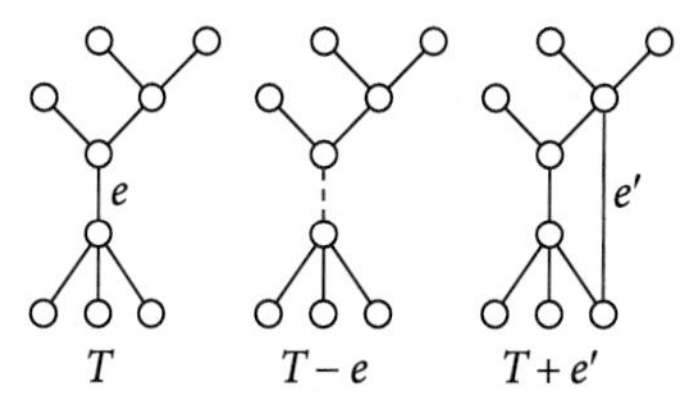

그림 16.14 트리에서 간선을 제거하면 연결이 끊어지고, 트리에 간선을 추가하면 순환이 생성된다.

정리 16.5 트리에서 임의의 두 정점 사이에는 오직 하나의 경로만 존재한다.

증명. 트리의 정의에 의해 트리에서 두 정점 사이에는 최소한 하나의 경로가 있다.

트리 T의 정점 v와 w 사이에 두 개 이상의 경로가 있다고 가정하자.

$$v = v_0 - v_1 - \ldots - v_m = w$$

$$v = u_0 - u_1 - \ldots - u_n = w$$

우리는 이 두 경로의 일부를 연결하여(첫 번째 경로의 일부 다음에 두 번째 경로의 일부 역순) 사이클을 만들 수 있다.

$v_i = u_i$이지만 $v_{i+1} \neq u_{i+1}$인 가장 작은 i를 찾는다(그렇지 않으면 두 경로가 동일할 것이기 때문에, 반드시 그런 i가 존재한다). 두 경로가 끝에서 합쳐지므

로, 각 경로에서 가장 먼저 합쳐지는 지점을 찾을 수 있다. 즉, $j>i$와 $k>i$가 존재하여 $v_j = u_k$이지만, $v_i, v_{i+1}, \ldots, v_j$와 $u_i, u_{i+1}, \ldots, u_k$의 경로는 시작과 끝 정점만 공유한다. 그러면

$$v_i - v_{i+1} - \ldots - v_j = u_k - u_{k-1} - \ldots - u_i = v_i$$

는 사이클이 되어 T가 트리라는 가정에 모순이 된다. ■

*

우리는 유향 그래프의 호에 라벨을 붙인 것처럼(164쪽 참조) 그래프의 간선에도 라벨을 붙일 수 있다. 간선 $e = u - v$의 라벨이 a라면, 우리는 u와 v를 연결하는 선 옆에 a를 쓴다. 라벨이 D 집합에서 왔다면, 우리는 함수 $w : E \rightarrow \text{D}$를 사용하여 간선 e의 라벨 $w(e)$를 나타낼 수 있다. D가 $\mathbb{N}$이나 $\mathbb{R}$과 같은 숫자 집합이면, 이 숫자 라벨은 파이프라인 네트워크의 용량, 도로 지도의 거리, 또는 분기점 간 연결과 관련된 다른 종류의 비용을 나타낼 수 있다. 간선과 관련된 숫자값은 일반적으로 가중치라고 하며, 많은 중요한 최적화 문제는 선택한 간선의 총 가중치를 최소화하는 간선 집합을 찾는 것으로 기술될 수 있다.

이 장을 간단하지만 중요한 예시로 마무리해 보자. 각 간선에 가중치가 할당된 그래프에서 '최소 스패닝 트리(minimum spanning tree)'를 찾는 것이다. 예를 들어, 가중치가 도시 간 도로 거리라면, 최소 스패닝 트리는 모든 도시를 연결하는 최단 도로망에 해당한다. 이를 통해 눈보라 후에 모든 도시 간 교통을 위해 제설해야 하는 최소 도로 마일리지를 알 수 있다. 먼저 몇 가지 유용한 정의가 필요하다.

임의의 그래프 $G = \langle V, E \rangle$에 대해, G의 부분 그래프는 $V' \subseteq V$이고 $E' \subseteq E$인 그래프 $H = \langle V', E' \rangle$이다. H가 G의 부분 그래프일 때 $H \subseteq G$라고 쓴다. (물론 H가 그래프이려면 E'의 모든 간선의 끝점이 V'에 있어야 한다.) G의 스패닝 트리는 G의 모든 정점을 포함하는(즉, $V' = V$) G의 부분 그래프인 트리이다. G의 간선에 숫자 라벨이 있다면, 최소 가중치 스패닝 트리는 간선 라벨의 합이 최소인 스패닝 트리 $T \subseteq G$이다. 즉, 간선 e의 가중치를 $w(e)$라 하고, 임의의 트리 $T = \langle V_T, E_T \rangle$의 가중치를

$$w(T) = \sum_{e \in E_T} w(e)$$

라 정의할 때, T가 G의 최소 가중치 스패닝 트리이려면 T가 스패닝 트리이고 $w(T') < w(T)$인 다른 스패닝 트리 T'이 존재하지 않아야 한다. 우리는 T를 간단히 최소 스패닝 트리라고도 한다. 예를 들어, 그림 16.15의 그래프에는 세 개의 스패닝 트리가 있는데, 가중치가 최소인 트리는 $A-B-C$로 가중치가 4이다.

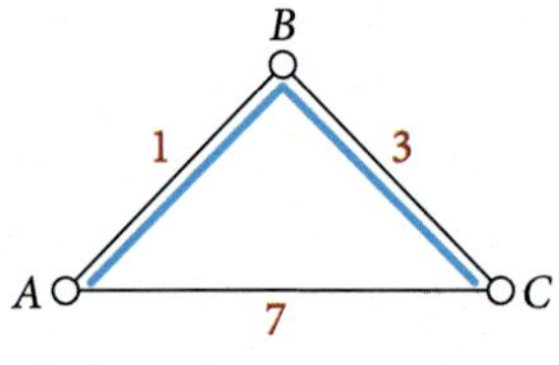

그림 16.15 세 개의 스패닝 트리 $A-B-C$(가중치 4), $B-C-A$(가중치 10), $C-A-B$(가중치 8)를 가진 그래프. 이 경우, 최소 스패닝 트리는 유일하며, 파란색으로 표시되어 있다.

최소 가중치가 같은 스패닝 트리가 여러 개 있을 수 있으므로, 우리는 하나의

'최소 스패닝 트리'라고 말한다. 예를 들어, 그래프의 모든 간선이 가중치 1이면 모든 스패닝 트리가 최소 스패닝 트리이고, 트리의 가중치는 간선 수, 즉 정점 수보다 1 작다.

간선이 몇 개 안 되는 라벨이 붙은 그래프라면 가중치의 합이 최소인 트리를 찾기 위해 모든 스패닝 트리를 검사해야 할 것 같다. 사실 효율적으로 최소 스패닝 트리를 찾는 간단한 알고리즘이 여러 개 있다. 여기서는 **크루스칼 알고리즘**(*Kruskal's algorithm*)을 설명하고 그것이 작동함을 증명한다.[3] 예시인 그림 16.16은 간선에 1, 2, 3, 4, 5, 6의 라벨이 붙은 그래프이다. 크루스칼 알고리즘은 그림 16.19에 나온 총 가중치 11인 최소 스패닝 트리를 구성한다.

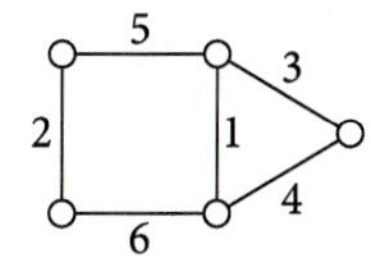

그림 16.16 최소 스패닝 트리를 찾아야 하는 그래프 G. 간선들은 가중치 1부터 6까지의 순서로 처리된다.

[3] 1956년에 이를 발표한 미국의 수학자이자 컴퓨터 과학자인 조셉 크루스칼(1928–2010)의 이름을 따서 명명되었다.

크루스칼 알고리즘은 그 자체로 단순하다. G와 동일한 정점을 가지되 간선이 없는 빈 그래프(그림 16.17)에서 시작하여, 가중치가 작은 순서대로 한 번에 하나씩 간선을 추가하되 사이클을 형성하는 간선은 건너뛴다(그림 16.18, 16.19 참조). 이 알고리즘은 n개의 단일 정점 트리로 시작하여 포레스트를 성장시키고, 서로 다른 트리를 연결하는 간선을 추가하여 점점 더 큰 트리를 합친다. $n-1$개의 간선이 추가된 후 포레스트가 단일 트리가 되면 알고리즘이 종료된다. 정확히는 다음과 같다.

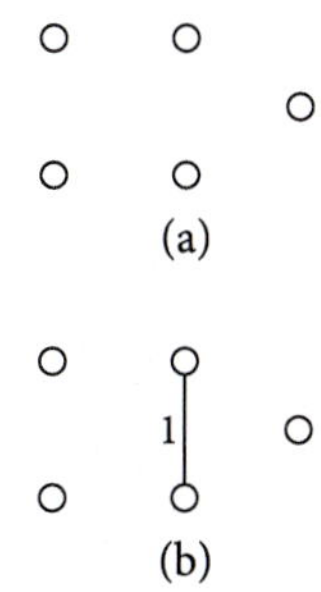

그림 16.17 알고리즘은 빈 그래프 (a)로부터 시작하고, 추가되는 첫 번째 간선은 가장 낮은 가중치인 1을 가진 간선이다(b).

연결된 그래프 G의 최소 스패닝 트리를 찾는 크루스칼 알고리즘(간선 e의 가중치는 $w(e)$),

1. $F \leftarrow \emptyset$(F는 추가된 간선 집합)
2. 각 간선 $e \in E$에 대해 $w(e)$ 오름차순으로
   (a) e의 끝점이 다른 트리에 있다면
      (i) $F \leftarrow F \cup \{e\}$
3. F를 최소 스패닝 트리로 반환

정리 16.6 크루스칼 알고리즘은 최소 스패닝 트리를 만든다.

증명. 이 알고리즘은 절대 같은 트리의 정점을 연결하지 않으므로 사이클을 만들지 않는다. G의 모든 간선을 시도해 보고, G가 연결되어 있으므로, 그 결과물은 스패닝 트리이다. 마지막에 반환되는 트리가 최소 가중치임을 보여야 한다.

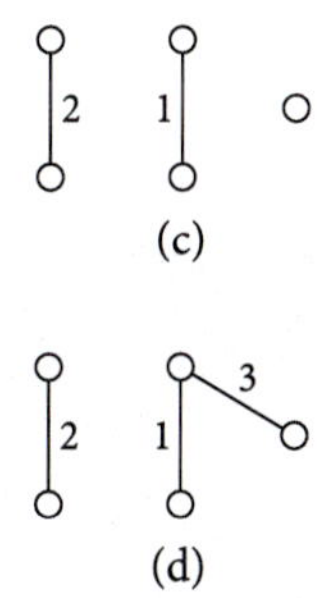

그림 16.18 다음 두 단계에서는 가중치 2와 3을 가진 간선들이 추가된다. 이제 포레스트는 두 개의 트리를 가진다.

알고리즘 실행의 모든 단계에서 포레스트 F가 다음 불변 조건 $P(F)$를 만족함을 보이자. F는 최소 스패닝 트리의 부분 그래프이다.

F가 아무 간선도 없을 때 $P(F)$는 처음에 명백히 참이다. 마지막에 참이면 반환된 트리가 최소 스패닝 트리이다. 따라서 간선을 처리하기 전에 $P(F)$가 참이면 간선을 처리한 후에도 참임을 보여야 한다.

$P(F)$가 참이고 e가 같은 트리의 정점을 연결하면 F가 변하지 않으므로 불변식이 유지된다. 이제 $P(F)$가 참이고 e가 남은 간선 중 최소 가중치이며 e가 다른 두 트리의 정점을 연결하지만 $P(F+e)$가 거짓이라고 가정하자. 이 가정에서 모순

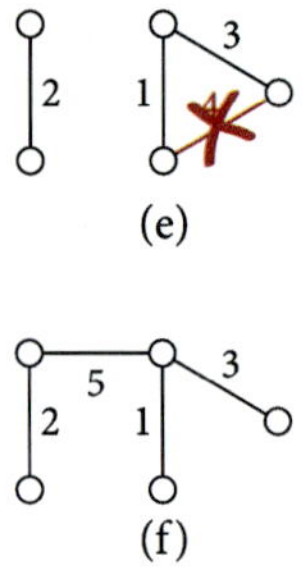

그림 16.19 다음으로 추가될 간선은 가중치 4를 가진 간선이지만, 이는 순환을 만들어서 건너뛰게 된다(e). 다음 간선은 가중치 5를 가진 것으로, 이것이 최소 스패닝 트리를 완성한다.

을 유도하여 $P(F+e)$가 참임을 보인다.

F가 부분 그래프인 최소 스패닝 트리 T를 생각해 보자[($P(F)$가 참이므로 그런 T가 반드시 있다]. T에는 e가 포함되지 않는다. 왜냐하면 $F \subseteq T$이지만 $F+e \subseteq T$라면 $P(F+e)$가 참이 되기 때문이다. 따라서 T에 e를 추가하면 정리 16.4에 의해 사이클이 생긴다(그림 16.20). 그러면 $F+e$에는 없지만 그 사이클을 구성하는 다른 간선 e'이 있다(그렇지 않으면 $F+e$ 자체에도 사이클이 있었을 것이다). 그런데

- $w(e') \geq w(e)$: 알고리즘이 e를 e'을 더하기 전에 했기 때문에, 그러나 또,
- $w(e') \leq w(e)$: T는 최소 가중치 스패닝 트리이므로 e 대신 e'을 포함하기 때문이다.

따라서 $w(e) = w(e')$이고, T에서 e'을 e로 바꾼 $T-e'+e$도 최소 가중치 스패닝 트리이다. 이는 $F+e$가 어떤 최소 스패닝 트리의 부분 그래프가 아니라는 가정에 모순된다. ■

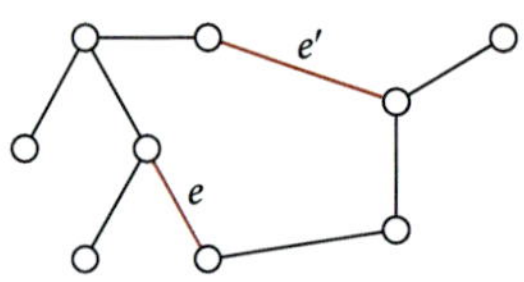

그림 16.20 크루스칼 알고리즘의 중요한 단계. 검은 간선들의 집합 F는 어떤 최소 스패닝 트리의 부분 그래프이다. 알고리즘이 e를 추가하고, $F+e$는 어떤 최소 스패닝 트리의 부분 그래프가 아니라고 가정된다. 하지만 그러면 다른 어떤 간선 e'이 F를 포함하는 최소 스패닝 트리의 일부이고, e와 e'을 포함하는 순환이 있다. e'을 e로 교체하는 것은 트리의 가중치를 증가시킬 수 없다.

요약

- 무향 그래프 또는 단순히 그래프는 정점과 간선으로 구성된다. 공식적으로, 그래프는 정점 집합 V와 간선 집합 E의 순서쌍 $\langle V, E \rangle$이다. 간선은 두 정점의 집합으로, $x-y$와 같이 쓴다.
- 무향 그래프는 유향 그래프와 달리 간선에 방향성이 없고, 자기 자신을 가리키는 루프를 가질 수 없다.
- 그래프에서 걸음은 인접한 정점들이 간선으로 연결된 정점들의 연속이다. 그런 걸음의 길이는 간선 수이다. 경로는 간선을 반복하지 않는 걸음이다. 회로는 첫 번째와 마지막 정점이 같은 경로이며, 중복된 정점이 없으면 사이클

이다.

- 두 정점이 경로로 연결되어 있으면 연결되어 있다고 한다. 이 관계의 동치 클래스를 그래프의 연결 성분이라고 한다. 그래프에 연결 성분이 하나뿐이면 그 그래프는 연결되어 있다.
- 한 그래프의 연결 성분은 그에 대응하는 유향 그래프의 강연결 성분이다. 유향 그래프의 약연결 성분은 기반 그래프의 연결 성분이다.
- 정점의 차수는 그 정점에 인접한 간선 수이다.
- 오일러 정리에 따르면, 연결된 그래프에 모든 간선을 정확히 한 번씩 지나가는 오일러 회로가 있으려면 모든 정점의 차수가 짝수이어야 한다.
- 두 그래프가 정점 이름은 다를지라도 구조가 같으면 동형이다. 두 그래프가 동형이면 간선 수, 정점 수, 각 차수의 정점 수가 같지만, 이것만으로는 두 그래프가 동형이기 위한 충분조건이 되지 않는다.
- 완전 그래프는 모든 정점쌍 사이에 간선이 있다.
- 트리는 연결되어 있고 사이클이 없는 그래프이다. 트리는 정확히 정점 수보다 1개 적은 간선을 갖는다. 트리에서 임의의 간선을 제거하면 연결이 분리되고, 임의의 간선을 추가하면 사이클이 생긴다. 트리에서 임의의 두 정점 사이에는 정확히 하나의 경로가 있다.
- 포레스트는 사이클이 없는 그래프, 즉 연결 성분들이 트리인 그래프이다.
- 그래프에서 모서리(간선)에는 가중치를 할당할 수 있다. **스패닝 트리**(*spanning tree*)는 부분 그래프이며, 트리의 형태를 가지고 있고 원래 그래프의 모든 정점을 포함한다. **최소 스패닝 트리**(*minimum spanning tree*)는 간선들의 가중치의 합이 최소인 스패닝 트리이다.
- 크루스칼 알고리즘은 가중치가 증가하는 순서로 모서리를 추가하여 최소 스패닝 트리를 만든다. 이때 사이클을 형성하는 모서리는 건너뛴다.

문제

16.1 그림 16.1의 그래프의 지름은 무엇인가? 그래프에서 가장 긴 사이클의 길이는 무엇인가?

16.2 정리 16.2의 방법을 사용하여 그림 16.21의 그래프에 대한 오일러 회로를 찾으라. 출발점은 $A-B-F-G-A$ 회로이다.

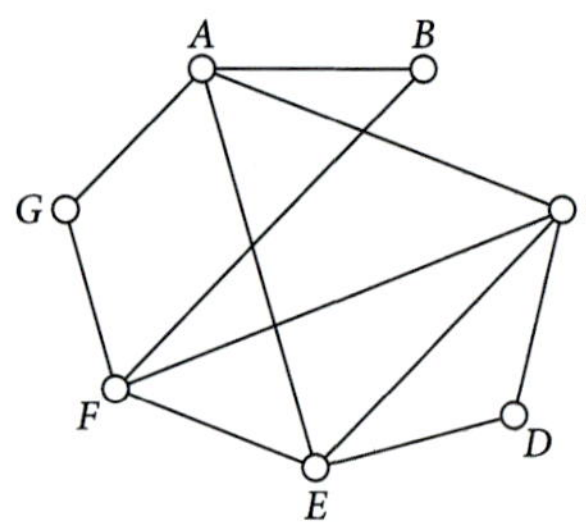

그림 16.21 오일러 회로를 가진 그래프

16.3 최소한 두 개의 정점을 가진 모든 그래프에는 동일한 차수를 가진 두 개의 정점이 있음을 증명하라. 또는 소셜 네트워크 용어로 표현하면, 평이하지 않은 소셜 네트워크에서는 항상 동일한 수의 사람들을 아는 두 사람이 있다.

16.4 멀티 그래프는 같은 두 정점을 여러 개의 간선으로 연결할 수 있는 그래프의 일반화된 형태이다. 이 책의 형식으로 생각하면, 멀티 그래프는 간선에 양의 정수 라벨이 지정되어 간선의 다중도를 나타내는 무향 그래프라고 할 수 있다. 간선은 다중도만큼 양 끝점의 차수에 기여한다.

오일러 정리가 멀티 그래프에도 적용됨을 보여라.

16.5 오일러 경로는 모든 간선을 정확히 한 번씩 통과하는 경로이다(시작점과 끝점이 다를 수 있다). 연결된 그래프에 오일러 경로가 있는 조건이 홀수 차수 정점이 최대 두 개뿐이라는 것을 보여라.

16.6 $S_1, \ldots, S_n$이 집합 U의 부분 집합일 때, 집합들의 교차 그래프 $F = \{S_1, \ldots, S_n\}$는 정점 $v_1, \ldots, v_n$을 가지며, $v_i - v_j$를 연결하는 간선이 있는 경우와 그렇지 않은 경우는 $i \neq j$이고 $S_i \cap S_j \neq \emptyset$인 경우이다.

(a) 10 이하의 양의 정수 집합 $\{\{i : 1 \leq i \leq 10$과 $k \mid i\} : 1 \leq k \leq 10\}$에 대한 교차 그래프를 그려라. 여기서 k는 10 미만의 공통 약수이다.

(b) 자연수 구간 집합 $\{[p, 3p] : p$는 10 미만의 소수$\}$에 대한 교차 그래프를 그려라. 여기서 $[a, b]$는 $\{x : a \leq x \leq b\}$를 나타낸다.

(c) 모든 그래프가 교차 그래프임을 보여라. 힌트: 각 정점에 인접한 간선을 고려하라.

(d) (b)의 구간 집합의 교차 그래프가 될 수 없는 그래프를 찾아라. 즉, $\{[a_1, b_1], \ldots, [a_n, b_n]\}$과 같은 형태의 집합의 교차 그래프가 될 수 없는 그래프를 찾아라. 여기서 a_i와 b_i는 자연수이다.

16.7 최소 스패닝 트리를 찾는 **프림 알고리즘**(*Prim's algorithm*)[4]은 임의의 정점에서 시작하여 그 정점에서 트리를 확장해 나간다. 각 단계에서 (1) 이미 트리에 포함된 정점 중 하나에 인접하고 (2) 사이클을 형성하지 않는 가장 작은 가중치의 간선을 트리에 추가한다.

(a) 그림 16.16의 그래프에 대해 프림 알고리즘을 적용해 보라.

(b) 프림 알고리즘이 최소 스패닝 트리를 생성함을 증명하라. 힌트: 트리가 자랄 때마다 최소 스패닝 트리의 부분 트리임을 귀납적으로 보여라.

[4] 1957년 벨 연구소에서 근무하는 동안 이를 발견한 미국의 컴퓨터 과학자 로버트 프림(1921년생)의 이름을 따서 명명되었다. 그러나 후에 체코의 수학자 보이체흐 야르닉이 1930년에 이를 발견했다는 것이 밝혀졌다.

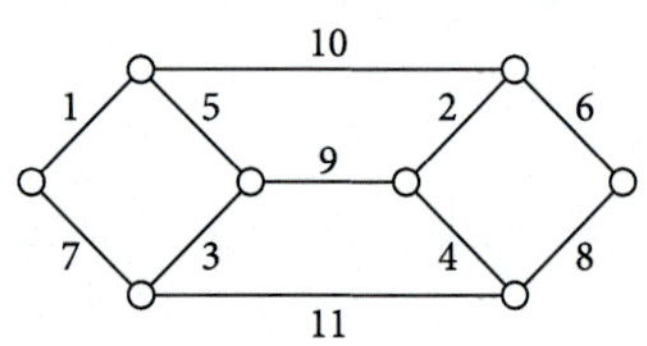

그림 16.22 이 그래프의 최소 스패닝 트리를 찾아라.

16.8 모든 간선의 가중치가 다르다면 최소 스패닝 트리가 유일함을 증명하라.

16.9 그래프 G의 최소 스패닝 트리가 유일하더라도, 가중치가 두 번째로 작은 스패닝 트리가 여러 개일 수 있음을 보여라.

16.10 (a) 크루스칼 알고리즘을 사용하여 그림 16.22의 그래프에 대한 최소 스

패닝 트리를 찾으라.

(b) 이번에는 그림 16.22에서 모든 홀수 가중치를 바로 다음 더 큰 짝수로 바꾼 후 크루스칼 알고리즘을 다시 적용하라. 두 개의 다른 최소 스패닝 트리를 찾으라.

Chapter

17 연결성

그래프는 연결되지 않은 부분들을 나타내는 부분 그래프로 분해될 수 있다. 만약 그래프가 거의 공통 친구가 없는 두 사람의 소셜 네트워크를 나타낸다면, 소수의 간선만이 그들의 친구 네트워크를 연결할 것이고, 몇 개의 친분 관계만 소멸해도 소셜 그룹이 연결이 끊길 수 있다. 또는 그래프가 컴퓨터 네트워크를 나타내고, 단일 정점이 서로 연결되지 않은 두 개의 네트워크 사이에 위치한다면, 그 주요 정점은 위험 지점이 된다. 거기서 고장이나 공격이 발생하면 서브 네트워크 간 통신이 끊기게 된다.

우리는 이미 그래프와 유향 그래프를 분리된 부분 그래프로 분해하는 몇 가지 방법을 보았다. 연결된 그래프는 하나의 연결 성분만 가지는 그래프이다. 둘 이상의 연결 성분을 가지면 그 성분들 사이에는 경로가 없다. 이것은 매우 다듬어지지 않은 개념이다—그래프가 연결되어 있거나 아니거나 둘 중 하나이다. 하지만 연결성에는 정도의 차이가 있다. 그래프가 연결되어 있더라도 몇 개의 간선이나 정점을 제거하면 연결이 끊어질 수 있다. 우리는 연결성 개념을 세분화하여 그래프의 연결성을 수치적으로 측정할 수 있다.

그래프의 **간선 연결성**(*edge connectivity*)은 그래프를 끊기 위해 제거해야 하는 최소 간선 수이다. 그래프의 간선 연결성은 정점의 최소 차수를 초과할 수 없는데, 이는 그 정점에 인접한 모든 간선을 제거하면 그 정점이 나머지 그래프와 분리되기 때문이다.

그림 17.1은 간선 3–4를 제거하면 정점 {1, 2, 3}과 {4, 5, 6, 7, 8, 9}의 두 연결 성분으로 분리되므로 간선 연결성이 1인 그래프를 보여준다. 3–4를 제거한 후 오른쪽의 {4, 5, 6, 7, 8, 9} 연결 성분은 간선 연결성이 2이다. 단일 간선을 제거해서는 그래프가 끊어지지 않지만, 예를 들어, 7–8과 7–9를 모두 제거하면 그래프가 끊어진다.

그래프에서 간선을 제거하면 연결 성분의 수가 증가하는 경우, 그 간선을 **브리지**(*bridge*)라고 한다. 그래프 G에서 3–4는 브리지이다.

그래프의 **정점 연결성**(*vertex connectivity*)은 모두 제거하면 그래프가 끊어지는 최소 정점 수이다. 그림 17.1의 그래프는 3, 4 또는 7 중 하나를 제거하면 그래프가 끊어지므로 정점 연결성이 1이다. 그림 17.1의 오른쪽 아래 연결 성분 또한

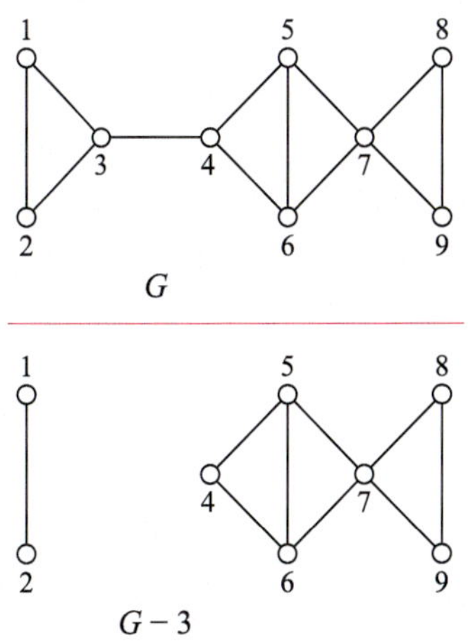

그림 17.1 간선 연결성 1과 정점 연결성 1을 가진 그래프

정점 7을 제거하면 끊어지므로 정점 연결성이 1이다.

엄밀히 말하면, 완전 그래프 K_n(한 쌍의 서로 다른 정점들 사이에 항상 간선이 있는 그래프)의 정점 연결성은 정의되지 않는다. 정점을 제거해서는 그러한 그래프를 끊을 수 없지만, 관례적으로 K_n의 정점 연결성은 $n-1$로 정의되는데, 이는 $n-1$개의 정점을 제거하면 단일 정점만 남기 때문이다.

단일 정점을 제거하면 그래프의 연결 성분 수가 증가하는 경우, 그 정점을 그래프의 **절단점**(*articulation point*)이라고 한다. 그래프 G에서 3, 4, 7은 모두 절단점이다. 브리지가 평이하지 않은 그래프를 연결하면, 그 브리지 끝점들이 모두 절단점이 되지만, 그림 17.1의 정점 7처럼 절단점이지만 브리지 끝점은 아닌 경우도 있다.

정점 연결성이 최소 k 이상인 경우 그래프를 k-연결($k \geq 1$)이라고 한다. 따라서 1-연결 그래프는 연결된 그래프이다. 2-연결 그래프, 즉 절단점이 없는 연결 그래프를 **이중 연결**(*biconnected*) 그래프라고 한다. 이중 연결 그래프는 단일 정점을 제거해서는 끊어지지 않는다.

컴퓨터나 도로 네트워크에서 이중 연결성은 생존성에 대한 최소 조건이다. 하나의 교차점이 차단되더라도 살아남은 정점 쌍 사이에 항상 다른 통신 경로가 있다.

*

두 특정 정점 s와 t 사이의 연결을 그래프로 표현한다고 가정해 보자. (암기를 위해 'source'와 'target'이라 부르자) **멩거의 정리**(*Menger's theorem*)는 s와 t를 끊기 위해 제거해야 하는 간선 수와, 그들을 연결하는 간선 분리 경로(간선을 공유하지 않는 경로) 수 사이의 관계를 설명한다. 예를 들어, 소셜 네트워크를 두 부분으로 나누되 주어진 s와 t가 다른 부분에 있도록 하면서, s가 포함된 부분과 t가 포함된 부분 사이의 친구 링크 수를 최소화하고 싶다고 가정해 보자. 멩거의 정리에 따르면 s와 t를 분리하기 위해 제거해야 하는 최소 간선 수는 s와 t를 연결하는 최대 간선 분리 경로 수와 같다.

먼저 몇 가지를 정의해 두자.

유한 그래프 $G = \langle V, E\rangle$에서 $s, t \in V$가 서로 다른 정점이라고 하자. $\langle s, t\rangle$-간선 컷은 G에서 제거하면 s에서 t로 가는 경로가 없어지는 간선 집합이다. 이전에 정의한 그래프의 간선 연결성은 그래프를 끊기 위해 제거해야 하는 최소 간선 수로, 모든 서로 다른 정점 쌍 $s, t \in V$에 대해 최소 $\langle s, t\rangle$-간선 컷의 크기가 된다. $\langle s, t\rangle$-간선 컷의 모든 상위 집합(superset) 또한 $\langle s, t\rangle$-간선 컷이다.

s에서 t로 가는 두 경로가 간선을 공유하지 않으면 **간선 분리**(*edge-disjoint*)라고 한다. 간선 분리 경로 집합에 대한 이름을 정의하는 것이 편리하다. $\langle s, t\rangle$-간선 커넥터는 s에서 t로 가는 쌍쌍이 간선 분리인 경로 집합이다. 즉, 모든 경로가 s와 t를 연결하며 집합 내 두 경로가 간선을 공유하지 않는다. $\langle s, t\rangle$-간선 커넥터를 s에서 t로 연결된 섬유 다발로 생각할 수 있다. $\langle s, t\rangle$-간선 커넥터의 모든 부분

집합(공집합 포함)도 $\langle s, t\rangle$-간선 커넥터이다.

이 정의들을 사용하면 멩거의 정리를 더 간결하게 표현할 수 있다. 최소 간선 컷의 크기와 최대 간선 커넥터의 크기가 같다(그림 17.2~17.4를 예시로 참고하라). 정리[1]를 증명하기 위해 다음 보조 정리부터 시작하자.

보조 정리 17.1 유한 그래프 $G = \langle V, E\rangle$와 V의 서로 다른 정점 s, t가 주어졌을 때, G의 최소 크기 $\langle s, t\rangle$-간선 컷 C에 대해, $\langle s, t\rangle$-간선 커넥터 P가 존재해서 그 안의 각 경로의 한 간선들이 C에 포함된다.

예를 들어, 그림 17.4는 크기가 3인 $\langle s, t\rangle$-간선 커넥터를 보여주며(실선 경로 3개), 그림 17.3의 $\langle s, t\rangle$-간선 컷은 이 경로들 각각에서 한 간선(파선 간선 3개)을 포함한다.

증명. 그래프는 고립된 정점 집합에서 시작하여 간선을 하나씩 추가해 구축할 수 있다. 이 증명은 하나의 간선을 G에 추가하는 생성자 연산을 통한, 구조적 귀납법을 사용한다.

기본 단계는 간선이 없을 때 $G_0 = \langle V, E_0\rangle$이고 $E_0 = \emptyset$이다. $|E_0| = 0$이므로 공집합이 최소 $\langle s, t\rangle$-간선 컷이다. 공집합 또한 유일한 $\langle s, t\rangle$-간선 커넥터이며, $C = \emptyset$는 각 $p \in P = \emptyset$의 간선 한 개를 포함한다.

보조 정리 17.1이 G보다 적은 간선을 가진 G의 모든 부분 그래프에 대해 성립한다고 가정하자. G의 최소 $\langle s, t\rangle$-간선 컷을 C라 하자(예를 들어, G가 그림 17.2의 그래프이고 C가 그림 17.3의 $\{f, g, h\}$라고 가정한다). 임의의 간선 $e \in E$를 고려해 보자.

먼저, $G-e$의 최소 $\langle s, t\rangle$-간선 컷의 크기도 $|C|$라고 가정하자(예를 들어, 그림 17.2에서 $e = i$라고 하자). 그러면 $e \notin C$이고, C는 $G-e$의 최소 $\langle s, t\rangle$-간선 컷이기도 한다. 귀납 가설에 의해 $G-e$에는 C가 각 경로의 한 간선을 포함하는 $\langle s, t\rangle$-간선 커넥터 P가 있다. 그러면 P 또한 C가 각 경로의 한 간선을 포함하는 G의 $\langle s, t\rangle$-간선 커넥터이다.

이제, $G-e$의 최소 $\langle s, t\rangle$-간선 컷의 크기가 $|C|$보다 작다고 가정하자. (예를 들어, 그림 17.2에서 $e = f$라고 하자) C는 G의 최소 $\langle s, t\rangle$-간선 컷이었으므로, $G-e$에 더 작은 $\langle s, t\rangle$-간선 컷이 존재한다면 $C-\{e\}$가 그러한 컷 중 하나일 것이다. 그러면 $C-\{e\}$는 $G-e$의 $\langle s, t\rangle$-간선 컷이지만 G의 $\langle s, t\rangle$-간선 컷은 아니므로, G에는 e를 포함하는 s에서 t로 가는 경로 p가 있어야 한다. 그러나 p는 $C-\{e\}$의 어떤 간선도 포함하지 않는다. 귀납 가설에 의해 $G-e$에는 $C-\{e\}$가 각 경로의 한 간선을 포함하는 $\langle s, t\rangle$-간선 커넥터 P가 있다. 우리는 여기서 p는 P의 모든 경로와 간선 분리되어 있다고 주장한다. P의 $q \in P$에 대해 q에 속한 간선을 $e_q \in C-\{e\}$라 하자. p와 q가 간선 e_s를 공유한다고 가정하면, $(C \cup \{e_s\}) - \{e, e_q\}$는 C보다 작은 G의 $\langle s, t\rangle$-간선 컷이 되어 C가 최소 $\langle s, t\rangle$-간

[1] 다음 증명은 F. Goring, "Short Proof of Menger's Theorem," *Discrete Mathematics* 219(2000): 295–6에 따른다.

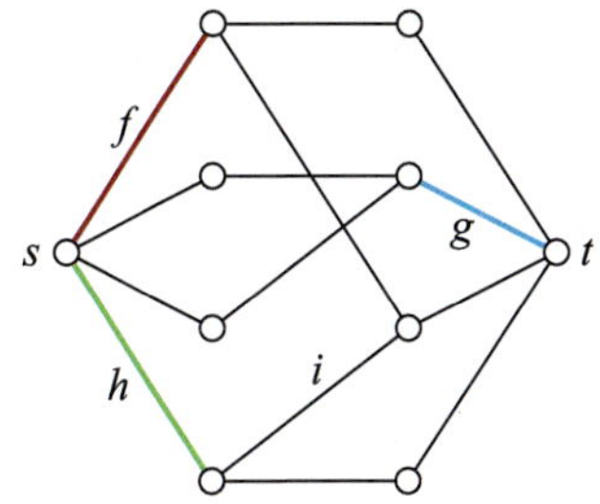

그림 17.2 소스 s와 목표 t가 식별된 그래프

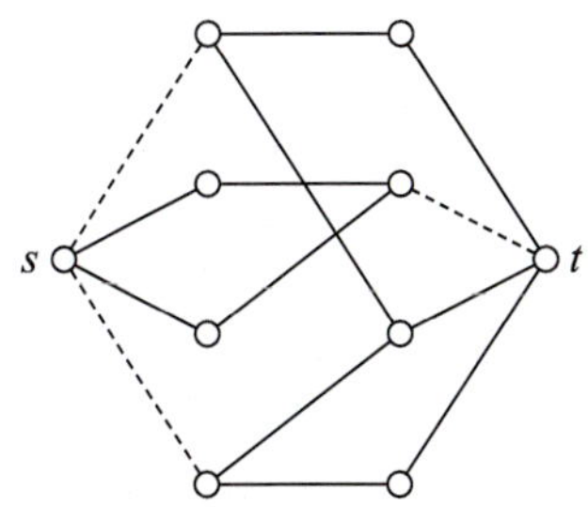

그림 17.3 smallest
최소 $\langle s, t\rangle$-간선-절단은 크기가 3이며 간선 f, g, h를 포함한다. 이 세 간선을 제거하면 그래프가 단절된다.

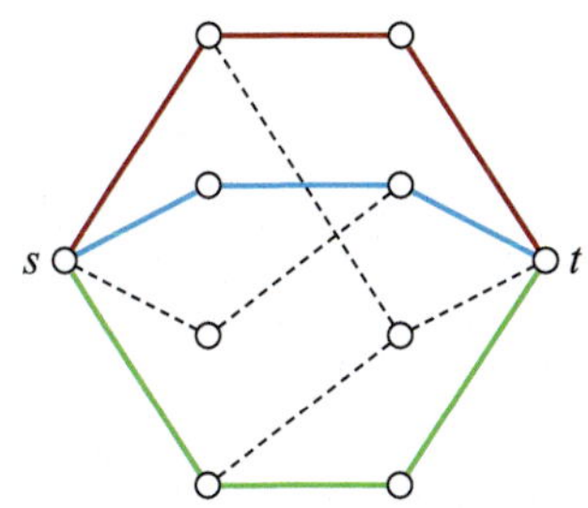

그림 17.4 3은 $\langle s, t\rangle$-간선-연결자의 최대 크기이다. s에서 t까지의 서로 간선-독립인 세 개의 경로가 표시되어 있다—하나는 빨간색, 하나는 파란색, 하나는 초록색이다. 빨간색 경로는 간선 f를 포함하고, 파란색 경로는 간선 g를 포함하며, 초록색 경로는 간선 h를 포함한다.

선 컷이라는 가정에 모순이 된다. 따라서 p는 실제로 P의 모든 경로들과 간선 분리이므로, $P \cup \{p\}$는 G의 $\langle s, t\rangle$-간선 커넥터이며 C는 $P \cup \{p\}$의 각 경로에서 한 간선을 포함하게 된다. ■

이제 다음 정리를 증명할 수 있다.

정리 17.2 *멩거의 정리(점-대-점, 간선 버전)*. 유한 그래프 G와 G의 서로 다른 정점 s, t에 대해, 최소 $\langle s, t\rangle$-간선 컷의 크기는 s에서 t로 가는 최대 간선 분리 경로 수와 같다.

증명. 보조 정리 17.1에 의해 최소 $\langle s, t\rangle$-간선 컷의 크기와 같은 크기의 s에서 t로 가는 쌍쌍이 간선 분리인 경로 집합이 존재함이 확인되었다. 그보다 더 큰 크기의 쌍쌍이 간선 분리인 경로 집합이 있을 수 없는데, 그렇다면 최소 $\langle s, t\rangle$-간선 컷이 s에서 t로 가는 모든 경로를 차단해야 하지만, 경로들은 간선을 공유하지 않으므로 컷의 각 간선은 단 하나의 경로만 차단할 수 있기 때문이다. ■

멩거의 정리에는 다양한 일반화와 변형이 있다. 여기서는 몇 가지 유용한 버전을 증명 없이 제시하겠다.

정리 17.3 *멩거의 정리(집합-대-집합, 간선 버전)*. 그래프 $G = \langle V, E\rangle$와 V의 서로소인 부분 집합 S, T에 대해, $\langle S, T\rangle$-간선 컷(즉, 제거하면 S의 정점에서 T의 정점으로 가는 모든 경로가 끊어지는 간선 집합)의 최소 크기는 S의 정점에서 T의 정점으로 가는 최대 간선 분리 경로 수와 같다.

정리 17.2는 $S = \{s\}$, $T = \{t\}$인 정리 17.3의 특수한 경우이다.

정리 17.4 *멩거의 정리(집합-대-집합, 정점 버전)*. 그래프 $G = \langle V, E\rangle$와 V의 서로소인 부분 집합 S, T에 대해, $\langle S, T\rangle$-정점 컷(즉, 제거하면 S의 정점에서 T의 정점으로 가는 모든 경로가 끊어지는 정점 집합)의 최소 크기는 S의 정점에서 T의 정점으로 가는 최대 정점 분리 경로 수(즉, 경로의 끝점을 제외하고 정점을 공유하지 않는 경로 수)와 같다.

S와 T를 단일 원소 집합으로 취하면 정리 17.2와 같은 정리 17.4의 '점-대-점' 버전을 얻을 수 있다.

멩거의 정리의 매우 중요한 일반화 중 하나는 간선에 파이프, 철로 또는 다른 형태의 부하 운반 네트워크의 구간의 용량들을 나타내는 가중치가 할당된 가중 유향 그래프에 적용되는 버전이다. 이러한 네트워크에서는 흐름 용량이라는 자연스러운 개념이 있다. 출발지 s에서 목적지 t로 가는 최대 흐름은 무엇일까? 이때 (1) 모든 간선은 많아야 최대 용량까지 운반할 수 있고, (2) s와 t를 제외한 모든 정점에서 들어오는 흐름의 합과 나가는 흐름의 합이 같아야 한다는 제약이 있다. 이 결과는 **최대 유량 최소 컷 정리**(*max-flow-min-cut theorem*)라고 불리며, s에서 t로의 최대 흐름은 $\langle s, t\rangle$-간선 컷의 간선들의 최소 용량과 같다는 것이다. 증명은 생성적이며, 여기에서 도출되는 알고리즘인 **포드-폴커슨 알고리즘**(*Ford-Fulkerson algorithm*)은 알고리즘 이론의 고전적인 결과물 중 하나이다.

요약

- 그래프의 간선 연결성은 그래프를 끊기 위해 제거해야 하는 최소 간선 수이다.
- 그래프에서 간선을 제거하면 연결 성분의 수가 증가하는 경우, 그 간선을 **브리지**(*bridge*)라고 한다.
- 그래프의 정점 연결성은 그래프를 끊기 위해 제거해야 하는 최소 정점 수이다.
- 그래프에서 정점을 제거하면 연결 성분의 수가 증가하는 경우, 그 정점을 **절단점**(*articulation point*)이라고 한다.
- 그래프의 정점 연결성이 최소 k 이상이면 그래프를 ***k*-연결**(*k-connected*)이라고 한다.
- **멩거의 정리**(*Menger's theorem*)에 따르면, 두 정점을 끊기 위해 제거해야 하는 간선 수와 그 두 정점 사이의 간선 분리 경로 수가 같다.
- **최대 유량 최소 컷 정리**(*max-flow-min-cut theorem*)에 따르면, 가중 방향 그래프에서 한 정점에서 다른 정점으로 운반할 수 있는 최대 부하는 그들 사이의 최소 간선 컷 용량과 같다.

문제

17.1 $K_n - e$를 완전 그래프 K_n에서 임의의 단일 간선을 제거한 결과라고 하자. (결과 그래프는 제거된 간선에 관계 없이 동형이다.) $K_n - e$의 간선 연결성과 정점 연결성은 무엇인가?

17.2 두 간선 분리 경로가 반드시 정점 분리인가? 두 정점 분리 경로가 반드시 간선 분리여야 하는가? 증명하거나 반례를 들어 반박하라.

17.3 그림 17.5의 그래프에 대해 최소 크기의 $\langle s, t\rangle$-간선 컷과 동일한 크기의 $\langle s, t\rangle$-간선 커넥터를 찾되, 각 경로가 $\langle s, t\rangle$-간선 컷의 간선 중 하나를 포함하도록 하라.

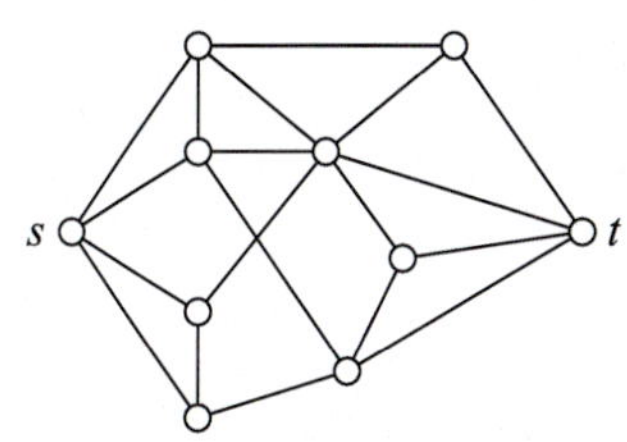

그림 17.5 소스와 목표 정점이 식별된 그래프. 간선-절단의 최소 크기와 s에서 t까지의 간선-독립 경로 집합의 최대 크기는 얼마인가?

17.4 평이하지 않은 그래프의 정점 연결성이 간선 연결성 이하임을 증명하라.

17.5 G가 k-연결이고 새로운 정점 v와 그를 G의 정점들과 연결하는 일부의 간선이 추가되었다고 가정하자. v가 G의 적어도 k개 정점과 인접한 경우와 새로운 그래프가 k-연결인 경우가 동치임을 보여라.

17.6 n개의 정점을 가진 그래프 G가 연결되려면 최소 간선 수는 몇 개인가? 이중 연결되려면? $(n-1)$-연결되려면?

17.7 이중 연결 그래프의 모든 서로 다른 두 정점이 사이클 상에 있음을 증명하라.

17.8 n개 정점 그래프 중 연결되지 않은 그래프의 최대 간선 수는 무엇인가?

17.9 $n \geq 4$개 정점을 가진 바퀴 W_n은 $(n-1)$개 정점의 사이클과 '허브'라 불리는 정점 하나로 이루어져 있으며, 허브 정점에서 사이클 상의 모든 정점으로 간선이 연결되어 있다.

(a) $W_4 = K_4$이며 어떤 정점이든 허브로 선택될 수 있지만, $n > 4$인 W_n에서는 허브가 유일함을 보여라.

(b) W_n의 정점 연결성이 모든 $n \geq 4$에 대해 3임을 보여라.

17.10 그래프가 k-연결인 경우와 그렇지 않은 경우는 모든 정점 쌍이 적어도 k개의 정점 분리 경로로 연결되어 있는지 여부와 동치임을 보여라.

Chapter

18 착색

A, B, C, D, E 및 F 6명의 과학자가 1, 2, 3, 4, 5 다섯 개의 매우 비싼 장비가 있는 실험실에서 작업중이다. 각 과학자는 1시간 작업을 해야 하지만, 여러 사람이 동일한 장비를 사용해야 하고 각 장비는 한 번에 한 작업만 할 수 있기 때문에 모두가 동시에 작업할 수는 없다. 그림 18.1은 각 과학자가 작업을 하기 위해 어떤 장비가 필요한지 보여준다. 예를 들어 A, B, C는 모두 1번 장비를 사용해야 한다.

만약 각자 다른 시간대를 이용한다면 문제가 없을 것이다. 모두가 실험실을 독점할 수 있고, 6시간 내에 모든 작업을 마칠 수 있다. 하지만 실험실 자체를 열어두는 데는 비용이 많이 들고, 작업 일정을 보다 효율적으로 짜는 것이 좋다.

Worker	1	2	3	4	5	Time
A	✓					GREEN
B	✓	✓	✓			RED
C	✓	✓	✓			BLUE
D		✓		✓		GREEN
E			✓		✓	GREEN
F				✓	✓	RED

그림 18.1 어떤 과학자가 어떤 장비를 사용해야 하는지 보여주는 표

예제 18.1 그림 18.1의 작업들을 최소 몇 시간으로 일정을 잡을 수 있을까?

한 시간으로는 불가능하다. 실제로 두 시간도 안 된다. 세 명이 1번 장비를 사용해야 하기 때문이다. 그리고, 많이 걸려도 6시간이다. 그렇다면 3시간일까? 4시간, 5시간, 또는 6시간?

이것은 제한된 자원을 경쟁적인 수요를 만족시키기 위해 할당해야 하는 많은 스케줄링 문제를 비유적으로 나타낸 것이다. 그래프 이론 문제처럼 들리지 않지만, 결국 그래프 문제로 귀결된다.

우리는 정점이 과학자들이고 두 정점 사이의 간선이 그들이 동시에 실험실에서 작업할 수 없음을 나타내는 그래프로 충돌을 도식화할 수 있다. 위에서 설명한 조건들은 그림 18.2에 포착되어 있다.

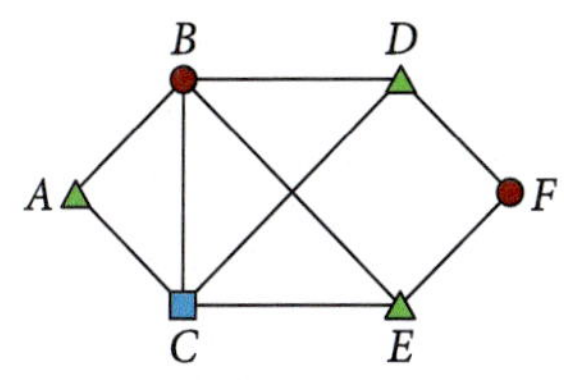

그림 18.2 실험실 시나리오에 대한 충돌 그래프

우리는 정점에 색을 칠했는데, 간선의 끝점 색상이 항상 다르도록 했다. 우리는 이 속성을 유지하면서 녹색, 빨간색, 파란색 세 가지 색만으로 그래프에 착색할 수 있었다. 동기 부여 예제로 돌아가서, 우리는 모든 작업을 세 개의 1시간 시간대로 나눌 수 있다. '녹색' 과학자들(A, D, E)은 동시에 작업하고, 다른 색들도 마찬가지이다.

이런 종류의 상황은 실제 현상을 그래프로 모델링하는 많은 다양한 사례에서 발생한다. 따라서 형식을 명확히 해보자.

그래프 $G = \langle V, E \rangle$의 **착색**(*coloring*)은 인접한 정점들이 서로 다른 색을 가지

도록 정점에 색을 할당하는 것을 말한다. 즉, G의 착색은 고정된 유한 집합 C의 색들로 이루어진 사상 $c: V \to C$이며, 간선 $x-y$가 E에 있을 때마다 $c(x) \neq c(y)$이다. G가 k개의 색으로 착색될 수 있다면, $|\{c(v): v \in V\}| = k$인 착색 c가 존재하며, c는 G의 ***k*-착색**(*k-coloring*)이라고 한다.

그림 18.2의 그래프는 2-착색이 불가능한데, 삼각형(A, B, C가 모두 서로 인접함)을 포함하고 있기 때문이다.

❋

그래프 G를 착색하는 데 필요한 최소 착색 수를 G의 **착색 수**(*chromatic number*)라고 하며 $\chi(G)$로 표기한다(χ는 'chroma' 또는 'color'의 첫 글자인 그리스 소문자이다). 따라서 그림 18.2의 그래프 G에 대해 $\chi(G) = 3$이다.

그래프의 착색 수는 그 그래프의 모든 부분 그래프의 착색 수보다 작을 수 없다. 예를 들어, 그림 18.2의 그래프가 2-착색이 불가능하다는 것은 그래프가 완전 그래프 k_3(삼각형)를 부분 그래프로 가지므로 그 착색 수가 3보다 작을 수 없다는 것을 의미한다. 몇 가지 중요한 그래프와 그래프 유형의 착색 수는 다음과 같다.

- $\chi(K_n) = n$, 여기서 K_n은 n개 정점의 완전 그래프이다. 모든 정점이 다른 모든 정점과 연결되어 있다면, 그래프를 정점 수보다 적은 색으로 착색할 수 없다. 더 일반적으로, 그래프 G에서 완전 그래프인 부분 그래프를 **클리크**(*clique*)라고 한다. G가 k-클리크, 즉 k개 정점의 클리크를 가지면 G의 착색 수는 k보다 작을 수 없다.

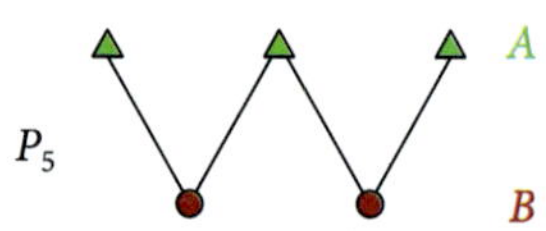

그림 18.3 P_5의 2-착색

- 분지가 없는 경로는 색을 번갈아 가며 두 가지 색으로 착색할 수 있다. 따라서 $\chi(P_n) = 2$이다. 여기서 P_n은 $n-1$개의 간선으로 n개의 서로 다른 정점을 연결하는 경로이다(그림 18.3 참조). 단순 그래프 P_1의 착색 수는 1이다. 평이하지 않은 트리의 착색 수는 2이다[$\chi(P_n) = 2$의 일반화].
- C_n이 n개 정점의 사이클이라면, $\chi(C_n)$은 n이 짝수이면 2, 홀수이면 3이다(그림 18.4).

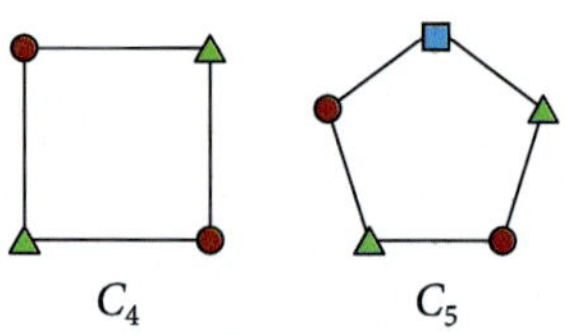

그림 18.4 C_4의 2-착색과 C_5의 3-착색

- 어떤 정점의 최대 차수가 k라면, 그래프의 착색 수는 최대 $k+1$이다.
- 그래프 $G = \langle V, E \rangle$가 **이분 그래프**(*bipartite graph*)라는 것은 V가 두 개의 서로소 부분 집합 A와 B의 합집합이고, 모든 간선이 한 부분 집합 내의 정점과 다른 부분 집합 내의 정점을 연결한다는 것을 의미한다. 모든 이분 그래프는 2-착색이 가능하다. 그냥 A의 정점들에 한 색을, B의 정점들에 다른 색을 칠하면 된다(그림 18.3은 P_5가 이분 그래프임을 보여준다). 실제로 착색 수가 2인 그래프는 모두 이분 그래프이며, 요구되는 $A, B \subseteq V$는 각 색의 정점 집합이다.
- 177쪽에서 언급된 바와 같이, **평면 그래프**(*planar graph*)는 평면 위에 간선들이 서로 교차하지 않고 그릴 수 있는 그래프이다. 평면 그래프는 2차원 지

도와 밀접한 관계가 있다. 지도의 각 영역을 정점으로 표현하면, 대응하는 그래프에는 지도 상의 영역들이 경계를 공유할 때마다 두 정점 사이에 간선이 있게 된다(그림 18.5). 경계를 공유하는 영역들에 서로 다른 색을 칠하되 4가지 색만으로 어떤 지도든 착색할 수 있다는 것이 오랫동안 추측되어 왔지만, 제안된 모든 증명에 결함이 있는 것으로 밝혀졌다. 이제는 확실히 **4색 정리**(*four-color theorem*)라고 불릴 수 있는 이 정리는 1976년 케네스 앱펠과 볼프강 하켄에 의해 컴퓨터의 도움을 받아 최종 증명되었다. 모든 평면 그래프의 4-착색 가능성이 지도에 대한 4색 정리와 동치임을 보일 수 있다(문제 18.11 참조). 따라서 모든 평면 그래프가 4-착색 가능하다는 것은 4색 정리의 결과이다.

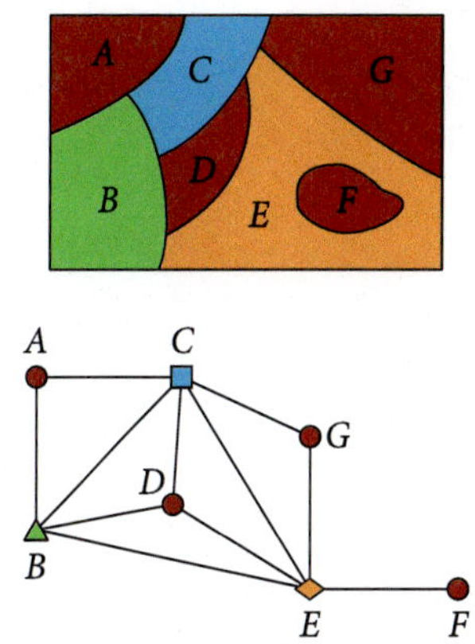

그림 18.5 지도와 이를 나타내는 평면 그래프

일반적으로 그래프의 착색 수를 결정하거나 k-착색이 존재한다는 것을 알고 있을 때 그것을 찾는 것은 간단한 문제가 아니다(241쪽에서 이 문제에 대해 더 논의한다). 하지만 그래프가 2-착색 가능한지 확인하는 것은 직관적이다. 모든 사이클의 길이가 짝수가 아니라면 불가능하다.

*

우리는 착색의 유용성에 대한 두 가지 예를 더 살펴보자. 데이터를 저장하고 조작할 수 있는 $r_1, r_2, \ldots, r_k$와 같은, 소수의 빠른 액세스 레지스터가 있는 컴퓨터가 있다고 가정해 보자. 컴퓨터의 기본 연산은 하나 또는 두 개의 레지스터에 대해 산술 연산을 수행한 다음 결과를 레지스터에 저장하는 것이다. 예를 들어

$$r_2 \leftarrow r_1 + r_3$$

이다. 특정 연산 내의 레지스터들이 모두 다를 필요는 없다. 예를 들어, $r_2 \leftarrow -r_2$는 레지스터의 부호를 바꾸는 유효한 명령이다. 처음에 a와 b가 두 개의 레지스터들에 저장되어 있다고 가정할 때, 표현식,

$$\frac{(a+b)\cdot(a-b)}{b}$$

의 값을 계산하는 데 필요한 레지스터 수는 몇 개인가?

그림 18.6의 첫 번째 열은 컴파일러가 하나씩 단계별로 결과를 계산하는 코드 형태를 보여준다. 먼저 $a+b$를 계산하고 그 값을 c에 저장한 다음, $a-b$를 계산하고 d에 저장하는 식이다. 보여진 대로 컴파일된 코드는 중간 결과마다 다른 레지스터를 사용하지만 이는 낭비적이다. $a-b$를 계산한 후에는 a의 값이 더 이상 필요하지 않으므로 a에 할당된 레지스터를 다른 값을 저장하는 데 재할당할 수 있다.

Step	a	b	c	d	e	f
Input a, b						
$c \leftarrow a+b$	✓	✓				
$d \leftarrow a-b$	✓	✓	✓			
$e \leftarrow c\cdot d$		✓	✓	✓		
$f \leftarrow e/b$		✓			✓	
Output f						✓

그림 18.6 $\frac{(a+b)\cdot(a-b)}{b}$를 계산하는 코드와 프로그램 실행 중 각 변수가 활성화되는 시점을 보여주는 표

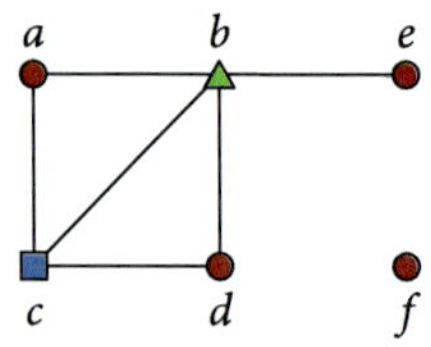

그림 18.7 그림 18.6의 계산에서 중간값들에 대한 충돌 그래프

예제 18.2 그림 18.6의 결과를 계산하는 데 필요한 최소 레지스터 수는 몇 개인가?

이것은 그래프 착색 문제이다. 그림 18.6의 후속 열은 프로그램 실행 중 변수가 활성화되는 시점, 즉 이전에 값이 할당되고 그 값이 지금 또는 미래에 필요한 시점을 보여준다. 같은 행에 두 개의 체크 표시가 있다면 그 두 변수는 동일한 레지스터에 저장될 수 없다. 그림 18.7의 충돌 그래프는 이러한 모든 충돌을 포착한다. 두 정점 사이에 간선이 있는 경우는 두 정점에 해당하는 열에 체크 표시가 있는 행이 있을 때이다. 이 그래프의 모든 착색은 안전하게 변수에 레지스터를 할당하는 데 사용될 수 있으며, 동일한 색을 공유하는 모든 변수는 동일한 레지스터에 할당된다. 이 그래프가 3-착색 가능하므로 a와 b가 초기에 저장된 두 개의 레지스터 외에 하나의 레지스터만 더 필요하다. 예를 들어, 빨간색 값을 r_1에, 녹색을 r_2에, 파란색을 r_3에 할당하면 그림 18.6의 코드는 그림 18.8과 같아진다. 많은 현대 컴파일러에는 그래프 착색을 기반으로 하는 레지스터 할당 알고리즘이 포함되어 있다.

Input a, b into r_1, r_2
$r_3 \leftarrow r_1 + r_2$
$r_1 \leftarrow r_1 - r_2$
$r_1 \leftarrow r_3 \cdot r_1$
$r_1 \leftarrow r_1 / r_2$
Output r_1

그림 18.8 레지스터 할당 후의 최종 코드

*

마지막 예제로, 공항에 도착하는 항공편에 대한 게이트 스케줄링 문제를 살펴보자. 예를 들어, 그림 18.9는 A에서 H까지 8개 항공편의 도착 시간을 보여준다. 명백히 D와 E는 동시에 도착하므로 같은 게이트를 사용할 수 없지만, 실제로 공항에는 보다 엄격한 규칙이 있다. 두 항공편의 도착 시간 차이가 1시간 미만이면 같은 게이트를 사용할 수 없다.

8개의 서로 다른 게이트에 8개 항공편을 배정할 수 있지만, 그것은 현실적이지 않다. 게이트는 매우 비싼 자원이며 가능한 한 효율적으로 사용되어야 한다.

Flight	Arrives	Gate
A	1:30pm	GREEN
B	2:15pm	RED
C	2:20pm	ORANGE
D	3:00pm	GREEN
E	3:00pm	BLUE
F	3:17pm	RED
G	3:30pm	ORANGE
H	4:05pm	GREEN

그림 18.9 항공편, 도착 시간 및 게이트

예제 18.3 그림 18.9의 모든 항공편을 수용하기 위해 필요한 최소 게이트 수는 몇 개인가?

레지스터 할당 예제에서와 마찬가지로 먼저 모든 충돌, 즉 1시간 이내에 도착하므로 같은 게이트를 사용할 수 없는 항공편들을 도식화하라. 이는 항공편 집합 상의 대칭 관계이며, 정점이 항공편이고 1시간 이내에 도착하는 두 정점 사이에 간선이 있는 그래프로 표현할 수 있다. 그림 18.9의 충돌을 나타내는 그래프는 그림 18.10과 같다.

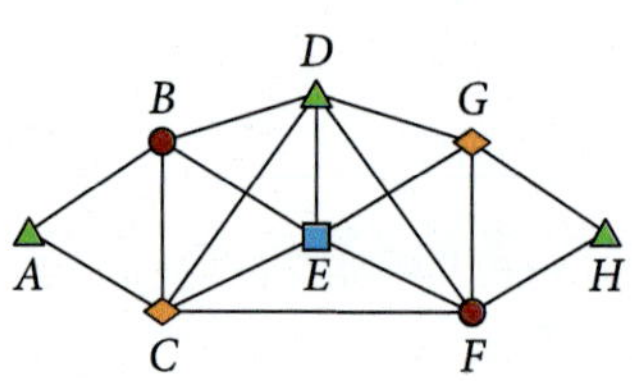

그림 18.10 그림 18.9의 항공편에 대한 충돌 그래프

B, C, D, E 항공편이 모두 서로 충돌한다는 점(즉, K_4가 부분 그래프임)에서 최소 4개의 게이트가 필요하다는 것이 즉시 명백해진다. 우리는 이 네 정점에 서로 다른 네 가지 색을 칠했고, 다른 정점들은 인접한 두 정점이 같은 색이 되지 않도록 착색했다. 그림 18.9의 게이트 열은 이 착색에 따라 채워졌다. 그래프의 착색수가 4이므로, 4개의 게이트가 필요하며 충분하다.

요약

- 그래프의 **착색**(*coloring*)은 간선을 공유하는 두 정점이 서로 다른 색을 가지도록 정점에 색을 할당하는 것이다. k개의 색을 사용하는 착색을 ***k*-착색**(*k-coloring*)이라고 한다.
- 그래프 G의 **착색 수**(*chromatic number*) $\chi(G)$는 G를 착색하는 데 필요한 최소 착색 수이다.
- n개 정점의 완전 그래프의 착색 수는 n이다. 평이하지 않는 트리의 착색 수는 2이다. 길이가 짝수인 사이클의 착색 수는 2, 길이가 홀수인 사이클의 착색 수는 3이다.
- 그래프의 착색 수는 정점의 최대 차수에 1을 더한 값 이하이다.
- 그래프의 정점들을 두 집합으로 나눌 수 있어서 모든 간선이 한 집합의 정점과 다른 집합의 정점을 연결하면 그래프는 이분 그래프이다. 그래프가 이분 그래프인 경우와 2-착색 가능한 경우, 즉 홀수 길이 사이클이 없는 경우는 동치이다.
- **평면 그래프**(*planar graph*)는 2차원 평면에 간선이 교차하지 않고 그릴 수 있는 그래프이다. 모든 2차원 지도에는 대응하는 평면 그래프가 있으며, 모든 평면 그래프는 4-착색 가능하다.
- 그래프 착색은 스케줄링이나 자원 공유 문제에 유용하다.

문제

18.1 그림 18.11의 그래프에 대해 4-착색을 찾으라. 3-착색을 찾거나, 3-착색이 불가능한 이유를 설명하라. 2-착색을 찾거나, 2-착색이 불가능한 이유를 설명하라.

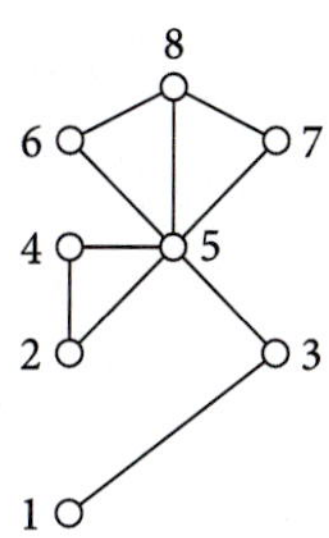

그림 18.11 몇 가지 색상이 필요한가?

18.2 K_n에서 하나의 간선을 제거한 그래프 $K_n - e$의 착색 수는 얼마인가? 그 이유는 무엇인가?

18.3 $n \times n$ 격자의 착색 수는 얼마인가? 여기서 격자는 다음과 같은 정점과 간선을 가진 그래프이다.

정점: $\{\langle i,j\rangle : 1 \le i,j \le n\}$

간선: $\{\langle i,j\rangle - \langle i+1,j\rangle : 1 \le i < n, 1 \le j \le n\} \cup$
$\{\langle i,j\rangle - \langle i,j+1\rangle : 1 \le i \le n, 1 \le j < n\}$

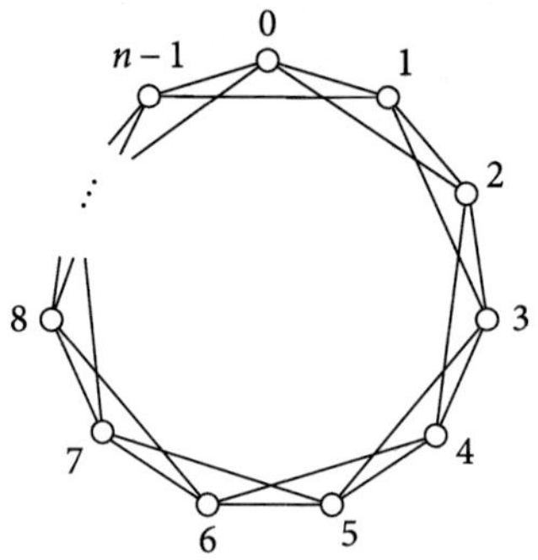

그림 18.12 C'_n, 2개 위치만큼 떨어진 정점들 사이에 추가 간선이 있는 순환

18.4 C'_n을 n개의 정점으로 이루어진 사이클($n \geq 3$)이라 하고, 각 정점에서 사이클 상 두 칸 뒤의 정점으로 추가 간선을 연결한 그래프라고 하자(그림 18.12 참조).

(a) 4색 정리를 이용하여 짝수 n에 대해 C_n이 4-착색 가능함을 보여라.

(b) 홀수 n에 대해 $\chi(C_n)$의 값은 얼마인가?

18.5 안드레는 브리짓과 일할 수 없고, 브리짓은 클로이와 일할 수 없고, 클로이는 다니엘과 일할 수 없고, 다니엘은 엘로이즈와 일할 수 없고, 엘로이즈는 안드레와 일할 수 없다. 파비오는 안드레나 다니엘과 일할 수 없다. 각 사람이 같은 작업실을 쓰는 모든 사람과 일할 수 있어야 한다면, 몇 개의 작업실이 필요한가? 이 문제를 그래프 착색 문제로 풀어보라.

18.6 예제 18.2의 기계 모델을 사용하여, 다음 식을 계산하는 데 필요한 최소한의 레지스터를 할당하라.

$$\frac{a \cdot (a-b)^2 \cdot (a-c)}{(a+1)^2}$$

18.7 아말은 정오부터 2시간 동안 컴퓨터를 사용해야 한다. 비앙카는 오후 3시부터 4시간 동안, 청은 오후 6시부터 2시간 동안, 디에고는 오후 1시부터 4시간 동안, 일라이어는 오후 4시부터 1시간 동안, 프랜시스는 오후 2시부터 3시간 동안 컴퓨터를 사용해야 한다. 몇 대의 컴퓨터가 필요한가?

18.8 $(\pm p \oplus \pm q)$ 형태의 절들의 연결로 이루어진 명제 논리식을 고려해 보자. 여기서 p와 q는 명제 변수(반드시 서로 다를 필요는 없음)이고, $\pm p$는 p 또는 $\neg p$를 나타낸다. 다음과 같은 그래프를 고려해 보자. 정점은 식에 나타나는 모든 명제 변수 p에 대해 p와 $\neg p$를 포함하고, 간선은 (1) 각 변수 p에 대해 p와 $\neg p$를 연결하고, (2) 두 리터럴의 배타적 논리합이 식의 절인 경우 그 두 리터럴을 연결한다. 이 식이 만족 가능한 경우와 그래프가 2-착색 가능한 경우가 동치임을 증명하라.

18.9 다섯 명의 상원의원이 아래와 같이 여섯 개의 위원회에서 활동한다. 위원회는 매주 한 번씩 모인다. 어떤 상원의원도 일정 충돌이 없도록 하려면 최소 몇 개의 주간 회의 시간이 필요한가? (한 명의 상원의원이 동시에 두 회의에 참석할 필요가 없다면 여러 회의를 같은 시간에 진행할 수 있다.)

체육: 에이바, 빌, 조
예산: 빌, 다라, 엘라
보상: 에이바, 조, 엘라
다양성: 조, 다라, 엘라
교육: 에이바, 빌
축구: 빌, 조, 엘라

18.10 한 대학은 학생들이 어떤 과목을 듣고 싶어 하는지 알게 된 후에 수업 일정을 잡는다. 그 후 과목을 정점으로 하고, 적어도 한 명의 공통 학생이 있는 과목들 사이에 간선을 그어 그래프를 만든다. 이 과목들을 가능한 적은 수의 시간대에 배정하기 위해 그래프 착색을 어떻게 사용할 수 있는지 설명하라.

18.11 모든 지도가 4가지 색으로 착색 가능한 것과 모든 평면 그래프가 4-착색 가능한 것이 동치임을 보여라. 힌트: 그림 18.5에서, 지도로부터 구성된 평면 그래프는 또 다른 지도로 볼 수 있다. 이 그래프는 평면을 여섯 개의 영역으로 나누며, 그 중 하나는 외부 영역이다. 지도나 평면 그래프의 이른바 쌍대를 구성하는 이 과정은 증명의 양쪽 절반에서 사용된다. 쌍대는 원래 지도나 평면 그래프가 가진 영역 수만큼의 정점과 원래 지도나 평면 그래프가 가진 영역 간 경계선 수만큼의 간선을 갖는다. 그러나 쌍대는 그래프가 아닐 수 있다. 한 정점에서 자기 자신으로의 루프나 두 정점 사이의 다중 간선이 있을 수 있다. 예를 들어, 평면 그래프가 단일 삼각형으로 구성된 지도의 경우, 쌍대는 두 개의 정점과 그 두 정점을 연결하는 세 개의 선을 갖게 되며, 이 선들은 서로 교차하지 않지만 각각 삼각형의 경계선을 가로지른다. 그림 18.13을 참조하라.

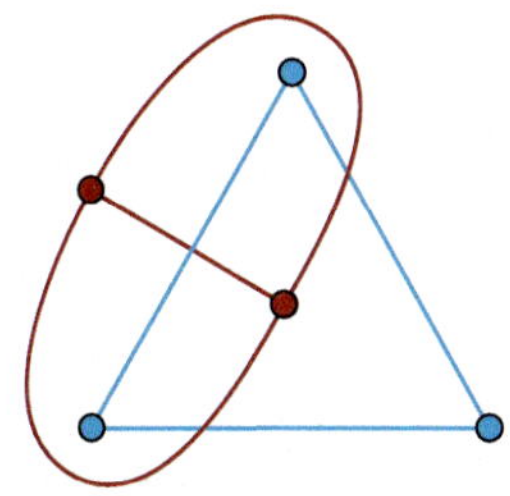

그림 18.13 그래프 G(파란색)와 그것의 쌍대(빨간색). 쌍대는 G의 세 간선에 대응하는 세 개의 간선과 G에 의해 정의되는 두 영역(삼각형의 내부와 외부)에 대응하는 두 개의 정점을 가진다.

Chapter

19 유한 오토마타

15장에서는 상태를 정점으로 표시하는 유향 그래프를 이용하여 프로그램의 동작을 모델링하는 방법을 보여주었다. 이 장에서는 컴퓨터에 대한 매우 간단한 모델인 **유한 오토마타**(*finite automaton*) 또는 **유한 상태 기계**(*finite state machine*)에 대해 살펴보겠다. 유한 오토마타는 전체 컴퓨터 시스템에 대한 비현실적인 모델이지만, 컴퓨터 시스템의 일부분을 모델링하기에 매우 유용하다.

예를 들어 보자. 두 심볼 알파벳 $\Sigma = \{a, b\}$에서 나온 기호들로 이루어진 입력 문자열이 a와 b가 각각 홀수 번 들어 있는지의 여부를 판단하는 컴퓨터를 설계한다고 가정해 보자. 우리는 그림 15.5(165쪽)의 **상태 공간**(*state space*)을 가진 장치를 사용하여 입력된 문자열로부터 a와 b의 발생 횟수를 세고 마지막에 그 각 숫자가 짝수인지 홀수인지 확인할 수 있다. 그러나 이런 장치는 문제에 비해 과도한 작업을 하는 것이다. 이 작업을 위해서는, 발생 횟수를 나타내는 임의의 큰 정수를 저장할 수 있는 레지스터가 필요한데, 실제로는 두 비트의 정보만으로 충분하다. 즉, 지금까지 본 a의 발생 횟수가 짝수인지 홀수인지, 그리고 b의 발생 횟수가 짝수인지 홀수인지만 알면 된다. 이는 그림 19.1에 나와 있는 네 가지 상태만 있는 상태 공간을 활용해 수행할 수 있다. 우리는 이전에 정의된 상태 공간의 개념을 조금 확장하여 각 상태에 0, 1, 2, 3의 번호를 붙일 수 있다. '>'이 표시된 상태 0은 **시작 상태**(*start state*)를 나타내고, 두 개의 겹친 원으로 표시된 상태 3은 '최종(final)' 혹은 '승인(accept)'을 나타낸다. 유한 오토마타는 시작 상태 0에서 시작하여, 입력 문자열을 한 문자씩 읽으며, '최종' 단계에 도달함으로써 입력 문자열을 '승인'한다.

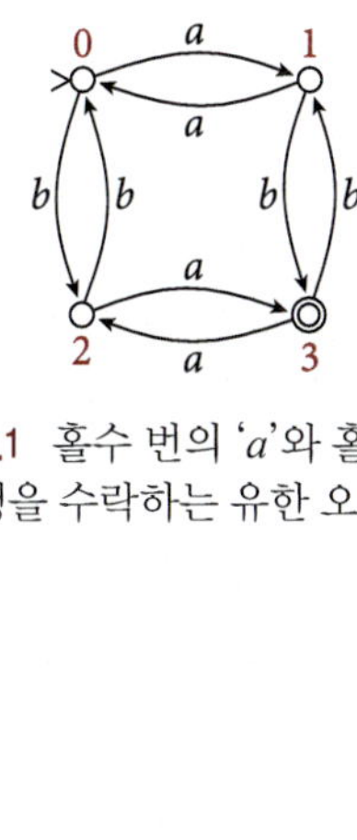

그림 19.1 홀수 번의 'a'와 홀수 번의 'b' 발생을 수락하는 유한 오토마타

그림 19.1은 그림 15.5의 '축소된(folded)' 버전이라고 할 수 있다. 그림 19.1의 상태 0은 a의 짝수 입력과 b의 짝수 입력 후의 그림 15.5의 모든 상태에 해당하며, 다른 세 개의 상태도 유사한 특성을 가지고 있다. 정확하게 유한 오토마타가 무엇이며, 이들의 동작이 상태를 표시하는 불변적 특성(the notion of invariants of a state space, 오토마타의 상태를 의미하며 그림 19.1에서 붉은색으로 표시됨)과 어떻게 관련되는지에 대해 자세히 살펴보자.

유한 오토마타(*finite automaton*)는 $\langle K, \Sigma, \Delta, s, F\rangle$라는 다섯 개의 구성 요소로 이루어진 튜플(다중 순서쌍)이다.

K는 상태(state)의 유한 집합이고 (19.1)

Σ는 입력 알파벳(input alphabet)이며

$\Delta \subseteq K \times (\Sigma \cup \{\lambda\}) \times K$는 라벨이 붙은 간선이며 (19.2)

(혹은, 전이를 나타내는 유향 간선)

$s \in K$는 시작 상태이고, $F \subseteq K$는 최종 상태이다. (19.3)

그러므로 $M = \langle K, \Sigma, \Delta, s, F \rangle$이 유한 오토마타이면, $\langle K, \Delta \rangle$는 164쪽에서 정의된 것과 같은 상태 공간이다. 더 나아가

- K는 유한 집합이다(이것이 중요하다!).
- 라벨은 유한한 알파벳 Σ의 개별 기호 또는 빈 문자열 λ이 될 수 있다.
- 상태 중 하나는 시작 상태로 지정되어야 한다.
- 일부 상태(전혀 없을 수도 있고, 모든 상태가 될 수도 있음)는 최종 상태 또는 승인 상태로 지정된다.

그림 19.1의 유한 오토마타는 다음과 같이 나타낼 수 있다.

$$K = \{0, 1, 2, 3\}$$
$$\Sigma = \{a, b\}$$
$$\Delta = \{0 \xrightarrow{a} 1, 1 \xrightarrow{a} 0, 0 \xrightarrow{b} 2, 2 \xrightarrow{b} 0, 2 \xrightarrow{a} 3, 3 \xrightarrow{a} 2, 1 \xrightarrow{b} 3, 3 \xrightarrow{b} 1\}$$
$$s = 0, \text{ 그리고}$$
$$F = \{3\}$$

유한 오토마타의 라벨이 붙은 호 혹은 유향 간선(arc)은 라벨 문자 입력에 따른 **전이**(*transition*)를 나타낸다. 여기서 $a \in \Sigma$인 전이 $x \xrightarrow{a} y$는 입력 a에 대한 결과로 상태 x에서 상태 y로의 전이가 발생할 수 있음을 나타낸다. **λ-전이**(*λ-transitions*)란 $x \xrightarrow{\lambda} y$로 표시되며, 시스템이 입력 없이 상태 x에서 상태 y로 이동할 수 있음을 나타낸다. 곧 λ-전이의 유용성을 보게 될 것이다.

그림 19.1과 같은 다이어그램은 튜플 $\langle K, \Sigma, \Delta, s, F \rangle$와 동일한 정보를 간결하게 나타낸다. 종종 다이어그램 형태로 표시된 유한 오토마타가 이해하기 더 쉽다. 예를 들어, 상태 0과 상태 3을 모두 이중 원으로 감싸서 최종 상태 집합이 {0, 3}이 되도록 하면 모든 문자열에서 a와 b의 입력 횟수가 동일한 **홀짝**(*parity*), 즉 둘 다 짝수이거나 둘 다 홀수가 되는 것을 식별할 것이다. 그러나 실제로 수행 작업을 하려면 그림 19.2와 같은 더 간단한 유한 오토마타를 이용할 수 있다. 왜냐하면 이는 단순히 짝수 길이의 문자열이기 때문이다. 다이어그램에서는 $0 \xrightarrow{a,b} 1$이라고 쓴 것은 두 개의 전이 $0 \xrightarrow{a} 1, 0 \xrightarrow{b} 1$을 축약해서 나타낸 것이다.

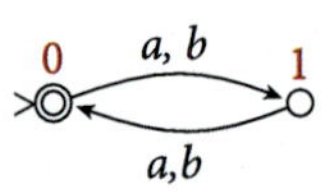

그림 19.2 짝수 길이를 승인하는 유한 오토마타

그림 19.1과 그림 19.2에 나와 있는 유한 오토마타는 중요한 공통점이 있다. 그들은 결정적(deterministic)이다. 이는 모든 상태에서 어떤 입력 기호에 대해 오직 하나의 전이만 가능하다는 뜻이며, 동시에 λ-전이가 전혀 없다는 것을 의미한다.

결과적으로, 이런 오토마타들의 동작은 전적으로 그 오토마타의 구조와 입력에 의해 결정된다. 형식적으로는 유한 오토마타 $M = \langle K, \Sigma, \Delta, s, F \rangle$이 **결정적**(*deterministic*)이라는 것은 Δ가 함수인 것으로 설명될 수 있다. 즉, 함수 $\delta : K \times \Sigma \rightarrow K$가 존재하여 다음과 같은 표현이 가능하다.

$$\Delta = \{q \xrightarrow{\sigma} \delta(q, \sigma) : q \in K, \sigma \in \Sigma\}$$

결정적 유한 오토마타(*Deterministic Finite Automaton*, 이하 DFA)의 상태 다이어그램에서는 각 상태에서 알파벳의 각 기호로 표시된 유향 간선이 정확히 하나씩 있다. 이때 유향 간선들을 모은 집합은 함수 δ이며 이를 **전이 함수**(*transition function*)라고 한다. 예를 들어, 그림 19.1의 DFA에 대한 전이 함수는 그림 19.3과 같이 표시된다.

q	$\delta(q, a)$	$\delta(q, b)$
0	1	2
1	0	3
2	3	0
3	2	1

그림 19.3 그림 19.1 결정적 유한 오토마타의 전이 함수

일반적인 유한 오토마타는 결정적이지 않을 수 있다. 결정적이지 않은 유한 오토마타를 비결정적 유한 오토마타(nondeterministic finite automaton, 이하 NDFA 혹은 NFA라고도 함)라고도 부른다. 여기서 모든 DFA는 NDFA의 성질을 만족시킨다. 즉, 결정적 오토마타(DFA)들은 비결정적 유한 오토마타(NFA)의 부분 집합이다.

*

NDFA를 설명하기 위해 그림 19.4를 보자.

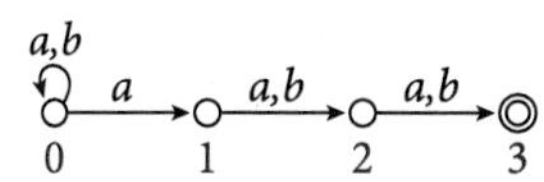

그림 19.4 세 번째에서 마지막에서 두 번째로 나타난 기호가 'a'인 속성을 갖는 문자열을 인식하는 유한 오토마타이다.

여기서의 목표는 알파벳 $\Sigma = \{a, b\}$에서 길이가 3 이상이며 뒤에서 세 번째 심볼이 a인 입력 문자열을 인식하는 것이다. 예를 들어, $aaaa$와 $bbabb$는 승인하지만, $aabaa$와 aa는 승인하지 않아야 한다. 물론 가장 쉬운 방법은 먼저 전체 입력 문자열을 얻은 다음 뒤에서부터 시작해서 앞으로 진행하는 것이다. 그러나 이런 방식은 좋은 선택지가 될 수는 없다. 왜냐하면 오토마타가 각 입력 기호를 하나씩 처리할 때, 그 입력이 끝나는 위치에서 얼마나 떨어져 있는지 쉽게 파악할 수 없기 때문이다.

그림 19.4의 NDFA는 추측 게임을 하는 것처럼 보인다. 반복되는 입력 기호(a 또는 b)에 대해 시작 상태(상태 0)에 머무른다. 그런 다음 어떤 시점에서 a를 입력하면 상태 0에서 상태 1로 비결정적으로 전이된다. 이때 입력 a에 대해 이전과 마찬가지로 상태 0을 유지할지 상태 1로 전이할지의 판단이 비결정적이라 할 수 있다. 다만 상태 1로 전이할 경우, 오토마타는 다음 두 입력 기호를 읽으면서, 각각 상태 1에서 상태 2로 전이, 상태 2에서 상태 3으로 전이함으로써 입력된 문자열을 승인하는 최종 상태에 도달한다. 다이어그램은 오토마타가 상태 3에 도달했을 때 실제로 입력의 끝에 도달하지 않았다면 오토마타가 더 이상의 입력 기호를 처리할 수 없다는 것을 의미한다.

앞서 언급한 대로 상태 0에서 심볼 a로의 두 개의 전이, $0 \xrightarrow{a} 0$, $0 \xrightarrow{a} 1$가 가능한

것은, 이 오토마타가 비결정적이라고 하는 이유이다. 또한 상태 3에서 이후 상태로의 전이가 없으므로, 이 오토마타는 DFA(결정적 유한 오토마타)가 아니다. 왜냐하면 DFA는 각 상태와 입력으로 받는 각 기호에 대해 결정된 동작이 있어야만 하기 때문이다.

이후에 전이 규칙을 포함한 동작 원리를 명확하게 정의하겠지만, 먼저 간략하게 설명한다. NDFA가 입력 문자열을 승인하기 위해서는 시작 상태로부터 입력 문자열을 하나씩 읽으면서, 최종 상태로 이동할 수 있는 선택 가능한 상태들의 집합이 하나 이상 존재해야 한다. 상태를 이동하는 과정에서, 시작 상태로부터 입력을 모두 읽으며 최종 상태로 이동할 수 있는 선택 가능한 상태 집합이 하나 이상 존재하지 않는 경우에만 입력 문자열을 승인하지 못한다.

예를 들어, 그림 19.4의 비결정적 유한 오토마타는 입력 *bbabb*를 승인한다. 여기서 시작 상태 0에서 앞선 두 개의 *b*를 읽으면서 상태 0에 머무를 수 있으며, 그런 다음 *a*를 읽으면 (머무르는 대신에 가능한 옵션인) 상태 1로 전환할 수 있다. 마지막 두 개의 *b*를 읽으면서 상태 2와 3으로 전이할 수 있다. 다섯 개의 입력 기호를 모두 읽은 후에 최종 상태에 도달할 수 있다. 물론 다른 선택지도 있을 수 있지만, 적어도 하나의 선택 가능한 상태 집합이 최종 상태로 도달하므로, 이 입력 문자열을 승인한다. 그에 반해, 입력 *aabaa*의 경우, 오토마타가 전체 문자열을 읽은 후에 최종 상태에 도달할 수 있는 상태 선택의 순서가 존재하지 않는다.

이는 올바른 답을 얻기 위해 확실한 결과 대신, 선택 가능한 여러 가능성 중 하나를 추측해야 하는 다소 이상한 계산 모델을 만들게 된다. 동일한 문제를 결정적 장치를 이용하여 해결하는 것은 가능하지만, 이 경우 좀 더 복잡한 구성이 필요하다. 그림 19.5에는 이를 수행하는 DFA(결정적 유한 오토마타)를 보여준다.

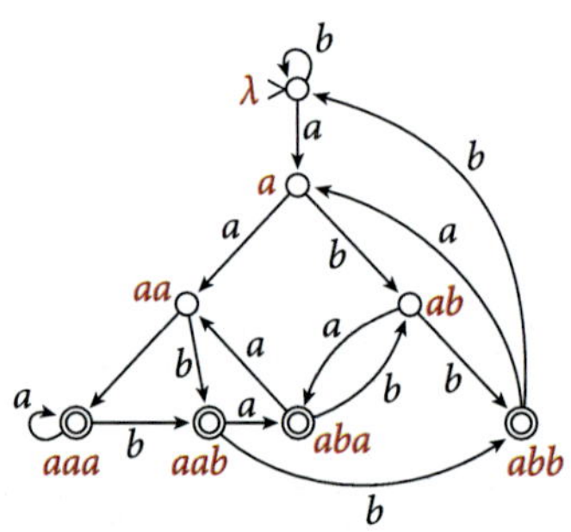

그림 19.5 세 번째에서 마지막에서 두 번째로 나타난 기호가 '*a*'인 문자열을 인식하는 결정적 유한 오토마타

그림 19.5는 스파게티 코드(정리되지 않은 매우 복잡한 코드를 말함)와 같은 혼란스러운 모습을 띠고 있다. 이것이 어떻게 작동하는지, 왜 작동하는지, 심지어 영리한 프로그래머가 어떻게 이를 개발할 수 있었는지는 전혀 명백하지 않아 보인다. 곧 이런 모델이 어떻게 유도되었는지 자세히 설명하겠지만, 우선은 어떻게 DFA 모델의 정확성을 증명할 수 있는지, 즉 그림 19.5 DFA의 계산 모델이 그림 19.4의 NDFA와 같은 입력에 대해 동일한 결과를 만들어내는지 알아보자. 프로그래머는 세 개의 버퍼를 가지고 마지막 세 개의 입력 문자만을 저장함으로써 문제를 해결할 수 있다(세 개의 저장 버퍼를 차례로 오른쪽, 중간, 그리고 왼쪽 버퍼라고 하자). 입력 문자를 읽을 때마다 마지막 세 개의 문자열만 저장하므로, 세 번 이전에 읽었던 문자는 네 번 이전에 읽은 문자가 되고, 이는 더 이상 저장할 필요가 없을 것이다. 새로 입력된 문자는 오른쪽 버퍼에 저장하고, 그 위치에 저장되었던 문자는 중간, 그리고 중간에 저장된 문자는 왼쪽 버퍼로 각각 이동시킨다. 그렇다면, 입력 문자열을 승인하는 최종 상태는 왼쪽 버퍼에 *a*가 있는 경우이다. 그림 19.5는 이와 유사한 작업을 수행하며, 읽힌 기호가 세 개 미만인 경우에 대한 상황을 적절하게 처리한다.

여기서 각 상태의 이름을 대표적인 특성값(invariants)으로 표시하였다. 두 가지 예를 들겠다. 상태 *aab*에서 알 수 있는 사실은 적어도 세 개의 기호가 읽혔으며, 마지막으로 읽힌 세 개의 입력 기호는 각각 두 단계 전, 한 단계 전 및 가장 최근 단계에서 읽힌 *a*, *a* 그리고 *b*이다. 이때 상태 변화 $aab \xrightarrow{b} abb$의 의미는 다음과 같다. 상태 *aab*에서 입력 *b*를 읽으면, 그 *b*는 오른쪽 버퍼(세 번째 버퍼)에 새로 저장되며, 이전에 오른쪽 및 중간 버퍼에 저장되었던 *a*와 *b*는 각각 중간(두번째)과 왼쪽(첫번째) 버퍼로 이동한다. 반면, 상태 *a*가 의미하는 바는, 최소 하나의 기호가 읽혔으며, 가장 최근에 읽힌 기호는 *a*이며, 두 번째 및 세 번째로 최근에 읽힌 기호(있는 경우)는 모두 *b*임을 나타낸다. (만약 이전에 *a*나 *aa*가 읽혔다면, 그 이후의 *a* 입력에 따라 *aa* 혹은 *aaa*와 같은 다른 상태에 도달해 있을 것임을 유의하자.) 따라서 이 상태는 *a*, *ba*, *bba* 또는 *ababbabbaaaabba*와 같은 문자열을 읽으면 도달할 수 있는 상태이다.

각각의 여덟 가지 상태에 대해 이런 특성을 반영하여 표시한 다음, 상태 전이에 의한 결과, 즉 다음 상태 역시 같은 형식의 특성 표현이 유지된다는 것을 귀납적으로 증명할 수 있다. 그러나 이것으로는 이 오토마타가 어떻게 만들어졌는지는 여전히 파악하기 힘들다. 이에 대한 답은 그림 19.4의 NDFA에 직접적으로 '부분 집합 구성법(subset construction)'을 적용함으로써 얻을 수 있다. 부분 집합 구성법은 입력 NDFA를 컴파일하여 동치인 DFA를 출력으로 생성하며, 이 과정은 컴퓨터 언어로 말하면, 컴파일러가 다른 언어로 된 소스 코드에서 오브젝트 코드를 생성하는 것과 유사하다.

*

이제 유한 오토마타들의 동치성(equivalence)이 정확히 무엇을 의미하는지에 대해 살펴보자. 우선, 유한 오토마타(결정적 또는 비결정적)가 문자열을 승인하는 것이 정확히 무엇을 의미하는지 형식적으로 명시해야 한다. 앞서 예를 들어 설명하였으나, 이를 수학적으로 표현하기 위해 문자열(strings)과 언어(languages)에 대한 표현 규칙을 정의한다.

언어(*language*)는 문자열(string)의 집합(set)이다. 알파벳 Σ를 갖는 언어는 Σ^*의 부분 집합이다. 언어의 예로는 $\emptyset$(원소가 없는 언어), $\{a\}$(길이가 1인 문자열 *a* 하나만 포함하는 언어), $\{\lambda\}$(길이가 0인 문자열 하나만 포함하는 언어) 등이 있다. 그림 19.4와 19.5의 오토마타에 의해 인식되는 언어도 예시로 들 수 있다. 즉, 오른쪽 끝에서 세 번째 기호가 '*a*'인 모든 문자열의 집합이다.

언어는 집합이므로 집합 이론의 연산을 사용하여 확장할 수 있다. 두 언어의 합집합 또는 교집합도 언어가 된다. 추가로 언어에 특화된 두 가지 연산이 있다. 만약 L_1과 L_2가 언어라면, L_1과 L_2의 **결합**(*concatenation*)은 L_1의 문자열과 L_2의 문자열을 모두 결합한 문자열의 언어이다. 즉, $L_1L_2 = \{xy : x \in L_1, y \in L_2\}$이다. 예를 들어, $\{a, aa\}\{a, aa\} = \{aa, aaa, aaaa\}$ (문자열 *aaa*는 두 가지 다른 방법으로 얻을 수 있다). $L\{\lambda\} = L$이고, 어떤 L에 대해서도 $L\emptyset = \emptyset$이다. 왜냐하면 각 집합에서 하나의 문자열을 선택할 방법이 없기 때문이다.

L이 어떤 언어라 할 때, L^*(Kleene star of L)은 L에 임의의 수의 문자열을 결합한 결과이다. 각 문자열은 여러 번 사용될 수 있으며 어떤 순서로든 사용될 수 있다. 예를 들어, $L = \{aa, b\}$이면 L^*는 a와 b의 기호로 이루어진 모든 문자열을 포함하며 여기서 a는 항상 두 번씩 나타난다. 형식적으로,

$$L^* = \{w_1 \ldots w_n : n \geq 0, w_1, \ldots, w_n \in L\}$$

이다. 특히, $n = 0$일 때, $w_1 \ldots w_n = \lambda$이므로 $\lambda \in L^*$이며, 어떠한 L에 대해서도 이 성질이 성립한다.[1]

[1] 이는 심지어 $L = \emptyset$인 경우에도 참이다. 이 경우, L^*은 빈 문자열만을 포함한다. ($\emptyset^* = \{\lambda\}$).

L^*의 정의는 이전에 언급한 Σ^*의 정의(83쪽)와 관련이 있다. Σ에서 기호 문자열의 모든 문자열로 이루어진 언어인 경우, L이 Σ의 각 기호에 대해 단일 문자열로만 구성된 언어인 경우, L^*와 Σ^*는 동일한 문자열 집합을 나타낸다.

이제 $M = \langle K, \Sigma, \Delta, s, F\rangle$라는 유한 오토마타에 대해 살펴보자. M은 데카르트 곱(Cartesian product)인 순서쌍 $K \times \Sigma^*$의 원소들로 **구성**(*configuration*)되어 있다. 이때 순서쌍 $\langle q, w\rangle$를 구성이라고 하며, 오토마타 M의 이후 동작에 영향을 미칠 수 있는 모든 조건을 표시한다. 여기서 q는 현재 상태이고, w는 입력 문자열 가운데 아직 처리되지 않은 입력 부분이다. 따라서 계산의 시작 시점에서 q는 시작 상태이고, w는 전체 입력 문자열이다. 전체 입력 문자열이 처리가 완료된 경우(읽힌 경우)에는 $w = \lambda$이다.

M을 구성하는 순서쌍들 간의 이진 관계 $\vdash_M$은 오토마타 M에서 한 단계의 계산 후에 다음 단계로 진행할 수 있는지를 나타낸다. 예를 들어, M이 그림 19.4의 비결정적 유한 오토마타인 경우, $\langle 0, aba\rangle \vdash_M \langle 1, ba\rangle$로 표현할 수 있다. 이는 기계가 기호 a로 표시된 상태 전이(이를 a 전이라 하자)를 통해 상태 0에서 상태 1로 이동할 수 있다는 것을 의미한다.

더 정확하게 말하면, $\langle q, w\rangle \vdash_M \langle r, u\rangle$의 필요충분 조건은 $\sigma \in \Sigma \cup \{\lambda\}$에 대해

$$w = \sigma u, \text{ 그리고}$$
$$q \xrightarrow{\sigma} r \in \Delta$$

를 만족하는 σ가 존재하는 것이다.

여기서 u는 w의 왼쪽 끝에서 σ를 제거한 문자열이다($\sigma = \lambda$인 경우에는 w가 변경되지 않는다). 그리고 상태는 σ로 표시된 전이를 통해 q에서 r로 변경된다. 기호 '$\vdash$'은 '한 단계 전이를 통해 얻는다.'는 의미이다. 문맥상 오토마타 M이 명확하다면 '$\vdash_{M'}$ 대신 '$\vdash$'로 표시할 수도 있다.

$\vdash_M$에 대해 반사(reflexive), 추이(transitive) 폐쇄(closure)를 $\vdash_M^*$라 한다($\vdash_M^*$는 '0단계 혹은 그 이상의 단계를 전이하며 얻어진다.', 혹은 간단히 '얻어진다.'고

한다). 그렇다면 유한 오토마타 M이 문자열 $w \in \Sigma^*$를 **승인**(*accept*)한다는 것은 다음 명제와 동치이다.

$$\text{최종 상태(승인 상태)} f \in F\text{에 대해 } \langle s, w\rangle \vdash_M^* \langle f, \lambda\rangle$$

이를 설명하면, 입력 문자열 w를 승인한다는 것은 상태 전이를 의미하는 구성을 유향 그래프로 표시할 경우, 초기 구성 $\langle s, w\rangle$로부터 최종 구성 $\langle f, \lambda\rangle$ 즉, 최종 상태에 더이상의 문자가 남아있지 않은 구성에 도달하는 경로가 있다는 의미이다. 초기 구성에서 최종 구성까지 이어지는 각 구성이 M에 의해 연결되는 일련의 구성을 **계산**(*computation*)이라고 한다. 그림 19.4의 오토마타 M을 예로 들면, 문자열 aba를 승인하며, $\langle 0, aba\rangle \vdash_M^* \langle 3, \lambda\rangle$로 표시된다. 그 이유는 다음의 계산을 통해 승인되기 때문이다.

$$\langle 0, aba\rangle \vdash_M \langle 1, ba\rangle \vdash_M \langle 2, a\rangle \vdash_M \langle 3, \lambda\rangle$$

$\mathcal{L}(M)$은 M에 의해 수용된 언어이다. 예를 들어, M이 그림 19.2에 표시된 바와 같이 짝수 길이의 a와 b의 기호로 이루어진 문자열을 승인하는 DFA인 경우,

$$\mathcal{L}(M) = \{w \in \{a, b\}^* : |w| \bmod 2 = 0\}$$

두 유한 오토마타가 동일한 언어를 승인할 경우 두 DFA는 동치이다. 예를 들어, 그림 19.4와 19.5의 유한 오토마타는 동치이다.

*

정리 19.4 비결정적 유한 오토마타에 의해 승인되는 언어는, 결정적 유한 오토마타에 의해서도 승인된다.

증명. 구성적 증명 방법을 사용한다. 우리는 임의의 유한 오토마타 $M = \langle K, \Sigma, \Delta, s, F\rangle$로부터, 이와 동치인 결정적 유한 오토마타 $M' = \langle K', \Sigma', \Delta', s', F'\rangle$을 구성하는 방법을 보여줄 것이다.

기본 아이디어는 오토마타 M'이 입력 문자열 w를 읽은 후에 도달해야 하는 상태와 오토마타 M이 동일한 입력을 읽은 후에 도달할 수 있는 상태들이 동치임을 보이는 것이다. 즉, M'의 상태는 하나 이상의 M의 상태가 포함된 집합에 대응된다. 이 경우, 상태의 숫자가 기하급수적으로 증가하지만, 즉, 오토마타가 복잡해지겠지만, 이렇게 생성된 오토마타는 여전히 유한(finite)하다. 직관적으로 말하면, 오토마타 M'에서 $Q \in k'$의 상태에서 σ 전이는 M에서는 Q를 포함하는 집합으로부터, σ 전이에 의해 도달할 수 있는 모든 상태를 포함한 집합으로 정의된다.

간단히 설명하면 먼저 M에 λ-전이가 없는 경우에 대해, 동치인 DFA M' 생성이 가능함을 증명하고, 그 다음, 보다 일반적인 상황(즉 λ-전이가 포함된 경우)에도 해당 규칙을 적용하는 것이 가능하도록 증명의 일부를 수정하겠다. M'의 구

성 요소는 다음과 같다.

$$K' = \mathcal{P}(K), \quad K\text{의 멱집합} \tag{19.5}$$
$$\Delta' = \{P \xrightarrow{\sigma} Q : P \in K', \sigma \in \Sigma, \text{ 그리고 } Q = \{q : p \xrightarrow{\sigma} q \; \exists \; p \in P\}\}$$

$$s' = \{s\} \tag{19.6}$$
$$F' = \{Q \in K' : Q \cap F \neq \emptyset\}$$

즉, M'의 전이 함수(δ'으로 표시한다)는 $P \in K'$와 $\sigma \in \Sigma$에 대해 $\delta'(P, \sigma) = Q$이며, Q는 상태 $p \in P$에서 M의 입력 σ에 의해 σ 전이에 따라 도달할 수 있는 모든 상태 q의 집합이다. 또, M'의 최종 상태 F'은 M의 최종 상태 중 하나를 포함한 상태들의 집합이다. 그 이유는 M'에서 F'에 도달했다는 것은 동일한 전이 함수들에 의해, M의 최종 상태 중 적어도 하나에 도달하는 방법이 존재했기 때문이다.

결과적으로 $q_i \in Q_i$ $(i \geq 0)$에 대해 다음을 만족한다.

$$\text{만약 } s = q_0 \xrightarrow{\sigma_1} q_1 \xrightarrow{\sigma_2} \ldots \xrightarrow{\sigma_n} q_n \in F \tag{19.7}$$

인 경로가 존재한다면, 아래와 같은 경로도 존재한다.

$$s' = Q_0 \xrightarrow{\sigma_1} Q_1 \xrightarrow{\sigma_2} \ldots \xrightarrow{\sigma_n} Q_n \in F' \tag{19.8}$$

바꾸어 말하면, M'에 있어서 식 (19.8)의 경로는 $q_i \in Q_i$를 만족하며, 식 (19.7)에 표시된 $q_0, \ldots, q_n \in K$ 경로에 대응한다. 동시에, 만약 오토마타 M에서 $\langle s, w\rangle \vdash_M^* \langle f, \lambda\rangle$를 만족한다는 것은 $Q \in F'$에 대해 $\langle s', w\rangle \vdash_{M'}^* \langle Q, \lambda\rangle$와 동치 관계이며, 이는 결국 $\mathcal{L}(M') = \mathcal{L}(M)$이다.

이 증명은 M이 λ-전이를 갖는 경우에 대해서도 수정 적용할 수 있다. 상태 p에서 0회 이상의 λ-전이를 통해 상태 q에 도달 가능한 경우 $p \xrightarrow{\lambda}{}^* q$로 표시하자(*는 일반적으로 '0회 이상의 전이'를 표현하는 것으로 쓰임). 임의의 $p, q \in K$에 대해 $p \xrightarrow{\lambda}{}^* q$를 확인하는 것은 λ로 표시된 화살표를 따라가면 결정할 수 있으므로, 매우 간단하다. M이 λ-전이를 포함하는 경우, 식 (19.5)~(19.6) 대신 아래와 같이 수정 정의된 오토마타를 이용하여 λ로 표시된 화살표를 따라 올바르게 최종 상태에 도달한다는 것을 쉽게 확인할 수 있다.

$$K' = \mathcal{P}(K)$$
$$\Delta' = \{P \xrightarrow{\sigma} Q : P \in K', \sigma \in \Sigma, \text{ 그리고 } Q = \{q \in K : \exists \; p \in P \text{ 그리고 } r \in K, p \xrightarrow{\lambda}{}^* r \xrightarrow{\sigma} q\}\}$$

$$s' = \{q \in K : s \overset{\lambda}{\rightarrow}{}^{*} q\}$$

$$F' = \{Q \in K' : \exists\, q \in Q \text{ 그리고 } f \in F,\ q \overset{\lambda}{\rightarrow}{}^{*} f\}$$

즉, $p \overset{\sigma}{\rightarrow} Q$는 어떤 상태 P에서 M이 0회 이상의 λ-전이를 따라 어떠한 상태 r에 도달할 수 있고, 여기서 입력 σ에 따른 단일 전이를 통해 상태 r에서 상태 Q에 도달할 수 있는 경우를 나타낸다. 여러 개의 전이 가운데 마지막 전이는 항상 λ가 아닌 Σ에 포함된 알파벳 기호가 들어가야 한다. 추가적인 λ-전이가 필요할 수 있다는 것을 고려하여 구성된 DFA의 최종 상태인 F'을 정의할 때, F'은 M의 최종 상태에 도달하기 위해 0회 이상의 λ-전이를 통해 도달할 수 있는 모든 M의 상태를 포함한다. ■

정리 19.4는 주목할 만한 결과이다. 왜냐하면 이는 구성적 증명이기 때문에(증명이 우리에게 M에서 M'을 만드는 정확한 방법을 알려주기 때문에), 우리는 필요할 때마다 비결정적 유한 오토마타를 자유롭게 사용할 수 있으며, 필요한 경우에는 단순히 기계적인 컴파일 과정을 통해 동치인 결정적 오토마타를 생성할 수 있다.

이제 이 생성 방법이 그림 19.4의 비결정적 오토마타를 '결정적' 오토마타로 변환하는 방법을 살펴보자. 이 NDFA에는 4개의 상태 (0, 1, 2, 3)이 있다. 따라서 결정적 DFA의 상태는 {0, 1, 2, 3}의 부분 집합이 될 것이다. 그림 19.6의 표는 {0} 시작 상태에서 각 상태로 전이할 수 있는 상태를 추적하여 만들어졌다[이 표의 가장 왼쪽 열의 버퍼(buffer)는 추후 설명하겠다]. 가능한 전이에 따라 새로운 상태 집합이 발견될 때마다 표에 상태를 의미하는 새로운 행을 추가한다. 예를 들어, 상태 0에서 입력 a를 읽으면 M은 상태 0 또는 상태 1로 전이될 수 있으므로, $\delta'(\{0\}, a) = \{0, 1\}$이다. M의 상태 {0, 1}은 상태가 0 또는 1일 가능성이 있다는 의미이다. {0, 1}로부터 전이되는 다음 상태를 계산하려면, 즉, $\delta'(\{0, 1\}, a)$을 구하려면, 상태 0에서 a를 읽으면 M은 상태 0 또는 상태 1로 전이될 수 있고, 상태 1에서 a를 읽으면 M은 상태 2로 전이될 수 있으므로, 이를 합해, 상태 {0, 1}에서 입력 a를 읽으면 M은 상태 {0, 1, 2}로 전이가 가능하다.

버퍼	Q	$\delta'(Q,a)$	$\delta'(Q,b)$
λ	{0}	{0, 1}	{0}
a	{0, 1}	{0, 1, 2}	{0, 2}
aa	{0, 1, 2}	{0, 1, 2, 3}	{0, 2, 3}
ab	{0, 2}	{0, 1, 3}	{0, 3}
aaa	{0, 1, 2, 3}	{0, 1, 2, 3}	{0, 2, 3}
aab	{0, 2, 3}	{0, 1, 3}	{0, 3}
aba	{0, 1, 3}	{0, 1, 2}	{0, 2}
abb	{0, 3}	{0, 1}	{0}

그림 19.6 그림 19.4의 비결정적 유한 오토마타(NDFA)에서 결정적 유한 오토마타(DFA)로의 구성

가장 왼쪽 열의 버퍼는 그림 19.5에서 할당한 상태 이름이다. 우리는 오토마타가 무엇을 하는지 설명하는 데 도움이 되도록 '버퍼' 내용을 상태 이름으로 지정했지만, 오토마타 자체는 정리 19.4의 기계적인 구성 프로세스의 결과물일 뿐이다. 부분 집합을 이용한 DFA 생성 방법은 버퍼링(상태 저장)의 아이디어를 '발견'했다고 할 수 있다.

이 예시에서는 실제로 16개의 가능한 상태 중 8개만이 시작 상태에서 도달 가능한 것으로 나타났다. 따라서 이 예제를 통해 이 알고리즘은 중요한 실용적 개선 가능성이 있음을 보여준다. 정리 19.4의 증명에서는 n개의 상태를 갖

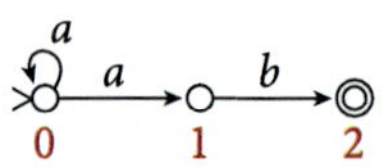

그림 19.7 *a*로 시작하고 *ab*가 뒤따르는 문자열을 인식하는 비결정적 유한 오토마타(NDFA)

Q	$\delta'(Q,a)$	$\delta'(Q,b)$
{0}	{0, 1}	∅
{0, 1}	{0, 1}	{2}
{2}	∅	∅
∅	∅	∅

그림 19.8 그림 19.7의 NDFA로부터 DFA의 생성

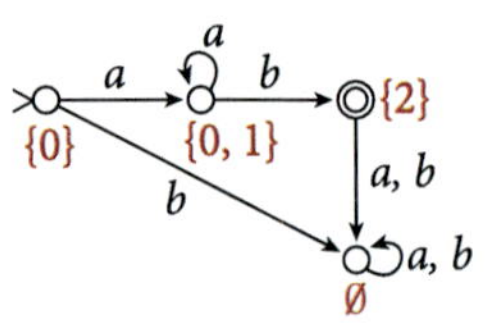

그림 19.9 그림 19.7의 NDFA와 동치인 DFA

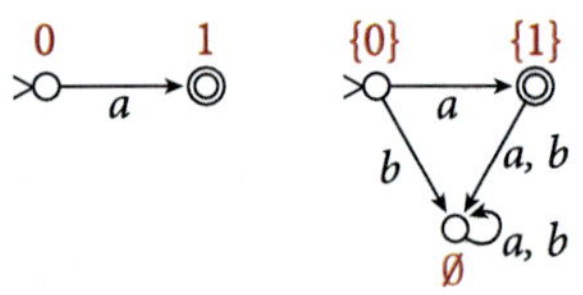

그림 19.10 (a) DFA에 몇 가지 전이가 빠진 비결정적 유한 오토마타(NFA), 입력 '*b*'를 읽을 때 '멈추게' 되는 상태. (b) 그림 19.11에서 표시한 부분 집합 구성 결과로 만든 동치인 DFA

Q	$\delta'(Q,a)$	$\delta'(Q,b)$
{0}	{1}	∅
{1}	∅	∅
∅	∅	∅

그림 19.11 그림 19.10(a)의 NDFA로부터의 DFA 구성

는 NDFA로부터 2^n개의 상태를 갖는 동치인 DFA를 구성하는 방법을 설명하였다. 최악의 경우 기하급수적인 상태의 증가가 필요할 수 있지만, 실제로 생성된 DFA는 도달 가능한 상태만 생성되므로 이보다 작을 수 있다. 중요한 점은 원래의 NDFA가 실제로 결정적인 경우 도달 가능한 상태만 생성하여 만든 DFA는 원래의 오토마타와 동일하다는 점이다.

당연하게도 공집합은 모든 집합의 부분 집합이므로, 위 방법을 통해 만든 DFA의 상태에는 공집합이 포함될 수 있다. 이것은 원래의 NDFA에서 어떤 상태도 현재까지 읽은 입력에 해당하지 않고, 문자열이 입력이 '멈추는' 시나리오를 의미한다.

그림 19.7의 NDFA M을 고려해 보자. 이는 임의의 횟수의 a로 시작하여 ab로 끝나는 문자열을 비결정적으로 인식한다. 부분 집합 구성은 그림 19.8의 표와 그에 해당하는 DFA M'을 만들어낸다(그림 19.9). M'은 {0}에서 시작하여 a를 입력하면 {0, 1}로 전이하거나 b를 입력하면 ∅로 전이한다. 왜냐하면 M에서 상태 0에서 b로의 전이가 없기 때문이다. 그런 다음 {0, 1} 상태에서, M'은 a를 입력하면 다시 {0, 1}로 전이하거나, b를 입력하면 {2}로 전이한다. {2} 상태에서, M'은 M에서 상태 2에서의 전이가 없기 때문에 어떤 입력이든 ∅로 전이한다.

M'이 상태 ∅에 도달하면 나머지 계산 동안 모든 전이에서 계속 이 상태를 유지한다. 이 상태는 '현재까지 입력을 읽은 후 M이 있을 수 있는 상태가 없다.'는 것을 의미하며, 입력의 나머지 부분에서 무슨 기호가 따라오든지 항상 참이 된다.

마지막 예로 그림 19.10(a)의 NFA를 고려해 보자. 이는 $\{a\}$ 언어를 승인하며, 상태 0에서 b에 대한 전이와 상태 1에서 a 또는 b에 대한 전이가 없는 것만 제외하면 결정적 오토마타에 가깝다. 부분 집합 구성을 통해 새로운 상태를 생성하고(그림 19.11), 결과적으로 그림 19.10(b)와 같은 DFA를 만들어낸다.

*

일부 간단한 패턴을 인식하는 유한 오토마타를 만드는 것은 어렵지 않다. 예를 들어, 그림 19.12의 오토마타는 연속된 '*a*'의 입력이 2개를 넘지 않는 모든 입력 문자열을 승인한다.

그림 19.13의 오토마타는 비트 문자열을 입력으로 받아들인 이진수 숫자 n이 $n \bmod 3 = 2$를 만족하는지 여부를 결정한다. 상태 특성을 나타내는 0, 1 및 2는 오토마타가 $n \bmod 3 = i$인 경우에만 상태 i에 도달한다는 것이다. 0을 읽으면 현재 값이 두 배가 되고, 1을 읽으면 현재 값은 두 배에 1이 더해진다. 예를 들어, 오토마타가 상태 1이면, 현재까지 읽은 숫자가 1이며, 1 mod 3에 해당하는 상태가 된다(상태 특성은 1). 만약, 다음 기호가 0이면 오토마타는 상태 2로 전이된다. 여기서 $n \bmod 3 = 1$이면 $2n \bmod 3 = 2$가 된다.

반면 유한 오토마타는 그들의 유한성의 한계로 심하게 제한될 수 있다. 예를 들어, 단순한 비둘기집 원리로 어떤 유한 오토마타도 입력 문자열이 'a'와 'b'의 동일한 횟수로 발생하는지 여부를 결정할 수 없음을 보일 수 있다.

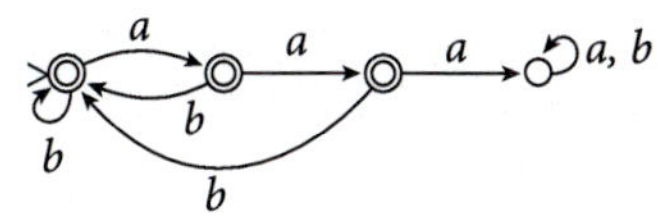

그림 19.12 'a'가 두 번을 초과하여 연속으로 나타나지 않는 문자열을 인식하는 유한 오토마타

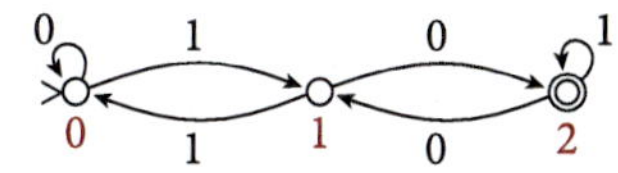

그림 19.13 값 n을 나타내는 이진수를 인식하는 유한 오토마타. 여기서 n은 n mod 3 = 2를 만족한다.

정리 19.9 $\mathcal{L}(M)$이 $\{a, b\}^*$에서 'a'와 'b'의 발생 횟수가 정확히 같은 문자열의 집합과 정확히 일치하는 유한 오토마타 M은 존재하지 않는다.

증명. M이 'a'와 'b'의 발생 횟수가 정확히 같은 문자열의 집합을 수용하는 유한 오토마타라고 가정해 보자. M이 이 가정대로 동작할 수 없음을 모순법을 이용하여 증명하겠다. M은 유한 개의 상태, 즉 k개의 상태를 가진다고 가정하자. '$a^k b^k$'라는 문자열 입력을 고려하면, 이 문자열은 'a'와 'b'의 개수가 같다. 이 입력에 대한 오토마타 M의 계산은 다음과 같다.

$$\langle q_0, a^k b^k \rangle \vdash_M \langle q_1, a^{k-1} b^k \rangle \vdash_M \langle q_2, a^{k-2} b^k \rangle \vdash_M \ldots \vdash_M \langle q_k, b^k \rangle \vdash_M^* \langle q_{2k}, \lambda \rangle$$

여기서 q_0는 시작 상태이고, q_{2k}는 입력 문자열이 승인되는 상태이다. 상태 q_0, …, q_k 중 일부는 서로 같을 수 있다. M은 오직 k개의 상태만을 가지기 때문이다. 따라서 $q_i = q_j (0 \le i < j \le k)$인 i와 j가 있을 것이다. 그러나 그런 경우 M은 또한 $a^{k+j-i} b^k$라는 문자열을 승인할 것이다. 여기서 $i<j$이기 때문에 'a'와 'b'의 발생 횟수가 다르다. 이때 M은 순환(동일한 상태에 재진입하는 전이)이 생기고 이전에 그 순환이 있었는지 여부를 추적하지 못한다. 따라서 $\mathcal{L}(M)$은 실제로 'a'와 'b'의 발생 횟수가 같은 문자열의 집합이 아니다. ■

이 증명에는 복잡한 기호들 사이에서 잊어서는 안 될 중요한 점이 있다. 바로 '불가능함을 증명한다.'는 것이다. 생성 가능한 모든 유한 오토마타라 중에서 어느 하나도 주어진 입력에 대해 'a'와 'b' 기호의 개수가 동일한지 여부를 결정할 수 없다. 우리는 불가능함의 증명을 처음으로 2장에서 보았다($\sqrt{2}$가 유리수가 아님). 그리고 7장에서는 $\mathbb{N}$과 $\mathcal{P}(\mathbb{N})$ 사이에 일대일 대응이 없다는 것을 대각선화(diagonalization)를 통해 보였다. 이 장에서 사용된 증명 방법은 **펌핑**(*pumping*)이라고 불리며, 이는 필요한 모든 문자열을 수용하는 어떤 유한 오토마타는 그렇지 않아야 하는 문자열(추가된 $j-i$번의 '펌핑된(pumped)' a가 포함된 문자열)도 수용해야 한다는 것이다. 컴퓨터 과학자들은 어려운 문제를 해결하기 위한 독창적인 해결책을 개발하는 데 가장 관심이 많다. 하지만 ($\sqrt{2}$ 예제에서 보듯이) 이 분야의 일부 문제의 경우, 특정 방법을 사용하여 해결할 수 없다는 것을 증명하는 방법을 찾아내는 것이 중요한 성과가 되기도 한다. 이러한 성과를 얻기 위해서는 증명 방법이나 문제를 변경해야 할 수도 있다.

요약

- **유한 오토마타**(*finite automaton*) 또는 유한 상태 기계는 컴퓨터의 간소화된 모델이다.
- 유한 오토마타는 형식적으로 유한한 상태의 집합, 사용 가능한 기호의 알파벳, 라벨이 지정된 유향간선의 집합, 단일 **시작 상태**(*start state*)(다이어그램에서 >로 표시됨) 및 **최종 상태**(*final states*)의 집합(각각 이중 원으로 표시됨)으로 정해진다.
- 라벨이 지정된 간선은 지정된 입력 기호에 대한 응답으로 하나의 상태에서 다른 상태로의 **전이**(*transition*)를 나타낸다. λ-**전이**(*λ-transition*)는 입력을 사용하지 않는 전이이다.
- 유한 오토마타는 각 상태에서 모든 기호에 대해 정확히 하나의 전이가 있고, λ-전이가 없는 경우에 **결정적**(*deterministic*)(DFA)이다. 주어진 입력에 대한 동작이 완전하게 결정된다. 상태와 기호를 다음 상태로 매핑하는 함수를 DFA의 **전이 함수**(*transition function*)라 한다.
- 유한 오토마타는 때때로 **비결정적 유한 오토마타**(*nondeterministic finite automaton*)(NDFA)라고도 하며, 이러한 NDFA는 일반적으로 결정적이 아니지만, 정의에 따르면 결정적인 경우를 포함한다. 결국, DFA는 NDFA의 진부분 집합으로 볼 수 있다.
- DFA는 여러 경로 중 어떤 것을 선택할지 '추측'할 수 있다. 시작 상태에서 전체 입력을 이용하여 최종 상태로 이어지는 경로가 하나라도 있는 경우 입력을 승인한다.
- 모든 NDFA는 **동치**(*equivalent*)인 DFA가 있으며, 이러한 DFA는 부분 집합 구성법을 이용하여 찾을 수 있다.
- **언어**(*language*)는 문자열의 집합이다. 두 언어는 합집합, 교집합 또는 결합을 통해 다른 언어를 만들 수 있다. 어떤 언어의 **클레이니 스타**(*Kleene star*, *로 표시) 또한 언어이다.
- 오토마타의 **구성**(*configuration*)은 현재 상태와 남은 입력을 이용해 표시한다.
- 오토마타가 첫 번째에서 임의의 단계수를 통해, 두 번째로 진행할 수 있는 경우, 한 구성에서 다른 구성(⊢*로 표시)을 만들어낸다. 초기 구성에서 최종 구성까지의 단계의 연속을 **계산**(*computation*)이라고 한다.

문제

19.1 길이가 적어도 3인 알파벳 $\Sigma = \{a, b\}$의 문자열 중에서 매번 세 번째 기호가 'b'인 문자열만 승인하는 결정적 유한 오토마타를 그려라. 예를 들면, *abb*, *aaba* 그리고 *bbbbbbb*는 승인해야 하고, *ab*, *bba*, *aabaaa* 혹은 *abaab*는 승인해서는 안된다.

19.2 (a) 알파벳 $\Sigma = \{a, b\}$을 입력으로 받는 그림 19.14의 DFA에 대해서 입력 *ababaa*에 대한 전체 계산을 보여라.

(b) 이 DFA가 승인하는 언어를 글로 표현하라.

(c) 각 상태에 대해, 그 상태로 유도하는 불변 입력 문자열을 써라. 그리고 그 입력 문자열이 승인된다는 것을 증명하라.

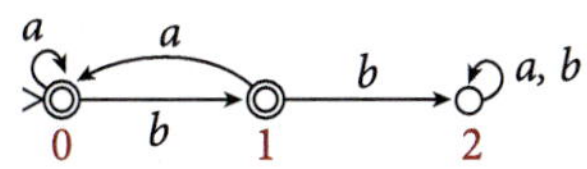

그림 19.14 유한 오토마타

19.3 그림 19.15의 각 NDFA에 대해 승인되는 문자열이 무엇인가? 승인되는 경우 계산을 보여라.

(a) *aa*
aba
abb
ab
abab

(b) *ba*
ab
bb
b
bba

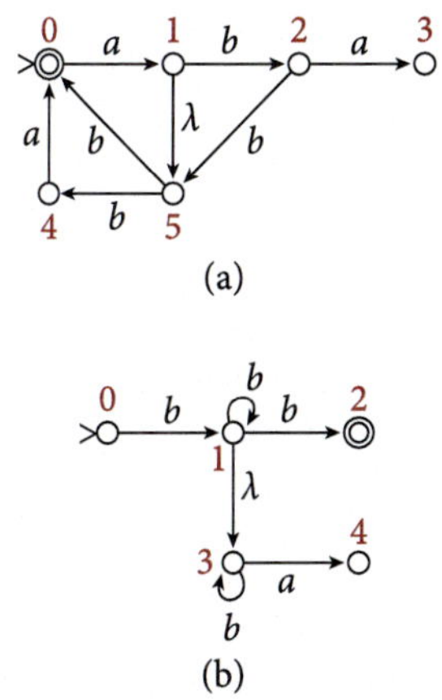

그림 19.15 두 개의 NDFA 오토마타

19.4 다음의 설명에 따른 언어를 승인하는 DFA를 그려라. 여기서 입력 알파벳은 $\Sigma = \{a, b\}$이다.

(a) *abab*가 부분 문자열로 포함된 문자열

(b) *aa*나 *bb*가 부분 문자열로 포함되지 않은 문자열

(c) *a*가 홀수 입력되고 *b*가 3의 배수로 입력되는 문자열

(d) 부분 문자열로 *ab* 그리고 *ba*를 포함하는 문자열

19.5 M을 DFA라 할 때, 다음이 참이 되는 조건은 무엇인가?

(a) $\lambda \in \mathcal{L}(M)$?

(b) $\mathcal{L}(M) = \emptyset$?

(c) $\mathcal{L}(M) = \{\lambda\}$?

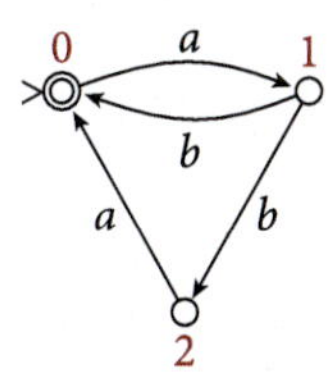

그림 19.16 이 비결정적 유한 오토마타(NDFA)를 결정적 유한 오토마타(DFA)로 변환하라.

19.6 M을 NDFA라 할 때, 다음이 참이 되는 조건은 무엇인가?

(a) $\lambda \in \mathcal{L}(M)$?

(b) $\mathcal{L}(M) = \emptyset$?

(c) $\mathcal{L}(M) = \{\lambda\}$?

19.7 그림 19.16의 NDFA에 대해 다음에 답하라. 입력 알파벳은 $\Sigma = \{a, b\}$이다.

(a) 이 오토마타의 입력 문자열 '*ababaa*'에 대한 모든 가능한 계산을 보여라. (문자열의 끝에 도달하지 못한 경우를 포함할 것)

(b) 그림 19.16의 NDFA에 대해 부분 집합 구성을 사용하여 동치인 DFA를 찾으라.

19.8 유한 오토마타의 동치는 **동치 관계**(*equivalent relation*)임을 보여라.

19.9 그림 19.4와 그림 19.5의 오토마타에 의해 승인되는 언어를 고려해 보자. 적어도 여덟 개 미만의 상태를 가진 결정적 유한 오토마타(DFA)로는 이 언어를 수락할 수 없음을 보여라. 힌트: 길이가 3인 여덟 개의 서로 다른 문자열에 대해 비둘기집 원리(pigeonhole principle)를 적용하라. 그 후에는 여덟 개의 문자열 중 두 가지 다른 문자열을 읽은 후에도 자동으로 동일한 상태에 도달해야 한다는 결론을 내릴 수 있지만, 이것 만으로는 논증이 완전하지 않다.

19.10 부분 집합 구성 방법이 최적에 근접하다는 의미에서 모든 n에 대해 n개 상태를 갖는 비결정적 유한 오토마타가 적어도 2^{n-1}보다 적은 상태를 가진 결정적 유한 오토마타와 동치이지 않음을 보여라.

19.11 그림 19.13에서 상태 2에서 입력 1에 대한 전이 결과가 상태 2인 이유를 설명하라.

Chapter

20 정규 언어

유한 오토마타에 의해 인식(승인)되는 언어들을 **정규 언어**(*regular languages*)라 한다. '정규 언어'라는 용어는 이 범주에 해당하는 언어들이 갖는 특별한 성질에서 나온 말이다. '정규 표현식(regular expression)'에 의해 표현될 수 있는 언어들이라는 뜻이다. 이 장에서는 정규 언어에 대해 설명하고, 정규 언어를 동치인 DFA로 표현하는 방법을 소개하겠다.

아래 표는 몇 가지 정규 표현식과 정규 표현식으로 정의되는 언어들을 보여준다. 첫번째 열(column)에 대한 설명은 잠시 뒤로 미루겠다.

정규 형식	통용되는 형식	언어
a^*	a^*	a가 임의의 횟수만큼 반복되는 문자열
$(a^* \cup b^*)$	$a^* \cup b^*$	전체가 a로만 구성된 문자열 혹은 전체가 b로만 구성된 문자열
(a^*b^*)	a^*b^*	모든 a가 모든 b보다 앞에 나타나는 문자열
$((a \cup b)^*(a(b(ab))))$	$(a \cup b)^*abab$	$abab$로 끝나는 문자열
$\emptyset$	$\emptyset$	빈 언어
$\emptyset^*$	$\emptyset^*$	빈 문자열
$(a^*(b(a^*(ba^*)))^*)$	$a^*(ba^*ba^*)^*$	a와 b로만 이루어지고, b가 짝수번 나타나는 문자열

정규 표현식은 언어를 구성하는 **문자열**(*strings*)을 규칙을 이용해 표현한 것이다. 이 표에 적은 예시에서는 a와 b와 같은 알파벳 기호, $\emptyset$ 기호, 괄호, 합집합 기호 $\cup$, 별표 기호 *와 같은 특수 기호가 사용되었다. 이 기호들을 이용하여 표현 가능한 문자열 집합을 표시하는데, 이를 **객체 언어**(*object language*)라 하며, 객체 언어의 표현을 설명하기 위해 **메타언어**(*metalanguage*)를 사용한다.[1] 여기서 객체 언어의 문자열은 a, b 문자의 기호로 이루어져 있다.

유사한 비유로는, 영어로 쓰여 있는 라틴어 교과서를 생각해볼 수 있다. 라틴어 교과서는 라틴어로 된 표현(구절 및 문장)에 대해 올바른 규칙을 서술하기 때문에 라틴어가 객체 언어이다. 반면 어떤 표현이 적절한 라틴어인지를 설명하는 언어는 영어이므로, 영어가 메타언어에 해당한다. 마찬가지로, 우리는 객체 언어인 a와 b라는 문자로 이루어진 문자열을 설명하기 위해 $\cup$, * 등으로 이루어진

[1] 객체 언어(object language)와 메타언어(metalanguage)의 개념은 우리가 명제 논리에 대해 논의한 98쪽에서도 사용되었다.

메타언어를 사용한다.

우리는 이전에 집합 단원에서 '∅,' '∪', 그리고 '*'와 같은 메타언어 기호들을 다룬 바 있다(51, 54, 83쪽). 표의 마지막 예시(마지막 행)를 보면, 문자열에 b가 짝수 회 나타나는 문자열이라는 마지막 열의 설명과 그 앞쪽 열의 정규 표현식의 해석, 즉 '0번 이상의 연속된 a로 시작하고, 하나의 b가 나타나고 그 뒤에 임의의 숫자만큼의 a가 뒤따르고, 또 하나의 b, 그 뒤에 다시 임의의 숫자만큼 a가 반복하여 쓰여진 패턴이 임의의 횟수만큼 반복되는 문자열'은 동치(if and only if)이다. 예를 들어, *aaabaaaaabbaaabaa*는 이러한 패턴에 해당된다. 이를 $a^3(ba^5ba^0)(ba^3ba^3)$와 같이 그룹으로 나누어 생각할 수 있는데, 여기서 a^3는 *aaa*를 나타내는 약어로 사용된 것이다.

이제 정규 표현식의 표기법을 더 자세히 살펴보자. 이 표현식은 일반적으로 컴퓨터에서 처리되기 때문에 명확해야 한다. (역자 주: 여기서 '명확'은 다른 해석이 있을 수 없다는 것이다.) 가령, 두 번째 행의 예시에서 표현식 $a^* \cup b^*$은 $(a^* \cup b)^*$로 잘못 해석될 수도 있지만, 관례적으로 *는 ∪보다 '더 강하게 결합'된다. 첫 번째 열에서 '괄호로 둘러싸인' 버전이 공식적으로 정규 표현식이라고 불린다.

당분간 정규 표현식 내의 기호와 언어에 대해 설명할 때는, 우리가 사용하는 일반적인 '수학적 영어'에서 기호를 매우 명확하게 구별할 것이다. 추후 (다른 단원에서) 필요에 따라 명확한 구별대신 모호하게 설명하는 경우가 있을 수 있지만, 이 장에서는 정규 표현식 자체에 나타나는 메타언어의 기호는 모두 파란색으로 표시하겠다. 이 방법으로, **정규 표현식**(*regular expressions*)을 파란색으로 표시한 문자열들의 집합이라고 정의할 수 있다.

간단하게 알파벳 $\Sigma = \{a, b\}$를 고려해 보자. 정규 표현식은 '파란색'으로 표시된 Σ의 알파벳과 다섯 가지의 추가 기호를 사용하여 작성된다. 따라서, 이 경우 사용하는 전체 일곱 가지 기호는,

$$a \quad b \quad \emptyset \quad \cup \quad * \quad (\quad)$$

이며, 아래의 규칙에 따라 정규 표현식을 구성하게 된다.

1. $\emptyset$, a, 그리고 b는 정규 표현식이다.
2. α와 β가 정규 표현식이면, 아래의 세 경우의 문자열도 정규 표현식이다.
   (a) $(\alpha \cup \beta)$,
   (b) $(\alpha\beta)$, and
   (c) α^*.

이 규칙에 따라 엄밀하게 말하면, ab는정규 표현식이 아니지만 (ab)는 정규 표현식이다. 그러나 많은 경우 괄호를 생략하고, ab도 정규 표현식으로 받아들이는

데, 이는 정규 표현식이 그 자체로 사용되기보다는 언어로 대응시키는 규칙 (mapping) $\mathcal{L}$을 정의하기 위해 사용된다는 이유 때문이다. 정규 표현식으로부터 정의되는 정규 언어 $\mathcal{L}$의 정의는 아래와 같다(괄호를 생략하여도 의미가 변형되지 않는다는 것을 알 수 있음).

1. $\mathcal{L}(\emptyset) = \emptyset$, $\mathcal{L}(a) = \{a\}$ 그리고 $\mathcal{L}(b) = \{b\}$.
2. (a) $\mathcal{L}((\alpha \cup \beta)) = \mathcal{L}(\alpha) \cup \mathcal{L}(\beta)$.
   (b) $\mathcal{L}((\alpha\beta)) = \mathcal{L}(\alpha)\mathcal{L}(\beta)$.
   (c) $\mathcal{L}(\alpha^*) = \mathcal{L}(\alpha)^*$.

위 식의 왼쪽, 즉 언어의 대응 규칙 $\mathcal{L}(\cdot)$에서 인자는 정규 표현식이다. 즉, '파란색' 기호들을 이용하여 만든 각각의 문자열들이다. 오른쪽은 언어이며, Σ^*의 부분 집합이다. 여기서 정규 표현식과 그들이 나타내는 언어를 연관 짓는 대응 규칙(함수)을 $\mathcal{L}$로 정의하였다. 이때, 앞선 장에서 정의한 유한 오토마타들과 그 오토마타를 이용해 승인할 수 있는 언어들을 연관시키는 함수를 나타내는 데 사용했던 $\mathcal{L}$과 동일한 기호를 사용하였다. 각각의 경우에서 $\mathcal{L}(\cdot)$의 인자는 유한한 객체이며 그 값은 무한한 집합일 수 있다.

언어에 대한 합집합 연산과 결합 연산들은 결합 법칙을 만족하므로, 앞선 표에서 예를 든 것처럼 괄호를 생략해도 된다. 예를 들어, $\mathcal{L}(((ab)a)) = \mathcal{L}((a(ba))) = \{aba\}$이다. 두 가지 서로 다르게 표시된 정규 표현식은 동일한 의미를 가지고 있다. '파란색 기호'를 사용하는 것은 정규 표현식이 매우 특정한 구문을 갖는다는 것을 강조하기 위함이다. 앞으로 이러한 표현식에 더 익숙해지면, 괄호를 생략하고 검은 색으로 쓰며, 표현식과 해당하는 집합 간의 차이를 생략한다. 예를 들어,

$$((ab)a) \neq (a(ba))$$

위 두 표현식은 그 자체로서는 서로 다르다(오른쪽 표현식은 두 개의 오른쪽 괄호로 끝나고, 왼쪽 표현식은 하나로 끝난다). 그러나 두 식은 동치(equivalent)이다.

$$\mathcal{L}(((ab)a)) = \mathcal{L}((a(ba))) = \{aba\}$$

라는 사실을 간단히,

$$((ab)a) \equiv (a(ba))$$

또는 더 간단하게

$$((ab)a) = (a(ba)) = aba$$

로 나타낼 것이다.

이렇게 파란색과 검은색 기호 사이의 차이, 그리고 해당 문자열로 이루어진 언어들 간의 구별을 줄였다.

이제 어떤 것이 정규 표현식이며 어떤 것들은 아닌지를 알 수 있을 것이다. (예를 들어, ∩는 정규 표현식에서 사용되는 연산자가 아니다.) 이제 유한 오토마타와 정규 표현식 간의 연결을 명확히 할 수 있다.

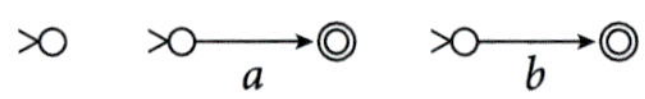

그림 20.1 수학적 귀납법의 기본 단계: 언어 $\emptyset$, $\{a\}$, 및 $\{b\}$를 승인하는 3개의 유한 오토마타

정리 20.1 모든 정규 표현식에 대해 이와 동치인 유한 오토마타가 존재한다. 즉, 모든 정규 표현식 α에 대해 $\mathcal{L}(M) = \mathcal{L}(\alpha)$를 만족하는 유한 오토마타 M이 존재한다.

증명. 정규 표현식의 구성에 대한 구조적 귀납법을 사용한다. 그림 20.1은 각각 $\emptyset$, $\{a\}$, 그리고 $\{b\}$ 언어를 수용하는 유한 오토마타이다. 만약 M_1과 M_2가 임의의 유한 오토마타라면, 그림 20.2은 M_1과 M_2가 수용하는 언어의 합집합, 그리고 그림 20.3은 두 언어의 결합(concatenation) 문자열을 승인하는 오토마타를 나타낸다. 그리고 그림 20.4는 M_1이 수용하는 언어의 클레이니 스타(Kleene star)를 승인하는 오토마타를 보여준다.

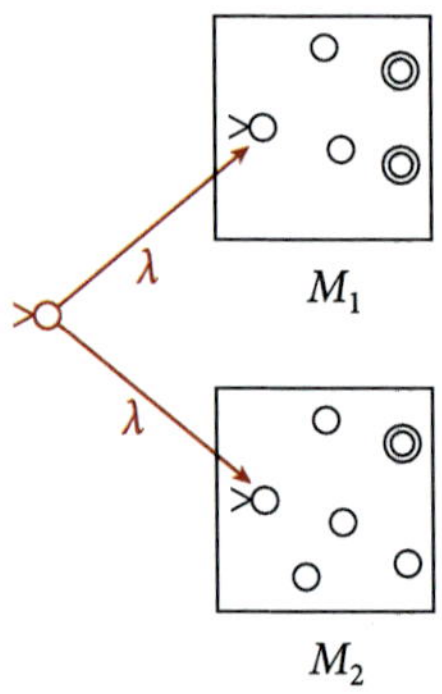

그림 20.2 생성자(유도 단계) 단계: M_1과 M_2에 의해 승인되는 언어의 합집합을 승인하는 유한 오토마타

그림 20.2~20.4에서 검은색으로 표시된 부분은 원래의 기계를 나타내는데, 시작 및 최종 상태만 표시된 간단한 내부구조를 보여준다. 새로 구성되는 기계에서, 합집합과 클레이니 스타에 의해 추가되는 상태와 전이들은 붉은색으로 표시된다.

예를 들어, 합집합에 대한 오토마타(그림 20.2)은 새로운 시작 상태를 가지고 있으며, 해당 상태에서 두 구성 기계 M_1과 M_2의 시작 상태로의 λ-전이들을 가지고 있다(이들은 새 기계의 시작 상태는 아니지만, 각 구성 기계에서의 최종 상태는 새 기계에서도 최종 상태일 것이다). 형식적으로, 만약 $M_i = \langle K_i, \Sigma, \Delta_i, s_i, F_i \rangle (i = 1, 2)$이고 $K_1 \cap K_2 = \emptyset$(즉, 두 기계의 상태가 서로 다른 이름을 가진 경우)라면, $\mathcal{L}(M) = \mathcal{L}(M_1) \cup \mathcal{L}(M_2)$이며, M은 다음과 같다.

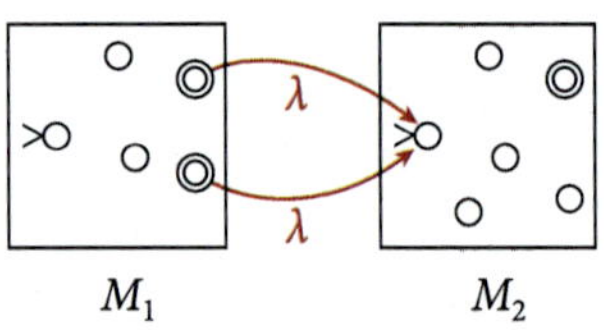

그림 20.3 생성자(유도 단계) 단계: M_1과 M_2에 의해 승인되는 언어의 결합(concatenation)을 승인하는 유한 오토마타

$M = \langle K, \Sigma, \Delta, s, F \rangle$, s는 새로운 상태,
$K = K_1 \cup K_2 \cup \{s\}$,
$F = F_1 \cup F_2$, 그리고
$\Delta = \Delta_1 \cup \Delta_2 \cup \{s \xrightarrow{\lambda} s_1, s \xrightarrow{\lambda} s_2\}$ ■

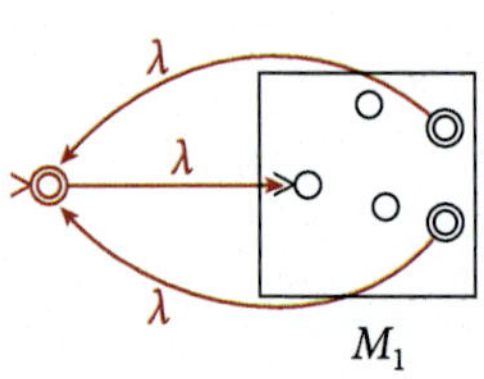

그림 20.4 생성자(유도 단계) 단계: M_1에 의해 승인되는 언어의 클레이니 스타(Kleene star)를 승인하는 유한 오토마타

이 증명은 비결정성과 λ-전이의 유용성과 부분 집합 구성의 강점을 보여준다. 심지어 간단한 정규 표현식도 꽤 복잡하고 강력한 비결정적 유한 오토마타로 전환될 수 있지만, 필요한 경우에는 이를 결정적 오토마타로 기계적으로 변환할 수 있다.

놀랍게도 위 정리의 역도 참이다. 유한 오토마타가 승인하는 언어는 항상 정규 표현식으로 설명할 수 있으며, 오토마타의 정규 표현식 변환은 기계적으로 수행할 수 있다.

정리 20.2 유한 오토마타에 의해 승인되는 언어는 정규 표현식으로 표현될 수 있다. 즉, 임의의 유한 오토마타 M에 의해 승인되는 언어를 나타내는 정규 표현식 α가 존재하여 $\mathcal{L}(\alpha) = \mathcal{L}(M)$이다.

정리 20.1의 증명과 마찬가지로 이 정리의 증명 또한 구체적이다. 이 증명을 통해 교차하는 여러 개의 루프가 포함된 복잡한 유한 오토마타까지도—즉, 매우 얽혀 있는 코드(spaghetti code)—깔끔하게 정리된 클레이니 스타의 표현식으로 변환하는 매우 기계적인 절차가 있다는 보일 수 있다.

증명. 이 결과를 증명하기 위해서는 비결정적 모델을 넘어서도록 유한 오토마타 개념을 확장하는 것이 편리할 것이다. 유한 오토마타에서 두 가지 종류의 전이가 허용된다: $p \xrightarrow{a} q$(여기서 a는 단일 기호), $p \xrightarrow{\lambda} q$(입력을 읽지 않고 전이가 가능함을 나타냄). **일반화된 유한 오토마타**(*generalized finite automaton*)에서는 임의의 정규 표현식에 의한 전이(화살표)가 허용된다. 예를 들어, $p \xrightarrow{ba} q$는 입력 기호 ba(먼저 b, 그런 다음 a)를 사용하면서 상태 p에서 상태 q로 전이할 수 있다는 것을 의미하며, $p \xrightarrow{a \cup b} q$는 하나의 기호만 읽지만 a 또는 b 중 하나일 수 있다는 것을 나타낸다. 그리고, $p \xrightarrow{a^*} q$는 빈 문자열을 포함하여, 기호 a로만 이루어진 문자열을 읽으면서 상태 p에서 상태 q로 전이할 수 있다는 것을 의미한다. 정확하게는, 일반화된 유한 오토마타는 식 (19.1)~(19.3)의 유한 오토마타와 동일하게 정의된다. 단 유일한 차이점은 두 상태 간에는 하나의 전이만 가능하며 그에 따라 식 (19.2)는 알파벳 Σ에서 정의된 모든 정규 표현식의 집합 R에 대해서,

$$\Delta \subseteq K \times R \times K$$

로 대체된다. 즉, p와 q 사이에 두 전이가 있다고 할 때, 예를 들어 $p \xrightarrow{\alpha} q$와 $p \xrightarrow{\beta} q$, 이를 하나의 전이 $p \xrightarrow{\alpha \cup \beta} q$로 구현 및 표시가 될 수 있다. Δ는 R이 유한하지 않는 경우라도, 모든 상태 사이에는 하나의 전이만 존재하며 전체 상태 집합이 유한하기 때문에 유한하다.

유한 오토마타 $M = \langle K, \Sigma, \Delta, s, F \rangle$로부터 시작하여, M을 이전과 동일한 언어를 수용하는 일반화된 유한 오토마타로 한 단계 한 단계 변환할 것이다. 변환 과정에서의 마지막 단계에서는 두 개의 상태와 하나의 전이 $s \xrightarrow{\alpha} f$를 갖게 된다. 여기서 s는 시작 상태이고 f는 유일한 최종 상태이다. 그럼으로써 M이 수용하는 언어는 $\mathcal{L}(\alpha)$임을 보일 것이다.

준비 단계로, M에 새로운 시작 상태 s와 새로운 최종 상태 f를 추가하고, s에서 M의 시작 상태로의 λ-전이와 M의 각 최종 상태에서 f로의 λ-전이를 추가한다. 이 일반화된 유한 오토마타는 시작 상태로 들어오는 전이나 유일한 최종 상태에서 나가는 전이가 없다. 그림 20.5는 그림 19.13(211쪽)의 이진수로 표현된 숫자에 대해 3에 대한 나머지가 2인 수를 승인하는 유한 오토마타를 이렇게 수정한 결과를 보여준다.

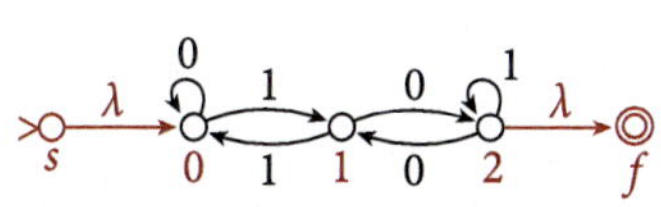

그림 20.5 19.13번 그림의 유한 오토마타를 정규 표현식으로 변환하기 위한 일반화된 유한 오토마타로 준비한 결과이다.

우리는 이제 임의의 두 상태 p와 q에 대해, p에서 q로의 전이를 단일한 정규 표현식을 만들어 이를 α_{pq}로 표시할 것이다. 애초에 p에서 q로의 전이가 단 하나 있었다면 α_{pq}는 원래의 표시와 동일하다. p에서 q로의 전이가 여러 개 있었다면 α_{pq}는 원래의 모든 전이를 표시하는 정규 표현식의 합집합이 되며, 만약 그러한 전이가 없었다면 $\alpha_{pq}=\emptyset$이다. 따라서 임의의 두 상태 p와 $q(p=q$ 포함)에 대해 α_{pq}는 정규 표현식이다. 사실상 전이가 없는 곳마다 $\emptyset$로 표시된 더미 전이를 추가한다. 그 전이 표시의 문자열 집합이 비어 있기 때문에 해당 전이는 실제로 일어날 수는 없다.

이제 최초의 M에서 원래의 상태를 하나씩 제거하되, s와 f만 남을 때까지 계속한다. 한 상태를 제거할 때는 해당 상태와 관련된 전이들, 즉 그 상태로 들어가거나 그 상태로부터 나가는 전이를 모두 제거해야 하고, 그 때마다 오토마타의 구성을 유지하기 위해 관련된 다른 전이들을 수정한다. 형식적으로, 아래의 과정을 통해 일반화된 유한 오토마타 $M=\langle K, \Sigma, \Delta, s, \{f\}\rangle$를 동치인 정규 표현식으로 변환한다.

1. While $|K|>2$
   (a) s와 f를 제외한 하나의 상태 q를 제거한다.
   (b) 동시에, $p\neq q, p\neq f, r\neq q$, 그리고 $r\neq s$인 두 개의 모든 상태들 $p, r\in K$에 대해 p에서 r로의 전이에 대한 표시 α_{pr}를 다음과 같이 대체한다.

$$\alpha_{pr}\cup\alpha_{pq}\alpha_{qq}^{*}\alpha_{qr}$$

   (c) 상태 q를 제거한다.
2. 두 상태만 남았으며, 그것들은 s와 f이다. 이때 다음 M은 언어 α_{sf}를 승인한다.

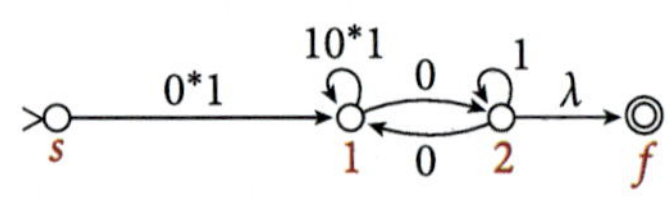

그림 20.6 상태 0을 제거한 결과

정규 표현식 $\alpha_{pq}\alpha_{qq}^{*}\alpha_{qr}$은 상태 p에서 q를 거쳐 상태 r로 전이되며 입력될 수 있는 문자열을 나타낸다. 이때 q에서 자신으로의 전이는 어떤 횟수든 반복할 수 있다. 이미 p에서 r로의 직접적인 전이가 있었기 때문에 해당 전이에 대한 표시는 새로운 정규 표현식과의 합집합이 된다. ■

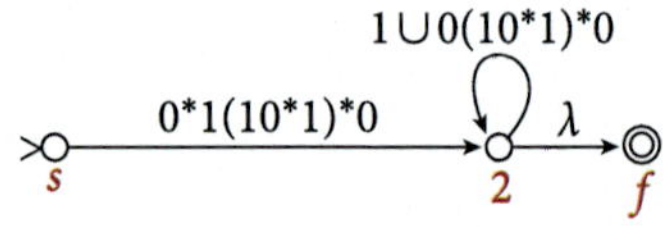

그림 20.7 상태 1을 제거한 결과

그림 20.6~20.8에서는 상태 0, 1 및 2를 순차적으로 제거한 결과를 보여준다. 예를 들어, 그림 20.6에서는 상태 0이 제거되었다. $s\xrightarrow{\lambda}0$, $0\xrightarrow{0}0$, $0\ 0\xrightarrow{1}1$과 같은 전이가 있으므로, s에서 1로의 새로운 전이는 λ0*1라고 표시되며, 이것은 보다 간단한 정규 표현식으로 0*1이 된다.

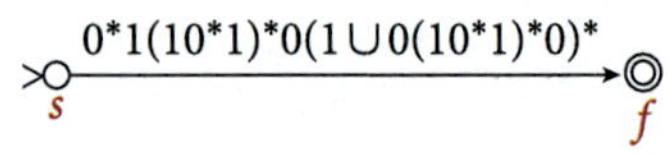

그림 20.8 상태 2를 제거한 결과

마찬가지로, 상태 1에서는 나타난 10*1은 이는 상태 0을 통과하거나 (또, 상태 0가 루프로 반복되거나) 상태 1에서 1로의 전이를 고려한 결과이다. (기술적으로 상태 1의 반복 루프의 정규식 표시는 $\emptyset\cup 10^{*}1$이지만, 우리는 $\alpha_{11}=\emptyset$로 설정했기 때문에 이 표현을 더 간결한 동치 표현으로 단순화했다.)

최종 결과물은 정규 표현식이며, 이것은 확실히 고려하기 어려웠을 것이다. 이 표현식은 별표가 중첩된 표현식 내에 또 다른 별표가 있는 형태이다! 이 언어에 대한 더 간단한 정규 표현식이 있는지 여부와 상관없이 이것은 올바른 표현이다.

*

정리 20.1과 20.2에서 한 언어가 유한 오토마타에 의해 승인되는 경우에는 그리고 그 때에만 해당 언어가 정규 표현식으로 나타낼 수 있다는 것을 입증한다. 이러한 언어들을 **정규 언어**(*regular languages*)라고 하며, 이들은 많은 아름다운 특징들을 갖고 있으며, 그 중 일부는 연습 문제에서 살펴보겠다. 예를 들어, 정규 표현식의 정의로부터 두 정규 언어의 합집합 또는 결합이 정규 언어임은 명백하다. 그러나 어떤 정규 언어의 여집합이 정규 언어임은 명백해 보이지는 않는다.

정리 20.3 어떤 정규 언어 $L \subseteq \Sigma^*$의 여집합 $\Sigma^* - L$은 정규 언어이다. 또한, 어떤 두 정규 언어의 합집합, 결합 및 교집합 또한 정규 언어이다.

증명. 정규 표현식을 다른 여집합을 나타내는 정규 표현식으로 어떻게 변환할지 상상하기 어렵다. 그러나 정규 표현식을 유한 오토마타로 변환하고, 해당 유한 오토마타를 동치인 결정적 유한 오토마타로 변환할 수 있다. **결정적**(*deterministic*) 유한 오토마타에 대해 최종 상태를 최종이 아닌 상태로 변경하고 최종 상태가 아닌 상태를 최종 상태로 변경하면 여집합을 승인하는 결정적 오토마타가 된다. 그런 다음 해당 유한 오토마타를 정규 표현식으로 변환할 수 있다. 최종적으로 어떤 정규 표현식 α와 다른 정규 표현식 α'에 대하여, $\mathcal{L}(\alpha') = \Sigma^* - \mathcal{L}(\alpha)$가 성립하는 정규 언어를 구성할 수 있다.

두 정규 언어의 합집합은 정규 언어이며, 이는 정규 표현식이 α와 β에 의해 표현된 경우 그들의 합집합이 정규 표현식 $\alpha \cup \beta$에 의해 표현된다. 마찬가지로, 그들의 결합은 정규 표현식 $\alpha\beta$에 의해 표현된다.

마지막으로, L_1과 L_2가 정규언어라면, $L_1 \cap L_2$ 또한 정규 언어이다. 또, 드 모르간(De Morgan) 법칙에 따라

$$L_1 \cap L_2 = \overline{\overline{L_1} \cup \overline{L_2}}$$

을 만족한다. ■

요약

- **정규 표현식**(*regular expression*)은 유한한 문자열로 무한하게 많은 언어를 나타낼 수 있다.

- 정규 표현식은 알파벳의 기호뿐만 아니라 $\emptyset$, (,), $\cup$ 및 *와 같은 기호로 구성된다.
- 정규 표현식은 귀납적으로 구성될 수 있다: $\emptyset$ 및 알파벳의 하나의 기호는 자체로 정규 표현식이다. 두 정규 표현식의 합집합이나 결합(concatenation)은 정규 표현식이며, 어떤 정규 표현식의 클레이니 스타(Kleene star) 또한 정규 표현식이다.
- 언어를 승인하는 유한 오토마타가 존재한다면, 그리고 그 때에만, 그 언어를 정규 표현식으로 나타낼 수 있다. (언어를 승인하는 유한 오토마타가 존재한다는 말과 언어를 정규 표현식으로 나타낼 수 있다는 것은 동치이다.) 그리고 그러한 언어를 **정규 언어**(*regular language*)라고 한다.
- **일반화된 유한 오토마타**(*generalized finite automaton*)는 단일 기호뿐 아니라 모든 정규 표현식에 따른 전이를 허용한다. 한 상태와 다른 상태 간의 모든 전이는 단일 정규 표현식으로 결합되어 두 상태 간에 최대 하나의 전이만 있는 형태로 표현된다.
- 정규 언어의 여집합은 정규 언어이다. 그리고, 두 정규 언어에 대해 합집합, 결합 및 교집합도 모두 정규 언어이다.

문제

20.1 다음 정규 표현식으로 나타낸 언어들이 어떤 언어들인지 설명하라.

(a) $(a \cup aa)^*$

(b) $(aa \cup aaa)^*$

(c) $\{\lambda\}^*$

(d) $\emptyset^*$

(e) 임의의 언어 L에 대해 $(L^*)^*$

(f) $(a^*b^*)^* \cup (b^*a)^*$

20.2 알파벳 $\Sigma = \{a, b\}$에 대해 다음의 언어에 대한 정규 표현식을 작성하라.

(a) a가 최대 세 번 포함된 문자열

(b) a가 나타나는 횟수가 4로 나누어 떨어지는 문자열

(c) 부분 문자열 bbb가 정확히 한 번 나타나는 문자열

20.3 모든 언어 L에 대해, L^R(문자열의 역)은 L의 문자열을 뒤집은 집합이다(89쪽 참고).

(a) 구조적 귀납법을 사용하여 정규 언어의 역이 정규임을 증명하라.

(b) L을 승인하는 DFA로 시작하여 동일한 사실(정규언어의 역이 정규임)을 증명하는 방법을 스케치하라.

20.4 언어 L이 특정한 k에 대해 문자열 w의 마지막 k개의 기호만을 고려하여 w가 L에 속하는지 여부가 결정할 수 있다면, 해당 언어 L은 **명확하다**(*definite*)고 한다.

(a) 위 정의를 보다 간결하게 바꾸어 보라.
(b) 모든 명확한 언어는 정규 언어임을 보여라.
(c) 명확한 언어의 합집합은 정규 언어임을 보여라.
(d) 두 명확한 언어의 결합은 반드시 명확하지 않을 수 있음을 보여라.

20.5 '*a*'와 '*b*'의 쓰인 횟수가 모두 짝수인 모든 문자열을 나타내는 언어의 정규 표현식을 쓰라. 힌트: 정리 20.2를 사용하여 이 언어를 수용하는 4개의 상태를 갖는 오토마타에 적용할 수 있다. 또 다른 방법은 해당 문자열이 짝수 길이임을 고려하는 것이다. 그런 다음 길이가 $2n$인 문자열은 n개의 두 문자 블록으로 나뉠 수 있다. 각 블록은 '*aa*' 또는 '*bb*'(이를 '짝수 블록'으로 부르자) 또는 '*ab*' 또는 '*ba*'(이를 '홀수 블록'으로 부르겠다) 중 하나이다. 따라서 '*a*'의 발생 횟수와 '*b*'의 발생 횟수가 모두 짝수인 문자열은 홀수 블록의 개수가 짝수여야 하며, 이 조건은 이 장 초반의 표에서 '*b*'의 발생 횟수가 짝수인 문자열에 대해 사용한 기술로 표현될 수 있다.

20.6 이 장에서 드 모르간 법칙을 이용하여 두 정규언어의 교집합이 정규언어임을 보였다.

(a) M_1과 M_2에 대한 유한 오토마타로 시작하여 유한 오토마타 M을 구성하고, $\mathcal{L}(M_1) \cap \mathcal{L}(M_2)$를 승인하는 언어의 합집합 및 여집합을 생성한다. 만약 M_1의 상태 집합이 크기 n_1이고, M_2의 상태 집합이 크기 n_2라면, M의 상태 집합의 크기를 대략 예측한다면 얼마나 될 것인가?
(b) M_1과 M_2의 상태 집합들의 데카르트 곱을 통해 얻고, 이를 이용해 $\mathcal{L}(M_1) \cap \mathcal{L}(M_2)$를 승인하는 언어를 생성하는 보다 직접적인 생성법을 사용한다고 하자. 결과로 얻는 장치의 크기가 얼마나 될까?

20.7 등차 수열은 어떤 자연수 j와 k에 대해 $\{j+n \cdot k : n \geq 0\}$ 형태로 나타낼 수 있는 숫자들의 집합이다. 예를 들어, $\{7, 11, 15, 19, \ldots\}$는 $j = 7$이고 $k = 4$인 등차 수열이다. 어떤 언어 L에 대한 단어 길이의 집합을 L의 단어들의 길이들로 정의할 수 있다; 즉, $\{|w| : w \in L\}$이다. 예를 들어, $(ab)^*$의 단어 길이의 집합은 짝수의 숫자들로 이루어져 있다.

'자연수의 집합이 등차 수열의 유한 합집합이다.'라는 명제와 '자연수의 집합이 어떤 정규 언어의 단어 길이를 나타내는 수들의 집합이다.'가 동치임을 증명하라. 힌트: 'only if(역방향)' 증명이 좀더 쉽다. 등차수열의 유한 합집합이 주어

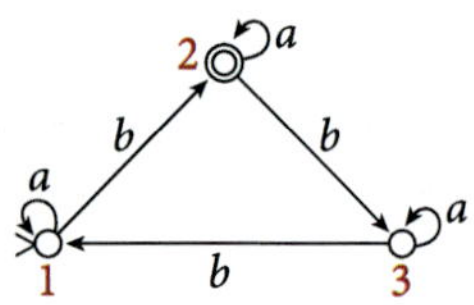

그림 20.9 정규 표현식으로 컴파일할 수 있는 DFA

졌을 때, 해당 집합에 속하는 숫자들로 정확히 단어 길이를 가지는 정규 언어를 구성해야 한다. 'if(정방향)' 증명은 하나의 기호만을 가진 알파벳으로 시작하여 일반화할 수 있다.

20.8 (a) 그림 20.9의 DFA에 의해 승인되는 언어를 표현하라.

(b) 정리 20.2의 증명에 설명된 방법을 사용하여 (a)의 DFA를 정규 표현식으로 변환하라.

20.9 정리 20.1의 방법을 사용하여, 아래의 정규 표현식에 대응하는 비결정적 유한 오토마타를 만들어라.

(a) $(ba \cup b)^* \cup (bb)^*$

(b) $((ab)^*(ba)^*)$

20.10 여기에서는 정규 표현식에 대한 '분리 정규식(disjunctive normal form)'의 버전이 존재함을 입증할 것이다.

(a) 임의의 정규 표현식 α, β, γ에 대해 다음을 증명하라.

$$(\alpha \cup \beta)\gamma \equiv (\alpha\gamma) \cup (\beta\gamma), \text{ 그리고 } \gamma(\alpha \cup \beta) \equiv (\gamma\alpha) \cup (\gamma\beta)$$

(b) 임의의 정규 표현식 α와 β에 대해 다음을 증명하라.

$$(\alpha \cup \beta))^* \equiv \alpha^*(\beta\alpha^*)^*$$

(c) 임의의 정규 표현식은 $(\alpha_1 \cup \ldots \cup \alpha_n)$ 형태로 표현이 가능함을 보여라. 여기서 $\alpha_1, \ldots, \alpha_n$은 결합 및 클레이니 스타만 사용한다(합집합은 사용하지 않음).

Chapter 21

차수 표기법

비록 이론적으로 어떤 것이 계산 가능하다고 할지라도, 해당 계산을 실제로 수행하는 것이 실용적으로 불가능할 수 있다. 예를 들어, 우리에게 연중 날짜의 모든 집합을 나열(listing)하라는 요청이 있다고 가정해 보자. 다음과 같이 시작할 수 있다.

{1월 2일, 2월 13일, 3월 15일, 4월 19일},
{4월 21일, 12월 2일},
…,

이와 같이 많은 집합을 뒤이어 계속 나열할 수 있다. 우리가 1 나노초(nanosec., 10^{-9})에 하나의 집합을 나열할 수 있다고 가정하면, 모든 집합을 나열하는 데 얼마나 시간이 걸릴까? 1년은 365일이므로, 연중 일 수의 집합은 2^{365}개가 있다(여기에 2월 29일을 고려하지 않았다). 하지만 2^{365} nanosec.는 10^{93}년보다 더 오래 걸린다. 참고로 우주의 나이는 1.4×10^{10}년이다! 나열을 많이 진행하기 전에 이 사실을 파악해서 다행일 뿐이다.[1]

알고리즘을 실제로 구현할 가치가 있는지를 결정하는 방법이 있을까? 혹은 문제를 해결하는 두 가지 접근 방법이 있다면, 그 중 어떤 방법이 더 나은지 어떻게 결정해야 할까?

알고리즘의 유용성(usefulness)을 결정하는 데는 중요한 두 가지 요소가 있다. 하나는 알고리즘의 실행 시간이며, 다른 하나는 사용하는 메모리 양이다. 다만, 메모리의 경우, 알고리즘이 실행되는 시간 동안 필요한 만큼만 접근하게 되므로, 실행 시간이 더 중요한 요소이고, 메모리 양을 부가적인 요소로 받아들인다. 특히 메모리에 대한 접근단위가 잘 선택되고 관리된다면, 알고리즘 실행과정에서는 단위 시간당 어느 정도의 메모리만을 '사용한다.'고 말할 수도 있다. 메모리는 종종 **공간**(*space*)이라고도 하며, 이는 디지털 컴퓨터의 RAM 칩에 저장된 비트 수 또는 종이와 연필을 사용한 계산 중에 인간이 기록한 숫자의 양과 같이 구체적인 숫자보다는 좀 더 추상적인 단위일 수 있다.[2]

이러한 개념을 형식화하기 위해, 알고리즘을 실행하는 데 필요한 시간(또는 공간)을 입력 크기를 매개변수로 하는 함수로 나타낼 수 있다. 컴퓨터 프로그램을

[1] 유사한 맥락으로, 99쪽에서 주장했듯이, 300개의 변수를 가진 명제 논리식의 전체 진리표를 작성해야 한다면, 표의 행(line)은 우주에 있는 입자보다 더 많아질 것이다.

[2] 1950년대에 사용된 '컴퓨터'라는 단어는 주로 여성들을 포함한 사람들을 가리켰다. 이들은 주로 과학 및 공학 분야에서 수학적 계산을 수행하는 업무를 맡았다.

실행할 때, 소요된 시간을 측정하기 위해서는 몇 가지 척도가 필요하다. micro second(1^{-6}초)와 같은 물리적 시간을 측정하는 것은 적합하다고 할 수 없다. 왜냐하면 새로운 컴퓨터, 더 빠른 칩셋이 개발되었을 때, 같은 알고리즘으로도 측정 결과가 달라지기 때문이다. 따라서 알고리즘 실행의 단계를 표시할 수 있는 기준을 정하고, 이 단계 수를 시간의 척도로 사용할 것이다. 이 단계는 한 개의 기계 명령의 실행이 될 수도 있고, 고급 프로그래밍 언어(C, Java와 같은 high level language)에서의 한 줄의 코드 실행이 될 수도 있으며, 경우에 따라서는 손으로 계산하는 한 자리수의 곱셈을 기준으로 할 수도 있다. 실행 단계를 정할 때, 우리의 목표는 컴퓨터 아키텍처의 세부적인 사항에 관계 없이 주어진 장치와 정해진 실행 절차가 입력 사이즈가 증가함에 따라 소요되는 시간이 어떻게 증가하는지 측정하는 것이다.

몇 가지 기본적인 사항들을 다시 살펴보자. **알고리즘**(*algorithm*)은 입력에서 출력을 생성하기 위한 계산 방법을 완전하게 설명하는 것이다. 어떤 입력이 주어지더라도 알고리즘은 결국 어떤 시점에서 계산을 마치고 결과를 만들어 내야 한다. 뿐만 아니라, 이후에 언제라도 동일한 입력이 주어진다면, 동일한 결과를 만들어 출력을 할 것이다. 이것은 알고리즘에서 입력과 출력 간의 관계이며 일종의 함수이다. 이 함수는 고유하게 정의되어 있으며, 도메인 내의 모든 값에 대해 정의된다.

이제 알고리즘의 실행 시간을 측정하는 방법에 대해 이야기해 보자. 알고리즘 A가 **실행 시간**(*runtime*) 함수가 $f: \mathbb{N} \rightarrow \mathbb{N}$이라면, 여기서 $f(n)$은 알고리즘 A가 크기 n인 어떤 입력에 대해 실행되는 최대 단계 수이다. 여기서 알고리즘의 실행 시간을 분석할 때 주로 **최악의 경우**(*worst-case*)를 고려한다. 최악의 경우를 고려한 분석은 입력의 크기를 알고 있다면 분석 결과를 통해 연산이 종료될 때까지 최대 얼마나 기다려야 할지를 보장할 수 있기 때문에 합리적으로 활용할 수 있다. 그러나 최악의 경우를 고려한 분석이 유일한 답은 아니다. 어떤 상황에서는 **평균적인 경우**(*average-case*)에 대한 분석이 더 중요할 수도 있다—예를 들어, 여러 다양한 입력에 대해 알고리즘을 실행할 것으로 예상하고, 특정한 개별 입력에 대해 느릴 수도 있지만, 다수의 경우에 더 빠른 실행이 가능할 경우 이것이 더 유리할 수 있기 때문이다. 평균적인 경우에 대한 분석은 실제 가능한 입력의 '평균 케이스'에 대한 정보를 알아야만 하기 때문에 최악의 경우 분석보다 더 복잡하고 적용 범위도 좁을 수 있다. 이 평균 경우 분석에 대해서는 29장에서 자세히 다루겠다.

알고리즘을 분석할 때, 해당 알고리즘의 실행 시간을 '익숙한 함수'들을 이용해 나타낼 수 있다. 예를 들면,

- **선형 함수**(*linear function*)는 상수 $a>0$와 b에 대해 $f(n)=a \cdot n+b$이다.
- **이차 함수**(*quadratic function*)는 상수 $a>0$와 b, c에 대해 $f(n)=a \cdot n^2+b \cdot n+c$이다.

- **다항 함수**(*polynomial function*)는 상수 $a_0, \ldots, a_d$ 그리고 $a_d > 0$일 때, $f(n) = \sum_{i=0}^{d} a_i n^i$이다. $a_d > 0$이면, 0이 아닌 항들 가운데 d가 가장 큰 지수이므로 f는 **차수**(*degree*) d를 가진다. 선형 함수는 1차 다항 함수, 이차 함수는 2차 다항 함수, 삼차 함수는 3차 다항 함수이다. 다항식의 차수는 반드시 정수일 필요는 없으며, 25장에서 $\log_2 7 \approx 2.81$차 다항식을 소개할 것이다. 차수 d는 1보다 작을 수도 있지만, 반드시 $d > 0$이다. 예를 들어, $f(n) = \sqrt{n} = n^{0.5}$는 0.5차 다항식이다. 차수가 $0 < d < 1$인 다항식은 분수 차수 함수라고도 한다.
- **상수 함수**(*constant function*)는 값이 인자에 의존하지 않는 함수로, $f(n) = c$인 형태이다. 상수 함수를 차수 0인 다항 함수라고도 한다.
- **지수 함수**(*exponential function*)는 $f(n) = c^n$인데, 여기서 $c > 1$인 상수 c를 지수 함수의 **기저**(*base*)라고 한다.

일반적으로 이러한 함수 중 일부는 음수 인자이나, 음수의 결과값을 가질 수 있다. [예를 들어, $f(n) = -n^2$는 양수 인자에 대해 음수 값을 갖는 다항식이다.] 그러나 이 장에서 고려하는 함수들은 정의역과 공역이 n인 것으로 가정하고, 따라서 정의역과 공역의 모든 값들은 0보다 크거나 같다. 상수 함수의 경우를 제외하면 이러한 함수들로 표현된 실행 시간은 **단조**(*monotonic*) 증가 함수의 형태로 나타난다. 즉, $n > m$이면 $f(n) > f(m)$이거나, 다르게 표현하면 입력 크기 n이 클수록 실행 시간이 크게 나타난다.

연산이 정상 종료되지 않을 수 있는 알고리즘의 경우에는 실행 시간을 정의할 수 없다. 그런 경우에는 실행 시간이 함수가 아니기 때문이다. (예를 들어, 정수를 입력으로 받아 1부터 해당 입력 숫자에 도달할 때까지 계속 증가시키는 프로그램을 생각해 보자. 입력이 0이면 프로그램은 결코 멈추지 않을 것이다.)

한 가지 더 주의할 점이 있다. 알고리즘의 실행 시간을 함수 f로 $\mathbb{N}$에서 $\mathbb{N}$으로 측정할 것이라고 했는데, 여기서 $f(n)$은 크기가 n인 어떤 입력에 대해, 최악의 경우에 소요되는 단계 수이다. 이때 입력의 '크기'는 무엇일까? 데이터 항목의 **크기**(*size*)라는 것은 해당 데이터를 저장하는 데 필요한 공간의 양을 나타낸다. 따라서 문자열 $w \in \{a, b\}^*$의 크기는 그 문자열의 길이 $|w|$이며, 비트의 $n \times n$ 배열의 크기는 n^2이다. 입력이 숫자인 경우에는 그 크기가 값과 일치하지 않는다. 예를 들어, 자연수 n을 입력으로 받아 제곱근 $\sqrt{n}$을 계산하는 알고리즘이 있다면 입력의 크기는 무엇인가? 그 대답은 $\log_2 n$($\lg n$으로 표기하기도 함)이다. 정확히 말하면, n을 이진수로 표시했을 때 비트수의 크기이므로, $\lceil \lg n \rceil$이라고 표시한다 (그림 21.1).

$$n = \overbrace{1\,0\,1\,1\,0\,1\,0\,0}^{8}$$

Size of $n = 8$

Value of $n = 2^2 + 2^4 + 2^5 + 2^7$
$= 180$

그림 21.1 알고리즘에 있어서 입력 숫자의 크기는 값이 아니라, 숫자를 적기 위해 필요한 공간의 양을 말한다. 숫자의 값 자체는 공간의 양에 대해서 지수 함수적으로 크다.

간단한 예를 살펴보자. 자연수 n의 이진 표현에서 1의 개수를 결정하는 알고리즘을 생각해 보자. 이 알고리즘은 해당 이진수 입력을 스캔하는 과정에 발견한 1의 총 개수를 리턴한다. 우리는 이것을 로그 알고리즘이 아닌 **선형**(*linear*) 시간 알고리즘이라 할 것이다. 즉, 걸리는 시간은 n의 이진 표현의 크기, 즉 n의 로그 값에 비례한다.

본질적으로 알고리즘의 입력 또는 출력의 크기는 해당 데이터를 저장하는 데 필요한 공간의 양이다. 이때 어떤 형태의 입력 데이터를 선택하여 표현할지에 따라서는 크기의 차이가 있을 수는 있지만, 그 영향은 상수 배율 만큼으로 제한된다. 예를 들어, n개의 ASCII 문자열은 n 글자이거나 $8n$ 비트일 수 있다. 이들은 같은 크기의 데이터이지만, 표현에 따라서 8배의 차이가 나는 것으로 보인다. 그러나 그 표현의 선택이 어떠하더라도 그 이상, 즉 상수 이상의 차이는 있을 수 없다. 또, 숫자 n은 $\lceil \lg n \rceil$ 비트 또는 $\lceil \log_{10} n \rceil$ 자리수의 십진수로 표현 수 있다. 그러나 이들은 대략 $\log_2 10$, 약 3.32의 배율 차이가 있다.

*

실행 시간 분석을 위해서는, 실행 시간을 표현한 서로 다른 함수들을 서로 비교하는 방법이 있어야 한다. 두 개의 함수를 비교하는 자연스러운 방법은 함수 결과값의 비율을 계산하는 것이다. 예를 들어, 만약 $f(n) = n$이고 $g(n) = 2n$이라면,

$$\frac{f(n)}{g(n)} = \frac{n}{2n} = \frac{1}{2}$$

입력 n에 대해, 함수 f의 결과값은 함수 g의 결과값의 절반이다. 이때 두 함수 사이의 비율이 정확하게 일정한 상수가 아니어도 괜찮다. 예를 들어, 만약 $h(n) = n+2$이고 $k(n) = 2n+1$이면, 두 함수의 비율은 선택한 입력 n에 따라 달라진다. 즉, $n = 1$일 때는 비율이 1이지만,

$$\frac{h(1)}{k(1)} = \frac{1+2}{2+1} = 1$$

$n = 100$ 일 때는,

$$\frac{h(100)}{k(100)} = \frac{100+2}{200+1} \approx 0.51$$

이므로 1/2에 근접한다. 우리는 일반적으로 입력 n이 매우 클 때의 비율에 주목한다. 왜냐하면 n이 클 때 함수 간의 차이가 크기 때문이다. 예를 들어, 함수 $h(n) = n+2$와 $k(n) = 2n+1$이 각각 두 가지 다른 알고리즘의 실행 시간 함수인 경우, 두 알고리즘은 모두 크기가 1인 입력에 대해 3 단계를 수행하는 것이다. 그러나 크기가 100인 입력에 대해서는 실행 시간 함수가 $k(n)$인 알고리즘은 $h(n)$인 알고리즘보다 99 단계 더 필요하며, 크기가 1000인 입력에 대해서는 999 단계 더 걸린다.

비율을 평가하기 위해서는 특정한 숫자 n을 선택하는 대신, n이 무한대로 접근할 때의 비율의 **극한**(*limit*)을 고려할 수 있다. 이를 수학적으로는 $\lim_{n\to\infty}$ 으로 표

시한다. 극한은 미적분의 중요한 주제이지만, 여기서는 우리의 비율을 계산하는 목적으로 몇 가지 사실만을 활용한다.

정리 21.1 *기본적인 극한.*

$$\lim_{n\to\infty} c = c, \quad \text{임의의 상수 } c\text{에 대해,}$$
$$\lim_{n\to\infty} n = \infty$$
$$\lim_{n\to\infty} \frac{1}{n} = 0$$

첫 번째 규칙에서는 극한 안의 표현이 n과 관련이 없으므로 n의 값은 중요하지 않다.

두 번째 규칙은 단순히 n이 무한대로 접근함에 따라 n의 값이 무한히 커진다는 것을 말한다. 일반적으로 $\lim_{n\to\infty} f(n) = \infty$는 $f(n)$이 무한히 커진다는 것을 의미한다. 그리고 $\lim_{n\to\infty} f(n) < \infty$는 유한이고, 음이 아닌 상수로 수렴함을 의미한다.

세 번째 규칙은 n이 무한대에 접근함에 따라 n의 역수가 0으로 수렴한다는 것을 나타낸다. 비록 $1/n$이 실제로 0과 같아질 수는 없지만, 아무리 작은 임의의 값 $\varepsilon > 0$에 대해서도 $1/n$의 값이 항상 ε보다 작아지는 어떤 수(정확히는 $1/\varepsilon$)가 존재하기 때문에 $n > 1/\varepsilon$인 충분히 큰 수 n에 대해서는 0에 더 가까운 값을 얻기 때문이다.

더 복잡한 표현의 극한은 몇 가지 추가 규칙을 사용하여 평가할 수 있다. 먼저, 산술 표현식에서 '무한대'는 무한히 큰 수처럼 행동하므로 $\infty + \infty = \infty \cdot \infty = \infty$이며, $3 \cdot \infty = \infty$이다. 둘째, 일반적으로 두 함수의 합, 차, 곱, 또는 나눗셈의 극한은 해당 함수의 극한의 합, 차, 곱, 또는 나눗셈이다. 예를 들어, $\lim_{n\to\infty} n^2$를 알아내려면, $\lim_{n\to\infty} n = \infty$임을 알기 때문에

$$\lim_{n\to\infty} n^2 = \lim_{n\to\infty} (n \cdot n) = (\lim_{n\to\infty} n) \cdot (\lim_{n\to\infty} n) = \infty \cdot \infty = \infty$$

와 같이 계산할 수 있다.

좀더 자세히 설명하면 다음과 같다.

정리 21.2 *극한의 성질.* 음이 아닌 임의의 함수 $f(n)$과 $g(n)$에 대하여 다음을 만족한다.

$$\lim_{n\to\infty} \left(f(n) + g(n)\right) = \left(\lim_{n\to\infty} f(n)\right) + \left(\lim_{n\to\infty} g(n)\right)$$

이를 확장하면 $n \to \infty$에 대해,

임의의 상수 c에 대하여 $c \cdot f(n)$

임의의 상수 c에 대하여 $(f(n))^c$

$$f(n) - g(n)$$
$$f(n) \cdot g(n)$$
$$\frac{f(n)}{g(n)}$$

의 식들도 동일한 성질을 가지고 있기 때문에 0^0, ∞^0, $\infty - \infty$, $0 \cdot \infty$, $\infty \cdot 0$, $\frac{0}{0}$, $\frac{\infty}{\infty}$, 임의의 L에 대해 $\frac{L}{0}$과 같이 중간 단계에서 특정한 값에 대한 계산을 필요로 하지 않는다.

그러나 여기에는 중요한 예외적 상황이 있다. $\lim_{n\to\infty} n = \infty$이며 $\lim_{n\to\infty} \frac{1}{n} = 0$이지만, $\lim_{n\to\infty} n \cdot \frac{1}{n}$은 1이며 $\infty \cdot 0$이 되어서는 안 된다. (비록 이 책 초록에 나타난 1933년의 금언을 쓴 사람은 이러한 곱을 생각하고 있었을지도 모른다!)

극한이 불확정한 형태 0/0 또는 ∞/∞를 가질 때, 미적분의 **로피탈 정리**(*l'Hôpital's rule*)가 도움이 되며 이를 사용할 수 있다. $\lim_{n\to\infty} f(n) = \lim_{n\to\infty} g(n) = 0$, 혹은 $\lim_{n\to\infty} f(n) = \lim_{n\to\infty} g(n) = \infty$에 대해 로피탈 정리는 아래와 같이 정의된다.

$$\lim_{n\to\infty} \frac{f(n)}{g(n)} = \lim_{n\to\infty} \frac{f'(n)}{g'(n)}$$

이때 $f'(n)$과 $g'(n)$은 각각 $f(n)$과 $g(n)$의 도함수(derivatives)이며, 단 모든 n에 대해 $g'(n) \neq 0$이다.

*

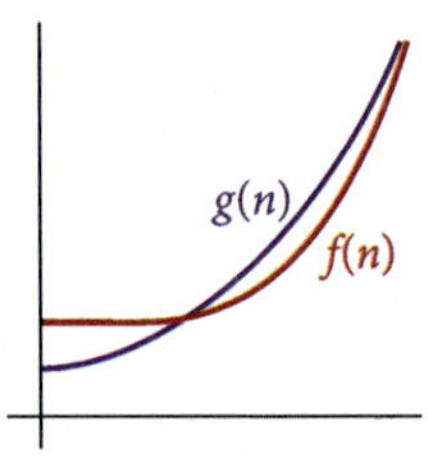

그림 21.2 점근적으로 동치인 두 함수. 비율 $f(n)/g(n)$은 $n \to \infty$일 때 1에 수렴함.

우리가 알고리즘의 실행 시간을 분석할 때, 일반적으로 최악의 경우에 대해 단계의 **정확한**(*exact*) 숫자로 나타내려고 하지는 않는다. 실제로 정확한 값을 계산하기가 매우 어려울 수 있기 때문이다. 그래서 보통은 실행 시간과 대략적으로 동치인, 그리고 간단한 함수를 찾는 것이 더 유용하다. '대략적인 동치성(rough equivalence)'의 한 버전은 다음과 같이 표현한다. 두 함수 $f(n)$과 $g(n)$이 **점근적으로 동치이다**(*asymptotically equivalent*)라고 말하며, $f(n) \sim g(n)$으로 표기된다. 그리고 이 명제는 아래의 식과 동치이다.

$$\lim_{n\to\infty} \frac{f(n)}{g(n)} = 1$$

그림 21.2의 경우를 예로 들면 $f(n) = n^2 + 1$, $g(n) = n^2$의 두 함수에 대해 아래의 식이 성립하므로, 두 함수는 점근적으로 동치이다.

$$\lim_{n\to\infty} \frac{n^2+1}{n^2} = 1 + \lim_{n\to\infty} \frac{1}{n^2} = 1$$

이름에서 알 수 있듯이, 점근적 동치는 동치 관계이다(문제 21.4).

여기에는 기억해야 하는 중요한 규칙이 있다. $f(n) \sim g(n)$이라는 표현은 함수 f와 g에 대한 것이며, 특정 n값에 대한 것이 아니다. 이를 더 올바르게 $f \sim g$로 쓸 수도 있지만, f와 g가 한 개 변수의 함수임을 강조하기 위해 '더미(dummy)' 인자 n을 포함하는 것이 관례이다. 이 관례에 따라 n에 의한 다항식만으로 비교가 가능하고, 다음과 같이 f나 g와 같은 함수 이름을 제외하고, 간단히 표현할 수도 있다.

$$n^2 + 1 \sim n^2 + n$$

실제로 위 식의 표현은 참이라고 할 수 있다. 왜나하면,

$$\lim_{n \to \infty} \frac{n^2 + 1}{n^2 + n} = 1$$

이기 때문이다.

이 점근적 동치의 의미는 '충분히 큰 n에 대해 함수 f와 g는 대략적으로 같은 크기로 증가한다.'라고 할 수 있다. 이것은 계산하기 어려운 함수에 대해 근사값을 파악하는 데 유용한 개념이다. 예를 들어, $n!$의 값('n 팩토리얼'이라 읽고, 1부터 n까지의 연속된 모든 값의 곱을 의미함)은 정확하게 쓰여진 대로 계산한다면 $n-1$번의 곱셈 연산이 필요하다. 그러나 $n!$에 대한 점근적 동치인 **스털링 근사**(*Stirling's approximation*)라고 알려진 공식은 큰 n에 대해 $n!$의 값에 매우 근접한다.

$$n! = \prod_{i=1}^{n} i \sim \sqrt{2\pi n} \cdot \left(\frac{n}{e}\right)^n \tag{21.3}$$

이 근사치는 몇 가지 표준 연산만으로 계산될 수 있어서 매우 유용하며, 다양한 용도에 대해 $n!$의 정확한 값과 매우 가까운 결과를 만들어 준다.

'$\sim$'로 동치성을 정의하는 것은 알고리즘의 복잡성(algorithmic complexity)에 대해 이야기할 때, 우리가 실제로 필요한 것보다 더 엄격한 기준이 된다. 앞서 말한 대로, 단지 c배만큼 프로세서를 더 사용하거나, c배 더 빠른 새로운 컴퓨터를 구입함으로써 어떤 알고리즘을 c만큼 더 빠르게 실행할 수도 있을 것이다(여기서 c는 임의의 상수를 말함). 따라서, 우리는 적어도 알고리즘의 비교에 대해서는 상수 배만큼 차이 나는 함수들도 대략적으로 동등하게 간주할 수 있을 것이다. 그렇다면 이 '$\sim$'에 의한 동치보다 더 느슨하게 동치성 개념을 만들 필요가 있는데, 이때 함수들을 그들의 크기가 얼마나 큰 가가 아니라 얼마나 빨리 커지는가에 따라 비교할 것이다.

*

함수의 성장 속도는 일반적으로 최대차 항의 **차수**(*degree*)로 결정되지만, 함

수들의 상대적 차수를 명시하는 여러 가지 방법이 있다. 첫 번째로 가장 널리 사용되는 방법은 big-O 표기법이다. 여기서 'O'는 'order(차수)'의 첫 글자이다. 앞에서 언급한 대로, 우리에게 가장 중요한 질문은 '알고리즘이 나에게 답을 주기까지 얼마나 기다려야 할까?'이다. big-O 표기법은 실행 시간에 대한 **상한**(*upper bound*)을 알려준다. 즉, 이것은 (입력데이터의 양이 많아져) 실행 시간이 증가할 때, 점근적으로 동일한 속도로 증가하거나 더 빨리 증가하는 함수이다. $g(n)$보다 점근적으로 더 빠르게 증가하지 않는 함수 집합을 나타내기 위해 $O(g(n))$로 표기한다. 이는 '빅 오 오브 $g(n)$[big O of $g(n)$]'으로 읽는다. [영(0)이 아닌 문자 'O'] 실행 시간을 나타내는 함수가 $O(g(n))$ 안에 있는 알고리즘은 $O(g(n))$의 실행 복잡도(runtime complexity)를 가졌다고 말한다.

수학적 기호를 사용하면 다음과 같이 표현할 수 있다. $f(n) = O(g(n))$이라면 그리고 그 때에만

$$\lim_{n\to\infty} \frac{f(n)}{g(n)} < \infty \tag{21.4}$$

'$f(n) = O(g(n))$' 표기법은 이상적이지는 않지만, 19세기 말부터 수학에서 오랫동안 사용되어 왔고, 우리는 이 표기법을 사용할 수밖에 없다. 이것의 의미를 명확하게 설명하기 위해 $f(n)$은 함수이고, $O(g(n))$은 함수 집합이므로 '$f(n) \in O(g(n))$' 또는 아마도 '$f \in O(g)$'로 쓰는 것이 더 정확하다. 유감스럽게도 표준 표기법은 '='을 사용하지만, 이는 등호를 의미하는 것이 아니다. 예를 들어, 위 수식을 '$O(g(n)) = f(n)$'로 반대로 쓰는 것은 잘못된 것이다. (이는 $O(g(n)) \in f(n)$을 의미하며 이는 의미가 없다).

big-O 표기법을 다른 형식으로 정의할 수 있다. $f(n) = O(g(n))$일 필요충분 조건은 상수 c와 최솟값 n_0가 존재하여 모든 $n > n_0$에 대해 다음을 만족하는 것이다.

$$f(n) \le c \cdot g(n) \tag{21.5}$$

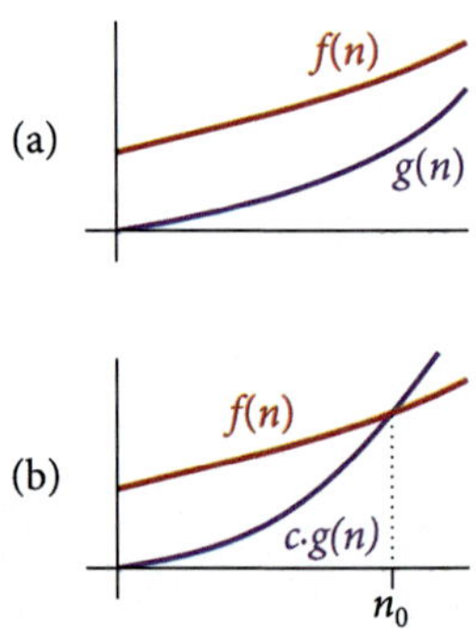

그림 21.3 (a) 함수 f와 g. $g(n)$의 값은 적어도 그림에 보이는 범위 내의 모든 n에 대해 $f(n)$의 값보다 작다. (b) 함수 $f(n)$와 $c \cdot g(n)$ (여기서 c는 1보다 큰 상수). 이제 $c \cdot g(n)$은 작은 n값에 대해 여전히 $f(n)$보다 작다. 실제로, $g(0) = 0$이므로 $c \cdot g(0)$는 어떤 큰 상수 c에 대해서도 $f(0)$보다 작을 것이다. 그러나 모든 $n \ge n_0$에 대해 $f(n) \le c \cdot g(n)$이므로, $f(n) = O(g(n))$이다.

그림 21.3을 보자. 직관적으로 $f(n) = O(g(n))$는 f와 g의 증가 속도가 '차이가 매우 작거나 같음'이라는 관계를 시사한다. 이는 마치 '$f \le g$'와 같지만, 충분히 큰 인자에 대해서는 상수 요소를 무시한다.

예를 들어, 극한을 이용한 정의[식 (21.4)]에 따라 $2^{10} \cdot n^2 + n = O(n^2)$임을 다음과 같이 보일 수 있다.

$$\begin{aligned}\lim_{n\to\infty} \frac{2^{10} \cdot n^2 + n}{n^2} &= \lim_{n\to\infty} \frac{2^{10} \cdot n^2}{n^2} + \lim_{n\to\infty} \frac{1}{n} \\ &= 2^{10} + 0 \\ &< \infty\end{aligned}$$

아니면, 대체 정의[식 (21.5)]를 만족시키도록 c와 n_0를 선택할 수 있다. 즉,

$$c = 2^{10+1}, \text{ 그리고, } n_0 = 0$$

이때 모든 $n \geq n_0 = 0$에 대하여, 아래의 식을 만족한다. (물론 위의 값 외에도 상수 c나 최솟값 n_0가 될 가능성이 있는 수는 무수히 많다.)

$$2^{10} \cdot n^2 + n \leq (2^{10}+1) \cdot n^2 = c \cdot n^2$$

추가로 몇 가지 실제 사례를 살펴보자. 이 예제들은 big-O 표기법을 사용하여 함수의 성장 속도를 비교하는 데 어떻게 활용되는지를 보여줄 것이다.

- $2^{100} \cdot n^2 + n = O(n^3)$. 사실, 모든 낮은 차수의 다항식은 다른 높은 차수의 다항식의 big-O이다. 이 예시에서는 왼쪽 항의 차수는 2이고, 오른쪽 항의 차수는 3이다. 왼쪽 항에서 큰 상수가 계수(coefficient)가 있는 것은 극한이 포함된 알고리즘 분석에서는 중요하지 않다.
- $n! = O(\sqrt{n} \cdot (\frac{n}{e})^n)$. 이는 식 (21.3)의 스털링 근사식(Stirling's approximation)에서 상수를 제거한 결과이다.
- $2^n + n^{100} = O(2^n)$. n^{100} 항은 극한에서 무시된다. 왜냐하면 $n \to \infty$일 때, 2^n에 의해 압도되기 때문이다.

$$\lim_{n\to\infty} \frac{n^{100}}{2^n} = 0$$

  더 나아가 모든 다항식은 지수식에 대해 big-O로 표시된다.
- $3n + 47 = O(2n)$. 다항식에서 상수 요소(혹은 상수의 가산식)는 함수 증가 속도에 영향을 미치지 않는다.
- $135 + \frac{1}{n} = O(1)$. 실제 모든 상수 함수는 $O(1)$이다. 그리고, $n \to \infty$임에 따라 0에 근접하는 n에 대한 함수들도 역시 $O(1)$이다.

*

클래스 $O(g(n))$에는 적절한 상수 배율로 스케일을 맞추고, 작은 값의 인자들을 무시하면, 어떤 시점에서는 g를 초과하는 모든 함수들도 포함된다. 그러므로, $O(g(n))$에 속하는 함수들 중에는 g의 값에 근접하지 않을 수도 있으며, n이 증가함에 따라 g의 값과 오히려 더 멀어질 수 있다. 따라서, 어떤 선형 함수이든지 모든 이차 함수의 big-O이다. 예를 들어, 특정 함수가 $O(n^2)$이라는 것은 그 함수가 이차 함수라는 것을 의미하지 않는다. (하지만, 3차 함수는 아니라는 것을 의미한다.)

같은 이유로 '$f(n) \neq O(g(n))$'와 같이 쓰거나 'n^3은 $O(n^2)$을 초과한다.'와 같은 표현을 사용하는 것은 부적절하다. 첫 번째 함수의 성장 속도가 두 번째 함수의

성장 속도를 초과한다고 설명할 경우 오해의 소지가 있다. Big-O는 본질적으로 낮거나 동일한 성장 속도를 갖는 모든 함수를 포함하는 클래스이다.

그러므로, 증가 속도가 $g(n)$의 성장 속도와 동일하거나 초과하는 함수 클래스를 정의하고자 할 때는, 함수 증가 속도의 **하한**(*lower bound*)인 big-O 표기법의 대칭적인 개념을 도입함으로써 표현할 수 있다. $g(n)$의 증가 속도보다 느리지 않게 발산하는 함수의 집합은 $\Omega(g(n))$로 표기되며 '빅 오메가 오브 $g(n)$[big omega of $g(n)$]'으로 발음된다. 직관적으로 $f(n)=\Omega(g(n))$는 '$f \geq g$'의 개념에 해당한다. 명확하게 표현하면, $f(n)=\Omega(g(n))$은

$$\lim_{n\to\infty}\frac{f(n)}{g(n)} > 0 \tag{21.6}$$

과 동치이다. O와 Ω 사이의 관계는 $\leq$와 $\geq$ 사이의 관계와 유사하다.

정리 21.7 $f(n)=O(g(n))$이라면, 그 때에만 $g(n)=\Omega(f(n))$

증명.

$$\begin{aligned} f(n)=O(g(n)) \text{ iff } & \lim_{n\to\infty}\frac{f(n)}{g(n)} < \infty && (O\text{의 정의}) \\ \text{iff } & \lim_{n\to\infty}\frac{g(n)}{f(n)} > 0 \\ \text{iff } & g(n)=\Omega(f(n)) && (\Omega\text{의 정의}) \end{aligned}$$

위 식에서 중간 단계에는 정당성에 대한 설명이 필요하다. 만약 양의 결과 값을 갖는 함수 h가 $\lim_{n\to\infty} h(n)<\infty$인 함수라면, $h(n)$는 0이나 혹은 0이 아닌 특정한 양의 숫자로 수렴할 수 있다. [0으로 수렴한다면, $1/h(n)$의 경우는 무한대로 증가하고, 0이 아닌 양의 상수로 수렴한다면, 해당 숫자의 역수로 수렴한다.] 어떤 경우에도 $\lim_{n\to\infty}\frac{1}{h(n)}>0$이며, 우리 증명에서는 $h(n)=\frac{f(n)}{g(n)}$으로 정의할 수 있다. ■

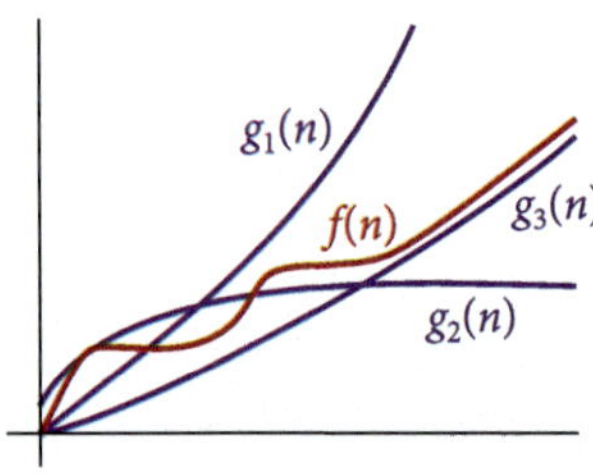

그림 21.4 $f(n)=O(g_1(n))$, $f(n)=\Omega(g_2(n))$ 그리고 $f(n)=\Theta(g_3(n))$을 만족하는 함수 f, g_1, g_2, g_3. $g_1(n)$은 $f(n)$보다 빠르게 증가하기 때문에 점근적 상한이다. $g_2(n)$는 $f(n)$보다 느리게 증가하기 때문에 점근적 하한이다. $g_3(n)$는 $f(n)$과 동일한 속도로 증가하기 때문에 점근적 상한인 동시에 점근적 하한이다.

big-O 표기법과 big-Ω 표기법은 각각 상한과 하한을 나타낸다. 어떤 함수가 비교적으로 큰 상한과 작은 하한 역할을 할 수 있는 경우, 우리는 $\Theta(g(n))$ [빅 세타 오브 $g(n)$(big theta of $g(n)$으로 발음]를 사용하여 $g(n)$과 동일한 속도로 증가하는 함수 집합을 명명한다. 그림 21.4을 참고하라. 즉, 어떠한 상수 $c(0<c<\infty)$에 대하여, 아래의 경우를 만족할 때 $f(n)=\Theta(g(n))$이다.

$$\lim_{n\to\infty}\frac{f(n)}{g(n)} = c \tag{21.8}$$

특히 식 (21.8)의 특별한 경우로, $c=1$일 때 근사적 동치(asymptotic equivalence)이다.

O를 '$\le$'로, Ω를 '$\ge$'로 대응시킬 때, Θ 관계는 '$=$'에 해당된다. 등호($=$)와 마찬가지로 Θ는 대칭적이다.

정리 21.9 $f(n)=\Theta(g(n))$ 그리고 그 때에만 $g(n)=(f(n))$

증명.

$$\begin{aligned} f(n)=\Theta(g(n)) \text{ iff } & \lim_{n\to\infty}\frac{f(n)}{g(n)}=c \qquad (0<c<\infty) \\ \text{iff } & \lim_{n\to\infty}\frac{g(n)}{f(n)}=\frac{1}{c} \qquad \left(0<\frac{1}{c}<\infty\right) \\ \text{iff } & g(n)=\Theta(f(n)) \end{aligned}$$

■

만약 $f(n) \sim g(n)$이면 $f(n)=\Theta(g(n))$이다. 주의할 점은 그 역은 성립하지 않는다.

*

O가 '$\le$', Ω가 '$\ge$'에 해당한다면, little-o와 little-ω 표기법은 부등호 '$<$'와 '$>$'에 해당한다. ('ω'는 소문자 오메가임.) 먼저 little-o에 대해 설명하자. $f(n)=o(g(n))$이면 그 때에만 (if and only if) n이 무한대로 커질 때, $f(n)$을 $g(n)$으로 나눈 비율이 0으로 수렴한다.

$$\lim_{n\to\infty}\frac{f(n)}{g(n)}=0$$

예를 들어, $n=o(n^2)$는

$$\lim_{n\to\infty}\frac{n}{n^2}=\lim_{n\to\infty}\frac{1}{n}=0$$

또, little-ω는 그 반대의 관계이다. $f(n)=\omega(g(n))$이라면,

$$\lim_{n\to\infty}\frac{f(n)}{g(n)}=\infty$$

$a<b$이면, $a\le b$를 만족시키는 것과 같이 $f(n)=o(g(n))$이면, $f(n)=O(g(n))$이다. 즉, $f(n)=o(g(n))$이면 다음과 같이 식 (21.4)의 조건을 만족한다.

$$\lim_{n\to\infty}\frac{f(n)}{g(n)}=0<\infty$$

반대로 $a>b$이면, $a\ge b$를 만족하므로, $f(n)=\omega(g(n))$이면, $f(n)=\Omega(g(n))$이다. 즉, $f(n)=\omega(g(n))$이면 다음과 같이 식 (21.6)의 조건을 만족한다.

$$\lim_{n\to\infty}\frac{f(n)}{g(n)}=\infty>0$$

*

이 때까지 우리가 함수를 비교하는 용어들을 정의했으므로, 실행 시간 분석에서 자주 나타나는 여러 함수 클래스 간의 관계를 분석할 것이다.

여러 개 항의 합으로 이루어진 다항식 함수의 분석을 단순화할 수 있는 보조 정리(Lemma)로 시작하자. 이 보조 정리는 여러 함수의 합이 그 가운데 가장 빠르게 증가하는 항의 차수를 가진다는 것을 나타낸다.

보조 정리 21.10 $f_i(n)=O(f_k(n))(0\leq i<k)$일 때, $f(n)=\sum_{i=0}^{k}f_i(n)$이라면 $f(n)=\Theta(f_k(n))$이다.

증명. 만약 $\lim\limits_{n\to\infty}f_k(n)=0$이라면, 모든 $i<n$에 대해 $f_i(n)$은 0으로 수렴하고, 따라서 그 결과는 위 정리를 만족한다. $f_k(n)$이 0으로 수렴하지 않는다고 가정하자. $f_i(n)=O(f_k(n))(0\leq i<k)$이므로 상수 $c_i(0\leq c_i<\infty)$에 대하여 다음과 같이 표현할 수 있다.

$$\lim_{n\to\infty}\frac{f_i(n)}{f_k(n)}=c_i$$

그렇다면,

$$\begin{aligned}\lim_{n\to\infty}\frac{f(n)}{f_k(n)}&=\lim_{n\to\infty}\frac{\sum_{i=0}^{k}f_i(n)}{f_k(n)}\\&=\lim_{n\to\infty}\frac{f_k(n)}{f_k(n)}+\sum_{i=0}^{k-1}\lim_{n\to\infty}\frac{f_i(n)}{f_k(n)}\\&=1+\sum_{i=0}^{k-1}c_i\end{aligned}$$

이며, 이때 상수 c에 대해서 $0\leq c<\infty$이므로, $f(n)=\Theta(f_k(n))$이다. ■

보조 정리 21.10에서의 항 $f_k(n)$를 '최고차항(highest-order)'이라고 부르며, 대조적으로, $o(f_k(n))$를 만족하는 나머지 다른 항 $f_i(n)$들은 '낮은 차수항(lower-order)'이라 부른다. 보조 정리 21.10은 낮은 차수항을 무시할 수 있는 기회를 제공하여, 다음에 나올 증명을 단순화할 수 있게 해준다.

정리 21.11 $f(n)$이 차수 a인 다항식이고, $g(n)$이 차수 b인 다항식이라 가정하면 다음을 만족한다.

1. $a = b$이면 $f(n) = \Theta(g(n))$
2. $a < b$이면 $f(n) = o(g(n))$

증명. 계수가 a인 n의 함수는 아래와 같이 표현한다.

$$f(n) = c_a n^a + \sum_{i \in E} c_i n^i$$

이때 모든 $i \in E$에 대해, $c_a > 0$와 $i < a$를 만족한다. ($i \in E$는 지수이며, 정수가 아닐 수도 있다. 0에서 다른 어떤 값까지의 범위를 갖지 않을 수 있음을 나타낸다). 그렇다면 $c_i n^i = O(c_a n^a)$이고 따라서,

$$\lim_{n \to \infty} \frac{c_i n^i}{c_a n^a} = \frac{c_i}{c_a} \cdot \lim_{n \to \infty} \frac{1}{n^{a-i}} = 0$$

이다. 보조 정리 21.10을 적용하고 상수 c_a를 제거하면 $f(n) = \Theta(n^a)$이며, 유사한 방법으로 $g(n) = \Theta(n^b)$이다. $0 < k_1, k_2 < \infty$인 상수들이 존재하여 다음과 같은 극한값이 존재한다.

$$k_1 = \lim_{n \to \infty} \frac{f(n)}{n^a}, k_2 = \lim_{n \to \infty} \frac{g(n)}{n^b}$$

이를 정리하면,

$$\begin{aligned}\lim_{n \to \infty} \frac{f(n)}{g(n)} &= \lim_{n \to \infty} \left(\frac{f(n)}{n^a} \cdot \frac{n^a}{n^b} \cdot \frac{n^b}{g(n)} \right) \\ &= \lim_{n \to \infty} \left(k_1 \cdot \frac{n^a}{n^b} \cdot \frac{1}{k_2} \right) \\ &= \frac{k_1}{k_2} \cdot \lim_{n \to \infty} \frac{n^a}{n^b}\end{aligned}$$

만약 $a = b$이면, 이는 $\frac{k_1}{k_2}$으로 정리된다. 그리고 $0 < \frac{k_1}{k_2} < \infty$이므로 결국 $f(n) = \Theta(g(n))$이다.

만약 $a < b$이면, 이는 0으로 정리된다. 따라서 최종적으로는 $f(n) = o(g(n))$가 된다. ■

실례를 살펴보면 다음 식을 만족한다.

$$5n^3 + 8n + 2 = O(4n^3 + 2n^2 + n + 173) \text{ 이고,}$$

$$n^{1.5} = o(n^2)$$

많은 실용적인 알고리즘들은 어떤 상수 $k \geq 1$에 대해 $\Theta(n^k)$의 실행 시간을 갖는다. 이러한 **다항 시간**(*polynomial-time*) 알고리즘의 몇 가지 예시로 다음과 같은

경우가 있다.

- 선형 검색 알고리즘은 길이가 n인 입력 목록을 하나씩 확인하여 원하는 원소를 찾는 알고리즘이다. 이는 $\Theta(n)$, 즉 **선형**(*linear*) 복잡도를 갖는다.
- **삽입 정렬**(*insertion sort*)은 정렬되지 않은 n개의 리스트로부터 정렬된 리스트을 생성하는 정렬 알고리즘으로, 빈 목록에서 시작하여 n개의 입력을 하나씩 받을 때마다 목록의 올바른 위치에 하나씩 삽입한다. 이 알고리즘은 최악의 경우, 모든 요소를 그 앞에 삽입되어 있는 모든 원소들과 비교할 수 있다. 따라서 최악의 경우에는 이 알고리즘의 복잡도가 $\Theta(n^2)$, 즉 **이차시간**(*quadratic*)의 복잡도를 갖는다.

다항식보다 느리게 증가하는 함수는 어떤 종류가 있을까? 하나는 **로그 함수**(*logarithmic functions*)이다. $c>1$인 상수에 대해 $\Theta(\log_c n)$이며, $\log_2 n = \lg n$과 같은 함수가 있다. 모든 로그 함수는 동일한 속도로 증가한다.

정리 21.12 만약 상수 $c, d>1$인 상수에 대해 $f(n) = \log_c n, g(n) = \log_d n$이라면, $f(n) = \Theta(g(n))$이다.

증명. 우리는

$$\lim_{n\to\infty} \frac{\log_c n}{\log_d n}$$

의 값을 찾고자 한다. 로그의 정의에 따라 모든 c, d 그리고 n에 대해 $\log_c n = \log_c d \cdot \log_d n$이다. 따라서,

$$\log_d n = \frac{\log_c n}{\log_c d}$$

위 수식을 첫번째 식에 대입하면,

$$\lim_{n\to\infty} \frac{\log_c n}{\left(\frac{\log_c n}{\log_c d}\right)} = \lim_{n\to\infty} \log_c d$$

여기서 $\log_c d$는 상수일 뿐이며 n과는 무관하다. 따라서, $\log_c n = \Theta(\log_d n)$이다. ■

이제 이와 같은 로그 함수들의 증가 속도가 다항식 함수보다 느리다는 것을 보이자.

정리 21.13 임의의 로그 함수 $f(n) = \log_c n$과 임의의 다항식 함수 $g(n) = \sum_{i\in E} c_i n^i$에 대하여 $f(n) = o(g(n))$이다.

증명. 정리 21.11에 따라, $g(n)$의 차수가 d라면 $g(n) = \Theta(n^d)$이 된다. 이를 적용하면, $0 < k < \infty$인 상수 k에 대해 다음과 같은 식을 만족한다.

$$\lim_{n\to\infty} \frac{g(n)}{n^d} = k$$

이 정리에서 우리가 보여주고자 하는 사실은 아래의 식이다.

$$\begin{aligned}\lim_{n\to\infty} \frac{\log_c n}{g(n)} &= \lim_{n\to\infty} \left(\frac{\log_c n}{n^d} \cdot \frac{n^d}{g(n)}\right) \\ &= \frac{1}{k} \cdot \lim_{n\to\infty} \frac{\log_c n}{n^d}\end{aligned}$$

분자와 분모가 모두 n이 무한대로 증가할 때($n\to\infty$), 로피탈 정리(l'Hôpital's rule)를 적용한다. 즉, 극한의 분자와 분모 모두를 미분한다.

$$\begin{aligned}\frac{1}{k} \cdot \lim_{n\to\infty} \frac{\log_c n}{n^d} &= \frac{1}{k} \cdot \lim_{n\to\infty} \frac{\left(\frac{1}{n \ln c}\right)}{d \cdot n^{d-1}} \\ &= \frac{1}{k} \cdot \lim_{n\to\infty} \frac{1}{\ln c \cdot d \cdot n^d} \\ &= 0\end{aligned}$$

여기서, 'ln'은 자연로그 ($\log_e$)를 나타낸다. ■

로그 함수는 다항식 함수보다 느리게 증가하므로, 가능하면 로그 함수의 실행 시간이 다항식 함수의 실행 시간보다 선호된다. 대부분의 문제는 입력의 모든 요소를 확인해야 하므로 어떤 경우에도 속도가 n의 1차 함수보다 느리게 증가하는 알고리즘으로는 수행할 수 없다. 그러나 간혹 전체 입력을 처리할 필요가 없는 알고리즘도 있다.

예를 들어, 정렬된 목록에서 특정 항목을 찾는 문제를 고려해 보자. 인덱스를 알고 있다면 상수 시간에 어떤 요소든 액세스할 수 있다고 가정하자. 선형 검색 알고리즘은 $\Theta(n)$ 시간이 걸릴 것이지만, **이진 검색**(*binary search*)은 목록이 정렬되어 있다는 사실을 활용하여 더 나은 성능을 발휘할 수 있다(그림 21.5). 중간 인덱스를 계산하고 그 인덱스의 원소 값을 확인한다. 중간 인덱스의 원소값이 검색하고자 하는 항목의 값보다 크면 오른쪽에 있는 모든 것(중간 인덱스 원소값보다 큰 모든 리스트의 원소들)을 무시한다. 따라서, 다음 단계로 탐색 목록 범위는 원래의 시작점으로부터 새로운 '탐색끝'으로 중간 인덱스로 설정하면 된다. 대신 중간 인덱스 원소값이 탐색 대상값보다 작으면 왼쪽에 있는 모든 것을 무시하고, 오른쪽 남은 목록만을 탐색한다. 이 경우, 새로운 '탐색 시작'으로 중간 인덱스의 바로 다음 인덱스로 설정하고, '탐색 끝'은 이전의 인덱스를 유지한다. 이러한 조절을 한 후에는 목표값을 찾거나, 혹은 목표가 없음을 확인할 때까지 이

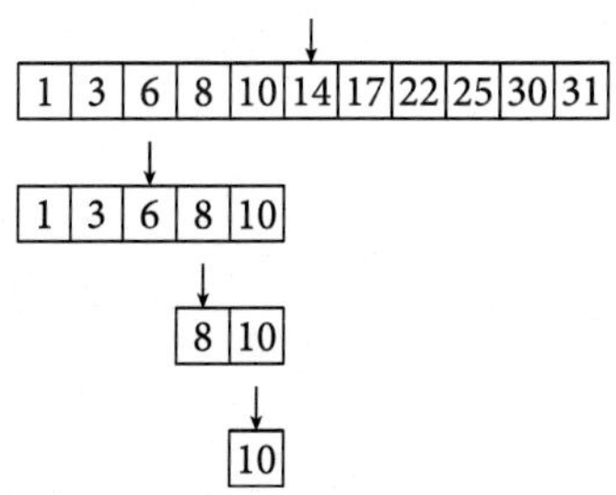

그림 21.5 이진 검색은 각 단계에서 탐색 가능성 있는 목록을 절반으로 나눈다. 위의 그림은 목표 값이 10인 경우를 나타낸다.

프로세스를 반복한다. 목표가 없음을 알아내는 방법은 남은 탐색 목록의 크기가 1이 되어 목표값이 하나밖에 남지 않고, 그 값이 찾는 대상이 아님을 확인하는 경우이다.

이 알고리즘은 각 단계에서 중간 인덱스 계산 후 원소값 비교를 통해 탐색 목록을 반으로 줄이면서 작동한다. 따라서 최대 단계 수는 초기 목록(크기 n)을 반으로 나누는 과정을 몇 번까지 하는가로 나타난다. 이는 바로 $\log_2 n$이다. 따라서 이진 검색의 실행 시간 복잡도는 $\Theta(\log n)$이다.

로그 함수보다 더 느리게 증가하는 함수들은 무엇일까? 그 중 하나는 **상수**(*constant*) 함수이다. 이는 $\Theta(1)$로 표현되며 입력 크기에 관계없이 동일한 시간이 걸린다. 상수 시간에 실행될 수 있는 몇 가지 예시로는 목록의 첫 번째 요소를 읽는 것, 목록이 세 개 이상의 요소를 가지고 있는지 확인하는 것, 그리고 $(-1)^n$을 계산하는 것 등이 있다. $(-1)^n$은 n이 짝수인지 홀수인지에만 의존하므로 n의 이진 표현에서 가장 낮은 자릿수만 알면 되므로 상수 시간이 소요된다.

반대로, 어떤 종류의 복잡도는 알고리즘이 너무 비효율적으로 만들어 사용하기 힘들게 만들기도 한다. 가장 흔히 마주치는 알고리즘 복잡도를 나타내는 것 중 하나는 **지수 함수**(*exponential*) 클래스이다. 이는 상수 $c>1$에 대해 $\Theta(c^n)$인 함수들로, 다항식 함수의 경우와 마찬가지로 여기서도 상수가 중요하다. 상수가 더 작은 함수는 더 큰 함수보다 예외 없이 느리게 증가한다.

정리 21.14 만약 $c<d$이면, $c^n = o(d^n)$이다.

증명. 상한의 성질을 이용하면, $\frac{c}{d}<1$이므로 다음 식을 만족한다.

$$\lim_{n\to\infty}\frac{c^n}{d^n}=\lim_{n\to\infty}\left(\frac{c}{d}\right)^n=0 \qquad \blacksquare$$

마지막으로 지수함수들이 다항식 함수보다 더 빠르게 증가한다는 것을 살펴보자.

정리 21.15 다항식 $f(n)=\sum_{i\in E} c_i n^i$이 차수 $d>0$를 가지고 베이스가 $c>1$인 지수 함수 $g(n)=c^n$이 있다고 가정하자. 그렇다면 $f(n)=o(g(n))$을 만족한다.

증명. 계산을 간소화하기 위해 가장 쉬운 경우, 즉 지수 함수 $g(n)$을 정수 차수를 가진 단일항 다항식과 비교할 때를 고려하자. $\ell=\lceil d\rceil$라 하고, n^ℓ과 $g(n)$과 비교할 것이다. d가 정수일 때는 $d=\ell$이고, d가 정수가 아니라면 $d<\lceil d\rceil=\ell$이다. 그러므로 정리 21.11에 따라서 $f(n)=O(n^\ell)$이며 상수 $0\le k<\infty$에 대해 다음 식이 만족한다.

$$\lim_{n\to\infty}\frac{f(n)}{n^\ell}=k$$

다시 정리하면 우리가 원하는 극한식은 다음과 같다.

$$\lim_{n\to\infty}\frac{f(n)}{c^n}=\lim_{n\to\infty}\left(\frac{f(n)}{n^\ell}\cdot\frac{n^\ell}{c^n}\right)$$
$$=k\cdot\lim_{n\to\infty}\frac{n^\ell}{c^n}$$

이제 분모, 분자 모두 ∞에 근접하므로 로피탈 정리를 적용할 수 있다. 분모, 분자를 미분하면,

$$k\cdot\lim_{n\to\infty}\frac{\ell\cdot n^{\ell-1}}{\ln c\cdot c^n}$$

그러나, 만약 $\ell>1$이라면, 분모 분자 모두 여전히 ∞에 근접한다. 따라서 로피탈 정리를 다시 ℓ번 적용하면 위 식은 다음과 같다.

$$k\cdot\lim_{n\to\infty}\frac{\ell!}{(\ln c)^\ell\cdot c^n}=0$$ ■

우리는 이미 지수 시간 복잡도를 갖는 알고리즘의 예시를 몇 가지 살펴보았다. 예를 들어 보자.

- 10장에서는 n 변수를 가진 명제 논리식의 만족 가능성을 판단하는 알고리즘을 다루었다. 이 알고리즘은 조건을 만족하는 논리값의 할당을 찾기 위해 진리표의 모든 행(2^n)을 검사한다. 이 완전탐색 알고리즘의 실행 시간은 $\Theta(2^n)$이다. 만족 가능성은 NP-complete 문제로(111쪽), 현재로서는 지수 시간 이하로 해결할 수 있는 알고리즘이 존재하는지 여부가 알려져 있지 않다.
- 18장에서는 그래프에서 k-착색 가능성을 확인하는 문제(k-colorability)에 대해 논의했다. 그래프의 모든 가능한 k-색상에 대한 무차별 대입은 n개의 정점을 가진 그래프에 대해 $\Theta(k^n)$ 시간이 소요된다. 몇 가지 더 빠른 알고리즘들이 알려져 있지만, $k=2$인 특수한 경우를 제외하면, 그들 또한 지수 시간 복잡도를 갖는다. 참고로, 2-색의 착색 가능한 그래프는 이분 그래프(bipartite)이다(194쪽 참조). 그래프가 2-색상이 가능한지 확인하는 데는 $\Theta(n)$ 시간이 걸린다(그림 21.6 참조). 그러나, $k>2$인 경우, 그래프가 k-착색 가능성 여부를 결정하는 것은 만족 가능성과 마찬가지로 NP-complete이다. 따라서 현재까지 이 문제에 대해 지수 시간보다 빠른 알고리즘이 알려져 있지 않다.

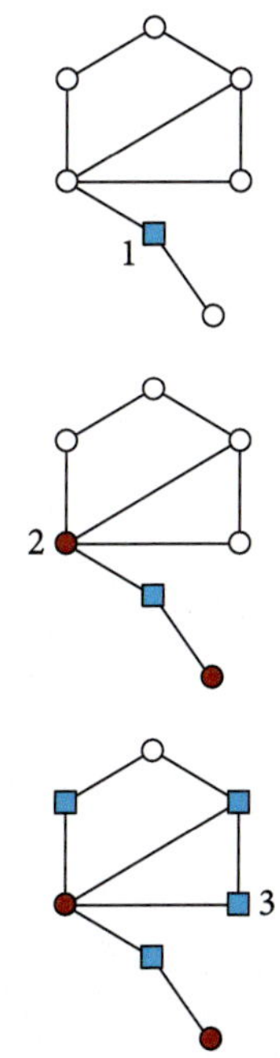

그림 21.6 다항 시간에 2-착색 가능성을 확인하기 위한 알고리즘은 다음과 같다(195쪽 참조). 이분 그래프는 홀수 사이클이 없는 그래프이다. 임의의 정점을 선택하고 파란색으로 칠한다. 해당 정점의 각 이웃을 빨간색으로 칠하고, 모든 정점이 착색되거나 정점이 이웃과 동일한 색상을 가진 경우까지 계속해서 이웃의 색상을 번갈아가며 변경한다. 위의 예에서는 정점 1의 이웃과 정점 2를 착색하고 있지만, 정점 3이 이미 파란색 이웃을 가지고 있기 때문에 중지한다.

*

점근적 표기법은 때로는 특정 함수를 완전히 결정하지 않은 채로 간편하게 나타낼 때 사용된다. 예를 들면 다음과 같다.

- $n^{\Theta(1)}$: n을 어떤 상수만큼 거듭제곱한 것. d차 다항식은 $\Theta(n^d)$이므로 $n^{\Theta(1)}$는 모든 다항식의 집합이다.
- $\Theta(n \lg n)$: 이러한 함수들은 선형 함수와 이차 함수 사이에 있다. 실제로, 선형 함수와 $\Theta(n^{1+\epsilon})$ 사이에 위치한다(이때 $\epsilon > 0$는 매우 작은 임의의 상수).

$$n = o(n \lg n) \text{ 그리고} \tag{21.16}$$

$$n \lg n = o(n^{1+\epsilon}) \tag{21.17}$$

- $c^{O(n \log n)}$: $f(n) = O(n \lg n)$인 어떤 지수 제곱한 상수

이 예에서는 베이스-2인 로그를 사용했지만, 정리 21.12에 따라 베이스가 어떤 수인지는 중요하지 않다.

등식 양쪽에 점근 표기법이 나타나는 경우에는 =(등호)를 ∈으로 해석하는 것을 기억하라. 항상 그렇듯이, 왼쪽의 함수 표시는 특정 함수를 나타내는데, 왼쪽에 점근적 표현이 포함되었다면, 그 특성을 나타내는 구체적인 함수들을 나타내는 것이다. 또, 오른쪽의 점근적 표현은 특정 증가속도를 가진 함수 집합을 나타낸다. 예를 들어, 아래와 같은 표현식의 의미는 다음과 해석할 수 있다.

$$n \log n + O(n) = \Theta(n \log n)$$

위 수식은 참(true)이며, $n \log n$ 함수에 어떤 상수인지 무관하게 n보다 빠르게 증가하는 어떤 함수를 더하더라도 그 증가 속도는 $n \log n$과 동일하다. 그러나 왼쪽과 오른쪽을 바꾸는 것은 의미가 없다. '$\Theta(n \log n) = n \log n + O(n)$' 왜냐하면 특정 함수 $n \log n$은 함수의 집합을 나타내지 않기 때문이다.

이렇게 사용되는 순서 표기법은 다음과 같은 문장을 작성하는 것을 가능하게 한다.

예제 21.18 n개의 정점을 가진 두 그래프가 동형(isomorphic)인지 여부를 결정하는 데 사용되는 현재 알려진 최고의 알고리즘[3](177쪽)은

$$2^{O(\log^c(n))} \text{ 단, 임의의 상수 } c > 0 \tag{21.19}$$

의 시간이 소요된다.

이를 증명하지는 않을 것이며, 다만 이 표현이 무엇을 의미하는지 이해하고, 이전에 알려진 최고의 알고리즘과 비교해 보려고 한다.

풀이. $2^{O(\log^c(n))}$는 2를 $\log^c(n)$보다 빠르게 증가하지 않는 어떤 함수의 지수 제곱을 만든 것이다. 따라서 어떤 상수 k에 대해 위 식의 상한 값으로 새로운 실행 시간 $2^{k \log^c(n)}$으로 정할 수 있다. 이전에 최고의 알고리즘으로 알려진 실행 시간은 $2^{\sqrt{n \log n}}$이었다. 어느 정도 개선이 되었을까?

[3] László Babai, Graph Isomorphism in Quasipolynomial Time, arXiv: 1512.03547 [cs.DS], January 2016.

비교를 위해 극한을 적용하면 다음과 같다.

$$\lim_{n\to\infty} \frac{2^{k\log^c(n)}}{2^{\sqrt{n\log n}}} = \lim_{n\to\infty} 2^{k\log^c(n)-\sqrt{n\log n}} = 0$$

위 식에서 지수가 $-\infty$로 수렴하기 때문이다. 따라서 $2^{k\log^c(n)} = o\left(2^{\sqrt{n\log n}}\right)$이며, 새로운 실행 시간이 점근적으로 더 우수하다. ■

컴퓨터 과학 연구자들에게 현재의 과제는 식 (21.19)에서 c의 값이 1이 되도록 하는 알고리즘을 찾는 것이다. 그렇다면 해당 알고리즘의 실행 시간이 $O(2^{\log n})$가 되며, 이는 다항식 수준의 알고리즘이다(문제 21.6 참조) 실행 시간이 $2^{O(\log^c(n))}$인 경우, 이 알고리즘을 준다항식 시간(quasipolynomial time)에 동작한다고 한다.

⁂

알고리즘 복잡성에 관한 질문을 다르게 해석하여 보자. 이제까지 우리는 어떤 알고리즘이 입력의 크기에 따라 얼마나 많은 시간이 걸릴지를 분석해 왔다. 다른 해석을 위해, 다음과 같은 상황을 고려해 보자. 특정 크기의 문제를 해결할 수 있는 알고리즘이고 이 문제를 풀기 위해 할당된 컴퓨팅 자원과 시간이 있다고 가정하자. 그리고, 더 큰 예산을 받아 더 많은 시간을 쓰거나, 아니면 더 기존의 컴퓨팅 자원보다 빠른 컴퓨터를 사는 것이 기능해졌다면, 최대 해결 가능한 문제의 크기가 얼마나 증가할까? 이 질문을 시간적 여유만을 고려하여 분석해 보자(그림 21.7 참조).

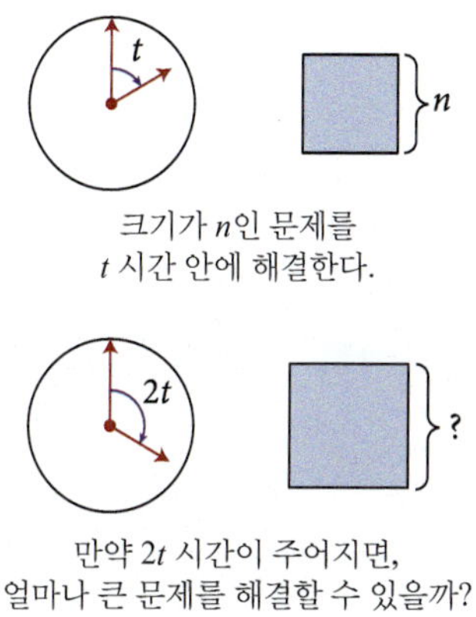

그림 21.7 만약 컴퓨터가 특정 알고리즘을 사용하고 크기 n의 문제를 시간 t에 해결할 수 있다면, 시간 $2t$에 얼마나 더 큰 문제를 해결할 수 있을까? 이는 알고리즘의 실행 시간에 따라 달라진다.

어떤 알고리즘이 크기 n의 문제를 시간 t에 해결할 수 있다고 가정하자. 시간 예산이 $2t$로 증가한 경우, 알고리즘이 처리할 수 있는 입력의 크기는 얼마나 커질까?

알고리즘의 실행 시간이 $t = f(n)$이고, 여기서 n은 입력의 크기이다. 크기 n의 문제를 해결하는 데 걸리는 시간의 두 배인 $2t$로 문제를 해결할 수 있는 크기는 $f^{-1}(2f(n))$이다. 여기서 $2f(n)$은 크기 n의 문제를 해결하는 데 걸리는 시간의 두 배이며, $f^{-1}(2f(n))$은 그보다 큰 시간에 해당하는 문제의 크기이다. 각각의 가능한 실행 시간 함수 f에 대해 커진 문제의 크기는 원래 문제의 크기 n과 어떤 관계일까?

- 가령 $f(n) = \lg n$이라고 가정해 보자. $f^{-1}(t) = 2^t$이고 다음 식이 만족한다.

$$f^{-1}(2f(n)) = 2^{2\lg n} = n^2$$

만약 알고리즘의 시간 복잡도가 로그로 증가한다면, 최대 해결 가능한 문제의 크기는 제곱으로 증가한다.

- 또 다른 예로 $f(n) = n^2$을 살펴보자. $f^{-1}(n) = \sqrt{t}$ 이며,

$$f^{-1}(2f(n)) = \sqrt{2n^2} = \sqrt{2} \cdot n$$

- 두 배의 시간이 주어지면 알고리즘은 원래 크기의 $\sqrt{2}$배 크기의 입력을 처리할 수 있다. 최대 실행 가능한 입력의 크기는 두 배로 증가하지 않고, 상수 배율로 약 41% 정도만 증가한다. f가 어떤 다항식이든, 단지 상수 배율이 다르게 될 뿐 비슷한 결과를 얻을 수 있다.
- 마지막으로 $f(n) = 2^n$이라고 하자. $f^{-1}(t) = \lg t$ 이며

$$f^{-1}(2f(n)) = \lg(2 \cdot 2^n) = n + 1$$

  두 배의 시간으로 주어지면 알고리즘은 원래 크기보다 단 한 개의 추가 입력을 처리할 수 있다. 자원 할당을 두 배로 늘리는 것은 문제의 크기를 곱으로 증가시키지 않고, 단지 덧셈 증가만 일어난다.

마지막 결과를 보면 지수 시간 복잡도의 알고리즘에 대해 절망할 수도 있다. 시간, 자원의 예산이 두 배로 늘리더라도 해결할 수 있는 문제의 크기가 아주 조금 증가할 뿐이다. 만족하지 못하고 문제 크기를 동일한 작은 양만큼 다시 늘리려면 예산을 다시 두 배로 늘려야 할 것이다!

요약

- **런타임**(*runtime*) 함수는 특정 크기의 입력에 대해 알고리즘의 실행 단계에 대해 최악의 상한을 제공한다.
- 시간 복잡도 함수는 항상 음이 아니며, 일반적으로는 **단조**(*monotonic*) 함수이다. 즉, 입력이 커질수록 실행 시간이 길어진다.
- 함수는 비율의 **극한값**(*limit*)을 이용해 비교할 수 있다. 함수의 비율에 극한을 취함으로써 함수 간의 상대적인 증가 정도를 비교할 수 있다. **불확정형**(*indeterminate form*) 계산이 필요가 없을 경우, 합의 극한은 극한의 합이며, 상수로의 곱셈, 상수 거듭 제곱, 뺄셈, 곱셈 및 나눗셈에 대해서도 유사한 규칙이 적용된다. (역자 주) 불확정형이란, 실제 연산을 할 수 없는 예외적인 수식을 말한다. 예를 들면 $\frac{0}{0}$.
- 두 함수가 비슷한 증가율을 가질 때 이를 **근사적 동치**(*asymptotically equivalent*)라 하고 '~'로 나타낸다. 즉,

$$\lim_{n\to\infty} \frac{f(n)}{g(n)} = 1$$

- 실행 시간 분석에서는 함수의 증가 속도, 혹은 차수에 따라 함수를 비교하며, 이는 다음 표기법을 사용한다.

표현식	유추된 의미	이름	$\lim_{n\to\infty} \frac{f(n)}{g(n)}$	해석
$f=o(g)$	$<$	little o	0	f가 g보다 느리게 증가한다.
$f=O(g)$	$\le$	big O	$<\infty$	f가 최대 g 만큼 빠르게 증가한다.
$f=\Omega(g)$	$\ge$	big omega	>0	f가 적어도 g 만큼 빠르게 증가한다.
$f=\omega(g)$	$>$	little omega	∞	f가 g보다 빠르게 증가한다.
$f=\Theta(g)$	$=$	big theta	$c, 0<c<\infty$	f가 g와 같은 속도로 증가한다.

- 여러 함수의 합은 가장 높은 차수를 가진 항과 동일한 차수를 가지며, 따라서 낮은 차수의 항에 대해서는 분석시에 제외할 수 있다.

- 대부분의 실행 시간 분석 함수들은, **로그**(*logarithmic*), **다항식**(*polynomial*), 혹은 **지수**(*exponential*) 함수 중 하나이다. 이 함수들은 다음과 같이 비교할 수 있다.
  - 두 로그 함수는 서로의 크기에 대해 big-Θ이다.
  - 모든 로그 함수는 다항식 함수에 대해서 항상 little-o (big-O)이다.
  - 차수가 동일한 두 다항식 함수는 서로의 big-Θ이다.
  - 낮은 차수의 다항식 함수는 높은 차수의 다항식 함수에 대해서 항상 little-o (big-O)이다.
  - 어떤 다항식 함수도 어떤 지수 함수에 대해서도 little-o (big-O)이다.
  - 더 작은 베이스를 가진 지수 함수는 더 큰 베이스를 가진 다른 지수 함수에 대해서 항상 little-o (big-O)이다.

- 알고리즘 복잡도는 더 많은 시간을 주면 알고리즘이 해결할 수 있는 문제가 얼마나 더 큰지에 관한 용어로도 정의될 수 있다.

문제

21.1 다음 k^n을 계산하는 알고리즘 각각에 대해 점근적 실행 시간은 무엇인가? 여기서 k는 정수이고 $n \ge 1$은 2의 거듭제곱이다.

알고리즘 1	알고리즘 2
1. set $x \leftarrow k$	1. set $x \leftarrow k$
2. set $i \leftarrow 1$	2. set $i \leftarrow 1$
3. While $i<n$	3. While $i<n$
(a) $x \leftarrow k \cdot x$	(a) $x \leftarrow x^2$
(b) $i \leftarrow i+1$	(b) $i \leftarrow 2i$

4. Return x 4. Return x

21.2 $\mathbb{N} \to \mathbb{R}$인 함수 $f(n)$과 $g(n)$에 대해 다음 명제들에 대해 참인지 거짓인지 증명하라.

(a) $f(n) = O(g(n))$이면 $g(n) = O(f(n))$이다.

(b) $f(n) = \omega(g(n))$이면 그리고 그때에만 $g(n) = o(f(n))$이다.

(c) $f(n) = \Theta(g(n))$이면 그리고 그때에만 $f(n) = O(g(n))$이고 $g(n) = O(f(n))$이다.

(d) 모든 증가함수 f에 대해 $f(f(n)) = \omega(f(n))$이다(즉, 모든 n에 대해 $f(n+1) > f(n)$).

(e) 모든 상수 c, d, k에 대해 $\log_c n = \Theta(\log_d(n^k))$이다.

21.3 실행 시간 함수가 단조적이지 않은 알고리즘의 예를 들어라.

21.4 함수의 근사적 동치가 동치 관계임을 증명하라.

21.5 식 (21.16)과 (21.17)을 증명하라.

21.6 $a, b > 0$에 대해서 $a^{\log_b n}$이 다항 함수임을 증명하라. 이 다항식의 차수는 무엇인가?

21.7 다음 식을 증명하라.

$$n \log n \log \log n = \omega(n \log n)$$

이 식에서 네 가지 로그 함수 중 어느 하나에도 기저(base)를 지정할 필요가 없는 이유를 설명하라.

21.8 알고리즘의 실행 시간 $\Theta(n^3)$을 가질 때, 시간 예산을 두 배로 늘린다면 해결 가능한 가장 큰 문제의 크기는 얼마나 증가할까? 더 일반적으로, 실행 시간이 $\Theta(n^d)$인 알고리즘의 실행 시간 한계를 c배로 증가하면 얼마나 큰 문제를 해결할 수 있을까?

21.9 다음 중 어떤 것이 성립하는가? 각 경우에 대해 참인지 거짓인지 증명하라.

(a) $64n + 2^5 = o(3n^4)$

(b) $12 \log_2(n) = o(2 \log_4(n^2))$

(c) $5n = \Omega(6n)$

(d) $2^n n^4 = \Theta(2^n)$

21.10 다음 함수들을 실행 속도 증가 순으로 나열하라. 구체적으로, $f(x) = o(g(x))$인 경우 $f(x)$를 $g(x)$ 앞에 놓아야 한다. 단, 동일한 성장 속도인 경우도 있을텐데, 이를 어떻게 표시하였는지 명시할 것.

(a) 10^x (b) 2^{4x}

(c) 4^{2x} (d) $\exp(x)$, 혹은 e^x

(e) x^{10}

(f) $x!$

(g) x^x

(h) 5

(i) $\log(x)$

(j) $1/x$

(k) x

(l) $\sum_{n=0}^{10} nx^n$

(m) $\sum_{n=0}^{10} n^n$

Chapter

22 카운팅(셈)

수학에서 '카운팅(셈, counting)'은 실제로 하나씩 세지 않고, 일반적인 공식을 활용하여 얼마나 많은 경우의 수가 있는지 알아내는 것을 말한다.

예제 22.1 정육면체 주사위 두 개를 굴렸을 때 두 주사위 숫자의 합이 6이 나올 수 있는 방법은 몇 가지인가(그림 22.1)? 혹은, 임의의 자연수 n에 대해 1보다 크거나 같고, n보다 작은 두 수를 더해 합이 n이 되는 방법은 모두 몇 가지인가?

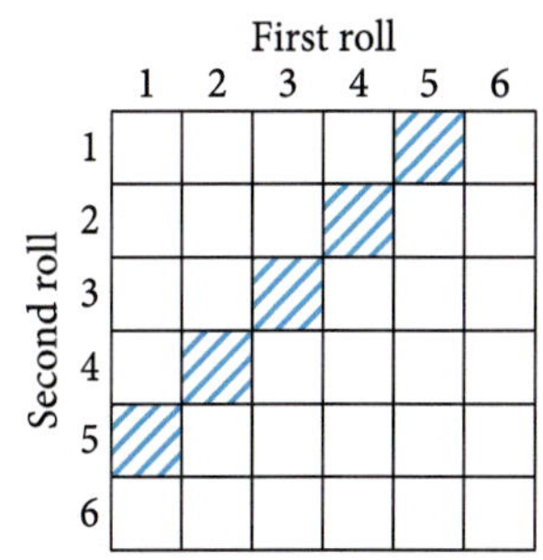

그림 22.1 2개의 주사위를 굴려서 합이 6이 나오는 경우는 몇 가지인가?

풀이. 먼저 첫번째 주사위에 대한 질문에 대답하는 한 가지 방법은 가능한 모든 경우를 열거하는 것이다: $1+5$, $2+4$, $3+3$, $4+2$, $5+1$. 따라서 총 5가지 방법이 있다.

그러나 두번째, 자연수 n에 대한 질문에서는 이렇게 열거하는 방법으로는 대답할 수 없으며, 일반적인 공식을 찾아야 한다. 첫 번째 숫자는 1부터 $n-1$까지 어떤 수도 될 수 있으며, 두 번째 숫자는 첫 번째 숫자를 빼야 하므로 모두 $n-1$ 가지 방법이 있을 것이다. 이것이 일반적인 공식이 될 수 있을까? 첫 번째와 같이 하나씩 나열해서 세는 경우와 비교해 보자. $6-1=5$이며, 우리는 $n=6$일 때 5가지 선택을 찾았으므로 공식이 올바르게 적용되는 것으로 보인다. n이 홀수일 때도 적용될까? $n=3$일 때는 $1+2$와 $2+1$의 두 가지 경우 밖에 없으므로 $n-1=2$가 이 경우에도 올바른 답이 나온다. 의미가 있는 가장 작은 n은 무엇일까? $n=2$인 경우에는 $1+1$로 합 2를 얻는 방법이 단 한 가지뿐이다. ■

카운팅은 컴퓨터 알고리즘을 만들고 분석하는 데 필수적이다. 알고리즘을 디자인할 때, 실행 시간을 계산함에 있어 입력 데이터 크기의 함수로 표현할 수 있어야 한다. 이는 21장에서 논의된 것처럼, 알고리즘이 합리적인 크기의 입력에 대해 실제로 합리적인 시간 내에 동작하는지를 알 수 있도록 하는 것이다. 예를 들어, 정렬 알고리즘을 작성할 때 n개의 항목을 정렬하는 데 필요한 비교의 횟수를 계산할 수 있어야 한다.

반면에 비밀번호를 만들거나 데이터를 암호화할 때는 합리적인 시간 내에 비밀번호를 추측하거나 암호화를 해독할 수 있는 알고리즘이 없도록 하는 것이 중요하다. 예를 들어, 특정 규칙을 따르는 비밀번호의 수가 얼마나 될지? 혹은 새로운 순서로 알파벳을 뒤섞어 메시지를 암호화하는 다양한 방법의 수가 얼마나 있을지? 이런 질문에 대해서는 선택 가능한 모든 입력들을 시도하기에 현실적으로 불가능할 만큼 많을 경우의 수가 있을지 평가할 수 있어야 한다.

이러한 질문들은 집합의 크기에 대한 질문으로 귀결된다. 집합 계산의 기본인 덧셈과 곱셈부터 살펴보자.

정리 22.2 *덧셈 법칙(the sum rule)*. 집합 A와 B가 서로소(disjoint)이면, 그들의 합집합의 크기는 각집합의 크기의 합과 같다.

$$|A \cup B| = |A| + |B|$$

예를 들어, 컴퓨터 과학 수업이 12명의 2학년와 9명의 3학년 학생들로 이루어져 있다면, 전체 학생 수는 $12+9=21$명이다.

반대로 전체 집합과 그의 부분 집합의 크기를 알고 있다면, 집합에는 속하지만 부분 집합에 속하지 않은 요소들의 수를 계산할 수 있다. 예를 들어, 항아리에 100개의 공이 들어있고, 각 공이 빨간색 또는 파란색 중 하나라면, 37개가 빨간색일 때 $100-37=63$개는 파란색 공이다.

정리 22.3 *곱셈 법칙(the product rule)*. 두 집합의 데카르트 곱(Cartesian product)의 크기는 각 집합의 크기의 곱과 같다.

$$|A \times B| = |A| \cdot |B|$$

컴퓨터 과학 수업에서 12명의 2학년와 9명의 3학년 학생들이 있다면, 교수가 발표를 할 2학년 학생 한 명, 3학년 학생 한 명을 선택하는 방법의 경우의 수는 $12 \cdot 9 = 108$가지이다. 또한, 37개의 빨간색 공과 63개의 파란색 공이 들어있는 항아리가 있고, 각각의 공에는 고유한 식별자가 있다면, 빨간색 공 하나와 파란색 공 하나를 선택하는 방법은 $37 \cdot 63 = 2331$가지이다.

이와 유사한 곱셈 법칙을 두 개 이상의 집합에 대한 조합에 대해서도 사용할 수 있다.

예제 22.4 만약 자동차 번호판이 3개의 알파벳 문자와 3개의 숫자로 이루어져야 한다면, 몇 가지의 서로 다른 자동차 번호판을 만들 수 있을까?

풀이. 각각의 세 영문자는 26가지가 가능하며, 각각의 세 숫자는 10가지가 가능하다. 따라서 자동차 번호판의 가지수는 $26^3 \cdot 10^3 = 17{,}576{,}000 = 17{,}576{,}000$개이다. ■

여기서 사용한 것은 일반적인 형태의 곱셈 법칙이다. 이 법칙은 여러 개의 집합의 곱집합의 크기를 찾는 데도 사용할 수 있다.

정리 22.5 *일반적인 곱셈 법칙*. S가 k개의 연속된 사건들이라 가정하자. 연속된 사건의 첫 번째 요소에 대해 n_1가지 선택, 두 번째에 대해 n_2가지 선택, ..., k번째에 대해 n_k가지 선택이 가능하다면, 전체 가능한 총 경우의 수는 아래와 같다.

$$|S| = n_1 \cdot \ldots \cdot n_k$$

이 정리의 특별한 경우는 각 요소에 대해 동일한 선택 수가 있는 경우이다. 예를 들어, 로마 알파벳 {a, ..., z}에서 만들어진 길이가 8인 소문자 문자열의 경우의 수를 세고 싶다면, S는 길이가 8인 수열의 집합이며, 모든 i에 대해 $n_i = 26$이므로 $|S| = 26^8$이다. 일반적으로 정리해 보자.

따름 정리 22.6 글자 개수가 m인 알파벳에서 길이 n의 문자열 수는 m^n이다.

이러한 초기 예시들은 간단하지만, 우리가 세고자 하는 모든 시퀀스의 길이가 같지 않은 경우나, 각 요소의 가능한 선택이 다른 요소의 선택에 따라 변화하는 경우에는 어떻게 카운팅을 해야 할까?

예제 22.7 전화번호가 0, 1 또는 911 시퀀스로 시작할 수 없다면 유효한 7자리 전화번호는 몇 개인가?

풀이. 각 자릿수마다 선택 가능한 숫자를 계산하고 이를 단순히 곱하려고 하면 문제가 발생할 수 있다. 첫 번째 숫자는 2에서 9까지의 어떤 숫자든 될 수 있지만, 그 다음 숫자들은 앞에서 어떤 숫자가 나왔는지에 따라 1이 될 수도 있고 아닐 수도 있다. 따라서 문제를 두 가지 경우로 나누어 풀어보자.

첫째, 0이나 1로 시작하지 않는 모든 번호를 고려해 보자. 여기에 해당하는 번호들의 집합을 P라 하면

$$\begin{aligned} P &= \{d_1d_2d_3d_4d_5d_6d_7 : d_1 \in \{2, \ldots, 9\}, d_i \in \{0, \ldots, 9\} \quad 2 \le i \le 7\} \\ &= \{2, \ldots, 9\} \times \{0, \ldots, 9\}^6 \end{aligned}$$

그러므로, 곱셈 법칙에 따라

$$|P| = 8 \cdot 10^6 = 8000000$$

고려 대상이 되는 모든 유효한 숫자는 P에 들어 있으며, 대부분의 숫자가 유효하다. 단, 911로 시작하는 숫자는 유효하지 않다. 따라서 P의 크기에서 911로 시작하는 일곱 자리 숫자 집합($N \subsetneq P$)을 P에서 빼야 한다.

$$N = \{911d_4d_5d_6d_7 : d_i \in \{0, \ldots, 9\} \quad 4 \le i \le 7\}$$

그리고,

$$|N| = 1^3 \cdot 10^4 = 10000$$

이다. 그러므로, 유효한 모든 전화번호의 숫자는

$$|P| - |N| = 8000000 - 10000 = 7990000$$

이다. ■

또 다른 유용한 기법은 다양한 경우를 분리하지 않고 집합을 명확하지 않은 순서로 차례차례 세 나가는 것이다.

예제 22.8 0으로 시작하지 않고, 중복된 숫자가 없는 네 자리 홀수는 몇 개인가?

풀이. $d_1d_2d_3d_4$ 형태의 숫자 n을 찾아야 한다. n이 홀수이므로 d_4에는 1, 3, 5, 7, 9의 5가지 가능한 숫자가 있다. d_4를 선택하고 나면 d_1에 가능한 숫자는 8개뿐이다(0이나 d_4는 될 수 없다). 그런 다음 남은 8개의 숫자 중에서 d_2를 선택할 수 있고(d_1이나 d_4가 아닌 숫자), 마지막으로 d_3를 선택할 때에는 남은 7개의 숫자 중에서 고를 수 있다(d_1, d_2, 또는 d_4가 아닌 숫자). 따라서 가능한 경우의 수는 $8 \times 8 \times 7 \times 5 = 2240$이다. ■

만약 d_1부터 시작하여 각 자릿수를 순서대로 고려한다면, d_1에 대한 가능한 숫자는 0이 아닌 9개이다. 그 다음 d_2에 대해서는 d_1이 아닌 9개의 숫자, d_3에 대해서는 d_1과 d_2가 아닌 8개의 숫자가 될 것이다. 그러나 그 이후의 계산은 매우 복잡해진다. 남은 숫자들에 대한 d_4의 가능성은 앞서 선택한 숫자들이 짝수인지 홀수인지에 따라 달라진다! 이를 해결하려면, 문제를 여러 경우로 나누고 각각을 개별적으로 고려해야 할 것이다. '앞으로부터 순서대로' 가능한 경우를 세는 방법 대신, 위의 첫번째 해법에서 제안대로 d_4를 먼저 셀 경우, 상당한 양의 복잡한 작업을 절약할 수 있다. 이와 같이 하나의 집합을 세는 데 여러 가지 방법이 있는 경우, 특정 방법이 다른 방법보다 쉬울 수 있다.

카운팅 문제에서는 특정한 계산들을 위해 그 특유의 표기법을 부여하는 상황이 자주 나타난다. 다음의 예를 살펴보자.

예제 22.9 로마 알파벳의 26개 글자를 배열하는 방법은 모두 몇 가지인가?

풀이. 처음에는 26개의 글자 중 하나를 선택할 수 있고, 그 다음에는 25개의 남은 글자 중 한 개를 선택할 수 있다. 이를 계속하여 26번째 선택까지 이어지고 나면 더 이상 선택할 것이 남아있지 않다. 따라서 26개의 글자를 배열하는 방법은 다음과 같다.

$$26 \cdot 25 \cdot 24 \cdot \ldots \cdot 3 \cdot 2 \cdot 1$$

■

이는 **팩토리얼**(*factorial*) 함수의 한 예이다. 231쪽에 정의된 대로, 이는 26!로 표현할 수 있다. 따라서 로마 알파벳의 26개 글자를 배열하는 방법은 26!개의 서로 다른 배열이 있다.

빈 곱셈은 1의 값을 가진다는 것(32쪽 참조) 때문에 $n = 0$인 경우, 처음 n개의 양의 정수의 곱은 1의 값을 갖는다. 즉, $0! = 1$이다. 이는 합리적인 해석이다. 왜냐하면 $(n+1)! = (n+1) \cdot n!$이 모든 $n \geq 0$에 대해 성립하기 때문이다. 여기에는 $n = 0$일 때도 포함된다.

팩토리얼은 계산의 과정에서 매우 자주 나타난다. 특히 한 단계의 원소 선택이 다음 단계에서 선택을 줄이는 **순열**(*permutation*)이라는 집합의 배열을 고려할 때 주로 나타난다. 형식적으로, 집합 S의 순열은 $p : \{0, \ldots, |S| - 1\} \to S$인 전사 함수로, S의 원소들이 순서 $p(0), p(1), \ldots, p(|S| - 1)$로 배열된 것을 나타낸다.

이 목록에는 p가 전사 함수이기 때문에 S의 각 원소가 정확히 한 번씩 나타난다. 예제 22.9는 이러한 아이디어를 일반화한다.

정리 22.10 크기가 n인 집합의 순열 수는 n!이다.

이에 대한 증명은 예제 22.9의 논증과 유사하다.

원소들의 상대적인 순서가 중요하지만, 만약 특정한 시작점이나 끝점이 없다면 어떨까? 예를 들어, 원소들을 선이 아닌 원형으로 배열해야 한다고 가정해 보자. 배열의 방법은 팩토리얼 함수에 대한 공식을 간단히 수정하여 계산할 수 있다.

우선 몇 가지 정의를 살펴보자. 만약 p가 크기가 n인 집합의 순열이라면, p의 **순환 이동**(*rotation*)은 일부 고정된 k에 대해 $0 \leq k < n$인 p'과 같은 순열 중 하나이다.

$$p'(i) = p(i + k \bmod n) \qquad i = 0, \ldots, n-1$$

예를 들어, S가 $\{1, 2, 3, 4\}$이고 p가 순열 3, 2, 1, 4이면, p의 순환 이동은 다음과 같다.

$$\begin{array}{ll} 3, 2, 1, 4 & (k = 0) \\ 2, 1, 4, 3 & (k = 1) \\ 1, 4, 3, 2 & (k = 2) \\ 4, 3, 2, 1 & (k = 3) \end{array}$$

한 순열이 다른 순열의 순환 이동이라면, 두 순열을 서로 **주기적 동치**(*cyclically equivalent*) 관계라고 한다(이것은 사실 동치 관계이다. 문제 22.9 참조). 예를 들어, 그림 22.2(b)는 그림 22.2(a)를 $k = 4$ 위치로 순환 이동한 것과 동일하다.

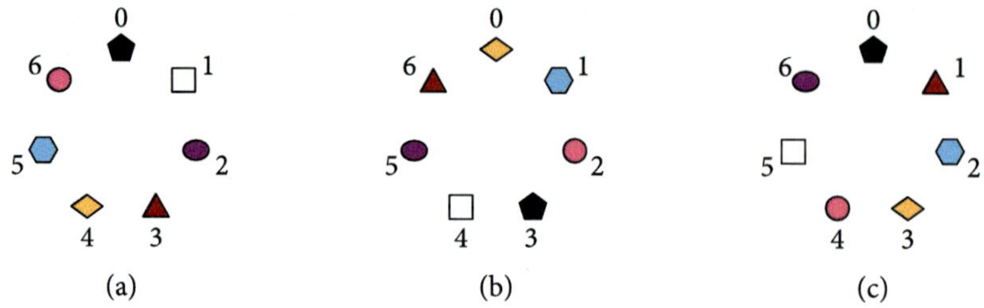

그림 22.2 7가지 다른 색의 순열. 순열 (a)와 (b)는 순환 이동 후에 동일하지만, (c)는 어떤 순환 이동을 통해서도 (a)나 (b)로 변환될 수 없다.

정리 22.11 크기가 n인 집합에서 주기적 동치가 아닌 순열의 수는 $(n-1)!$이다.

증명. n개의 원소는 $n!$가지 방법으로 순열을 이룰 수 있다. 그러나 여기에는 중복된 순환 이동들이 포함되어 있다. 어떤 순열에 대한 n개의 순환 이동(0부터 $n-1$까지의 위치로의 순환 이동)은 모두 동일하게 취급되어야 한다. 따라서 실제 총 순열 수는 다음과 같다.

$$\frac{n!}{n} = (n-1)! \qquad \blacksquare$$

*

알파벳의 배열을 세는 과정에서, 우리는 모든 문자가 다르다는 사실을 감안했다. 그래서 각 단계에서 선택한 문자를 이후 단계에서는 제외시켰다. 그러나 만약 일부 요소가 동일한 경우라면, 즉 반복된 문자가 있는 단어의 순열 수를 찾고 싶다면 어떻게 해야 할까?

예제 22.12 단어 ANAGRAM의 글자를 어떻게 배열할 수 있을까?

풀이. 3개가 있는 A 각각에 대해 서로 다른 색을 지정하여, 배열의 카운팅을 추적하기 쉽도록 해보자.

ANAGRAM

우리가 방금 제시한 배열과 동치인 것으로 간주되는 모든 배열은 다음과 같다.

ANAGRAM

ANAGRAM

ANAGRAM

ANAGRAM

ANAGRAM

마찬가지로 7개 글자의 임의의 배열에 대해, A의 3개 위치를 서로 교환하여도 글자 배열은 변경되지 않는다.

만약 7개의 글자가 모두 다르다면, 글자의 배열은 $7! = 5040$가지일 것이다. 그러나 3개의 동일한 문자 A가 있는 경우, 이 수치는 $3! = 6$만큼 중복되어 계산된다. 따라서 5040을 6으로 나누면, ANAGRAM의 글자를 배열하는 데는 840개의

서로 다른 배열이 있다. ■

동일한 요소가 중복되어 포함된다는, 새로운 개념을 반영하기 위해 몇 개의 새로운 용어가 필요하다. **다중 집합**(*multiset*)은 이와 같이 동일한 요소가 중복되어 들어있다는 것을 의미하며, 순서쌍 $M=\langle S,\mu\rangle$의 형태로 나타낼 수 있다. 여기서 S는 유한한 집합이며, μ는 S에서 $\mathbb{N}$으로 정의된 함수이다. S의 각 요소 x에 대해, $\mu(x)$는 M에서 x의 **중복 횟수**(*multiplicity*), 다른 말로 x의 등장 횟수이다. $M=\langle S,\mu\rangle$의 크기는 S의 구성원들의 중복 횟수의 합이다. 즉,

$$\sum_{x\in S}\mu(x)$$

예를 들어, 단어 ANAGRAM의 글자들은 크기가 7인 다중 집합 $\langle S,\mu\rangle$으로 표현될 수 있다. 여기서

$$\begin{aligned} S&=\{A,G,M,N,R\}\\ \mu(A)&=3\\ \mu(G)&=\mu(M)=\mu(N)=\mu(R)=1 \end{aligned}$$

이제 $M=\langle S,\mu\rangle$가 크기 m인 다중 집합이라고 하자. 그러면 M의 **순열**(*permutation*)은 $\{0,\ldots,m-1\}$에서 S로의 대응 p로 정의된다. 이때 p의 값으로 x가 나타나는 횟수는 M에서 x의 중복 횟수와 같아야 한다. 즉, 모든 $x\in S$에 대해 다음이 성립한다.

$$|\{i:p(i)=x\}|=\mu(x)$$

예를 들어, 단어 ANAGRAM은 다음과 같은 다중 집합의 순열 p이다.

$$\begin{aligned} p(0)&=A\\ p(1)&=N\\ p(2)&=A\\ p(3)&=G\\ p(4)&=R\\ p(5)&=A\\ p(6)&=M \end{aligned}$$

여기서 $p(i)=A$인 i의 값은 $i=0,2,5$로서, 이는 $\mu(A)=3$의 값과 일치한다. 다른 문자들은 모두 중복 횟수가 1이며 $p(i)$의 값은 하나의 i 값에만 해당한다.

정리 22.13 다중 집합 $M=\langle S,\mu\rangle$가 크기 m인 경우, M의 순열 수는 다음과 같다.

$$\frac{m!}{\prod_{x\in S}\mu(x)!} \tag{22.14}$$

이 정리를 증명하기 전에, 예상한 답을 얻을 수 있을지 확인하기 위해 몇 가지 극단적인 경우를 살펴보자. 모든 중복 횟수가 1인 경우, 다중 집합 M의 크기는 $|S|$이며, M의 순열은 단순히 집합 S의 일반적인 순열이다. 분모의 곱셈은 1들의 곱셈이므로 값은 1이다. 따라서 식 (22.14)의 값은 $m!$이며, 이는 정리 22.10의 내용과 일치한다. 다른 극단적인 경우로, 만약 $|S| = 1$이고 S의 단일 요소의 중복 횟수가 m이라면, 식 (22.14)의 분자와 분모는 모두 $m!$이고 이들의 비율은 1이다. 이는 한 가지 원소의 m개 복사본에 대한 단일 배열만이 존재하기 때문에 맞는 결과이다.

증명. 중복도를 갖는 다중 집합 M을 순열하는 대신 집합 M'은 다음과 같다.

$$M' = \bigcup_{x \in S} (\{x\} \times \{1, \ldots, \mu(x)\})$$

ANAGRAM의 글자 다중 집합에 대한 예로, 일반적인 순열을 고려해 보자. M'은 다음과 같이 7개의 구별된 요소를 포함한다.

$$M' = \{\langle A, 1\rangle, \langle A, 2\rangle, \langle A, 3\rangle, \langle G, 1\rangle, \langle M, 1\rangle, \langle N, 1\rangle, \langle R, 1\rangle\}$$

본질적으로 위 순서쌍의 두 번째 구성 요소는 글자의 중복을 구별하기 위해 할당된 색이다. 집합 M'은 m개의 구별된 요소를 포함하므로 M'의 순열은 $m!$이다. 이러한 순열은 두 번째 구성 요소를 무시하여 동등한 클래스로 묶일 수 있다. 즉, 위의 ANAGRAM 예시처럼 색을 무시하면 동일한 것으로 간주되는 6개의 순열이 나타난다. 동등한 클래스의 수는 각 $x \in S$에 대한 $\{x\} \times \{1, \ldots, \mu(x)\}$의 순열 수로 나뉜다. 집합 $\{x\} \times \{1, \ldots, \mu(x)\}$에는 $\mu(x)$개의 구별된 요소가 있으므로 이는 $\mu(x)!$의 순열을 갖는다. 따라서 분모는 각 x에 대한 $\mu(x)!$의 곱이며, 이는 정확히 식 (22.14)이다. ■

요약

- 덧셈 법칙(sum rule)은 두 집합 A와 B가 서로소인 경우에 $|A \cup B| = |A| + |B|$이다.
- 곱셈 법칙(product rule)은 임의의 두 집합 A와 B에 대해 $|A \times B| = |A| \cdot |B|$이다.
- 한 요소의 선택이 다른 요소에 대한 사용 가능한 선택 수에 영향을 주는 경우, 집합을 경우로 나누거나 선택을 '순서 없이 세기'가 도움이 될 수 있다.
- 집합의 **순열**(*permutation*)은 그 요소들의 배열이다. 형식적으로, 이는 전사

함수 $p: \{0, \ldots, |S|-1\} \rightarrow S$이다.

- 크기가 n인 집합은 $n!$('n 팩토리얼')의 순열을 가지며, 여기서 $n!$은 처음 n개의 양의 정수의 곱이다.
- 만약 원소들이 동일한 순서로 나타나지만 각각 다른 원소로 시작한다면, 그것을 **순환 이동**(*rotation*)[또는 **주기적 동치**(*cyclically equivalent*)]이라고 한다.
- 크기가 n인 집합에는 $(n-1)!$개의 주기적 동치가 아닌 순환 이동이 있다.
- **다중 집합**(*multiset*)은 각 요소에 대해 여러 번 발생할 수 있는 원소의 모임을 나타낸다. 형식적으로, 다중 집합 M은 순서쌍 $\langle S, \mu \rangle$이며, 여기서 $\mu(x)$는 S의 각 원소에 대한 **중복**(*multiplicity*) 횟수이다.
- 다중 집합의 순열은 먼저 각 원소를 구별하고, 그런 다음 각 동일한 원소 집합의 순열 수로 나누어 계산할 수 있다. 만약 $M = \langle S, \mu \rangle$가 크기 m이라면, 순열의 수는 다음과 같다.

$$\frac{m!}{\prod_{x \in S} \mu(x)!}$$

문제

22.1 로마 알파벳의 26 글자를 사용하여 메시지를 인코딩하는 다음의 방법들을 고려해 보자.

(a) 간단한 암호화 방법은 시저 암호(caesar cipher)가 있다. 시저 암호는 알파벳을 회전시키는 방식으로 동작한다. 각 글자는 일정한 값 k만큼 뒤에 오는 글자로 대체(substitute)된다. 얼마나 많은 다른 시저 암호가 있을까?

(b) 보다 일반적으로 치환(substitute) 암호는 알파벳의 각 글자를 다른 글자로 대체하는 암호이다. 얼마나 많은 다른 치환 암호가 존재할까? (글자가 자기 자신과 '치환'될 수 있다고 가정하라.[1])

(c) 만약 '단어'가 더 현실적으로 나타나도록 항상 5개의 모음을 모음에, 그리고 21개의 자음을 자음에 매핑하는 치환 암호를 만들고 싶다면, 이 제약을 만족하는 대체 암호 방법 갯수는 몇 개인가?

[1] 만약 모든 글자가 자기 자신을 나타내는 글자 외의 다른 글자로 표현되어야 한다면, 이는 약간 더 어려운 문제로, **교란 순열**(*derangement*)을 세는 문제가 된다. 교란 순열은 원래 위치에 있는 원소가 하나도 없게 만든 순열을 나타낸다.

22.2 (a) 만약 당신이 4개의 셔츠, 3개의 바지, 그리고 5쌍의 양말을 가지고 있다면, 서로 다른 의상을 입을 수 있는 방법은 몇 가지인가?

(b) 만약 2개의 셔츠가 줄무늬이고 1개의 바지가 점이 있는데, 당신은 줄무늬와 점을 함께 입고 싶지 않다면, 가능한 의상은 몇 가지인가?

22.3 (a) 단어 COMPUTER의 글자를 서로 다르게 배열할 수 있는 방법은 몇 가

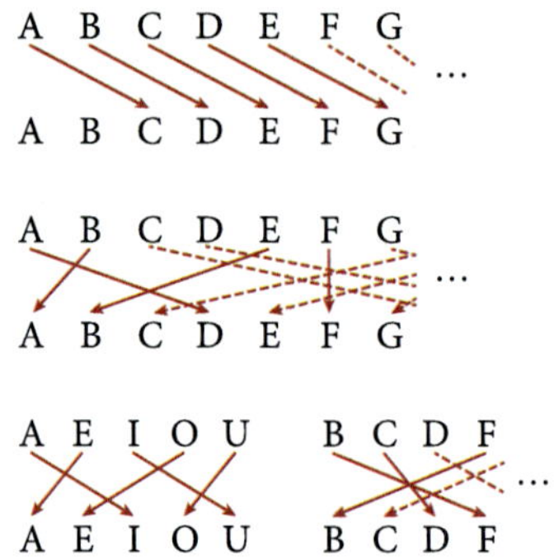

그림 22.3 치환 암호. 상단: 시저 암호. 중단: 일반적인 대치 암호. 하단: 모음을 모음에, 자음을 자음에 매핑하는 치환 암호

C	*D*	*H*	*S*
2	2	2	2
3	3	3	3
4	4	4	4
5	5	5	5
6	6	6	6
7	7	7	7
8	8	8	8
9	9	9	9
10	10	10	10
J	*J*	*J*	*J*
Q	*Q*	*Q*	*Q*
K	*K*	*K*	*K*
A	*A*	*A*	*A*

그림 22.4 표준 카드 덱은 52장의 서로 다른 카드로 이루어져 있으며, 4개의 모양(클럽, 다이아몬드, 하트, 스페이드)으로 나뉜다. 클럽과 스페이드는 흑색이고, 다이아몬드와 하트는 적색이다. 각 모양(수트라고 한다)은 13개의 값으로 이루어져 있다: 2, 3, 4, 5, 6, 7, 8, 9, 10, 얼굴 카드 *J*, *Q*, *K*(잭, 퀸, 킹), 그리고 값이 *A*(에이스)이다.

지인가?

(b) 단어 MISSISSIPPI의 글자를 서로 다르게 배열할 수 있는 방법은 몇 가지인가?

22.4 5개의 열쇠를 열쇠고리에 (원형으로) 배열하는 방법은 몇 가지인가? 힌트: 두 순열이 회전 및/또는 뒤집기를 통해 서로로 변환될 수 있다면, 이 두 순열은 동일한 배열을 나타낸다.

22.5 5가지 다른 색상이 각각 3개씩 모두 15개의 구슬이 들어있는 항아리가 있다. 이제 15개의 구슬을 한 번에 하나씩 모두 꺼낼 때 서로 다른 색상 순서는 몇 가지인가?

22.6 0으로 시작하지 않고, 중복된 숫자가 없는 짝수 네 자리 숫자는 모두 몇 개인가?

22.7 비밀번호를 필요로 하는 서비스들은 사용자가 추측하기 쉬운 비밀번호를 선택하지 못하도록 제약을 가하기도 한다. 26개의 로마 문자(소문자 및 대문자)와 10개의 아라비안 숫자를 사용하는 8자 비밀번호를 요구하는 서비스를 고려해 보자.

(a) 가능한 비밀번호는 몇 개인가?

(b) 숫자를 사용하지 않는 경우, 소문자를 사용하지 않는 경우, 대문자를 사용하지 않는 경우 각각의 비밀번호는 몇 가지인가?

(c) 컴퓨터가 1초에 10억 번의 비밀번호를 추측할 수 있다면, (a)에서 가능한 모든 비밀번호를 추측하는 데 얼마의 시간이 필요한가?

(d) 비밀번호가 소문자만 포함하고, 소문자, 대문자, 숫자를 포함할 수 있는 8자 비밀번호보다 추측하기 어렵게 하려면 비밀번호의 길이는 얼마나 되어야 할까?

22.8 아니샤(Anksha)는 표준 카드 덱에서 무작위로 5장의 카드를 선택한다(그림 22.4 참조). 그녀는 브랜든(Branden)에게 5장 중 4장을 보여주며 한 장씩 순서대로 공개한다. 그랬더니 다음 브랜든은 마지막 카드를 정확하게 추측하였다. 어떻게 이것이 가능했을까? (이는 트릭이나 손의 미술 없이 가능하다!) 힌트: 아니샤는 브랜든이 추측해야 할 5장 중 어떤 것을 선택할지 선택할 수 있다. 그녀는 비둘기집 원리를 사용하여 은닉된 카드의 모양을 선택하고, 그 후에 다시 비둘기집 원리를 사용하여 해당 모양 내의 카드 범위를 선택한다. 아니샤가 공개한 첫 번째 카드는 그 모양과 범위를 나타내며, 다음 3장의 카드는 남은 가능성을 구별한다.

22.9 순열의 주기적 동치가 실제로 집합의 순열에 대한 동치 관계임을 증명하라.

Chapter

23 부분 집합 계산

다섯 가지 서로 다른 색깔의 구슬이 들어 있는 항아리가 하나 있다고 가정하자. 22장에서 보았듯이, 5개 구슬의 순열은 5!이다. 그러나 5개 미만의 구슬이 선택된다면 몇 가지 주문이 가능하겠는가? 예를 들어,

예제 23.1 다섯 가지 서로 다른 색의 구슬이 들어있는 항아리에서 3개의 구슬을 선택하는 경우, 몇 가지 다른 순열이 가능한가?

풀이. 이 문제는 5개 요소의 순열을 선택한 후, 첫 3개 요소 이후의 요소들을 무시하는 것으로 생각할 수 있다. 같은 첫 3개 초기 요소들로 시작하는 5개의 요소로 이루어진 순열은 모두 동등하게 간주된다. 따라서 전체 수열의 수는 동일한 첫 3개의 요소를 공유하는 순열의 수로 반드시 나누어져야만 한다.

만약 첫 3개의 구슬이 고정된다면, 나머지 2개의 구슬에 대한 순열은 2!가지의 선택이 있다. 따라서 항아리에서 선택할 수 있는 3개의 구슬 순열의 수는 $5!/2! = 60$이다. ■

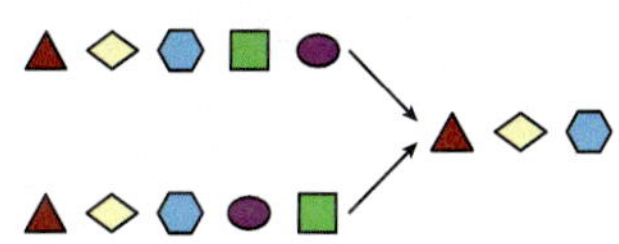

그림 23.1 구슬의 배열. 5개의 구슬 집합의 모든 순열은 동일한 3개의 요소로 이루어진 순열로 시작한다.

순열(*permutation*)이라는 용어는 두 가지 약간 다른 의미로 사용된다. 요소가 고정된 경우 3개 요소의 순열은 단지 6개뿐이다. 그러나 3개 요소를 선택하는 경우 크기가 5인 집합에서는 3개 요소의 부분 집합에 60가지 순열이 있다. 이전 장에서는 크기가 n인 집합의 순열 수를 세었지만, 이제는 크기가 n인 집합에서 뽑힌 크기가 k인 부분 집합의 순열 수를 세고 있다.

k개의 요소를 n 크기의 집합에서 뽑아 만들 수 있는 순열의 수는 ${}_nP_k$로 표시된다. 따라서 ${}_nP_n$은 $n!$이며, 이는 크기가 n인 집합에서 모든 n개의 요소를 선택하고 그들을 임의로 배치하는 방법의 수이다(이것을 하기 위한 방법은 단 하나뿐이다). 그리고 ${}_nP_1$은 n이며, 이는 크기가 n인 집합에서 1개의 요소로 이루어진 모든 부분 집합의 수는 n이고, 각각의 부분 집합에 대해 순열은 하나뿐이기 때문이다.

5개의 구슬로부터 3개의 구슬 순열의 수를 계산하는 우리의 방법은 일반화될 수 있다.

정리 23.2 *부분 집합의 순열.*

$$_nP_k = \frac{n!}{(n-k)!} \tag{23.3}$$

증명. 우리는 길이-n 시퀀스들을 첫 k개의 요소들을 순서대로 가져와서 길이-k 시퀀스로 연결한다. 동일한 길이-k 시작 시퀀스를 가진 어떠한 두 길이-n 시퀀스들은 k개의 요소에 대해 동일한 순열로 연결할 것이기 때문에 나머지 $n-k$ 요소들의 어떠한 순열도 동일한 길이-k 순열을 만들 것이다. ■

$k=n$인 경우, 식 (23.3)은 $\frac{n!}{0!}=n!$이다. $k=1$인 경우, (23.3)은 $\frac{n!}{(n-1)!}=n$이 되어 이미 계산된 값과 일치한다.

*

지금까지 고려한 예제에서는 원소의 순서가 중요했다. 그러나 원소의 순서가 아닌 선택된 원소 집합이 중요한 경우 계산을 어떻게 해야 할까? 다시 말해, 원소를 순서 없이 선택하는 방법의 수를 세는 문제라면 어떻게 해야 할까?

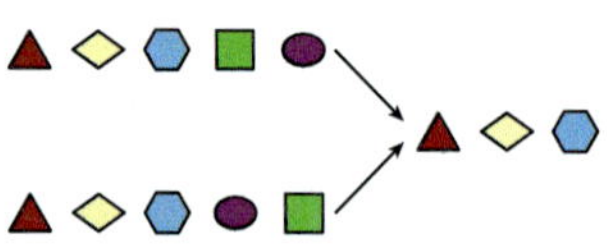

그림 23.2 5개의 구슬 집합에 대해 가능한 4개의 순열이 있으며, 이들 모두는 빨강, 노랑, 파랑의 3-요소 조합에 해당한다. 총 12개의 서로 다른 순열이 이 조합에 해당한다.

예제 23.4 항아리에는 다른 색의 5개의 구슬이 들어 있다. 만약 항아리에서 3개의 구슬을 선택한다면, 얼마나 많은 다른 구슬 세트가 가능한가?

풀이. 5개 중에서 선택된 3개의 구슬에 대한 $_5P_3$ 순열이 있다. 그러나 우리는 그 3개의 구슬의 선택에만 관심이 있으며 그들의 순서는 중요하지 않다. 따라서 $_5P_3$는 3!의 배수를 사용하여 3개의 구슬로 이루어진 서로 다른 세트의 수를 과대 계산한다. 따라서 5에서 선택된 3개의 구슬 세트의 수는

$$\frac{_5P_3}{3!} = \frac{5!}{3!2!} = 10$$

만약 색깔이 파란색, 초록색, 보라색, 빨간색, 그리고 노란색이라면, 10개의 부분 집합은 (색깔 이름을 약어로 표현하면) 다음과 같다.

$$\{B,G,P\},\{B,G,R\},\{B,G,Y\},\{B,P,R\},\{B,P,Y\},$$
$$\{B,R,Y\},\{G,P,R\},\{G,P,Y\},\{G,R,Y\},\{P,R,Y\}$$ ■

집합 S의 n개 원소 중 k개 원소의 **조합**(*combination*)은 집합 S의 크기가 k인 부분 집합이다. n개의 서로 다른 원소로 구성된 집합에서 k개의 원소를 선택하는 조합의 수는 $_nC_k$ 또는

$$\binom{n}{k}$$

그리고 ***n* 초이스 *k***(*n choose k*)로 발음한다.

예제 23.4는 일반화될 수 있다.

정리 23.5 조합.

$$\binom{n}{k} = \frac{n!}{k!(n-k)!}$$

증명. k개의 원소로 이루어진 집합의 순열을 k개의 원소로 이루어진 조합으로 연결하는 방법을 고려하자. 조합은 어떤 순서로든 이루어진 원소들의 집합이기에 주어진 k개의 원소의 모든 순열은 동일한 조합으로 연결된다. k개의 서로 다른 원소로 이루어진 순열의 수는 $k!$이며, 따라서 조합의 수는 ${}_nP_k$를 $k!$로 나눈 결과 값이다.

$$\binom{n}{k} = \frac{{}_nP_k}{k!} = \frac{n!}{k!(n-k)!}$$ ■

이 공식은 대칭적이라는 것에 유의하자. k개의 원소 또는 $n-k$개의 원소를 선택하더라도 동일한 결과를 산출한다.

$$\binom{n}{k} = \frac{n!}{k!(n-k)!} = \frac{n!}{(n-k)!k!} = \binom{n}{n-k} \quad (23.6)$$

대수학을 통하여 연산하지 않고도 $\binom{n}{k}$와 $\binom{n}{n-k}$가 동일하다는 주장을 할 수 있었다. 표현식 $\binom{n}{k}$와 $\binom{n}{n-k}$은 동일한 집합의 크기를 찾기 위한 두 가지 다른 방법을 설명한다. $\binom{n}{k}$는 n개의 원소로 이루어진 집합에서 k개의 원소를 선택하는 방법의 수이며, $\binom{n}{n-k}$는 그 n개의 원소 중 $n-k$개를 선택하지 않는 방법의 수이다.

이러한 추론 방식을 **계수 논법** 또는 **세기 논법**(*counting argument*)이라고 한다. 이는 두 양이 동일한 이유로, 단순히 같은 것을 세는 두 가지 방법일 뿐이라는 것을 보여준다. 계수 논법은 지루한 대수적 조작이 필요한 동치성을 증명할 때 매우 유용할 수 있다. 다음 예에서 계수 논법은 철저한 분석법을 사용하여 합을 분해한다.

예제 23.7 다음을 증명하라.

$$\binom{2n}{n} = \sum_{k=0}^{n} \binom{n}{k}^2$$

풀이. 먼저, $\binom{n}{k} = \binom{n}{n-k}$이기 때문에, 오른쪽 항을 다시 쓸 수 있어서 증명해야 하는 항등식은 다음과 같다.

$$\binom{2n}{n} = \sum_{k=0}^{n} \binom{n}{k}\binom{n}{n-k}$$

이제 계산 인자를 사용할 수 있다. S를 크기가 $2n$인 집합이라고 하자. 그러면 왼쪽 항인 $\binom{2n}{n}$은 S 집합에서 n개의 원소를 선택하는 방법의 수이다.

오른쪽 항은 S를 각각 크기가 n인 두 개의 서로소 집합들 S_1과 S_2으로 나누고, $0 \le k \le n$인 어떤 k가 주어졌을 때, S_1에서 k개의 원소와 S_2에서 $n-k$개의 원소를 골라서, S에서 n개의 원소를 선택하는 방법을 설명한다. 이러한 경우들이 k 값에 서로소이기 때문에, 총합은 $\sum_{k=0}^{n} \binom{n}{k}\binom{n}{n-k}$으로 나타낼 수 있다. 또한, 이 합은 $2n$ 크기의 집합에서 n개의 원소를 선택하는 방법의 수를 나타낸다. ■

정리 23.5는 하나의 집합에서 단일 부분 집합을 선택하는 방법의 수를 제공한다. 그러나 계속해서 나머지 원소들에서 두 번째 부분 집합을 선택하고, 그 다음에는 세 번째 부분 집합을 선택하고, 이어서 그 이후의 부분 집합을 선택하고 싶다고 가정해 보자. 전체 결과는 각 부분 집합을 선택하는 방법의 수를 곱한 결과이다.

예제 23.8 항아리 안에는 1부터 11까지 번호가 매겨진 11개의 구슬이 들어 있다. 이들을 3개의 구슬이 첫 번째 상자에, 4개의 구슬이 두 번째 상자에, 2개의 구슬이 세 번째 상자에, 나머지 2개의 구슬이 네 번째 상자에 넣는 방법은 몇 가지인가?

풀이. 첫 번째 상자에 3개의 구슬을 선택하는 방법은 $\binom{11}{3}$이 있다. 8개의 구슬이 남아 있으므로 두 번째 상자에 4개의 구슬을 선택하는 방법은 $\binom{8}{4}$이다. 그런 다음 4개의 구슬이 남아 있고, 세 번째 상자에 2개의 구슬을 선택하는 방법은 $\binom{4}{2}$이다. 마지막으로 2개의 구슬이 남아 있으며, 이들은 모두 네 번째 상자에 들어가는데 이를 수행하는 방법은 $\binom{2}{2} = 1$뿐이다. 이 네 가지 수의 곱이 전체 결과의 총 개수이다.

$$\binom{11}{3} \cdot \binom{8}{4} \cdot \binom{4}{2} \cdot \binom{2}{2}$$

이를 곱해 나가면, 여러 항들이 서로 약분된다.

$$\begin{aligned} \frac{11!}{3!8!} \cdot \frac{8!}{4!4!} \cdot \frac{4!}{2!2!} \cdot \frac{2!}{2!0!} &= \frac{11!}{3!4!2!2!} \\ &= 69300 \end{aligned}$$

■

분자는 초기 집합 크기의 팩토리얼이고, 분모는 각 부분 집합 크기의 팩토리얼들의 곱이다. 이를 일반적인 용어로 표현하면 다음과 같다.

정리 23.9 S가 n개의 원소를 가진 집합이라고 하고, $k_1, k_2, \ldots, k_m$이 $\sum_{i=1}^{m}$

$k_i = n$인 정수라 하자. 그렇다면, 집합 S를 m개의 라벨이 지정된 서로소 부분 집합으로 나눌 수 있는 방법의 수는 다음과 같다.

$$\frac{n!}{k_1! \cdot k_2! \cdot \ldots \cdot k_m!}$$

증명은 예제 23.8의 논리를 직관적으로 일반화한 것이다.

편의상, 크기가 n인 집합을 크기가 $k_1, k_2, \ldots, k_m$인 서로소 부분 집합으로 분할하는 방법의 수는 다음과 같이 표기한다.

$$\binom{n}{k_1, k_2, \ldots, k_m} = \frac{n!}{k_1! \cdot k_2! \cdot \ldots \cdot k_m!} \tag{23.10}$$

$m = 2$인 경우, 이것은 조합의 공식과 동일하다. 크기가 n인 집합을 크기가 k_1과 k_2인 두 부분으로 나누는 방법의 수는 단순히 n개의 원소 중에서 k_1(또는 k_2)를 선택하는 방법의 수와 동일하다.

$$\binom{n}{k_1, k_2} = \binom{n}{k_1} = \binom{n}{k_2} = \frac{n!}{k_1! \cdot k_2!}$$

표기법을 제외하고는, 식 (23.10)은 정리 22.13의 식 (22.14)와 동일하다. 여기서 식 (22.14)는 다중 집합의 곱셈 $k_1, k_2, \ldots, k_m$으로 이루어진 순열의 수이다. 문제 23.7에서는 이러한 유형의 문제들이 어떻게 서로 관련되는지 탐구한다.

정리 23.9는 집합을 **m개의 라벨**(*m labeled*)이 지정된 부분 집합으로 나누는 방법의 수를 제공한다. 즉, 부분 집합 자체는 순서가 지정되어 있지만 부분 집합 내의 원소는 정렬되어 있지 않다. 예제 23.8은 부분 집합이 정렬되어 있다는 것을 암묵적으로 명시했으며 '첫 번째 상자', '두 번째 상자' 등을 언급했다. 그러나 대신 11개의 구슬을 구별할 수 없는 4개의 상자에 넣고 싶다면 어떻게 되는가?

예를 들어, 예제 23.8에서 다음은 두 가지 다른 결과이다.

$$\{1, 2, 3\}, \{4, 5, 6, 7\}, \{8, 9\}, \{10, 11\};$$
$$\{1, 2, 3\}, \{4, 5, 6, 7\}, \{10, 11\}, \{8, 9\}$$

이러한 결과는 두 번째 행에서 세 번째 상자와 네 번째 상자에 넣은 구슬이 교환되어 있기 때문에 다르다. 이제 상자가 구별되지 않는 경우를 고려해 보자. 따라서 위의 결과는 동일한 것으로 간주된다.

예제 23.11 항아리 안에는 1부터 11까지 번호가 매겨진 11개의 구슬이 들어 있다. 이들을 4개의 구별되지 않은 상자에 배치하는 방법은 몇 가지인가? 1개의 상자에는 3개의 구슬, 1개의 상자에는 4개의 구슬, 그리고 2개의 상자에는 각각 2개의 구슬이 들어 있어야 한다.

풀이. 예시 23.8에서와 같이 각 상자에 대해 구슬을 선택하는 것으로 시작한다.

$$\binom{11}{3}\cdot\binom{8}{4}\cdot\binom{4}{2}\cdot\binom{2}{2}=\frac{11!}{3!4!2!2!}$$

이제 동일한 개수의 구슬을 포함하는 상자는 서로 교환될 수 있다. 따라서 각 상자 크기에 대해 전체를 해당 크기의 상자를 정렬하는 방법의 수로 나눠주어야 한다. 크기가 3인 상자 1개, 크기가 4인 상자 1개, 크기가 2인 상자 2개가 있으므로 1!1!2!로 나누어 최종 결과를 얻는다.

$$\frac{11!}{3!4!2!2!\cdot 1!1!2!}=34650$$

■

다음 정리는 유사한 논리로 증명할 수 있는 일반적인 공식을 제공한다.

정리 23.12 S가 n개의 원소로 이루어진 집합이고, 이를 m개의 서로소 부분 집합으로 나누려고 한다. $K\subseteq\mathbb{N}$이 이러한 부분 집합의 크기를 나타내는 집합이라고 하자(즉, K는 양의 정수로 이루어진 유한한 집합이다). $M=\langle K,\mu\rangle$는 m개의 부분 집합의 크기를 나타내는 m개의 원소로 이루어진 다중 집합이며, 여기서 $\mu(k)$는 크기가 k인 부분 집합의 개수를 나타낸다.

$$m=\sum_{k\in K}\mu(k) \qquad \text{(부분 집합의 수)}$$

$$n=\sum_{k\in K}k\cdot\mu(k) \qquad \text{(요소의 수)}$$

그렇다면 S의 원소를 지정된 대로 서로소 부분 집합으로 나누는 방법의 수는 다음과 같다.

$$\frac{n!}{\prod_{k\in K}\left(\mu(k)!(k!)^{\mu(k)}\right)}$$

예를 들어, 10개의 서로 다른 색상의 구슬을 크기가 각각 5인 2개의 구별되지 않은 상자로 나누는 방법은 $\frac{10!}{2!(5!)^2}=126$ 가지가 있다. (정리 23.12에서 변수들의 값은 $n=10, m=2, K=\{5\}, \mu(5)=2$이다.)

*

순열은 때로 **대체 없는 정렬**(*ordering without replacement*)이라고 불리기도 하는데, 집합 S의 순열은 S에서 원소를 하나씩 제거하고 그들을 뽑은 순서대로 나열한 결과이다. '중복 없이'는 한 번 제거된 요소는 두 번째로 순열에 사용될 수 없다는 것을 의미한다. 마찬가지로, 다중 집합의 순열은 중복 없이 정렬된 것으로 언급된다. (다중 집합 순열에서 원소가 여러 번 나타날 때, 그 이유는 해당 원소의 중복도가 1보다 크기 때문이며 교체된 게 아니다.) 유사하게, 조합은 **대체 없는 선택**(*selection without replacement*)이라고도 할 수 있다. 한 번 선택된 요소는 다시 선택될 수 없지만, 선택된 요소의 순서는 중요하지 않다.

같은 항목을 여러 번 선택할 수 있는 선택을 **중복 조합**(*combination with replacement*)이라고 한다. 교체 포함 조합에 대한 특별한 표기법은 없다. 왜냐하면 어떤 교체 포함 조합이든 교체 없이 조합으로 나타낼 수 있기 때문이다.

예제 23.13 예제 23.4에서와 같이 항아리 안에 파란색, 초록색, 보라색, 빨간색, 노란색의 5개 구슬이 있다고 가정하자. 이제 구슬이 한 번에 하나씩 뽑히고 즉시 다시 넣어지는 상황이다. 구슬이 뽑힐 때마다 그 색상이 계산되며, 각 색상이 몇 번씩 뽑혔는지를 계속 기록하고 있다. 이 과정이 15번 반복되고, 얻어진 뽑힌 횟수가 보고되었다. 가능한 서로 다른 결과의 수는 몇 개인가?

풀이. 결과는 본질적으로 15이고 합이 15인 음이 아닌 정수로 이루어진 5-튜플이며, 각 구성 요소는 특정 색상의 구슬 수를 나타낸다. 첫 번째 구성 요소는 파란색 구슬 수, 두 번째는 초록색 구슬 수, 그리고 이어서 각각의 색상에 대한 구슬 수이다. 총합이 15이므로 이러한 5개의 요소로 된 집합(튜플)은 15개의 텔리 마크(하나의 구슬을 나타내기 위해 '*'를 사용하겠다)와 4개의 분리자(수직 막대기를 사용하겠다)로 표현될 수 있다. 예를 들어, 3개의 파란색, 4개의 초록색, 1개의 보라색, 5개의 빨간색 및 2개의 노란색을 나타내는 결과는 다음과 같이 표시된다.

|*|*|*****|**

모든 결과는 이러한 방식으로 작성할 수 있다. 즉, 19개의 기호로 구성된 배열로 나타낼 수 있다: 15개의 별표는 뽑힌 15개의 구슬을 나타내고, 4개의 수직 구분선은 서로 다른 색상의 구슬이 표시되는 5개의 '버킷'을 나눈다. 그리고 이러한 배열은 정확히 하나의 결과에 해당하며, 각 색상이 몇 번씩 뽑혔는지를 나타낸다. 따라서 음이 아닌 정수의 5-튜플과 15개의 별표와 4개의 수직 막대로 이루어진 배열 간에는 일대일 대응이 있다. 이 표현 방식을 **별과 막대 다이어그램**(*stars and bars diagram*)이라고 한다.

이제 이것은 중복 없는 조합을 세는 문제로 전환되었다. 기호를 넣을 수 있는 장소는 19곳이 있고, 그 중 15곳은 별표를 놓을 장소로 선택해야 하며, 나머지는 4개의 분리자가 채워진다. 그래서 정답은

$$\binom{19}{15} = \frac{19!}{15!4!}$$

물론 대신에 19개 중 4개를 분리자를 놓을 장소로 선택하고, 나머지 자리에는

별표를 놓는다면, 같은 결과가 산출된다. 왜냐하면 식 (23.6)에 의해 $\binom{19}{4}=\binom{19}{15}$이기 때문이다. ■

예제 23.13은 n개의 서로 다른 요소를 선택한 후 다시 원래 위치로 되돌려 놓는 상황을 설명하지만, 같은 논리는 n 종류의 요소와 (실제로는) 각 유형의 요소에 대한 무제한한 공급이 있는 상황에도 적용된다. 이러한 용어에서 예제 23.13을 다시 정의하려면 같은 실험을 할 수 있지만 구슬 대신 5가지 색상 중 하나를 선택하고 15번 반복할 수 있다(따라서 색상이 '유형'이다). 이러한 대체 방식은 선택해야 할 대상이 물리적인 물체가 아닌 경우에 자주 사용된다. 예를 들어, 알파벳의 글자 등이 될 수 있다. n개의 구별된 요소에서 교체로 선택하든지, n 종류의 요소 중에서 선택하든지, 이 문제는 중복 조합 문제이다. 그리고 같은 방식이 두 경우에 대해 동일하게 작동한다. 즉, 별과 막대 다이어그램을 사용하여 문제를 교체를 포함하는 조합에 관한 동치인 문제로 변환한다. 일반화한 결과를 설명하자면,

정리 23.14 n개의 유형의 요소에서 k개의 요소를 선택하는 방법의 수는

$$\binom{k+n-1}{k}$$

증명. 유형을 $t_1, t_2, \ldots, t_n$으로 표시하자. k개의 요소로 이루어진 어떠한 집합이든 k개의 별표와 $n-1$의 구분자로 나타낼 수 있다. 첫 번째 구분자 앞의 별표는 t_1 유형의 요소를 나타내며, i번째와 $(i+1)$번째 구분자 사이의 별표는 t_i 유형의 요소를 나타내며, $(n-1)$번째 구분자 이후의 별표는 t_n 유형의 요소를 나타낸다. 이러한 배열의 수는 k개의 별표를 $k+n-1$개의 가능한 위치 중에서 선택하는 방법의 수이다. 즉, $\binom{k+n-1}{k}$이다. ■

이 값은 때때로 ***n* 다중선택 *k***(*n multichoose k*)로 불리며, 이는 크기가 k인 다중 집합의 수를 나타내기 때문이다. 이 다중 집합은 크기가 n인 기본 집합에서 구성될 수 있다.

❋

지금까지 이 장에서는 n개의 구별된 요소로부터 k개의 요소를 선택하는 문제에 대한 다양한 변형을 고려했다. 약간의 상상력을 가지면 동일한 기술을 n개의 요소가 동일한 경우에도 적용할 수 있다. 이 상황에서 단일 그룹의 요소를 선택하는 것은 그다지 흥미롭지 않다. 왜냐하면 모든 요소가 동일하기 때문에 어떤 k개의 요소의 그룹이든 동일하다. 하지만 대신에 n개의 동일한 요소를 k개의 그룹으로 나누는 방법은 얼마나 많은지를 물어볼 수 있다.

먼저, k개의 그룹이 순서가 있는 경우를 고려하자. 즉, 서로 구별된다. 그룹은 1부터 k까지 번호가 매겨졌다고 가정하자. n개의 동일한 요소를 k개의 라벨이 지정된 그룹에 할당하는 방법의 수를 알고 싶다. 예를 들어, 아마도 n개의 동일한 구슬을 각기 다른 색상의 k개 상자에 넣는 경우이다.

하지만 이것은 정리 23.14의 역할을 뒤바꾼 것일 뿐이다. 이제는 k가 구별되는 유형이며 각 유형은 그룹의 라벨이 되는 반면, n개의 아이템 각각에 대해 한 개의 라벨을 선택해야 한다. 정리 23.14를 k와 n을 바꾸어 적용하자.

따름 정리 23.15 $k \geq 1$인 경우, n개의 동일한 요소를 k개의 구별 가능한 그룹으로 나누는 방법의 수는

$$\binom{n+k-1}{n}$$

이전과 마찬가지로 n개의 동일한 요소를 나타내기 위해 별과 막대 다이어그램을 사용할 수 있다. 이 다이어그램에는 n개의 동일한 요소를 나타내기 위한 별표와 $k-1$개의 분리자가 포함되어 있다. 수량 $\binom{n+k-1}{n}$은 $n+k-1$개의 가능한 위치 중 n개의 위치에 별표를 배치하는 방법의 수이다. 예를 들어, 동일한 시나리오를 나타내기 위해 예제 23.13에서 사용한 다이어그램을 다시 활용할 수 있다. $n=15$개의 동일한 구슬을 $k=5$개의 색(파란색, 초록색, 보라색, 빨간색, 노란색)이 다른 상자에 넣고 싶다고 가정해 보자. 그렇다면, 선택

$$***|****|*|*****|**$$

은 파란색 3개, 초록색 4개, 보라색 1개, 빨간색 5개, 노란색 2개를 나타내며, 이전처럼, $\binom{15+5-1}{15} = \binom{19}{15}$의 가능한 선택의 수가 있다.

n개의 요소를 k개의 그룹으로 그룹화할 때, 제약 조건을 추가할 수 있다. 각 그룹에는 적어도 하나의 요소가 포함되어야 한다. 그렇지 않으면 k개 그룹 중 하나가 비어 있는 경우(두 구분자가 인접한 경우), 사실상 k 대신 $k-1$ 그룹이 있다고 주장될 수 있다. 이 제약 조건은 처음에 k개의 그룹 각각에 1 요소를 할당하고 나머지 $n-k$ 요소를 k개의 그룹에 나누어 주는 방식으로 모델링될 수 있다.

정리 23.16 $1 \leq k \leq n$이고 각 그룹에 적어도 하나의 요소가 있는 경우, n개의 동일한 요소를 k개의 구별 가능한 그룹으로 그룹화하는 방법의 수는

$$\binom{n-1}{n-k}$$

증명. G_1을 각 그룹이 적어도 하나의 요소를 포함하는 n개의 요소를 k개의 그룹으로 그룹화하는 경우의 집합이라 하고, G_2를 $n-k$개의 요소를 k개의 그룹으로

그룹화하는 경우의 집합이라고 하자. 이때 함수 $f: G_1 \to G_2$는 각 그룹에서 하나의 요소를 제거하는 함수로 정의된다. 이 함수는 전사 함수이며, 각 G_2의 구성원은 정확히 하나의 G_1 요소에 대한 f의 값이다. 따라서 G_1과 G_2는 같은 크기이다.

따름 정리 23.15에 의해, G_2로 그룹화하는 수는 다음과 같다.

$$\binom{(n-k)+k-1}{(n-k)} = \binom{n-1}{n-k}$$ ■

*

이제 동일한 n개의 요소와 k 그룹이 구별되지 않는 경우로 돌아가자. 예를 들어, $n = 15$개의 흰 구슬을 $k = 5$개의 상자에 넣는 경우를 생각해 보자. 여기서는 상자가 서로 구별되지 않지만 구슬의 수가 다르면 구별된다. 이 시나리오에서는 별과 막대 다이어그램

$$***|****|*|*****|**$$

은 아래 다이어그램과 동일한 결과를 나타낸다.

$$****|***|**|*****|*$$

이 다이어그램은 아래처럼 작은 상자부터 큰 상자까지 나열하여 표시할 수 있다.

$$*|**|***|****|*****$$

같은 결과를 나타내는 5!개의 다이어그램이 있다. 숫자 집합 {1, 2, 3, 4, 5}. 그러나 모든 결과가 5!에 해당하는 다이어그램을 가지는 것은 아니다. 예를 들어, 아래 다이어그램으로 표현되는 결과는

$$***|***|***|***|***$$

단지 이 하나의 다이어그램만 가진다.

구별되지 않는 요소를 구별되지 않는 상자에 넣는 방법을 계산하는 것은 본질적으로 양의 정수 n을 작은 양의 정수 k개의 합으로 나타내는 문제이다. 여기서 더해지는 k개의 항은 n의 부분 집합이라고 불린다.[1] 만약 우리가 n을 k 부분으로 나누는 방법의 수를 $p_k(n)$으로 표기한다. 예를 들어 보자.

$$\begin{aligned} p_1(2) &= 1 \qquad && (2) \\ p_2(2) &= 1 && (1+1) \\ p_1(3) &= 1 && (3) \\ p_2(3) &= 1 && (1+2) \end{aligned}$$

[1] 불가리아 솔리테어(Bulgarian solitaire)를 다루는 문제 15.8은 실제로는 이러한 분할에 관한 것이었다.

$$
\begin{aligned}
p_3(3) &= 1 && (1+1+1)\\
p_1(4) &= 1 && (4)\\
p_2(4) &= 2 && (1+3, 2+2)\\
p_3(4) &= 1 && (1+1+2)\\
p_4(4) &= 1 && (1+1+1+1)
\end{aligned}
$$

$p_k(n)$에 대한 간단한 공식은 없다. 그러나 이러한 숫자는 문제를 작은 유사한 문제로 분할하여 기본 단계에 도달할 때까지 재귀적으로 계산될 수 있다.

정리 23.17 *정수 분할의 재귀적 계산.*

$$p_k(n) = p_{k-1}(n-1) + p_k(n-k)$$

아래의 기본 단계들과 함께,

$$
\begin{aligned}
p_1(n) &= 1 && \text{모든 } n\text{에 대해}\\
p_n(n) &= 1 && \text{모든 } n\text{에 대해}\\
p_k(n) &= 0 && k > n\text{에 대해}
\end{aligned}
$$

증명. $P_{k,n}$을 n을 k 부분으로 나눈 분할의 집합이라고 하자. (예를 들면, $P_{2,4} = \{1+3, 2+2\}$.) $A \subseteq P_{k,n}$을 적어도 하나의 부분이 1과 같은 경우의 분할의 집합이라고 하자. A의 어떠한 구성원도 $\{1\} \cup A'$으로 쓸 수 있다. 여기서 A'은 $n-1$을 $k-1$ 부분으로 나눈 분할이다. 즉, A'은 $P_{k-1,\,n-1}$의 구성원이다. 크기 1을 가진 부분 하나를 이러한 분할에서 제거하는 함수는 A와 $P_{k-1,\,n-1}$ 사이에서 일대일 대응이다.

$B \subseteq P_k$을 적어도 하나의 부분이 1과 같지 않은 경우의 분할의 집합이라고 하자. 즉, 각각의 k 부분이 1보다 크다. B의 임의의 구성원에 대해 각 부분에서 1을 빼면 $n-k$를 k 부분으로 나눈 분할이 얻어진다. 이러한 분할의 각 부분에서 1을 빼는 함수는 B와 $P_{k,n-k}$ 사이에서 일대일 대응이다.

그렇다면, A와 B는 서로소이며, $P_{k,n}$는 이들의 합집합이다. 그러므로

$$
\begin{aligned}
|P_{k,n}| &= |A| + |B|\\
&= |P_{k-1,n-1}| + |P_{k,n-k}|
\end{aligned}
$$

또는 다른 말로,

$$p_k(n) = p_{k-1}(n-1) + p_k(n-k)$$

기본 단계에 대해, n을 1 부분으로 나누는 유일한 분할은 n 자체이며, n을 n 부분

으로 나누는 유일한 분할은

$$n = \overbrace{1 + \ldots + 1}^{n\text{번 반복된}}$$

n을 n 이상의 부분으로 나누는 분할은 없다. 각 부분은 적어도 1이어야 하기 때문이다. ■

예를 들어, 7을 3 부분으로 나누는 분할을 생각해 보자. 하나 이상의 1들을 포함하는 이러한 세 가지 분할들이 있으며, 이들은 각각 1과 6을 2 부분으로 나눈 분할들로 작성될 수 있다($n-1=6$이고 $k-1=2$).

$$7 = 5 + 1 + 1 = (5 + 1) + 1$$

$$7 = 4 + 2 + 1 = (4 + 2) + 1$$

$$7 = 3 + 3 + 1 = (3 + 3) + 1$$

1들을 포함하지 않는 이러한 분할은 하나뿐이다.

$$7 = 3 + 2 + 2 = (2 + 1 + 1) + 3$$

각 부분에서 1을 빼면 $2+1+1$이 남아 있으며, 이는 4를 3 부분으로 나눈 분할이다($n-k=4$이고 $k=3$).

위에서 나열한 네 가지 7을 3 부분으로 나눈 분할이 유일한 분할임을 확인하기 위해 정리 23.17을 사용할 수 있다.

$$\begin{aligned}
p_3(7) &= p_2(6) + p_3(4) \\
&= p_1(5) + p_2(4) + p_2(3) + p_3(1) \\
&= 1 + p_1(3) + p_2(2) + p_1(2) + p_2(1) + 0 \\
&= 1 + 1 + 1 + 1 + 0 + 0 \\
&= 4
\end{aligned}$$

k와 n이 작을 때는 이 계산이 그리 어렵지 않지만, 기본 단계에 도달할 때까지 각 항이 두 개로 분할되기에, k와 n의 값이 커질수록 산술이 번거로워지며, 중복된 작업이 필요할 수 있다. 문제 23.12에서는 이러한 계산을 더 효율적으로 수행하는 전략을 탐구한다.

정수를 k 부분으로 나누는 것과 가장 큰 부분이 k인 방식으로 정수를 나누는 것 사이에 아름다운 대칭성이 존재한다. 놀랍게도, 두 종류의 분할의 수가 동일하다.

정리 23.18 n을 k 부분으로 나누는 분할의 수는 n을 나눌 때 가장 큰 부분이 k와 같은 분할의 수와 같다.

증명. 그림 23.3에 있는 것과 같은 다이어그램인 **영 다이어그램**(*Young diagrams*)을 고려해 보자. 이 다이어그램은 n개의 상자로 이루어져 있으며, 행은 위에서 아래로 비증가 순서로 정렬되어 있고 각 행은 왼쪽 정렬되어 있다. n을 k 부분으로 나누는 모든 분할은 정확히 하나의 행에 n개의 상자로 이루어진 영 다이어그램에 대응되며, 그 반대도 마찬가지이다. 분할을 다이어그램에 매핑하려면 부분을 가장 큰 것부터 가장 작은 것으로 정렬한 다음, i번째 행의 상자 수가 i번째 부분과 같은 다이어그램을 만든다. 다이어그램에서 분할로 매핑하려면 각 행의 길이와 같은 하나의 부분을 포함하라.

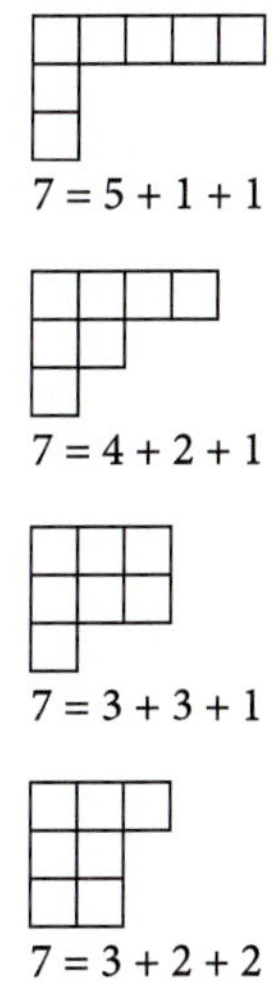

그림 23.3 7을 3개의 부분으로 분할한 4개의 분할을 나타내는 영 다이어그램들

또한, n을 분할할 때 가장 큰 부분이 k인 경우 역시 n개의 상자 k개의 행으로 구성된 정확히 하나의 다이어그램과 대응하며, 그 반대도 마찬가지이다. 분할을 다이어그램으로 매핑하려면 가장 큰 것부터 가장 작은 것까지 순서대로 정렬한 다음 i번째 열의 상자 수가 i번째 부분과 같고, 열이 위쪽 정렬되도록 다이어그램을 구성하라. 이로써 원하는 n 상자의 다이어그램이 생성되며, 그 행은 위에서 아래로 내림차순으로 정렬되며 k행이 있다(가장 왼쪽 열은 k인 가장 큰 부분을 나타낸다). 다이어그램에서 파티션으로 매핑하려면 각 열의 높이와 동일한 하나의 부분을 포함하라.

따라서 n 상자를 가진 k행의 영 다이어그램의 개수는 n을 k 부분으로 나누는 파티션 수와 가장 큰 부분이 k와 동일한 n을 나누는 파티션 수를 모두 세게 된다. 따라서 이러한 횟수는 동일하다. ■

*

이 장에서는 요소 모음에서 하위 그룹을 선택하는 문제에 대한 여러 가지 변형을 다루었다. 중복없는 요소들의 경우 하위 그룹의 크기 (k)와 원본 모음의 크기 (n)을 지정하며, 문제는 주로 두 가지 방법으로 다룬다. 결과가 정렬된 경우와 그렇지 않은 경우, 그리고 중복이 허용되는지 여부이다. 그림 23.4는 $n = 5$이고 $k = 3$인 경우 네 가지 상황을 보여준다. 첫 두 경우에는 선택이 순서대로 이루어지고, 마지막 두 경우에는 순서가 없다. 대체가 첫 번째와 세 번째 경우에 이루어지므로 선택된 구슬 중 일부는 동일한 색일 수 있지만, 두 번째와 네 번째 경우에는 그렇지 않기 때문에 선택된 구슬의 색은 달라야 한다.

그림 23.4 5개의 서로 다른 구슬이 들어 있는 항아리에서 다양한 종류의 선택 방법

몇 가지 변형에 대해서는 여러 하위 그룹이 선택되는 경우를 분석하는 것도 의미가 있었다. 동일한 원소들의 경우 하위 그룹의 수 (k)와 원본 모음의 크기 (n)을 지정하며, 문제는 하위 그룹이 정렬되어 있는지 여부에 따라 달랐다. 우리는 일관되게 항상 항아리에서 구슬을 고르는 예시를 사용했지만, 동일한 기술은 다양한 구체적인 상황에도 적용될 수 있다.

- 서로 다른 요소, 순서 있음, 중복 허용—비록 이 장에서 다음의 설명을 사용하지 않았지만, 이 시나리오는 22장에서 논의되었다. 26개의 문자로 된 알파벳을 사용하는 10자리 암호가 몇 개인가?
- 순열—서로 다른 요소, 순서 있음, 중복 없음: 동점이 발생하지 않는 가정하에 8개의 팀이 참가하는 대회에서 팀의 다양한 순위는 가능한가? 그 중에서도 1, 2, 3등만 고려할 때는 어떻게 되는가? (첫 번째 질문은 전체 집합의 순열에 관한 것이며, 두 번째 질문은 부분 집합 순열에 관한 것이다.)
- 조합—서로 다른 요소, 순서 없음, 중복 없음: 만약 10명의 학생이 학생회 선거에 출마하고 3명이 선출될 수 있다면, 가능한 결과는 몇 개인가?
- 중복 조합—서로 다른 요소, 순서 없음, 중복 허용: 중복 및 순서가 없으나 대체 포함: 3 종류의 피자를 판매하는 가게에서 12개의 피자를 다양한 순서로 주문할 수 있는 방법은 몇 가지인가?
- 동일한 요소, 순서 있음—이것은 별도의 관점으로 구별된 원소, 순서 없음, 대체 포함에 대한 것이다: 가게에 12개의 동일한 플레인 피자가 있고 각 피자는 정확히 3가지 가능한 토핑 중 1개로 덮여야 한다면, 각 토핑이 몇 개의 피자를 받는지를 선택하는 방법은 몇 가지인가?
- 분할—동일한 원소, 순서 없음: 9개의 양의 정수의 합으로 25를 쓸 수 있는 방법은 몇 가지인가? 첫 번째, 두 번째 및 세 번째 장소 수상자에게 $1000 상금을 나누는 방법은 몇 가지인가? 이때 첫 번째 장소는 두 번째 장소 이상의 상금을 받아야 하고, 두 번째 장소는 세 번째 장소 이상의 상금을 받아야 한다.

요약

- k개의 원소를 **대체**(*replacement*)하여 선택하고 n개의 원소로 이루어진 집합에서 나열하는 방법의 수, 또는 n 종류의 원소에서 선택하는 방법의 수는 n^k이다.
- n개의 원소로 이루어진 집합에서 대체 없이 k개의 원소를 나열하는 방법의 수는 ${}_nP_k = \frac{n!}{(n-k)!}$ 이다. 이러한 나열을 **순열**(*permutation*)이라고 한다.
- n개의 원소로 이루어진 집합에서 대체 없이 k개의 원소를 선택하는 방법의 수는 ${}_nC_k = \binom{n}{k} = \frac{n!}{k!(n-k)!}$ 이다. 이러한 선택을 **조합**(*combination*)이라고 한다.
- **계수 논법** 또는 **세기 논법**(*counting argument*)는 동일한 집합을 세는 서로 다른 방법들을 보여줌으로써 두 양이 동일함을 입증한다.
- 크기 n의 집합은 $k_1, k_2, \ldots, k_m$의 크기를 갖는 m개의 서로소 집합으로 나누어진다고 가정하자. 만약 서로소 집합의 순서가 중요하다면 그것을 할 수 있

는 방법의 수는

$$\binom{n}{k_1, k_2, \ldots, k_m} = \frac{n!}{k_1! \cdot k_2! \cdot \ldots \cdot k_m!}$$

만약 서로소 집합의 순서가 중요하지 않다면, 각 크기의 부분 집합을 정렬하는 방법의 수로 나누어라. 각 크기 k가 중복도 $\mu(k)$로 발생하는 경우, 이는

$$\frac{n!}{\prod_{k \in K} \left(\mu(k)! (k!)^{\mu(k)} \right)}$$

- n개의 원소 중에서 대체를 허용하여 k개의 원소를 선택하는 방법의 수는 $\binom{k+n-1}{k}$와 같다. 이러한 선택을 **중복 조합**(*combination with replacement*)이라고 한다. 이러한 선택의 수는 ***n* 다중선택 *k***(*n multichoose k*)라고도 불린다.
- **별과 막대 다이어그램**(*stars and bars diagram*)은 n 종류의 원소에서 대체를 허용하여 k 원소를 선택하는 조합과, k 위치를 별표로 선택(또는 $n-1$을 막대로 선택)하여 $k+n-1$ 위치 중에서 조합을 비교하는 대응 관계를 제안한다.
- n개의 동일한 원소를 k 구별 가능한 그룹들로 나누는 방법의 수는 $\binom{n+k-1}{n}$이다. 각 그룹이 적어도 하나의 원소를 포함해야 하는 경우에는 $\binom{n-1}{n-k}$가 된다.
- n개의 동일한 원소를 k 구별할 수 없는 그룹으로 나누는 것을 n을 k 부분으로 나누는 **분할**(*partition*)이라고 한다. 이러한 파티션의 수는 재귀적으로 계산될 수 있으며, $p_k(n) = p_{k-1}(n-1) + p_k(n-k)$의 등식을 사용하여 계산할 수 있다.
- 값 $p_k(n)$은 n을 k로 하는 가장 큰 부분을 갖는 분할의 수를 세는 데 사용된다.

문제

23.1 항아리에 r개의 빨간 공과 b개의 파란 공이 들어있고, 각각은 고유한 식별자를 가지고 있다고 가정하자. 같은 색상의 두 공으로 이루어진 세트를 선택하는 방법은 몇 가지일까? 그리고 다른 색상의 두 공을 선택하는 경우는 어떨까? 이 두 숫자의 합이 색상을 무시하고 전체에서 두 공을 선택하는 방법의 수와 같음을 보여라.

23.2 n대의 컴퓨터로 이루어진 분산 컴퓨터 네트워크를 고려하자.

(a) 한 대의 컴퓨터가 중앙 컴퓨터로 지정되고 다른 모든 컴퓨터들은 중앙 컴

퓨터에 연결되는 경우에 필요한 연결 수는 얼마인가?

(b) 각 컴퓨터가 모든 다른 컴퓨터에 연결된 경우 필요한 연결 수는 어떻게 되는가?

23.3 영어 알파벳의 26개 문자로 이루어진 모든 5자 문자열 중에서 5개의 서로 다른 문자를 사용하는 비율은 얼마인가?

23.4 컴퓨터 프로그램이 공백 없는 문자열 시퀀스(예: URL)를 가져와 시퀀스를 세그먼트로 나누는 모든 가능한 방법을 테스트하고, 그 후 각 세그먼트를 사전과 비교하여 각각이 단어인지 확인하는 방법으로, 시퀀스 내에 공백을 넣을 수 있는 위치를 찾는다고 가정하자.

(a) 20자로 이루어진 시퀀스가 주어졌을 때, 이를 3개의 비어 있지 않은 세그먼트로 나누는 방법은 모두 몇 가지인가?

(b) n 문자로 이루어진 시퀀스를 어떤 수의 세그먼트로도 나누는 방법은 총 몇 가지인가?

23.5 n개의 라벨이 지정된 정점들로부터 만들 수 있는 서로 다른 무향 그래프의 수는 얼마인가? (동형이면서도 정점 라벨이 다른 경우를 다르게 취급한다고 가정하자.)

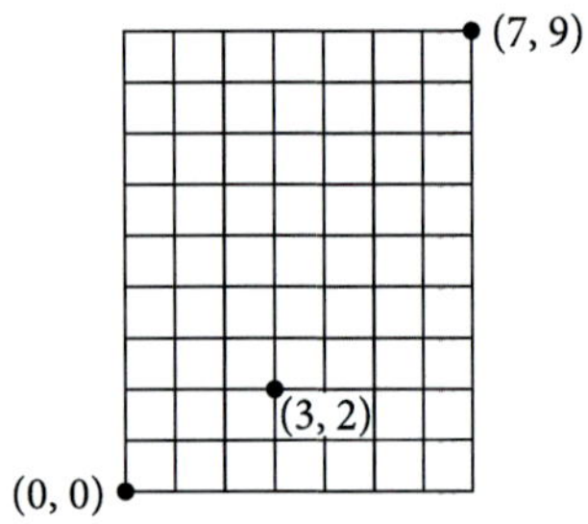

그림 23.5 격자 내의 경로

23.6 7개의 단위로 너비가, 9개의 단위로 높이가 있는 그리드를 고려하자(그림 23.5). 단조 경로는 (0, 0) 지점(왼쪽 아래 모퉁이)에서 시작하여 오른쪽이나 위쪽으로만 이동하여 (7, 9) 지점(오른쪽 위 모퉁이)까지 이동하는 경로를 말한다.

(a) 몇 가지 다른 단조 경로가 가능한가?

(b) 점 (3, 2)를 지나는 그러한 경로는 몇 개인가?

23.7 이 문제에서는 다중 집합의 순열과 집합이 여러 부분 집합으로 나뉘는 조합 사이의 연결을 탐구하고자 한다.

(a) 문자 ABBCCC의 순열은 모두 몇 가지인가?

(b) 6개의 구슬이 있고 1부터 6까지의 정수로 라벨이 지정되어 있으며, 그리고 A, B 및 C로 라벨이 지정된 3개의 상자가 있다고 가정해 보자. 1개의 구슬이 상자 A에, 2개의 구슬이 상자 B에, 그리고 3개의 구슬이 상자 C에 들어갈 때, 이를 배열할 수 있는 방법은 모두 몇 가지인가?

(c) 문제 (a)의 ABBCCC의 순열과 문제 (b)의 상자 A, B, C에 1부터 6까지의 구슬을 배열하는 경우 간의 전달 함수(bijection)를 설명하라. 힌트: 그림 23.6을 참조하라.

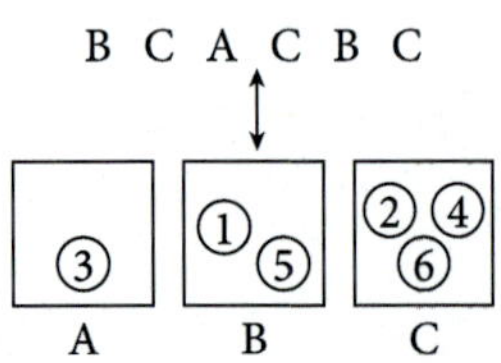

그림 23.6 문자의 순열과 구슬의 조합 사이에 전달 함수를 만들 수 있다. 위의 이미지는 이를 자연스러운 방식으로 수행하는 방법을 제시한다.

23.8 다음을 증명하기 위해 계산 인자를 사용하라.

(a)

$$\sum_{k=0}^{n} \binom{n}{k} = 2^n$$

(b)

$$\sum_{k=1}^{n} \binom{n}{k} \cdot k = n2^{n-1}$$

힌트: 크기가 n인 그룹으로부터 적어도 1명의 사람으로 구성된 위원회를 선택하는 방법의 수를 고려하라. 1명의 위원이 그 위원회의 리더로 지정되어야 한다.

23.9 스크래블(Scrabble) 단어 게임에서 플레이어들은 턴을 마칠 때 방금 사용한 타일을 교체하기 위해 문자 타일을 선택한다. 플레이어가 A, A, B, C, D, E, F로 표시된 7개의 타일에서 4개의 문자 타일을 선택한다고 가정해 보자.

(a) 문자 선택의 경우의 수는 얼마인가?

(b) 7개의 문자 중 4개로 만들 수 있는 서로 다른 '단어'의 수는 얼마인가?

23.10 27명의 학생이 축구를 하기로 했다고 가정하자.

(a) 학생들이 연습할 수 있는 세 가지 다른 경기장이 있다. 27명의 선수를 3개의 팀으로 나누어 3개의 경기장에 배정하는 서로 다른 방법은 몇 가지인가?

(b) 27명의 선수를 3개의 팀으로 9명씩 나누어 어떤 팀이 어느 경기장에 있는지 고려하지 않고 배정하는 방법은 몇 가지인가?

(c) 27명의 선수를 3개의 팀으로 9명씩 나누고 각 팀이 자신의 선수 중 1명을 주장으로 선택하는 방법은 몇 가지인가?

(d) 세 팀 중 하나가 다른 학교의 팀과 10경기를 치르고 시즌을 7승 3패로 마쳤다고 가정하자. 이 결과를 이끈 서로 다른 승리와 패배의 순서는 몇 가지인가?

23.11 플레잉 카드의 표준 덱을 고려해 보자(258쪽에서 설명한 내용에 따라).

(a) 이러한 덱에서 (52장의 구별되는 카드가 있는) 5장의 카드로 구성된 손(집합)은 몇 가지인가?

(b) 포커에서, 5장의 카드로 이루어진 손이 하나의 값에 해당하는 카드 두 장과 다른 값에 해당하는 카드 세 장을 포함하면 이를 **풀 하우스**(*full house*)라고 한다(예: 두 개의 5와 세 개의 9). 풀 하우스인 5장의 손은 몇 가지인가?

(c) 훨씬 더 흔한 포커 손은 투 페어이다. 한 값의 두 카드, 다른 값의 두 카드, 그리고 세 번째 값의 한 카드로 이루어져 있다(예: 두 개의 5, 두 개의 9 및 하나의 k). 투 페어인 5장의 손은 몇 가지인가?

23.12 270쪽에서 우리는 재귀적인 정의로 단일 값 $p_k(n)$을 계산하는 것이 많은 단계를 필요로 할 수 있음을 언급했다. 각 항이 재귀적으로 계산되어야만 하는 두 개의 항으로 분할되고, 중복된 계산을 요구할 수 있기 때문이다.[2]

[2] 문제 23.12에서는 중복되는 하위 문제의 관점에서 정의될 수 있는 문제에 유용한 알고리즘 전략인 **동적 프로그래밍**(*dynamic programming*)의 두 가지 형태를 설명한다. 목표보다 작은 모든 값을 계산하는 아래에서 위로 진행하는 첫 번째 방법은 **타뷸레이션**(*tabulation*)이라고 불린다. 두 번째 방법은 위에서 아래로 진행하고 필요한 작은 값을 계산하는데, **메모이제이션**(*memoization*)이라고 불린다.

(a) 만약 우리가 단순히 하나의 $p_k(n)$가 아니라 일부 최댓값 k 및 n에 대한 모든 $p_k(n)$를 찾고자 한다면, 각각을 계산하기 위해 단일 덧셈만 필요한 더 효율적인 방법이 있다. 이는 기본 단계로부터 시작하고 작은 경우에서 큰 경우로 이동하여 결과를 테이블로 기록하는 방식으로 이루어지며, 이렇게 함으로써 $p_k(n)$을 계산할 때 테이블에 이미 $p_{k-1}(n-1)$ 및 $p_k(n-k)$ 값이 준비되어 있다.

다음 표를 완성하여 $1 \leq k, n \leq 10$인 경우의 $p_k(n)$ 값으로 채우라. 각 행은 왼쪽에서 오른쪽으로, 각 열은 위에서 아래로 진행하며 채워 나가라. 기본 단계는 이미 채워져 있다.

k \ n	1	2	3	4	5	6	7	8	9	10
1	1	1	1	1	1	1	1	1	1	1
2	0	1								
3	0	0	1							
4	0	0	0	1						
5	0	0	0	0	1					
6	0	0	0	0	0	1				
7	0	0	0	0	0	0	1			
8	0	0	0	0	0	0	0	1		
9	0	0	0	0	0	0	0	0	1	
10	0	0	0	0	0	0	0	0	0	1

(b) 단일 값 $p_k(n)$ 찾기 위해서는 중간 결과를 표에 기록하는 것이 여전히 유용하지만 모든 셀을 채울 필요는 없다. $p_5(10)$을 찾으려면 다음과 같이 진행하라. 먼저 해당 셀을 동그라미로 둘러싸라. 그런 다음 $p_5(10)$을 계산하는 데 사용되는 값이 있는 두 개의 셀을 동그라미로 둘러싸라. 새롭게 동그라미로 둘러싼 각 셀에 대해 그것이 의존하는 두 개의 셀을 동그라미로 둘러싸고, 기본 단계에 도달할 때까지 반복하라. 마지막으로 위에서 아래로, 왼쪽에서 오른쪽으로 진행하면서 동그라미로 둘러싼 셀만 채워넣어 $p_5(10)$에 도달하라.

k \ n	1	2	3	4	5	6	7	8	9	10
1	1	1	1	1	1	1	1	1	1	1
2	0	1								
3	0	0	1							
4	0	0	0	1						
5	0	0	0	0	1					

23.13 모든 부분이 1 또는 2와 같은 값으로 이루어진 n의 파티션은 몇 가지인가?

23.14 세 아이에게 10개의 동일한 구슬이 주어졌다. 이를 그들 사이에 나눠야 한다.

(a) 10개의 구슬을 3명의 아이들 사이에 나눌 수 있는 방법은 몇 가지인가?

(b) 각 아이가 적어도 1개의 구슬을 받아야 하는 경우, 10개의 구슬을 3명의 아이들 사이에 나눌 수 있는 방법은 몇 가지인가?

(c) 각 아이가 적어도 1개의 구슬을 받아야 하며, 가장 나이 많은 아이가 가장 큰 분배를(또는 두 가장 큰 값이 동일한 경우 두 가장 큰 분배 중 하나를), 두 번째로 나이 많은 아이가 다음으로 큰 분배를(또는 두 값이 동일한 경우 두 번째로 큰 분배 중 하나를), 그리고 가장 어린 아이가 남은 마지막 분배를 받아야 하는 경우, 10개의 구슬을 나눌 수 있는 방법은 몇 가지인가? 힌트: 문제 23.12에서 설명한 전략 중 하나를 사용하라.

(d) 만약 아이가 구슬을 받지 않을 수 있고, 가장 나이 많은 아이가 가장 큰 분배를(또는 두 가장 큰 값이 동일한 경우 두 가장 큰 분배 중 하나를), 두 번째로 나이 많은 아이가 다음으로 큰 분배를(또는 두 값이 동일한 경우 두 번째로 큰 분배 중 하나를), 그리고 가장 어린 아이가 남은 마지막 분배를 받아야 하는 경우, 10개의 구슬을 나눌 수 있는 방법은 몇 가지인가? 힌트: 이를 3, 2 또는 1개의 더미로 나누는 것으로 간주하고, 문제 23.12에서 설명한 전략 중 하나를 사용하라.

23.15 12명의 사람들을 3개의 4인 그룹 또는 4개의 3인 그룹으로 나누는 방법 중 어느 쪽이 더 많은가?

Chapter

24 급수

급수(series)는 유사한 항들의 합 또는 때로는 유사한 항들의 곱으로 이루어진 것이다. 유한 및 무한 급수는 컴퓨터 과학에서 자주 다루어진다. 예를 들어, 짧은 코드 조각이 루프의 본문으로 여러 번 실행되며 각 반복에서 특정 변수들의 값이 변경될 때를 가정해 보자. 계산에서 중요한 누적 파라미터—예를 들어 실행 시간 또는 메모리 사용량과 같은 것—들은 종종 항들의 합으로 표현될 수 있으며, 각 항은 급수에서 다른 항과 특정한 대수적 유사성을 가질 수 있다. 또 다른 예로, 어떤 양이 예측 가능한 속도로 시간이 지남에 따라 증가 또는 감소하는 경우, 급수는 주어진 시간 이후의 총량을 표현할 수 있다.

구체적인 예를 살펴보기 위해, 왕과 체스를 최초로 발명한 사람에 관한 전설에 대해서 고려해 보자.

예제 24.1 체스를 최초로 발명한 사람은 왕에게 체스판의 첫 번째 칸에는 밀 한 알을 놓고, 두 번째 칸에는 두 알, 세 번째 칸에는 네 알을 놓는 방식으로, 각 칸에 이전 칸보다 두 배의 밀을 놓는 것을 제안하였다. 게임 대신, 64개 칸의 체스판이 모두 덮였을 때 왕은 체스를 최초로 발명한 사람에게 체스판의 모든 밀을 주기로 합의한다. 그렇다면 왕은 그 사람에게 얼마나 많은 밀을 줘야 할까?

풀이. 이 예는 지수적으로 커지는 예[1]이다. n번째 칸에 있는 밀알의 수는 2^n이며, 첫 번째 칸은 0으로 번호가 매겨져 있으므로 $2^0 = 1$개의 밀알이 들어 있다. 마지막 칸에 있는 밀알의 수는 2^{63}개이며, 이는 전 세계의 연간 밀 생산량의 수백 배에 해당한다.

그러나 체스를 발명한 사람에게 지급해야 하는 것은 마지막 칸에 있는 밀뿐만 아니라 전체 체스판에 있는 모든 밀이다. 만약 우리가 다음과 같이 정의하면

$$S_n = \sum_{i=0}^{n} 2^i$$

발명가에게 지급해야 하는 밀의 양은 S_{63}이다. 2^n이 합의 마지막 항이므로 S_n은 분명히 수식 $S_n = \Omega(2^n)$이다. 그러나 S_n은 정확히 얼마일까?

[1] '지수적으로 커지는'이라는 표현은 '아주 빨리 커지는'과 동의어로 흔히 사용된다. 몇십 번의 반복 동안 지수적 속도로 계속적으로 커지는 예도 있다(예: 전염병 및 무어 법칙). 그러나 어떤 것이 지수적으로 커지는 것은 물리적 우주를 고갈시키는 결과가 나타날 때까지 수백 세대 이상 계속될 수 없다. 어쨌든, 지수적으로 커지는 것처럼 보이는 것이 실제로는 어떤 저차 다항식으로 적절하게 설명되는 속도로 커지는 것이 될 수 있다.

이 문제는 이미 해결한 바 있으며, 답은 27쪽의 식 (3.6)에서 제공된다. 우리는 몇 가지 예제를 풀어 보고 가설을 세운 다음 수학적 귀납법으로 증명하여 이 답을 얻었으므로 이 과정을 다시 살펴보자. 처음 몇 가지 값은 다음과 같다.

$$S_0 = 1$$
$$S_1 = 3$$
$$S_2 = 7$$
$$S_3 = 15$$

이 값들을 보고 다음 가설을 세웠다.

$$\sum_{i=0}^{n} 2^i = 2^{n+1} - 1 \tag{24.2}$$

이제 이 가설이 맞는지 확인해 보자. $n = 0$인 경우,

$$2^{n+1} - 1 = 2^1 - 1 = 2 - 1 = 1 = S_0$$

이므로 이 가설은 초기(기본) 단계에서 성립한다. 그리고, 만약 $S_n = 2^{n+1} - 1$이라면,

$$\begin{aligned} S_{n+1} &= S_n + 2^{n+1} && (S_n\text{의 정의에 의해}) \\ &= 2^{n+1} - 1 + 2^{n+1} && (\text{수학적 귀납법의 가설에 의해}) \\ &= 2^{n+2} - 1 && (2^{n+1} + 2^{n+1} = 2^{n+2}\text{이므로}) \end{aligned}$$

따라서, 식 (24.2)는 더 큰 n값에 대해서도 동작하며, 모든 n에 대해 성립한다.

이 방법에는 아무 문제가 없지만, 예제를 해결하고 가설을 세우는 대신에 식 (24.2)를 훨씬 직접적으로 도출하는 방법이 있다.

$$1 + 2 + 4 + \cdots + 2^{n+1} = 1 + 2 \cdot (1 + 2 + \cdots + 2^n)$$

이므로 다음과 같이 쓸 수 있다.

$$\begin{aligned} S_{n+1} &= \sum_{i=0}^{n+1} 2^i \\ &= 1 + 2\sum_{i=0}^{n} 2^i \\ &= 1 + 2S_n \end{aligned}$$

반면에, 우리는 합계 S_{n+1}의 가장 큰 항을 분리해 볼 수 있으며, $S_{n+1} = 2^{n+1} + S_n$으로 볼 수 있다. 이 두 가지 S_{n+1}을 표현하는 방법을 합치면 다음과 같다.

$$1 + 2S_n = 2^{n+1} + S_n$$

그리고 이 간단한 선형 방정식을 S_n에 대해 풀면, $S_n = 2^{n+1} - 1$을 직접적으로 얻게 된다. ■

한 번 전체 급수에 어떤 계수를 곱하고 해당 계수를 급수의 항들에 분배하는 아이디어를 이해하면 식 (24.2)에서 유용한 결과를 여러 개 유도할 수 있다. 예를 들어, 2의 **음**(*negative*)의 거듭제곱 합을 찾고 싶다면,

$$1 + \frac{1}{2} + \frac{1}{4} + \frac{1}{8} + \ldots + \frac{1}{2^n} = \sum_{i=0}^{n} 2^{-i} \tag{24.3}$$

와 같이 구할 수 있다. 즉, 식 (24.2)를 2^n으로 나누면 된다.

$$\sum_{i=0}^{n} 2^i = 2^{n+1} - 1 \quad (\text{즉}, 2^n\text{으로 나눈다})$$

$$\sum_{i=0}^{n} 2^{i-n} = 2 - 2^{-n}$$

왼쪽의 합은 $\sum_{i=0}^{n} 2^{-i}$ 와 같이 역순으로 더한 것이다. 그래서

$$\sum_{i=0}^{n} 2^{-i} = 2 - 2^{-n} \tag{24.4}$$

더 많은 항을 추가하면 합 $\sum_{i=0}^{n} 2^{-i}$는 2에 더 가까워진다. 그리고 결국 무한대로 가면 합은 정확히 2가 된다.[2]

$$\sum_{i=0}^{\infty} 2^{-i} = 2 \tag{24.5}$$

식 (24.2), (24.4) 및 (24.5)를 유도하기 위해 사용된 방법들은 연속 항들의 비율이 1이 아닌 임의의 고정 숫자인 유사한 합을 처리하는 데 일반화될 수 있다. (만약 비율이 1이라면 모든 항이 동일하며 값 t를 가진다. 그리고 n개 항의 합은 단순히 nt이다.) 이러한 급수를 **등비 급수**(*geometric series*)라고 한다. 즉, 그것은 다음과 같은 형태를 가진다.

$$\sum_{i=0}^{n} q^i \quad \text{또는} \quad \sum_{i=0}^{\infty} q^i \tag{24.6}$$

따라서 q는 항들 간의 비율이다. $q \in \mathbb{R}$가 1이 아닌 임의의 실수인 경우, $S_{q,n} = \sum_{i=0}^{n} q^i$을 계산하려면

[2] 이 방정식 역시 다음과 같은 전설 속의 역사가 있다. 제노(Zeno)는 어떤 사람이 여행해야 할 거리를 계속해서 2로 나눠가며 각 단계에서 그 거리를 나눠가는 상상을 하고 이 여행은 결코 끝나지 않을 것이라고 주장한다. 왜냐하면 그 사람은 무한한 반복을 해야 하기 때문이다. 이러한 역설은 수렴 합을 사용하여 해결된다. 만약 그 사람이 일정한 속도로 움직이고 있다면, 예를 들어, 초당 1피트를 움직인다면, 각 단계마다 이전 단계보다 절반만큼 시간이 걸리며, 2피트를 여행하는 데 걸리는 시간은 정확히 2초이다.

$$\begin{aligned} qS_{q,n} &= q\sum_{i=0}^{n} q^i \\ &= \sum_{i=1}^{n+1} q^i \\ &= \left(\sum_{i=0}^{n} q^i\right) + q^{n+1} - 1 \\ &= S_{q,n} + q^{n+1} - 1 \end{aligned}$$

그리고 $S_{q,n}$에 대해서 풀면, 그 결과는

$$\sum_{i=0}^{n} q^i = \frac{q^{n+1}-1}{q-1} \tag{24.7}$$

만일 $|q|<1$이면, $n\to\infty$로 갈 때 $q^{n+1}\to 0$, 그래서

$$\sum_{i=0}^{\infty} q^i = \lim_{n\to\infty} \frac{q^{n+1}-1}{q-1} = \frac{1}{1-q} \tag{24.8}$$

식 (24.5)는 $q=\frac{1}{2}$일 때 식 (24.8)과 일치한다.

무한한 합을 유한한 연산 횟수로 표현하는 공식, 즉 식 (24.8)의 오른쪽 부분과 같은 공식을 급수의 **닫힌 형태**(*closed form*)라고 한다.

$n\to\infty$로 갈 때 유한한 값으로 수렴하는 급수, 즉 $|q|<1$일 때 식 (24.7)과 같은 수식을 **수렴 급수**(*convergent series*)라고 하며, $n\to\infty$로 갈 때 모든 고정된 유한한 값을 초과하는 합계, 예를 들어 $|q|>1$인 경우에 식 (24.7)과 같은 수식을 **발산 급수**(*divergent series*)라고 한다.

*

식 (24.8)과 같은 합은 일반적으로 해석학에서 **테일러 급수**(*Taylor series*)의 예로 유도된다. 테일러 급수는 다양한 종류의 함수에 대한 급수 전개 형태로 표현된다. 약간의 미적분학 지식을 통해 우리는 비슷한 합들에 대하여 유용한 닫힌 형태 표현들을 얻을 수 있다.

식 (24.8)로 시작하여 변수 x에 대한 함수로 표현해 보자.

$$\frac{1}{1-x} = \sum_{i=0}^{\infty} x^i \tag{24.9}$$

만약 $x=\frac{1}{2}$을 대입하면 값 2를 얻을 수 있다. 그러나 우리가 원하는 것이 식 (24.5)의 합이 아니라면,

$$1+\frac{1}{2^2}+\frac{1}{2^4}+\cdots=\sum_{i=0}^{\infty}2^{-2i} \tag{24.10}$$

우리는 이전 장들에서 했던 것처럼 이동, 곱셈 및 재배열을 시도해 볼 수 있다. 하지만, 식 (24.9)는 또 다른 아이디어를 떠올리게 한다. 만약 식 (24.9)에서 x 대신 x^2를 대입한다면 다음과 같은 식을 얻을 수 있다.

$$\frac{1}{1-x^2}=\sum_{i=0}^{\infty}x^{2i} \tag{24.11}$$

식 (24.11)에 $x=\frac{1}{2}$로 설정하면 식 (24.10)의 값이 $\frac{4}{3}$가 된다.

더욱 대담하게 시도해 보자. 우리가 다음과 같은 것을 계산해야 한다고 가정하자.

$$\frac{0}{2^0}+\frac{1}{2^1}+\frac{2}{2^2}+\frac{3}{2^3}+\ldots=\sum_{i=0}^{\infty}i\cdot 2^{-i} \tag{24.12}$$

이 급수가 수렴한다는 것은 확실하지 않지만 계속 진행해 보자.

우리는 먼저 2의 음의 거듭제곱을 변수 x의 거듭제곱으로 대체하고, 이 급수의 값에 이름을 다음과 같이 주어지도록 한다.

$$F(x)=\sum_{i=0}^{\infty}i\cdot x^i \tag{24.13}$$

여기에 하나의 트릭(trick)이 있다. 우리가 식 (24.9)를 더하면, $\frac{1}{1-x}$의 급수는 식 (24.13)과 매우 비슷한 것이 나오고 지수만 1만큼 차이가 난다.

$$\begin{aligned}
F(x)+\frac{1}{1-x} &= \sum_{i=0}^{\infty}(i+1)\cdot x^i \\
&= \frac{1}{x}\cdot\sum_{i=0}^{\infty}(i+1)\cdot x^{i+1} \quad (x^i=\tfrac{x^{i+1}}{x}\text{이기 때문에}) \\
&= \frac{1}{x}\cdot\sum_{i=1}^{\infty}i\cdot x^i \quad (\text{인덱스 } i\text{를 1만큼 올려서 이동하면}) \\
&= \frac{1}{x}\cdot\sum_{i=0}^{\infty}i\cdot x^i \quad (0\cdot x^0=0\text{이기 때문에}) \\
&= \frac{1}{x}\cdot F(x)
\end{aligned}$$

식 $F(x)$에 대한 해를 구하면 다음과 같은 답이 나온다.

$$F(x) = \frac{x}{(1-x)^2} \tag{24.14}$$

그래서 우리가 찾고자 했던 값 $F(\frac{1}{2})$는 2와 같다.

식 (24.13)과 같은 함수를 **생성 함수**(*generating function*) 또는 **형식적 멱급수**(*formal power series*)라고 한다. 아이디어는 참인 x의 값에 대한 모든 질문을 피하고, 대신 끝까지 대수적으로 조작한 후에 마지막으로 특정 x값만 대입하는 것이다. 미적분학을 공부한 학생들은 테일러 급수가 수렴하는 값의 범위에 엄격하다고 배웠기 때문에 생성 함수를 다루는 것에 대해서 이상하게 느껴질 것이다. 하지만 생성 함수는 매우 유용한 결과를 주기 때문에 마음껏 사용해도 좋다.

수렴하는 등비급수는 계수의 분모가 고정된 파라미터의 연속적인 거듭제곱임을 보고 쉽게 알 수 있다. 또 다른 수렴하는 급수는 **지수 급수**(*exponential series*)이다.

$$e^x = \sum_{i=0}^{\infty} \frac{x^i}{i!} = 1 + \frac{x^1}{1!} + \frac{x^2}{2!} + \frac{x^3}{3!} + \dots \tag{24.15}$$

이 급수의 개별 항들을 살펴보자. 여기서 x를 고정된 값으로, i를 변수로 생각한다. 두 연속 항들의 비율의 절댓값은 다음과 같다.

$$\left| \frac{x^{i+1}}{(i+1)!} \Big/ \frac{x^i}{i!} \right| = \left| \frac{x}{i+1} \right|$$

이 값은 i가 증가함에 따라 0으로 수렴하는 경향이 있다. 결과로, 식 (24.15)는 원하는 정밀도에 따라 e^x의 값을 계산하는 실용적인 방법을 알려준다. 따라서 $c^x = e^{x \ln c}$이므로 임의의 상수 c에 대해 c^x를 근사화하려면 원하는 정밀도를 달성하기 위하여 필요한 만큼의 급수의 항들을 추가하면 된다. (이러한 계산을 어떻게 가장 잘 수행할지는 이 책의 범위를 벗어나고 응용 수학의 범위에 해당한다.)

생성 함수로 간주할 때, 급수[식 (24.15)]는 다음과 같은 합들을 계산할 수 있다.

$$\sum_{i=0}^{\infty} \frac{1}{i!} = e^1 = e,$$

$$\sum_{i=0}^{\infty} \frac{2^i}{i!} = e^2,$$

$$\sum_{i=0}^{\infty} \frac{1}{2^i \cdot i!} = e^{1/2} = \sqrt{e}$$

*

생성 함수는 이전의 예제들처럼 수렴 급수의 합과 같은 닫힌 형태들을 찾는 데 사용될 수 있다. 때로는 다른 방향으로 진행하는 것이 유용할 수도 있다. 수열 a_0, $a_1, \ldots$가 주어졌을 때 무한 합에 대한 생성 함수를 찾는 것이다.

$$\sum_{i=0}^{\infty} a_i x^i$$

우리는 이러한 합을 이전에 **형식적 멱급수**(*formal power series*)라고 언급했다. 그 이유는 이것이 무한 합을 계산하기 위해 특정 x값으로 대입하는 것이 아니라, 생성 함수 자체를 조작하여 계수들을 계산하는 데 도움을 주는 것이기 때문이다.

예를 들어, 23장에서 소개한 정수의 자연수 분할을 고려해 보자. 우리는 거기에서 $p_k(n)$을 n을 k개의 부분으로 나누는 분할한 개수로 정의한다. 이제

$$p(n) = n\text{을 분할한 개수} = \sum_{k=1}^{n} p_k(n)$$

n	$p(n)$
1	1
2	2
3	3
4	5
5	7
6	11
7	15
8	22
9	30
10	42

그림 24.1 $p(n)$의 값들, $1 \le n \le 10$에 대하여 n을 분할한 개수

$p(n)$의 최초 몇 가지 값들은 그림 24.1에 나와 있다. $p(n)$에 대한 간단한 공식은 없지만, $p(n)$의 값들을 계수로 생성하는 간단한 생성 함수가 있다.

정리 24.16 *정수의 분할에 대한 생성 함수.*

$$\sum_{n=1}^{\infty} p(n)x^n = \prod_{i=1}^{\infty} \frac{1}{1-x^i}$$

증명. x^n 항의 계수로 $p(n)$을 얻기 위해, x^n을 x^{ij} 항들의 곱으로 표현할 것이다. 여기서 i는 n을 분할한 것 중 하나의 부분이고 j는 분할한 것에서 그 부분이 나타나는 횟수이다. 급수에서 x^n의 계수는 n을 서로 다른 방법으로 분할하는 방법의 개수가 될 것이다.

다음과 같은 무한 합의 무한 곱에 대해서 고려해 보자.

$$(x^0 + x^1 + x^2 + x^3 + \ldots) \cdot (x^0 + x^2 + x^4 + x^6 + \ldots)$$
$$\cdot (x^0 + x^3 + x^6 + x^9 + \ldots) \cdot \ldots$$
$$= \prod_{i=1}^{\infty} \left(\sum_{j=0}^{\infty} x^{ij} \right)$$
$$= \prod_{i=1}^{\infty} \frac{1}{1-x^i} \tag{24.17}$$

마지막 등호는 식 (24.9) 버전이고 식 $\sum_{j=0}^{\infty} z^j = \frac{1}{1-z}$ 와 같이 다시 적을 수 있다. x^i를 z로 치환하면 우리는 식 $\sum_{j=0}^{\infty} x^{ij} = \frac{1}{1-x^i}$ 를 얻을 수 있다.

만약 이 곱셈식 $\prod_{i=1}^{\infty} \frac{1}{1-x^i}$ 를 전개하면, x^n 항의 계수는 각 인수에서 하나의 항을 선택하는 방법의 횟수가 된다.

$$(x^0 + x^i + x^{2i} + x^{3i} + \ldots)$$

그래서 선택된 모든 항의 지수들을 합쳐 n이 되도록 하는 것이다. 항들의 곱이 지수 n이 되기 위해서는, 그 항들 중 무한한 항을 제외한 나머지 유한한 항들은 대부분은 x^0이어야 한다. 따라서 항들의 곱이 x^n인 어떤 항들을 선택하더라도 0이 아닌 지수를 가진 마지막 항 다음에 오는 모든 x^0 항을 생략하여 유한한 곱으로 표시할 수 있다. 예를 들어, 지수들을 합쳐 34가 되도록 하는 항들을 선택하는 한 가지 방법은 다음과 같다.

$$\begin{aligned} x^{34} &= x^{1\cdot 0} \cdot x^{2\cdot 2} \cdot x^{3\cdot 1} \cdot x^{4\cdot 2} \cdot x^{5\cdot 1} \cdot x^{6\cdot 0} \cdot x^{7\cdot 2} \cdot x^{8\cdot 0} \cdot x^{9\cdot 0} \cdot \ldots \\ &= x^0 \cdot x^4 \cdot x^3 \cdot x^8 \cdot x^5 \cdot x^0 \cdot x^{14} \qquad (24.18) \end{aligned}$$

이러한 항들의 선택들은 각각이 n의 분할에 해당한다. i번째 인수에서 j번째 항이 선택되면 해당 분할에서 정수 i가 j번 발생한다. 식 (24.18)은 분할이 $34 = 2+2+3+4+4+5+7+7$에 해당하는 경우이다. 그러므로 식 (24.17)은 n을 임의의 분할로 나누는 방법의 개수에 대한 생성 함수이다. ■

물론 무한한 합의 무한한 곱을 전개해서 어떤 것을 계산할 수는 없다. 문제 24.13에서는 식 (24.17)을 $p(n)$을 계산하는 유한한 과정으로 바꾸는 방법에 대해서 알아보자.

우리는 식 (24.17)을 수정하여 n을 k개의 부분으로 분할하는 방법의 개수에 대한 생성 함수를 얻을 수 있으며, 정리 23.18을 사용하여 n을 k개의 부분으로 나누는 방법의 개수는 n을 분할하는 개수와 같은데 여기서 가장 큰 부분이 k와 같아야 한다.

정리 24.19 어떤 고정된 k에 대하여

$$\sum_{n=1}^{\infty} p_k(n) x^n = x^k \prod_{i=1}^{k} \frac{1}{1-x^i}$$

증명. 식 (24.17)의 i번째 인수로부터 선택한 항은 해당 분할에서 동일한 i가 있는 개수이기 때문에 오직 k번째 인수까지의 곱을 취하면 다음과 같은 수식이 되는데,

$$\prod_{i=1}^{k} \frac{1}{1-x^i} \tag{24.20}$$

이 식은 n의 가장 큰 부분이 최대 k인 부분으로 나누는 방법의 개수에 대한 생성 함수이다. 그러나 이것이 정확히 우리가 원하는 것은 아니다. 왜냐하면 해당 횟수에서는 k와 같은 부분이 0인 부분도 포함되어 있기 때문이다.

하나의 부분이 실제로 k와 같은 값을 가질 수 있도록 보장하려면, 가장 큰 부분이 최대 k인 $n-k$인 분할 개수를 대신 계산해야 한다. 각각의 그러한 $n-k$의 분할은 가장 큰 부분이 k와 동일한 n의 단 하나의 분할에 해당한다. 식 (24.20)에서 x^{n-k}의 계수가 바로 우리가 원하는 값이다. 따라서 최대 부분이 k와 같은 분할의 개수를 나타내는 생성 함수에 대해 우리는 x^n의 계수가 식 (24.20)의 x^{n-k}의 계수와 같은 급수를 원한다. 전체 함수 식 (24.20)에 x^k를 곱하는 것은 각 계수를 오른쪽으로 k만큼 옮기는 효과를 가진다. 그래서

$$x^k \prod_{i=1}^{k} \frac{1}{1-x^i} \tag{24.21}$$

는 최대 부분이 k와 같은 n의 분할 개수에 대한 생성 함수이며, 따라서(정리 23.18에 의해) n을 정확히 k개의 부분으로 나누는 방법의 개수가 된다. ■

*

알고리즘 분석시에 자주 만나는 급수는 다음과 같다.

$$F_k(n) = \sum_{i=1}^{n} i^k \tag{24.22}$$

여기서 k는 고정된 정수이다. 예를 들어, $F_1(n)$은 최초 n개의 양의 정수의 합이다. 이것은 예를 들어 다음과 같은 중첩된 루프를 실행하는 데 필요한 시간을 측정할 수 있다.

1. for $i \leftarrow 1, \ldots n$
   (a) for $j \leftarrow 1, \ldots i$
      (i) (아래 코드 영어: 일정한 시간 t가 걸리는 코드)

이러한 루프는 정렬 알고리즘에서 발생할 수 있으며, 예를 들어 238쪽에 설명된 삽입 정렬 알고리즘에서 발생할 수 있다. 바깥쪽 루프는 n번 실행되며, i번째 반복에서 안쪽 루프는 i번 실행된다. 각 실행마다 소요되는 시간은 t이다. 따라서 프로그램 전체 소요 시간은 다음과 같다.

$$\sum_{i=0}^{n}(i \cdot t) = \left(\sum_{i=1}^{n} i\right) \cdot t$$

t는 n과 함께 변화하지 않는 상수이므로, 이 중첩 루프에 대한 소요 시간은 $F_1(n)$에 비례한다. 여기서, t는 비례 상수 안으로 사라진다.

$F_1(n)$은 다음과 같이 익숙한 형태로 표현된다.

$$F_1(n) = \sum_{i=1}^{n} i = \frac{n \cdot (n+1)}{2}$$

만약, 당신이 이 공식을 잊어버린 경우, 이를 다시 구성하는 것이 가능하며, 하나의 복사본(카피)을 오름차순으로 하나, 다른 복사본을 내림차순으로 하나씩 두 번 더하는 것으로 가능하다.

$$\begin{aligned} 2F_1(n) &= \sum_{i=1}^{n} i + \sum_{i=1}^{n}(n+1-i) \\ &= \sum_{i=1}^{n}(i+n+1-i) \\ &= \sum_{i=1}^{n}(n+1) \\ &= n \cdot (n+1) \end{aligned}$$

그래서 $F_1(n)$은 이 양의 절반이다.

유사하게, 가장 안쪽에 본체(body)가 일정한 삼중 중첩 루프의 실행시간은 $F_2(n)$에 비례한다. $k>1$인 경우 $F_k(n)$에 대한 정확한 표현도 있지만, 알고리즘 분석의 목적으로는 일반적으로 $k \geq 0$이면 충분하다.

$$F_k(n) = \Theta(n^{k+1}) \tag{24.23}$$

알고리즘의 실행 시간은 식 (24.23)에 암시된 곱셈 상수 및 저차항의 정확한 값 외에도 다른 많은 상수 및 덧셈 요소에 영향을 받는다. 따라서 여기서는 지수가 정확하다는 것만을 보이려고 한다. 우리는 식 (24.23)에서 상한과 하한을 각각 설정하여 증명할 수 있다.

- $F_k(n) = O(n^{k+1})$, 그 이유는 각 i에 대하여 $i^k \leq n^k$이고 $1<i<n$이기 때문이다. 그래서

$$\sum_{i=1}^{n} i^k \leq n \cdot n^k = n^{k+1}$$

- $F_k(n) = \Omega(n^{k+1})$임을 알기 위해서, 항들이 단조 증가(strictly increasing)함을 기억하자. $1 \leq i < n$인 모든 i에 대해서 $i^k < (i+1)^k$이다. 절반의 항들에 대해서도 고려해 보자. n이 짝수이면 $\left(\frac{n}{2}\right)^k$ 이고 n이 홀수이면 $\left(\frac{n+1}{2}\right)^k$ 이다. 이 항의 값은 적어도 $2^{-k} \cdot n^k$이다. 그리고 적어도 같거나 더 큰 값을 갖는 $\frac{n}{2}$개의 항들이 있다. 모든 항들의 합은 식 $\Omega(n \cdot n^k)$이다. 그래서 식 $\Omega(n^{k+1})$이다.

❋

k가 음수일 때 합[식 (24.22)]에 대해서 무엇을 말할 수 있을까? 예를 들어,

$$F_{-2}(n) = \sum_{i=1}^{n} i^{-2} = 1 + \frac{1}{4} + \frac{1}{9} + \ldots + \frac{1}{n^2}$$

이러한 합들은 수학에서 빛나는 역사를 가지고 있다. 그것은 각각의 $k \leq -2$인 경우에 대해, $n \to \infty$에 따라서 이 합이 1과 2 사이의 값으로 수렴한다는 것을 보여주는 것으로 충분하다.[3] 분명히 각 합은 최소 1 이상이며, $k < \ell$이면 $F_{-k}(n) > F_{-\ell}(n)$이므로, $F_{-2}(n)$이 최대 2인 값으로 수렴한다는 것을 보여주는 것으로 충분하다. 이것을 확인하기 위해 만약 $i > 1$이면 다음 수식이 성립한다는 것을 기억하자.

$$\frac{1}{i^2} < \frac{1}{i \cdot (i-1)} = \frac{1}{i-1} - \frac{1}{i}$$

그러면

$$\begin{aligned} F_{-2}(n) &= \sum_{i=1}^{n} \frac{1}{i^2} \\ &= 1 + \sum_{i=2}^{n} \frac{1}{i^2} \\ &< 1 + \sum_{i=2}^{n} \left(\frac{1}{i-1} - \frac{1}{i} \right) \\ &= 2 - \frac{1}{n} \end{aligned}$$

각 음의 항은 마지막을 제외하고 다음 양의 항에 의해 상쇄되므로 다음과 같은 수식이 된다.

❋

[3] 우리가 $\lim_{n \to \infty} F_{-k}(n)$이라고 부르는 값은 수학에서 $\zeta(k)$로 알려진 값이다. 1734년에 오일러(Euler)는 $\zeta(2)$의 닫힌 형태를 찾았는데, 수학자들이 거의 백년 동안 이 질문에 답하려고 노력했다. 놀랍게도 이 값은 $\frac{\pi^2}{6}$ 또는 약 1.644934이다.

우리는 $F_k(n)$이 모든 $k \geq 0$에 대해 발산한다는 것을 입증한다[물론, $F_0(n)$은 그냥 n이다]. 그리고 $k \leq -2$인 모든 경우에 대해 정확한 값은 k에 따라서 달라지지만 $F_k(n)$이 1과 2 사이의 수로 수렴한다. 이로써 아래 수식과 같이 일반적으로 n번째 조화수(harmonic number), H_n이라고 더 알려진 $F_1(n)$에 대한 질문이 여전히 남는다.

$$H_n = \sum_{i=1}^{n} \frac{1}{i} = 1 + \frac{1}{2} + \frac{1}{3} + \frac{1}{4} + \ldots + \frac{1}{n} \tag{24.24}$$

이것은 **조화 급수**(*harmonic series*)라고 알려져 있다. 이것이 발산인가?

이것은 $n \to \infty$에 따라서 $H_n \to \infty$이고 발산한다. 이를 보는 한 가지 방법 중의 하나는 다음과 같이 항들을 그룹화하여 생성된 서로소인 집합들을 고려하는 것이다.

$$\frac{1}{2^\ell + 1} \text{ to } \frac{1}{2^{\ell+1}}$$

각각의 정수 $\ell \geq 0$에 대해 그렇다. 이러한 항들의 집합은 2^ℓ개의 항들을 포함하며, 그룹 내의 각 항은 $\frac{1}{2^{\ell+1}}$과 같거나 더 크다. 따라서 모든 항들을 합산하면, 그 합은 적어도 수식 $\frac{2^\ell}{2^{\ell+1}} = \frac{1}{2}$ 이상이다.

$$1 + \overbrace{\frac{1}{2}}^{=\frac{1}{2}} + \overbrace{\frac{1}{3} + \frac{1}{4}}^{>\frac{1}{2}} + \overbrace{\frac{1}{5} + \frac{1}{6} + \frac{1}{7} + \frac{1}{8}}^{>\frac{1}{2}} + \ldots \tag{24.25}$$

따라서 $\frac{1}{2^\ell}$를 포함하여 그 이하의 항목들은 적어도 $1 + \frac{\ell}{2}$ 이상의 수로 합산된다. 즉,

$$H_{2^\ell} \geq 1 + \frac{\ell}{2}$$

그래서 H_n의 값은 $n \to \infty$로 갈 때 어떠한 한계값을 초과한다.

하지만, 조화 급수의 부분 합은 아주 느리게 증가한다. 왜냐하면,

$$\frac{d}{dx} \ln x = \frac{1}{x}$$

이 성립하기 때문이다. 합 H_n은 자연 로그로 근사할 수 있다. 사실,

$$\ln n \leq H_n \leq \ln(n+1) \tag{24.26}$$

이다. 조화 급수의 발산에 대한 대단한 응용 중 하나는 동일한 책으로 이루어진 책 더미가 원칙적으로 바닥에 놓인 책의 테이블 가장자리 위로 무한히 확장될 수

있다는 것이다. 책의 길이가 2-단위라고 가정하면 책 한권이 테이블 가장자리 위로 1-단위 미만의 머리카락만 있다면 균형을 이룰 수 있다(그림 24.2 참조).

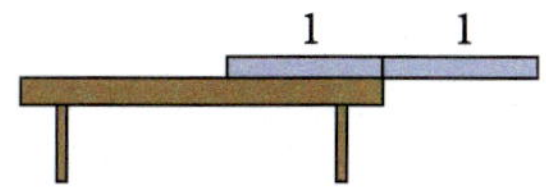

그림 24.2 무게 중심이 테이블 가장자리 바로 앞에 놓여 있는 2-단위 길이의 책

두 번째 책은 첫 번째 책 아래로 밀어 넣을 수 있으며, 첫 번째 책은 이전에 테이블 위에서 균형을 잡았던 것처럼 두 번째 책의 가장자리 위에 길이의 절반(1-단위)을 두고 균형을 이룰 수 있다. 그런 다음 두 권의 책 더미가 테이블 위에서 균형을 잡을 수 있으며 밑의 책은 가장자리 위에 절반 만큼 놓일 수 있다. 책 1권의 질량은 탁자 위에 있고, 다른 책 1권의 질량은 공중에 떠 있다(그림 24.3 참조).

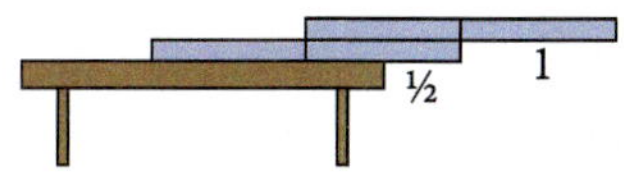

그림 24.3 두 번째 책이 첫 번째 책 아래로 들어갔다. 첫 번째 책은 예전처럼 테이블 위에 있던 것처럼 두 번째 책 위에 놓인다. 두 책이 함께 균형을 이루려면 두 번째 책이 테이블에서 $\frac{1}{2}$ 단위만큼 나와 있어야 한다.

그래서 $n=1$ 또는 $n=2$인 책들의 경우, 위쪽 책의 가장 오른쪽 가장자리가 테이블의 오른쪽 가장자리에서 정확히 H_n만큼 떨어져 있는 경우에만 최대로 돌출되면서 완벽하게 균형을 이룬다. 이 패턴이 계속된다는 것을 보여주자.[4]

만약 최초 n권의 무게 중심의 오른쪽 끝을 중심으로$(n+1)$번째 책을 놓으면, 모든 $n+1$권의 무게 중심이 이러한 모든 n권의 오른쪽 끝으로부터 얼마나 떨어져 있는지 어떻게 계산할까? 각 책의 질량을 1이라 가정해 보자. 첫 번째 n권의 책은 책 더미의 오른쪽 끝으로부터 H_n만큼 떨어진 크기 n인 하나의 질량으로 계산된다. 새로운 책은 질량이 1이고, 그 무게 중심은 책 더미의 오른쪽 끝으로부터 $1+H_n$ 거리에 있다. 그 이유는 해당 책의 길이가 2이기 때문이다. 따라서 이러한 모든 책들의 무게 중심은 책 더미의 오른쪽 끝으로부터 다음과 같은 거리에 위치하게 된다.

[4] 이것은 책이 서로 위에 쌓여 있어야 한다고 가정한 것이다. 만약 책 사이에 공백이 있는 두 권의 책이 동일한 높이에 놓일 수 있다면, 위와 아래의 책 사이에 삽입된 책들을 통해 이 한계를 초과할 수 있다.

$$\begin{aligned}\frac{1}{n+1}(nH_n+1+H_n) &= H_n+\frac{1}{n+1}\\ &= H_{n+1}\end{aligned}$$

예를 들어, 세 번째 책은 책 더미가 완벽하게 균형을 이루도록 하기 위해 단 $\frac{1}{3}$의 단위만큼만 튀어나올 수 있다(그림 24.4).

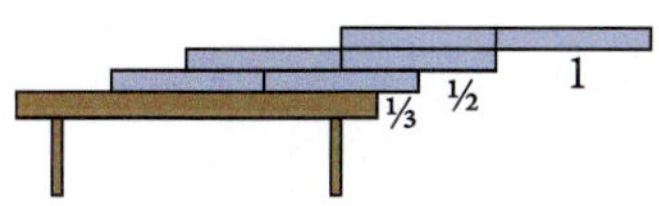

그림 24.4 세 번째 책은 테이블에서 $\frac{1}{3}$ 만큼 밖으로 나올 수 있다.

조화급수가 발산하기 때문에(원칙적으로는 바람, 지진 또는 책의 불규칙성을 고려하지 않을 때), 테이블 가장자리를 무한히 늘릴 수 있는 책 더미를 만들 수 있다. 테이블 가장자리로부터 2권 길이(즉, 4-단위)만큼 떨어진 곳까지 이르려면 31권의 책이 필요하다(그림 24.5).

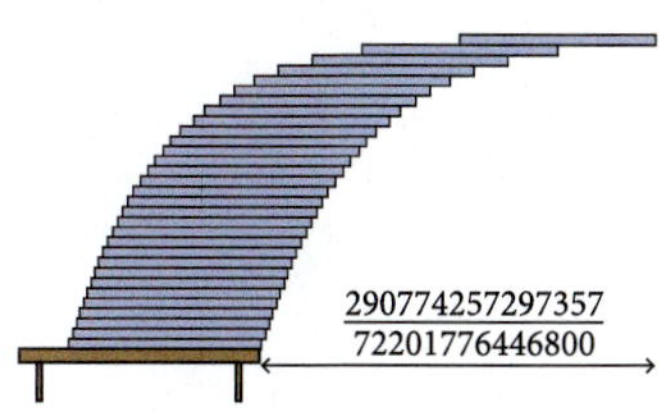

그림 24.5 31권의 책을 사용하면 돌출되는 길이가 책 2권 길이 이상이다.

*

23장에서, $\binom{n}{k}$는 크기가 n인 집합에서 k개의 요소로 이루어진 부분 집합을 선택하는 방법의 개수로 정의되었다. 즉,

$$\binom{n}{k}=\frac{n!}{k!\cdot(n-k)!}$$

숫자 $\binom{n}{k}$는 다음 정리 때문에 **이항 계수**(*binomial coefficients*)로도 알려져 있다.

정리 24.27 *이항 정리.* 어떤 임의의 정수 $n \geq 0$ 그리고 어떤 $x, y \in \mathbb{R}$,

$$(x+y)^n = \sum_{i=0}^{n} \binom{n}{i} x^i y^{n-i} \tag{24.28}$$

식 (24.28)이 왜 참인지 이해하려면, $x+y$를 n번 곱하고 모든 곱셈들을 덧셈들에 모두 분배하면, 2^n개의 항이 생성된다. 그 이유는 각각의 n개의 요소가 x 또는 y 둘 중 하나를 선택할 수 있기 때문에 그렇다. 2^n개의 항들의 개수는 $x^i y^{n-i}$와 같다—즉, 합에서 $x^i y^{n-i}$의 계수는—n개의 요소 중 i개를 선택하여 x를 고르고 나머지 $n-i$개의 요소 중 y를 선택하는 방법의 수인 $\binom{n}{i}$ 이다.

식 (24.28)은 이항 계수들을 포함하는 급수의 합을 계산하는 방법을 제공한다. 예를 들어, $x = y = 1$을 대입하면 다음과 같다.

$$\sum_{i=0}^{n} \binom{n}{i} = 2^n \tag{24.29}$$

또다른 예를 들어, 다음과 같은 경우에는 어떨까?

$$\sum_{i=0}^{n} 2^i \binom{n}{i}$$

이 합을 계산하기 위하여, 식 (24.28)에서 $x = 2$ 그리고 $y = 1$로 놓으면 다음과 같이 된다.

$$\sum_{i=0}^{n} \binom{n}{i} 2^i 1^{n-i} = (2+1)^n = 3^n$$

요약

- **급수**(*series*)는 대수학적으로 유사한 항들의 합 또는 곱이다.
- **등비 급수**(*geometric series*)는 두 연속된 항들의 비율이 1이 아닌 일정한 수인 급수이다.
- 유한 등비 급수식 $\sum_{i=0}^{n} q^i$ 는 $q \neq 1$에 대하여 식 $\frac{q^{n+1}-1}{q-1}$ 와 같다.
- 무한 등비 급수식 $\sum_{i=0}^{\infty} q^i$ 는 수렴하고 어떤 $|q| < 1$에 대하여 $\frac{1}{1-q}$ 와 같다.
- 급수가 $n \to \infty$ 따라 유한한 값으로 수렴하는 경우 **수렴하는 급수**(*convergent series*)라고 하며, 그렇지 않으면 **발산하는 급수**(*divergent series*)라고 한다.

- **생성 함수**(*generating function*) 또는 **형식적 멱급수**(*formal power series*)는 다항식의 계수들로 수열을 표현하는 것이다. 이러한 함수는 수열의 **닫힌 형태**(*closed form*)를 찾기 위해 대수적으로 조작될 수 있다.
- 정수 n에 대하여 분할하는 개수인 $p(n)$과 정수 n을 k개의 부분으로 나누는 개수인 $p_k(n)$에 대한 간단한 생성 함수가 있다.
- **지수 급수**(*exponential series*) 수식 $\sum_{i=0}^{\infty} \frac{x^i}{i!}$ 는 수렴하고 e^x와 같다.
- 급수 $F_k(n) = \sum_{i=1}^{n} i^k$ 는 알고리즘 분석에서 자주 나타난다—예를 들어, k개의 중첩 루프에서 반복 횟수를 나타내며 $k \geq 0$일 때 수식 $\Theta(n^{k+1})$이다.
- **조화 급수**(*harmonic series*) $H_n = \sum_{i=1}^{n} \frac{1}{i}$ 는 발산하고, 자연 로그 $\ln n$으로 근사화할 수 있다.
- 크기 n인 집합에서 k개의 원소를 선택하는 방법의 수를 나타내는 값인 $\binom{n}{k}$는 이항식$(x+y)^n$을 전개한 결과에서 급수의 계수로 나타낸다. 이 덕분에, 이러한 값은 **이항 계수**(*binomial coefficients*)로도 알려져 있다.

문제

24.1 (a) 폴(Paul)이 당신에게 게임을 하자고 제안한다. 그는 앞면이 나올 때까지 공정한 동전을 던지고, 그런 다음 뒤집은 횟수에 따라 k 달러를 지불한다. 여기서 k는 앞면이 나온 횟수이다. 예를 들어, $HHHT$이면 3달러를 당신에게 지불하고, 첫 번째 던질 때 뒷면이 나오면 아무것도 받지 못하게 된다. 한 번 이 게임을 할 때, 즉 한 번 게임을 플레이할 때 당신이 얻는 것으로 기대하는 기댓값은 얼마일까? 다른 말로, 이 게임을 한 번 플레이하면 폴이 얼마를 지불해야 할까?

(b) 만약 폴이 대신 k번 뒤집은 후에 처음으로 뒷면이 나오면 2^k 달러를 준다면 당신의 답은 어떻게 될까?

24.2 식 $\frac{1}{1\cdot 2} + \frac{1}{2\cdot 3} + \frac{1}{3\cdot 4} + \ldots + \frac{1}{(n-1)\cdot n}$를 단순화하라.

24.3 식 $\left(1+\frac{1}{a}\right)\left(1+\frac{1}{a^2}\right)\left(1+\frac{1}{a^4}\right)\cdots\left(1+\frac{1}{a^{2^{100}}}\right)$를 단순화하라.

힌트: **두 제곱의 차**(*difference of two squares*)에 대한 공식이 도움이 될 수 있다.

24.4 (미적분 사용) 식 (24.9)의 양쪽을 일차 미분하여 식 (24.14)를 다른 방법으로 유도하라.

24.5 식 $\sum_{i=0}^{n} 3^{-3i}$가 무엇인가?

24.6 (미적분 사용) 급수 식 (24.15)을 항별로 미분하여 식 $\frac{d}{dx}e^x = e^x$ 임을 보여라.

24.7 식 $\sum_{i=0}^{\infty} \frac{x^{2i}}{i!}$ 가 무엇인가?

24.8 식 (24.26)을 사용하여 식 $\sum_{i=1}^{n} \frac{1}{2i}$ 와 식 $\sum_{i=0}^{n} \frac{1}{2i+1}$ 를 근사화해 보자.

24.9 (a) 어떤 $n \geq 0, k \geq 0$에 대해서도 아래 수식이 성립한다는 것을 보이기 위하여 식 (24.29)를 일반화해 보자.

$$\sum_{i=0}^{n} k^i \binom{n}{i} = (k+1)^n$$

(b) 다음 식의 값은 무엇인가?

$$\sum_{i=0}^{n} 2^{-i} \binom{n}{i}$$

24.10 이항 정리[식 (24.28)]의 버전은 n이 정수가 아닐 때에도 참이다. 만약 $|x| < 1$이라면, 어떤 실수 α에 대해서도 다음이 성립한다.

$$(1+x)^\alpha = \sum_{i=0}^{\infty} \binom{\alpha}{i} x^i \tag{24.30}$$

여기서

$$\binom{\alpha}{i} = \frac{\alpha \cdot (\alpha-1) \cdot \ldots \cdot (\alpha-i+1)}{i!}$$

α가 음이 아닌 정수이고 합을 $i = n$항 이후로 자른다면, 식 (24.28)은 식 (24.30)이 된다. 식 (24.30)은 **매클로린 급수**(*Maclaurin series*)라고 불린다.

$\alpha = \frac{-1}{2}$ 및 $x = \frac{-1}{2}$ 로 확장하여 다음 값을 결정하라.

$$\sum_{n=0}^{\infty} \left(\frac{1}{4^n n!} \prod_{i=0}^{n-1} (2i+1) \right)$$

24.11 집합 S를 다음과 같이 정의한다: $\{1, 2, 3, \ldots, 9, 11, \ldots, 19, 21, \ldots\}$. 즉, 십진법 표기법을 사용할 때 숫자 0을 포함하지 않는 모든 자연수로 이루어진 집합이다. S의 원소들의 역수들의 합이 수렴인가? 아니면 발산인가? 답을 이유와 함께 제시하라.

24.12 $q(n)$을 n을 홀수 개의 부분으로 분할하는 개수라고 하자. 예를 들어, $q(4) = 2$인데, 4를 나누는 5개의 부분으로 분할하는 것(4, $1+3$, $1+1+2$, $1+1+1+1$, $2+2$) 중에서 $1+3$과 $1+1+1+1$은 모두 홀수 부분만으로 구성되어 있기 때문이다. $q(n)$을 위한 생성 함수를 작성하라.

24.13 (a) n이 고정되었다고 가정하자. 유한 합들의 유한한 곱을 곱하는 식 (24.17)의 버전을 계산하여 $p(n)$을 어떻게 찾는지 보여주자.

(b) 이 방법을 사용하여 $p(6)$을 계산하라.

Chapter

25 점화식

$a_0, a_1, \ldots$가 어떤 무한 수열(아마도 숫자일 수도 있고 문자열이나 다른 수학적 객체일 수도 있음)이라고 하자. **점화식**(*recurrence relation*)은 a_n의 값을 $i<n$인 경우의 a_i의 값들을 기반으로 찾을 수 있게 해주는 방정식 또는 방정식들의 집합이다. 점화식은 하나 이상의 초기 조건과 함께 제공되며, i에 대한 하나 이상의 고정된 작은 값들에 대한 a_i의 값을 제공한다.

3장과 4장에서 수학적 귀납법을 사용한 증명은 점화식을 포함한다. 예를 들어, 27쪽의 식 (3.3)을 증명하는 것은 다음과 같은 식을 증명하는 것에 의존한다.

$$\begin{aligned} a_n &= \sum_{i=0}^{n} 2^i \\ &= 2^{n+1} - 1 \end{aligned}$$

점화식과 초기 조건을 사용하여

$$\begin{aligned} a_{n+1} &= a_n + 2^{n+1} \\ a_0 &= 1 \end{aligned}$$

우리는 또한 269쪽의 정리 23.17에서 정수 n을 k 부분으로 분할하는 개수를 계산하는 데 점화식을 사용해 보자.

점화식들은 알고리즘 분석에서 자연스럽게 발생한다. 식 (3.12)를 다시 살펴보며 시작해 보자. 이 식은 최초 n개의 음이 아닌 정수들의 합이다.

$$\sum_{i=0}^{n} i = \frac{n \cdot (n+1)}{2} \tag{25.1}$$

이 식은 다음과 같은 간단한 정렬 알고리즘의 분석에서 나타난다. 이 선택 정렬은 아직 정렬되지 않은 리스트에서 가장 큰 숫자를 찾아 이를 리스트의 시작 부분으로 이동하여 오름차순으로 정렬한다. ('선택 정렬'이라는 이름은 다음 항목을 반복적으로 선택하고 처리하는 정렬 알고리즘을 의미한다.) 우리는 리스트가 연결된 자료 구조로 유지된다고 가정하며, 항들을 상수 시간에 제거하고 줄일 수 있다. $A \cdot B$ 표기법은 리스트 A의 원소 뒤에 리스트 B의 원소가 오는 리스트를 의미한다.

리스트 L을 정렬하는 알고리즘 $S(L)$은

1. $M \leftarrow \lambda$로 설정
2. While $L \neq \lambda$
   (a) L에서 가장 큰 원소 x를 찾아보자.
   (b) L을 A와 B의 서브리스트로 나눈다. 여기서 $L = A \cdot x \cdot B$이다.
   (c) $L \leftarrow A \cdot B$로 설정한다. 이는 x를 제거한 결과이다.
   (d) $M \leftarrow x \cdot M$
3. Return M

예를 들어, L이 초기에 리스트 $4 \cdot 2 \cdot 7 \cdot 3$으로 시작하면, 루프의 연속적인 반복들에 의해 M과 L은 다음과 같다.

$$\overbrace{\lambda}^{M} \quad \overbrace{4\ \ 2\ \ 7\ \ 3}^{L}$$

$$\overbrace{7}^{M} \quad \overbrace{4\ \ 2\ \ 3}^{L}$$

$$\overbrace{4\ \ 7}^{M} \quad \overbrace{2\ \ 3}^{L}$$

$$\overbrace{3\ \ 4\ \ 7}^{M} \quad \overbrace{2}^{L}$$

$$\overbrace{2\ \ 3\ \ 4\ \ 7}^{M} \quad \overbrace{\lambda}^{L}$$

만약 L이 길이 n으로 시작하고, M이 길이 0으로 시작한다면, 메인 루프는 L의 길이가 각 반복마다 처음에는 $n, n-1, \ldots, 1$이 되도록 n번 실행되며, M의 길이는 $0, 1, \ldots, n-1$이 된다. 마지막 반복 이후에, L의 길이가 0이 되고 M의 길이가 n이 된다. 길이가 k인 리스트에서 가장 큰 항을 찾는 간단한 검색은 k에 비례하는 시간이 걸리며, 이러한 검색 작업이 실행 시간을 지배하므로 전체 알고리즘의 실행 시간은 최초 n개 정수의 합에 비례한다. 이는 식 (25.1)에 비례하며, 이는 $\Theta(n^2)$이다.

재귀(*recursive*) 알고리즘은 자기 자신을 호출하는 알고리즘으로, 일반적으로 원래의 인자보다는 다른(보통 더 작거나 간단한) 인자들을 사용한다.

정렬 알고리즘의 재귀 버전을 고려해 보자. 이 버전은 L에서 가장 작은 원소를 찾아 제거하고, L의 나머지 부분을 재귀적으로 정렬한 다음, 그 결과에 가장 작은 원소를 결과의 앞쪽에 추가한다.

리스트 L을 정렬하기 위한 알고리즘 $S_R(L)$은 다음과 같다.

1. If $L = \lambda$ then return λ

2. Else
   (a) L에서 가장 작은 원소를 찾아서 x로 둔다.
   (b) A와 B를 L을 이용하여 부분 리스트로 만든다. $L = A \cdot x \cdot B$
   (c) Return $x \cdot S_R(A \cdot B)$

위의 예시에서 연속적인 호출은 다음과 같이 나타낼 수 있다.

$$S_R(4 \cdot 2 \cdot 7 \cdot 3)$$
$$2 \cdot S_R(4 \cdot 7 \cdot 3)$$
$$2 \cdot 3 \cdot S_R(4 \cdot 7)$$
$$2 \cdot 3 \cdot 4 \cdot S_R(7)$$
$$2 \cdot 3 \cdot 4 \cdot 7 \cdot S_R(\lambda)$$
$$2 \cdot 3 \cdot 4 \cdot 7$$

S_R에 대한 각 호출은 인자 목록이 하나 짧은 인자로 호출된 결과에 하나의 원소를 앞에 추가하게 된다. 따라서 S_R이 초기에 길이 n의 인자로 호출되면 실행 시간은 다음과 같은 점화식의 해에 비례한다.

$$a_n = a_{n-1} + n \tag{25.2}$$
초기 조건은 $a_0 = 0$이다

식 (25.2)의 '$+n$' 항은 가장 작은 원소를 찾는 데 걸리는 시간이다. 이 점화식의 해는 식 (25.1)의 해와 마찬가지로 이차(quadratic)이다.

❋

이 두 예제는 본질적으로 동일한 알고리즘이다. 하나는 반복적인 제어 구조를 가지고 있고, 다른 하나는 재귀적이다. 따라서 두 버전은 동일한 시간 복잡도를 가지며, 재귀적 표현으로 변경하는 것으로는 실제로 얻는 게 별로 없다. 그러나 재귀 알고리즘은 재귀가 인자를 고르게 나누게 되면 반복 알고리즘보다 놀라울 만큼 효율적일 수 있다—S_R의 경우와 같이 크기 n의 인자에서 하나의 요소를 잘라내기 전에 크기 $n-1$의 인자로 재귀 호출하는 것과 같이 불균형적으로 나누지 않는 한—그리고, 점화식들이 보다 더 흥미롭다. 고전적인 예는 **합병 정렬**(*merge sort*)이다.

리스트 L을 정렬하는 알고리즘 MergetSort(L)은

1. If $|L| \leq 1$이면, return L
2. Else
   (a) L을 거의 동일한 길이의 두 개의 부분 리스트 A와 B로 나뉜다.
   (b) $A' \leftarrow$ MergeSort(A)
   (c) $B' \leftarrow$ MergeSort(B)

(d) Return Merge(A', B')

여기서 Merge(L_1, L_2)는 두 개의 정렬된 목록 L_1과 L_2를 취하여 동일한 원소로 이루어진 하나의 정렬된 리스트를 생성하는 선형 시간의 알고리즘이다. Merge는 단순히 그 인자들을 함께 섞어서 하나의 정렬된 리스트로 만든다.

그림 25.1은 위와 동일한 예제 입력을 사용하여 MergeSort의 실행을 그리고 있다.

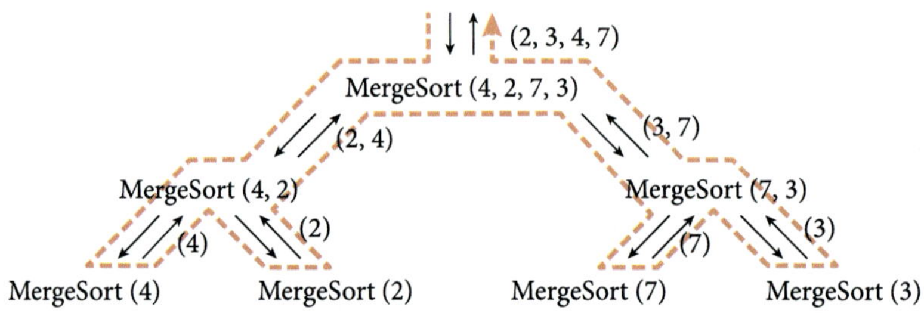

그림 25.1 입력 리스트 4·2·7·3에 대한 MergeSort의 실행이다. 재귀 호출은 트리를 아래 위로 이동하면서 화살표로 지정된 순서대로 실행된다.

$t(n)$을 MergeSort가 길이가 n인 리스트를 정렬하는 데 사용하는 단계의 개수라고 하자. 분석 시에 수학을 간단하게 하기 위해, n이 2의 거듭제곱이라고 가정한다. 이렇게 하면 리스트가 매번 절반으로 나누어질 때마다 두 개의 동일한 길이의 부분 리스트로 나누어진다고 가정할 수 있다. 그런 다음, 단계들은 다음과 같이 시간이 소요된다.

1. $\Theta(1)$
2. (a) $\Theta(n)$
   (b) $t(\frac{n}{2})$
   (c) $t(\frac{n}{2})$
   (d) $\Theta(n)$

따라서 MergeSort의 시간 복잡도는 다음 점화식에 의해 결정된다.

$$t(n) = 2t\left(\frac{n}{2}\right) + \Theta(n) \tag{25.3}$$

$$\text{초기 단계 수식 } t(1) = \Theta(1) \tag{25.4}$$

식 (25.3)에서, 우리는 $\Theta(n)$을 완전히 설명되지는 않은 특정한 함수로 사용하며 $\Theta(n)$의 구성원이라는 것만 알려져 있다고 한다.

식 (25.3)과 (25.4)의 재귀는 반복해서 나오는 패턴과 일치한다. 먼저 이 특정 예제의 실행 시간을 풀어보고, 그 다음에는 이 특별한 경우를 유도할 수 있는 더 일반적인 정리를 언급한다.

우리가 n이 2의 거듭제곱이라고 가정했으므로 $n = 2^m$이라고 하자. 그러면 $m = \lg n$이다. 각 재귀 단계에서 리스트의 길이가 반으로 줄어든다고 가정했으므로, 재귀는 깊이 $m = \lg n$까지 진행된다. 최상위 레벨을 1로 하고 가장 하위 레벨을 m으로 지정하면, 각 레벨 i에서 2^i개의 호출이 이루어지며, 각 호출은 길이가 2^{m-i}인 리스트에서 이루어진다. 이 호출들 중 각각에서 소요되는 시간(즉, 다음 레벨로의 재귀 호출을 제외한 시간)은 인자들의 길이에 비례한다: $\Theta(2^{m-i})$. 따라서, 레벨 i의 모든 재귀 호출에서 소비되는 총 시간은 $\Theta(2^i \cdot 2^{m-i}) = \Theta(2^m) = \Theta(n)$이다. 따라서, 모든 m의 재귀 레벨을 포함한 총 시간 $t(n)$은 다음과 같이 주어진다.

$$
\begin{aligned}
t(n) &= \Theta(m \cdot n) \\
&= \Theta(n \lg n) \qquad (25.5)
\end{aligned}
$$

이는 선택 정렬에서 필요한 $\Theta(n^2)$ 시간과 비교하면 큰 개선이다. 그러나 여기서 우리의 관심사는 알고리즘의 효율성보다는 복잡성 분석 방법이다. 재귀[식 (25.3)과 (25.4)]의 더 일반적인 형태와 그 해결 방법에 대해서 알아보자.

정리 25.6 *마스터(Master) 정리.* 다음과 같은 재귀

$$
\begin{aligned}
T(n) &= aT\left(\frac{n}{b}\right) + \Theta(n^d) \qquad (25.7) \\
T(1) &= \Theta(1)
\end{aligned}
$$

여기서 $b > 1$로 가정하고, 재귀는 더 작은 인자에 대한 값에 대한 값 T를 결정하기 위한 방법을 제공한다. $e = \log_b a$라고 가정하자. 그런 다음

1. $T(n) = \Theta(n^d)$, if $e < d$
2. $T(n) = \Theta(n^d \log n)$, if $e = d$
3. $T(n) = \Theta(n^e)$, if $e > d$

그러므로,

$$
\begin{aligned}
T(n) &= \Theta(n^{\max(d,e)}) \text{ if } d \neq e \\
T(n) &= \Theta(n^d \log n) = \Theta(n^e \log n) \text{ if } d = e
\end{aligned}
$$

MergeSort의 분석은 정리 25.6의 명제의 패턴을 따른다. 마스터 정리 명제의 매개 변수에 따르면, 식 (25.3)에서 $a = 2$, $b = 2$, 그리고 $d = 1$이다. 그런데 $e = \log_2 2 = 1$이므로 $e = d$이고 두 번째 경우가 적용된다. 마스터 정리에 따르면, $T(n) = \Theta(n^1 \log n) = \Theta(n \log n)$으로, 이는 식 (25.5)에서 유도한 것과 정확히 일치한다.

증명. 수학을 간단하게 하기 위해 n이 b의 거듭제곱인 경우로 가정해 보자. 즉, $n = b^m$일 때, b로 반복적으로 나누면 항상 정수 값이 얻어지며, $m-1$번의 재귀 호출 후에 이 값을 1로 줄인다. 또한, $\Theta(n^d)$를 암묵적인 곱셈 상수를 수정하여

$f \cdot n^d$로 대체하자. (이론을 완전한 일반성으로 증명하는 것은 기술적으로 복잡하지만 본질적으로 다르지 않다.) 그러면

$$\begin{aligned} T(n) &= aT\left(\frac{n}{b}\right) + f \cdot n^d \\ &= a^2 T\left(\frac{n}{b^2}\right) + a \cdot f \cdot \left(\frac{n}{b}\right)^d + f \cdot n^d \\ &= a^3 T\left(\frac{n}{b^3}\right) + a^2 \cdot f \cdot \left(\frac{n}{b^2}\right)^d + a \cdot f \cdot \left(\frac{n}{b}\right)^d + f \cdot n^d \\ &= \ldots \\ &= a^m T(1) + f \cdot n^d \cdot \sum_{i=0}^{m-1} a^i b^{-id} \end{aligned} \tag{25.8}$$

이제 $n = b^m$이므로 $m = \log_b n$이다. 따라서

$$\begin{aligned} a^m &= a^{\log_b n} \\ &= a^{\log_b a \cdot \log_a n} \\ &= n^{\log_b a} \\ &= n^e \end{aligned}$$

그러므로 식 (25.8)은 다음과 같이 단순화된다.

$$T(n) = \Theta(n^e) + \Theta\left(n^d \cdot \sum_{i=0}^{m-1} a^i b^{-id}\right) \tag{25.9}$$

(2)의 경우, $e = d$이다. 즉, $\log_b a = d$이다. 그러면 $a = b^d$이므로 어떤 i에 대해서도 $a^i b^{-id} = 1$이 성립하며, 식 (25.9)는 다음과 같이 단순화된다.

$$\begin{aligned} &\Theta(n^e) + \Theta(n^d \cdot m) \\ &= \Theta(n^e) + \Theta(n^d \log n) \\ &= \Theta(n^d \log n) \qquad \text{(since } e = d\text{)} \end{aligned}$$

(1)의 경우, $e < d$이므로 어떤 i에 대해서도 $a < b^d$이고 $a^i b^{-id} < 1$이 성립한다. 그런 다음 식 (25.9)의 합은 수렴하는 등비 급수의 초기 부분이므로 상수값으로 바운드된다. 그리고 식 (25.9)는 $\Theta(n^e) + \Theta(n^d)$으로 단순화되며, 여기서 $e < d$이므로 $\Theta(n^d)$가 된다.

(3)의 경우, $e > d$이므로 $a > b^d$이다. 그래서 합의 각 항들은 최고차 항에 의해서 지배받게 된다. 그래서,

$$
\begin{aligned}
n^d \cdot \sum_{i=0}^{m-1} a^i b^{-id} &= \Theta(n^d \cdot a^{m-1} b^{-(m-1)d}) \\
&= \Theta(n^d \cdot (ab^{-d})^{m-1}) \\
&= \Theta(n^d \cdot (ab^{-d})^{m}) \qquad (ab^{-d}\text{가 상수이므로}) \\
&= \Theta(n^d \cdot (ab^{-d})^{\log_b n}) \\
&= \Theta(n^d \cdot n^{\log_b (ab^{-d})}) \\
&= \Theta(n^d \cdot n^{\log_b a - \log_b (b^d)}) \\
&= \Theta(n^d \cdot n^{e-d}) \\
&= \Theta(n^e)
\end{aligned}
$$

식 (25.9)는 두 $\Theta(n^e)$ 항들의 합이다. 그러므로 $\Theta(n^e)$이 된다.

*

합병 정렬은 **분할 정복**(*divide and conquer*) 알고리즘의 한 예로, 여기서 인자가 반복적으로 더 작은 조각들로 분할되며 알고리즘은 각각이 재귀적으로 작용한다. 우리는 이미 분할 정복 알고리즘의 예를 보았는데, 그것은 239쪽에서의 이진 탐색이다. 마스터 정리 관점에서, 이진 탐색의 분석을 위한 재귀 관계는 다음과 같다.

$$
\begin{aligned}
T(n) &= T\left(\frac{n}{2}\right) + \Theta(1) \\
T(1) &= \Theta(1)
\end{aligned}
$$

그래서 $a = 1$, $b = 2$, 그리고 $d = 0$이다. $\log_b a = 0 = d$이므로, 경우 (2)가 적용되며, 우리가 발견한 것처럼 $T(n) = \Theta(n^0 \log n) = \Theta(\log n)$가 된다.

이제 분할 정복이 알고리즘을 놀랄 만하게 개선하는 여러 예제들을 살펴보고, 마스터 정리가 우리에게 거의 즉각적으로 복잡도 분석을 제공하는 경우들을 살펴보자.

예제 25.10 *정수 산술.*

위치 표기법(예: 이진법 또는 십진법)으로 표현된 두 정수를 곱하는 문제를 고려해 보자. 일반적으로 두 n자리 숫자를 곱하면 $2n$자리 결과가 생성된다. **초등학교에서 가르치는 곱셈 알고리즘**(*grade-school algorithm*)은 제곱(quadratic)의 시간 복잡도를 갖는다. 왜냐하면 이 알고리즘은 각각의 길이가 $\Theta(n)$인 n 부분 곱들을 생성하고, 이를 마지막에 모두 더해야 하기 때문이다. 이 각 $\Theta(n)$개의 덧셈은 각각 $\Theta(n)$의 시간을 필요로 하며, 부분 곱들의 모든 자릿수를 쓰는 데도 $\Theta(n^2)$ 시간이 걸린다. 예를 들어, 그림 25.2는 5비트 숫자 두 개를 곱하는 초등학교 곱셈의

```
     10110
   × 11011
----------
     10110
    10110
   00000
  10110
 10110
----------
1001010010
```

그림 25.2 5비트 숫자 두 개를 곱하여 10비트 결과를 얻기 위해서는 중간 계산에서 25비트를 써야 한다.

예를 보여준다.

이 알고리즘에 재귀적이면서 분할 정복인 버전이 있다. n이 2의 거듭제곱인 경우, 즉 $n = 2^m$이라고 가정하고 두 n비트 숫자 a와 b를 곱하는 작업이라고 가정해 보자. 그런 경우 a와 b는 다음과 같이 쓸 수 있다.

$$a = a_1 \cdot 2^{n/2} + a_0$$
$$b = b_1 \cdot 2^{n/2} + b_0$$

여기서 a_0, a_1, b_0 및 b_1은 $\frac{n}{2}$ 비트 숫자이다. 그래서

$$a \cdot b = a_1 b_1 \cdot 2^n + (a_1 b_0 + a_0 b_1) \cdot 2^{n/2} + a_0 b_0 \tag{25.11}$$

구체적인 예를 들어 보면, $a = \texttt{1001}$이고 $b = \texttt{1110}$이라고 하자. 위의 공식을 따라서 우리는 다음과 같이 쓸 수 있다.

$$\texttt{1001} = \texttt{10} \cdot \texttt{100} + \texttt{01}$$
$$\texttt{1110} = \texttt{11} \cdot \texttt{100} + \texttt{10}$$

그러면

$$\texttt{1001} \cdot \texttt{1110} = (\texttt{10} \cdot \texttt{11}) \cdot \texttt{10000} + (\texttt{10} \cdot \texttt{10} + \texttt{01} \cdot \texttt{11}) \cdot \texttt{100} + \texttt{01} \cdot \texttt{10}$$

2의 거듭제곱으로 곱하는 것은 실제로 곱셈이 아니라 시프트(shift) 작업이다—이것은 숫자에 0을 추가하는 것을 의미한다. 따라서 식 (25.11)은 두 n비트 숫자를 $n/2$-비트 숫자 네 개(즉, a_1b_1, a_1b_0, a_0b_1 및 a_0b_0)의 곱셈으로 곱하는 방법을 보여준다. 그리고, 여기에 일부 선형 시간 작업(시프트 및 덧셈)이 추가된다. 따라서 이 재귀적인 정수 곱셈 알고리즘의 시간 복잡도는 다음 점화식으로 주어진다.

$$T(n) = 4T\left(\frac{n}{2}\right) + \Theta(n) \tag{25.12}$$

마스터 정리를 적용하고 $a = 4$, $b = 2$, 그리고 $d = 1$로 두면, 우리는 $e = \log_b a = 2 > d = 1$임을 찾을 수 있다. 그래서 경우 (3)이 적용되며 $T(n) = \Theta(n^e) = \Theta(n^2)$이 되며, 이는 초등학교의 곱셈 알고리즘과 동일한다. 재귀적으로 분할 정복하는 노력이 별로 가치가 없는 것처럼 보인다.

다만 식 (25.11)을 다른 방식으로 다시 쓸 수 있으며, 이는 $n/2$-비트 곱셈 **세 개**와 일부 시프트 및 덧셈만을 포함한다.

$$\begin{aligned} a \cdot b &= a_1 b_1 \cdot 2^n + (a_1 b_0 + a_0 b_1) \cdot 2^{n/2} + a_0 b_0 \\ &= a_1 b_1 \cdot (2^n + 2^{n/2}) + (a_1 - a_0)(b_0 - b_1) \cdot 2^{n/2} + a_0 b_0 \cdot (2^{n/2} + 1) \end{aligned} \tag{25.13}$$

먼저, 어떤 항들이 상쇄되어 올바른 결과를 얻게 되는지 확인하고, 그 다음으로

는 '진짜' 곱셈이 세 번만 발생한다는 것에 대해서 확인해 보기 바란다. 예를 들어, n비트 숫자를 $2^{n/2}+1$로 곱하는 것은 비트를 복사하고 올바른 위치로 이동시키는 것만을 포함하며, 이 작업은 선형 시간이 소요된다. 그러나 이제 시간 복잡도에 대한 점화식은 다음과 같다.

$$T(n) = 3T\left(\frac{n}{2}\right) + \Theta(n)$$

이것은 $a = 3$(4가 아닌), $b = 2$ 및 $d = 1$에 마스터 정리와 일치한다. 이제 $e = \log_2 3 \approx 1.58$이다. 이 숫자는 $d = 1$보다 크기 때문에 여전히 경우 (3)이 적용되지만, 최종 결과는 $T(n) = \Theta(n^{1.58\cdots})$이다. 이는 $\Theta(n^2)$의 초등학교에서 가르치는 곱셈 알고리즘보다 상당한 개선이다.

이 방법은 그것을 발견한 모스크바 주립 대학교의 학생이었던 Anatoly Karatsuba의 이름을 따라 **카라추바 알고리즘**(*Karatsuba's algorithm*)으로 알려져 있다. 카라추바는 교수인 유명한 수학자 안드레이 콜모고로프(Andrey Kolmogorov)가 초등학교에서 가르치는 곱셈 알고리즘이 점근적으로 최적이라는 가설을 발표했을 때 이보다 더 나은 알고리즘을 찾는 것에 대해서 도전하였다. 카라추바는 그 알고리즘을 개선하는 데 몇 일밖에 안 걸렸다. 그 후의 추가 연구는 n비트 숫자를 곱하는 알고리즘은 시간 복잡도가 $\Theta(n \cdot \log n \cdot \log\log n)$인 것을 확인했으며, 이는 선형이 아니지만 어떤 $\varepsilon > 0$에 대해서도 $n^{1+\varepsilon}$보다 나은 결과를 제공한다.

예제 25.14 *행렬 곱.*

$n \times n$인 행렬 두 개를 곱하여 결과로 $n \times n$ 행렬을 만들려면 표준 기술을 사용하면 $\Theta(n^3)$의 작업들이 필요하다. 표준 기술은 결과 행렬의 각 성분(entry)을 두 개의 n비트 벡터의 내적으로 계산한다. 따라서 n^2 개의 성분이 있고, 각 성분을 계산하는 데는 $\Theta(n)$의 시간이 필요하다(n번의 곱셈을 하고 $n-1$번의 덧셈을 통해 결합된다). 이것은 모두 합쳐서 $\Theta(n^3)$의 작업이 필요하다.[1]

다시 한 번 n이 2의 거듭제곱이라고 가정해 보자. 우리는 두 행렬을 4개 부분의 곱으로 나눌 수 있다. 그리고 그림 25.3에 나온 것처럼 재귀적으로 4개 부분들의 블록-곱으로 곱할 수 있다.

안타깝게도, 이 방법은 올바른 결과를 얻을 수는 있지만 반복 알고리즘의 시간 복잡도를 개선하지는 않는다. 두 개의 $n \times n$ 행렬을 8개의 $\frac{n}{2} \times \frac{n}{2}$ 행렬 곱셈으로 계산하는 것은 다음과 같은 재귀가 된다.

$$T(n) = 8T\left(\frac{n}{2}\right) + \Theta(n^2)$$

그 이유는 $\frac{n}{2} \times \frac{n}{2}$ 행렬에 대한 선형 시간 연산은 $\Theta(n^2)$ 작업을 필요로 한다. 마스

[1] 이 예에서는 성분들을 상수 크기로 처리하고 있으므로 정수 곱셈 및 덧셈이 모두 $\Theta(1)$이라고 가정한다. 예제 25.10에서 보았듯이, 곱셈과 덧셈은 입력 크기와 함께 커지지만, 여기서는 실행 시간을 행렬 자체의 크기 함수로 고려하고 있으며, 행렬의 성분 크기의 함수로 고려하고 있지 않다.

$$\begin{pmatrix} A & B \\ C & D \end{pmatrix} \times \begin{pmatrix} E & F \\ G & H \end{pmatrix} = \begin{pmatrix} AE+BG & AF+BH \\ CE+DG & CF+DH \end{pmatrix}$$

그림 25.3 두 개의 $n \times n$ 행렬을 각각 4개의 $\frac{n}{2} \times \frac{n}{2}$ 행렬로 분할하고 곱셈의 네 개의 $\frac{n}{2} \times \frac{n}{2}$ 부분을 재귀적으로 구성하는 방법

터 정리 관점에서 $a = 8$, $b = 2$, 그리고 $d = 2$이므로 $e = \log_2 8 = 3 > d = 2$이다. 따라서 경우(3)이 적용되며 $T(n) = \Theta(n^3)$가 되며, 표준 방법과 정확히 같은 결과를 얻는다.

1970년, 독일 수학자 폴커 슈트라센(Volker Strassen)은 그림 25.3의 네 개 부분의 4개의 양들을 $\frac{n}{2} \times \frac{n}{2}$ 행렬들의 오직 일곱 번의 곱셈만을 사용하여 계산할 수 있다는 사실을 발견함으로써 계산 세계를 놀라게 한다. 이 곱셈들 이전 및 이후에 몇 가지 추가 덧셈과 뺄셈의 도움으로 이 작업을 수행한다.

$$\begin{aligned}
P_1 &= A(F-H)\\
P_2 &= (A+B)H\\
P_3 &= (C+D)E\\
P_4 &= D(G-E)\\
P_5 &= (A+D)(E+H)\\
P_6 &= (B-D)(G+H)\\
P_7 &= (A-C)(E+F)
\end{aligned}$$

이제 마법처럼

$$\begin{aligned}
AE+BG &= P_5+P_4-P_2+P_6\\
AF+BH &= P_1+P_2\\
CE+DG &= P_3+P_4\\
CF+DH &= P_5+P_1-P_3-P_7
\end{aligned}$$

일곱 번의 곱셈이 된다. **슈트라센 알고리즘**(*Strassen's algorithm*)에 대하여 복잡도를 설명하는 점화식은 다음과 같다.

$$T(n) = 7T\left(\frac{n}{2}\right) + \Theta(n^2)$$

이 점화식의 답은 $T(n) = \Theta(n^{\log_2 7}) = \Theta(n^{2.81\cdots})$이다.

슈트라센의 결과가 얼마나 놀라운 것인지 생각해 보자. 행렬 곱셈 및 가우스 소거법과 같은 연산은 세기, 아마도 천년 동안 세계 최고의 수학자들에 의해 연구되어 왔다. 그러나 이 작업을 세제곱(cubic) 시간보다 더 빨리 수행할 방법에 대해 어떤 사람도 1970년까지는 발견하지 못했다. 그리고 고등학교 학생들 중에서는 덧셈과 곱셈을 연습에 옮기면서 정확히 같은 것을 발견했을 수도 있다.

슈트라센의 발견은 지수가 $\log_2 7$보다 작은 유사한 알고리즘을 찾기 위한 치열한 경쟁을 일으켰다. 현재로서는 저자가 기술하는 대로 점근적으로 알려진 가장 빠른 알고리즘은 시간 복잡도가 $\Theta(n^{2.3728639\cdots})$이다. 다만, $\Theta(\cdot)$ 표기법에서 암묵적으로 포함된 상수 계수가 매우 크기 때문에 해당 알고리즘은 실제로는 사용되기 어려울 정도이다.[2] 아무도 이 이상한 지수가 이 문제의 최종 답이라고 생각하

[2] Francois Le Gall, 'Powers of Tensors and Fast Matrix Multiplication,' Proceedings of the 39th InternationalSymposium on Symbolic and Algebraic Computation (ISSAC 2014).

지 않는다.

예제 25.15 *유클리드(Euclid) 알고리즘.*

유클리드의 알고리즘(166쪽)이 m과 n의 최대공약수를 찾는 데 얼마나 시간이 걸릴까? 'while' 루프의 반복 횟수를 추정하기 위해서, 첫 번째 반복 이후에는 p가 q보다 항상 크다는 점을 기억하기 바란다. 그리고 두 번의 반복 후에는 p가 p mod q로 대체된다. 이제, $p>q$인 경우에는 p mod $q<p/2$이다(만약 $q\leq p/2$이라면, p mod q도 항상 q보다 작기 때문이다. 그리고 q가 $p/2$보다 큰 경우, $\lfloor p/q \rfloor=1$이 되며 p mod $q=p-q<p/2$가 된다.) 따라서 첫 번째 반복과 마지막 반복을 제외하고는 매 두 번의 반복마다 p의 값이 적어도 절반으로 줄어들고, q의 값은 항상 p의 값보다 작다.

일반성을 잃지 않기 위해, $n\geq m$이라고 가정해 보자. 그러면 루프 반복 횟수 절반의 상한선은 다음 재귀 관계식을 만족한다. 이것은 알고리즘의 전체 실행 시간과 점근적으로 동일하다.

$$T(n)=T(n/2)+\Theta(1)$$

이는 마스터 정리에 의해 다음과 같은 형태의 해를 가진다. $T(n)=\Theta(\log n)$. 즉, 유클리드의 알고리즘은 그 인자의 **길이**에 비례하여 동작하며, m과 n을 표현하기 위해 필요한 비트 수에 비례하는 시간 안에 실행된다.

예제 25.16 *그레이 코드(gray code).*

분할 정복 알고리즘의 마지막 예로, 다음과 같은 실제 문제를 고려해 보자. 0부터 2^n-1까지의 숫자를 길이가 n인 비트 문자열[우리가 코드워드(codeword)라고 부르는]과 연관시키는 방법을 찾아보는 것이다. 이때 연속하는 정수를 나타내는 코드워드들은 단 하나의 비트 위치만 다르게 된다. 예를 들어, 일반적인 이진수 형태의 숫자 표현은 이 조건을 크게 위반하게 된다. $n=3$인 경우, 3을 나타내는 코드워드는 `011`이지만 4를 나타내는 코드워드는 `100`으로, 3을 나타내는 코드워드와 모든 3비트 위치에서 다르다. 우리는 정수를 나타내는 코드워드로의 대응을 가리킬 때 **코드**(*code*)라는 용어를 사용할 것이다. 원하는 효과를 달성하는 코드는 다음과 같다.

$$G_3=\langle \texttt{000},\texttt{001},\texttt{011},\texttt{010},\texttt{110},\texttt{111},\texttt{101},\texttt{100}\rangle \qquad (25.17)$$

실제로 G_3는 우리가 요청한 것보다 조금 더 많다는 것을 알 수 있다. 마지막 코드워드는 첫 번째 코드워드와 단 하나의 비트 위치만 다르다. 이것은 코드워드를 원 형태로 배열할 수 있으며, 연속하는 정수는 원을 따라 양 방향으로 진행하면서 어디에서든 시작하여 연속하는 코드워드에 할당될 수 있음을 의미한다(그림

100 000

101 001

111 011

110 010

그림 25.4 3비트 그레이 코드 G_3는 원 형태로 배열되어 있다. 숫자 0부터 7까지는 원을 따라 순차적으로 코드워드를 할당받을 수 있으며, 시작점은 어디에서든 선택할 수 있고 시계방향 또는 반시계방향으로 진행할 수 있다.

[3] 프랭크 그레이(Frank Gray)의 이름을 따라 지어진, 1947년 벨 랩에서 이러한 코드를 발견한 엔지니어이다. 엄밀히 말하면 여기에서 설명하는 것은 n비트 **이진 반사 그레이 코드**(*binary reflected gray code*)라고 불린다. 다른 그레이 코드도 존재한다(그레이가 발명한 것이 아니다). 그레이라는 이름이 또한 검정색에서 흰색으로 연속적인 변화를 의미한다는 것도 우연의 일치라고 생각하기 바란다.

25.4 참조)

이것은 조합론적인 퍼즐이지만 실제로 중요한 실용적인 문제이기도 한다. 예를 들어, 격자(그리드) 모양의 입력 장치가 있는 컴퓨터를 상상해 보자. 이 입력 장치에는 격자 위를 이동하는 스타일러스 펜이 있다. 스타일러스 펜이 한 위치에서 다음 위치로 이동할 때, 해당 위치의 코드화된 표현은 부드럽게 변경되어야 한다. 그러나 물리적인 장치에서, 표현이 한 비트 이상 다르게 된다면, 그러한 비트들은 동시에 정확히 바뀌지 않을 수도 있고 비트가 하나씩 바뀜에 따라서 다른 값들로 왔다갔다 할 수 있다. 그레이 코드를 사용하면 이 문제가 해결된다. 이는 그림 25.5에서 보여진 것처럼 작용한다. 또한 두 격자 라인 사이에서 스타일러스 펜의 정확한 위치가 불확실하다고 할지라도 위치가 미치는 영향은 최소한만 있게 된다.

n비트 **그레이 코드**(*gray code*)[3]는 $(n-1)$-비트 그레이 코드의 두 복사본을 연결한 결과이다. 첫 번째 복사본에는 모든 코드워드 앞에 0이 추가되고, 두 번째 복사본은 역순으로 되며 모든 코드워드 앞에 1이 추가된다. 그래서 4비트 그레이 코드를 구성하려면 G_3[식 (25.17)]로 시작하고 각 코드워드 앞에 0을 추가한다—우리는 이를 $0 \cdot G_3$로 표시한다.

$$0 \cdot G_3 = \langle 0000, 0001, 0011, 0010, 0110, 0111, 0101, 0100 \rangle \quad (25.18)$$

다음으로, G_3를 역순으로 만들고(수열을 역순으로 만들되, 그 안에 있는 비트 문자열은 그대로 둔다) 각 코드워드 앞에 1을 추가한다.

$$1 \cdot G_3^R = \langle 1100, 1101, 1111, 1110, 1010, 1011, 1001, 1000 \rangle \quad (25.19)$$

마지막으로, G_4는 이 두 수열을 연결한 결과이다. 우리는 두 비트 문자열 수열을 연결하기 위해 '∘'를 사용할 것이다.

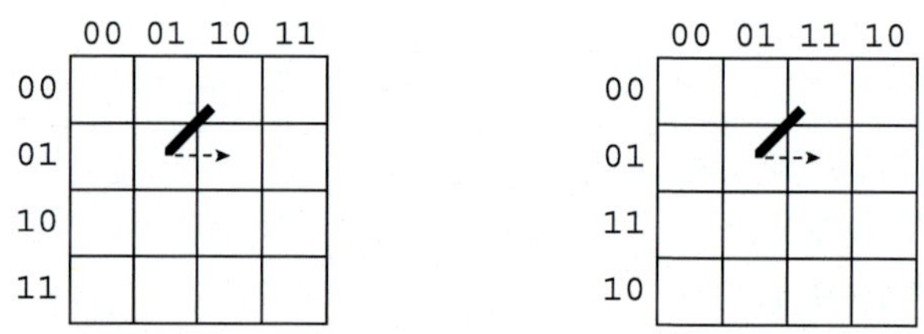

(a) (b)

그림 25.5 격자 위에서 움직이는 스타일러스 펜. (a)에서 격자 칸들은 일반적인 숫자 순서대로 라벨이 지정되어 있다. 스타일러스 펜이 ⟨01, 01⟩에서 인접한 ⟨10, 01⟩로 이동할 때, 표현의 두 비트가 변경된다. 비트가 정확히 동시에 변경되지 않으면—예를 들어, 01이 11로 변경된 다음 10으로 변경되는 경우—스타일러스가 ⟨01, 01⟩에서 ⟨11, 01⟩로 '점프'한 것처럼 보일 수 있다. 그림 (b)에서 격자 칸들은 G_2에 따라 라벨이 지정되므로 동일한 이동은 ⟨01, 01⟩에서 ⟨11, 01⟩로 변경되는 것으로 표현된다. 표현의 비트 중 하나만 변경되어 점프할 가능성이 없어진다.

$$
\begin{aligned}
&(0\cdot G_3)\circ(1\cdot G_3^R)\\
&=\langle \texttt{0000},\texttt{0001},\texttt{0011},\texttt{0010},\texttt{0110},\texttt{0111},\texttt{0101},\texttt{0100},\\
&\quad \texttt{1100},\texttt{1101},\texttt{1111},\texttt{1110},\texttt{1010},\texttt{1011},\texttt{1001},\texttt{1000}\rangle\\
&=G_4
\end{aligned}
$$

일반적으로, 그레이 코드는 다음과 같은 재귀로 정의된다.

$$G_0 = \langle \lambda \rangle$$

그리고 각각의 $n \geq 0$

$$G_{n+1} = (0 \cdot G_n) \circ (1 \cdot G_n^R) \tag{25.20}$$

정리 25.21 n비트 그레이 코드는 n비트 문자열을 정확히 한 번 포함하며 연속하는 코드워드는 딱 하나의 비트 위치만 다르다. 또한 마지막과 첫 번째 코드워드도 딱 한 비트 위치만 다르다.

증명. 증명은 n에 대한 귀납법을 사용한다. $n = 0$일 때, n비트 문자열은 하나뿐인 λ뿐이므로 정리는 당연하게 참이다.

이제 G_n이 명시된 특징을 갖고 있다고 가정하고, $G_{n+1} = (0 \cdot G_n) \circ (1 \cdot G_n^R)$임을 고려해 보자. G_n은 모든 n비트 시퀀스를 포함하므로 G_n의 길이는 2^n이다. 그리고 G_{n+1}은 G_n보다 두 배 길기 때문에 G_{n+1}의 길이는 2^{n+1}이다. G_{n+1}의 처음 $2n$ 비트 문자열은 서로 모두 다르다. 왜냐하면 G_n의 모든 문자열은 서로 다르기 때문이다. 마찬가지로, G_{n+1}의 마지막 2^n 문자열도 서로 다르다. 그리고 어떤 문자열도 순서의 첫 번째 절반과 두 번째 절반에 동시에 속하지 않는다. 왜냐하면 첫 번째 절반의 모든 문자열은 0으로 시작하고 두 번째 절반의 모든 문자열은 1로 시작하기 때문이다. 따라서 $n+1$ 비트 문자열이 정확히 한 번씩 나타난다.

마찬가지로, G_{n+1}의 첫 번째 절반에 연속하는 문자열은 오직 하나의 비트 위치만 다르다. 왜냐하면 G_n에 대해서도 그렇게 되고, 그들은 모두 첫 번째 비트가 0인 것이다. 똑같은 이유로 G_{n+1}의 두 번째 절반에 있는 문자열들도 마찬가지이다. 그리고 첫 번째 절반의 마지막 문자열은 0으로 시작하고, 두 번째 절반의 첫 번째 문자열은 1로 시작하지만, 그들은 동일한 문자열이다. 따라서 전체 시퀀스 동안 연속하는 코드워드는 오직 하나의 비트 위치만 다르다.

마지막으로, G_{n+1}의 마지막 문자열은 G_n의 첫 번째 문자열 뒤에 1이 붙은 것이며, G_{n+1}의 첫 번째 문자열은 똑같은 문자열, 즉 G_n의 첫 번째 문자열 뒤에 0이 붙은 것이다. 따라서 G_{n+1}의 처음과 끝 문자열은 첫 번째 비트만 다르다. ■

n비트의 그레이 코드를 생성하는 데 얼마만큼의 시간이 걸릴까?[4] $m = 2^n$이라 하자. 여기서 m은 n비트 그레이 코드의 원소들의 개수이다. 식 (25.20)을 기계적으로 따른다면, 다음과 같은 재귀식을 얻을 것이다.

[4] 다음 분석은 단일 코드워드에 대한 작업이 $\Theta(1)$ 시간에 수행된다고 가정한다. 개별 코드워드는 길이가 n이므로, 단순히 복사하거나 그 앞에 기호를 추가하는 것이 $\Theta(n)$ 시간이 걸릴 것처럼 보일 수 있다. 그러나 코드워드를 말 그대로 복사하는 대신, 컴퓨터는 기존 코드워드에 새로운 참조를 할당할 수 있으며[이것은 $\Theta(1)$ 작업이다], 필요할 때마다 그 동일한 객체를 참조할 수 있으므로 여러번 작성하지 않아도 된다.

$$T(m) = 2T\left(\frac{m}{2}\right) + \Theta(m)$$
$$T(1) = \Theta(1)$$

여기서 $a = b = 2$이므로 마스터 정리에 의하면 $\log_b a = 1 = d$이다. 따라서 조건 (2)가 적용되며, $T(m) = \Theta(m \log m) = \Theta(n2^n)$이다.

로그 요소를 제거할 수 있을까? 가능하다. G_n을 생성하는 동안 G_{n+1}을 두 번 생성할 필요가 없으며, 한 번 생성하고 필요할 때 두 번째로 복사하면 된다. 끝에는 각 i에 대해 G_i의 하나의 복사본이 있을 것이다. 시간 복잡도에 대한 재귀식은 다음과 같다.

$$T(m) = T\left(\frac{m}{2}\right) + \Theta(m)$$
$$T(1) = \Theta(1)$$

이제 $a = 1$, $b = 2$, 그리고 $\log_b a = 0 < d = 1$이므로 조건 (1)이 적용된다. 결과는 $T(m) = \Theta(m) = \Theta(2^n)$이다. 그레이 코드는 코드 길이에 비례한 시간 안에 생성될 수 있다.[5]

[5] Andrew T. Phillips and Michael R. Wick, 'A Dynamic Programming Approach to Generating a Binary Reflected Gray Code Sequence' 2005.

*

마스터 정리는 매우 유용하지만 모든 점화식 문제를 해결하지는 않는다. **피보나치 수열**(*Fibonacci numbers*)은 다른 접근 방법이 필요한 예이다. 점화식들을 해결하기 위해 생성 함수들을 사용하는 경우이다.

예제 25.22 당신이 n개의 계단의 계단을 오른다고 하자. 그리고 각 단계에서 한 계단 또는 두 계단을 올라갈 수 있다고 하자. n개의 계단 전체를 올라가는 방법에는 얼마나 다양한 방법이 있을까?

풀이. 피보나치 수열의 표준 인덱싱과 일관성을 유지하기 위해, $n \geq 0$이면 n 계단을 오르는 방법의 수로 f_{n+1}을 정의하고 $f_0 = 0$으로 설정한다. 그런 다음 $f_1 = 1$(계단을 전혀 오르지 않는 유일한 방법은 하나의 방법뿐이다), $f_2 = 1$(한 계단을 올라가는 유일한 방법이 있다). 두 계단 이상을 오를 때, 첫 번째 단계를 오르는 방법에는 두 가지 선택이 있다. 한 계단을 올라가고 더 올라갈 계단이 하나 줄어든 상태로 남을 수 있으며 두 계단을 오를 수 있고 더 올라갈 계단이 두 개 줄어든 상태로 남을 수 있다(그림 25.6 참조). 따라서 점화식은 다음과 같다.

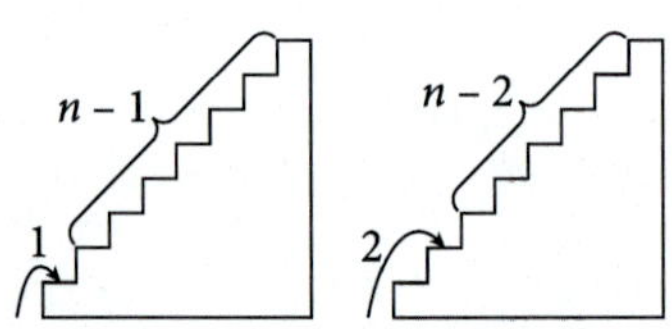

그림 25.6 n개의 계단을 오르려면, 1 계단을 오르고 $n-1$ 계단을 오르거나, 2 계단을 오르고 $n-2$ 계단을 오른다.

$$f_n = f_{n-1} + f_{n-2} \tag{25.23}$$

$n \geq 2$일 때, 초기 단계는

$$f_0 = 0 \tag{25.24}$$

$$f_1 = 1 \tag{25.25}$$

$f_2 = 1$ 결과는 그런 다음 점화식 (25.23)이 $n = 2$ 경우이다. 피보나치 수열의 최초 몇 개의 수들이 그림 25.7에 표시되어 있다.

그러나 일반적인 n에 대한 점화식 (25.23)을 푸는 방법은 무엇일까? 마스터 정리는 도움이 되지 않지만, 생성 함수(284쪽)는 도움이 된다.

다음과 같이 정의하자.

$$F(x) = \sum_{n=0}^{\infty} f_n x^n$$

n	f_n
0	0
1	1
2	1
3	2
4	3
5	5
6	8
7	13
8	21
9	34
10	55

그림 25.7 피보나치 수열의 값들

그런 다음, x와 x^2을 곱하고 항들을 모으기 쉽게 만들기 위해 지수를 이동시키면 다음과 같은 방정식들을 얻는다.

$$F(x) = \sum_{n=0}^{\infty} f_n x^n$$

$$xF(x) = \sum_{n=1}^{\infty} f_{n-1} x^n$$

$$x^2F(x) = \sum_{n=2}^{\infty} f_{n-2} x^n$$

첫 번째 식에서 두 번째와 세 번째 식을 빼면,

$$\begin{aligned}(1-x-x^2)F(x) &= f_0 + (f_1 - f_0)x + \sum_{n=2}^{\infty}(f_n - f_{n-1} - f_{n-2})x^n \\ &= 0 + (1-0)x + \sum_{n=2}^{\infty} 0x^n \\ &= x\end{aligned}$$

식 (25.23), (25.24), (25.25)에 의해

$$F(x) = \frac{x}{1-x-x^2} \tag{25.26}$$

그래서, 2차 다항식 $1-x-x^2$는 인수로 나누어질 수 있다.

$$1 - x - x^2 = -(\phi + x)\cdot(\psi + x) \tag{25.27}$$

여기서 ϕ와 ψ는 방정식 $x^2-x-1=0$의 근이며, $-\phi$와 $-\psi$가 방정식의 해인 것을 확인하는 것은 쉽다.

$$1 - x - x^2 = 0 \tag{25.28}$$

이차 방정식 수식은 ϕ와 ψ의 값을 제공한다.

$$\begin{aligned} \phi &= \frac{1+\sqrt{5}}{2} \approx 1.618 \\ \psi &= \frac{1-\sqrt{5}}{2} \approx -0.618 \end{aligned} \tag{25.29}$$

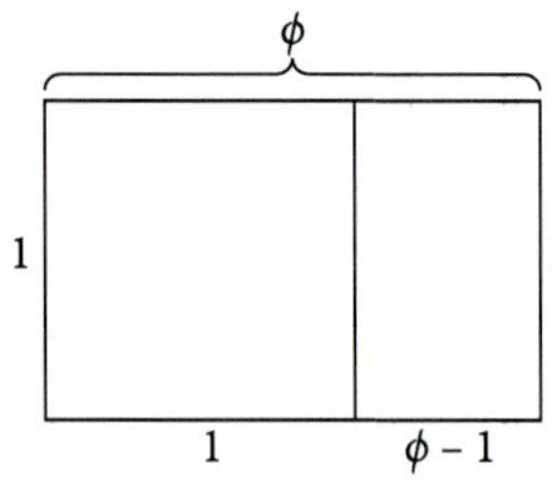

그림 25.8 황금 비율 ϕ는 짧은 변의 길이가 1인 사각형의 긴 변의 길이이다. 그리고 단위 정사각형을 잘라내면 동일한 비율의 직사각형이 남는 특성을 갖는다. 즉, $\frac{\phi}{1} = \frac{1}{\phi-1}$이므로 $\phi^2 - \phi - 1 = 0$이다.

식 (25.27)을 식 (25.26)의 분모에 대체하면,

$$F(x) = \frac{-x}{(x+\phi)(x+\psi)} \tag{25.30}$$

수 ϕ는 고대부터 **황금 비율**(*golden ratio*)로 알려져 왔다. 이것은 정사각형을 잘라내면 같은 비율을 가진 직사각형이 남는 특성을 갖는 직사각형(그림 25.8 참조)의 비율(긴 변의 길이와 짧은 변의 길이 비교)이다.

만약 우리가 식 (25.30)을 $\frac{1}{1-cx}$ 형태의 분수의 합으로 표현할 수 있다면, 우리는 식 (24.9)(282쪽)를 사용하여 f_n의 값을 x^n의 계수로 찾을 수 있을 것이다.

우리는 다음을 만족하는 a와 b의 값을 찾을 수 있다.[6]

$$F(x) = \frac{-x}{(x+\phi)(x+\psi)} = \frac{a}{x+\phi} + \frac{b}{x+\psi} \tag{25.31}$$

$(x+\phi)(x+\psi)$를 곱하고 $x = -\phi$ 및 $x = -\psi$를 대입함으로써,

$$\begin{aligned} -x &= a(x+\psi) + b(x+\phi) \\ \phi &= a(\psi - \phi) \\ \psi &= b(\phi - \psi) \end{aligned}$$

그래서

$$\begin{aligned} a &= \frac{\phi}{\psi - \phi} = \frac{-\phi}{\sqrt{5}} \\ b &= \frac{\psi}{\phi - \psi} = \frac{\psi}{\sqrt{5}} \\ F(x) &= \frac{1}{\sqrt{5}}\left(\frac{-\phi}{x+\phi} + \frac{\psi}{x+\psi}\right) \end{aligned} \tag{25.32}$$

더 나아가려면 ϕ와 ψ를 포함하는 간단한 항등식이 필요하다.

[6] 이것은 **부분 분수 분해**(*partial fraction decomposition*)로 알려져 있다. 일반적인 방법은 x의 다항식인 P 및 Q로 이루어진 분수 $P(x)/Q(x)$를 $P'(x)/Q'(x)$ 형식의 항들의 합으로 표현하는 데 사용된다. 여기서 P' 및 Q'은 다항식이며, Q'의 다항식 차수는 Q의 다항식 차수보다 낮다.

$$\begin{aligned}\phi\cdot\psi &= \frac{1+\sqrt{5}}{2}\cdot\frac{1-\sqrt{5}}{2}=\frac{1^2-\sqrt{5}^2}{2^2}\\ &= -1,\\ \text{그래서 } \psi &= \frac{-1}{\phi}\\ \phi &= \frac{-1}{\psi}\end{aligned}$$

그러므로

$$\begin{aligned}F(x) &= \frac{1}{\sqrt{5}}\left(\frac{-\phi}{x+\phi}+\frac{\psi}{x+\psi}\right)\\ &= \frac{1}{\sqrt{5}}\left(\frac{-1}{(x/\phi)+1}+\frac{1}{(x/\psi)+1}\right)\\ &= \frac{1}{\sqrt{5}}\left(\frac{1}{1-\phi x}-\frac{1}{1-\psi x}\right)\\ &= \frac{1}{\sqrt{5}}\left(\sum_{n=0}^{\infty}\phi^n x^n-\sum_{n=0}^{\infty}\psi^n x^n\right) \qquad \text{[식 (24.9)를 사용해서]}\end{aligned}$$

n번째 피보나치 수 f_n은 x^n의 계수로 다음과 같다.

$$f_n=\frac{1}{\sqrt{5}}(\phi^n-\psi^n) \tag{25.33}$$

놀랍게도, 식 (25.33)의 두 항 모두 무리수이지만 f_n은 정수이다. $\phi>1$이고 $|\psi|<1$이기 때문에 다음과 같이 된다.

$$f_n\sim\frac{1}{\sqrt{5}}\phi^n$$

그래서 피보나치 수열의 숫자들은 기하급수적으로 증가하며, 지수의 밑수(base)가 대략 1.6 정도이다. ■

*

이제 이미 본 예제를 기반으로 한 재귀 예의 마지막 예제로 마무리한다. 균형 잡힌 괄호 문제(balanced parentheses)(86쪽).

예제 25.34 *카탈란(Catalan) 수. 왼쪽 괄호 n개와 일치하는 오른쪽 괄호 n개가 있는 올바르게 균형 잡힌 괄호들의 문자열은 총 몇 개일까?*

풀이. 하나의 왼쪽 괄호와 하나의 오른쪽 괄호를 배열하는 두 가지 방법이 있다,

'()' 및 ')(', 그러나 그 중 하나만이 균형을 이룬다. n개의 왼쪽 괄호와 n개의 오른쪽 괄호로 이루어진 올바르게 균형 잡힌 문자열의 수를 n번째 **카탈란 수**(*Catalan number*)라고 한다.[7] (카탈란 수는 균형 잡힌 괄호 문자열 외에도 많은 것을 세는 데 사용되며, 일부 추가 응용 사례는 문제 25.6에서 탐구된다.) 처음 몇 개의 카탈란 수는 C_1부터 시작하여 1, 2, 5, 14, 42, 132, 429, ... 이다. 이 숫자들은 상당히 빠르게 증가하는 것처럼 보이지만 명백한 패턴은 없다. 빈 문자열이 0 쌍의 괄호로 구성된 유일한 균형 잡힌 문자열이기 때문에 $C_0 = 1$로 설정하는 것이 합리적이다.

[7] 외젠 샤를 카탈란(Eugene Charles Catalan, 1814~1894)은 벨기에의 수학자였다.

C_n의 점화식은 쓰기는 쉽지만 풀기는 어렵다. $i<n$인 i에 대한 C_i를 사용하여 C_n을 표현하려면 $n \geq 1$ 쌍의 괄호로 된 균형 잡힌 문자열 w를 고려한다. 문자열 w는 왼쪽 괄호로 시작하며 문자열 내에서 나중에 일치하는 오른쪽 괄호가 있다. 그래서

$$w = (u)v$$

여기서 u와 v는 괄호들의 균형 잡힌 문자열이며, u는 $i<n$개의 괄호 쌍으로 이루어져 있고, v는 그런 다음 $n-i-1$개의 괄호 쌍을 가진다. u와 v에 대한 가능한 개수를 곱하여 계산하고 모든 가능한 i에 대해 합산하면 다음을 얻는다.

$$C_n = \sum_{i=0}^{n-1} C_i C_{n-i-1}$$
$$C_0 = 1 \tag{25.35}$$

예를 들어, $C_2 = C_0C_1 + C_1C_0 = 1 \cdot 1 + 1 \cdot 1 = 2$로, $u = ()$이고 $v = \lambda$인 두 가지 가능한 문자열 '(())'와 $u = \lambda$이고 $v = ()$인 '()()'에 해당한다.

마스터 정리는 식 (25.35)에 대해 도움을 주지 않는다. 이 문제에 적용할 수 있는 더 일반적인 방법이 존재하지만, 우리는 원래 문제를 다른 방식으로 풀 것이다.

그림 25.9 $n+1=4$개의 왼쪽 괄호와 $n=3$개의 오른쪽 괄호가 원형으로 배열되어 있다. 한 개를 제외한 모든 왼쪽 괄호는 시계 방향으로 원 안을 따라 돌면서 고유한 오른쪽 괄호와 일치하며 그림에서 보이는 것처럼 보라색 화살표의 다른 끝에 나타난다. 일치하지 않는 왼쪽 괄호는 고유하게 결정되며 빨간색 원으로 표시된다. 이 원형 배열은 균형 잡힌 문자열(()())에 해당한다.

n개의 왼쪽 괄호와 n개의 오른쪽 괄호를 사용한 균형 잡힌 문자열 대신 $n+1$개의 왼쪽 괄호들과 n개의 오른쪽 괄호를 사용한 **원형 배열**(*circular arrangement*)을 고려해 보자(그림 25.9 참조). 왼쪽 괄호들 중 하나는 특별하다. 이 괄호는 원을 시계 방향으로 돌며 다음 오른쪽 괄호와 일치시킬 수 없는 유일한 괄호이다. 이것을 확인하기 위해서, 어떤 왼쪽 괄호에서 시작해 보자. $n+1 \geq 1$이므로 적어도 하나의 왼쪽 괄호가 있다. 만약 $n+1=1$이면, 일치하지 않는 왼쪽 괄호를 찾은 것이다. $n+1>1$이라면, $n \geq 1$이고 적어도 하나의 오른쪽 괄호가 있으므로 시계 방향으로 계속 가다가 오른쪽 괄호를 만난다. 그 오른쪽 괄호와 직전의 왼쪽 괄호가 일치하는 쌍이며, 이들을 제거하고 과정을 반복한다. 이제 n개의 왼쪽 괄호와 $n-1$개의 오른쪽 괄호로 진행하게 된다. 결국 $n=1$인 경우까지 도달하고

일치하지 않는 왼쪽 괄호를 확인한다. 이제 일치하지 않는 왼쪽 괄호에서 시작하여 시계 방향으로 읽으면 균형 잡힌 괄호 문자열이 나오며, 어떤 균형 잡힌 괄호 문자열도 일치하지 않는 왼쪽 괄호가 문자열의 시작 부분에 위치한 $n+1$개의 왼쪽과 n개의 오른쪽 괄호를 가진 유일한 원형 배열에 해당한다.

우리는 균형 잡힌 괄호 문자열에 대한 질문을 $n+1$개의 왼쪽과 n개의 오른쪽 괄호로 이루어진 **임의의 원형 배열**에 대한 질문으로 바꿀 수 있다. 얼마나 많은 이러한 원형 배열이 있을까? 원 안의 $2n+1$개 위치 중에서 어떤 $n+1$개가 왼쪽 괄호를 가져야 하는지를 선택하는 방법의 수만큼 있다. 즉,

$$C_n = \frac{1}{2n+1}\binom{2n+1}{n+1} \tag{25.36}$$

여기서 $2n+1$로 나누는 이유는 원을 한 번의 위치로 회전시키는 모든 $2n+1$가지 방법이 동일하다는 사실 때문이다(254쪽 참조). 식 (25.36)은 '조합(choose)' 연산자에 대한 공식을 쓰면 더 간단하게 나타낼 수 있다.

$$\begin{aligned} C_n &= \frac{1}{2n+1}\binom{2n+1}{n+1} \\ &= \frac{1}{2n+1}\cdot\frac{(2n+1)!}{n!(n+1)!} \\ &= \frac{1}{n+1}\cdot\frac{(2n)!}{n!n!} \\ &= \frac{1}{n+1}\binom{2n}{n} \end{aligned}$$

요약

- **점화식**(*recurrence relation*)은 초기 단계부터 시작하여 무한 수열의 값들을 수열의 더 작은 값들의 형태로 정의한다.
- 점화식들은 재귀 알고리즘 분석에서 발생한다.
- 합병 정렬 및 이진 탐색은 일반적인 형태의 재귀 알고리즘인 **분할 정복**(*divide and conquer*) 알고리즘이다. 이러한 알고리즘은 문제를 점차적으로 더 작은 하위 문제로 나누고 각각에 재귀적으로 동작한 다음 하위 문제들의 답을 결합하여 원래 문제의 답을 얻는다.
- 분할 정복 알고리즘의 실행 시간은 종종 다음과 같은 형태의 재귀 관계로 설명될 수 있다.

$$T(n) = aT\left(\frac{n}{b}\right) + \Theta(n^d)$$

여기서 a는 하위 문제들의 개수, b는 원래 문제의 크기를 하위 문제의 크기로 나눈 것이며, 하위 문제들의 답을 결합하는 알고리즘이 d차 다항 실행 시간을 가진다. **마스터 정리**(*Master theorem*)는 a, b 및 d 사이의 관계를 기반으로 이러한 형태의 재귀에 대한 닫힌 형태를 제공한다.

- 분할 정복 알고리즘은 종종 명백한 알고리즘보다 놀라운 개선을 제공할 수 있다. 예를 들어, 정수 산술[**카라추바 알고리즘**(*Karatsuba algorithm*)], 행렬 곱셈[**슈트라센 알고리즘**(*Strassen algorithm*)] 및 최대공약수 찾기[**유클리드 알고리즘**(*Euclid algorithm*)] 등에서 그렇게 나타난다.
- 길이 n의 **그레이 코드**(*gray code*)는 $\{0, 1\}^n$을 각각의 코드워드)가 오직 하나의 비트 위치만 다르도록 배열한다.
- **피보나치 수열**(*Fibonacci number*)은 $f_n = f_{n-1} + f_{n-2}$, $f_0 = 0$ 및 $f_1 = 1$을 만족한다. f_n의 값은 n에 따라서 기하급수적으로 증가하며, 지수의 밑수는 대략 1.6이다.
- **카탈란 수**(*Catalan number*)는 n개의 왼쪽 괄호와 n개의 오른쪽 괄호로 이루어진 균형 잡힌 문자열의 개수이다.

문제

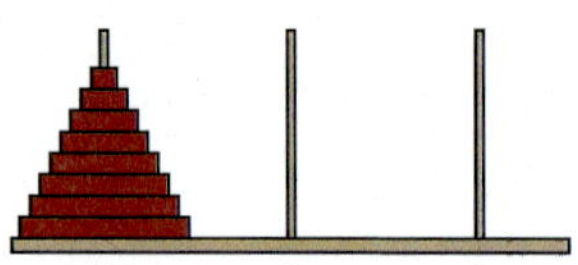

그림 25.10 하노이 탑. 어떻게 디스크 더미를 막대 간에 디스크를 하나씩 이동시키며 더 큰 디스크를 더 작은 디스크 위에 놓지 않으면서 두 번째 막대로 옮길 수 있을까?

25.1 하노이 탑(*towers of Hanoi*) 퍼즐(그림 25.10)은 디스크 더미를 1번 막대에서 2번 막대로 옮기는 것을 목표로 하며 다음 제약 조건을 준수해야 한다. 한 번에 하나의 디스크만 막대에서 다른 막대로 옮길 수 있으며, 더 큰 디스크를 더 작은 디스크 위에 놓을 수 없다.

(a) 이 퍼즐을 해결하는 재귀 알고리즘을 설명하라. n개의 디스크가 있는 경우 몇 개의 단계가 필요할까?

(b) n비트 그레이 코드가 이 문제를 해결함을 보여라. 코드를 순서대로 실행하면서 변경되는 비트 위치에 해당하는 디스크를 이동한다(디스크 0은 가장 작은 디스크이며 비트 위치 0은 가장 오른쪽이다). 이동해야 하는 디스크가 가장 작은 디스크를 제외하고 어떤 디스크든 합법적으로 이동할 수 있는 막대가 하나뿐이다. 가장 작은 디스크는 순환적으로 이동하며, 만약 n이 홀수이면 $2 \to 3 \to 1 \to 2 \to \ldots$ 또는 n이 짝수이면 $3 \to 2 \to 1 \to 3 \to \ldots$이다.

25.2 **해밀턴 회로**(*Hamiltonian circuit*)는 그래프의 각 정점을 정확히 한 번씩 방문하는 회로이다. n비트 그레이 코드가 n-차원 하이퍼큐브(hypercube)의 Hamiltonian 회로를 설명할 수 있다는 것을 보여라.

25.3 길이 n의 이진 문자열 중에서 1이 연속으로 나오지 않는 문자열은 몇 개인가? 문자열이 0으로 시작하는 경우와 1로 시작하는 경우 두 가지 경우에 기반을 두고 점화식을 작성하고 풀어보라.

25.4 부분 수열(subsequence) 012가 나타나지 않는 n자리 삼진 수열들의 개수에 대한 점화식을 찾아보자(삼진 수열은 0, 1, 2로 이루어진 수열이다).

25.5 5센트, 10센트 및 25센트 동전을 무제한으로 가지고 있을 때, n센트를 동전으로 거슬러주는 방법의 개수에 대한 점화식을 찾아보자. $n = 25$, 30 및 35에 대한 값을 찾아보자.

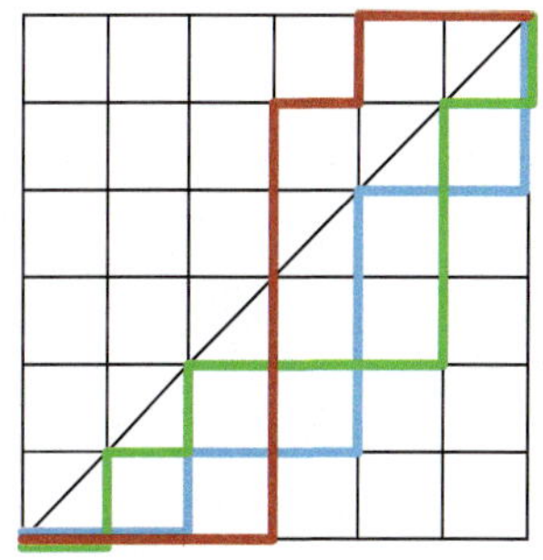

그림 25.11 6×6 격자에서 세 가지 다른 단조 경로. 파란색과 녹색 경로는 대각선 부분을 가로지르지 않으며, 빨간색 경로는 가로지른다.

25.6 카탈란 수의 더 많은 응용 사례들

(a) $n \times n$ 격자에서의 **단조 경로**(*monotonic path*)(문제 23.6에서도 언급됨)는 그 아래 왼쪽 모퉁이에서 시작하고 그 위 오른쪽 모퉁이에서 끝나며, 오직 위쪽 및 오른쪽으로만 이동하는 경로이다(그림 25.11 참조). 대각선(왼쪽 하단에서 오른쪽 상단으로 연장되는 대각선)을 가로지르지 않는 이러한 경로의 수가 C_n인 것을 보여라.

(b) 볼록한 n-각형을 삼각형으로 나누기 위해 대각선 부분을 교차하지 않게 그리는 방법의 수가 C_{n-2}, 즉 $(n-2)$번째 카탈란 수임을 보여라. 예를 들어(그림 25.12), 오각형의 경우 다섯 가지 방법으로 할 수 있으며, $C_{5-2} = 5$이다. 힌트: 이러한 삼각 분할의 개수가 카탈란 수와 동일한 점화식을 만족함을 보여라.

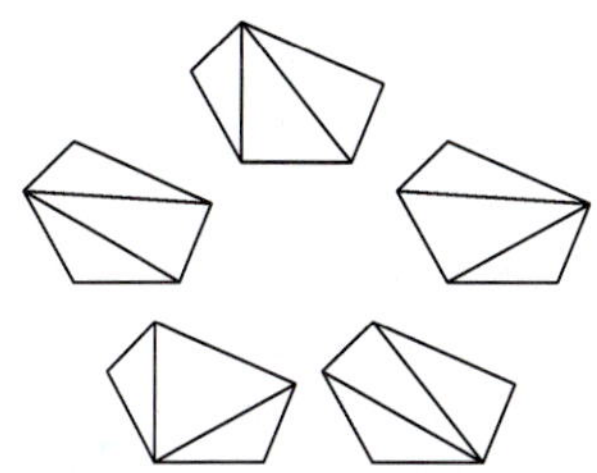

그림 25.12 볼록한 오각형을 대각선이 교차하지 않는 삼각형들로 나누는 다섯 가지 방법

25.7 생성 함수를 사용하여 다음 점화식들을 풀어보라.

(a)

$$a_0 = 0$$
$$a_1 = 1$$
$$a_n = a_{n-1} + 2a_{n-2} \text{ for } n \geq 2$$

(b)

$$a_0 = 1$$
$$a_1 = 1$$
$$a_n = a_{n-1} + 6a_{n-2} \text{ for } n \geq 2$$

25.8 은행은 연 2%의 이자를 지급한다. 다음 가정들에 대하여 당신이 n년 후에 가질 돈의 양에 대한 점화식을 찾고 그것을 풀어보라.

(a) 은행에 1000불을 예금하고 그냥 복리로 두는 경우

(b) 100불을 예금하여 시작하고 매년 이자가 지불된 후 매년 말에 100불을 추가하는 경우

25.9 다음을 증명하라.

$$\psi = -(\phi - 1)$$

이것은 식 (25.29)에서 ϕ와 ψ의 숫자들 사이의 유사성을 설명한다.

Chapter

26 확률

세는 것은 목적을 달성하는 수단이다. 22장과 23장은 과학자들이 시스템이 어떻게 동작할지 예측하는 데 도움이 되는 실용적인 이유로 컴퓨터 과학 과목에 포함된 수학적인 도구를 개발한다.

만약 어떤 절차를 여러 번 반복한다면, 어떤 결과가 발생할 빈도를 기대할 수 있을까? 이 절차는 항상 항아리로부터 구슬을 꺼내는 것이나, 구슬과 항아리가 적절한 비유로 사용될 수 있는 모든 것이 될 수 있다. 또는 표준 주사위를 굴려서 2에서 12까지의 합계를 얻는 것처럼, 가능한 결과가 구체적이고 이산인 모든 랜덤 현상일 수 있다. 어떤 결과가 발생할 것으로 기대되는 빈도는 그 사건의 **확률**(*probability*)이다.

먼저 우리의 용어를 정의해 보자. **시행**(*trial*)은 잘 정의된 **결과**(*outcomes*) 집합 중 하나를 초래하는 반복 가능한 절차이다. 예를 들어, 항아리에서 구슬을 뽑는 것은 시행일 수 있으며, 이 경우에서 발생하는 가능한 결과들은 구슬이며, 또는 동전을 던지는 것은 가능한 결과가 앞면과 뒷면인 시행이 될 수 있다. 또는 주사위를 굴리는 것은 정수의 쌍인 결과가 되며, 각 구성 요소는 1에서 6 사이의 값을 가질 수 있다.

우리의 목적상 가능한 결과 집합은 항상 유한할 것이다. (결과 집합이 무한한 경우 다른 접근 방식이 필요하다.) 이는 예를 들어, 책상 위 주사위의 물리적 좌표(실수 쌍)를 결과로 간주할 수 없음을 의미한다.

시행의 표본 공간은 모든 가능한 결과의 집합이다. 따라서 표준 주사위를 굴리는 경우의 표본 공간은 $\{1, 2, 3, 4, 5, 6\}$이며, 두 개의 주사위를 굴리는 경우의 표본 공간은 $\{1, 2, 3, 4, 5, 6\}^2$이다. 사건은 결과의 집합인 즉, 표본 공간의 부분 집합이다. 예를 들어, 주사위를 두 번 굴리는 경우의 표본 공간이라면 합이 4가 되는 숫자를 굴리는 것은 사건 $\{\langle 1, 3\rangle, \langle 2, 2\rangle, \langle 3, 1\rangle\}$이 된다.

시행의 가능한 사건의 집합은 표본 공간의 모든 부분 집합인 표본 공간의 멱집합(power set)이다. 따라서 (문제 5.3에 의하면) 크기가 n인 표본 공간에서는 2^n개의 가능한 사건이 있다.

유한한 표본 공간 S를 갖는 시행을 고려해 보자. **확률 함수**(*probability function*)는 사건에 확률(실수)을 할당하는 함수 $\Pr: \mathcal{P}(S) \to \mathbb{R}$이다. 어떤 확률 함수이든 다음과 같은 조건을 만족해야 한다. 이를 **유한 확률 공리**(*axioms of finite probability*)라고 한다.

공리 1. 모든 사건 A에 대해 $0 \le \Pr(A) \le 1$이 성립한다. 즉, $\Pr(A)$는 0부터 1까지의 실수 집합에 속한다.

공리 2. $\Pr(\emptyset) = 0$ 그리고 $\Pr(S) = 1$. 이 두 조건은 모든 시행에서 S에 속하는 결과 중 하나는 반드시 발생한다는 것을 나타낸다. 유한한 표본 공간의 경우, 확률 0은 '불가능'을 의미하고, 확률 1은 '확실'[1]을 의미할 수 있다.

공리 3. 만약 $A, B \subseteq S$이고 $A \cap B = \emptyset$이라면,

$$\Pr(A \cup B) = \Pr(A) + \Pr(B)$$

이것은 두 배반 사건의 합집합의 확률은 그들의 확률의 합과 같다는 것을 의미한다(그림 26.1 참조).

[1] 이는 무한한 경우에는 성립하지 않는다. 무한히 공평한 동전을 계속해서 던져서 항상 앞면만 나오는 경우의 확률은 0이지만 기술적으로는 불가능하지 않다. 무한한 경우에는 표본 공간의 부분 집합이지만 확률이 1인 사건을 '거의 확실하게(almost surely)' 발생한다고 말한다.

이러한 공리로부터 몇 가지 유용한 기본 특성들을 추론할 수 있다.

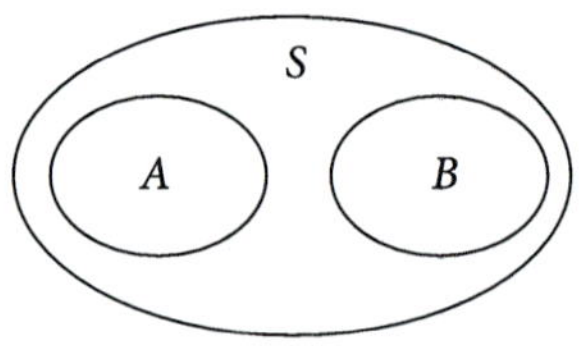

그림 26.1 A와 B가 배반 사건이므로, 그것들의 확률을 합하여 합집합의 확률을 찾을 수 있다.

정리 26.1 사건이 일어나지 않을 확률은 $\Pr(\overline{A}) = 1 - \Pr(A)$이다.

증명. 모든 가능한 결과를 포함하는 표본 공간 S에서, 사건 A가 발생하지 않으면 사건 $S - A = \overline{A}$는 발생한다. 사건 A와 $\overline{A}$는 배반 사건이다(그림 26.2). 따라서 공리 2와 3에 의해,

$$1 = \Pr(S) = \Pr(A \cup \overline{A}) = \Pr(A) + \Pr(\overline{A})$$

따라서 항목을 재배열하여 $\Pr(\overline{A}) = 1 - \Pr(A)$가 된다. ■

사건 $\overline{A}$는 사건 A의 여사건 또는 부정으로 참조된다.

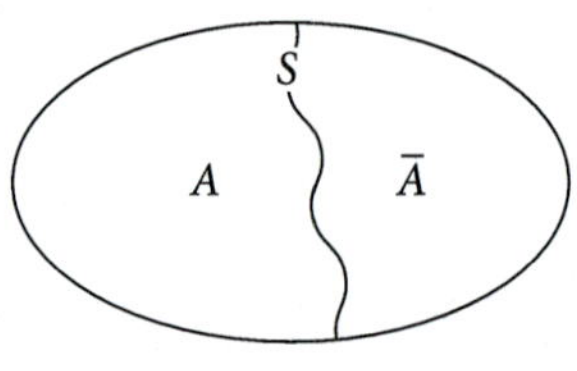

그림 26.2 A와 $\overline{A}$는 전체 표본 공간을 포함한다.

정리 26.2 만약 하나의 사건이 다른 사건의 부분 집합이면, 첫 번째 사건의 확률은 두 번째 사건보다 크지 않다. 즉, $A, B \subseteq S$이고 $A \subseteq B$이면, $\Pr(A) \le \Pr(B)$이다.

증명. 집합 A와 $B - A$를 고려하자. 이것들은 배반 사건이다. 그래서, $A \subseteq B$이기 때문에,

$$\Pr(B) = \Pr(A \cup (B - A)) = \Pr(A) + \Pr(B - A)$$

재배열하면,

$$\Pr(A) = \Pr(B) - \Pr(B - A)$$

그러나 공리1에 의해 $\Pr(B - A) \ge 0$이기에, $\Pr(A) \le \Pr(B)$이다. ■

정리 26.3 일련의 배타적인 사건 중 하나가 발생할 확률은 각 개별 사건의 확률을 합한 값이다. 즉, $A_1, A_2, \ldots, A_n \subseteq S$가 모두 배타적이라 가정하자(즉, $i \neq j$일 때, $A_i \cap A_j = \emptyset$), 그러면

$$\Pr\left(\bigcup_{i=1}^{n} A_i\right) = \sum_{i=1}^{n} \Pr(A_i)$$

증명. 이 증명은 n에 대한 귀납법을 사용한다. 기본 단계인 $n=2$일 때, 곧바로 공리 3에서 따른다.

$$\Pr(A_1 \cup A_2) = \Pr(A_1) + \Pr(A_2)$$

이제 $n \geq 2$라 하고,

$$\Pr\left(\bigcup_{i=1}^{n} A_i\right) = \sum_{i=1}^{n} \Pr(A_i)$$

합집합 $\bigcup_{i=1}^{n} A_i$는 A_{n+1}과 서로소이다. 각 구성 집합이 A_{n+1}과 서로소이기 때문에 다시 한번 공리 3에 의해서

$$\Pr\left(\left(\bigcup_{i=1}^{n} A_i\right) \cup A_{n+1}\right) = \Pr\left(\bigcup_{i=1}^{n} A_i\right) + \Pr(A_{n+1})$$

여기서 귀납 가설에 따라, 이 값은 $\sum_{i=1}^{n+1} \Pr(A_i)$와 같다. ■

정리 26.4 *포함-배제 원리*. 만약 A와 B가 어떤 두 사건이라면(반드시 서로소일 필요는 없음), 그 중 하나가 발생할 확률은 각각의 확률을 더한 값에서 그들의 교집합의 확률을 뺀 값이다.

$$\Pr(A \cup B) = \Pr(A) + \Pr(B) - \Pr(A \cap B)$$

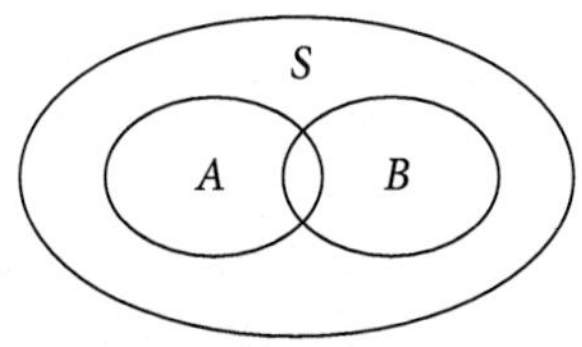

그림 26.3 A와 B가 겹칠 때, 그들의 합집합의 확률을 계산할 때 교집합은 중복으로 계산되어서는 안 된다.

증명. 세 개의 서로소 사건 $A-B$, $B-A$, 그리고 $A \cap B$를 고려하라. 이 세 사건의 합집합은 $A \cup B$이다(그림 26.3). 정리 26.3에 따라

$$\Pr(A \cup B) = \Pr(A - B) + \Pr(B - A) + \Pr(A \cap B) \tag{26.5}$$

$A = (A-B) \cup (A \cap B)$와 $B = (B-A) \cup (A \cap B)$이기 때문에, 공리 3에 의해,

$$\Pr(A - B) = \Pr(A) - \Pr(A \cap B) \text{ 그리고}$$
$$\Pr(B - A) = \Pr(B) - \Pr(A \cap B)$$

식 (26.5)에 대체하면,

$$\begin{aligned}\Pr(A\cup B) &= \Pr(A) - \Pr(A\cap B) + \Pr(B) - \Pr(A\cap B) + \Pr(A\cap B)\\ &= \Pr(A) + \Pr(B) - \Pr(A\cap B)\end{aligned}$$ ■

*

n가지 가능한 결과가 있는 한 시행에서, 하나의 간단한 확률 함수는 각 결과에 동등한 확률 $\frac{1}{n}$을 할당한다. 동등한 확률을 가진 결과는 많은 현상에 대한 좋은 모델이다. 예를 들어, 공평한 동전(두 가지 결과), 공평한 육면체 주사위(여섯 가지 결과) 또는 크기와 무게가 동일한 구슬이 든 항아리 등이 있다.

정리 26.6 *동등한 확률을 가진 결과에 대한 확률 함수.* 각 결과가 동등한 확률을 가진 유한한 표본 공간 S를 갖는 실험을 고려하라. 어떤 사건 $E\subseteq S$에 대해 다음을 정의하라.

$$\Pr(E) = \frac{|E|}{|S|} \tag{26.7}$$

그렇다면, Pr은 확률 함수이다.

증명. 식 (26.7)이 유한한 확률의 공리를 만족하는지 확인해야 한다.

1. $\Pr(A)=\frac{|A|}{|S|}$. 분자와 분모 모두 음이 아니며 $A\subseteq S$이기에, $0\le|A|\le|S|$이다. 따라서, $0\le\frac{|A|}{|S|}\le 1$이다.
2. $\Pr(\emptyset)=\frac{|\emptyset|}{|S|}=0$, 이고 $\Pr(S)=\frac{|S|}{|S|}=1$이다.
3. 만약 A와 B가 서로소이면, $|A\cup B|=|A|+|B|$이다. 그래서

$$\Pr(A\cup B)=\frac{|A\cup B|}{|S|}=\frac{|A|+|B|}{|S|}=\frac{|A|}{|S|}+\frac{|B|}{|S|}=\Pr(A)+\Pr(B)$$ ■

예제 26.8 만약 정상적인 동전을 4번 던질 경우, 정확히 2번의 앞면이 나올 확률은 얼마인가?

HHHH
HHHT
HHTH
HHTT
HTHH
HTHT
HTTH
HTTT
THHH
THHT
THTH
THTT
TTHH
TTHT
TTTH
TTTT

그림 26.4 집합 S의 16개의 원소 중에서, 사건 E의 6개의 원소는 빨간색으로 표시되어 있다.

풀이. 동전 던지기를 단일한 동전 던짐으로 취하는 대신, 동전을 4번 던지는 것을 한 번의 시행으로 고려하자.

어떤 결과도 길이 4의 앞면과 뒷면의 시퀀스이다. 사건 E는 정확히 2개의 앞면을 포함하는 시퀀스들의 집합인 것이다. 그러면 표본 공간과 관심 있는 사건은 다음과 같다.

$$S=\{H,T\}^4$$
$$E=\{x_1x_2x_3x_4\in\{H,T\}^4 : |\{i : x_i=H\}|=2\}$$

사건 E는 가능한 16개의 결과 중 $\binom{4}{2}=6$개를 포함한다(그림 26.4). 따라서 정확

히 2개의 앞면을 얻을 확률은

$$\Pr(E) = \frac{|E|}{|S|} = \frac{\binom{4}{2}}{2^4} = \frac{6}{16} = \frac{3}{8}$$ ■

확률을 계산하는 약간 더 복잡한 예제를 여기서 다루어 보자. (윤년에 태어난 사람이 없는) 366명의 사람으로 이루어진 그룹에서, 비둘기집 원리에 의해 두 명은 동일한 생일을 가질 것이다. 365명 이하의 그룹에서는 중복된 생일이 가능하지만 불가피하지는 않으며, 그룹이 작을수록 그 가능성이 적어진다. 그룹의 크기와 적어도 한 명의 생일이 중복될 확률 사이의 수학적 관계는 무엇인가?

예제 26.9 n이 365 이하인 임의의 선택된 그룹에서, 어떤 두 사람이 동일한 생일을 가질 확률은 어떻게 될까? (윤년이 아닌 경우 365일의 생일이 모두 동등하게 발생한다고 가정하고, 2월 29일에는 아무도 태어나지 않으며, 출생은 서로 독립적이라고 가정하자—쌍둥이가 없음.)

풀이. 여집합 확률(모든 생일이 고유하다는 경우)을 계산하고, 그 확률을 1에서 빼는 것이 더 쉽다.

우선, 두 명으로 이루어진 그룹을 상상해 보자. 첫 번째 사람은 어떤 날에 태어날 수 있고, 두 번째 사람은 첫 번째 사람의 생일을 제외한 어떤 날에 태어날 수 있다—364가지 가능한 날짜이다. 따라서 두 번째 사람의 생일이 첫 번째 사람의 생일과 다를 확률은 $\frac{364}{365}$이다.

이제 첫 두 명의 생일이 다르다고 가정하고, 세 번째 사람을 추가해 보자. 세 번째 사람의 생일이 첫 두 명과 다를 확률은 $\frac{363}{365}$이므로, 세 명의 모든 생일이 다를 확률은

$$\frac{364}{365} \cdot \frac{363}{365}$$

일반적으로 i명이 추가된 후, 그들의 생일이 모두 다르다고 가정하자. 따라서 이미 i개의 생일이 선택되었고, $365-i$개의 생일이 선택되지 않았다. 다음 사람의 생일이 이전의 모든 생일과 다를 확률은 $\frac{365-i}{365}$이다. 모든 n개의 생일이 다를 확률을 얻으려면, i가 0에서 $n-1$까지의 모든 값에 대해 이러한 확률을 곱하면 된다.

$$\prod_{i=0}^{n-1} \frac{365-i}{365} = \frac{365!}{(365-n)! \cdot 365^n} \tag{26.10}$$

어떤 두 사람이 생일을 공유할 확률은 이 숫자의 1을 뺀 값이다. ■

n이 23일 때, 식 (26.10)의 값은 대략 0.49이다. 이는 식 (26.10)이 $\frac{1}{2}$보다 작은 최소한의 n값이다. 즉, 임의로 선택된 23명 이상의 그룹에서 (2월 29일에 태어난 사람이 없는 경우) 어떤 두 사람이 같은 생일을 가질 가능성이 높다는 것을 의미한다.

❖

예제 26.8과 26.9는 모든 결과(동전 던지기 또는 생일)가 동등한 확률을 갖는다고 가정한다. 예제 26.8의 동전 던지기 예제에 중점을 두면 좋다. 왜냐하면 성공과 실패가 동등한 확률일 때, 긴 성공의 연속이나 긴 실패의 연속은 같은 길이의 다른 이벤트 시퀀스보다 덜 발생할 가능성이 없다는 중요한 사실을 보여주기 때문이다. 구체적으로 4회 던지기의 16가지 시퀀스가 동등하게 발생한다는 가정은 동전과 확률에 관한 두 가지 사실에 의존한다. 첫째, 동전이 공정하다는 것, 물리적으로 균일하며 한쪽으로 더 자주 떨어지게 하는 어떤 방식으로도 가중되어 있지 않다. 그리고 둘째, 한 번 던진 결과가 다른 던지기의 결과에 영향을 미치지 않는다는 것—예를 들어, $HHHH$와 $HHHT$는 동일한 확률을 가지고 있다. 이것을 다르게 말하면 동전이 기억력이 없다는 것이다. 이는 객관적인 사실이지만, 최근에 발생하지 않았다면 특정 결과가 '올 것'이라고 사람들이 생각할 수 있다.

예제 26.11 *포커의 오류.* n을 어떤 큰 수로 설정하자. 동전이 n번 던져지고 처음 $n-1$번은 앞면이 나온 경우, n번째 던지기에서 앞면이 나올 확률은 얼마인가?

풀이. 확률은 $\frac{1}{2}$이다. 이는 동전이 '뒤집힐 것'이라는 직감과는 무관하다. 이 잘못된 직감은 게임러를 수학적으로 타당하지 않은 베팅을 하도록 유도할 수 있어 '도박자의 오류'로 불린다. ■

만약 어떤 사건 A가 발생했는지 여부가 다른 사건 B가 발생했는지에 대한 정보를 제공하지 않는다면, A와 B는 독립적이라고 한다. 수학적으로, 사건 A와 B가 독립적인 경우는 다음과 같다.

$$\Pr(A \cap B) = \Pr(A) \cdot \Pr(B) \tag{26.12}$$

독립성의 정의를 사용하여 $n = 4$ 경우에 예제 26.11을 수치적으로 확인할 수 있다. 다음과 같이 표본 공간 S 및 사건 A와 B를 정의한다.

$$S = \{H, T\}^4, \qquad |S| = 2^4 = 16,$$

$$A = H^3\{H, T\}, \qquad |A| = 2,$$

$$B = \{H, T\}^3 H, \qquad |B| = 2^3 = 8.$$

먼저 각 사건의 확률을 계산하자.

$$\Pr(A) = \frac{|A|}{|S|} = \frac{2}{16} = \frac{1}{8}$$

$$\Pr(B) = \frac{|B|}{|S|} = \frac{8}{16} = \frac{1}{2}$$

이제 $A \cap B = \{HHHH\}$이므로, $|A \cap B| = 1$이다. 그러면,

$$\begin{aligned}\Pr(A \cap B) &= \frac{|A \cap B|}{|S|} \\ &= \frac{1}{16} \\ &= \frac{1}{8} \cdot \frac{1}{2} \\ &= \Pr(A) \cdot \Pr(B)\end{aligned}$$

따라서 식 (26.12)가 성립하며 A와 B는 독립이다. 처음 세 번의 던지기 결과가 앞면이 나온 것은 중요하지 않다. 네 번째 던지기가 앞면이 나올 확률은 여전히 1/2이다. 이 예제의 시각적인 표현은 그림 26.5에서 확인할 수 있다.

HHHH	HHHT
HHTH	HHTT
HTHH	HTHT
HTTH	HTTT
THHH	THHT
THTH	THTT
TTHH	TTHT
TTTH	TTTT

그림 26.5 A의 결과는 상자 안에 있고, B의 결과는 빨간색으로 표시되어 있다. 우리가 공간적으로 확률을 표현할 때 두 사건이 독립적인 경우, 각 사건은 다른 사건 내에서 전체 공간과 동일한 비율의 공간을 차지한다. 여기서 A는 B의 $\frac{1}{8}$과 전체 공간의 $\frac{1}{8}$을 차지하고, B는 A의 $\frac{1}{2}$과 전체 공간의 $\frac{1}{2}$를 차지한다.

뒷면이 '올 것'이라는 느낌은 앞서 나온 앞면의 연속적인 던지기 나열이 불가능하다는 현실에서 비롯된 환상이다. 그러나 다른 어떤 던지기 나열도 동일하게 불가능하다—특정한 n회 던지기의 나열은 정확히 2^{-n}의 확률을 갖는다. 오히려 긴 앞면의 나열은 동전이 공정하다는 주장과 상관 없이 동전이 편향되어 있고 다른 앞면이 더 가능하다는 의심을 키울 수 있다!

비독립적인 사건은 어떻게 보이겠는가? (사건이 독립적이지 않으면 종속적이라고 한다.) 이미 한 가지 사례를 살펴보았다. 예제 26.9에서는 쌍둥이 출생이 없다고 가정했고, 실제로 그런 출생은 독립성 테스트에 실패할 것이다. 예를 들어, 사건 A는 아미르(Amir)이 1월 1일에 태어났다는 사건을 나타내고, 사건 B는 바바라(Barbara)가 1월 1일에 태어났다는 사건을 나타내면, $\Pr(A) = \Pr(B) = \frac{1}{365}$이고, $\Pr(A) \cdot \Pr(B) = \frac{1}{365^2}$이다. 그러나 아미르와 바바라가 쌍둥이[2]라면, $\Pr(A \cap B) = \frac{1}{365}$이다. 왜냐하면 두 사람이 동일한 날에 태어났음을 알기 때문에 이 값은 $\Pr(A) \cdot \Pr(B)$와 매우 다르다.

[2] 쌍둥이가 연이어 다음 날에 태어날 수 있는 가능성을 무시한다면

예제 26.13 동전을 4번 던져서 '적어도 2번은 앞면이 나오는 사건'을 A라 하고 '적어도 2번은 뒷면이 나오는 사건'을 B라고 가정하자. A와 B가 독립적인 사건인가?

풀이. 아니다. 직관적으로는 A가 발생했다면 3 또는 4번의 뒷면이 나올 가능성이 배제되었으므로 B가 덜 가능하다고 의심할 수 있다. 이 직관은 수학적으로도

입증될 수 있다.

사건 A가 발생하려면 2, 3 또는 4번의 앞면이 나와야 한다. 각각의 경우가 발생할 수 있는 방법의 수를 더해 보자.

$$|A| = \binom{4}{2} + \binom{4}{3} + \binom{4}{4} = 6 + 4 + 1 = 11$$

사건 B가 발생하려면 2, 3 또는 4번의 뒷면이 나와야 하므로 대칭적으로 $|B| = 11$이다. 사건 $A \cap B$은 정확히 2번이 앞면이 되고 2번이 뒷면이 되는 상황을 나타낸다.

$$|A \cap B| = \binom{4}{2} = 6$$

예전과 마찬가지로, $|S| = 16$이다. 그래서

$$\Pr(A \cap B) = \frac{6}{16} = \frac{3}{8}, \text{ while}$$
$$\Pr(A) \cdot \Pr(B) = \frac{11}{16} \cdot \frac{11}{16} = \frac{121}{256}$$

이 확률들은 동일하지 않다(사실상 $\frac{3}{8} = \frac{96}{256} < \frac{121}{256}$). 따라서 사건 A와 B는 종속적이다. ■

때로는 두 사건 간의 종속성을 발견하기 어려울 수 있고, 그들이 독립적인지 여부를 확실하게 알기 위한 유일한 방법은 계산을 수행하는 것이다.

예제 26.14 항아리에서 빨간 구슬 6개와 파란 구슬 4개가 들어 있는 상황에서 (중복 허용 없이) 3개의 구슬을 뽑는다고 가정해 보자. 다음 사건들을 고려하자.

A: 3개의 구슬은 모두 같은 색이 아니다.
B: 첫 번째로 뽑힌 구슬은 빨간색이다.

A와 B가 독립적인 사건인가?

풀이. 아니다.

3개의 같은 색 구슬을 뽑는 방법의 수는 $\binom{6}{3} + \binom{4}{3}$이며, 즉 3개의 빨간 구슬 또는 3개의 파란 구슬을 선택하는 방법의 수이다. 이 수는 24이므로, 모두 같은 색이 아닌 3개의 구슬을 선택하는 방법의 수는 $\binom{10}{3} - 24 = 120 - 24 = 96$이다. 3개의 구슬을 모두 같은 색이 아닌 채로 선택할 확률은 $p_A = \frac{96}{120} = \frac{4}{5}$이다.

첫 번째로 뽑힌 구슬이 빨간색인 확률은 빨간색 구슬의 비율과 동일하다. 즉,

$p_B = \frac{6}{10} = \frac{3}{5}$이다.

사건 $A \cap B$의 확률을 $p_{A \cap B}$라고 표기하자. 즉, 첫 번째로 빨간 구슬을 뽑은 다음 다른 2번의 뽑기 중에 적어도 1개의 파란 구슬이 있는 경우이다.

첫 번째 추첨 후에는 빨간 구슬이 5개, 파란 구슬이 4개가 남는다. 2개의 추가적인 빨간 구슬을 얻는 방법은 $\binom{5}{2}$이므로, 따라서 적어도 1개의 파란 구슬을 뽑는 방법은 $\binom{9}{2} - \binom{5}{2} = 36 - 10 = 26$개이다. 그래서

$$\begin{aligned} p_{A\cap B} &= \frac{6}{10} \cdot \frac{26}{36} \\ &= \frac{13}{30} \\ &\neq \frac{12}{25} \\ &= \frac{4}{5} \cdot \frac{3}{5} \\ &= p_A \cdot p_B \end{aligned}$$

따라서, 사건 A와 B들은 독립 사건이 아니다. ■

*

독립성 개념은 두 개 이상의 사건에도 적용될 수 있다. 여러 사건이 쌍으로 독립이라면 모든 두 사건 쌍이 **상호 독립**(*pairwise independent*)이라는 것이다. 즉, X가 사건의 집합이라면 모든 $A, B \in X$에 대해 A와 B가 독립적이다.

사건 집합에 대한 더 강력한 조건은 상호 독립이다. 여러 사건이 상호 독립이라면 각 사건은 나머지 사건들의 교집합에 대해 독립적이다. 즉, X가 사건의 집합이라면 모든 $A \in X$ 및 모든 $Y \subseteq X - \{A\}$에 대해 A와 $\bigcap_{B \in Y} B$가 독립적이다.

$$\Pr\left(A \cap \bigcap_{B \in Y} B\right) = \Pr(A) \cdot \Pr\left(\bigcap_{B \in Y} B\right) \tag{26.15}$$

직관적으로 이는 이벤트의 부분 집합이 다른 이벤트에 대한 어떠한 정보도 제공하지 않음을 의미한다.

다음 예제에서 보듯이 사건의 집합이 쌍으로 독립적일 수 있지만 상호 독립적이지 않을 수 있다.

예제 26.16 공정한 동전을 두 번 던진다고 가정하자. 이벤트를 다음과 같이 정의하자.

$A =$ 첫 번째 던진 동전이 앞면(H)이 나오는 사건
$B =$ 두 번째 던진 동전이 앞면(H)이 나오는 사건

C = 두 번의 던지기에서 동일한 결과가 나오는 사건

A, B, 그리고 C가 쌍으로 독립인가? 상호 독립인가?

풀이. 표본 공간 S, 각 이벤트 및 이들의 쌍별 교집합을 작성해 보자.

$$\begin{aligned} S &= \{HH, HT, TH, TT\}, \\ A &= \{HH, HT\}, \\ B &= \{HH, TH\}, \\ C &= \{HH, TT\}, \\ A \cap B &= \{HH\}, \\ A \cap C &= \{HH\}, \\ B \cap C &= \{HH\} \end{aligned}$$

그것들의 확률은

$$\begin{aligned} \Pr(A) = \Pr(B) = \Pr(C) &= \frac{1}{2}, \\ \Pr(A \cap B) = \Pr(A \cap C) = \Pr(B \cap C) &= \frac{1}{4} \end{aligned}$$

그래서

$$\begin{aligned} \Pr(A \cap B) &= \frac{1}{4} = \frac{1}{2} \cdot \frac{1}{2} = \Pr(A) \cap \Pr(B), \\ \Pr(A \cap C) &= \frac{1}{4} = \frac{1}{2} \cdot \frac{1}{2} = \Pr(A) \cap \Pr(C), \\ \Pr(B \cap C) &= \frac{1}{4} = \frac{1}{2} \cdot \frac{1}{2} = \Pr(B) \cap \Pr(C), \end{aligned}$$

이기 때문에, 이 이벤트들은 쌍으로 독립적이다. 어떤 하나의 이벤트가 발생하더라도 다른 이벤트가 발생할 확률에는 영향을 미치지 않는다.

그러나 이 세 이벤트는 상호 독립적이지 않다! 직관적으로, 사건 B와 C가 둘 다 발생했다는 것을 알면 B와 C가 함께 발생했기 때문에 A도 발생했음을 알 수 있다. 따라서 A는 B와 C의 조합에 대해 독립적이지 않다. 이러한 추론은 이 특별한 경우에 도움이 되지만, 일반적으로 확실하려면 계산을 수행하는 것이 유일한 방법이다. 그래서 Y를 사건의 집합 $\{B, C\}$로 정의하자. 그런 다음 $A \cap (B \cap C) = \{HH\}$이고 $\Pr(A \cap (B \cap C)) = \frac{1}{4}$이므로

$$\begin{aligned} \Pr(A \cap (B \cap C)) &= \frac{1}{4} \\ &\neq \frac{1}{2} \cdot \frac{1}{4} \\ &= \Pr(A) \cdot \Pr(B \cap C) \end{aligned}$$

사건 B와 C 각각의 발생 여부를 알면 A가 발생했는지 여부에 대한 정보를 알 수 있다. 사실 그것은 우리에게 확실한 정보를 제공한다. 따라서 세 이벤트는 상호 독립적이 아니다. ■

식 (26.15)가 성립하지 않는 $A \in X$와 그에 대응하는 $Y \subseteq X - \{A\}$를 찾기만 하면 X의 이벤트가 상호 독립적이지 않음을 증명할 수 있다. 일련의 이벤트가 상호 독립인지를 보이려면 등식이 모든 이러한 A와 Y에 대해 성립함을 보여야 한다.

요약

- 만약 어떤 절차가 여러 번 반복된다면, **어떤 결과의 확률**(*probability of any outcome*)은 해당 결과가 예상되는 빈도이다.
- **시행**(*trial*)은 반복 가능한 절차의 한 번 실행으로, **표본 공간**(*sample space*)의 유한한 결과 중 하나를 얻는다. **실험**(*experiment*)은 여러 번의 시행으로 이루어진 일련의 과정이다. **이벤트**(*event*)는 결과의 집합이다.
- **확률 함수**(*probability function*)는 각 이벤트에 확률을 할당하며, 이는 **유한 확률 공리**(*axioms of finite probability*)에 따라 이루어진다. 각 이벤트는 0과 1 사이의 확률을 가지며, 표본 공간에서 정확히 하나의 결과가 발생하며, 두 배반 사건의 확률은 그들의 합집합의 확률과 같다.
- 사건 A의 여사건은 $\overline{A}$로 표기되며, 그 확률은 $\Pr(\overline{A}) = 1 - \Pr(A)$이다.
- 어떤 사건의 부분 집합의 확률은 그 사건 자체의 확률보다 크지 않다. $A \subseteq B$에 대해 $\Pr(A) \leq \Pr(B)$이다.
- 서로소인 사건들의 합집합의 확률은 서로소인 사건들 A_i에 대해서 각 사건의 개별 확률의 합과 같다.

$$\Pr\left(\bigcup_{i=1}^{n} A_i\right) = \sum_{i=1}^{n} \Pr(A_i)$$

- 서로소가 아닌 두 사건들의 합집합 확률은 **포함-배제 원리**(*inclusion-exclusion principle*)을 사용하여 계산할 수 있다. 각 사건의 확률을 포함한 다음 그들의 겹치는 부분의 확률을 제외한다.

$$\Pr(A \cup B) = \Pr(A) + \Pr(B) - \Pr(A \cap B)$$

- 모든 결과가 동등하게 발생할 수 있는 시행에서 어떤 사건의 확률은 해당 사건이 포함하고 있는 결과의 수를 전체 표본 공간의 크기로 나눈 것이다:

$\Pr(E) = \frac{|E|}{|S|}$이다.

- 두 사건이 독립이라면 하나에 대한 정보가 다른 사건에 대한 정보를 주지 않는다. 즉, 사건 A와 B에 대해 $P(A \cap B) = P(A) \cdot P(B)$이다. 만약 사건들이 독립이 아니라면, 그들은 종속적이다.
- 여러 사건이 쌍으로 독립이라면 개별 사건이 다른 어떤 사건에 대한 정보를 주지 않는다. 모든 $A, B \in X$에 대해 A와 B는 독립이다.
- 여러 사건이 상호 독립이라면(쌍으로 독립보다 강한 조건), 어떤 사건의 부분 집합도 다른 어떤 사건에 대한 정보를 주지 않는다. 모든 $A \in X$와 모든 $Y \subseteq X - \{A\}$에 대해 A와 $\bigcap_{B \in Y} B$는 독립이다.

문제

26.1 항아리 안에는 파란색, 초록색, 보라색, 빨간색, 노란색 등 5개의 구슬이 들어있다.

(a) 항아리에서 중복을 허용하며 3개의 구슬을 뽑는다면, 보라색 구슬을 두 번, 빨간색 구슬을 한 번 뽑을 확률은 얼마인가?

(b) 항아리에서 중복없이 3개의 구슬을 뽑는다면, 첫 번째 구슬이 파란색이고 세 번째 구슬이 녹색일 확률은 얼마인가?

26.2 표준 덱에서 카드를 뽑았다(258쪽에 설명되어 있음). 다음 중 더 가능성이 높은 것은 무엇인가? (1) 그 카드가 검은색 카드이거나 페이스 카드(값이 J, Q, 또는 K), 아니면 (2) 그 카드가 하트도 아니고 페이스 카드도 아닌 경우.

26.3 이 문제에서는 편향된 동전에서 공평한 동전 던지기를 유도할 것이다. 즉, 앞면과 뒷면이 나올 확률이 동일하지 않은 동전이 주어졌을 때, '앞면'과 '뒷면'이라고 부를 수 있는 두 개의 상호 배반적인 사건이 동일한 확률을 갖도록 실험을 구성하는 것이다.

(a) c_1과 c_2가 주어진 경우, c_1이 앞면이 나올 확률이 $\frac{2}{3}$이고 c_2가 앞면이 나올 확률이 $\frac{1}{4}$인 '공평한 동전 던지기' 실험을 만들어라.

(b) 하나의 동전이 주어지고 앞면이 나올 확률이 알려지지 않은 경우, $0 < p < 1$ 범위에서 p를 가지는 동전을 사용한 '공평한 동전 던지기' 실험을 만든다. (참고: 표본 공간에는 어떤 이벤트에도 속하지 않는 결과가 포함될 수 있다. 이런 경우 해당 결과를 무시하고 실험을 다시 수행한다.)

(c) (b)에 대한 답변에서, 실험의 단일 시행이 '앞면' 또는 '뒷면' 중 하나의 결과로 나타날 확률은 얼마인가?

26.4 어떤 교수가 오늘의 수업을 위한 독서 과제를 건너뛴 학생들이 얼마나 많은지 추정하고 싶어한다. 학생들이 독서를 하지 않았다고 대답하는 것이 부끄러울 것이라고 판단하기에 직접 묻지 않고자 한다. 대신 교수는 각 학생에게 동전을 던지라고 지시하고 결과를 다른 누구에게도 보이지 않도록 한 후, 학생이 (1) 동전이 앞면으로 떨어졌거나 (2) 독서 과제를 하지 않았다면 손을 들도록 한다. 교수는 어떤 개별 학생이 동전 던지기 결과 때문에 손을 들 수 있기 때문에 학생들이 정직하게 답할 것이라고 기대한다. 만약 학생 중 $\frac{3}{4}$이 손을 들면, 독서를 하지 않은 학생의 비율은 얼마인가?

26.5 예제 26.9의 가정 하에서, 정확히 두 명의 사람이 태어난 단일한 날이 있는 확률(n에 대한 용어로 표현할 것)은 어떻게 되는가? 나머지 다른 모든 생일들은 그룹 내에서 유일하다. 특히 $n = 23$일 때 이 값은 어떻게 되는가?

26.6 이항 분포 문제. 메시지가 n비트로 이루어져 있고 각 비트가 손상되었을 확률을 p라고 하자. $0 \le k \le n$인 경우에 정확히 k비트가 손상될 확률은 얼마인가?

26.7 **오류 수정 코드**(*error-correcting code*)는 신뢰할 수 없는 통신 채널을 통해 메시지를 전송할 때 발생하는 오류를 신호화하고 수정하는 기술이다. 간단한 예로 반복 코드가 있다. 이 경우 메시지가 일정한 횟수로 반복된다. 반복 중 어떤 비트라도 다르면 해당 비트가 손상되었다고 여겨진다(진실 값은 가장 자주 나타나는 값으로 가정된다).

특정 통신 채널에 대해 어떤 비트가 손상될 확률이 0.05이며 각 비트의 결과가 독립적인 경우를 가정해 보자. 오류 수정 코드로서, 메시지는 4번 반복된다.

(a) 하나의 메시지가 길이 20으로 전송되었다고 가정하면(반복 후에는 총 80 비트), 최소한 하나의 비트가 손상될 확률은 얼마인가?

(b) 최소한 하나의 비트가 손상될 확률이 0.5보다 작도록 최대 길이의 메시지는 어떻게 될까?

(c) 반복 코드의 약점은 특정 비트가 모든 반복에서 손상된 경우 오류 신호가 없다는 것이다. 다시금 길이가 20인 메시지를 고려해 보자. 메시지의 모든 4번의 반복에서(즉, 어떤 값 $0 < k < 20$에 대해 위치 k, $20+k$, $40+k$, $60+k$에 있는 비트가 모두 손상된 경우) 손상된 비트가 존재할 확률은 얼마인가?

26.8 **블룸 필터**(*bloom filter*)[3]는 집합을 나타내는 데이터 구조로, 일부 거짓 양성이 있을 수 있지만 거짓 음성은 없다. 즉, 이 데이터 구조는 '$x \in S$인가?' 형태의 질문에 답하기 위해 사용되며, 사실 $x \notin S$인데 $x \in S$로 답할 확률이 있지만, $x \in S$인데 $x \notin S$로 답할 가능성은 전혀 없다. 거짓 양성의 가능성에 대한 교환으로 블룸 필터는 나타내는 집합보다 훨씬 작을 수 있다.

[3] 전산학자 Burton Bloom에 의해 1970년에 고안되었다.

블룸 필터는 길이가 m인 비트 배열과 k개의 해시 함수 $h_1, \ldots, h_k$로 구성된다('해시 함수'는 문제 1.13에서 소개되었다). 각 해시 함수 h_j는 집합 원소(문자열일 수 있음)를 배열 내의 위치로 매핑하며 이 위치를 해당 원소의 해시 값이라고 한다. 해시 함수는 다음과 같은 방식으로 원소를 위치에 할당한다. (1) 각 원소는 가능한 모든 m 위치 중 하나에 매핑될 확률이 동일하다. (2) 서로 다른 원소에 대한 어떤 해시 함수의 해시 값은 서로 독립적이다. (3) 해시 함수 자체도 서로 독립적이다. 초기에는 비트 배열의 모든 m 위치에 0이 있다. 원소 e를 삽입하려면 해시 값을 $h_1(e), \ldots, h_k(e)$를 계산하고 해당 비트 위치를 1로 설정한다. 그런 다음 원소 e가 집합에 있는지 확인하려면 $h_1(e), \ldots, h_k(e)$를 계산하고, 적어도 하나의 위치 $h_j(e)$가 값 0이면 e는 없음을 나타내고, 모든 위치 $h_j(e)$가 값 1이면 e는 아마도 존재한다. 블룸 필터의 메모리 효율성은 원소가 해시 함수의 해시 값인 위치의 분포로 표현되기 때문에 발생한다. 원소 자체는 전혀 저장되지 않는다.

n개의 원소가 블룸 필터에 삽입되었다고 하고, 삽입되지 않은 원소 e'의 존재를 확인하고자 한다. m, k 및 n의 용어로 거짓 양성의 확률을 계산하라. 만약 $m = 1000$, $k = 10$, $n = 100$이라면 이 확률은 얼마인가?

26.9 사건 A와 B가 배반적이고 각각의 확률이 0이 아닌 경우, 이들이 종속임을 증명하라.

26.10 많은 이메일 제공업체들은 스팸 필터를 가지고 있으며, 이 필터는 이메일을 원하지 않는 것으로 분류하고 스팸 폴더로 직접 보낸다. 스팸의 하나의 가능한 지표는 발신자의 이메일 주소가 수신자의 연락처 목록에 있는지 여부이다.

모든 이메일 중 30%가 스팸인 경우(사건 SP), 20%의 이메일이 수신자의 연락처 목록에 없는 알려지지 않은 발신자에서 온 경우(사건 U), 그리고 15%의 이메일이 알려지지 않은 발신자로부터 온 스팸인 경우라고 가정해 보자. U와 SP는 서로 독립적인가?

26.11 두 개의 주사위들이 굴려졌다. 아래 사건들을 정의하라.

A = 첫 번째 주사위 굴림이 1, 2, 또는 3,
B = 두 번째 주사위 굴림이 4, 5, 또는 6,
C = 두 주사위들 굴림의 합이 7

(a) 사건 A, B, 그리고 C가 쌍으로 독립인가?
(b) 사건 A, B, 그리고 C가 상호 독립인가?

Chapter

27 조건부 확률

더 많은 정보는 더 나은 예측을 가능하게 한다. 예를 들어, 두 개의 주사위로 두 개의 1을 굴릴 확률은 $\frac{1}{36}$이다. 왜냐하면 각각의 주사위에서 1을 굴릴 확률이 $\frac{1}{6}$이고 두 주사위의 굴림은 독립적인 사건이기 때문이다. 그러나 만약 우리가 어떤 이유로든 적어도 하나의 주사위가 홀수인 숫자일 것이라는 것을 안다면, 두 개의 1이 나올 확률은 어느 정도 증가한다. 왜냐하면 주사위 중 하나가 2, 4, 또는 6 중 하나로 나왔다면 이런 일이 불가능했을 것이기 때문이다(그림 27.1). 또한, 만약 주사위 중 하나가 짝수로 나왔다는 것을 알면 두 개의 1이 나올 확률은 0으로 떨어진다!

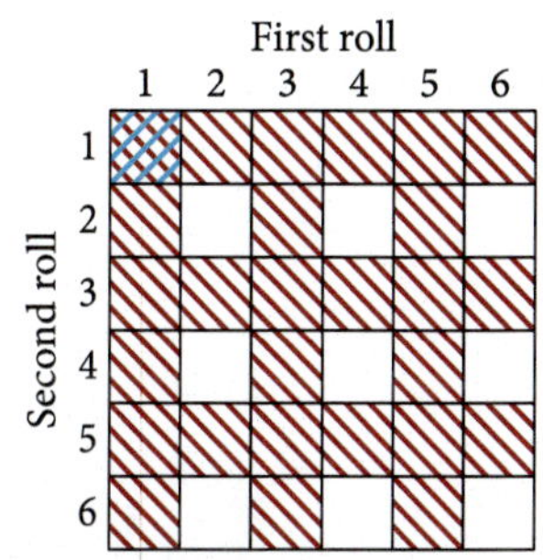

그림 27.1 주사위 한 쌍의 36가지 가능한 굴림은 $\{1, 2, 3, 4, 5, 6\}^2$로 이루어진다. 두 개의 1이 나온 결과는 파란색으로 표시되고, 적어도 하나의 주사위 눈금이 홀수인 경우의 결과 집합은 빨간색으로 표시된다. 결과가 빨간 영역에 속한다는 것을 알면 결과가 두 개의 1인 경우일 확률이 증가한다.

조건부 확률(*conditional probability*)은 어떤 다른 사건이 발생하는 조건 아래에서 어떤 사건이 발생할 확률이다. 예를 들어, 주사위 두 개를 굴려서 두 개의 합이 2가 될 확률은 주사위 중 하나의 눈금이 홀수일 조건 아래에서의 확률이다. 이 직관은 간단한 방식으로 수식화된다. A와 B가 표본 공간 S의 사건이고, $\Pr(B)>0$이라고 가정해 보자. 그러면 B가 일어났을 때 A의 조건부 확률은

$$\Pr(A|B) = \frac{\Pr(A \cap B)}{\Pr(B)} \tag{27.1}$$

$\Pr(B)=0$인 경우, B가 발생했다는 것을 알아도 정보를 얻을 수 없으며, $\Pr(A|B)$는 단순히 $\Pr(A)$와 같다. 만약 $\Pr(B)<1$이라면, B가 발생했다는 사실은 A와 B가 둘 다 발생할 확률을 정확하게 $\Pr(B)$의 역수만큼 증가시킨다.

모든 결과가 동일한 확률로 발생하는 특별한 경우에는, 식 (27.1)은 단순화될 수 있다.

$$\begin{aligned}\Pr(A|B) &= \frac{\Pr(A \cap B)}{\Pr(B)}\\ &= \frac{|A \cap B|/|S|}{|B|/|S|}\\ &= \frac{|A \cap B|}{|B|}\end{aligned} \tag{27.2}$$

두 개의 1을 굴린 예제에서, S는 $\{1, \ldots, 6\} \times \{1, \ldots, 6\}$의 집합이며, $A = \{\langle 1, 1\rangle\}$이다. 만약 B가 주사위 중 하나가 홀수 값으로 나온 굴림의 짝들을 나타내는 집합이라면,

$$B = \{1, 3, 5\} \times \{1, 2, 3, 4, 5, 6\} \cup \{1, 2, 3, 4, 5, 6\} \times \{1, 3, 5\}$$

중복 계산을 피하기 위해 포함-배제 원리를 사용하여, $|B| = 18 + 18 - 9 = 27$이다. 사건 $A \cap B$는 A와 동일하므로, 식 (27.2)는

$$\Pr(A|B) = \frac{1}{27} > \frac{1}{36}$$

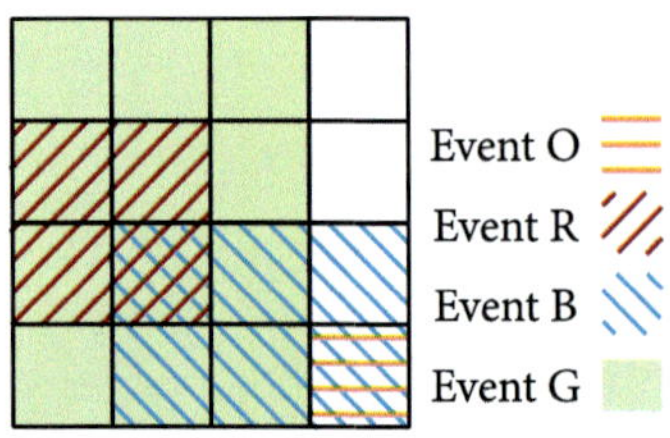

그림 27.2 표본 공간과 네 가지 사건

그림 27.2는 여러 사건과 그들의 조건부 확률을 보여준다. 표본 공간에는 16개의 동일한 확률을 가진 결과가 포함되어 있으며, 각 사건의 확률은 해당 영역을 16으로 나눈 것이다.

$$\Pr(O) = \frac{1}{16}$$

$$\Pr(R) = \frac{4}{16}$$

$$\Pr(B) = \frac{6}{16}$$

$$\Pr(G) = \frac{12}{16}$$

지금 $\Pr(R\,|\,G) = \frac{4}{12}$이지만, 모든 빨간색 사각형은 또한 녹색이기 때문에 $\Pr(G\,|\,R) = 1$이다. $\Pr(B\,|\,G) = \frac{4}{12}$이지만, $\Pr(R\,|\,O) = \Pr(O\,|\,R) = 0$이기 때문에, 빨간색과 주황색은 전혀 겹치지 않는다.

더 까다로운 예제로 시도해 보자.

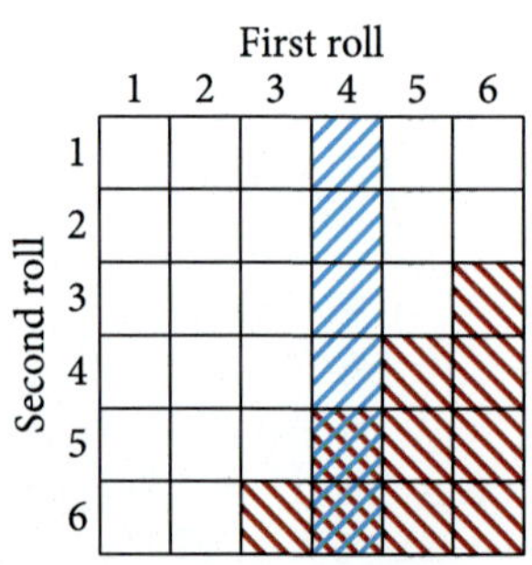

그림 27.3 한 쌍의 주사위 던지기에 대한 표본 공간. 네 번째 열의 사각형은 첫 번째 던지기에서 4가 나온 것을 나타내며, 우측 하단 삼각형의 사각형은 합이 9 이상이 되는 결과를 나타낸다.

예제 27.3 주사위를 두 번 던질 때, 두 번의 던지기의 합이 최소 9 이상일 확률은 얼마인가? 만약 첫 번째 던지기에서 4가 나왔다면, 이 확률은 증가하는가 감소하는가, 아니면 변하지 않는가?

풀이. $S = \{1, \ldots, 6\}^2$를 표본 공간이라 정의하고, n을 두 번 던지기의 합이 최소 9인 사건으로 정의하며, F를 첫 번째 던지기가 4인 사건으로 정의하자(그림 27.3). S 내의 모든 결과가 동등하게 발생할 것이기에, 식 (27.2)를 사용하여 각각의 이벤트 집합의 크기를 계산할 수 있다. 먼저 $|N|$을 계산해 보자. 전체 결과는 $6 \cdot 6 = 36$가지이며, n의 원소들은,

$$N = \{\langle 3, 6\rangle, \langle 4, 5\rangle, \langle 4, 6\rangle, \langle 5, 4\rangle, \langle 5, 5\rangle, \langle 5, 6\rangle, \langle 6, 3\rangle, \langle 6, 4\rangle, \langle 6, 5\rangle, \langle 6, 6\rangle\}$$

그래서 $|N| = 10$이고 $\Pr(N) = \frac{10}{36} = \frac{5}{18}$이다.

집합 $N \cap F$는 $\langle 4, 5 \rangle$와 $\langle 4, 6 \rangle$ 두 원소만 포함한다. 이는 k가 5보다 작을 때 $4+k<9$이기 때문이다. 마지막으로 $|F| = 6$이다. 왜냐하면 첫 번째 던지기의 값이 4이며 두 번째 던지기는 6개의 가능한 값 중 아무거나 일 수 있기 때문이다. 그래서

$$\begin{aligned}\Pr(N|F) &= \frac{|N \cap F|}{|F|}\\ &= \frac{2}{6} = \frac{1}{3}\\ &> \frac{5}{18} = \Pr(N)\end{aligned}$$

따라서 4를 첫 번째로 던지면 9 이상이 되는 확률이 다소 향상된다. ■

두 사건 A와 B에 대해, $\Pr(A|B)$와 $\Pr(B|A)$는 일반적으로 동일하지 않다. 그들은 $\Pr(A \cap B)$를 분자로 공유하지만 서로 다른 분모를 가지고 있다. 극단적인 경우, 이 중 하나의 조건부 확률은 1이 될 수 있고, 다른 하나는 임의로 작아질 수 있다. 예를 들어, 두 사람이 같은 생일을 가진다는 가정 하에, 그들이 둘 다 9월 16일에 태어났을 확률은 1이다. 그들이 같은 생일을 가지고 있다는 조건에서, 그들이 둘 다 9월 16일에 태어났을 확률은 (모든 생일이 동등하게 발생하고 2월 29일이 가능하지 않다는 가정하에) $\frac{1}{365}$이다.

이것은 확률의 실제 응용에서 흔히 혼동되는 요소이다. 다음 예제인 **검사의 논리 오류**(*prosecutor's fallacy*)라고 불리는 것의 한 예에서 어떤 오류를 찾을 수 있는지 살펴보자.

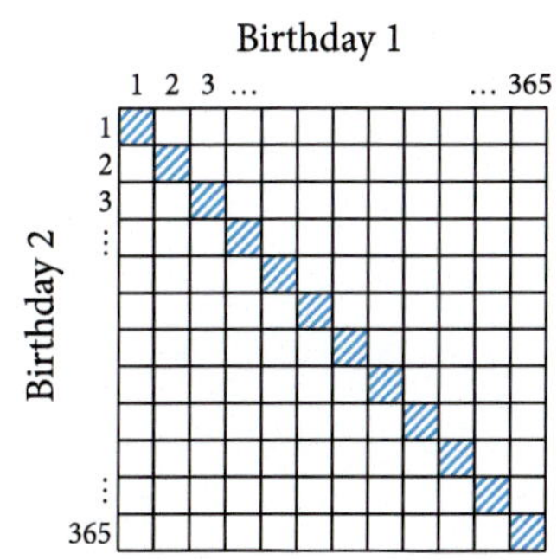

그림 27.4 각 상자는 두 개의 생일을 나타낸다. 가로 위치는 하나의 생일을, 세로 위치는 다른 생일을 나타낸다. 대각선을 따라 잇는 상자들은 두 명이 생일을 공유하는 결과를 나타낸다. 이 중 하나의 상자만이 두 명이 9월 16일에 생일을 가진 경우를 나타낸다.

예제 27.4 운전자가 과속으로 기소되었다. 검사는 피고인이 레이더 감지기(과속 운전자를 식별하는 데 사용되는 도구)를 가지고 있었다는 사실을 언급한다. 80%의 과속 운전자가 레이더 감지기를 가지고 있다는 데이터를 인용하여 검사는 운전자가 80% 유죄일 가능성이 있다고 주장한다.

이 논리의 결함은 무엇인가?

풀이. 검사가 제시한 80%는 Pr(DET | SPD)인데, 이는 피고인이 과속자일 때 레이더 감지기를 소유할 확률을 나타낸다. 그러나 관련 있는 값은 피고인이 레이더 감지기를 소유한 경우에 과속자일 확률, Pr(SPD | DET)이다. 주어진 정보는 이 값을 계산하는 데 충분하지 않다. 왜냐하면 SPD와 DET의 상대적인 크기, 즉, |SPD|와 |DET|의 상대적인 값에 대해 알 수 없기 때문이다. 예를 들어, 모든 운전자 중 80%가 레이더 감지기를 소유할 수 있지만, 거의 아무도 과속하지 않고, 과속하는 사람들 중 레이더 감지기를 소유하는 비율이 과속하지 않는 사람들과 같을 수 있다. 이 경우에는 레이더 감지기 소유를 과속의 증거로 사용하면 대규모로 과속

하지 않는 사람들이 기소될 수 있다. ■

*

예제 27.3에서는 조건부 확률이 표본 공간의 제한된 부분 공간을 분석하는 데 사용되었다. 조건부 확률은 전체 표본 공간에 관련된 문제에도 유용하며, 여러 경우로 분할하여 가장 잘 분석될 수 있다. 156쪽에서 우리는 집합의 분할을 상호 배반인 비어 있지 않은 부분 집합의 모음으로 정의했다. **전체 확률의 법칙**(*law of total probability*)은 분할의 각 블록에 대한 사건의 조건부 확률의 가중 평균으로 확률을 계산하는 기술이다.

정리 27.5 *전체 확률*. 사건 A가 표본 공간 S 내의 사건이고, 사건 $S_1, \ldots, S_n$이 S의 분할을 형성한다고 가정하자. 그러면

$$\Pr(A) = \sum_{i=1} \Pr(A|S_i) \cdot \Pr(S_i) \tag{27.6}$$

증명. 먼저 사건 A를 다시 작성하면,

$$\begin{aligned} A &= A \cap S && (A\text{는 } S\text{의 부분 집합이므로}) \\ &= A \cap \left(\bigcup_{i=1}^{n} S_i \right) \\ &= \bigcup_{i=1}^{n} (A \cap S_i) && (\text{교집합을 합집합 안에 분배}) \end{aligned}$$

그러므로

$$\begin{aligned} \Pr(A) &= \Pr\left(\bigcup_{i=1}^{n} (A \cap S_i) \right) \\ &= \sum_{i=1}^{n} \Pr(A \cap S_i) && (S_i\text{들은 서로소이기에}) \\ &= \sum_{i=1}^{n} \Pr(A|S_i) \cdot \Pr(S_i) && (\text{조건부 확률 정의에 따라}) \end{aligned}$$ ■

A의 전체 확률은 본질적으로 S_i의 확률들에 따라 가중하여 계산된 확률들 $\Pr(A\,|\,S_i)$의 가중 평균이다.

다음 예제는 전체 확률의 법칙을 단순한 분할에 적용한다: 사건과 그 여사건.

예제 27.7 구슬이 들어있는 두 항아리가 있다. 첫 번째 항아리에는 40개의 빨간 구슬과 60개의 파란 구슬이 들어 있으며, 두 번째 항아리에는 15개의 빨간 구슬과 35개의 파란 구슬이 들어 있다. 각 병에서 하나의 구슬을 뽑을 때, 두 구슬이 같은 색일 확률은 얼마인가(그림 27.5 참조)?

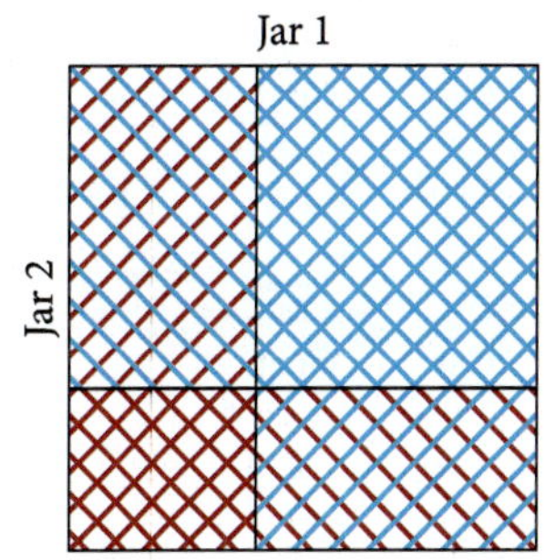

그림 27.5 예제 27.7의 표본 공간의 분할. 가로축은 Jar 1을 나타내고, 세로축은 Jar 2를 나타낸다. ／ 방향으로 나아간 선들은 Jar 1에서 뽑은 구슬의 색을 나타내며, 그림의 왼쪽 부분에는 ／선들이 빨간색으로 표시되어 있고 오른쪽 부분에는 파란색으로 표시되어 있다. ＼ 방향으로 나아간 선들은 Jar 2에서 뽑은 구슬의 색을 나타내며, 그림의 하단 부분에는 ＼선들이 빨간색으로 표시되어 있고 상단 부분에는 파란색으로 표시되어 있다. 두 개의 구슬이 동일한 색인 사건은 두 직사각형의 합집합이다(하단 왼쪽 및 상단 오른쪽), 이 직사각형들에 있는 두 세트의 대각선 선이 동일한 색이다. 이 두 직사각형의 결합된 면적을 정사각형의 면적으로 나눈 것이 두 구슬이 동일한 색이 뽑힐 확률이다.

풀이. 문제를 두 가지 경우로 나누는 것이 가장 간단하다. 첫 번째 항아리에서 나온 구슬이 빨간색인 경우(사건 R, 확률 $\frac{40}{100}=\frac{2}{5}$)와 그렇지 않은 경우(사건 $\overline{R}$, 확률 $\frac{60}{100}=\frac{3}{5}$)이다(그림 27.6 참조). M을 두 구슬이 일치하는 사건으로 정의하자. 그러면 $\Pr(M|R)$은 첫 번째 항아리의 구슬이 빨간색인 경우 M이 발생할 확률이다. 따라서 두 번째 항아리의 구슬도 빨간색인 경우인 확률이 $\frac{15}{50}=\frac{3}{10}$이다. 그리고 $\Pr(M|\overline{R})$은 첫 번째 항아리의 구슬이 파란색인 경우 M이 발생할 확률로, 두 번째 항아리의 구슬도 파란색인 경우인 확률이 $\frac{35}{50}=\frac{7}{10}$이다. 정리 27.5를 이용하면 다음과 같다.

$$\begin{aligned}\Pr(M) &= \Pr(M|R)\cdot\Pr(R)+\Pr(M|\overline{R})\cdot\Pr(\overline{R})\\ &= \frac{3}{10}\cdot\frac{2}{5}+\frac{7}{10}\cdot\frac{3}{5}\\ &= 0.54\end{aligned}$$

■

법칙의 전체 확률의 법칙에 대한 유명한 응용 사례 중 하나는 **렛츠 메이크 어 딜**(*Let's Make A Deal*) 게임 쇼에서의 전략 문제이다. 몬티 홀(Monty Hall)은 참가자에게 세 개의 문 중 하나를 선택하도록 하며, 하나는 자동차를 숨기고 나머지 두 개는 각각 염소를 숨긴다. 참가자가 선택을 한 후 몬티는 자동차의 위치를 알고 있고, 나머지 두 문 중 하나를 열어 염소가 숨겨져 있는 것을 보여준다. 그런 다음 참가자는 선택한 문에서 다른 문으로 전환할 수 있는 옵션을 받는다. 참가자는 선택한 문 뒤에 있는 상품을 가질 수 있다.

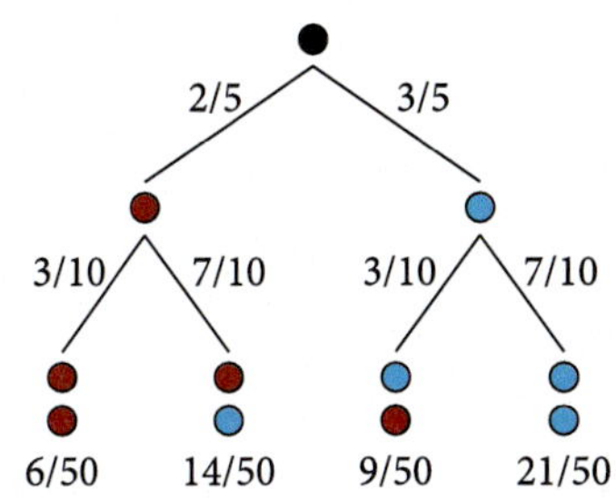

그림 27.6 이 확률 트리는 예제 27.7의 계산을 시각화한 것이다. 트리에는 각 단계에서 각 가능성을 나타내는 가지들이 있다. '리프'의 확률(아래 행에 있는 것)은 그 동안의 각 가지의 확률의 곱이며, 특정 사건의 확률은 그 사건에 속하는 모든 리프의 확률의 합이다.

예제 27.8 참가자가 차를 획득하는 것을 선호한다고 가정할 때, 참가자는 처음 선택을 유지할지 아니면 바꿀지 어떻게 해야 할까?

풀이. 표본 공간은 세 가지 사건으로 분할될 수 있다: 차가 1번 문 뒤에 있다(C_1 사건), 혹은 2번 문 뒤에 있다(C_2 사건), 혹은 3번 문 뒤에 있다(C_3 사건), 각각 동등한 확률 $\frac{1}{3}$로 발생한다. 일반성을 잃지 않고(문은 원하는 대로 라벨을 지정할 수 있기 때문에), 참가자가 처음에 1번 문을 선택했다고 가정해 보자(그림 27.7 참조).

만약 참가자가 문 1을 원래 선택을 유지한다면, 자동차를 획득할 확률은 단순히 문 1 뒤에 자동차가 있을 확률인 $\Pr(C_1)=\frac{1}{3}$이다.

만약 참가자가 바꾸기를 선택한다면, 우리는 전체 확률의 법칙을 사용하여 자동차를 획득할 확률(event W)을 계산할 수 있다. 이때 표본 공간은 사건 C_1, C_2,

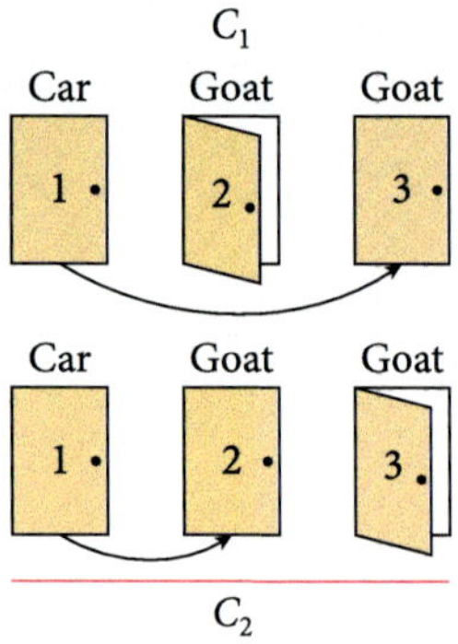

그림 27.7 전환 전략의 분석: C_1의 경우에는 몬티가 어느 문을 열든지 참가자는 항상 패배한다. C_2와 C_3의 경우에는 몬티가 열 문을 선택할 수 있는 경우가 하나뿐이며, 참가자는 항상 승리한다.

그리고 C_3으로 나뉘어져 있다.

$$\Pr(W) = \Pr(W|C_1)\Pr(C_1) + \Pr(W|C_2)\Pr(C_2) + \Pr(W|C_3)\Pr(C_3)$$

C_1 사건에서는 바꾸기가 항상 손실을 의미한다. 참가자가 처음에 차가 있는 문을 선택했기 때문에 몬티가 문 2나 문 3을 열던 간에 참가자는 염소가 있는 문으로 바꾼다. 그래서 $\Pr(W|C_1) = 0$이다.

그러나 C_2 사건에서는 바꾸기가 항상 승리를 의미한다. 참가자가 처음에는 문 1 뒤에 염소가 있었기 때문에 몬티가 할 수 있는 선택은 문 3을 열 뿐이었다. 이로 인해 참가자는 승리하는 문 2로 바꿀 수 있다. 그래서 $\Pr(W|C_2) = 1$이다.

C_3 사건에 대해서도 유사한 논리가 적용된다. 참가자가 문 1을 선택한 후, 몬티는 강제로 문 2를 열어야 하며, 참가자는 승리하는 문 3으로 바꾼다. 그래서 $\Pr(W|C_3) = 1$이다.

이러한 값을 식 (27.6)에 대입하면,

$$\Pr(W) = 0 \cdot \frac{1}{3} + 1 \cdot \frac{1}{3} + 1 \cdot \frac{1}{3} = \frac{2}{3}$$

바꾸면 참가자는 $\frac{2}{3}$의 확률로 승리이다. 원래 선택을 유지하는 참가자는 단 $\frac{1}{3}$의 확률로만 승리한다. 이 직관에 반하고 많은 논의를 일으킨 이 결과는 **몬티 홀 패러독스**(*Monty Hall paradox*)로 알려져 있다.[1]

스위칭이 올바른 전략인 직관적인 이유는 게임의 더 극단적인 버전을 상상하면 좀 더 명확해진다. 여기서는 세 개가 아니라 백 개의 문이 있는 게임이고(다시 말해 하나의 문만이 차를 숨기고 있음), 참가자는 초기 선택을 하고 몬티는 문을 열고 염소를 보여주며 참가자에게 스위치할 것을 제안한다. 이미 스위칭은 약간의 이점을 제공할 것이며, 몬티가 열리는 각 문마다 이 이점이 커진다. 만약 참가자가 아직 스위치하지 않았다고 가정하고 몬티가 다른 문을 열고, 또 다른 문을 열고, 또 다른 문을 열고, 참가자가 매번 스위치를 거절한다고 가정해 보자. 마침내 모든 문 중 두 개를 제외한 모든 문이 열렸고, 상품이 공개되지 않았다. 그리고 몬티는 참가자에게 마지막으로 스위치할 기회를 주기 위해 잠시 멈춘다. 이제 98개의 문이 열렸고, 참가자가 처음에 선택한 문과 몬티가 피하고 있는 다른 문만이 아직 열리지 않은 상태이다! 참가자는 스위치하지 않으면 미친 것처럼 보일 것이다(이 게임 버전에서 스위칭으로 이기는 확률에 관한 문제 27.9가 있다).

■

[1] 실제로 몬티 홀 본인도 이 패러독스를 이해하지 못한 것으로 보인다. 1990년 9월 10일 날짜의 편지에서 다른 해리 루이스(Harry Lewis) 교재에서 이 패러독스를 연습하는 데 대한 문의에 대해 몬티 홀은 다음과 같이 쓰고 있다. '제가 알고리즘에 대해 잘 알지 못하지만, 플레이어가 문 A를 선택한 후에 문 C를 보여주고 나서, 왜 그가 그럼 문 B로 전환을 시도해야 할까? ... 문 A 뒤에 주요 상품이 있는 가능성은 변하지 않았다. 그는 여전히 두 개의 남은 문 중 하나를 가지고 있다. 문 B를 이렇게 매력적으로 만드는 것은 무엇일까?'

전체 확률에서 또 다른 놀라운 현상은 **심슨의 역설**(*Simpson's paradox*)이다. 두 이벤트의 전체 확률을 비교할 때, 각 이벤트 내에서 하나가 더 확률적일지라도, 전반적으로는 다른 하나가 더 확률적일 수 있다. 아래의 예시를 살펴보자.

예제 27.9 알렉시스(Alexis)와 보그단(Bogdan)은 학생이다. 각각은 총 100 문제를 완료해야 하지만, 이 문제들은 두 가지 다른 주제와 관련이 있으며, 각자 주제별로 풀 문제의 양을 선택할 수 있다. 그림 27.8은 각 주제별 시도한 문제 수와 정답 수를 보여준다.

누가 더 나은 학생인가?

	Alexis	Bogdan
Topic 1	3/8	40/90
Topic 2	60/92	7/10
Total	63%	47%

그림 27.8 알렉시스와 보그단은 각각 두 주제에 걸쳐 총 100 문제를 완료했지만, 알렉시스는 두 번째 주제에 더 많은 문제를 풀었고, 보그단은 첫 번째 주제에 더 많은 문제를 풀었다. 전체적으로 알렉시스가 더 많은 정답을 맞췄다.

풀이. 답은 전체적인 성적인지, 아니면 각 주제별 성적인지에 따라 다르다.

두 학생 모두 두 주제 사이에서 총 100 문제를 완료했다. 알렉시스는 이 중 63%에 대한 올바른 답을 얻었으며, 반면 보그단은 47%만큼만 옳았기 때문에 알렉시스가 승자로 보인다. 그러나 학생들의 주제별 성공률을 비교할 수도 있다(그림 27.9 참조). 알렉시스가 전체적으로 더 높은 점수를 가지고 있지만, 주제별로 보면 보그단이 양쪽 모두에서 더 좋은 성적을 거두고 있다. 이게 어떻게 가능한 걸까?

답은 학생들이 각 주제(Topic)별로 다른 수의 문제를 풀었다는 것이다. 주제별로 몇 문제만 푼 경우에는 해당 주제의 점수에 대한 영향이 크다(보그단이 주제 2(Topic 2)에서처럼 매우 잘 하는 경우이나, 알렉시스가 주제 1에서처럼 매우 나쁜 성적을 거둔 경우처럼). 그러나 이는 전체적인 점수에는 거의 영향을 미치지 않는다.

	Alexis	Bogdan
Topic 1	38%	44%
Topic 2	65%	70%

그림 27.9 주제별로 점수를 산출하면 보그단이 뛰어난 학생으로 보인다. 두 학생 모두 두 번째 주제에서 더 좋은 성적을 거두었으며, 두 번째 주제의 점수가 알렉시스의 총점의 대부분을 차지하지만 보그단의 총점에서는 그렇지 않다.

알렉시스의 주제 1에서의 부진과 보그단의 주제 2에서의 좋은 성적은 그들의 능력을 신뢰할 만한 지표가 아닐 수 있다. 왜냐하면 이는 매우 적은 수의 문제를 대표하기 때문이다. 이 경우, 더 공정한 측정 방법은 100 문제 전체에서의 성적을 기반으로 학생들을 평가하는 것이다.

반대로, 아마도 주제 1은 어렵고 주제 2는 쉬웠을지도 모른다. 이는 보그단의 전체 점수에 해를 입힐 수 있었을 것이다. 왜냐하면 그는 주제 1에서 더 많은 문제를 풀었지만, 동시에 알렉시스는 주제 2에서 대부분의 점수를 획득했기 때문이다. 이 경우, 각 주제를 별도로 비교하는 것이 의미가 있다. 이렇게 하면 알렉시스가 더 쉬운 문제를 더 많이 시도하려고 하는 것에 대해 보상받지 않을 뿐만 아니라, 보그단도 더 어려운 문제를 시도하려고 하는 것에 대해 처벌받지 않을 것이다. ■

표는 단순히 표면적으로 받아들여서는 안 된다는 점을 강조하기 위해 그림 27.9처럼 정확히 동일한 데이터를 사용하되 설명을 변경해 보겠다. 이제 두 가지 다이어트 중 어느 것이 장수를 촉진시키는지에 대한 문제이다. 두 나라(Oz와 Xanadu)의 인구는 75세까지의 생존을 연구하고 각 나라의 인구는 Diet 1 및 Diet 2에 참여한 사람으로 나누어져 있다.

	Diet 1	Diet 2
Oz	38%	44%
Xanadu	65%	70%

그림 27.10 75세까지 생존율, 다이어트별로 분류된 두 지역의 주민들

만약 게시된 결과가 그림 27.10 하나뿐이라면, Oz와 Xanadu의 주민들 모두에게 Diet 2가 더 나은 것처럼 보인다. 비록 Xanadu 사람들은 어느 다이어트에든지

	Diet 1	Diet 2
Oz	3/8	40/90
Xanadu	60/92	7/10
Total	63%	47%

그림 27.11 다이어트에 관한 결론을 내리기에는 기본 데이터에서는 부족하며, Oz와 Xanadu의 주민들은 다른 중요한 측면에서 차이가 있을 수 있다.

크게 더 긴 수명을 가지고 있다. 그러나 기본 데이터는 다르게 이야기하고 있다 (그림 27.11). 이제는 Diet 1이 우월해 보이지만, 정확한 판단은 어렵다. Oz의 대부분 사람들이 Diet 1을 따르지 않고, 거의 모든 Xanadu 주민들이 Diet 2를 따르지 않기 때문일 수 있다. 아마도 Diet 1이 우월한 것처럼 보이는 것은 그 중 대부분이 이미 오래 사는 Xanadu 주민들 때문이거나, 아니면 Xanadu 주민들이 주로 우월한 Diet 1을 따라 더 오래 살기 때문일 수 있다. 어떤 것이든 다이어트에 기인하는 것이 아니라 Oz 출신의 사람들이 더 짧은 수명을 가지고 있는 이유가 다이어트 이외의 어떤 이유인지를 알아내는 것이 중요할 것이다.

*

독립적인 사건의 개념(324쪽)은 조건부 확률과 밀접한 관련이 있다. A와 B는 아래의 상황에서 독립적인이라고 여긴다.

$$\Pr(A \cap B) = \Pr(A) \cdot \Pr(B)$$

독립은 조건부 확률의 관점에서도 정의될 수 있다.

정리 27.10 사건 A와 B가 둘 다 0이 아닌 확률을 가질 때, A와 B가 독립일 필요충분 조건은

$$\Pr(A|B) = \Pr(A) \tag{27.11}$$

(만약 A나 B 중 하나라도 확률이 0이라면, 원래의 정의에 따라 A와 B는 독립이 된다.)

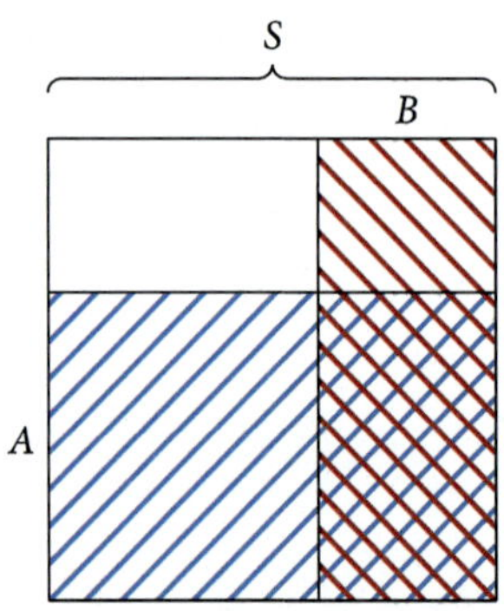

그림 27.12 A와 B는 표본 공간 S의 독립적인 사건이다. 비유적으로 말하면 A는 수직 차원에 의존하고 B는 수평 차원에 의존한다. 이러한 사건들은 차원이 서로 상관되지 않기 때문에 독립적이다. 수학적으로는 A가 S의 비율로 차지하는 부분이 $A \cap B$가 B의 일부로 차지하는 비율과 동일하며, B가 S의 비율로 차지하는 부분이 $B \cap A$가 A의 일부로 차지하는 비율과 동일하다. 따라서 한 사건에 속하는 결과를 알아도 다른 사건에 속할 확률에 대한 추가 정보는 전혀 없다.

이는 직관적으로 이해할 만하다. B가 발생했다는 사실이 A가 발생할 가능성을 변경하지 않는다면(그림 27.12 참조), A와 B는 독립적인 사건이다.

증명. 조건부 확률 정의에 따라,

$$\Pr(A|B) = \frac{\Pr(A \cap B)}{\Pr(B)}$$

로부터 $\Pr(B) > 0$임을 알 수 있다. 그러나 A와 B가 독립적이라면 $\Pr(A \cap B)$를 $\Pr(A) \cdot \Pr(B)$로 대체할 수 있다.

$$\Pr(A|B) = \frac{\Pr(A) \cdot \Pr(B)}{\Pr(B)} = \Pr(A)$$ ■

비록 식 (27.11)이 비대칭적이지만, 독립은 대칭적인 관계이다. 식 (27.11)에서 A와 B의 역할을 바꾸면, $\Pr(B \mid A) = \Pr(B)$는 동일한 조건을 나타내는 세 번째 방법이다. 두 사건이 독립인지의 여부를 판단할 때 식 (27.11)의 어느 버전을 사용

할지 또는 324쪽의 식 (26.12)를 대신 사용할지는 편의의 문제이다. 다음 예제에서는 세 가지 접근 방식을 모두 보여준다.

예제 27.12 100명의 직원으로 구성된 회사를 고려해 보자. 여성 60명과 남성 40명으로 이루어져 있다. 총 15명의 매니저가 있고, 이 중 10명은 여성이다. 무작위로 한 명의 직원이 선택된다. 직원이 여성인 사건이 직원이 매니저인 사건과 독립적인가?

풀이. 정리 27.10을 사용하여 비교하면,

$$\begin{aligned}\Pr(\text{Wmn}|\text{Mgr}) &= \frac{\Pr(\text{Wmn} \cap \text{Mgr})}{\Pr(\text{Mgr})} \\ &= \frac{10/100}{15/100} \\ &= \frac{2}{3} \\ &\neq \frac{60}{100} = \Pr(\text{Wmn})\end{aligned}$$

이 두 값이 같지 않기 때문에 이 사건들은 독립적이지 않다. 또는 우리는 $\Pr(\text{Mgr}\,|\,\text{Wmn})$을 $\Pr(\text{Mgr})$와 비교함으로써 동일한 결론에 도달할 수 있다.

$$\begin{aligned}\Pr(\text{Mgr}|\text{Wmn}) &= \frac{\Pr(\text{Mgr} \cap \text{Wmn})}{\Pr(\text{Wmn})} \\ &= \frac{10/100}{60/100} \\ &= \frac{1}{6} \\ &\neq \frac{15}{100} = \Pr(\text{Mgr})\end{aligned}$$

최종적으로 식 (26.12)를 확인하면, 그들이 독립적이지 않다는 동일한 결과를 얻게 된다.

$$\begin{aligned}\Pr(\text{Wmn} \cap \text{Mgr}) &= \frac{10}{100} \\ &\neq \frac{60}{100} \cdot \frac{15}{100} = \Pr(\text{Wmn}) \cdot \Pr(\text{Mgr})\end{aligned}$$ ■

두 사건이 독립적인지 여부는 계산을 수행해야만 결정할 수 있다. 숫자를 확인하지 않고는 알 수 있는 방법이 없다. 예를 들어, 이 시나리오의 수정 버전을 고려하자.

예제 27.13 예제 27.12와 같은 시나리오를 가정해 보자. 단, 15명의 매니저 중 9명이 여성인 경우이다. $\textrm{W\scriptsize{MN}}$과 $\textrm{M\scriptsize{GR}}$이 독립적인가?

풀이. 이제

$$\begin{aligned}\Pr(\textrm{W\scriptsize{MN}}|\textrm{M\scriptsize{GR}}) &= \frac{\Pr(\textrm{W\scriptsize{MN}} \cap \textrm{M\scriptsize{GR}})}{\Pr(\textrm{M\scriptsize{GR}})} \\ &= \frac{9/100}{15/100} \\ &= \frac{3}{5} \\ &= \frac{60}{100} = \Pr(\textrm{W\scriptsize{MN}})\end{aligned}$$

이기에 이 경우 사건들은 독립적이다. ■

요약

- **조건부 확률**(*conditional probability*)은 어떤 다른 사건이 발생한다는 조건 하에 어떤 사건이 발생할 확률이다. B가 발생한 조건에서 A의 조건부 확률은, $\Pr(B) > 0$로 가정할 때 다음과 같다.

$$\Pr(A|B) = \frac{\Pr(A \cap B)}{\Pr(B)}$$

- 일반적으로 $\Pr(A|B) \neq \Pr(B|A)$이다. $\Pr(A|B)$를 $\Pr(B|A)$와 혼동하는 오류를 **검사의 논리 오류**(*prosecutor's fallacy*)라고 부른다.

- **전체 확률의 법칙**(*law of total probability*)은 어떤 사건의 확률을 계산하는 데 있어 표본 공간을 겹치지 않는 블록으로 나누어, 이 블록들의 합집합이 전체 표본 공간이 되도록 하는 것이 가능하다고 말한다. 그리고 각 블록에서 사건의 조건부 확률의 가중 평균을 계산한다. 여기서 표본 공간을 형성하는 파티션으로 구성된 블록 S_i에 대해, 사건 A의 확률 $\Pr(A)$는 다음과 같이 계산된다.

$$\Pr(A) = \sum_{i=1}^{n} \Pr(A|S_i) \cdot \Pr(S_i)$$

- 두 사건 A와 B에 대해, 주어진 파티션 내의 각 블록에서 B가 높은 조건부 확률을 갖더라도 A가 높은 총 확률을 가질 수 있다. 이 놀라운 현상을 **심슨의 역설**(*Simpson's paradox*)이라고 한다.

- 독립성은 조건부 확률의 관점에서 재정의할 수 있다. 사건 A와 B가 모두 확률이 있는 경우, 두 사건은 오직 $\Pr(A \mid B) = \Pr(A)$인 경우에만 독립적이며, 또는 $\Pr(B \mid A) = \Pr(B)$인 경우에도 독립적으로 간주된다.

문제

27.1 그림 27.2에서 $\Pr(O \mid G)$는 무엇인가? $\Pr(G \mid O)$는 무엇인가? $\Pr(B \mid R)$은 무엇인가? $\Pr(R \mid B)$는 무엇인가?

27.2 어떤 가족이 두 아이를 가지고 있다고 가정하자. 각 아이가 남자 또는 여자가 될 확률이 동일하며, 그들의 성별은 서로 독립적으로 발생한다고 가정하자(동일한 쌍둥이는 없다고 가정한다).

(a) 양쪽 아이가 모두 여자일 확률은 얼마인가?

(b) 어린이 중 맏이가 여자인 경우, 양쪽 아이가 모두 여자일 확률은 얼마인가?

(c) 적어도 한 명이 여자인 경우, 양쪽 아이가 모두 여자일 확률은 얼마인가?

27.3 $\Pr(A \mid B)$이 $\Pr(B \mid A)$와 같아지는 경우는 언제인가?

27.4 50개의 검은 구슬, 50개의 흰 구슬, 그리고 2개의 항아리가 있다고 하자. 항아리에 구슬을 어떻게 분배하든 상관 없지만 양쪽 항아리 중 하나는 비어 있으면 안 된다. 그런 다음 임의로 한 항아리를 선택하고 해당 항아리에서 임의의 구슬을 선택하려 한다. 검은 구슬을 선택할 확률을 최대화하려면 어떻게 구슬을 분배해야 할까?

27.5 한 남자가 은행을 털었다는 혐의를 받고 있다. 목격자들은 은행털이범 키가 6피트(약 183cm)이고 빨간 머리와 녹색 눈을 가진 사람이라고 진술했으며, 피의자는 이 진술과 일치한다. 마을 사람 중 100,000명 중 100명만이 키가 6피트이면서 빨간 머리와 녹색 눈을 가진 남성이라 가정하고, 이 중 한 명이 은행을 털었다고 가정하자.

(a) 피의자가 위 묘사와 일치하는 경우, 피의자가 무죄일 확률은 얼마인가?

(b) 피의자가 무죄라는 조건에서 그가 묘사와 일치할 확률은 얼마인가?

(c) 사건 조사 중 경찰이 1000명의 잠재적 용의자 이미지를 검토했고, 100,000명의 주민들이 이 검토에서 나타날 가능성이 모두 동일하다고 가정하자. 적어도 1000명 중 한 명이 묘사와 일치할 확률은 얼마인가?

27.6 앞 장(문제 26.4)에서는 학생들이 독서 과제를 완료했는지 여부를 알고 싶어하는 교수에 대한 상황을 고려했었다. 직접 물어보는 대신 교수는 각 학생에게 동전을 던지고, 동전이 앞면으로 떨어지거나 과제를 수행하지 않았다면 손을 들

도록 요청했다. 문제 26.4와 마찬가지로 $\frac{3}{4}$의 학생들이 손을 들었다고 가정하자. 손을 들은 학생 중 한 명이라도 있다면, 그 학생이 독서를 하지 않았을 확률은 얼마인가?

27.7 다시 한 번 문제 26.10에서 다룬 스팸 분류기를 고려하자. 이제 모든 이메일 중 80%가 수신자에게 알려지지 않은 이메일 주소에서 전송된다고 가정하자(사건 U), 10%의 이메일에는 돈을 요청하는 내용이 포함되어 있으며(사건 M), 돈을 요청하는 내용이 포함된 이메일 중 90%가 수신자에게 알려지지 않은 이메일 주소에서 전송된다고 하자. U와 M은 독립적인 사건인가?

27.8 교수가 한 학생이 시험에서 만점을 받은 사실을 근거로 그 학생이 부정행위를 한 것으로 의심하고 있다. 다음 중 어느 것이 관련 있는 증거일까? 여러 개의 올바른 답이 있다.

- 부정행위를 했다는 조건 아래서 만점을 받을 확률
- 부정행위를 하지 않았다는 조건 아래서 만점을 받을 확률
- 부정행위를 했다는 조건 아래에서 만점을 받지 않을 확률
- 부정행위를 안 했다는 조건 아래에서 만점을 받지 않을 확률
- 만점을 받았다는 조건 아래에서 부정행위를 했을 확률
- 만점을 안 받았다는 조건 아래에서 부정행위를 했을 확률
- 만점을 받았다는 조건 아래에서 부정행위를 하지 않았을 확률
- 만점을 안 받았다는 조건 아래에서 부정행위를 하지 않았을 확률

27.9 100개의 문이 있는 몬티 홀 문제(예제 27.8)에서 이길 확률은 어떻게 되는가?

(a) 만약 플레이어가 스위치하지 않는다면

(b) 만약 몬티가 1개의 문을 열고 플레이어가 스위치한다면

(c) 만약 몬티가 98개의 문을 열고 플레이어가 스위치한다면

Chapter

28 베이즈 정리

과속 소송(335쪽)에서 검사는 통계 Pr(DET | SPD)를 Pr(SPD | DET)인 것처럼 오용했다. 검사는 과속하는 사람 중 80%가 레이더 감지기를 소유한다고 주장하며 운전자가 80% 유죄일 확률로 잘못 유추했다. 그러나 이 80%는 실제로 용의자가 유죄인 경우 레이더 감지기를 소유할 확률이었고, 레이더 감지기를 소유한 경우 유죄일 확률이 아니었다.

이 두 가지 조건부 확률은 동일하지 않지만 관련이 있다. 추가 정보 두 가지를 이용하여 한 확률을 다른 확률로 계산할 수 있다: Pr(SPD), 과속하는 운전자의 비율, 그리고 Pr(DET), 레이더 감지기를 소유한 운전자의 비율. 과속하는 운전자가 더 많으면 용의자가 그 중 한 명일 가능성이 더 높아진다. 그러나 레이더 감지기를 소유한 운전자가 더 많으면 그것을 가지고 있는 것이 덜 의심스러워진다. Pr(SPD), Pr(DET), 그리고 Pr(DET | SPD)를 이용하여 **베이즈 정리**(*Bayes' theorem*)[1]를 통해 Pr(SPD | DET)를 계산할 수 있다.

[1] 토마스 베이즈(1701~61)는 영국의 수학자이자 목사였다. 그는 그의 사후에 편집되어 출판된 노트에서 자신의 이름을 딴 정리의 제한된 버전을 개발했다.

정리 28.1 *베이즈 정리(Bayes' theorem)*. 만일 $\Pr(A)$와 $\Pr(B)$가 둘 다 0이 아니라면,

$$\Pr(A|B) = \frac{\Pr(B|A)\Pr(A)}{\Pr(B)}$$

증명. 조건부 확률의 정의에 따르면(333쪽),

$$\Pr(A \cap B) = \Pr(A|B)\Pr(B)$$

대칭적으로,

$$\Pr(B \cap A) = \Pr(B|A)\Pr(A)$$

이러한 방정식을 결합하면,

$$\Pr(A|B)\Pr(B) = Pr(A \cap B) = \Pr(B \cap A) = \Pr(B|A)\Pr(A)$$

여기서 결과는 $\Pr(B)$로 나누어서 얻어진다. ■

따라서 $\Pr(A|B)$와 $\Pr(B|A)$는 정확히 $\frac{\Pr(A)}{\Pr(B)}$의 인자로 차이가 난다.

속도 위반 소송에서 주장을 교정하기 위해 인구에서 다양한 과속 및 레이더 감지기 소유 확률을 가정해 보자.

예제 28.2 80%의 운전자가 속도를 위반하는 경우, 레이더 감지기를 소유한 운전자가 속도를 위반할 확률을 계산하라. 만약에

- 전체 운전자 중 5%가 속도를 위반하며, 모든 운전자 중 40%가 레이더 감지기를 소유한다면,
- 전체 운전자 중 20%가 속도를 위반하며, 모든 운전자 중 20%가 레이더 감지기를 소유한다면,
- 전체 운전자 중 20%가 속도를 위반하며, 모든 운전자 중 16%가 레이더 감지기를 소유한다면,

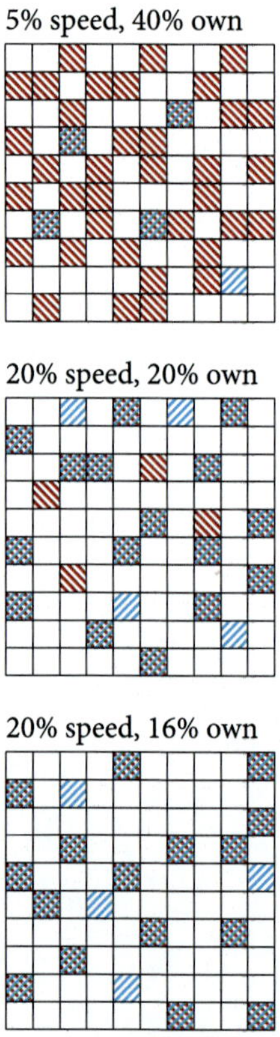

그림 28.1 속도를 위반하는 운전자는 파란색으로 표시되고, 레이더 감지기를 소유한 운전자는 빨간색으로 표시된다. 각 시나리오에서 속도를 위반하는 운전자 중 80%가 레이더 감지기를 소유하지만, 소유한 레이더 감지기 중에서 속도를 위반하는 비율은 다르다.

풀이.

- 첫번째 시나리오에서,

$$\Pr(\textsc{Spd}|\textsc{Det}) = \frac{\Pr(\textsc{Det}|\textsc{Spd})\Pr(\textsc{Spd})}{\Pr(\textsc{Det})} = \frac{0.8 \cdot 0.05}{0.4} = 0.1 = 10\%$$

  많은 운전자들이 속도를 위반하지 않아 용의자가 속도를 위반한 것은 덜 가능하며, 많은 운전자들—속도를 위반하지 않는 많은 운전자들도 포함하여—이 레이더 감지기를 소유하고 있으므로 운전자가 하나를 소유하고 있다는 사실은 그다지 강력한 증거가 아니다.

- 두 번째 시나리오에서,

$$\Pr(\textsc{Spd}|\textsc{Det}) = \frac{\Pr(\textsc{Det}|\textsc{Spd})\Pr(\textsc{Spd})}{\Pr(\textsc{Det})} = \frac{0.8 \cdot 0.2}{0.2} = 0.8 = 80\%$$

  이 경우에는 검사의 숫자가 실제로 맞았다. 속도를 위반하는 운전자와 레이더 감지기를 소유한 운전자의 수가 동일하므로, 그들의 교집합은 두 인구 모두의 동일한 비율을 포함한다.

- 세 번째 시나리오에서,

$$\Pr(\textsc{Spd}|\textsc{Det}) = \frac{\Pr(\textsc{Det}|\textsc{Spd})\Pr(\textsc{Spd})}{\Pr(\textsc{Det})} = \frac{0.8 \cdot 0.2}{0.16} = 1.0 = 100\%$$

여기서 숫자들이 맞아 떨어져 모든 속도를 위반하는 운전자가 레이더 감지기를 소유하고, 속도를 위반하지 않는 모든 운전자는 소유하지 않는다는 것을 의미한다. 따라서 용의자가 레이더 감지기를 소유하고 있다는 사실은 결코 유죄의 명백한 증거이다. (적어도 이산수학의 세계에서는 그렇다. 실제로는 확률이 숫자적으로 정확하지 않다.)

따라서 원래의 80%의 숫자는 자체로는 매우 정보가 없다. Pr(DET | SPD)를 일정하게 유지하면, 다른 매개변수 값들에서는 매우 다른 유죄 확률이 나타난다. ■

수학적으로, 베이즈 정리는 $\Pr(A \mid B)$와 $\Pr(B \mid A)$ 사이를 변환하는 공식이다. 베이즈 정리를 고려하는 더 실용적인 시각은 이것이 **새로운 증거**(*new evidence*)를 고려하여 **가설**(*hypothesis*)의 확률을 업데이트하는 메커니즘을 제공한다는 것이다.

예제 28.3 선거 전 여론 조사에 따르면 특정 후보는 40%의 이길 확률을 갖고 있다. 선거 날, 초기 보고서에서는 이 후보가 필승이라고 여겨지는 스윙 지역에서 승리했다고 나왔다. 원래는 그 지역에서 이길 확률이 50%로 추정되었다. 이제 업데이트된 전체 선거에서 승리할 확률은 얼마인가?

풀이. EL이라는 이벤트가 후보가 선거에서 이기는 것(가설)을 나타내고, SW는 그가 스윙 지역에서 이기는 것(증거)을 나타낸다. 후보가 선거에서 이기려면 반드시 스윙 지역에서 이기게 되므로 Pr(SW | EL) = 1이다. 목표는 스윙 지역에서 이겼다는 새로운 정보를 고려하여 선거에서 이길 확률 Pr(EL | SW)을 계산하는 것이다.

$$\Pr(\text{EL}|\text{SW}) = \frac{\Pr(\text{SW}|\text{EL})\,\Pr(\text{EL})}{\Pr(\text{SW})}$$

$$= \frac{1 \cdot 0.4}{0.5} = 0.8$$

이제는 후보가 선거에서 이길 것으로 예상되며, 그 확률은 80%이다. ■

베이즈 정리는 B가 발생한 새로운 정보를 기반으로 $\Pr(A)$를 $\Pr(A \mid B)$로 '업데이트'하는 데 사용될 수 있기 때문에 때로 **베이지안 업데이팅**(*Bayesian updating*)으로 언급된다.

*

베이즈 정리는 **머신 러닝**(*machine learning*)의 특정 접근 방식의 기초를 제공한다. 여기서 알고리즘은 순전히 프리-프로그래밍된 명령이 아닌 경험을 기반으로 행동을 수정한다. 머신 러닝은 주로 입력을 범주로 분류해야 하는 분류 문제를 해결하는 데 사용된다. 광학 문자 인식, 이미지 인식 및 스팸 필터링은 전형적인 예시이다.

예제 28.4 일부 스팸 및 스팸이 아닌 이메일 예시를 기반으로 이메일을 스팸 또는 비스팸으로 자동으로 분류하는 방법은 무엇일까?

풀이. 이러한 결정을 자동화하기 위해 사용될 수 있는 매우 간단한 기준 세트를 설명하겠다. 첫 번째 단계는 스팸과 연관될 수 있는 특징을 식별하는 것이다. 예를 들어,

- 발신자의 이메일이 수신자에게 알려지지 않은 경우(사건 U)를 확인한다.
- 이메일이 금전을 요구하는 내용(사건 M)을 담고 있는지 여부를 확인한다.
- 이메일이 문자 대신에 단어 내에서 특수 문자인 '@'와 '$'를 사용하는 경우(사건 C)를 확인한다.

다음 단계는 일부 이메일을 수동으로 스팸 또는 비스팸으로 라벨 지정하고 각 특징에 따라 분류된 교육 데이터 세트를 만드는 것이다. 예를 들어, 교육 세트에는 60개의 스팸과 40개의 비스팸으로 라벨 지정된 100개의 이메일이 포함되어 있으며 다음과 같은 특징을 가지고 있다.

	Unknown	Money	Characters
Spam	50/60	20/60	35/60
Not spam	10/40	5/40	15/40

이제 이 데이터를 기반으로 새로운 이메일에 대한 올바른 라벨을 예측하는 문제를 고려하자. 새 이메일이 알려지지 않은 발신자에서 특수 문자를 사용하지만 금전 요청이 포함되어 있지 않은 경우를 가정하자. 우리는 사건 $U \cap \overline{M} \cap C$ 에 대한 조건으로 이메일이 스팸인지 (사건 $\textsc{Sp}$) 여부를 알고 싶다. 베이즈 정리에 의해,

$$\begin{aligned}\Pr(\textsc{Sp}|(U \cap \overline{M} \cap C)) &= \frac{\Pr((U \cap \overline{M} \cap C)|\textsc{Sp})\Pr(\textsc{Sp})}{\Pr(U \cap \overline{M} \cap C)} \\ &= \frac{\Pr(U \cap \overline{M} \cap C \cap \textsc{Sp})}{\Pr(U \cap \overline{M} \cap C)} \qquad (28.5)\end{aligned}$$

조건부 확률의 정의를 반복적으로 사용하여 $\Pr(U \cap \overline{M} \cap C \cap \textsc{Sp})$를 다시 쓰자.

$$\begin{aligned}\Pr(U \cap \overline{M} \cap C \cap \textsc{Sp}) &= \Pr(U|(\overline{M} \cap C \cap \textsc{Sp}))\Pr(\overline{M} \cap C \cap \textsc{Sp}) \\ &= \Pr(U|(\overline{M} \cap C \cap \textsc{Sp}))\Pr(\overline{M}|(C \cap \textsc{Sp}))\Pr(C \cap \textsc{Sp}) \\ &= \Pr(U|(\overline{M} \cap C \cap \textsc{Sp}))\Pr(\overline{M}|(C \cap \textsc{Sp}))\Pr(C|\textsc{Sp})\Pr(\textsc{Sp})\end{aligned}$$

우리는 이제 특징들의 **조건부 독립**(*conditional independence*)이라 불리는 중요한 가정을 한다. 조건부 독립 가정은 Sp에 대한 조건에서 특징 U, $\overline{M}$ 및 C(또는 동등하게 U, M 및 C)가 서로 독립적이라는 것이다.

일반적인 정의는 이 예제의 끝에 제시되어 있지만 여기서의 경우, 조건부 독립은 구체적으로

$$\Pr(U|(\overline{M}\cap C\cap \text{Sp}))=\Pr(U|\text{Sp}) \text{ 와}$$
$$\Pr(\overline{M}|(C\cap \text{Sp}))=\Pr(\overline{M}|\text{Sp})$$

임을 의미한다.

특징들의 조건부 독립은 다양한 특징들이 서로 다른 것들을 측정한 것이라는 가정을 나타낸다. 실제로는 정확하지 않을 가능성이 있지만, 이것은 다양한 현실 세계 상황에서 놀랍게 유용한 것으로 입증되었다. 조건부 독립 가정 하에서 식 (28.5)는 다음과 같이 다시 쓰여질 수 있다.

$$\begin{aligned}\Pr(\text{Sp}|(U\cap\overline{M}\cap C)) &= \frac{\Pr(U\cap\overline{M}\cap C\cap\text{Sp})}{\Pr(U\cap\overline{M}\cap C)}\\ &\approx \frac{\Pr(U|\text{Sp})\,\Pr(\overline{M}|\text{Sp})\,\Pr(C|\text{Sp})\,\Pr(\text{Sp})}{\Pr(U\cap\overline{M}\cap C)}\\ &= \frac{(50/60)\cdot(40/60)\cdot(35/60)\cdot(60/100)}{\Pr(U\cap\overline{M}\cap C)}\\ &= \frac{7/36}{\Pr(U\cap\overline{M}\cap C)} \qquad (28.6)\end{aligned}$$

주어진 정보에서는 U, M 및 C가 조건부로 독립되어 있지만 절대적으로 독립되어 있지는 않으므로 분모의 값을 직접 계산할 수 없다. 대신 이벤트의 여사건인 $\Pr(\overline{\text{Sp}}|(U\cap\overline{M}\cap C))$를 계산하고 이 두 확률이 합쳐져 1이 되는 사실을 사용할 수 있다. 동일한 조건부 독립 가정을 사용하여,

$$\begin{aligned}\Pr(\overline{\text{Sp}}|(U\cap\overline{M}\cap C)) &\approx \frac{\Pr(U|\overline{\text{Sp}})\cdot\Pr(\overline{M}|\overline{\text{Sp}})\cdot\Pr(C|\overline{\text{Sp}})\cdot\Pr(\overline{\text{Sp}})}{\Pr(U\cap\overline{M}\cap C)}\\ &= \frac{(10/40)\cdot(35/40)\cdot(15/40)\cdot(40/100)}{\Pr(U\cap\overline{M}\cap C)}\\ &= \frac{21/640}{\Pr(U\cap\overline{M}\cap C)} \qquad (28.7)\end{aligned}$$

식 (28.6)과 (28.7)의 값은 1로 합쳐진다.

$$\begin{aligned}\Pr(\text{Sp}|(U\cap\overline{M}\cap C))+\Pr(\overline{\text{Sp}}|(U\cap\overline{M}\cap C)) &= \frac{7/36}{\Pr(U\cap\overline{M}\cap C)}\\ &\quad+\frac{21/640}{\Pr(U\cap\overline{M}\cap C)}\\ &=1\end{aligned}$$

따라서 분모를 구할 수 있다.

$$\Pr(U \cap \overline{M} \cap C) = \frac{7}{36} + \frac{21}{640} = \frac{1309}{5760}$$

그렇다면,

$$\Pr(\text{Sp} | (U \cap \overline{M} \cap C)) = \frac{7/36}{1309/5760} \approx 0.86$$
$$\Pr(\overline{\text{Sp}} | (U \cap \overline{M} \cap C)) = \frac{21/640}{1309/5760} \approx 0.14$$

그러므로 이 메시지가 스팸일 가능성이 높다. ■

스팸 필터링과 같은 응용 프로그램은 보수적인 추정을 요구하며, 오검출을 피하기 위해 높은 임계값을 필요로 한다. 비스팸을 스팸으로 잘못 분류하는 것은 스팸을 정당한 이메일로 분류하는 것보다 훨씬 나쁘기 때문이다. 따라서 추정된 확률이 80% 이상인 경우에만 메시지를 스팸으로 분류하는 것이 합리적일 것이다. 다른 응용 프로그램에서는 예를 들어 광학 문자 인식과 같이 가능한 라벨이 많고 어떤 방향의 오류든 동등하게 허용되는 경우, 단순히 가장 높은 우도를 가진 라벨을 할당할 수 있다.

조건부 독립의 정의로 돌아가면, 우리는 이전의 독립에 대한 정의 중 어느 하나를 조건부 확률을 사용하도록 간단히 업데이트할 수 있다. 어느 쪽이든 결국 우리는 제한된 표본 공간 내에서 사건의 독립성에 관해 묻고 있다. 마찬가지로, 이러한 정의들은 조건이 되는 사건이 확률이 0이 아닐 때에만 적용된다.

정의와 유사하게 A와 B는 만약 아래와 같다면 독립이다.

$$\Pr(A \cap B) = \Pr(A)\Pr(B)$$

324쪽에서 언급했듯이, A와 B는 만약 아래와 같다면 E가 주어진 상황에서 조건부 독립이다.

$$\Pr(A \cap B | E) = \Pr(A|E)\Pr(B|E)$$

여기서 $\Pr(E) > 0$이다.

또는, 정의와 유사하게 A와 B는 만약 아래와 같다면 독립이다.

$$\Pr(A|B) = \Pr(A)$$

340쪽에서 언급했듯이, A와 B는 만약 아래와 같다면 E가 주어진 상황에서 조건부 독립이다.

$$\Pr(A|B \cap E) = \Pr(A|E)$$

여기서 $\Pr(B \cap E) > 0$이다.

상호 독립에 대해서 상기해 보면(327쪽에서 정의됨), 우리는 이 후자의 공식을 일반적으로 **조건부 상호 독립**(*conditional mutual independence*)을 정의하기 위해 일반화할 수 있다.

사건 E에 대해 조건부 상호 독립인 경우, 모든 사건 $A \in X$ 및 모든 $Y \subseteq X - \{A\}$에 대해 다음이 성립하면 X의 이벤트 집합은 E에 대해 조건부 상호 독립이다.

$$\Pr\left(A \middle| \left(\bigcap_{B \in Y} B\right) \cap E\right) = \Pr(A|E)$$

단, $\Pr((\bigcap_{B\in Y} B) \cap E) > 0$이다. 즉, 사건 E가 주어졌을 때 A의 확률은 제한된 표본 공간이 다른 이벤트 X의 어떤 수의 하위 집합에 의해 지정되더라도, 해당 제한된 표본 공간이 0이 아닌 확률을 가지는 한, 의존하지 않는다. 예제 28.4에서 X는 $(U, \overline{M}, C)$)이고 E는 Sp 이벤트였으며, 가정은 먼저 $A = U$, $Y = \{\overline{M}, C\}$로 적용되었고, 그런 다음 $A = \overline{M}$, $Y = \{C\}$로 적용되었다.

나이브 베이즈 분류기(*naïve Bayes classifier*)는 예제 28.4와 같이 모든 특징이 조건부로 상호 독립이라고 가정하는 분류기 중 하나이다. 나이브 베이즈 분류기는 상대적으로 쉽게 구현할 수 있고 다양한 상황에서 만족스러운 결과를 제공하기 때문에 일반적으로 사용된다.

*

이전 예제에서는 증거의 확률이 주어졌다. 그러나 베이즈 정리의 많은 응용에서는 이 값을 계산해야 할 수 있다. 아마도 전체 확률의 법칙(정리 27.5)을 사용하여 계산해야 할 것이다.

예제 28.8 두 개의 그릇이 있다. 첫 번째 그릇에는 파란 구슬만 있고, 두 번째 그릇에는 파란 구슬 4개와 빨간 구슬 12개가 들어 있다. 그릇이 무작위로 선택되고 해당 그릇에서 무작위로 구슬이 선택된다. 선택된 구슬이 파란색이라면, 이 구슬이 첫 번째 그릇에 선택된 확률은 무엇인가?

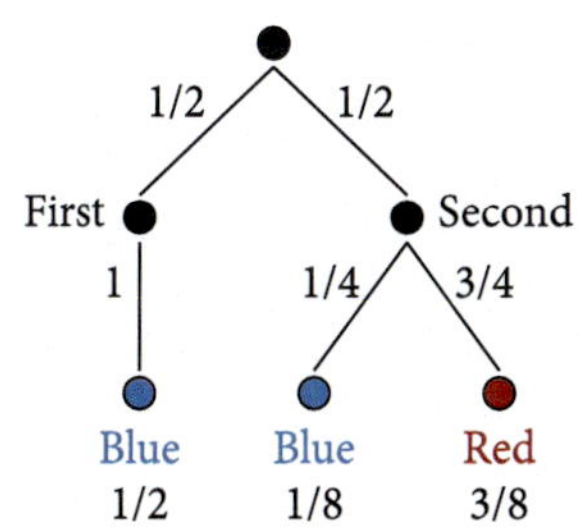

그림 28.2 이 트리 다이어그램은 분기 가능성을 보여준다. '리프'의 확률(아래 행에 있는 것)을 얻으려면 루트에서 경로를 따라 확률을 곱하면 된다. 파란색 구슬이라는 조건하에서 첫 번째 그릇/파란색 구슬 가지의 확률을 찾으려면 모든 파란색 구슬 가지에 대한 확률의 합으로 나누면 된다.

풀이. F를 첫 번째 그릇에서 나온 사건이라 하고, B를 선택된 구슬이 파란색인 사건이라고 하자.

베이즈 정리에 의해,

$$\Pr(F|B) = \frac{\Pr(B|F)\Pr(F)}{\Pr(B)}$$

분모는 전체 확률의 법칙을 사용하여 F 및 $\overline{F}$ 하위 케이스로 확장할 수 있다.

$$\begin{aligned}\Pr(F|B) &= \frac{\Pr(B|F)\Pr(F)}{\Pr(B|F)\Pr(F)+\Pr(B|\overline{F})\Pr(\overline{F})}\\ &= \frac{1\cdot\frac{1}{2}}{1\cdot\frac{1}{2}+\frac{1}{4}\cdot\frac{1}{2}}\\ &= \frac{4}{5}\end{aligned}$$ ■

이 기술을 활용하여 앞 장에서 다룬 몬티 홀 패러독스(예제 27.8, 337쪽)를 다시 살펴보자. 이 문제는 베이즈 정리의 자연스러운 후보이다. 우리는 이벤트에 대한 초기 확률로 시작하고, 그런 다음 새로운 정보를 알게 되면 업데이트된 확률을 찾기 위해 이 정보를 통합한다.

예제 28.9 다시 무대를 설명하자면, 참가자는 세 개의 문 중 하나를 선택해야 한다. 한 문 뒤에는 자동차가 있고, 나머지 두 문 뒤에는 염소가 있다. 참가자는 초기 선택을 한다. 호스트인 몬티 홀은 다른 두 문 중 하나를 열어 염소를 드러낸다. 몬티는 참가자에게 남은 닫힌 문으로 바꿀 것인지 묻는다. 참가자는 전환해야만 하는가?

풀이. 이전과 마찬가지로 일반성을 잃지 않고 참가자가 문 1을 선택했다고 가정할 수 있다. 참가자가 문 1을 유지한다면 자동차가 문 1 뒤에 있을 확률은 다음과 같다: $\Pr(C_1)=\frac{1}{3}$.

다시 일반성을 잃지 않고 (만약, 문 2와 문 3의 역할을 바꾼다면 분석은 동일하기 때문에) 몬티가 문 2를 열었다고 가정하자. 참가자가 전환했을 때 이기는 확률, 즉 몬티가 문 2(사건 M_2)를 열었다는 것을 알 때 자동차가 문 3(사건 C_3) 뒤에 있다는 확률을 찾고자 한다. 베이즈 정리를 사용하여,

$$\Pr(C_3|M_2)=\frac{\Pr(M_2|C_3)\Pr(C_3)}{\Pr(M_2)}$$

자동차가 어떤 문 뒤에 있는지에 따르는 조건에 따라 전체 확률의 법칙을 사용하여 분모를 다시 작성하면,

$$\Pr(C_3|M_2)=\frac{\Pr(M_2|C_3)\Pr(C_3)}{\Pr(M_2|C_1)\Pr(C_1)+\Pr(M_2|C_2)\Pr(C_2)+\Pr(M_2|C_3)\Pr(C_3)}$$

참가자는 문 1을 선택했다. 만약 자동차가 문 1 뒤에 있다면, 몬티는 문 2 또는 3을 선택할 수 있었다: $\Pr(M_2\,|\,C_1)=\frac{1}{2}$. 만약 자동차가 문 2 뒤에 있다면, 몬티는 문 2를 열 수 없었어야 한다: $\Pr(M_2\,|\,C_2)=0$. 그리고 만약 자동차가 문 3 뒤에 있다면, 몬티는 문 2를 열어야 했다: $\Pr(M_2\,|\,C_3)=1$. 이 값들을 대체하면,

$$\Pr(C_3|M_2) = \frac{1 \cdot \frac{1}{3}}{\frac{1}{2} \cdot \frac{1}{3} + 0 \cdot \frac{1}{3} + 1 \cdot \frac{1}{3}} = \frac{2}{3} \qquad \blacksquare$$

요약

- 조건부 확률 $\Pr(A \mid B)$와 $\Pr(B \mid A)$는 관련이 있다. 만약 $\Pr(A)$와 $\Pr(B)$가 모두 알려져 있다면, **베이즈 정리**(*Bayes' theorem*)를 사용하여 서로를 계산할 수 있다.

$$\Pr(A|B) = \frac{\Pr(B|A)\Pr(A)}{\Pr(B)}$$

- **베이지안 업데이팅**(*Bayesian updating*)은 베이즈의 정리를 사용하여 증거 B가 발생한 상황에서 가설 $\Pr(A)$의 무조건부 확률을 조건부 확률 $\Pr(A \mid B)$로 업데이트하는 것을 의미한다.

- 세 개의 사건 A와 B가 세 번째 사건 E를 기준으로 조건부로 독립이면, E가 주어졌을 때 독립이다. 혹은

$$\Pr(A \cap B|E) = \Pr(A|E)\Pr(B|E) \text{ 또는}$$
$$\Pr(A|B \cap E) = \Pr(A|E)$$

  단, 해당 분모는 0이 아니다.

- 사건 E를 기준으로 **조건부 상호 독립**(*conditionally mutually independent*)인 사건 X 집합은 다음과 같다. 모든 $A \in X$와 $Y \subseteq X - \{A\}$대해,

$$\Pr\left(A \middle| \left(\bigcap_{B \in Y} B\right) \cap E\right) = \Pr(A|E)$$

  단 분모가 0이 아닌 경우다.

- **나이브 베이즈 분류기**(*naïve Bayes classifier*)는 모든 특성이 조건부 상호 독립이라는 가정 하에 베이즈 정리를 사용하는 간단한 유형의 기계 학습 알고리즘이다.

- 만약 $\{A_1, \ldots, A_n\}$이 사건 A의 분할이라면, 베이즈 정리는 전체 확률의 법칙을 사용하여 다음과 같이 다시 쓸 수 있다.

$$\Pr(A|B) = \frac{\Pr(B|A)\Pr(A)}{\Pr(B|A_1)\Pr(A_1) + \ldots + \Pr(B|A_n)\Pr(A_n)}$$

  이 공식은 $\Pr(B)$가 명시적으로 주어지지 않은 경우에 유용할 수 있다.

문제

28.1 두 개의 주사위 중에서 무작위로 선택한 경우를 가정하자. 하나는 모든 값이 동일한 확률로 나오는 공정한 주사위이고, 다른 하나는 6이 다른 값보다 두 배 더 자주 나오도록 가중되어 있는 주사위이다. 선택된 주사위를 굴리고 6이 나왔을 때, 이 주사위가 가중이 된 주사위인 경우의 확률은 얼마인가?

28.2 이 문제는 두 사람이 어떻게 다른 사건의 확률에 대한 초기 신념을 가졌더라도 충분한 증거를 통해 베이지안 업데이팅을 통해 동일한 업데이트된 확률로 수렴할 수 있는지 탐구한다.

아담은 10개의 동전을 가지고 있고, 베아트리체는 3개의 동전을 가지고 있다. 각 컬렉션에는 1개의 동전이 있으며, 이 동전은 앞면에 떨어질 확률이 $\frac{9}{10}$이고 나머지 동전은 공정하다.

(a) 아담과 베아트리체가 각각 자신의 컬렉션에서 무작위로 동전을 선택할 때, 각 사람이 편향된 동전을 선택한 확률은 얼마인가?

(b) 아담과 베아트리체가 각각 선택한 동전을 던져서 앞면이 나온다면, 각자 동전이 편향된 동전이라는 사건에 대해 어떤 업데이트된 확률을 할당하게 될까?

(c) 만약 아담과 베아트리체가 각각 선택한 동전을 10번 던져서 모두 앞면이 나온다면, 각자 동전이 편향된 동전이라는 사건에 대해 어떤 업데이트된 확률을 할당하게 될까?

28.3 항아리에는 100개의 동전이 들어 있다. 일부 동전은 진짜로, 한 쪽에는 앞면이 있고 다른 한 쪽에는 뒷면이 있다. 다른 동전은 가짜로, 양쪽 모두 앞면이 있다.

(a) 99개의 동전이 진짜이고 1개가 가짜로, 양면에 앞면이 있는 경우라 가정하자. 동전이 무작위로 선택되어 두 번 던져졌는데, 두 번 모두 앞면이 나왔다. 그것이 가짜 동전인 경우의 확률은 얼마인가?

(b) 알려지지 않은 몇 개의 동전이 양면에 앞면이 있는 가짜 동전일 것이다. 동전이 무작위로 선택되어 두 번 던져졌는데, 두 번 모두 앞면이 나왔다. 선택된 동전이 가짜일 확률이 최소 50%가 되려면 100개의 동전 중 몇 개가 가짜여야 하는가?

28.4 앤과 베티가 각각 동일한 항아리에서 복원(중복) 추출로 구슬을 뽑은 실험이 있다. 앤은 5번 뽑아 모두 빨간색을 얻었고, 베티는 20번 뽑아 15번 빨간색과 5번 흰색을 얻었다. 어느 실험이 선택된 항아리가 $\frac{2}{3}$ 빨간색인지 $\frac{2}{3}$ 흰색인지에 대한 더 강력한 증거를 제공하는가?

28.5 마약 검사의 특정 사람이 양성 판정을 받을 확률은 얼마인지 알고 싶다. 이 검사는 2%의 거짓 양성률(마약을 사용하지 않는 사람 중 2%가 거짓으로 양성으

로 나옴)과 5%의 거짓 음성률(마약을 사용하는 사람 중 5%가 거짓으로 음성으로 나옴)을 가지고 있다. 인구의 1%가 마약을 사용한다고 가정할 때, 양성 판정을 받은 특정 사람이 실제로 사용자인 확률은 얼마인가? 그림 28.3을 참조하라.

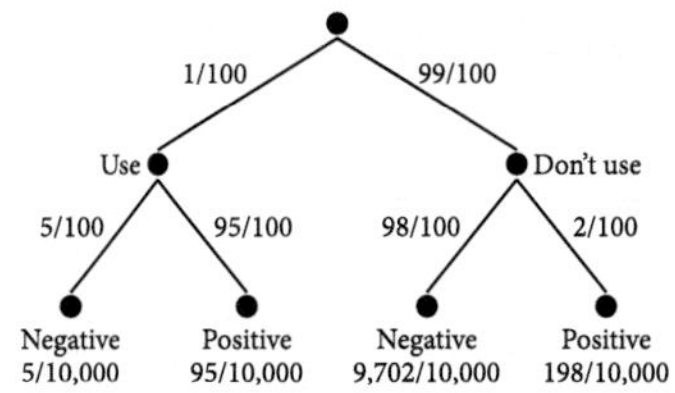

그림 28.3 마약을 사용자와 비사용자별로 양성 반응을 보이는 사람들의 숫자를 나타낸 트리 다이어그램.

28.6 비가 오는 가능성을 예측하는 알고리즘이 있는 경우, 훈련 데이터는 지난해 동일한 달에 해당 지역의 날씨를 나타내며 30일 중 7일에 비가 내린 경우이다.

	Cloudy	Humid	Low Air Pressure
Rain	7/7	5/7	6/7
No rain	16/23	12/23	8/23

알고리즘이 비가 올 확률을 얼마로 예측할 것인가? 만약,

(a) 흐리고 습하지만, 대기압이 낮지 않다면

(b) 흐리고 대기압이 낮지만, 습하지 않다면

(c) 습하고 대기압이 낮지만, 흐리지 않다면

28.7 알렉세이 로마노프(Alexei Romanov), 러시아의 니콜라이 2세 황제의 유일한 아들은 유전적 질병 헤모필리아로 고통받았다. 헤모필리아는 X 염색체를 통해 유전된다. 여성은 양쪽 부모로부터 상속받은 두 가지 알렐을 가지고 있지만, 남성은 어머니로부터 상속받은 하나만 가지고 있다.

적어도 하나의 우성 알렐(allele) H 버전을 가진 사람은 질병을 가지고 있지 않지만, 유전자형이 recssive 알렐 h 하나만 있는 사람은 질병을 가지고 있다. 즉, 여성은 알렐 HH(헤모필리아 없음), Hh(헤모필리아의 캐리어), 또는 hh(헤모필리아)를 가질 수 있으며, 남성은 H(헤모필리아 없음) 또는 h(헤모필리아)를 가질 수 있다. 황제 니콜라스나 그의 아내인 황제비 알렉산드라는 헤모필리아를 가지고 있지 않았다.

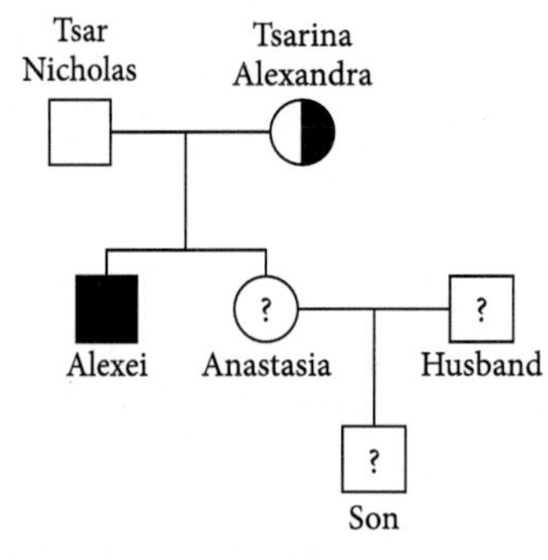

그림 28.4 의문 시 되는 로마노프 가족 구성원을 나타내는 유전자 도표. 남성은 사각형으로, 여성은 원으로 표시된다. 흰색 내부는 헤모필리아가 없음을, 검은색은 헤모필리아를 나타내며, 반 흰색/반 검은색은 헤모필리아의 운반자를 나타낸다. 물음표는 헤모필리아 상태가 알려지지 않았음을 나타낸다.

(a) 알렉세이가 헤모필리아를 가졌을 때, 그의 자매 아나스타샤가 헤모필리아의 캐리어였을 확률은 무엇인가?

(b) 볼셰비키 혁명 중에 로마노프 가족 전체가 혁명가들에 의해 암살당했지만, 여러 소문에 따르면 여러 여성 중 일부가 탈출했다고 전해졌다. 몇 년 후, 안나 앤더슨이라는 여성이 나타나 '아나스타샤'라고 주장했다. 그녀의 이야기에 따르면, 안나는 러시아에서 탈출해 결혼하였으며, 아들을 고아원에 맡겼다고 한다.

초기에 안나가 진짜 아나스타샤일 가능성은 5%라고 믿었고, 그 당시 남성 중 1%가 헤모필리아를 가지고 있다고 가정하자. 안나의 아들이 헤모필리아를 가진 것으로 밝혀진다면, 이로 인해 안나가 아나스타샤일 확률은 어떻게 변할까?

(c) 대신에 안나의 아들이 헤모필리아를 가지고 있지 않게 된다면, 안나가 아나스타샤일 확률은 어떻게 업데이트되겠는가?

Chapter

29 확률 변수와 기댓값

무작위 사건에 의존하며 수치 값으로 나타나는 실험을 고려하자. 예를 들어, 주사위 한 번 굴리는 결과물이나 6이 나올 때까지의 주사위 굴림 횟수 등이 있을 수 있다. 실험을 여러 차례 실행하면 이 수치는 다양한 값으로 나타나며, 각 값은 특정한 확률로 발생한다. **확률 변수**(*random variable*)는 이러한 수를 설명하는 방법 중 하나이다. 그 값은 확실하지 않지만 가능한 값의 범위와 각 값의 발생 가능성에 대한 정보가 있다.

형식적으로 확률 변수는 결과를 수치 값으로 매핑하는 함수이다. 즉, 확률 변수의 정의역은 실험의 표본 공간이며 공역은 $\{0, 1\}$, $\mathbb{N}$ 또는 $\mathbb{R}$과 같은 수치 집합이다. 확률 변수는 일반적으로 X와 같은 대문자로 표시된다. 표본 공간은 일반적으로 S로 나타내며 값의 집합은 T로 나타낼 수 있으므로 $X: S \to T$이다.

예를 들어 동전 던지기 실험에서, 만약 s가 표본 공간 $S = \{\text{앞면}, \text{뒷면}\}$의 결과라면, 우리는 다음과 같이 정의할 수 있다.

$$X(s) = \begin{cases} 1, & s = \text{앞면} \\ 0, & s = \text{뒷면} \end{cases}$$

이와 같이 값이 0과 1만을 취하는 확률 변수는 **베르누이 변수**(*Bernoulli variable*)[1] 라고 불리며, 딱 한 개의 매개 변수로 설명될 수 있다. 그 매개 변수는 확률 p로, 이 값이 1일 확률이다. 이러한 확률 변수는 때로는 **인디케이터 변수**(*indicator variable*)라고도 불린다. 왜냐하면 이는 어떤 사건이 발생했는지(값 1, 때로는 성공이라고 함) 또는 발생하지 않았는지(값 0, 때로는 실패라고 함)를 나타내기 때문이다.

확률 변수는 성공 또는 실패만을 나타내는 것 이상의 정보를 제공할 수 있다. 동전을 10번 던지는 실험을 수행한다고 가정해 보면, 우리는 $X(s)$를 결과 s에서 나오는 앞면의 개수로 정의할 수 있을 것이다. 즉, $X: \{\text{앞면}, \text{뒷면}\}^{10} \to \{0, \ldots, 10\}$이 되며, 여기서 $X(s)$는 시퀀스에서 나오는 앞면의 개수이다.

확률 변수의 공역은 무한할 수 있다.[2] 동전을 던져 앞면이 나올 때까지 계속하는 실험을 가정하고, X를 필요한 던지기 횟수로 정의한다고 가정해 보자. X의 값은 양의 정수 중 어떤 것이든 될 수 있다. 그러나 큰 값이 작은 값보다 발생 가능

[1] 스위스 수학자 야코브 베르누이(Jacob Bernoulli, 1654~1705)의 이름에서 따온 것이다.

[2] 이 책은 이산 확률 변수에 대해서만 다룬다. 이산 확률 변수는 가능한 값이 셀 수 있는 수(유한하거나 무한)만큼만 가질 수 있다. 반면에 연속 확률 변수는 실수와 같이 셀 수 없는 무한한 값 중 어떤 것이든 가질 수 있다.

성이 적을 것이다.

이 확률 변수의 정확한 확률 분포는 무엇일까? 공평한 동전이 앞면이 나올 확률은 $\frac{1}{2}$이므로,

$$\Pr(\{s \in S : X(s) = 1\}) = \frac{1}{2}$$

어떤 특정한 던지기가 처음으로 앞면이 나올 확률은 이전 모든 던짐이 뒷면이 나왔고, 그 특정한 던짐이 앞면이 나올 확률이다. 즉,

$$\begin{aligned} \Pr(\{s \in S : X(s) = n\}) & \left(\frac{1}{2}\right)^{n-1} \cdot \frac{1}{2} \\ &= \frac{1}{2^n} \end{aligned} \tag{29.1}$$

이 경우에는 앞면과 뒷면이 나올 확률이 같다. 이제 이를 불균일한 확률로 일반화해 보자. 동전이 앞면이 나올 확률이 $\frac{1}{3}$인 경우라고 가정하자. 다시 X를 앞면이 나올 때까지 던진 횟수로 정의하면, $n-1$번의 뒷면 뒤에 앞면이 나올 확률은 다음과 같을 것이다.

$$\Pr(\{s \in S : X(s) = n\}) = \left(\frac{2}{3}\right)^{n-1} \cdot \frac{1}{3} \tag{29.2}$$

이 두 동전 실험은 각각 베르누이 변수로 나타낼 수 있는 시퀀스로 생각할 수 있다. 즉, 각 시행은 동일한 성공 확률을 가진 동일한 베르누이 변수로 나타낼 수 있다. 이러한 시행을 **베르누이 시행**(*Bernoulli trials*)이라고 한다. 일반적으로 확률 p의 성공 확률을 가진 베르누이 시행의 시퀀스에 대해 첫 번째 성공이 n번째 시행 후에 발생할 확률은 $(1-p)^{n-1} \cdot p$이다. 이 공식으로 주어진 분포를 가지는 확률 변수는 **기하 분포**(*geometric random variable*)라고 불리며, 연속된 값들의 확률이 등비수열을 이루기 때문에 이 이름이 붙었다. 여기서 등비수열은 연속된 두 항 간의 비율이 일정한 수인 수열을 말한다(24장에서 정의된 기하급수와 유사).

우리는 식 (29.1)이나 식 (29.2)와 같은 함수를 기하 분포뿐만 아니라 모든 확률 변수에 대해 정의할 수 있다. 확률 변수 X의 **확률 질량 함수**(*probability mass function, PMF*)는 각 가능한 값 x를 X가 그 값을 가질 확률에 매핑한다. 확률 질량 함수는 $\text{PMF}_X(x)$로 나타내어지며, 확률 변수 X의 값 x에 대한 함수임을 명확히 하기 위해 더 간편하게 $\Pr(X = x)$로 줄여 쓸 수 있다. 이는 'X의 값이 x일 확률'을 나타내며, 수식적으로는 다음과 같이 표현된다.

$$\begin{aligned} \text{PMF}_X(x) &= \Pr(X = x) \\ &= \Pr(\{s \in S : X(s) = x\}) \end{aligned} \tag{29.3}$$

확률 변수의 값은 실수이기 때문에 이 값들은 수치적으로 순서를 가질 수 있다. **누적 분포 함수**(*cumulative distribution function, CDF*)는 확률 변수의 값이 특정한 숫자 아래일 확률을 설명한다.

$$\mathrm{CDF}_X(x) = \Pr(\{s \in S : X(s) \leq x\})$$

로 나타낼 수 있으며, 이는 종종 다음과 같이 축약 표기된다.

$$\mathrm{CDF}_X(x) = \Pr(X \leq x)$$

누적 분포 함수는 **확률 질량 함수**(*probability mass function, PMF*)로 설명되는 분포의 누적을 나타내기 때문에 그렇게 명명되었다. 즉, x까지의 값에 대한 누적값을 나타낸다.

$$\mathrm{CDF}_X(x) = \sum_{y \leq x} \mathrm{PMF}_X(y)$$

누적 분포 함수는 '동전이 앞면이 나올 때까지 최대 3번의 던지기가 소요될 확률은 얼마인가?'와 같은 질문에 답한다. 공정한 동전의 경우, 다음과 같을 것이다.

$$\begin{aligned}\mathrm{CDF}_X(3) &= \sum_{y=1}^{3} \mathrm{PMF}_X(y) \\ &= \sum_{y=1}^{3} \frac{1}{2^y} \\ &= \frac{1}{2} + \frac{1}{4} + \frac{1}{8} = \frac{7}{8}\end{aligned}$$

*

확률 변수 X의 **기댓값**(*expected value*), 또는 평균(expectation 또는 mean)이라고도 불리며 $E(X)$로 표시된다. 이는 확률에 따라 가중치가 부여된 가능한 값들의 가중 평균이다. 만약 X가 공역이 T인 확률 변수라면, 그 기댓값은

$$E(X) = \sum_{x \in T} \Pr(X = x) \cdot x \tag{29.4}$$

이 정의를 몇 가지 간단한 실험에 적용해 보자.

예제 29.5 표준 6면 주사위를 굴렸을 때의 기댓값은 어떻게 될까?

풀이. 가능한 값은 1부터 6까지의 정수이며, 각 값의 확률이 동일하다. 따라서

$$\begin{aligned} E(X) &= \sum_{i=1}^{6}\left(\frac{1}{6}\cdot i\right) \\ &= \frac{1}{6}\cdot\frac{6\cdot 7}{2} = 3.5 \qquad \text{[식 (3.12)를 사용하여]} \end{aligned}$$

기댓값이란 확률 변수의 가능한 값 중 하나일 필요가 없다는 점에 주의하라! ■

예제 29.6 공정한 6면 주사위를 3번 굴렸을 때 기대되는 서로 다른 값의 수는 얼마인가?

풀이. 이 실험의 결과는 총 $6^3 = 216$가지이다. 하나의 결과가 3개의 서로 다른 값(예: 5, 1, 6), 2개의 서로 다른 값(예: 3, 4, 3) 또는 1개의 서로 다른 값(예: 2, 2, 2)을 가질 수 있다. X를 서로 다른 값의 개수로 정의하면, $\Pr(X=1)$ 및 $\Pr(X=3)$을 비교적 간단하게 계산할 수 있으며, $\Pr(X=2)$는 나머지 결과를 나타낸다.

$$\begin{aligned} \Pr(X=1) &= \frac{6}{6^3} && = \frac{1}{36} \\ \Pr(X=3) &= \frac{6!/3!}{6^3} && = \frac{20}{36} \\ \Pr(X=2) &= 1-\Pr(X=1)-\Pr(X=3) && = \frac{15}{36} \end{aligned}$$

기댓값의 정의를 적용하면 다음과 같이 쓸 수 있다.

$$\begin{aligned} E(X) &= \Pr(X=1)\cdot 1 + \Pr(X=2)\cdot 2 + \Pr(X=3)\cdot 3 \\ &= \frac{1\cdot 1}{36} + \frac{15\cdot 2}{36} + \frac{20\cdot 3}{36} \approx 2.53 \end{aligned}$$

■

예제 29.7 X를 공정한 동전을 10번 던졌을 때 나오는 앞면의 개수로 정의하면, $E(X)$는 어떻게 될까?

풀이. X는 0에서 10까지의 어떤 정수 값이든 가질 수 있으며, 각 정수 i에 대해 정확히 i개의 앞면을 포함하는 10회 던지기 시퀀스는 $\binom{10}{i}$개이다. 각각의 시퀀스는 $\left(\frac{1}{2}\right)^{10}$의 확률로 발생한다. 그래서

$$\begin{aligned} E(X) &= \sum_{i=0}^{10}\Pr(X=i)\cdot i \\ &= \sum_{i=1}^{10}\Pr(X=i)\cdot i \qquad (i=0 \text{ 항이 } 0\text{이기 때문에}) \end{aligned}$$

$$
\begin{aligned}
&= \sum_{i=1}^{10} \binom{10}{i} \left(\frac{1}{2}\right)^{10} \cdot i \\
&= \left(\frac{1}{2}\right)^{10} \cdot 10 \cdot 2^9 \qquad \text{(문제 23.8 참조)} \\
&= 5
\end{aligned}
$$

■

이 결과는 직관적으로 이해하기 쉽다. 4개의 앞면을 갖는 시퀀스의 수는 6개의 앞면을 갖는 시퀀스의 수와 같으며, 이들 모든 시퀀스를 합친 평균 앞면의 개수는 5이다. 이와 마찬가지로 3과 7, 2와 8, 1과 9, 0과 10에 대해서도 동일한 패턴이 나타난다.

베르누이 확률 변수와 기하 확률 변수의 기댓값에 대한 간단하고 유용한 공식이 존재한다.

정리 29.8 $0 \le p \le 1$에 대해,

- 성공 확률이 p인 베르누이 확률 변수의 기댓값은 p이고,
- 각 시행이 성공 확률 p를 가지는 기하 확률 변수의 기댓값은 $\frac{1}{p}$이다.

증명. B_p를 베르누이 확률 변수로 정의하자. 그렇다면

$$
\begin{aligned}
E(B_p) &= \sum_{x \in \{0,1\}} \Pr(B_p = x) \cdot x \\
&= (1-p) \cdot 0 + p \cdot 1 = p
\end{aligned}
$$

G_p를 기하 확률 변수로 정의하자. 그렇다면,

$$
\begin{aligned}
E(G_p) &= \sum_{i=1}^{\infty} \Pr(G_p = i) \cdot i \\
&= \sum_{i=1}^{\infty} (1-p)^{i-1} \cdot p \cdot i \\
&= \frac{p}{1-p} \cdot \sum_{i=1}^{\infty} i \cdot (1-p)^i \\
&= \frac{p}{1-p} \cdot \frac{1-p}{p^2} \qquad \text{[식 (24.13)에 의해]} \\
&= \frac{1}{p}
\end{aligned}
$$

■

기댓값은 컴퓨터 과학에서 중요하며, 알고리즘의 평균 실행 시간을 계산하는

방법을 제공한다. 이는 21장에서 논의된 최악의 경우 실행 시간과 대조된다. 최악의 경우(worst-case) 분석은 상한을 제공하는 반면, 평균 경우 분석은 알고리즘이 일반적인 입력에서 실행될 때 더 현실적으로 실행 시간을 추정할 수 있다.

예를 들어, 정렬된 목록에서 원소를 찾기 위한 이진 검색 알고리즘을 고려하자. 이 알고리즘은 239쪽에서 설명되고 분석되었다. 이 알고리즘의 실행 시간은 최악의 경우에 대한 한계인 $\Theta(\log n)$으로 발견되었지만, 이것은 점근적인 상한이다. 검색은 단 한두 개의 요소만 확인 후에 성공할 수 있다. 이진 검색이 평균적으로 몇 단계를 거치는지 알아보려면 다음과 같이 질문을 형식화할 수 있다.

예제 29.9 s가 정렬된 목록 L의 요소이고, $X(s)$를 이진 검색 알고리즘이 s를 L에서 찾기 위해 검사해야 하는 요소의 개수로 정의하면, $E(X)$는 어떻게 될까?

풀이. 먼저, 산술을 단순화하기 위해 L이 어떤 정수 k에 대해 길이가 2^k-1인 목록이라고 가정하자. 이렇게 하면 알고리즘 각 단계에서 현재 하위 목록의 크기가 홀수임이 보장된다. 따라서 중간 요소를 검사한 다음 제거할 수 있으며, 남은 왼쪽 및 오른쪽 하위 목록의 길이도 홀수가 된다.

최소 단계 수는 1이며, 이는 s가 L의 중간 요소인 경우이다. 최대 단계 수는 s가 크기가 1인 하위 목록에 도달할 때까지 찾을 수 없는 경우로 k이다. 기댓값은 그 사이 어딘가에 있을 것이다.

$\Pr(X=i)$를 찾아야 한다. 여기서 $1 \le i \le k$이다. L_i를 정확히 i개의 요소를 검사한 후에 찾을 수 있는 L의 요소 집합이라고 하면, s는 어떤 요소이든 동일한 확률로 나타날 것이다. 따라서

$$\Pr(X=i) = \frac{|L_i|}{|L|}$$

L_1은 L의 중간 요소만을 포함하므로 $|L_1|=1$이다. L_2는 왼쪽 하위 목록과 오른쪽 하위 목록의 중간 요소를 모두 포함하므로 $|L_2|=2$이다. 각 연속된 단계에서 L_i는 L_{i-1}에서 요소를 검사한 후에 남은 왼쪽 및 오른쪽 하위 목록의 중간 요소를 포함한다. 즉, $|L_i|$는 각 단계에서 두 배로 늘어나기 시작하여 $|L_1|=1$에서 시작하므로 $|L_i|=2^{i-1}$이다(그림 29.1은 $k=4$인 경우의 예시를 보여준다. 즉, 목록 L의 길이가 15이다. $i=1, \ldots, 4$에 대해 빨간색 상자로 표시된 요소는 L_i를 형성한다). 그래서

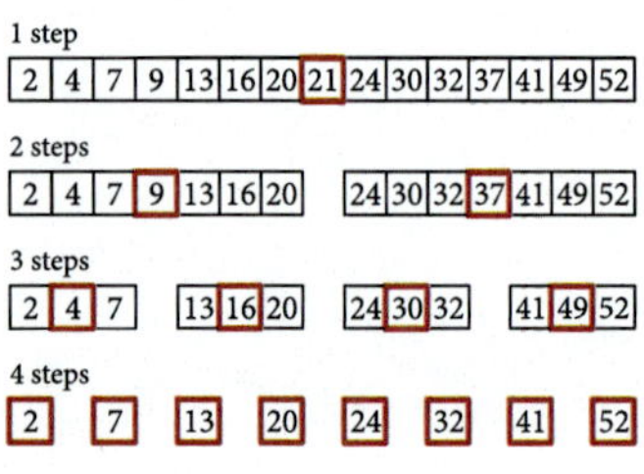

그림 29.1 크기가 15인 정렬된 목록으로, 각 값을 찾기 위해 이진 검색에 필요한 단계 수

$$\begin{aligned} E(X) &= \sum_{i=1}^{k} \Pr(X=i)\cdot i \\ &= \sum_{i=1}^{k} \frac{|L_i|}{|L|}\cdot i \end{aligned}$$

$$
\begin{aligned}
&= \sum_{i=1}^{k} \frac{2^{i-1}}{2^k - 1} \cdot i \\
&= \left(\frac{1}{2^k - 1}\right) \sum_{i=1}^{k} 2^{i-1} \cdot i \\
&= \left(\frac{1}{2^k - 1}\right) \cdot \left(2^k \cdot (k-1) + 1\right) \quad \text{(문제 3.8 참조)}
\end{aligned}
$$

■

이진 검색의 평균 경우 실행 시간이 최악의 경우보다 크게 나아지지 않는 것으로 나타난다. 길이가 $2^k - 1$인 목록의 경우, 최악의 경우는 k이고, $k \to \infty$로 수렴할 때,

$$
\begin{aligned}
\lim_{k\to\infty} E(X) &= \lim_{k\to\infty} \frac{2^k \cdot k - 2^k + 1}{2^k - 1} \\
&= k - 1
\end{aligned}
$$

이 된다. 즉, 최악의 경우보다 딱 한 단계 더 적은 것이다. 단계 수는 1부터 k까지의 어떤 정수가 될 수 있지만, 적은 단계가 필요한 몇몇 요소보다 더 많은 단계가 필요한 요소가 훨씬 많다. 따라서 평균적으로 이진 검색은 최대 단계 수에 근접하게 수행될 것으로 예상된다.

이 분석은 실제로 L에 있는 요소에 대한 예상 실행 시간에 대한 것이었다. L에 없는 요소는 항상 이진 검색 알고리즘이 빈 손으로 돌아가기 전에 목록에 k번의 접근을 요구할 것이다. 아이템 s가 목록에 있을지 없을지 알 수 없는 경우에 대한 이진 검색을 분석하려면 목록에 있는 항목의 검색 비율을 알아야 한다. 대부분의 검색이 목록에 없는 항목을 위한 것이라면, 알고리즘의 평균 실행 시간은 최악의 경우에 더 가까워질 것이다.

알고리즘의 평균 실행 시간은 알고리즘 자체와 입력 분포에 대한 가정 모두에 의존한다. 이진 검색의 분석에서는 찾고자 하는 항목이 목록 내의 어떤 위치에서든 동일한 확률로 나타날 것이라고 가정했다. 만약 목록의 중간 요소가 어떤 이유로 다른 요소보다 더 자주 검색 대상이 된다면, 평균 경우 검색 시간은 감소될 것이다. 어떤 알고리즘은 최악의 경우보다 훨씬 낮은 평균 실행 시간을 가지고 있다. **퀵소트**(*quicksort*)는 이러한 특성을 가진 정렬 알고리즘 중 하나로, 정렬되는 목록에 대한 합리적인 가정 하에서 이러한 성질을 보인다. 최악의 경우 실행 시간은 $\Omega(n)^2$이지만, 평균 경우 실행 시간은 $\Theta(n \log n)$이다.

*

확률 변수의 **분산**(*variance*)은 가능한 값이 얼마나 퍼져 있는지를 측정하는 지표이다. 이는 변수의 평균과의 차이의 제곱의 기댓값으로 정의된다.

$$\begin{aligned}\mathrm{Var}(X) &= E((X-E(X))^2)\\ &= \sum_x \Pr(X=x)\cdot(x-E(X))^2\end{aligned}$$

따라서 단일한 값을 갖는 확률 변수의 분산은 0이며, 확률 변수의 분산은 결코 음수가 되지 않는다. 극단값(즉, 평균에서 멀리 떨어진 값)이 더 자주 발생할수록 분산이 높아지며, 다음 예시에서 설명하는 것처럼 된다.

예제 29.10 다음의 각 확률 변수에 대한 분산을 계산하라. 각각의 확률 변수는 기댓값이 $\frac{1}{2}$이다.

- X는 항상 $\frac{1}{2}$이다.
- Y는 같은 확률로 0 또는 1이다.
- Z는 같은 확률로 $0, \frac{1}{4}, \frac{1}{2}, \frac{3}{4}$ 또는 1이다.

풀이.

$$\mathrm{Var}(X) = \left(\frac{1}{2}-\frac{1}{2}\right)^2 = 0$$

$$\mathrm{Var}(Y) = \frac{(0-\frac{1}{2})^2+(1-\frac{1}{2})^2}{2} = \frac{1}{4}$$

$$\mathrm{Var}(Z) = \frac{(0-\frac{1}{2})^2+(\frac{1}{4}-\frac{1}{2})^2+(\frac{1}{2}-\frac{1}{2})^2+(\frac{3}{4}-\frac{1}{2})^2+(1-\frac{1}{2})^2}{5} = \frac{1}{8} \quad ■$$

동전 던지기의 확률 변수를 고려할 때(앞면을 1, 뒷면을 0으로 취급), 동전이 공정할 때 분산이 가장 높다.

예제 29.11 성공 확률이 p인 베르누이 확률 변수의 분산은 얼마인가?

풀이. B_p를 변수로 두고 정리 29.8에서 $E(B_p)=p$임을 기억하라.

$$\begin{aligned}\mathrm{Var}(B_p) &= \sum_x \Pr(B_p=x)\cdot(x-E(B_p))^2\\ &= (1-p)\cdot(0-p)^2+p\cdot(1-p)^2\\ &= p\cdot(1-p)\end{aligned} \quad ■$$

공정한 동전의 경우, $\mathrm{Var}(B_{0.5})=0.25$이며, 반면에 뒷면에 떨어질 확률이 90%인 동전의 경우 $\mathrm{Var}(B_{0.1})=0.09$이다. 이는 평균이 자주 발생하는 값에 가깝고 드물게 발생하는 값에서 멀리 떨어져 있음을 반영하고 있다.

이진 검색을 사용하여 정렬된 목록에서 항목을 찾을 때 필요한 조사(probe) 횟수의 분산은 무엇인가? 예제 29.9에서 언급했듯이, X가 이진 검색에서 필요한 단계 수를 나타내는 경우 X는 값 1에서 k까지의 범위를 갖는다[여기서 k는 목록의 길이에 대한 대략적인 밑(base) 2 로그(log)이다]. 그리고 이 값들은 k에 더 가까워지도록 가중치가 부여되어 있다(그림 29.2 참조). 값들이 평균 주변에 모여 있기 때문에 Var(X)는 비교적 낮아야 한다. 예를 들어, 동일한 값 1에서 k까지를 가지지만 동일한 확률로 나타나는 랜덤 변수 Y보다 낮다. 문제 29.8에서 이를 확인한다.

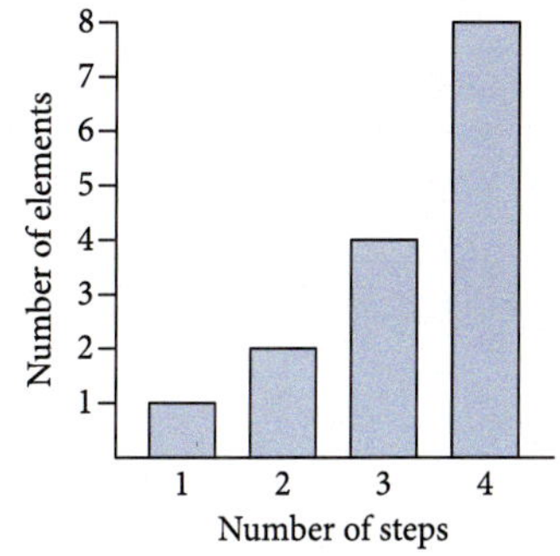

그림 29.2 길이가 15인 리스트에 대해 이진 검색에 필요한 단계 수를 나타내는 확률 질량 함수(PMF)의 히스토그램

확률 변수의 기댓값과 분산은 놀라운 방식으로 상호 작용할 수 있다. 진화 생물학자인 스티븐 제이 굴드(Stephen Jay Gould)는 야구에서 .400 타자의 사라짐을 설명하기 위한 현란한 이론을 제안했다.[3] 야구에 익숙하지 않은 독자들을 위해 무대를 설정하면, 선수의 타율은 공격적 기술의 측정 도구로 작용하며, 높을수록 좋다. 이는 선수의 안타 수를 타석 수로 나눈 것으로, .000에서 1.000 사이의 분수이다. .400 타자는 야구 초기에는 흔하지 않지 않았지만, 마지막 .400 타자는 1941년에 .406을 기록한 테드 윌리암스였다. 그 이후로 .400 임계값을 넘은 선수는 한 명도 나오지 않았다.

[3] 스티븐 제이 굴드의 이론은 원래 Discover 매거진에서 'Entropic Homogeneity Isn't Why No One Hits .400 Any More'라는 제목으로 게재되었으며, 굴드의 책인 'Full House: The Spread Of Excellence From Plato To Darwin'(Harmony Books, 1996)의 한 장으로 수록되어 있다.

예제 29.12 .400 타자가 더 이상 나오지 않는 이유는 무엇인가?

풀이. 물론 이것은 순수한 수학적인 문제는 아니지만, 굴드에 따르면 이에는 중요한 수학적인 측면이 있다. 굴드는 모순적으로 .400 타자의 사라짐이 게임의 전반적인 품질 향상의 결과라고 주장했다. 경쟁 압력이 낮았던 때에는 평범한 선수들이 메이저 리그 수준에서 뛰는 것이 훨씬 더 쉬웠다. 그 결과로 선수들의 타율 분포의 분산이 높았다. 과거 몇 년 동안 더 부족한 선수들이 오늘날 어느 팀에도 속하지 않을 것이다. 그러나 이러한 재능 풀의 집중은 전반적인 타율 증가로 이어지지 않았다. 게임을 책임지고 있는 사람들은 평균 타율을 대략 .260으로 유지하기 위해 규칙을 조정했다(예를 들어, 규칙 위원회는 투구 마운드를 높일 수도 있고 스트라이크 존을 확장하여 타자에게 불리하게 만들어 타율을 낮출 수 있다). 기대되는 타율은 대략 일정하게 유지되었지만 그 분산은 감소했기 때문에, 평균에서 멀리 떨어진 값들—.400을 초과하는 값들—은 드물거나 완전히 존재하지 않게 되었다. ■

*

기댓값과 분산의 응용은 종종 확률 변수의 함수나 더 많은 확률 변수의 조합을 포함하며, 덧셈과 곱셈을 사용하여 대수적으로 결합된다. 몇 가지 간단한 수학적 규칙이 기댓값과 분산이 대수적으로 결합될 때의 동작을 조절한다.

정리 29.13 *기댓값의 기본 속성.* c를 상수, X를 확률 변수라고 가정하자. 그렇다면

(a) $E(c)=c$
(b) $E(E(X))=E(X)$
(c) $E(cX)=cE(X)$

증명.
(a) 상수 c가 가질 수 있는 유일한 값은 c이며, 확률은 1이므로 기댓값의 정의에 따라

$$E(c)=\sum_{c}\Pr(c=c)\cdot c=1\cdot c=c$$

(b) $E(X)$는 숫자이며, 확률 변수가 아니므로 $E(E(X))=E(X)$가 (a) 부분에 의해 성립한다.
(c) T를 X의 공역(codomain)이라고 하자.

$$\begin{aligned}E(cX)&=\sum_{x\in T}\Pr(X=x)\cdot cx\\&=c\sum_{x\in T}\Pr(X=x)\cdot x=cE(X)\end{aligned}$$

■

예를 들어, X가 여섯 면 주사위의 굴림값을 나타내는 확률 변수라고 하자. 예제 29.5에서 $E(X)=3.5$임을 보여주었다. 그러면 굴림의 두 배의 기댓값은 단순히 다음처럼 된다.

$$E(2X)=2E(X)=2\cdot 3.5=7$$

'주사위의 두 배'라는 값은 두 개의 확률 변수 X와 Y의 합으로 간주할 수도 있다. 여기서 두 변수는 모두 동일한 주사위 굴림의 값일 뿐이다. 더 일반적으로 두 확률 변수 X와 Y에 대해 동일하거나 전혀 관련이 없거나 그 사이의 어떤 관계가 있더라도 그들의 기댓값을 간단히 더할 수 있다.

정리 29.14 두 확률 변수의 합의 기댓값은 각각의 기댓값의 합과 같다. 다시 말해, $E(X+Y)=E(X)+E(Y)$가 성립한다.

이 결과는 여러 관련 결과 중 하나로, 복잡한 식의 기댓값을 해당 식에 언급된 확률 변수들의 기댓값을 사용하여 계산하는 데 사용된다. 이러한 결과를 증명하는 데 도움이 되기 위해서는 기댓값의 정의로 되돌아가서 이를 다양한 결과의 확률로 재정의하는 것이 유용하다. 즉, 식 (29.4)는 확률 변수 X의 기댓값을 X의 값

$x \in T$에 대한 합으로 정의한다. 여기서 T는 확률 변수의 공역(codomain)이다.

$$E(X) = \sum_{x \in T} \Pr(X = x) \cdot x$$

다음 보조 정리는 모든 가능한 결과 $s \in S$에 대한 합으로 대신한다.

보조 정리 29.15 만약 X가 도메인이 표본 공간 S인 확률 변수라면, 그 기댓값 $E(X)$는 S 내의 각 결과에 대한 X의 값에 대한 가중 평균과 동일하다. 이 가중치는 각 결과의 확률에 따라 결정된다.

$$E(X) = \sum_{s \in S} \Pr(s) \cdot X(s)$$

증명은 문제 29.6에 맡긴다. 본질적으로 X의 가능한 값과 그 값들을 생성하는 결과에 대한 이중 합계의 순서를 변경하여 대신 가능한 결과에 대한 단일 합계로 만들 수 있다.

대체 공식은 정리 29.14의 간단한 증명으로 이어진다.

정리 29.14의 증명. 표본 공간 S를 X와 Y의 도메인이라 하자.[4] 보조 정리 29.15를 사용하여,

$$\begin{aligned} E(X+Y) &= \sum_{s \in S} \Big(\Pr(s) \cdot (X(s) + Y(s)) \Big) \\ &= \sum_{s \in S} \Big(\Pr(s) \cdot X(s) \Big) + \sum_{s \in S} \Big(\Pr(s) \cdot Y(s) \Big) \\ &= E(X) + E(Y) \qquad \text{(기댓값의 정의에 따라)} \end{aligned}$$

하지 않게 되었다. ■

[4] X와 Y가 서로 다른 실험을 나타내더라도 X와 Y가 공통의 표본 공간 S를 공유한다고 말할 수 있다. 예를 들어, X는 동전 던지기의 결과에 대한 함수이고 Y는 주사위 굴림의 결과에 대한 함수인 경우가 그렇다. 이 경우 S는 그들의 표본 공간의 교차 곱(cross product)일 뿐이다.

정리 29.14는 귀납법을 사용하여 어떤 유한 합계 변수에 대해서도 확장될 수 있다. 이 확장을 정리 29.13(c)와 결합하여 더 일반적인 규칙인 **기댓값의 선형성**(*linearity of expectation*)을 증명할 수 있다.

정리 29.16 확률 변수 X_i와 상수 c_i에 대해,

$$E\left(\sum_i c_i X_i\right) = \sum_i c_i E(X_i)$$

증명은 문제 29.1에 맡겨진다.

기댓값의 선형성은 X와 X^2의 기댓값이 주어졌을 때 X의 분산을 쉽게 계산할 수 있게 해준다.

정리 29.17 $\mathrm{Var}(X) = E(X^2) - E(X)^2$.

증명. 정의로부터 시작하여,

$$\begin{aligned}\mathrm{Var}(X) &= E((X - E(X))^2)\\ &= E(X^2 - 2XE(X) + E(X)^2)\\ &= E(X^2) - E(2XE(X)) + E(E(X)^2) \qquad (29.18)\end{aligned}$$

여기서 마지막 단계는 정리 29.16에 따른 것이다. 식 (29.18)의 중간 항은 2와 $E(X)$가 모두 상수이므로 $E(2XE(X)) = 2E(X)^2$로 간소화될 수 있다. 이와 동일한 토큰으로 $E(E(X)^2) = E(X)^2$이다. 그러면 식 (29.18)은 원하는 대로 $E(X^2) - = E(X)^2$로 간소화된다. ■

이제 기하 확률 변수의 분산을 결정할 준비가 되었다.

정리 29.19 각 시도(trial)에서 성공 확률이 p인 기하 확률 변수의 분산은 $\frac{1-p}{p^2}$이다.

예를 들어, 첫 번째 앞면이 나올 때까지 동전을 던진 횟수를 고려해 보자. 이는 공정한 동전의 경우 $p = 0.5$인 기하 확률 변수이거나, 앞면이 나올 확률이 0.1인 동전의 경우 $p = 0.1$인 기하 확률 변수이다. 첫 번째 경우 분산은 2이고, 두 번째 경우 분산은 90이다.

증명. 정리 29.17의 분산 공식으로 시작하고, 기댓값의 선형성을 사용한 트릭을 통해 이를 다시 작성하자.

$$\begin{aligned}\mathrm{Var}(X) &= E(X^2) - E(X)^2\\ &= E(X(X-1)) + E(X) - E(X)^2 \qquad (29.20)\end{aligned}$$

이제 항 $E(X(X-1))$을 인식 가능한 시리즈로 변형한다.

$$\begin{aligned}E(X(X-1)) &= \sum_{i=1}^{\infty} \Pr(X=i) \cdot i(i-1)\\ &= \sum_{i=1}^{\infty} (1-p)^{i-1} p \cdot i(i-1)\\ &= \sum_{i=2}^{\infty} (1-p)^{i-1} p \cdot i(i-1) \qquad (i=0 \text{ 항은 } 0)\\ &= (1-p)p \sum_{i=2}^{\infty} i(i-1)(1-p)^{i-2} \qquad (29.21)\end{aligned}$$

이제 약간의 미적분이 필요하다. 이 합계는 기하급수의 두 번째 도함수이다.

$$\begin{aligned}\sum_{i=2}^{\infty} i(i-1)(1-p)^{i-2} &= \frac{d^2}{dp^2}\left(\sum_{i=0}^{\infty}(1-p)^i\right) \\ &= \frac{d^2}{dp^2}\left(\frac{1}{1-(1-p)}\right) \quad \text{[식 (24.8)에 의해]} \\ &= \frac{2}{p^3} \qquad (29.22)\end{aligned}$$

식 (29.22)를 식 (29.21)로 되돌려 대입하면,

$$E(X(X-1)) = (1-p)p \cdot \frac{2}{p^3} = \frac{2(1-p)}{p^2} \qquad (29.23)$$

마지막으로 식 (29.23)을 식 (29.20)로 되돌려 대입하고, $E(X) = \frac{1}{p}$ 인 사실을 사용하면(정리 29.8),

$$\begin{aligned}\mathrm{Var}(X) &= E(X(X-1)) + E(X) - E(X)^2 \\ &= \frac{2(1-p)p}{p^3} + \frac{1}{p} - \frac{1}{p^2} = \frac{1-p}{p^2}\end{aligned}$$ ■

*

정리 29.14는 합의 기댓값이 기댓값의 합이라는 것을 나타내는데, 이것은 더 깊은 질문을 암시한다. 다른 연산에 대해서도 유사한 관계가 성립하는가? 예를 들어, 곱의 기댓값은 기댓값의 곱인가? 역수의 기댓값은 기댓값의 역수인가? 이러한 질문들을 결합하면 나눗셈의 기댓값은 어떻게 되는가?

역수에 대한 답은 아니며, 따라서 나눗셈에 대한 답도 마찬가지이다. 곱셈에 대한 답은 두 확률 변수가 독립적일 때에만 두 변수의 기댓값의 곱이 된다. 이에 대한 정의는 곧 설명할 것이다. 다음 예제는 역수와 곱셈에 대한 이러한 관계가 일반적으로 성립하지 않음을 보여준다.

예제 29.24 카지노에서 제공하는 한 게임이 50%의 이길 확률을 가지고 있다고 가정하자. 도박꾼이 이 게임을 여러 번 플레이하기로 결정하며, 첫 번째로 이긴 후에 중단한다. 이 전략에 따라 플레이된 게임 수를 G로 정의해 보자. 그렇다면 G의 기댓값은 무엇일까? 이 중 어느 정도의 게임이 이기기로 예상되며, 반대로 어느 정도가 예상되는 손실일까?

풀이. 각 시도(trial)에서 이길 확률이 $\frac{1}{2}$인 G는 기하 확률 변수이기에, 정리 29.8에 의하면,

$$E(G) = \frac{1}{\left(\frac{1}{2}\right)} = 2$$

만약 L이 첫 번째 이길 때까지의 손실 횟수라면,

$$E(L) = E(G-1) = E(G) - 1 = 1$$

G 게임 중에서 마지막만 이기는 경우, G 게임 중 이긴 게임의 기대 비율은

$$\begin{aligned} E\left(\frac{1}{G}\right) &= \sum_{i=1}^{\infty} \Pr(G=i) \cdot \frac{1}{i} \\ &= \sum_{i=1}^{\infty} \frac{1}{2^i} \cdot \frac{1}{i} \end{aligned} \tag{29.25}$$

값 $\frac{1}{2}$ 대신 변수 x를 대입하여 식 (29.25)의 값을 일반화하면 계산이 더 간단해진다.

$$\sum_{i=1}^{\infty} \frac{1}{i} \cdot x^i \tag{29.26}$$

이제 우리는 약간의 미적분으로 이 문제를 해결할 수 있다. 이 합은 다음과 같은 적분이다.

$$\sum_{i=1}^{\infty} x^{i-1} = \sum_{i=0}^{\infty} x^i = \frac{1}{1-x} \qquad \text{[식 (24.8)에 의해]} \tag{29.27}$$

그러나 $\frac{1}{1-x}$의 적분은 $-\ln(1-x)$이므로, $x = \frac{1}{2}$를 대입하여 식 (29.25)의 값은

$$\begin{aligned} \sum_{i=1}^{\infty} \frac{1}{2^i} \cdot \frac{1}{i} &= -\ln\left(1 - \frac{1}{2}\right) \\ &= \ln 2 \approx 0.69 \end{aligned}$$

우리는 이제 $E(\frac{1}{G})$를 찾았다. G의 기댓값의 역수의 기댓값이 G의 기댓값의 역수가 아님에 유의하라.

$$\ln 2 = E\left(\frac{1}{G}\right) \neq \frac{1}{E(G)} = \frac{1}{2}$$

이제 $E(\frac{L}{G})$를 찾고자 한다. L은 G에 의존하기 때문에 $E(L)$을 단순히 $E(\frac{1}{G})$와 곱하는 것은 유효하지 않다! $E(L) = 1$이기 때문에 이렇게 하면 결과가 $E(\frac{L}{G})$

$= E(\frac{1}{G}) = \ln 2$이 되어, 이는 옳지 않다. 왜냐하면 손실의 비율과 이긴 비율을 더하면 1을 초과하기 때문이다.

대신에 기댓값의 선형성을 사용한다.

$$E\left(\frac{L}{G}\right) = E\left(\frac{G-1}{G}\right) = 1 - E\left(\frac{1}{G}\right)$$

여기서 $1 - \ln 2 \approx 0.31$이다. ■

*

기댓값을 곱하여 변수의 곱의 기댓값을 찾을 수 있는 경우는 언제일까? 마치 사건들처럼, 랜덤 변수들도 **독립적**(*independent*)일 수 있다. 사실, 랜덤 변수들 간의 독립성의 정의는 각각의 값에 대한 사건들이 독립적일 때 기반을 두고 있다. 다시 말하면, X와 Y가 독립적인 경우, $X = x$와 $Y = y$인 사건들이 모든 x와 y에 대해 독립적이라면 랜덤 변수 X와 Y는 독립적이라고 간주된다.

식 (26.12)에서 제시된 독립 사건의 정의를 다시 참조하면, 우리는 랜덤 변수들의 독립성에 대한 형식적인 정의를 할 수 있다. X와 Y가 각각 T_X와 T_Y의 공역을 가진다고 가정하자. 그러면 X와 Y는 모든 $x \in T_X$와 $y \in T_Y$에 대해 독립적일 필요충분조건은,

$$\Pr((X = x) \cap (Y = y)) = \Pr(X = x) \cdot \Pr(Y = y)$$

두 변수가 독립적일 때, 그들의 곱의 기댓값은 각각의 기댓값의 곱과 동일하다.

정리 29.28 만약 X와 Y가 독립적이라면,

$$E(X \cdot Y) = E(X) \cdot E(Y)$$

증명. T_X와 T_Y를 각각 X와 Y의 공역으로 두자. 기댓값의 정의에서 시작하여 독립성의 정의를 적용한 결과, $E(X \cdot Y)$는 다음의 합으로 나타낼 수 있다.

$$\begin{aligned} E(X \cdot Y) &= \sum_{x \in T_X \text{ and } y \in T_Y} \Big(\Pr((X = x) \cap (Y = y)) \cdot xy \Big) \\ &= \sum_{x \in T_X} \sum_{y \in T_Y} \Big(\Pr(X = x) \cdot \Pr(Y = y) \cdot xy \Big) \end{aligned}$$

내부 합에 대한 관점에서, 여기서 변수인 y를 기준으로 하면, x에 따라 정의된 어떠한 양은 상수이다.

따라서 우리는 내부 합에서 $\Pr(X=x)$와 x를 분리할 수 있다.

$$E(X \cdot Y) = \sum_{x \in T_X} \left(\Pr(X=x) \cdot x \cdot \Big(\sum_{y \in T_Y} \Pr(Y=y) \cdot y \Big) \right)$$

마찬가지로, y만을 포함하는 합은 x에 대해 상수이므로, 마지막 식은 다음과 같이 다시 쓸 수 있다.

$$E(X \cdot Y) = \left(\sum_{x \in T_X} \Pr(X=x) \cdot x \right) \cdot \left(\sum_{y \in T_Y} \Pr(Y=y) \cdot y \right)$$

이는 앞서 증명한 대로 단순히 $E(X) \cdot E(Y)$로 표현될 수 있다. ■

독립적인 랜덤 변수들은 일반적인 랜덤 변수에는 적용되지 않는 몇 가지 특성을 만족한다. 예를 들어, 두 독립 변수의 합의 분산은 그들의 분산의 합과 동일하다. 이는 일반적인 임의의 랜덤 변수에 대해서는 성립하지 않는다. 다음의 예시에서 확인할 수 있다.

예제 29.29 X를 확률 변수라 하자. $\mathrm{Var}(X+X)$는 얼마인가?

풀이. 먼저, X가 일반적으로 자신과 독립적이지 않음에 주목하라. 왜냐하면

$$\Pr(X=x \cap X=x) = \Pr(X=x)$$

이는 다음과 같지 않다.

$$\Pr(X=x) \cdot \Pr(X=x) = \Pr(X=x)^2$$

이는 $\Pr(X=x)$가 0 또는 1이 아니라면 성립하지 않는다.

$\mathrm{Var}(X+X)$에 대해서,

$$\begin{aligned} \mathrm{Var}(X+X) &= \mathrm{Var}(2X) \\ &= E((2X)^2) - E(2X)^2 \\ &= E(4X^2) - (2(E(X))^2 \\ &= 4E(X^2) - 4E(X)^2 \\ &= 4\mathrm{Var}(X) \end{aligned}$$

이것은 $\mathrm{Var}(X) = 0$이지 않는 이상, $\mathrm{Var}(X) + \mathrm{Var}(X)$와 같지 않다. ■

반면에, 두 변수가 독립적인 경우 합의 분산은 각 변수의 분산의 합이다.

정리 29.30 X와 Y가 독립이라면, $\mathrm{Var}(X+Y)=\mathrm{Var}(X)+\mathrm{Var}(Y)$이다.

증명. 정리 29.17에서 주어진 분산의 공식으로 시작하자.

$$\begin{aligned}\mathrm{Var}(X+Y) &= E((X+Y)^2)-E(X+Y)^2\\ &= E(X^2+2XY+Y^2)-(E(X)+E(Y))^2\end{aligned}$$

그런 다음, 첫 번째 항에 선형성을 적용하고 두 번째 항에서 제곱을 풀어서 다음과 같은 분산의 공식을 얻는다.

$$\mathrm{Var}(X+Y)=E(X^2)+E(2XY)+E(Y^2)-(E(X)^2+2E(X)E(Y)+E(Y)^2)$$

그러나 $E(2XY)=2E(X)E(Y)$는 선형성과 X와 Y의 독립성에 의해 성립하므로 다음과 같이 쓸 수 있다.

$$\begin{aligned}\mathrm{Var}(X+Y) &= E(X^2)+E(Y^2)-(E(X)^2+E(Y)^2)\\ &= E(X^2)-E(X)^2+E(Y^2)-E(Y)^2\\ &= \mathrm{Var}(X)+\mathrm{Var}(Y)\end{aligned}$$

■

*

우리는 이 장을 몇 가지 컴퓨터 과학의 질문에 이러한 기술을 적용하여 마무리하려 한다. 특히 기댓값의 선형성은 강력한 도구로, 그렇지 않으면 해결하기 어려워 보이는 계산을 단순화할 수 있다. 다음의 응용 사례를 고려해 보자. 여기서는 각각의 성공이 다음 성공의 확률에 영향을 미치는 일련의 사건에서 '성공'의 수를 계산해야 한다.

예제 29.31 *채용 문제(hiring problem).* 회사에서는 열린 직책에 대한 채용을 진행중이다. n일 동안 회사는 하루에 한 명의 지원자를 면접한다. 매일 현재의 지원자가 현재의 직원보다 우수하다면 해당 지원자는 즉시 채용된다(동시에 직원은 해고됨). 반대로, 현재의 지원자가 현재의 직원보다 떨어진다면 직원은 직책을 유지한다. 이 과정이 끝날 때, 회사가 평균적으로 몇 명을 고용하는가?

풀이. 먼저, 알고리즘적인 용어로 문제를 다시 정의해 보자. 후보자들은 무작위 순서로 나오며 각각을 1부터 n까지의 순위로 지정한다. 따라서 이 과정은 n개의 서로 다른 숫자로 이루어진 무작위로 정렬된 목록을 반복하면서 언제나 현재까지 본 값 중 가장 큰 값을 추적하며, 이 최댓값이 업데이트된 기대 횟수를 찾고자 한다.

I_j를 인덱스 j번째 요소가 처음 j개 요소 중 최댓값인 경우에만 1이 되는 인디케이터 변수로 정의하자. 그러면, $\Pr(I_j=1)=\frac{1}{j}$이기에, $E(I_j)=\frac{1}{j}$이다.

합의 기댓값을 찾고자 한다.

$$E\left(\sum_{j=1}^{n} I_j\right)$$

선형성이 없다면 이 문제는 까다로워 보일 것이다. 왜냐하면 I_j들은 독립적이지 않기 때문이다. 만약 j번째 요소가 이전 모든 요소보다 크다면, $j+1$번째 요소도 이전 요소들보다 크다는 것은 덜 가능하다. 왜냐하면 j번째 요소가 이미 크다는 것이 이미 알려져 있기 때문이다. 그러나 기댓값의 선형성 덕분에 이는 문제가 되지 않는다. 합 $E(\sum_{j=1}^{n} I_j)$의 기댓값을 찾기 위해서는 단순히 합을 아래처럼 취할 수 있다.

$$\sum_{j=1}^{n} E(I_j) = \sum_{j=1}^{n} \frac{1}{j}$$

이것은 우리가 이전에 식 (24.24)에서 만난 조화급수 H_n이다. 이것은 자연로그로 근사할 수 있다는 것을 발견했다. (24.26)에 따르면,

$$\ln n \leq H_n \leq \ln(n+1)$$

따라서 기대되는 고용 횟수는 $\ln n$과 $\ln(n+1)$ 사이에 있다. ■

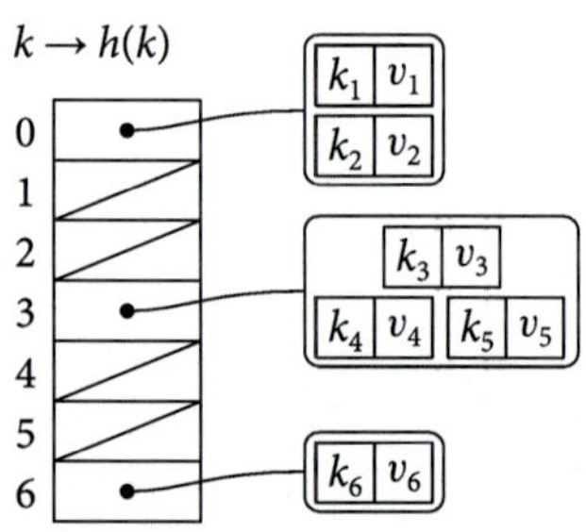

그림 29.3 해시 테이블의 구성도이다. 해시 함수 h는 키에 적용되어 키-값 쌍이 저장된 버킷을 찾는다. 이 특정한 해시 테이블은 일곱 개의 버킷을 가지고 있으며, 그 중 네 개는 비어 있고, 하나에는 두 개의 키(key)-값(value) 레코드, 하나에는 세 개의 레코드, 하나에는 하나의 레코드가 저장되어 있다. 키 k_1과 k_2에 연결된 레코드는 해시 값이 충돌하기 때문에 두 키 모두 버킷 0에 있다: 식 $h(k_1) = h(k_2) = 0$.

최소 고용 횟수는 1이다(첫 번째 후보가 가장 우수한 경우), 그리고 최대 고용 횟수는 n이다(후보자들이 오름차순으로 면접을 본 경우). 따라서 평균 고용 횟수는 최악의 경우 고용 횟수보다 훨씬 적다.

컴퓨터 프로그래머에게 익숙한 예제를 분석하여 마무리하자. 해시 테이블은 키와 관련된 값을 포함하는 쌍을 저장하기 위한 데이터 구조이다. 키-값 쌍은 값이 주어진 키를 기반으로 빠르게 검색될 수 있도록 저장된다. 해시 함수를 통해 키를 '버킷'에 매핑하여(문제 1.13에서 처음 언급된) 해당 버킷에 레코드가 저장된다. 해시 테이블의 일반적인 디자인 중 하나는 여러 레코드를 저장할 수 있는 버킷을 사용하는 것이며, 이를 위해 연결 리스트 등이 사용될 수 있다. 서로 다른 두 레코드가 키를 매핑하여 동일한 버킷에 저장되지 않는 경우, 키에 대한 해시 함수를 계산하고 버킷에서 레코드를 가져와 값을 검색할 수 있다. 여러 레코드의 키가 동일한 버킷으로 매핑되는 경우 충돌이 발생하며 버킷 자체에서 올바른 키를 가진 레코드를 찾아야 한다. 검색 시간을 낮추기 위해 해시 함수는 충돌을 최소화하고 키를 균일하게 버킷에 분산시키는 것이 좋다(그림 29.3 참조).

인원들의 중복 생일에 관한 질문으로 제시한 예제 26.9는 해시 테이블에서의 충돌 가능성을 분석하는 것으로 볼 수 있다. 이 해시 테이블은 365개의 버킷에

$n \leq 365$ 레코드를 저장하며, 해시 함수는 사람들을 그들의 생일에 매핑한다.

해시 테이블을 설계할 때 해시 충돌의 확률(이는 시간이 소요되는데, 왜냐하면 버킷을 찾아야 하기 때문이다)은 비어 있는 버킷의 가능한 수(이는 다른 측면에서 비용이 발생하며, 공간이 낭비되기 때문이다)와 상충될 필요가 있다. 그러므로 자연스럽게 물어볼 수 있는 것은, 크기가 k인 해시 테이블에 n개의 레코드를 저장할 때, k개의 버킷 중 몇 개가 비어 있을 것으로 기대되는가이다. n과 k의 상대적인 값에 따라 이 수는 버킷이 많이 필요한 경우 0이 될 수도 있고, (레코드보다 훨씬 더 많은 경우) 1에서 $k-1$까지의 어딘가가 될 수도 있다(하나의 레코드만 있는 경우).

예제 29.32 해시 테이블이 k개의 버킷을 사용하여 n개의 레코드를 저장한다고 하고,

- 해시 함수는 각각의 버킷에 동일한 확률로 레코드를 무작위로 분배하며,
- 각 레코드의 위치는 다른 모든 레코드의 위치와 독립적이라고 가정하자.

(해시 함수에 대한 이 가정은 '단순 균일 해싱 가정'을 형성한다.) 비어 있는 버킷의 기댓값은 얼마인가?

풀이. 얼핏보기엔 이 문제는 어려워 보인다. 하나의 버킷이 비어 있다면, 다음 버킷이 비어 있지 않을 확률이 더 낮아지기 때문이다. 다시 말해, 각 버킷이 비어 있는지 여부를 나타내는 이벤트는 상호 독립적이지 않다.

그러나 기댓값의 선형성은 분석을 더 쉽게 만든다. 버킷을 0부터 $k-1$까지 라벨링하고, I_j를 버킷 j가 비어 있는지 여부의 인디케이터 랜덤 변수로 정의하자. 버킷 j가 비어 있는 사건의 확률은 모든 n개의 레코드가 나머지 $k-1$개의 버킷 중 하나로 떨어질 확률이기 때문에 다음과 같다.

$$\left(\frac{k-1}{k}\right)^n$$

따라서 I_j는 확률 $(\frac{k-1}{k})^n$에서 1이고, 그렇지 않으면 0이다. j에 대한 각 버킷에 대한 계산은 $0 \leq j \leq k-1$에서 동일하다.

이제 비어 있는 버킷의 기댓값은 인디케이터 변수들의 합의 기댓값이다.

$$\begin{aligned} E\left(\sum_{j=0}^{k-1} I_j\right) &= \sum_{j=0}^{k-1} E(I_j) \\ &= k \cdot \left(\frac{k-1}{k}\right)^n \end{aligned}$$

이 공식은 우리가 언급한 두 가지 극단적인 경우에 올바른 결과를 제공한다

($n=1$이면 $k-1$이고, n이 무한대로 증가하면 0에 수렴한다). 중간 케이스를 살펴보면, 만약 1000개의 레코드가 1000개의 버킷을 가진 해시 테이블에 배치되었다면, 우리는 대략 368개의 버킷이 비어 있을 것으로 예상하며, 레코드는 나머지 632개의 버킷에 고르게 분포할 것이다. 왜냐하면

$$k \cdot \left(\frac{k-1}{k}\right)^n = 1000 \cdot \left(\frac{999}{1000}\right)^{1000} \approx 367.70$$

크기를 더 키우면, 예를 들어 10000으로 늘린다면, 레코드의 대부분은 그들 자신의 버킷에 혼자 놓이게 되겠지만 여전히 일부 충돌이 발생할 것이다.

$$k \cdot \left(\frac{k-1}{k}\right)^n = 10000 \cdot \left(\frac{9999}{10000}\right)^{1000} \approx 9048.33$$

그러므로 1000개의 레코드는 952개의 버킷에 퍼져 있을 것으로 예상되며, 9048개의 버킷이 비어 있을 것이다. ■

만약 충돌이 모두 한 버킷의 리스트 구조에 저장되어 해결된다면, 레코드는 해시 함수를 계산한 다음에 그 버킷에서 키를 찾기 위해 리스트를 선형으로 훑어야 한다. 버킷당 예상 레코드 수는 단순히 $\frac{n}{k}$이므로 해시 함수 계산이 $O(1)$의 시간이 걸린다고 가정하면, 평균 경우 조회 시간은 $\Theta(1+\frac{n}{k})$이다. 물론, 최악의 경우는 모든 레코드가 동일한 버킷에 떨어지는 경우이므로 요소를 찾으려면 길이가 n인 리스트를 선형으로 훑어야 하며, 이는 시간이 $\Theta(1+\frac{n}{k})$이 걸린다. 물론, 최악의 경우는 모든 레코드가 동일한 버킷에 떨어지는 경우이므로 요소를 찾으려면 길이가 n인 리스트를 선형으로 훑어야 하며, 이는 시간이 $\Theta(n)$이 걸린다.

만약 해시 테이블의 크기가 레코드 수에 비해 크다면, 평균 조회 시간 $\Theta(1+\frac{n}{k})$는 $\Theta(1)$로 감소한다. 즉, 평균적으로 상수 시간에 조회가 이루어진다. 이 분석에서는 k를 상수 대신 변수로 취급했다. 일반적으로 해시 테이블 구현은 값이 추가됨에 따라 동적으로 크기를 조정하므로 k가 항상 n에 비해 크다. 해시 테이블이 크기를 조절하지 않고 k를 상수로 취급해야 하는 경우에는 실행 시간을 $\Theta(n)$으로 간주해야 하며, 레코드의 수가 테이블의 크기에 접근할수록 조회 시간이 저하될 것이다.

요약

- **확률 변수**(*random variable*)는 확실하지 않은 값이며 대신 특정 확률로 각각의 가능한 값들이 존재하는 범위를 나타낸다.

- **베르누이 변수**(*Bernoulli variable*) 또는 지시 변수는 어떤 사건이 발생했는지를 나타내는 확률 변수로, 성공의 경우에는 1의 값을 가지고 실패의 경우에는 0의 값을 가진다.
- 기하 분포 확률 변수는 첫 번째 성공 이후에 끝나는 베르누이 시퀀스로 이루어진 시행의 횟수를 나타낸다.
- 확률 변수 X의 **확률 질량 함수**(*probability mass function*)는 X의 값이 특정 값과 동일한 확률을 설명한다. 이는 $\text{PMF}_X(x)$ 또는 $\Pr(X=x)$로 표기된다.
- 확률 변수 X의 **누적 분포 함수**(*cumulative distribution function*)는 X의 값이 주어진 값보다 작거나 같은 확률을 설명한다. 이는 $\text{CDF}_X(x)$ 또는 $\Pr(X \le x)$로 표기된다.
- 확률 변수 X의 기댓값(expected value 또는 expectation)은 가능한 값들의 가중 평균이다.

$$E(X) = \sum_{x \in T} \Pr(X=x) \cdot x$$

- 알고리즘의 평균 실행 시간은 알고리즘 자체 및 알고리즘에 대한 입력 분포에 따라 달라지는 실행 시간의 기댓값을 나타내는 함수이다.
- 확률 변수의 **분산**(*variance*)은 가능한 값들이 얼마나 퍼져 있는지를 측정한 것으로, 다음의 두 가지 동치인 정의가 있다.

$$\text{Var}(X) = E((X - E(X))^2) = E(X^2) - E(X^2)$$

- 기댓값은 선형이다: $E(\sum_i c_i X_i) = \sum_i c_i E(X_i)$.
- 성공 확률이 p인 베르누이 변수의 기댓값은 p이고, 분산은 $p \cdot (1-p)$이다.
- 각 시행에서 성공 확률이 p인 기하 분포 확률 변수는 $\Pr(X=n) = (1-p)^{n-1} \cdot p$, 기댓값은 $\frac{1}{p}$, 분산은 $\frac{1-p}{p^2}$이다.
- $X=x$ 및 $Y=y$ 사건들이 모든 x와 y 값에 대해 독립이라면 두 변수 X와 Y가 독립이다. 즉,

$$\Pr((X=x) \cap (Y=y)) = \Pr(X=x) \cdot \Pr(Y=y)$$

- 만약 두 변수 X와 Y가 독립이라면 다음과 같은 식이 성립된다.

$$E(X \cdot Y) = E(X) \cdot E(Y)$$
$$\text{Var}(X+Y) = \text{Var}(X) + \text{Var}(Y)$$

문제

29.1 기댓값은 선형(정리 29.16)임을 증명하라. 즉, 확률 변수 X_i와 상수 c_i에 대해,

$$E\left(\sum_i c_i X_i\right) = \sum_i c_i E(X_i)$$

정리 29.13과 정리 29.14를 사용하라.

29.2 확률 변수 X를 공정한 6면 주사위를 10번 굴렸을 때 나온 값 중에서 5 이상인 값의 횟수라 하자. 그러면 X의 기댓값 $E(X)$는 어떻게 될까?

29.3 다음 주사위 게임을 고려해 보자.

(a) 주사위를 한 번 굴리고 나서 주사위의 값을 자신의 점수로 채택하거나 다시 굴릴지를 결정한다. 다시 굴린다면 두 번째 굴린 주사위의 값을 점수로 얻게 된다. 기대 점수를 최대화하는 전략은 무엇이며, 해당 기대 점수는 어떻게 될까?

(b) 주사위를 1이 나올 때까지 반복해서 굴린 당신의 점수는 굴린 주사위 값들의 합이다. 기대 점수는 얼마인가?

29.4 다음 경우에 분산은 어떻게 될까?

(a) 공평한 여섯 면 주사위를 한 번 굴렸을 때

(b) 공평한 여섯 면 주사위를 한 번 굴렸을 때의 값에 2를 곱했을 때

29.5 2에서 12 사이의 난수를 생성하는 다음 방법들을 고려해 보자. 각각의 기댓값과 분산은 어떻게 되는가? 이들이 주사위를 굴린 결과를 2배로 하는 경우와 비교했을 때 어떤 차이가 있는가(문제 29.4 참조)?

(a) 하나의 공평한 여섯 면 주사위를 두 번 굴려서 나온 결과를 더하라.

(b) 공평한 11면 주사위를 굴려서 나온 결과를 사용하라. 이 주사위의 각 면은 2에서 12까지의 값을 나타낸다.

29.6 보조 정리 29.15을 증명하라. 힌트: 식 (29.4)로 시작하라. 그런 다음 식 (29.3)을 사용하여 $\Pr(X=x)$의 정의를 대체하고 $x \in T$의 모든 가능한 값 및 $X(s)=x$인 경우에 대한 S의 모든 가능한 결과 $s \in S$에 대한 이중 합을 얻어라. 그런 다음 합의 순서를 변경하여 원하는 등식을 얻어라.

29.7 수 n은 227쪽에서 보았듯이 $\lg n$ 이진 자릿수로 나타낼 수 있다. 그러나 숫자가 굉장히 큰 경우 더 간결한 표현이 필요하며 정확한 값이 아닌 추정치가 허용될 수 있다. 특히 매우 빈번한 이벤트의 발생 횟수를 세는 경우와 같다. 다음의 근사 카운팅 알고리즘은 올바른 기댓값의 추정치를 제공하며 $\lg \lg n$비트만 필요

하다.[5] 카운터의 초기값을 $c = 0$으로 할당한다. 각 이벤트 발생 시 확률 $\frac{1}{2^c}$로 c를 증가시킨다. 마지막에는 값을 $2^c - 1$로 출력한다.

예를 들어, 현재 c의 값이 0이면 확률 1로 증가시키고, 만약 c가 3이라면 확률 $\frac{1}{8}$로 증가시킨다.

X_n을 이벤트 n 후의 카운터 값으로 정의하자.

(a) $\Pr(X_{n+1} = i)$를 $\Pr(X_n = i)$와 $\Pr(X_n = i-1)$의 관계로 표현하라.

(b) (a)에서의 관계를 사용하여 $E(2^{X_n} - 1) = n$을 수학적 귀납법으로 증명하라.

[5] 이 알고리즘은 암호학자 로버트 모리스(Robert Morris)가 1977년에 고안했다.

29.8 X가 길이가 $2^k - 1$인 리스트에서 원소를 이진 탐색하는 데 필요한 단계 수를 나타내고, Y가 365쪽에 나와 있는 것처럼 1부터 k까지의 정수 중 하나일 가능성이 동일한 수를 나타내도록 할 때, $\mathrm{Var}(X)$와 $\mathrm{Var}(Y)$는 어떻게 되는가? 힌트: $E(X)^2$를 계산하기 위해 문제 3.8의 등식

$$\sum_{i=1}^{k} 2^{i-1} \cdot i^2 = 2^k(k^2 - 2k + 3) - 3$$

을 사용하라.

29.9 해시 테이블이 k 버킷을 포함하고 $k, n \geq 2$인 n개의 레코드를 보유하며, 해시 함수가 단순 균일 해싱 가정을 따른다고 가정하자(375쪽).

(a) 정확히 1개의 레코드를 포함하는 버킷의 예상 개수는 몇개인가? 힌트: $E_{j,m}$을 버킷 j에 정확히 m번째 레코드가 포함되어 있고 다른 레코드가 없는 이벤트로 정의하고, 그런 다음 E_j를 버킷 j에 정확히 하나의 레코드가 포함되어 있는 이벤트로 정의하라. E_j가 서로소인 이벤트 $E_{j,m}$의 합집합임을 이용하여 $\Pr(E_j)$를 찾으라. 마지막으로 각 이벤트 E_j에 대한 인디케이터 변수 I_j를 정의하고 기댓값의 선형성을 사용하라.

(b) 2개 이상의 레코드를 포함하는 버킷의 예상 개수는 몇개인가? 힌트: 직접 계산하는 대신 이전 계산 및 문제 29.32에서 얻은 값들을 사용하라.

29.10 예제 29.32에서 버킷의 예상 크기는 얼마인가? (버킷의 '크기'는 그 안에 포함된 레코드 수이다.) 빈 버킷의 예상 크기는 무엇인가? 이러한 양을 $n = k$, $n = 2k$ 및 $n = \frac{k}{2}$의 경우에 대해 비교하라.

Chapter

30 모듈러 연산

모듈러(modular) 연산은 형식 없이 써 내려간 글과 같다: 평생 동안 늘 사용해왔다는 사실조차 깨닫지 못하고 사용한다. 예를 들어, 매 6시간마다 약을 복용한다고 가정하자. 마지막으로 10시에 약을 먹었을 경우, 다음 약은 4시에 복용해야 한다. 수학적으로는

$$10+6\equiv 4 \pmod{12} \tag{30.1}$$

와 같이 표시한다. 왜냐하면 시계의 숫자들은 12시간마다 반복되기 때문이다. 군사적인 표기법에서는 24시간 주기를 사용한다. 따라서 만약 약을 2200시에 복용했다면, 다음 약은 0400시에 복용해야 한다. 즉,

$$22+6\equiv 4 \pmod{24} \tag{30.2}$$

이다. 물론 이 표시에는 '다음날'이 생략되었다.

식 (30.1)과 (30.2)에서 사용된 표기법이 최선은 아닐지라도, 우리가 늘 사용하는 불변의 규칙 중 일부가 되었다. '(mod 12)'는 동치(값이 같다) 기호의 일종으로 해석한다. 따라서 식 (30.1)은 '10+6'과 4가 특별한 동치 관계라는 측면에서 동치라는 것을 나타내며, 이 특별한 관계를 '≡12'라고 부를 수 있다. 이 동치 관계는 무엇인가? 두 정수를 12로 나눌 때 나머지가 같은 경우에 성립하는 관계이다. 'p mod q' 표기법을 사용하여 양의 정수 p와 q에 대해 p를 q로 나눌 때 0부터 $q-1$까지의 범위 내에서 나머지를 나타냈다는 것을 설명한 바 있다(167쪽). 따라서 우리는 $x\equiv y \pmod{m}$을 세 가지 동치인 방식으로 정의할 수 있다.

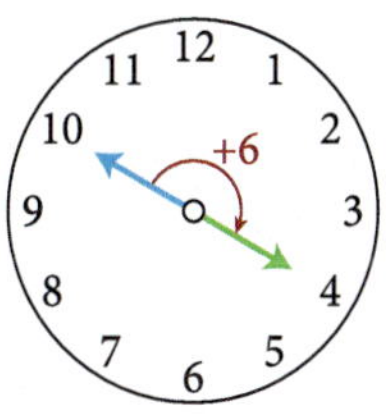

그림 30.1 시계의 모듈로(연산자 자체는 '모듈로'라고 함) 12 예시로 $10+6\equiv 4 \pmod{12}$. 전통적인 아날로그 시계에서 0 지점은 12로 표시되며 0 대신 $12\equiv 0 \pmod{12}$으로 약속됨.

모든 양의 정수 m과 모든 $x, y\in\mathbb{Z}$에 대해,

$x\equiv y \pmod{m}$은

1. $x \bmod m = y \bmod m$인 경우 (30.3)

2. $0\le r<m$인 r이 존재하고, 정수 i와 j가 존재하여 $x=i\cdot m+r$ 그리고 $y=j\cdot m+r$인 경우 (30.4)

3. $x-y$가 m으로 나누어지는 경우 (30.5)

에 성립한다.

위의 세 명제는 모두 동치이다. 이에 대한 상세한 증명은 연습문제로 남겨두겠다(문제 30.1). '$x \equiv y \pmod{m}$'이 정해진 m에 대해 정수 집합 $\mathbb{Z}$에서 동치 관계인가? 이는 식 (30.3)에서 쉽게 확인할 수 있다: 모듈로 m 연산은 반사, 대칭 및 추이 관계를 만족한다.

정해진 m에 대해, '$x \equiv y \pmod{m}$'의 동치류(equivalence class)는 m에 대한 **합동류**(*congruence classes modulo m*)라고 불린다. 이들은 각각 $0 \le r < m$인 각 음이 아닌 정수 r에 대해, m으로 나눌 때 나머지가 r인 정수들의 집합이다. 따라서 정확히 m개의 동치류나 합동류가 존재한다. 우리는 이러한 동치류의 집합을 다음과 같이 표기한다.

$$\mathbb{Z}_m = \{\{x \in \mathbb{Z} : x \bmod m = r\} : 0 \le r < m\} \tag{30.6}$$

또, 정수 x를 포함하는 동치류를 $[x]$로 표기한다(이때 m의 값은 표기에서는 명시되지 않았지만 문맥에서 주어진다). 예를 들어 $m = 12$인 경우, $[10+6] = [4]$와 같이 표기할 수 있지만, $[10+6] = [-20]$으로 표기할 수도 있다. 실제로 우리는 9장에서 $\mathbb{Z}_2$가 사용된 것을 보았다. 배타적 논리합 연산자 $\oplus$는 $\mathbb{Z}_2$에서의 덧셈이다.

합동류에 대해 덧셈 및 뺄셈과 같은 산술 연산을 수행할 수 있으며, 그 연산 결과도 합동류가 된다. 예를 들어, $[x]+[y]$를 $[x+y]$로 정의할 수 있다. 즉, $m = 12$일 때, $[10]+[6]$을 합동류 $[16]$으로 정의할 수 있으며, 이는 $[4]$와 같다. 이는 $[10]$과 $[6]$의 수많은 원소들 가운데 어떤 원소들이 함께 더해져도 모두 만족하는 경우에만 명확한 정의라고 할 수 있다. 각 집합에는 무한히 많은 구성원이 있으며, 선택된 대표 요소에 관계없이 동일한 합동류가 결과로 나오는지 확실히 보일 수 있어야 한다. 즉, 우리는 다음 정리를 증명하고자 한다.

정리 30.7 만약 $x' \in [x]$이고 $y' \in [y]$이면, $x'+y' \in [x+y]$이다.

증명. 만약 x 또는 x'을 m으로 나눌 때 나머지가 r이고, y 또는 y'을 m으로 나눌 때 나머지가 s라면, $[x+y] = [r+s] = [x'+y']$이다. ■

이 정리는 뺄셈과 곱셈에 대해서도 성립한다: $[x]-[y]$는 $[x-y]$로 정의될 수 있다. $[x] \cdot [y]$는 $[x \cdot y]$로 정의될 수 있다. $[x]$와 $[y]$의 대표 요소를 어떻게 선택하든 상관없다. $[x]$와 $[y]$에서 각각 x'과 y'을 선택하여 곱한 후 m으로 나눈 나머지를 취하면, x와 y를 먼저 곱한 후 m으로 나눈 나머지와 동일한 결과가 나온다.

이 합동류의 연산은 일반적인 연산과 매우 유사해 보인다. 하지만 이는 단지 m개의 '숫자'만을 갖는 시스템에서 이루어진 것이다. 심지어 덧셈과 곱셈의 항등원도 존재한다. 임의의 $x \in \mathbb{Z}$에 대해 다음의 두 수식이 만족한다는 것을 알 수 있다.

$$[0]+[x]=[x]+[0]=[x] \tag{30.8}$$
$$[1]\cdot[x]=[x]\cdot[1]=[x] \tag{30.9}$$

*

이후에 더 복잡한 $\mathbb{Z}_m$에서의 나눗셈을 다루기 전에, 지수 연산에 대해 간단히 살펴보자. 먼저, 곱셈이 잘 정의되었다는 사실로부터 $\mathbb{Z}_m$의 원소를 정수 거듭제곱하는 작업이 잘 정의되는 것을 알 수 있다.

$$[x]^n=[x^n] \tag{3.10}$$

이 수식을 다시 정리하면 다음과 같다.

$$[\overbrace{x\cdot x\cdot \ldots\ldots \cdot x}^{n\text{ factors}}]=\overbrace{[x]\cdot[x]\cdot\ldots\ldots\cdot[x]}^{n\text{ factors}} \tag{30.11}$$

예제 30.12 $m=7$일 때 $[10^3]$은 무엇인가?

풀이. 두 가지 방법으로 해결할 수 있다. 만약 10^3을 계산한 후 7로 나눈다면, $1000=142\cdot7+6$이므로 $[1000]=[6]$이다. 반면, $[10]=[3]$이라면, $27=3\cdot7+6$이기 때문에 $[10]^3=[3^3]=[27]=[6]$이다. ■

한 가지 주의해야 할 점이 있다. $[x^y]=[x]^{[y]}$는 사실이 아니며, 심지어 표현식 $[x]^{[y]}$는 명확하게 잘 정의(well-defined)되지 않을 수 있다. 계산을 쉽게 하기 위해, $m=10$으로 가정하자. 그러면 $[2^{11}]=[2048]=[8]$이지만, $[11]=[1]$이므로 $[2^1]$은 $[8]$이 아니라 $[2]$가 된다.

그래서 여기에 '모듈러 연산의 기본 원칙'을 다음과 같이 말할 수 있다: $\mathbb{Z}_m$의 요소를 더하거나 빼거나 곱할 때, 언제든지 숫자 x를 $x \bmod m$으로 대체할 수 있다. 그러나 x^n을 계산할 때, x를 $x \bmod m$으로 대체할 수 있지만, 지수 n을 동일한 방식으로 변경할 수 없다.

이 기본 원칙을 활용하여, 특정 계산을 빠르게 처리할 수 있다. 만약 $m=10$이고 $[12345\cdot54321]$을 계산해야 한다고 가정하자. 물론, 번거롭겠지만 먼저 두 수의 곱셈을 계산하고,

$$[12345\cdot54321]=[670592745]$$

그 결과를 10으로 나누어 답인 [5]를 얻을 수 있다. 그러나, 아래와 같이 모듈로 10 연산을 먼저 수행한다면 훨씬 쉽게 같은 최종 결과를 얻을 수 있다!

$$\begin{aligned}[12345\cdot54321]&=[12345]\cdot[54321]\\&=[5]\cdot[1]=[5]\end{aligned}$$

모듈러 지수 연산에 관한 두 번째 특징은 제곱 계산을 반복함으로써 빠르게 결과를 만들 수 있다는 것이다. 지수 n이 매우 클 경우 $[x^n]$을 계산 과정 중간에서 모듈로 n을 이용하여 값이 작아지더라도, 식 (30.11)에서 나와 있는 대로 $n-1$번의 곱셈을 수행해야 한다면 계산 시간이 오래 걸릴 것이다. 만약 x를 대략 n의 절반만큼의 지수 제곱을 계산하고, 그 결과를 제곱한다면, 단 한 번의 추가 곱셈을 이용하여 (지수가 홀수인 경우는 두 번) x^n을 얻을 수 있다. 이 방법을 활용하여 연산 시간을 획기적으로 줄일 수 있다.

$$x^n = \left(x^{\frac{n}{2}}\right)^2 \quad n\text{이 짝수일 때}$$

$$x^n = \left(x^{\frac{n-1}{2}}\right)^2 \cdot x \quad n\text{이 홀수일 때}$$

이를 거듭제곱의 형태로 확장하면, x^n을 계산하기 위한 곱셈 횟수를 $n-1$에서 대략 $\lfloor \lg n \rfloor$과 $2\lfloor \lg n \rfloor$ 사이로 줄일 수 있다(문제 30.6 참조). 이 방법을 모듈러 연산의 기본 원칙과 결합하면 반복 제곱을 사용하여 계산을 매우 빠르게 수행할 수 있다. 예를 들어, $3^{25} \bmod 7$을 계산하면,

$$\begin{aligned}
3^{25} &= \left(3^{12}\right)^2 \cdot 3 \\
&= \left(\left(3^6\right)^2\right)^2 \cdot 3 \\
&= \left(\left((3^3)^2\right)^2\right)^2 \cdot 3 \\
&= \left(\left((3^2 \cdot 3)^2\right)^2\right)^2 \cdot 3 \\
&\equiv \left(\left((2 \cdot 3)^2\right)^2\right)^2 \cdot 3 \pmod 7 \\
&\equiv \left(\left(6^2\right)^2\right)^2 \cdot 3 \pmod 7 \\
&\equiv \left(1^2\right)^2 \cdot 3 \pmod 7 \\
&\equiv 3 \pmod 7
\end{aligned} \tag{30.13}$$

*

$\mathbb{Z}_4$	0	1	2	3
0	0	0	0	0
1	0	1	2	3
2	0	2	0	2
3	0	3	2	1

$\mathbb{Z}_5$	0	1	2	3	4
0	0	0	0	0	0
1	0	1	2	3	4
2	0	2	4	1	3
3	0	3	1	4	2
4	0	4	3	2	1

그림 30.2 $\mathbb{Z}_4$와 $\mathbb{Z}_5$의 곱셈 테이블

만약 y와 x의 곱이 곱셈에 대한 항등원 [1]과 같다면, y는 $\mathbb{Z}_m$에서 x의 **곱셈의 역원**(*multiplicative inverse*)이다. 즉

$$x \cdot y \equiv 1 \pmod m$$

m의 값에 따라 $\mathbb{Z}_m$의 일부의 숫자들은 곱셈 역원을 가지고 있는 경우가 있고, 그렇지 않을 수도 있다. 이해를 돕기 위해 $\mathbb{Z}_4$와 $\mathbb{Z}_5$의 곱셈 테이블(그림 30.2)을 살

펴보자.

이 테이블에 따르면, $\mathbb{Z}_5$의 모든 0이 아닌 모든 원소가 곱셈의 역원을 갖는 것을 알 수 있다. [2]와 [3]은 서로가 다른 수의 역원이며, [1]과 [4] 그 자신이 역원이다. 이와 달리 $\mathbb{Z}_4$에서 [2]는 곱셈이 역원이 없다. 이 차이는 5는 소수(prime number)이고 4는 소수가 아니라는 것이다.

정리 30.14 만약 p가 소수이면, $\mathbb{Z}_p$의 모든 0이 아닌 원소는 곱셈의 역원을 갖는다.

증명. 우선 p가 소수이고 $0 \le a < p$인 경우,

$$[0 \cdot a], [1 \cdot a], \ldots, [(p-1) \cdot a] \tag{30.15}$$

는 모두 서로 다르다. $0 \le i < j \le p-1$이고 $[i \cdot a] = [j \cdot a]$를 만족하는 i, j가 있다고 가정하자. 즉, $i \cdot a \equiv j \cdot a \pmod p$이다. 이때 양쪽에서 a를 나누는 것이 가능하다면 $i \equiv j \pmod p$가 되며, 그에 따라 $i = j$가 된다. (가정에 따라 i, j 모두 p보다 작다.) 또 이는 $i < j$라고 한 가정에 모순이다.

위 $i \cdot a \equiv j \cdot a \pmod p$에서 양쪽 수식의 a를 나눌 수 있음은 다음 보조 정리(lemma)를 통해 보일 수 있다.

보조 정리 30.16 만약 p가 소수이고 a가 p로 나누어 떨어지지 않는 경우, $i \cdot a \equiv j \cdot a \pmod p$가 성립한다면 $i \equiv j \pmod p$가 성립한다.

당연하게도 여기서 a는 p보다 작은 음이 아닌 정수이므로, a는 p로 나누어 떨어지지 않는다.

보조 정리를 증명하자. 만약 $i \cdot a \equiv j \cdot a \pmod p$라면, $a \cdot (j-i) \equiv 0 \pmod p$이다. 즉, $a \cdot (j-i)$는 p의 배수이며, p는 $a \cdot (j-i)$의 약수이다. p가 a의 약수가 아니므로, p는 $j-i$의 약수여야 한다. 즉, $i \equiv j \pmod p$이다(정리 1.7, 6쪽 참조, 소수가 두 수의 곱의 약수인 경우, 두 수 중 하나의 약수여야 한다. 이는 p가 소수인 경우에 중요하며, p가 합성수인 경우에는 이 규칙이 적용되지 않는다).

따라서 식 (30.15)에 나열된 합동 클래스(congruence class)들은 [0], [1], …, $[p-1]$의 순열(permutation)에 불과하다. (이를 $\mathbb{Z}_5$의 그림 30.2에서 확인할 수 있다. 첫 번째를 제외한 각 행이 {0, …, 4}의 순열이다.) 그러나 이 중 하나는 반드시 [1]이어야 한다. 즉, $i < p$인 i가 있어야 하며 $i \cdot a \equiv 1 \pmod p$이 된다. ■

p가 소수일 때, 모든 0이 아닌 원소 x에 대한 곱셈 역원인 x^{-1}이 존재함을 확인하였다. 따라서 나눗셈을 정의하는 것이 가능하다: $[x]/[y] = [z]$. 여기서 $[z] = [x] \cdot [y]^{-1}$이다. 예를 들면 $\mathbb{Z}_5$에 대해,

$$
\begin{aligned}
[2]/[3] &= [2] \cdot [3]^{-1} \\
&= [2] \cdot [2] \\
&= [4]
\end{aligned}
$$

따라서 p가 소수일 때, $\mathbb{Z}_p$는 합, 뺄셈, 곱셈 및 나눗셈과 관련된 모든 표준 산술 규칙을 만족하는 합동류를 갖는다. 이 네 가지 연산이 실수 집합 R(실수의 집합)에서와 마찬가지로 동작하는 동작하는 수학적 구조를 **체**(*field*)라고 한다. 그러므로 우리는 $\mathbb{Z}_p$가 체임을 보였다.

군(group) 이론에서는 일반적으로 이름 $\mathbb{Z}_n$을 좁은 의미로 사용하여 덧셈과 뺄셈 연산만 갖춘 n에 대한 합동류 군을 가리키는데 사용한다. 관련 군 $\mathbb{Z}_n^*$은 n과 서로소인 원소만을 갖추고 곱셈 및 나눗셈 연산을 갖춘 군이다. n이 소수인 경우, 이러한 성질을 가진 체(field)가 존재하므로, 합동류 클래스인 mod n의 체 F_n으로 불린다. 그리고 이 체에서는 사칙 연산 모두가 정의된다. 이 책에서는 나눗셈이 모든 원소에 대해 정의되지 않는 경우라도 사칙 연산을 갖춘 모든 합동류 클래스 mod n의 집합을 표기하는데 $\mathbb{Z}_n$을 사용하여 단순화한다.

*

그런데, $[x]^{-1}$, 즉 x의 $\mathbb{Z}_p$에서의 곱셈 역원을 전체 곱셈 표를 작성하고 찾는 것 외 다른 방법으로 찾을 수 있을까? 찾을 수 있다! 앞서 배운 바 있는 유클리드 알고리즘(166쪽)을 활용할 수 있다.

m과 n의 최대공약수를 찾는 유클리드 알고리즘을, 나누기를 반복적으로 적용하는 방식으로 다시 설명해 보자. 구체적인 예를 들어서 위에서 설명한 과정을 단계별로 살펴보겠다.

m과 n의 최대공약수를 찾는 유클리드 알고리즘:

1. $\langle r, r' \rangle \leftarrow \langle m, n \rangle$
2. While $r' \neq 0$
   (a) $q \leftarrow \lfloor \frac{r}{r'} \rfloor$
   (b) $\langle r, r' \rangle \leftarrow \langle r', r \bmod r' \rangle$
3. Return r(m과 n의 최대공약수)

위 알고리즘에서 'while' 루프는 최대공약수 r을 찾기까지 반복되는데, 0번째부터 시작하여, i번째 반복을 실행할 때 그 바로 직전의 r값을 r_i라고 하자. 이때 r_0는 최초에 할당되는 값 m이다. 또, $i>0$인 모든 경우에 대해 i번째 반복에서의 r값은 이전 반복에서의 r'값과 동일하므로 $r_1 = n$이다. $i \geq 0$에 대해 아래의 식을 만족하고,

$$q_{i+1} = \lfloor r_i / r_{i+1} \rfloor \tag{30.17}$$

그렇다면, q_{i+1}은 i번째 루프를 반복하는 과정에서 계산된 q값이다. 'while' 루프의 마지막 반복이 k번째일 경우, r_{k+1}은 m과 n의 최대공약수이며, $0 \leq i \leq k$인 모든 i에 대해 r_i의 약수이다. 변수 q와 그 변화값인 $q_i(0 \leq i \leq k+1)$를 이용하여 설명하는 이유는, while 루프에서 반복되는 과정에서 각 r_i가 이전의 값들로부터 어떻게 변화하는지 명시적으로 보여주기 위함이다.

$$r_{i+1} = r_{i-1} - q_i r_i \tag{30.18}$$

$$r_0 = m$$
$$r_1 = n$$

이제 손쉽게 확인할 수 있는 경우를 살펴보자. p가 소수일 때, $1 \leq a < p$인 $\mathbb{Z}_p$에서 a의 역원을 찾아보자. 이미 a와 p의 최대공약수가 1임을 알고 있지만, $m = a$ 및 $n = p$를 입력으로 사용하여 유클리드 알고리즘을 실행하면 부수적으로 q_i와 r_i를 얻게 될 것이고, 이 과정에서 몇 가지 의미 있는 결과를 얻을 것이다. 우선, a와 p의 최대공약수가 1이기 때문에, $r_{k+1} = 1$임을 알 수 있다.

$$r_{k+1} = r_{k-1} - q_k r_k$$

따라서 위 식으로부터 시작하여 식 (30.18)의 왼쪽 부분으로 치환할 수 있는데, 이때 오른쪽 수식의 r_{k-1}와 r_k은 r_{k-2} 혹은 r_{k-3}의 수식으로 표현될 것이고, 이 치환작업을 반복적으로 수행해 나갈 수 있다. 모든 while 루프의 반복 작업을 끝내면 왼쪽 부분은 여전히 r_{k+1}이지만, 오른쪽 수식에는 r_0와 r_1의 배수만 남게 된다. $r_{k+1} = 1$임을 알고 있으므로 위 방정식은 아래의 방정식으로 전환된다.

$$\begin{aligned} r_{k+1} &= 1 = c \cdot r_0 + d \cdot r_1 \quad (c\text{와 } d\text{는 연산을 통해 얻게 되는 계수}) \\ &= c \cdot a + d \cdot p \end{aligned}$$

우리는 d의 값에는 관심이 없고, c의 합동 클래스 (mod p)에만 관심을 가지면 된다. 만약 $b = c \bmod p$로 둔다면, 결국 $a \cdot b \equiv 1 \pmod{p}$가 된다. 즉, $[b] = [a]^{-1}$이다.

이렇게 유클리드 알고리즘을 이용하여 곱셈의 역수를 찾는 것은 모든 가능성을 탐색하는 것보다 지수적으로 빠르다. 이는 알고리즘이 시간 복잡도가 인자의 크기가 아니라, 비트 수에 비례하기 때문이다(307쪽 참조). 또한 이 방법은 다른 정수 값 m, n 및 s에 대해 $c \cdot m + d \cdot n = s$인 정수 계수 c와 d를 찾거나, 이런 값을 찾는 것이 불가능한지 확인하는 데 사용할 수 있다. 이러한 계수 값은 s가 m과 n의 최대공약수의 배수일 때만 존재하며 그렇지 않으면 존재하지 않는다. (이는 연습 문제 30.8을 통해 증명해 보자.)

이 방법을 사용하여 $\mathbb{Z}_5$에서 [2]의 곱셈에 대한 역원(역수)를 찾아보자. 결과부터 말하면 [3]이다. 알고리즘은 표(그림 30.3)에 표시된 값들을 계산하며, $r_0 = a = 2$ 및 $r_1 = p = 5$로 시작한다.

예를 들어, $\lfloor r_1/r_2 \rfloor = \lfloor 5/2 \rfloor = 2$이므로 $q_2 = 2$이다. 이제 (30.18)의 식을 $i+1 = k+1 = 3$에서 시작한다.

$$\begin{aligned} r_3 &= r_1 - q_2 r_2 \\ &= r_1 - q_2(r_0 - q_1 r_1) \\ &= -q_2 r_0 + (1 + q_1 q_2) r_1 \\ &= -2 \cdot r_0 + 1 \cdot r_1 \end{aligned}$$

i	q_i	r_i	r_{i+1}
0		2	5
1	0	5	2
2	2	2	1
3	2	1	0

그림 30.3 $a = 2$, $p = 5$로 시작할 때 유클리드 알고리즘의 진행

$r_3 = 1$이므로 마지막 식은 $1 = -2 \cdot r_0 + 1 \cdot r_1$이며, 이때 모듈로 p 연산에 따라 r_1은 사라지므로,

$$-2 \cdot a \equiv 3 \cdot a \equiv 1 \pmod{p}$$

그러므로, [3]은 $[a] = [2]$의 곱셈에 대한 역원이다.

*

우리는 앞서 제곱을 반복하여 빠르게 거듭제곱을 하는 방법을 살펴보았다. 즉, k에 대한 $n^k \pmod{m}$을 계산하는 방법으로, k에 대한 곱셈 횟수가 k의 로그에 비례하고 m보다 훨씬 큰 수를 처리하지 않으면서 수행한다. 그렇다면 로그는 어떻게 계산할까? 모듈러 로그를 빠르게 계산할 수 있는지는 훨씬 더 흥미롭고 신비로운 질문이다. 그리고 중요한 것은 다음 장에서 공개키 암호화를 소개할 때 이러한 **이산 로그**(*discrete logarithms*)가 중요한 역할을 할 것이라는 점이다.

양수인 두 수, b와 m을 고정된 값으로 간주하고, 다음의 방정식 (30.19)를 고려해 보자.

$$y = b^x \pmod{m} \tag{30.19}$$

우리가 반복 제곱을 사용하여 풀어낸 문제는 x가 주어졌을 때 y를 빠르게 계산하는 것이었다. 즉, 모듈러 거듭제곱이다. 그렇다면 역관계의 문제는 어떻게 될까? y가 주어졌을 때 식 (30.19)를 만족하는 x를 찾는 것은? 이러한 x를 y에 대한 기저-b(base-b) 이산 로그 (mod m)이라고 한다. 예를 들어, 우리가 식 (30.13)에서 보았듯이

$$3^{25} \equiv 3 \pmod{7}\text{에서}$$

25는 3에 대한 기저-3 이산 로그 (mod 7)이다. 이것은 로그의 표준 개념을 확장한 것으로 해석된다. 25는 3을 어떤 지수로 제곱해야 결과로서 3 (mod 7)을 얻을 수 있는지를 나타낸다. 그러나 이러한 해석은 이산 로그를 실제로 계산하는 데 도움이 되지 않는다. 표준 수학 패키지, 적분, 급수 전개 또는 다른 수학적 도구들 역시 도움이 되는 것 같지 않다. 물론 x의 각 값을 하나씩 대입하고 각 $b^x \pmod{m}$을 비교하여 y와 일치하는 x를 계산할 수 있다. 그러나 b, m 및 y가 크면 올바른 x를 우연히 찾는 데 오랜 시간이 걸릴 것이다. 그리고 더 큰 문제는 그런 x가 존재하는지도 확실하지 않다.

연속 로그와 이산 로그 간의 비교를 해보자. 예를 들어, 우리가 다음을 계산하고 싶다면,

$$\log_{123} 267570363636059316998473870115684948492796490598096370147$$

무한 정밀도 수학 패키지[1]를 활용한다면, 이렇게 복잡해 보이는 문제도 어렵지 않게 풀 수 있다. 여기서 $\log_b a = \frac{\log a}{\log b}$이며, 결과는 27이다. (분수의 로그 base가 분자와 분모 모두에 동일하다면 어떤 base를 사용해도 상관없다.)

[1] 예를 들면, Wolfram Alpha와 같은

반면에, 18789에 대한 기저-54321 이산 로그 (mod 70707)는 어떻게 구할 수 있을까? $n = 1, 2, 3, 4, \ldots$을 식 54321^n에 하나씩 대입하여 결과를 계산하고, mod 70707을 계산해 볼 수 있다. 그러면 54321, 26517, 57660, 40881, … (mod 70707)이 된다. 그러나 이때 어떤 패턴도 찾을 수 없으며, 언제 이 작업을 중단해야 하는지 알 수 있는 방법도 없다. 결과적으로 $n = 43210$일 때, 이 식이 만족한다는 것이 밝혀졌다. 그러나 이 값을 찾는 데 있어서 한 번에 하나씩 지수 대입하여 식이 맞는지 확인해 보는 것보다 더 빠른 방법은 없다. 더군다나, 이 문제가 본질적으로 시간이 많이 소요되는 것인지에 대한 증명도 알려진 바가 없다. 그리고 이 숫자들은 오늘날의 컴퓨터의 산술 능력과 비교하면 상대적으로 작은 숫자이다!

대부분의 경우, 어떤 문제에 대한 빠른 알고리즘을 찾지 못하면 당혹스럽고 실망스러울 것이다. 그러나 암호학자들은 이와 같이 불가능해 보이는 어려운 문제를 좋아한다. 그들은 어려운 문제를 이용하여 해독하기 어려운 코드를 생성한다. 그래서 다음 장에서는 20세기 수학에서 가장 놀라운 발전가운데 하나인 '공개키 암호화(public key cryptography)'를 소개하고자 한다.

요약

- 모듈러 m 계산에서는 m으로 나눌 때 동일한 나머지를 남기는 모든 정수를 동등하게 취급한다.
- 동치 관계 (mod m)는 정수에 대한 동치 관계로 표시되며 ≡로 표시된다. 동치 클래스는 모듈로 m의 **합동 클래스**(*congruence classes*)라고 불린다. n의 합동 클래스는 $[n]$으로 표기되며, m 동치 클래스의 집합은 $\mathbb{Z}_m$이라고 부른다.
- (mod m)에서의 동치 클래스의 덧셈, 뺄셈 및 곱셈은 잘 정의되어 있다. 지수는 기저(base)가 합동 클래스이고 지수가 정수인 경우에는 잘 정의되지만, 지수가 합동 클래스인 경우에는 그렇지 않다. 나눗셈은 m이 소수(prime)인 경우에는 잘 정의되지만, 그렇지 않은 경우에는 그렇지 않다.
- 반복된 제곱을 통해 모듈러 지수 제곱을 계산하는 데는 지수의 로그에 비례하는 시간이 걸린다. 지수의 값에 비례하는 시간이 아니다.
- m이 소수인 경우, 유클리드 알고리즘을 사용하여 m에 대한 로그에 비례하는 시간에 곱셈의 역수를 찾을 수 있다.
- 이산 로그를 찾는 것(즉, $y = b^x$ (mod m) 방정식을 만족하는 x값을 찾는 것,

여기서 b, m 및 y가 주어짐)은 본질적으로 어려운 것으로 보이지만, 본질적으로 어렵다는 것은 증명되지 않았다.

문제

30.1 식 (30.3)~(30.5)의 동치 관계를 증명하라.

30.2 $\mathbb{Z}_7$에서 다음을 구하라.

(a) $[5]+[6]$

(b) $[5]\cdot[6]$

(c) [5]의 덧셈에 대한 역원

(d) [5]의 곱셈에 대한 역원

(e) $[2]/[5]$

30.3 $\mathbb{Z}_6$과 $\mathbb{Z}_7$에 대한 완전한 곱셈표를 작성하라.

30.4 '페르마의 소정리(Fermat's little theorem)'는 p가 소수이고 a가 p로 나누어 떨어지지 않는 양의 정수인 경우, $a^{p-1} \equiv 1 \pmod p$임을 명시한다.

(a) 다음과 같이 페르마의 소정리를 증명하라.

- $0<a<p$인 경우에 대해 $a^p \equiv a \pmod p$임을 a에 대한 귀납법으로 증명하라. $a=1$로 시작하고 그 다음에 $(a+1)^p$를 확장하라. 그 과정에서 $\binom{p}{i}$가 $0<i<p$에 대해 p로 나누어 떨어진다는 것을 증명한다.
- 그 결과를 p로 나누어 떨어지지 않는 모든 양수 a로 확장하라.
- 마지막으로, $a^p \equiv a \pmod p$에서 양쪽에서 a를 없앰으로써 $a^{p-1} \equiv 1 \pmod p$을 얻는 것이 합법임을 보여라.

(b) 위 정리의 따름 정리로 p가 소수이고 a가 p로 나누어 떨어지지 않는 경우, a^{p-2}가 p에 대한 a의 곱셈 역원(multiplicative inverse)임을 증명하라.

(c) 연필과 종이만을 사용하여 $6^{80} \pmod 7$ 및 $4^{35} \pmod{11}$을 계산하라.

30.5 (a) 유클리드 알고리즘을 사용하여 방정식 $13x+19y=1$에 대한 $\mathbb{Z}$의 해를 찾아라.

(b) (a)의 해가 13에 대한 19 (mod 13) 및 19에 대한 13 (mod 19)의 곱셈 역원에 대해 무엇을 알려주는지 확인하라.

30.6 $(m+1)$-비트 숫자 중 가장 작은 수는 2^m이고, 가장 큰 수는 $2^{m+1}-1$이다.

(a) $n=2^m$인 경우, 반복 제곱을 사용하여 a^n을 계산하는 데 m번의 곱셈을 사용할 수 있음을 보여라.

(b) $n=2^{m+1}-1$인 경우, 반복 제곱을 사용하여 a^n을 계산하는 데 $2m$번의 곱셈을 사용할 수 있음을 보여라.

(c) 결론적으로, n의 이진 표현이 $m+1$ 비트인 경우 a^n을 계산하는 데 필요한 최대 곱셈 횟수는 $2m = \lfloor \lg n \rfloor$임을 보여라.

30.7 n이 양의 정수이고 $[n]$이 일정한 modulus m에 대한 n의 합동류를 나타내는 경우, $0 \leq a < m$일 때, $[a!]$ 먼저 계산할 경우 $[n!]$을 쉽게 계산할 수 있는가?

30.8 $c \cdot m + d \cdot n = s$ 형태의 방정식을 고려해 보자. 여기서 m, n 및 s는 고정된 정수이며, 계수 c 및 d의 정수 값을 찾고자 한다. [정수 해만 허용되는 다항식 방정식을 **디오판토스 방정식**(*Diophantine equation*)이라고 한다. 이 용어는 3세기 헬레니즘 수학자 디오판토스(Diophantus of Alexandria)에게 기인한다.]

(a) 정수 c와 d가 $c \cdot m + d \cdot n = s$를 만족한다면, s는 gcd(m, n)의 배수임을 증명하라.

(b) s가 gcd(m, n)의 배수인 경우, 정수 c와 d가 존재하여 $c \cdot m + d \cdot n = s$임을 증명하라.

- 먼저, $s = \gcd(m, n)$인 경우에 해가 존재함을 증명하라.
- 그다음, $s = k \cdot \gcd(m, n)$인 임의의 정수 k에 대해 $s = \gcd(m, n)$의 해를 사용하여 $s = k \cdot \gcd(m, n)$에 대한 해를 찾는 방법을 보여라.

(c) $c \cdot m + d \cdot n = s$에 대한 정수 해가 있다면 무한히 많은 정수 해가 있다는 것을 증명하라. 힌트: $c = c_0$, $d = d_0$가 해라면 모든 정수 i에 대해,

$$c_i = c_0 + \frac{n}{\gcd(m,n)} \cdot i$$
$$d_i = d_0 - \frac{m}{\gcd(m,n)} \cdot i$$

도 역시 해가 됨을 보여라.

Chapter

31 공개키 암호

디피와 헬만의 1976년 논문 '암호학의 새로운 방향(New Directions in Cryptography)[1]' 만큼 우리에게 큰 영향을 끼친 논문은 매우 드물다. 이 기술로 인해 서로 잘 알지 못하는 일반인들 간에 매우 빠른 보안 통신이 가능해졌다. 한 곳에서 다른 곳으로 중요한 정보를 전송하기 위해서 더 이상 무장한 경호원이 필요하지 않게 되었다. 심지어 세계에서 가장 강력한 정부들도 자신들이 가로챈 통신의 정보들을 해석할 수 없게 되었다. 안전한 인터넷을 통해 대규모 전자 상거래가 가능해졌다. 이 모든 것은 몇 가지 이산 수학적 기술들이 간단하면서도 창의적으로 적용되었기 때문이다.

[1] Whitfield Diffie and Martin E. Hellman, 'New Directions in Cryptography,' *IEEE Transactions on Information Theory* IT–22, *no.* 6 (November 1976): 644–54.

암호학(*cryptogtaphy*)은 메시지를 발신자와 수신자만이 그 내용을 알 수 있는 방식으로 통신하는 기술이다. 수천 년 동안 왕과 장군들은 군대 이동, 조약, 음모 등에 관한 암호화된 메시지를 주고받았다. 암호화된 메시지가 통과하는 경로는 매우 위험한 경우가 많고, 혹시라도 암호화된 메시지가 적의 손에 들어가더라도, 적이 해독하지 못하도록 하는 것이 중요하다.

일반적으로 암호화(encoding)는 키(key)라고 불리는 기준 텍스트 문자열을 이용하여 암호화되지 않은 메시지(**평문**, *plaintext*)를 암호화된 메시지(**암호문**, *ciphertext*)로 변환한다. 암호문의 수신자는 **키**(*key*)와 암호화 방법을 알고 있으며, 따라서 암호문을 해독하여 원래의 메시지를 복원해 낼 수 있다.

고대로부터 간단한 암호화 방법이 사용되어 왔다. 로마의 역사학자 수에토니우스(Suetonius)는 율리우스 시저(Julius Caesar)가 그의 메시지를 어떻게 암호화했는지를 설명하였다: *시저는 보안을 유지해야 하는 내용을 전달할 때, 알파벳의 순서를 변경하여 단어를 알아볼 수 없도록 암호화하여 글을 썼다. 누군가 이것을 해독하고 의미를 알고 싶다면, 알파벳의 네 번째 글자인 D를 A 대신 사용해야 한다.* (이러한 암호는 이전에 257쪽의 문제 22.1에서 다룬 바 있다.) 이 경우 키는 알파벳이 이동할 위치의 수, 즉 3이다. 당연하게도, 적이 시저의 암호가 적용된 문장이라는 것을 알면 오래 걸리지 않아 원래의 문장을 해독해 낼 것이다. 시도할 수 있는 이동 위치는 25개뿐이기 때문이다. 이와 같이 암호가 쉽게 해독될 수 있는 경우, 해당 암호는 **약하다**(*weak*)고 말한다.

수세기 동안, 키가 비밀 단어(secret word)이거나 혹은 다른 문자열 시퀀스를 이용하는 정교한 암호화 방법이 개발되었다. 문제 22.1에서 언급된 것과 같은 **치환 암호**(*substitute cipher*)는 시저 암호보다 강력하며 해독이 더 어렵다. 치환 암호는 A–Z의 문자들의 순열인 키를 사용하며, 메시지를 암호화하기 위해 평문(plain text)의 각 문자를 순열의 해당 위치의 문자로 치환(substitute)한다. 그러나 여전히, 치환 암호를 해독하는 것은 일반적으로 매우 어렵지는 않다. 왜냐하면 평문 언어에서 가장 빈번하게 나타나는 문자는 일반적으로 암호문에서 가장 빈번하게 나타나는 문자에 해당하기 때문이다(문제 31.1 참조).

암호학에서는 더 정교한 암호화 방법들이 개발되었고, 그에 대응하여 적들은 암호를 풀고자 정교한 분석 방법을 개발해왔다. 대부분의 경우에 암호문의 패턴을 이용하여 평문을 추론하는 방법을 사용한다. 훨씬 강력한 암호 중 하나는 **일회용 암호표**(*one-time pad*)를 사용하는 경우이다. 여기서 키는 메시지와 같은 길이이며, 평문의 각 문자는 키의 해당 문자와 결합하여[일반적으로 이진 코드의 배타적 논리합(XOR)을 사용하여] 뒤섞인다. 발신자와 수신자가 일회용 암호표를 올바르게 사용한다면, 암호문을 해독할 수 없다. 이때에는 암호문에 패턴이 없어 분석이 불가능하기 때문이다.[2]

[2] '일회용 암호표(pad)'는 각각 하나의 키가 있는 페이지로 구성된 세트이다. 발신자와 수신자는 동일한 패드를 가지고 있으며 각각은 메시지를 인코딩하거나 디코딩하는 데 사용된 페이지를 버린다.

그러나 이러한 모든 방법, 심지어 일회용 암호표도 동일한 한계를 가지고 있다. 발신자와 수신자 모두가 동일한 키를 알아야 하며 보안을 유지해야 한다. 키가 노출되면 코드는 쓸모없게 된다. 어떻게 하면 두 명이 동일한 보안 키를 가질 수 있을까?

발신자들과 수신자들이 사전에 모두 모여 동의한 키를 각자 가지고 있을 수 있다. 그러나 그들이 멀리 떨어져 통신할 계획이라면, 이 방법의 한계점은 명확하다. 당사자들이 이동하지 않고는 새로운 키를 제공할 방법이 없었으며, 그들이 떠나기 전에 키를 기록한다면, 키가 여행 중에 노출될 수도 있다.

메신저 또는 다른 통신 방법을 사용하여 키를 한 당사자로부터 다른 당사자에게로 전송할 수 있을 것이다. 그러나 보안을 유지한 채 키를 전달하기 위해서는 근본적으로 해결해야 할 문제가 있다. 키를 안전하게 전달할 수 있다면, 아마도 메시지 자체의 평문을 동일한 채널을 통해 전달할 수 있었을 것이다. 키는 짧아서 숨기기가 더 쉽겠지만, 키를 전달하는 것과 메시지 자체를 전달하는 것 사이에 본질적으로 차이가 없다.

그림 31.1은 이 문제를 요약하고 보여준다. Alice는 Bob에게 보안 메시지를 보내고 싶어한다—예를 들어 '새벽에 후퇴하다.' 암호화 알고리즘은 매우 뛰어날 수도 있지만, 키가 노출된다면 모든 것은 의미가 없어진다—모든 정보가 노출될 수밖에 없다. Eve는 도청자이다. 그녀는 Alice와 Bob이 서로 어떤 말을 하는지 들을 수는 있으나, 보안 키가 없으면 듣고 있는 것을 이해할 수 없을 것이다. Alice와 Bob은 어떻게 하면 Eve를 비롯하여 다른 사람이 키를 알 수 없도록 하는 상태에서 자신들만의 보안 키를 공유할 수 있을까?

인터넷의 세계에서 'Alice'와 'Bob'은 프로그램을 실행하는 컴퓨터이며, 개

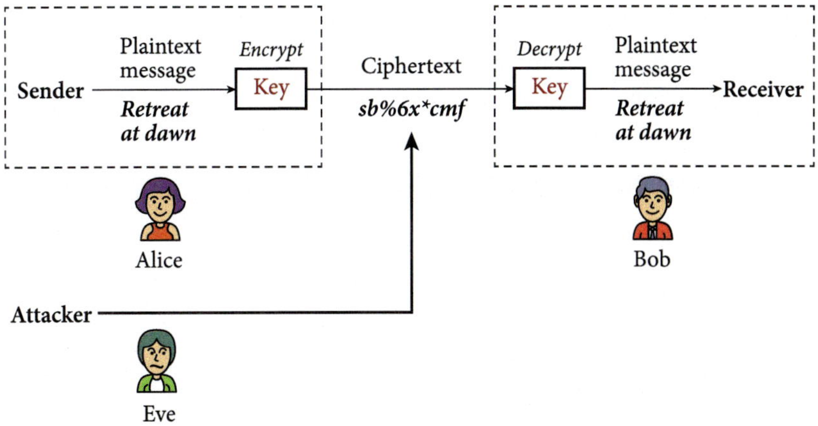

그림 31.1 암호체계 시나리오. 여기서 Alice는 평문을 보안 키를 사용하여 암호화하고, 그 결과로 얻은 암호문을 Bob에게 전송한다. Bob은 동일한 키를 사용하여 메시지를 해독하고 평문을 복원한다. Eve는 도청자로서 암호문을 듣거나 가로채지만, 보안 키가 없으면 암호문을 해독할 수 없다.

방된 네트워크를 통해 보안 통신을 할 수 있도록 설계된 프로그램이다. 아마도 'Alice'는 여러분이고 'Bob'은 여러분이 비밀번호를 전달하려고 하는 아마존 또는 다른 온라인 소매업자일 수도 있다. 'Alice'와 'Bob'이 만나서 보안 키를 공유할 가능성은 없다. (여러분도 아마존 사이트에 비밀번호를 설정할 때 아마존 회사에 가지 않는다.) 그들은 인터넷 자체를 통해서만 통신할 수 있다. 'Alice'와 'Bob' 사이에는 수백 개의 인터넷 스위칭 지점, 케이블 및 알려지지 않은, 신뢰할 수 없는 당사자에 의해 제어되는 라디오 링크들이 있다. 'Eve'는 그들의 통신을 '도청'해 낼 수 있는 그 누구라도 될 수 있다. Alice와 Eve가 사용하는 WiFi 핫스팟 사이, 그녀의 건물과 그녀의 ISP(internet service provider) 사이, 또는 국경 내외를 막론한, 인터넷의 미지의 영역 어디에서나 도청자는 존재한다. 'Alice'와 'Bob'이 어떻게 개방된 인터넷을 사용하여 보안키에 동의 혹은 교환하여 그들의 인터넷 통신을 안전하게 할 수 있을까?

*

Diffie와 Hellman이 제안한 것은 다음과 같은 절차를 실행하는 방법이다.

1. Alice는 Alice만이 알 수 있는 비밀(secret) 숫자 a를 선택한다. (Alice의 암호 숫자는 비밀로 유지한다. 이러한 비밀 정보를 빨간색으로 표시하자.)
2. Bob은 Bob만이 알 수 있는 비밀 숫자 b를 선택한다.
3. Alice는 비밀 숫자 a를 이용해 계산을 수행하고 새로운 숫자를 생성한다. 이를 그녀의 공개 숫자 A라고 부를 것이다. (공개 채널을 통해 공유할 수 있는 정보는 파란색으로 표시한다.)
4. Bob은 비밀 숫자 b를 이용해 계산을 수행하고 새로운 숫자를 생성한다. 이를 그의 공개 숫자 B라고 부를 것이다.
5. Alice와 Bob은 각자의 공개 숫자를 교환한다. Alice는 자신의 A를 Bob에게 보내고, Bob은 자신의 B를 Alice에게 보낸다. 이 숫자들을 통신 과정에 있는

모두가 알 수 있기 때문에 공개(public)된 것이다.

6. Alice는 자신의 비밀 숫자 a와 Bob으로부터 받은 공개 숫자 B를 기반으로 계산을 수행한다. 계산 결과는 새로운 숫자이며, 이를 Alice는 자신만 알고 있다.
7. Bob은 자신의 비밀 숫자 b와 Alice로부터 받은 공개 숫자 A를 기반으로 계산을 수행한다. 계산 결과는 새로운 숫자이며, 이를 Bob은 자신만 알고 있다.
8. 이때 놀랍게도 Alice가 자신의 비밀 숫자와 Bob의 공개 숫자를 기반으로 계산한 숫자는 Bob이 자신의 비밀 숫자와 Alice의 공개 숫자를 기반으로 계산한 숫자와 동일하게 되도록 설정되어 있다. 우리는 이 숫자를 K라고 부르며, 이를 공유 키(shared key)라고 한다.
9. Bob는 Alice와 Bob의 공개 숫자나 청취 중인 다른 정보에서 K의 값을 알 수 없다.
10. Alice와 Bob은 전통적인 암호화 시스템을 사용하며, 이 키 K를 사용하여 메시지를 암호화한다.

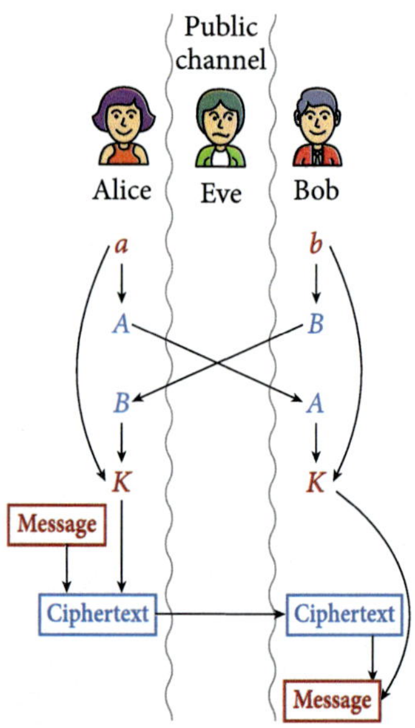

그림 31.2 키 교환 프로토콜. 여기서 비밀 정보는 빨간색으로, 공개 정보는 파란색으로 표시된다. 공개 채널을 통과하며 도청자인 Eve가 알 수 있는 것은 파란색 정보뿐이다.

그림 31.2에는 타임라인이 나열되어 있다. 시간은 아래로 흘러가며, 화살표는 어떤 정보가 다른 정보에서 유도되었는지를 보여준다. 예를 들어, Alice는 a와 B로부터 K를 알아낸다.

놀라운 것은 8단계와 9단계이다. Alice와 Bob은 어떻게 같은 키 값을 가질 수 있게 되었을까? 그리고 왜 Bob은 Alice와 Bob이 서로 공유한 공개 숫자를 알게 되더라도 이를 사용하여 그들의 비밀 숫자를 알아내고 동일한 키 값을 계산할 수 없을까?

이 체계가 작동하게 하는 핵심 아이디어는 **단방향 함수**(*one-way function*)의 개념이다. 간단히 설명하면, 계산하기 쉽지만 계산을 역함수를 알아내기는 대단히 어려운 함수, 즉 결과 값을 이용하여 인자를 추론하기 어려운 함수를 말한다. 이전에 단방향 함수처럼 보이는 것을 설명한 적이 있다. 바로 모듈러 지수 연산(modular exponentiation)이다. 우리는 30장에서 $g^n \bmod p$를 빠르게 계산할 수 있다는 것을 보았다. 이는 반복 제곱을 통해 빠른 시간 안에 수행될 수 있는데, 곱셈의 횟수는 $\log n$, 즉 n의 이진 표현의 비트 수에 따라 증가한다. 반대로 이산로그는 매우 어려운 문제이다. g, p 및 값 x가 주어졌을 때 $g^n \equiv x \bmod p$를 만족하는 n을 찾을 수 있는 효율적인 알고리즘은 아직 알려진 것이 없다. (앞서 소개한 **디피-헬먼 절차**(*Diffie-Hellman procedure*)에서는 일반적으로 소수로 선택되기 때문에 modulus p라고 이름을 지었다.)

모듈러 지수 연산이 이산 로그를 찾는 완전 탐색 방법과 비교하여 얼마나 빠르게 수행될 수 있는지를 자세히 확인해 보자. n이 500자리 수인 경우, 이진 표현은 약 1700비트이다. 따라서 그 거듭제곱을 계산하는 데는 2,000~3,000번의 곱셈이 필요할 것이다. 그러나 올바른 값을 생성하는 500자리 지수를 찾기 위해 모든 500자리 수의 지수를 찾아야 한다면 각각을 하나씩 선택해서 곱해야 하므로, 10^{500} 모듈러 곱셈이 필요할 수 있다. 이는 실로 엄청나게 큰 숫자이며, 우주 탄생 이후의 시간을 나노초(10^{-12} second) 단위로 표현해도 10^{27} 미만이다. [완전탐색(exhaustive search)은 가장 빠른 방법이 아니지만, 현재까지 알려진 알고리즘 중에서 충분히 빠른 것은 없다.]

그러면 이산 로그를 계산하는 것이 어렵다고 가정하고, Alice와 Bob의 통신이 어떻게 진행되는지 살펴보자.

먼저, Alice와 Bob뿐 아니라 전 세계가 기저값 g와 모듈러 p값을 공유할 수 있다. 이러한 매개 변수들이 Alice와 Bob뿐 아니라 모든 사람들에게 공개되어 있음을 강조하기 위해, 이 값을 녹색으로 표시하겠다. Alice와 Bob은 g와 p값들을 개인적으로는 모를 수도 있으나, 그들의 컴퓨터는 알고 있다. 시스템 소프트웨어를 작성한 프로그래머들이 이 숫자들을 컴퓨터 알고리즘에 포함시켰다. Alice와 Bob이 공유 키를 만들어 내는 과정에서 주고받는 모든 메시지와 키 자체는 Z_p의 중에 있을 것이다. 즉, 0에서 $p-1$ 사이의 숫자이다.

이제 앞서 소개한 각 단계에 자세히 세부 정보를 추가해 보자. 동일한 단계 번호를 사용한다.

1. Alice는 $1 \leq a < p-1$의 범위에서 무작위로 선택된 비밀 숫자 a를 선택한다. 이 숫자는 무작위로 선택되어야 하므로 Alice는 컴퓨터의 난수 생성기를 사용하여 a를 생성한다.
2. Bob은 마찬가지로 $1 \leq b < p-1$의 범위에서 무작위로 선택된 비밀 숫자 b를 선택한다.
3. Alice는 $A = g^a \bmod p$를 계산한다. 이는 반복 제곱을 사용하여 빠르게 수행할 수 있으며, 이것이 Alice의 공개키(public key)가 된다.
4. Bob은 그의 공개키 $B = g^b \bmod p$를 계산한다.
5. Alice는 그녀의 공개키 A를 Bob에게, 그리고 Bob은 그의 공개키 B를 Alice에게 보낸다. Eve는 양쪽 통신을 듣고 있으며, A와 B를 알게 된다. 그러나 Eve, 혹은 다른 누구라도, A로부터 a를 계산해 내려면, 반드시 이산 로그 문제(a는 A modulo p의 base-g 이산 로그)를 해결해야 한다. 마찬가지로 B를 알아도 이산 로그 문제를 해결하지 않으면 b를 쉽게 알 수 없다.
6. Alice는 그녀의 비밀 키와 Bob의 공개키를 사용하여 $B^a \bmod p$를 계산한다.
7. Bob은 그의 비밀 키와 Alice의 공개키를 사용하여 $A^b \bmod p$를 계산한다.
8. Alice와 Bob은 K라고 부르는 동일한 값을 계산했다.

$$
\begin{aligned}
K \equiv B^a &\equiv (g^b)^a \\
&\equiv g^{ab} \\
&\equiv (g^a)^b \\
&\equiv A^b \qquad \pmod{p} \qquad (31.1)
\end{aligned}
$$

9. 키 K는 비밀로 유지된다. Alice나 Bob은 서로 또는 다른 누구에게도 키를 알리지 않는다. 비밀 키 a 또는 b 중 하나를 알지 않는 이상 누구도 이것이 무엇인지 알 수 없다.
10. Alice와 Bob은 일반적인 표준 암호화 알고리즘을 사용하여 그들 간의 통신을 암호화한다. 둘은 K를 암호화 키로 사용하며, 동일한 키를 사용하므로 상대방으로부터 받은 메시지를 해독할 수 있다.

식 (31.1)은 마법처럼 보일수도 있지만 그렇지 않다. 모듈러 연산의 기본 원칙은 모든 연산들이 언제든지 mod p로 축소되며, 수행될 수 있다는 것이다. 따라서 Bob이 Alice에게 B만 보내도, 즉 g^b (mod p) 결과만 보내도, Alice가 A^b를 계산할 수 있으며, 결국 A를 받아서 A^b를 계산하여 얻게 될 동일한 결과를 만들 수 있다. g를 a와 b만큼 거듭제곱하여 계산하는 것은 계산 순서를 바꿀 수 있으며, 언제든지 mod p로 숫자를 줄일 수 있다. 무엇보다도, Alice와 Bob은 실제로 서로에게 동일한 값을 직접 전달하지 않고도 계산해 냈다!

현재 상황에서 완전 탐색 공격(exhaustive search attack)에 대해 보안을 지키기 위해서 p는 적어도 2048비트 이상의 소수여야 하고, g는 다음과 같이 정의되는 경우이어야 한다.

$$G = \{g^i \in Z_p : 1 \le i \le p-1\}$$

이때 $|G|$의 크기가 매우 큰 소수이거나 적어도 큰 소수 인수를 가져야 한다. 만약 $|G|$가 소인수분해가 가능한 $\Pi_i r_i$ 형태의 합성수라면, Eve는 A에서 a를 계산하는 문제를 더 간단한 작은 문제들로 분해할 수 있다. 각 인수 r_i에 대해 a mod r_i를 찾는 것이다. 단, 이때 r_i 중 하나라도 큰 소수가 있다면, 여전히 해결하기 어렵다. g 자체가 큰 수가 아니어도 G를 크게 생성한다면 충분하다.

공개키 암호에 대해서는 더 설명할 내용이 많다. 각 알고리즘마다 다른 단방향 함수가 사용된다. 1977년에 Ron Rivest, Adi shamir, 그리고 Len Adleman이 두 큰 소수의 곱으로부터 이러한 인수를 찾는 것이 매우 어려울 경우에 안전한 암호체계를 발표했다.[3] 이것이 **RSA 암호 체계**(*RSA cryptosystem*)이다. 현재까지 광범위하게 사용되며 두 당사자간의 비밀 암호 키를 교환하는 것 이상의 중요한 용도를 가지고 있다.

[3] 영국의 수학자인 Clifford Cocks는 영국 정보국(British intelligence)에서 일할 당시 이 방법을 발견했다. 그는 1977년까지 외부에 공개하지 않았다.

그러나 모듈러 지수 연산이나 큰 소수의 곱셈, 또는 다른 후보 단방향 함수는 그 역함수를 찾아내는 것이 매우 어렵다는 사실은 증명되지 않았으며, 그럴 가능성이 없을 수도 있다. 사실 이런 성질의 단방향 함수가 존재하지 않을 수도 있다. 현대 암호화의 기반이 되는 함수들을 역으로 어떻게 풀어야 하는지 아는 몇몇 도청자가 이미 우리의 모든 은행 거래를 도청하고 있을 수도 있다. 그러나 아무도 이 가능성은 고려하지 않는다. 다만, 강력한 동기를 가진 무차별적 대입(brute-force) 공격에 대한 방어를 위해서 현재 사용중인 키보다 더 긴 길이의 키가 필요하다는 점을 더 중요하게 생각한다.

마지막으로, a와 b가 무작위로 선택되었으므로, 키를 선택할 경우의 숫자를 늘림으로써, Eve가 이를 추측할 수 없도록 하려면 주의할 부분이 있다. Eve가 매우 운이 좋을 수도 있기 때문이다. Eve가 운이 좋아 키를 추측할 수 있는 가능성에 대해서 걱정하지 않아도 될까?

대답은 우리는 일반적으로 실용적인 문제를 풀어내는 데 집중할 뿐이라는 것이다. 즉 일반적인 상황에서 추측에 성공할 확률을 다른 일반적인 실패 형태, 즉 우리가 왠만해서는 발생하지 않을 실패의 가능성(예: Bob이 심장마비를 일으켜 메시지를 받지 못하는 경우, 또는 소행성이 지구를 파괴하여 Alice와 Bob 간의 통신 보안을 무효화하는 경우)보다 낮출 수 있으면 된다. Eve가 값을 추측해서 맞출 가능성은 비록 0은 아니겠지만, p를 충분히 크게 만들면 Eve가 단지 운이 좋아 추측할 확률을 앞선 예시와 같은 다른 실패 형태보다 훨씬 작게 만들 수 있다. 충분히 큰 p를 만들면 각 추가 비트의 길이에 따라 운이 좋은 추측할 확률이 기하급수적으로 감소하므로 운이 좋아 추측에 성공할 확률은 무시할 만큼 작아진다.

공개키 암호 시스템의 더 직접적인 위험은 그다지 특이하지 않다. 암호 알고리즘을 구현하는 코드는 프로그래머의 오류로 인해 잘못될 수 있다. 혹은 상상치 못한 방법(사이드 채널이라고 함)으로 Alice와 Bob이 설정한 개인화된(private) 통신 영역으로 침투할 수 있는 방법이 있을 수 있다. 예를 들어, Alice의 키 입력 소리를 음향식 마이크로 감지하거나 민감한 안테나를 이용해 암호 알고리즘에서 산술을 수행하는 동안 프로세서 칩에서 방출되는 약한 전자기 복사를 감지할 수 있다. 이러한 방법을 통해 도청자(adversary)는 정상적인 채널을 사용하지 않고도 개인 정보를 훔칠 수 있다.

요약

- **암호학**(*cryptography*)은 비밀 메시지를 송신자와 수신자만 이해할 수 있도록 전달하는 기술이다. 비밀 메시지의 원본은 **평문**(*plaintext*)이며, 이를 암호화 키를 사용하여 **암호문**(*ciphertext*)으로 변환한다.
- 고전적인 암호 방법 중 하나는 **치환 암호**(*substitution cipher*)이다. 이 방법에서 키는 알파벳의 순열로, 평문의 글자를 암호문의 글자로 매핑하는 데 사용된다. 치환 암호는 빈도 분석을 사용하여 비교적 쉽게 해독될 수 있다.
- **일회용 암호표**(*one-time pad*)는 해독이 불가능하지만 사용되는 키가 각 메시지마다 새로 생성되고 키의 길이가 메시지와 동일하다는 단점이 있다.

- 디피-헬먼(Diffie-Hellman) 알고리즘은 송신자와 수신자가 인터넷과 같은 공개 채널을 통해 비밀 키를 만들 수 있게 해주는 방법이다.
- 공개키 암호화 기술은 계산은 쉽지만, 반대로 역으로 계산하기는 어려운, 즉 결과로부터 입력값을 추적하기는 어려운, **단방향 함수**(*one-way functions*)를 활용한다.
- 디피-헬먼 알고리즘의 핵심은 지수 함수가 모듈러 산술에서 쉽게 계산되지만, 그 역이라 할 수 있는 이산 로그가 계산하기 어렵다는 것이다.
- 현재 공개키 암호화에서 사용되는 함수 중 어떤 것도 수학적으로 진정한 단방향 함수임이 증명된 것은 없다. 즉, 역으로 계산하기 어렵다는 것이 증명된 것은 없다. (실제 문제에서는 역을 계산하는데, 오랜 시간이 걸린다는 점을 활용한 것이다.)

문제

31.1 빈도 분석(*frequency analysis*)은 치환 암호를 해독하는 방법 중 하나이다. 예를 들어 'e'가 영어 텍스트에서 가장 빈도가 높은 글자임을 활용하면, 치환 암호를 사용하여 암호화된 암호문에서 가장 빈도가 높은 글자는 'e'의 코드일 가능성이 높다. 영어 텍스트의 글자는 빈도 순으로 정렬하면 다음과 같다.[4]

ETAOINSRHDLUCMFYWGPBVKXQJZ

비록 특정 텍스트에서는 빈도가 정확히 이 순서를 따르지 않을 수 있지만, 이 순서와 대략적으로 일치한다는 가정에서 시작하면 종종 평문을 재구성하는 데 충분한 단서를 제공할 것이다. 아래의 암호문에서 어떤 평문이 생성되었는지 추측하라. (공백 및 구두점은 평문과 동일하다).

STSIJODUHK G PUS. STSIJODUHK JXF DSGI, STSIJODUHK JXF ASS. AX RFYD OX ALSC XFO. ODSJ VFAO BSSL YXRUHK, XHS GQOSI GHXODSI.

31.2 시저 암호를 해독하는 것은 치환 암호보다 쉽다. 물론 완전탐색 기법을 이용해 모든 경우를 시도할 수도 있겠지만, 빈도 분석은 더 빠른 접근 방법을 제공할 수 있다. 이유는 무엇일까?

31.3 일회용 암호표(one-time pad)를 이용한 암호화 방법은 두 가지 문제를 제외하면 완벽하다. 하나는 이미 언급한 것처럼 암호표를 전송하는 것이 평문을 전송하는 것만큼 어렵다는 것이다. 두 번째 문제는 일회용 암호표를 여러 번 사용할 경우에 보안이 손상된다는 것이다. 암호표를 배포하기가 어려워 사용자들은 종종 같은 '일회용' 암호를 여러 번 사용할 수도 있다. 동일한 '일회용' 암호를 사용하여 암호화된 여러 개의 암호문을 알고 있다면, 어떻게 코드를 해독할 수 있을까?

[4] 왜냐하면 일부 문자 쌍은 거의 동일한 빈도로 발생하기 때문에 ('H'와 'R', 'U'와 'C'와 같은), 다양한 소스는 빈도 계산을 위해 분석된 텍스트에 따라 이 목록의 순서가 달라질 수 있다. 'ETAOIN *s*HRDLU' 구절은 특별한 의미를 가지고 있다. 오래된 조판 기계는 키를 문자 빈도의 순서로 배열했으므로 조판자가 키 한 줄을 따라 손가락을 움직이면 'ETAIONSHRDLU'라는 결과가 나타날 것이다. 이 문자열은 가끔씩 신문에 실수로 나타났지만, 전자 조판의 등장으로 사라졌다.

31.4 $p = 17, g = 13$이 주어지고, $a = 3, b = 9$라고 가정하자.

(a) 계산기를 사용하여 덧셈, 뺄셈, 곱셈 및 나눗셈만으로 $A = g^a \bmod p$를 계산하라.

(b) $B = g^b \bmod p$를 계산하라.

(c) $B^a \bmod p = A^b \bmod p$임을 보여라.

31.5 (a) Eve가 완전 탐색 방법으로 디피-헬먼 코드를 해독하려고 한다고 가정하자. 키의 길이가 2048 비트인 모든 키를 확인해야 한다. nanosecond (1^{-9} sec)당 한 개의 키를 확인할 수 있다면 얼마나 걸리겠는가?

(b) 가능한 키의 길이가 1024 비트라면 얼마나 걸리겠는가?

31.6 이 문제를 다른 학생과 함께 풀어 보라. 두 명은 공유 키를 도출해야 한다. 대문자의 ASCII 코드로 표시되는 숫자를 사용한다. 이 문자열은 각 문자를 이진수로 변환한다. ASCII 코드 표현, 결과의 연결 및 해석의 최종값은 이진수로 나타난다. 모듈러 p는 HVG의 코드이고, g의 값은 R의 코드이다. 단방향 함수는 $f(n) = g^n \bmod p$이다.

(a) p 및 g의 10진 값 찾고, p가 소수임을 확인하라.

(b) 2자의 비밀단어 n을 선택하고 반복 제곱을 사용하여 $x = f(n)$을 구하라. modulo p로 축소하는데, 계산기를 사용할 수 있다.

(c) 다른 학생에게 x의 값을 알리지만 n의 값을 알리지 마라. 상대 학생의 숫자 y를 기다려라.

(d) $k = y^n \bmod p$를 계산하고, 결과를 비교하라.

31.7 치환 암호가 빈도 분석으로 쉽게 해독될 수 있다는 사실이 이해되자 **비즈네르 암호**(*Vigenère cipher*)[5]라는 더 정교한 시스템이 사용되기 시작했다. 비즈네르 암호는 주기적으로 사용할 카이사르 암호(Caesar cipher)의 시퀀스이다. 예를 들어, 메시지를 12개의 카이사르 암호 $C_0, \ldots, C_{11}$을 사용하여 암호화해야 한다고 가정하자. 평문의 문자 위치 0, 12, 24에 대해 C_0을 사용하고, 평문의 문자 위치 1, 13, 25에 대해 C_1을 사용한다. 키는 12개의 시프트로 이루어진 시퀀스로, 편리하게도 각 시이저 암호(Caesar cipher)에서 평문 문자 'a'의 암호화를 식별한다. 그림 31.3은 실제 비즈네르 암호화 표를 보여주며, 키 'thomasbbryan'이 왼쪽 열을 따라 이어진다. 메시지를 암호화하려면 송신자는 평문의 연속된 문자를 암호화하기 위해 12개의 행을 순환하며 선택한 행과 열의 교차점에 암호화된 문자를 찾는다.

비즈네르 암호는 한때 해독이 불가능하다고 생각되었지만 실제로 손으로 암호화가 가능한 경우에는 상당히 쉽게 해독될 수 있다. 키가 충분히 짧아 손으로 암호화할 수 있는 경우에 비즈네르 암호가 빈도 분석을 통해 어떻게 해독될 수 있는지 설명하라.

[5] 비즈네르 암호(Vigenère cypher)는 Blaise de Vigenère(1523–96)에 영감을 받아 명명되었지만 실제로는 다른 16세기 암호학자 조반 바티스타 벨라소(Giovan Battista Bellaso)에 의해 발견되었다.

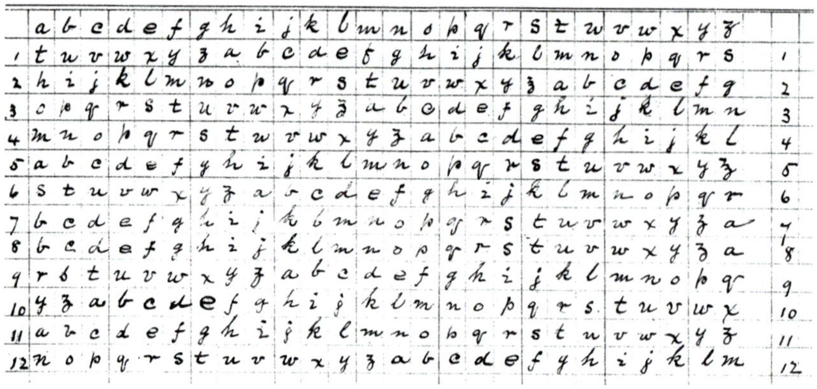

	a	b	c	d	e	f	g	h	i	j	k	l	m	n	o	p	q	r	s	t	u	v	w	x	y	z	
1	t	u	v	w	x	y	z	a	b	c	d	e	f	g	h	i	j	k	l	m	n	o	p	q	r	s	1
2	h	i	j	k	l	m	n	o	p	q	r	s	t	u	v	w	x	y	z	a	b	c	d	e	f	g	2
3	o	p	q	r	s	t	u	v	w	x	y	z	a	b	c	d	e	f	g	h	i	j	k	l	m	n	3
4	m	n	o	p	q	r	s	t	u	v	w	x	y	z	a	b	c	d	e	f	g	h	i	j	k	l	4
5	a	b	c	d	e	f	g	h	i	j	k	l	m	n	o	p	q	r	s	t	u	v	w	x	y	z	5
6	s	t	u	v	w	x	y	z	a	b	c	d	e	f	g	h	i	j	k	l	m	n	o	p	q	r	6
7	b	c	d	e	f	g	h	i	j	k	l	m	n	o	p	q	r	s	t	u	v	w	x	y	z	a	7
8	b	c	d	e	f	g	h	i	j	k	l	m	n	o	p	q	r	s	t	u	v	w	x	y	z	a	8
9	r	s	t	u	v	w	x	y	z	a	b	c	d	e	f	g	h	i	j	k	l	m	n	o	p	q	9
10	y	z	a	b	c	d	e	f	g	h	i	j	k	l	m	n	o	p	q	r	s	t	u	v	w	x	10
11	a	b	c	d	e	f	g	h	i	j	k	l	m	n	o	p	q	r	s	t	u	v	w	x	y	z	11
12	n	o	p	q	r	s	t	u	v	w	x	y	z	a	b	c	d	e	f	g	h	i	j	k	l	m	12

그림 31.3 공업가 고든 맥케이(Gordon McKay)가 1894년에 변호사 토마스 B. 브라이언(Thomas B. Bryan)에게 보낸 편지를 암호화하는 데 사용한 비즈네르 암호화 표(Vigenère encryption table)이다. 왼쪽 열이 키에 해당한다. Harvard University Archives 제공

찾아보기

기호

ㄱ

기타